D1867002

Wasserbau-Praxis

Jetzt diesen Titel zusätzlich als E-Book downloaden und 70 % sparen!

Als Käufer dieses Buchtitels haben Sie Anspruch auf ein besonderes Kombi-Angebot: Sie können den Titel zusätzlich zum Ihnen vorliegenden gedruckten Exemplar für nur 30 % des Normalpreises als E-Book beziehen.

Der BESONDERE VORTEIL: Im E-Book recherchieren Sie in Sekundenschnelle die gewünschten Themen und Textpassagen. Denn die E-Book-Variante ist mit einer komfortablen Volltextsuche ausgestattet!

Deshalb: Zögern Sie nicht. Laden Sie sich am besten gleich Ihre persönliche E-Book-Ausgabe dieses Titels herunter.

In 3 einfachen Schritten zum E-Book:

1. Rufen Sie die Website **www.beuth.de/e-book** auf.
2. Geben Sie hier Ihren persönlichen, nur einmal verwendbaren E-Book-Code ein:

   2762173A2208B96

3. Klicken Sie das „Download-Feld" an und gehen dann weiter zum Warenkorb. Führen Sie den normalen Bestellprozess aus.

Hinweis: Der E-Book-Code wurde individuell für Sie als Erwerber dieses Buches erzeugt und darf nicht an Dritte weitergegeben werden. Mit Zurückziehung dieses Buches wird auch der damit verbundene E-Book-Code für den Download ungültig.

Wasserbau-Praxis

Prof. Dr.-Ing. habil. Eberhard Lattermann

Wasserbau-Praxis

Mit Berechnungsbeispielen

4., überarbeitete und aktualisierte Auflage 2017

Beuth Verlag GmbH · Berlin · Wien · Zürich

Bauwerk

Berlin · Wien · Zürich
Am DIN-Platz
Burggrafenstraße 6
10787 Berlin

Telefon: +49 30 2601-0
Telefax: +49 30 2601-1260
Internet: www.beuth.de
E-Mail: kundenservice@beuth.de

Druck und Bindung:
Medienhaus Plump GmbH, Rheinbreitbach

Gedruckt auf säurefreiem, alterungsbeständigem Papier nach DIN EN ISO 9706.

ISBN 978-3-410-27621-0

Vorwort

Die „Wasserbau-Praxis“ ist als Einführung in Gebiete und Probleme des Wasserbaus gedacht, ohne die Theorie zu strapazieren. Vor allem Studenten an Universitäten, Hoch- und Fachhochschulen verschiedener Fachrichtungen, die einen Überblick über dieses interessante Fachgebiet erhalten, werden die „Wasserbau-Praxis“ gern als Lehrmaterial verwenden. Das haben die ersten Auflagen bereits gezeigt, die schnell vergriffen waren. Der zu vermittelnde große Umfang, den der Wasserbau nun einmal hat, und das Ziel des Buches, eine Einführung zu sein, führen nur gelegentlich in die Tiefe eines Problems oder in angrenzende Fachgebiete, die wasserbauliche Projekte natürlich auch beeinflussen.

Die „Wasserbau-Praxis“ spiegelt die Vorlesungen und Seminare wider, die ich für Studenten des Bauingenieurwesens, der Wasserwirtschaft, der Landschaftsarchitektur, des Verkehrswesens und des Wirtschaftsingenieurwesens im Direkt- und im Fernstudium gehalten habe. Aber auch Planungsbüros, Behörden und andere Dienststellen können Anregungen für ihre tägliche Arbeit finden. Sowohl die großen Wasserbauwerke als auch die kleinen Probleme anderer Fachgebiete, bei denen der Wasserbau eine Rolle spielt, werden dargestellt. Rekonstruktionen, Modernisierungen und Unterhaltungsarbeiten nehmen ebenso einen Raum ein wie Neubauten und Abbau. Beispiele können als Übungsaufgaben genutzt werden oder einer vertiefenden und anschaulichen Wissensvermittlung dienen.

Gegenüber den ersten drei Auflagen sind Veränderungen vorgenommen worden, die dem Werk sicher gut tun werden.

In meiner Zeit als Professor an der TU Dresden habe ich auch Gutachten erstellen müssen, wenn Schadensfälle aufgetreten waren. In der Anlage stelle ich einige Gutachten vor. Bekanntlich ist man nach dem Schaden und auch nach dem Gutachten klüger als zuvor. Deshalb stellte ich mir nach jedem meiner Gutachten die Frage, wie ich entschieden hätte, wäre ich an der Stelle des Schuldigen am Schadensfall verantwortlich gewesen. Dem Leser kann ich nur empfehlen, sein Heureka zu suchen und die Suche nach dem Schuldigen erst vorzunehmen, bevor er einige Seiten weiter hinten meine Lösung sucht und auch findet.

Sowohl das größer gewordene Europa als auch die europäische Wasserrahmenrichtlinie und die großen Fluten von 2002 und 2013 beeinflussen natürlich ein Buch aus dem Gebiet des Wasserbaus. Gerade Ereignisse wie 2002 und 2013 zeigen immer wieder deutlich, welch große Aufgaben auch in Europa im Wasserbau noch bewältigt werden müssen. Der Klimawandel, das Streben nach weniger Ausstoß von CO_2, die Renaturierung geschundener oder veränderter Landschaften (Braunkohle) und ihre Umwandlung in Kulturlandschaften beeinflussen immer mehr das Schaffen des Wasserbauers.

Auch den Gegnern wasserbaulicher Projekte wird mehr als nur ein kurzer Blick in dieses Buch empfohlen, um nicht im Übereifer durch falsche Behauptungen Gutes zu behindern, ohne Besseres schaffen zu können.

Die vierte Auflage erscheint wieder in einem Band und erhält eine Anlage, in der ich einige Gutachten aus meiner früheren Tätigkeit vorstelle.

Ich wünsche Ihnen viel Freude, gute Erkenntnisse und ein sicheres Grundlagenwissen, wenn Sie mit diesem Band arbeiten

Dresden, im Mai 2017 Eberhard Lattermann

Inhaltsverzeichnis

Einführung

Ohne Wasser gäbe es kein Leben. Um Leben auf allen Kontinenten unseres Erdballs dauerhaft zu erhalten und lebenswerter zu machen, muss mit Wasser verantwortungsvoll umgegangen werden. Mensch und Natur standen und stehen nicht immer im Einklang, wenn es um Wasser geht.

Von allen Bauschaffenden steht der Wasserbauer der Natur am nächsten, oft mittendrin, manchmal sogar in unberührter Natur. Die dabei möglichen Konflikte möglichst klein zu halten, ist heute im Wasserbau ebenso wichtig wie das Erfüllen der von der Gesellschaft gestellten Aufgaben. Das sind vor allem:

- Schutz vor immer häufiger auftretenden Naturkatastrophen (Überschwemmungen und Dürre),
- Bereitstellung von Trink- und Brauchwasser,
- Nutzung der Gewässer für die Energiewirtschaft (Ökostrom), Schifffahrt, Fischerei, Erholung,
- Schutz der Landschaft – nicht nur am Rande der Gewässer.

Schon diese Aufzählung zeigt, dass nicht nur der Wasserbauer mit dem Wasserbau in Berührung kommt. Auch der Landschaftsarchitekt wird das Wasser ebenso einplanen und nutzen wie der Wasserwirtschaftler. Transport- und Energieunternehmen kommen nicht am Wasser vorbei, der Bauingenieur kann auch unangenehme Berührungen mit Wasser und Eis haben. Auch jeder, der mit Umweltfragen zu tun hat, wird sich mit dem Wasserbau beschäftigen müssen.

Heute spielen ökologische Bewertungen (sehr oft auch nur als Vermutung) eine viel zu große Rolle bei der Vorbereitung oder der Verhinderung eines Wasserbauwerkes. Nur mit dem Ziel, das Vorhandene in der Natur zu erhalten, werden geplante Wasserbauten heute oft verhindert. Das Wort *Eingriff* (z. B. in die Landschaft) wird grundsätzlich negativ gesehen – ganz im Gegensatz zum Eingriff eines Arztes. Ökologische Vorzüge einer wasserbaulichen Maßnahme werden erst erkannt, wenn z. B. aus wirtschaftlichen Gründen das Bauwerk entfernt werden soll. Dann müssen Wasserstände erhalten bleiben wegen nun vorhandener Feuchtbiotope oder auch das ganze Bauwerk auf Wunsch des Denkmalschutzes. Die Vorzüge eines Wasserbauwerkes müssen künftig vor allem aus der Sicht der Umwelt objektiver dargestellt werden, auch wenn sie erst später sichtbar sind.

Ausgleichsmaßnahmen mindern die kurzzeitigen Nachteile eines Eingriffs der Wasserbauer in die Natur. Die Harmonie zwischen Wasserbauten, Mensch und Natur erlebt der Wasserbauer erst nach Jahren der Anpassung, wenn die Baustellenwunden verheilt sind. Das beim Bau der Staustufe Voburg durchgeführte Monitoring zeigte, dass sowohl Artenvielfalt als auch Anzahl der Tiere und Pflanzen pro Art sich durch viele Begleitmaßnahmen vergrößert haben.

In vielen Einzelfragen, die den Entscheidungen im Wasserbau vorausgehen, spielen Prognosen eine wichtige Rolle. Wasserstände, Wellenhöhen und Abflussmengen sind ebenso vorauszusagen wie künftige Bedürfnisse der Menschen, der Wirtschaft und der Umwelt. Der Klimawandel spielt für die Prognosen eine wichtige Rolle.

Grundlage vieler Planungen für den Wasserbau sind hydrologische Daten. Aus verbesserten hydrologischen Daten, aus dem Verändern von Vorschriften (z. B. europäische Wasserrahmenrichtlinie) ergeben sich neue wasserbauliche Aufgaben.

Der Wasserbauer ist auf Ausgangsdaten angewiesen, die ihm der Hydrologe übergibt. Auch nach Fertigstellung eines Wasserbauwerkes erlischt die Zusammenarbeit des Wasserbauers mit dem Hydrologen nicht. Ingenieurhydrologische Ausgangswerte, die über die Notwendigkeit und Größe eines Wasserbauwerkes mit entscheiden wie Bauwerke für den Hochwasserschutz oder die Niedrigwasserregelung werden im Abschnitt 1.3 vorgestellt.

1 Gewässerkunde

1.1 Die Wasservorräte der Erde

Die Wasservorräte auf der Erde bestehen zu 97,6 % (1350,5 · 10^6 km^3) aus Salzwasser. Das Salzwasser interessiert den Wasserbauer im wahrsten Sinne des Wortes nur am Rande, also an den Küsten. Das sog. Süßwasser macht folglich etwa 2,4 % (ca. 33,3 – 10^6 km^3) aus und ist vorwiegend technisch nicht interessant. Die Tabelle 1.1 gibt einen Überblick über Vorkommen und Verteilung des Süßwassers.

Am wichtigsten für den Wasserbau sind die 2 Billionen Kubikmeter Wasser, die sich in den Flüssen befinden. Sie stehen im Mittelpunkt aller folgenden Darlegungen. Große wasserwirtschaftliche Bedeutung haben auch das weniger tief anstehende Grundwasser und das Wasser in Seen.

Der geringe Anteil des für den Menschen nutzbaren Wassers am Gesamtvorkommen lässt den Gedanken zu, dass es für Mensch, Tier und Pflanze nicht reichen wird, jedenfalls örtlich oder zeitlich begrenzt. Hier den Ausgleich zu den oftmals im Übermaß zum Abfluss kommenden Wassermengen zu schaffen, gehört zu den wichtigsten Aufgaben des Wasserbauers.

Die Ereignisse in den Jahren 2002 und 2013 im Bereich der Einzugsgebiete von Elbe und Donau haben eindrucksvoll die Ergebnisse weit vorausschauender und damit nachhaltiger Politik in Sachen Wasserbau, wie sie von früheren Generationen betrieben wurde, bewiesen. In den Talsperren wurden während der Fluten Millionen von Kubikmetern Hochwasser zurückgehalten, die in trockenen Sommern wie 2015 Mensch, Tier und Pflanze zur Verfügung standen. Es reichte nicht aus, um die Jahrhundertfluten zu beherrschen. Fluten wie im August 2002 werden immer Schäden hervorrufen. Ein nicht zu unterschätzender Teil der Schäden geht auf die nicht fortgesetzte, früher so erfolgreiche Wasserbaustrategie zurück. Marode Deiche und nicht gebaute Rückhaltebecken und Talsperren wurden sehr teuer für die Gesellschaft.

1.2 Der Wasserkreislauf

1.2.1 Einführung

Das Wasser der Erde befindet sich in einem Kreislauf, der von der Sonnenenergie und der Schwerkraft gesteuert wird. Das Bild 1.1 zeigt den Teil des Wasserkreislaufs, der vor allem das Aufgabengebiet des Wasserbauers bestimmt.

Tabelle 1.1 Wasservorräte der Erde

Salzwasser	1 350,5 · 10^6 km^3 (97,6 %)	
Süßwasser	33,3 · 10^6 km^3 (2,4 %)	Bemerkungen
Wasservorrat der Erde	1 383,8 · 10^6 km^3 (100 %)	
Süßwasser		
Polarzonen und Gletscher	26,0 · 10^6 km^3	
Grundwasser, tiefer als 800 m	3,5 · 10^6 km^3	
Grundwasser, weniger tief als 800 m	3,5 · 10^6 km^3*	
Bodenfeuchte	0,15 · 10^6 km^3	
Seen	0,125 · 10^6 km^3*	
Wasser in der Biomasse	0,05 · 10^6 km^3	
Wasser in der Atmosphäre	0,013 · 10^6 km^3	* für den Wasserbauer interessant
Wasser in den Flüssen	0,002 · 10^6 km^3*	

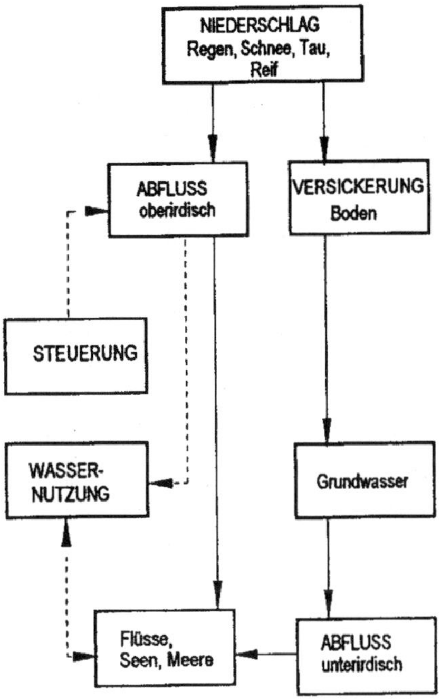

Bild 1.1 Teil des Wasserkreislaufes

Die gestrichelt dargestellten Linien charakterisieren das Hauptbetätigungsfeld des Wasserbauers, die Nutzung des oberirdisch abfließenden Wassers. Gemeinsam mit dem unterirdisch abfließenden Wasser stehen ca. 40 % des auf das Festland fallenden Niederschlages zur Verfügung, etwa 60 % verdunsten.

Wasserwirtschaftler und Wasserbauer teilen das Festland in Einzugsgebiete A_E auf, Bild 1.2. Das Einzugsgebiet A_E in km^2 ist die auf eine horizontale Ebene projizierte Fläche von dem Gebiet, aus dem das Wasser ober- und unterirdisch einem Fließgewässer bzw. einem Kontrollpunkt in diesem Fließgewässer zufließt. So beträgt das Einzugsgebiet der Elbe an der tschechisch-deutschen Grenze 51 394 km^2. Bis Dresden vergrößert es sich auf 53 096 km^2. Die Unterschiede zwischen ober- und unterirdischem Einzugsgebiet sind meist zum Vernachlässigen klein.

Die Grenzen eines Einzugsgebietes werden als Wasserscheide bezeichnet. Für alle wasserwirtschaftlichen Entscheidungen, die zu wasserbaulichen Maßnahmen führen, ist stets die Gesamtheit des Einzugsgebietes zu betrachten. Politische Grenzen und Eigentumsfragen standen und stehen dem aber sehr oft im Wege.

Wichtige Grundlagen zum Beurteilen von Einflüssen, die anthropogene Einwirkungen auf den Wasserkreislauf haben, liefert die Ingenieurhydrologie. Komponenten des Wasserkreislaufs werden gemessen und ausgewertet. Niederschlag, Verdunstung sowie ober- und unterirdischer Abfluss sind grundlegende wasserwirtschaftliche Größen, die der Wasserbauer zugrunde legt, wenn er eine Baumaßnahme plant. Eine möglichst langjährige Messreihe erhöht den Wert jeder Aussage, die auf Messungen und Beobachtungen basiert.

1.2.2 Der Niederschlag

Der Niederschlag – vor allem Regen und Schnee, weniger Tau, Nebel und Reif – wird als Niederschlagshöhe h_N gemessen, wobei gilt $h_N = 1$ mm = 1 l/m^2.

Das Messen erfolgt in Deutschland in über 4 000 Messstationen mit Hilfe genormter Gefäße und Messwerterfassungen. Fünf Merkmale eines Niederschlages werden festgehalten:

- die Niederschlagshöhe h_N in mm,
- die Niederschlagsdauer T_N in Minuten oder Stunden,
- der Intensitätsverlauf $i_N\,(t)$ in mm/min oder mm/h,
- die Häufigkeit des Auftretens n bzw. die Jährlichkeit $1/n$,
- die Niederschlagsspende r_N in l/(s · ha) oder mm/15 min o. Ä.

Die jährliche Niederschlagshöhe h_N in mm für einige Gegenden Deutschlands können der Tabelle 1.2 oder wasserwirtschaftlichen Standardwerken entnommen werden. Einen Rekordwert für den 24-stündigen Niederschlag brachte der August 2002 mit 312 mm in Zinnwald im Osterzgebirge.

In jedem größeren Einzugsgebiet sind mehrere Niederschlagsmessstellen vorhanden. Um weitere Kennzahlen zu ermitteln, wird für das Einzugsgebiet die mittlere Gebietsniederschlagshöhe $h_{N,m}$ ermittelt

$$h_{N,m} = \frac{1}{A_E} \cdot \sum_{n=1}^{n} h_{N,i} \cdot \Delta A_i \quad [mm] \qquad (1.1)$$

Die Dauer eines Niederschlages T_N kann sehr verschieden sein (Gewitterregen, Landregen, Schneefall). Oft (z. B. für die Planung städtischer Kanalisationen) wird der 15-minütige Regen bzw. seine Niederschlagsspende verwendet. Diese Spende beträgt z. B. für Sachsen 106 l/(s · ha).

1.2.3 Die Verdunstung

Der größere Teil des auf die Erde fallenden Niederschlages kehrt schnell im gasförmigen Aggregatzustand in die Atmosphäre zurück. Dieser Vorgang ist die Verdunstung, gemessen wird sie ebenfalls als Höhe. Die Verdunstungshöhe h_V gibt an, wie viel Wasser in einer Zeiteinheit (meist ein Jahr) in die Atmosphäre gelangt ist. Die Verdunstung ist vor allem abhängig von der Temperatur, den Windverhältnissen und der Landschaft. Für Mitteleuropa kann z. B. für die Verdunstung von freien Wasserflächen E_W durchschnittlich 800 bis 1 000 mm/a angegeben werden, davon etwa 74 % im Sommer- und 26 % im Winterhalbjahr. Die Landverdunstung kann in Deutschland mit 400 bis 500 mm/a angesetzt werden, davon 83 % im Sommerhalbjahr. Eine Betrachtung kleinerer Flächen erfordert auch, die Bodenbedeckung (Wald, Feld, Wiese, befestigte Flächen) mit zu betrachten. Großräumig gehen Durchschnittswerte in die Planungen ein, z. B. nach Tabelle 1.2. Besonders groß wird die Verdunstung, wenn auf Wasserflächen trockene, heiße Winde einwirken können (wie beim Aralsee). Für wasserwirtschaftliche Planungen in heißen Gegenden ergibt sich ein besonders großer Unterschied zwischen der aktuellen Gebietsverdunstung (gegenwärtige Verdunstung von Wasserflächen und vegetationsbedeckten Landflächen) und der potentiellen Verdunstung. Das ist die maximale Verdunstung, wenn der Wassernachschub nicht begrenzt ist (Wasserflächen, aber auch bewässerte Kulturen, Feuchtbiotope u. Ä.). Das Messen und auch das Berechnen möglicher Verdunstungen werden heute mit Geräten (Verdunstungskessel, Lysimeteranlage) bzw. mit Formeln durchgeführt, die u. a. bei Schröder et al. [88] beschrieben sind.

Tabelle 1.2 Jahresmittel für die Größen Niederschlag (h_N), Abfluss (A), Verdunstung (V) in mm für deutsche Gegenden

Flussgebiet	h_N in mm	A in mm	V in mm	A/N in %
Flachlandgebiete				
Obere Netze	460	94	366	20,5
Warthe, Landsberg	512	130	382	25,4
Untere Netze	535	182	353	34,0
Havel, Rathenow	558	108	450	19,4
Gemischte Gebiete				
Untere Saale	613	168	445	27,5
Mittlere Oder	665	175	490	26,3
Aller, Mündung	669	226	443	33,7
Mittlere Weser	744	263	481	35,3
Mulde, Düben	753	306	447	40,6
Gebirgsgebiete				
Böhmische Elbe	692	192	500	27,8
Obere Elbe	762	238	524	31,3
Weißeritz, Dresden	841	306	535	36,4
Obere Saale	813	364	449	44,7
Obere Oder	809	268	541	33,2
Obere Weser	749	257	492	34,3
Fulda	760	231	529	30,4
Main	657	187	470	28,5
Obere Donau	793	310	483	39,1
Alpenflussgebiete				
Isar, Mündung	986	580	406	58,8
Donau, Obernzell	1 000	585	415	58,5
Lech, Mündung	1 169	780	389	66,7
Iller, Mündung	1 239	885	354	71,5
Inn, Innsbruck	1 241	990	251	79,8
Inn, Kufstein	1 290	924	366	71,6

1.2.4 Versickerung, Grundwasser und unterirdischer Abfluss

Der auf ein Einzugsgebiet fallende Niederschlag verdunstet oder fließt dem Fließgewässer (Vorfluter) zu, verlässt somit das Einzugsgebiet oder infiltriert in den Boden. Dieser Anteil gelangt entweder direkt aus

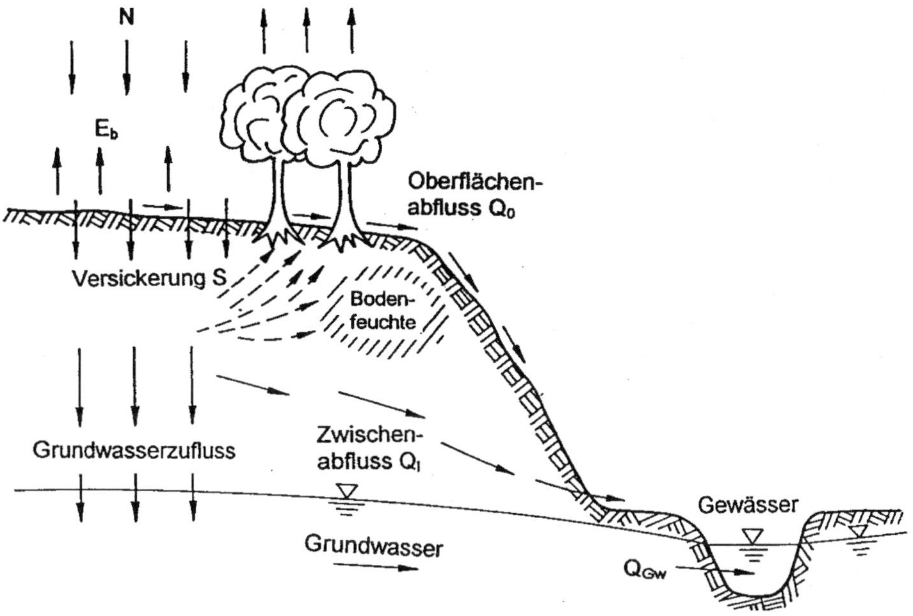

Bild 1.2 Aufteilung des versickernden Niederschlages

dem Niederschlag in den Untergrund oder versickert später aus einem Oberflächengewässer (Fluss, See, Kanal, Speicher), sobald sein Wasserspiegel höher liegt als der Grundwasserspiegel in der Nähe des Gewässers. Das in den Boden eindringende Niederschlagswasser verzögert den oberirdischen Abfluss, indem es im Boden gespeichert wird.

Drei Wege kann dieses Wasser nehmen, vgl. Bild 1.2:

- Ein Teil gelangt schnell wieder in die Atmosphäre durch Verdunstung vom Boden und über die Vegetation, E_b
- ein Teil fließt zwischen der Oberfläche und dem Grundwasserspiegel dem nächsten Oberflächengewässer zu, ohne das Grundwasser zu erreichen, Q_I
- ein Teil erreicht das Grundwasser und erhöht den Grundwasserspiegel, Q_{GW}.

Der letzte Teil kann ebenfalls als unterirdischer Abfluss einem Oberflächengewässer zufließen, sobald dessen Wasserspiegel niedriger liegt als der Grundwasserspiegel.

Künstliche Grundwasserabsenkungen für Baugruben oder Tagebaue sowie Wasserentnahmen aus dem Grundwasser (Brunnen) können den unterirdischen Abfluss weiträumig beeinflussen. Für Versickerungsraten aus Oberflächengewässern ist in erster Linie maßgebend, ob eingebaute Dichtungen das Sickerwasser zurückhalten oder bevorzugte Sickerwege (z. B. entlang von Massivbauwerken) die Versickerung fördern. Gefrorener Boden lässt keine Versickerung zu. Bevor der dritte Teil den Grundwasserspiegel erreicht, folgt er nur der Schwerkraft auf dem meist etwa vertikalen Sickerweg. Mit Erreichen des Grundwasserspiegels geht die vertikale Sickerbewegung in eine mehr horizontale über, deren Antriebskräfte die geringen Höhenunterschiede beim Grundwasserspiegel und somit Druckgefälle sind. Die Fließgeschwindigkeit v_f in m/s ist der Quotient aus dem Weg (z. B. einem Abstand zwischen zwei Messstellen) und der Zeit, die das Wasser zum Zurücklegen dieses Weges braucht. Diese Geschwindigkeit hängt von der Durchlässigkeit des Bodens k_f in m/s* und dem vorhandenen Druckgefälle ab. Darcy formulierte als erster diese nach ihm benannte Gleichung

* Eine Angabe der Durchlässigkeit und der Filtergeschwindigkeit in m/d wäre besser vorstellbar, wird auch in der Literatur mitunter angegeben (russische Literatur).

$$\boxed{v_f = k_f \cdot I_{St}} \text{ [m/s]} \qquad (1.2)$$

I_{st} ist das Standrohrspiegelgefälle, also ein Quotient aus dem Wasserspiegelunterschied in zwei Standrohren (Brunnen, Grundwassermessstellen) und dem Abstand zwischen diesen Rohren. Sickert das Wasser, nur der Schwerkraft folgend, vertikal nach unten, dann wird $I_{st} = 1{,}0$. Der Durchlässigkeitsbeiwert k_f kann für Vorentwürfe u. ä. Arbeiten der Literatur entnommen werden, die sich mit Bodenmechanik, Wasser oder Grundwasser beschäftigt, u. a. [88].

In der einschlägigen Literatur ist stets nur ein k_f-Wert angegeben. Das bedeutet, dass das durchsickerte Medium homogen und isotrop betrachtet wird. Die natürliche Schichtung des Untergrundes, entstanden durch Sedimentation der Bodenteilchen, aber auch die Belastung durch Bauwerke, führt zu unterschiedlichen Werten für k_f in horizontaler und vertikaler Richtung. Die Durchlässigkeit ist in horizontaler Richtung meist größer als in vertikaler. Diese Bodeneigenschaft kann Einfluss haben auf die Gestaltung und auf die Standsicherheit von Wasserbauten. Vor jeder Entscheidung kommt der genauen Bestimmung der Durchlässigkeitsbeiwerte in einem bodenmechanischen Labor große Bedeutung zu.

1.2.5 Der oberirdische Abfluss

Niederschlagswasser, das nicht verdunstet und nicht versickert, fließt oberirdisch in Fließgewässern ab. Versickertes Wasser kann verzögert folgen. Dem Verlauf der Jahreszeiten und der Niederschläge folgend, kann der oberirdische Abfluss sehr unausgeglichen sein. Die Bedürfnisse von Mensch, Tier und Pflanze, Wasser zur Verfügung zu haben, stehen dem natürlichen Angebot an Wasser meist entgegengesetzt gegenüber. Deshalb ist das Speichern von Wasser, die Zurückhaltung (Retention) in Zeiten großen Angebotes (Gewitter, Schneeschmelze, Hochwasser, Regenzeit) eine wichtige Aufgabe im Wasserbau, zu deren Lösung die Methoden und Bauwerke sehr verschieden sind.

Um den Einfluss einer wasserbaulichen Maßnahme auf ein Fließgewässer zu ermitteln, müssen wichtige Daten des Gewässers bekannt sein: sein Abfluss, die Wasserstände, Laufveränderungen des Fließgewässers, Eis- und Geschiebeverhältnisse, Wasserqualität, Grundwasserstände, Ufervegetation u. v. a. Wichtig ist für den Wasserbauer vor allem die Ermittlung des Abflusses Q in m^3/s, selten auch in l/s. Das kann nur bei sehr kleinen Wasserläufen (Bächen im Quellbereich) sowie im Laborgerinne direkt erfolgen, indem in einer zu stoppenden Zeit alles Wasser in einen Messbehälter geleitet wird. Alle größeren Abflussermittlungen können nur indirekt erfolgen. Das geschieht über die Messung des Wasserstandes W bzw. der Wassertiefe h im Fließgewässer und die Berechnung der Querschnittsfläche A des Fließquerschnittes. Diese Berechnung ist einfach, solange das Gewässer ein künstliches Gerinne (Rechteck, Trapez o. a.) ist. Der Querschnitt eines natürlichen Wasserlaufes kann nur mit Hilfe zahlreicher Peilungen über die Breite des Wasserlaufes ermittelt werden. Da auch der Querschnitt eines Fließgewässers Veränderungen unterliegt, sind ergänzende Messungen später nicht zu umgehen.

Mit dem Kontinuitätsgesetz

$$\boxed{Q = A \cdot v_m} \text{ [m}^3\text{/s]} \qquad (1.3)$$

kann der Abfluss in einem Querschnitt bestimmt werden, wenn auch v_m, die über den Querschnitt gemittelte Fließgeschwindigkeit in m/s, bekannt ist. Auch diese setzt sich aus zahlreichen Einzelmessungen zusammen, deren Durchschnittswert gebildet wird. Die Einzelmessungen erhält man mit dem hydrometrischen Messflügel oder anderen Messverfahren.

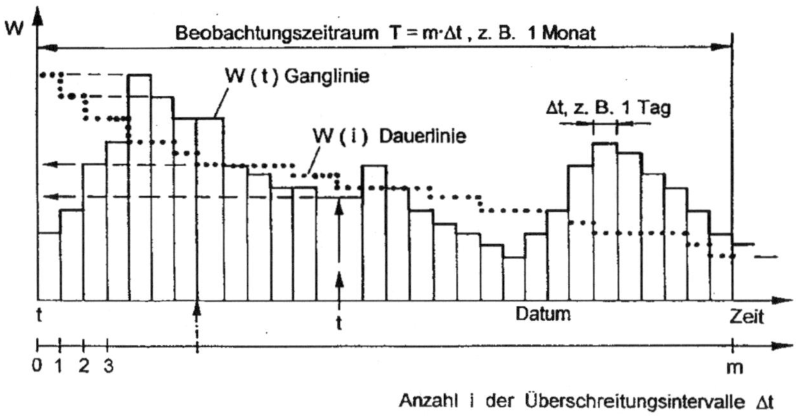

Bild 1.3 Ermittlung der Wasserstandsdauerlinie aus der Wasserstandsganglinie

Hat man für mehrere Wassertiefen oder Wasserstände die Abflüsse Q gemessen oder berechnet, so kann man die Abflusskurve $Q = f(h)$ bzw. $Q = f(W)$ aufstellen. Das schafft die Möglichkeit, aus einer einfachen Ablesung des Wasserstandes auf den Abfluss zu schließen. Es ermöglicht auch, erste Schlüsse zu ziehen, wie geplante Eingriffe (Einleitungen, Entnahmen von Wasser, Hebung des Wasserspiegels oder Querschnittsänderungen) sich auswirken werden. Die Abflusskurve ist eine wichtige Voraussetzung, um wasserbauliche Maßnahmen am Fließgewässer bewerten zu können. Zur Ermittlung einer Abflusskurve (auch als Schlüsselkurve bezeichnet) können Kap. 2 und [02] herangezogen werden.

1.3 Gewässerkundliche Ausgangsdaten

1.3.1 Daten für Fließgewässer

1.3.1.1 Wasserstände

Wasserstände werden an Pegeln festgestellt. Der herkömmliche Lattenpegel wird täglich einmal abgelesen, in Hochwassersituationen auch öfter. Heute ist er vor allem zur Kontrolle von automatisch aufzeichnenden Schreibpegeln, die durch Fernübertragung mit zentralen Auswertungsstellen verbunden sind, notwendig. Für Auswertungen ist zu beachten, dass der Nullpunkt eines Pegels nicht mit der Sohle des Fließgewässers identisch sein muss. Ablesungen an den Lattenpegeln oder Aufzeichnungen der Schreibpegel liefern die Wasserstandsganglinie ($W(t)$). Sie gibt den Wasserspiegelverlauf über eine bestimmte Zeit wieder. Für statistische Auswertungen ist es wichtig, einen langen und lückenlosen Beobachtungszeitraum zur Verfügung zu haben. Eine Wasserstandsganglinie sagt nur etwas über die Vergangenheit aus. Um auch für künftig zu erwartende Wasserstände Prognosen erstellen zu können bzw. über die Auftretenswahrscheinlichkeit bestimmter Wasserstände Aussagen treffen zu können, sind statistische Auswertungen notwendig. Grundlage von Prognosen sind die Wasserstandsdauerlinien. Eine Wasserstandsdauerlinie entsteht durch Summieren der Tage, an denen ein bestimmter Wasserstand herrschte und Auftragen der Ergebnisse in ein Koordinatensystem. Das Bild 1.3 zeigt das Schema.

Aus der Ganglinie gehen der höchste und der niedrigste Wasserstand (HW) bzw. (NW) des Zeitraumes hervor. Die bisher bekannten Extremwerte, also der höchste bisher bekannt gewordene Wasserstand und der niedrigste, werden mit HHW und NNW bezeichnet. NNW kann auch null sein, d. h. dass der Wasserlauf ausgetrocknet war. Viele Dinge, z. B. der Grundwasserstand in flussnahen Auen oder die Bildung und Veränderung des Flussbettes werden von Extremwasserständen weniger beeinflusst. Mittlere Wasserstände sind hier entscheidender. Für einen Zeitraum T errechnet sich der Mittelwasserstand nach Gl. (1.4).

$$MW = \frac{1}{T} \cdot \int_0^T W \cdot dt \qquad (1.4)$$

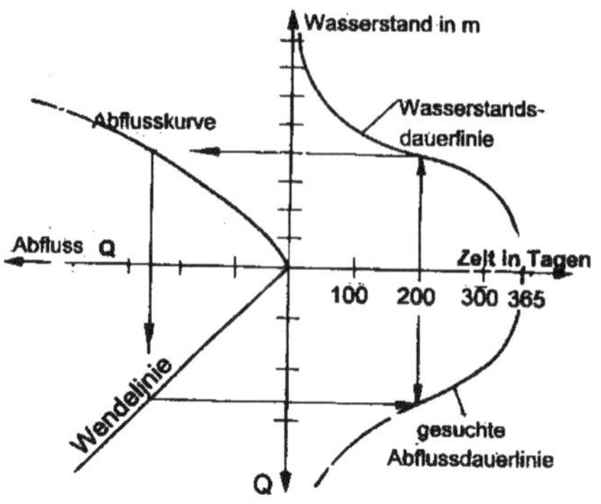

Bild 1.4 Ermittlung der Abflussdauerlinie aus Wasserstandsdauerlinie und Abflusskurve

1.3.1.2 Abflüsse

Aus der Wasserstandsganglinie $W(t)$ und der Abflusskurve $Q(W)$ kann die Abflussganglinie $Q(t)$ einfach, z. B. grafisch, bestimmt werden. Das Bild 1.4 zeigt das Prinzip der Ermittlung einer Abflussganglinie.

1.3.1.3 Geschiebe

Auf der Sohle eines Fließgewässers bewegen sich Feststoffe, sobald eine für die Bewegung ausreichende Strömungsgeschwindigkeit vorhanden ist. Reicht die Strömung zur Fortbewegung eines Kornes nicht mehr aus, dann kommt es zum Ablagern des Teilchens (Sedimentation). Änderungen der Strömungsvorgänge – naturgegeben oder vom Menschen beeinflusst – verändern auch den Ge-Geschiebetransport im Fließgewässer. Neben der Strömungsgeschwindigkeit im Gewässer bestimmen auch Dichte und Korngröße des Geschiebes, ob es sich bewegt oder absetzt und auch wie es sich bewegt. Kleine Körnungen oder auch spezifisch leichte werden schwebend transportiert, folglich als Schwebstoffe bezeichnet. Mineralische Geschiebekörner haben allg. eine Dichte von etwa 2,65 t/m³, so dass die Grenze zwischen schwebender und auf dem Boden rollender und springender Bewegung aus Gl. (1.5) bestimmt werden kann.

$$\boxed{d_{gr} = \frac{v^2}{360 \cdot g}} \text{ [m]} \qquad (1.5)$$

Ein 0,5 mm großes Sandkorn würde sich folglich bei

$v \geq \sqrt{360 \cdot 9{,}81 \cdot 0{,}0005} = 1{,}33 \text{ m/s}$

als Schwebstoff bewegen, ein 0,1 mm großes Korn (Feinsand) bei $v \leq 0{,}60$ m/s zur Sohle gelangen und dort als Geschiebe transportiert werden. Geschiebe im Fließgewässer kann Baggerungen notwendig machen (Schifffahrt), auch Bauabläufe beeinflussen (Dükerverlegung), Stauräume verlanden lassen oder zu Kolken und Uferabbrüchen führen. Auch Geschiebebewegungen müssen langfristig beobachtet, gemessen und ausgewertet oder berechnet werden, damit über künftig zu erwartende Situationen Aussagen getroffen werden können, vgl. auch Abschnitt 2.2.3.

Mit dem im Bild 1.5 dargestellten Diagramm können aus der Abflussdauerlinie die Dauerlinie der Geschiebeführung und die Geschiebefracht eines Jahres ermittelt werden. Wie die Geschiebefunktion (auch als Geschiebemengen-Schlüsselkurve bezeichnet) ermittelt werden kann, wird im Abschnitt 2.2.3 erläutert, hier soll sie als gegeben angenommen werden. Da der Beginn der Geschiebebewegung subjektiv durch Beobachtung festgestellt werden muss, erscheint im Bild 1.5 ein Streuungsbereich.

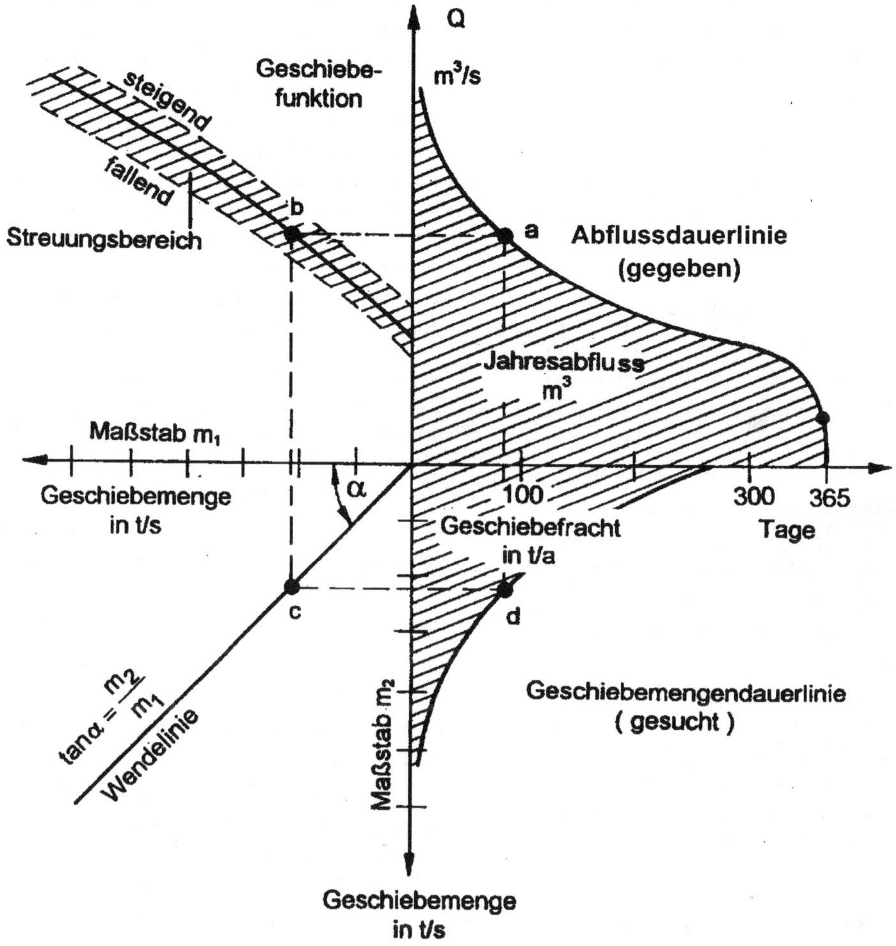

Bild 1.5 Grafische Ermittlung der Dauerlinie der Geschiebeführung und der Geschiebefracht

In einem Fließgewässerabschnitt wird nur so viel Geschiebe bewegt, wie nach der Geschiebefunktion $m_G = f(h)$ (siehe Gleichung (2.26) im Abschnitt 2.2.3 transportiert werden kann. Die Geschiebefunktion gibt also Auskunft über die Transportkapazität des Abschnittes.

Ein Fließgewässerabschnitt, der nach unterhalb genauso viel Geschiebe abgibt wie er von oberhalb erhält, steht im Geschiebegleichgewicht. Erhält er mehr Geschiebe von oben als er weitertransportieren kann, so kommt es zur sehr oft unerwünschten Ablagerung im Fließgewässerabschnitt (die Schifffahrt behindernde Untiefen, Sohlbänke). Im umgekehrten Fall entnimmt die Strömung im Fließgewässerabschnitt Geschiebe (Erosion), um ein Defizit auszugleichen. Die Fließgewässersohle vertieft sich. Gelingt dieser Ausgleich z. B. über Sohlen, deren Körnungen aus grobem Material wie Grobkies oder Steinen bestehen, nicht, spricht man von latenter Erosion, vgl. auch Abschnitt 2.2.3.

1.3.2 Daten für Standgewässer

1.3.2.1 Wasserstände

Als Standgewässer werden in diesem Abschnitt natürliche Binnenseen, Stauseen hinter großen Wehren und Talsperren, die Oberbecken von Pumpspeicherwerken sowie geflutete Tagebaurestlöcher bezeichnet. Schwankende Wasserstände in Standgewässern haben hauptsächlich zwei Ursachen:

- Unterschiede zwischen Zu- und Abflüssen, vor allem oberhalb von Wehren und Talsperren, oder durch den Betrieb der Pumpspeicherwerke hervorgerufen (vgl. Abschnitt 5.5.3),
- Wind, Sturm bzw. Orkan, die besonders bei großer Stärke und/oder großer Dauer Wassermassen in Windrichtung drücken und den Wasserspiegel im Standgewässer neigen.

Für die Binnengewässer ist der Windstau im Zusammenhang mit dem betriebsbedingten Füllungsgrad – im Bemessungsfall natürlich der größtmögliche Füllungsgrad – zu sehen. Mit jedem Wind sind auch Wellen verbunden, die im Abschnitt 1.3.2.2 betrachtet werden.

Die Ausgangsdaten für Windstau und Wellenberechnungen liefern dem Wasserbauer die Meteorologen mit möglichst langjährigen Messungen der Windverhältnisse an nahe gelegenen Stationen. Der Wind wird verteilt nach den Häufigkeiten seiner Richtung und der Geschwindigkeit ermittelt und den Berechnungen zugrunde gelegt. Dabei können sich daraus Schwierigkeiten ergeben, dass die nächstgelegene Messstation so weit entfernt ist, dass Topografie, Bebauung und Bewuchs die Messwerte stark beeinflussen.

1.3.2.2 Wellen

Wellen sind Schwingungsformen der Wassermassen, die durch Wind hervorgerufen werden. Der Wind überträgt durch Schubspannungen Energie in die Wassermasse, das Wasser kommt in Bewegung, an der Oberfläche sind die Wellen die sichtbare Form der Wasserbewegung. Auf Binnengewässern sind meist nur kleine Streichlängen, also Abmessungen des Gewässers in Windrichtung, vorhanden und oft auch Einflüsse von den Ufern her, besonders in Gebirgstälern. Die sehr unterschiedlichen topografischen und meteorologischen Bedingungen, die an den einzelnen Standorten vorhanden sind, machen es schwierig, eine allgemeingültige Prognosemethode für künftig zu erwartende Wellen zu entwickeln. Auch der Vergleich mit ähnlichen Standgewässern kann nur sehr bedingt gültige Aussagen liefern. Um Wasserbauern trotzdem Anhaltspunkte über zu erwartende Belastungen der Bauwerke am oder im Standgewässer zu liefern, wurden zahlreiche Berechnungsverfahren entwickelt, teils aus Naturmessungen, teils auf theoretischen Ansätzen beruhend. Bei allen Berechnungen zu erwartender Wellenbelastungen muss mit Unsicherheiten gerechnet werden.

Wichtigste Größe für die Ermittlung von Belastungen auf Wasserbauwerke am oder im Standgewässer ist die Wellenhöhe. Die Fachliteratur unterscheidet verschiedene Wellenhöhen. Besonders wichtig sind:

- die mittlere Wellenhöhe H_{m}, der Mittelwert aus einem Spektrum (Kollektiv) gemessener Wellen,
- die signifikante Wellenhöhe H_{S}, der Mittelwert aus dem Drittel der höchsten Wellen,
- die maximale Wellenhöhe $H_{\max}$, die größte zu erwartende Wellenhöhe,
- die n-%-Wellenhöhe, die mit der Wahrscheinlichkeit von n % zu erwartende bzw. gemessene Wellenhöhe, z. B. würde die Höhe der $H_{1\%}$-Welle von einer von hundert gemessenen Wellen überschritten,
- die Bemessungswellenhöhe H_{Bem}, eine festzulegende Wellenhöhe, die je nach Bedeutung des Bauwerkes auch überschritten werden kann (z. B. die 1-%-Welle).

Zur Ermittlung dieser Wellenhöhen sind zahlreiche Verfahren bekannt, die den in den verschiedenen Ländern gültigen Normen zugrunde liegen.

Die Wellenberechnung nach Bretschneider, Gl. (1.6), zur Bestimmung der signifikanten Wellenhöhe hat sich bewährt, wird heute auch verwendet und wurde in Details erweitert und vervollkommnet.

$$H_S' = 0{,}283 \cdot \tanh\left(0{,}53 \cdot h'^{0{,}75}\right) \cdot \tanh \frac{0{,}0125 \cdot L_S'^{0{,}42}}{\tanh 0{,}53 \cdot h'^{0{,}75}} \quad [\mathrm{m}] \quad (1.6)$$

$$H_S' = \frac{g \cdot H_S}{\left(v_{w,10}\right)^2}; L_S' = \frac{g \cdot L_S}{\left(v_{w,10}\right)^2};$$

$$h' = \frac{g \cdot h}{\left(v_{w,10}\right)^2}$$

Zur signifikanten Wellenhöhe gehört eine signifikante Wellenperiode T, die nach der Gl. (1.7) bestimmt werden kann.

$$T = \frac{7{,}536 \cdot v_{W,10}}{g} \cdot \tanh\left(0{,}833 \cdot h'^{0{,}375}\right) \cdot \tanh \frac{0{,}077 \cdot L_S'^{0{,}25}}{\tanh\left(0{,}833 \cdot h'^{0{,}375}\right)} \quad [\mathrm{s}] (1.7)$$

Mit bekannten Ausgangswerten für die Streichlänge L_S, die Wassertiefe h, für die ein mittlerer Wert eingesetzt werden muss, können für verschiedene Windgeschwindigkeiten v_W verschiedene Wellenhöhen H_m nach Bild 1.6 ermittelt werden. Ist auch die Dauer t des Windes bekannt, kann sie ebenfalls als Ausgangswert verwendet werden. Der weiter links liegende (also der kleinere!) Wert ist auf der Abszisse zu verwenden. Auch die Wellenperiode T kann bestimmt werden.

Eine anschauliche Möglichkeit zur Bestimmung der mittleren Wellenhöhe $H_m = \overline{H}$ – ist das Verfahren „Krylov II", Bild 1.6. Diese mittlere Wellenhöhe wird mit einem Faktor k_i multipliziert, der die Auftretenswahrscheinlichkeit berücksichtigt und nach Tabelle 1.3 bestimmt werden kann. Die Höhe der 1-%-Welle würde also das 2,52-Fache der mittleren Wellenhöhe betragen.

Tabelle 1.4 Faktoren k_i

Auftretenswahrscheinlichkeit in %	Multiplikationsfaktor k_i
0,1	3,00
1	2,52
5	1,91
10	1,69
20	1,38
30	1,21
50	0,93
70	0,69
90	0,37

Beispiel: Wellenbestimmung

Ein im Mittel 40 m tiefes Tagebaurestloch wurde zu einem See mit Ufern ohne große Buchten oder Landzungen geflutet. Aus NW weht folgender Bemessungswind: $v_W = 22$ m/s, $t = 2{,}5$ h. Am südöstlichen Ufer soll ein Hafen für Sportboote gebaut werden. Von NW nach SO hat der Wind eine Streichlänge von 5,1 km.

a) Welche signifikante Wellenhöhe tritt auf, welche Wellenperiode gehört dazu?

b) Einige Segelbootbesitzer wünschen mindestens gegen die 1-%-Welle geschützt zu werden. Wie groß ist diese Welle?

Lösungen

a) Nach Gl. (1.6) wird:

$$H_S = \frac{484}{9{,}81} \cdot 0{,}283 \cdot \tanh \cdot \left[0{,}53 \cdot \left(\frac{9{,}81 \cdot 40}{484}\right)^{0{,}75}\right] \cdot \tanh \frac{0{,}0125 \cdot \left(\frac{9{,}81 \cdot 5100}{484}\right)^{0{,}42}}{\tanh\left[0{,}53 \cdot \left(\frac{9{,}81 \cdot 40}{484}\right)^{0{,}75}\right]}$$

$$= 13{,}96 \cdot \tanh 0{,}453 \cdot \tanh \frac{0{,}0877}{\tanh 0{,}453}$$

$$= 13{,}96 \cdot 0{,}42 \cdot 0{,}21 = 1{,}23\,\mathrm{m}$$

$$T = 16{,}9 \cdot \tanh\left[0{,}833 \cdot \left(\frac{9{,}81 \cdot 40}{484}\right)^{0{,}375}\right]$$

$$\cdot \tanh \frac{0{,}077 \cdot \left(\frac{9{,}81 \cdot 5100}{484}\right)^{0{,}25}}{\tanh\left[0{,}833 \cdot \left(\frac{9{,}81 \cdot 40}{484}\right)^{0{,}375}\right]}$$

$$= 16{,}9 \cdot \tanh 0{,}77 \cdot \tanh \frac{0{,}2455}{\tanh 0{,}77}$$

$$16{,}9 \cdot 0{,}65 \cdot 0{,}36 = 3{,}95\,\mathrm{s}$$

b) Für Bild (1.6) wird benötigt:

$$\frac{g \cdot L_S}{v_W{}^2} = \frac{9{,}81 \cdot 5100}{484} = 103$$

$$\frac{g \cdot h}{v_W{}^2} = \frac{9{,}81 \cdot 40}{484} = 0{,}81$$

$$\frac{g \cdot t}{v_W} = \frac{9{,}81 \cdot 2{,}5 \cdot 3600}{22} = 4013$$

Maßgebend ist der Wert 103, siehe gestrichelte Linie im Bild 1.6.

Das im Bild 1.6 eingetragene Beispiel ergibt für eine Wassertiefe von $h_m = 40$ m, Streichlänge $L_S = 5{,}1$ km, Dauer des Windes > 2,5 Stunden bei einer Windgeschwindigkeit 10 m über der Wasseroberfläche $v_{W,10} = 22$ m/s die Zwischenwerte

$$0{,}0185 = \frac{9{,}81 \cdot H_m}{484} \rightarrow H_m = 0{,}91\ \mathrm{m}$$

$$H_{1\,\%} = 2{,}52 \cdot 0{,}91 = 2{,}30\ \mathrm{m}$$

Mit Gl. (1.7) wird die zugehörige Wellenperiode errechnet.

$$T = 16{,}9 \cdot \tanh\left[0{,}833 \cdot \left(\frac{9{,}81 \cdot 40}{484}\right)^{0{,}375}\right]$$

$$\cdot \tanh \frac{0{,}077 \cdot \left(\frac{9{,}81 \cdot 5100}{484}\right)^{0{,}25}}{\tanh\left[0{,}833 \cdot \left(\frac{9{,}81 \cdot 40}{484}\right)^{0{,}375}\right]}$$

$$= 16{,}9 \cdot \tanh 0{,}77 \cdot \tanh \frac{0{,}2455}{\tanh 0{,}77}$$

$$16{,}9 \cdot 0{,}65 \cdot 0{,}36 = 3{,}95\,\mathrm{s}$$

b) Für Bild (1.6) wird benötigt:

$$\frac{g \cdot L_S}{v_W{}^2} = \frac{9{,}81 \cdot 5100}{484} = 103$$

$$\frac{g \cdot h}{v_W{}^2} = \frac{9{,}81 \cdot 40}{484} = 0{,}81$$

$$\frac{g \cdot t}{v_W} = \frac{9{,}81 \cdot 2{,}5 \cdot 3600}{22} = 4013$$

Maßgebend ist der Wert 103, siehe gestrichelte Linie im Bild 1.6.

Das im Bild 1.6 eingetragene Beispiel ergibt für eine Wassertiefe von $h_m = 40$ m, Streichlänge $L_S = 5{,}1$ km, Dauer des Windes > 2,5 Stunden bei einer Windgeschwindigkeit 10 m über der Wasseroberfläche $v_{W,10} = 22$ m/s die Zwischenwerte

$$0{,}0185 = \frac{9{,}81 \cdot H_m}{484} \rightarrow H_m = 0{,}91\ \mathrm{m}$$

$$H_{1\,\%} = 2{,}52 \cdot 0{,}91 = 2{,}30$$

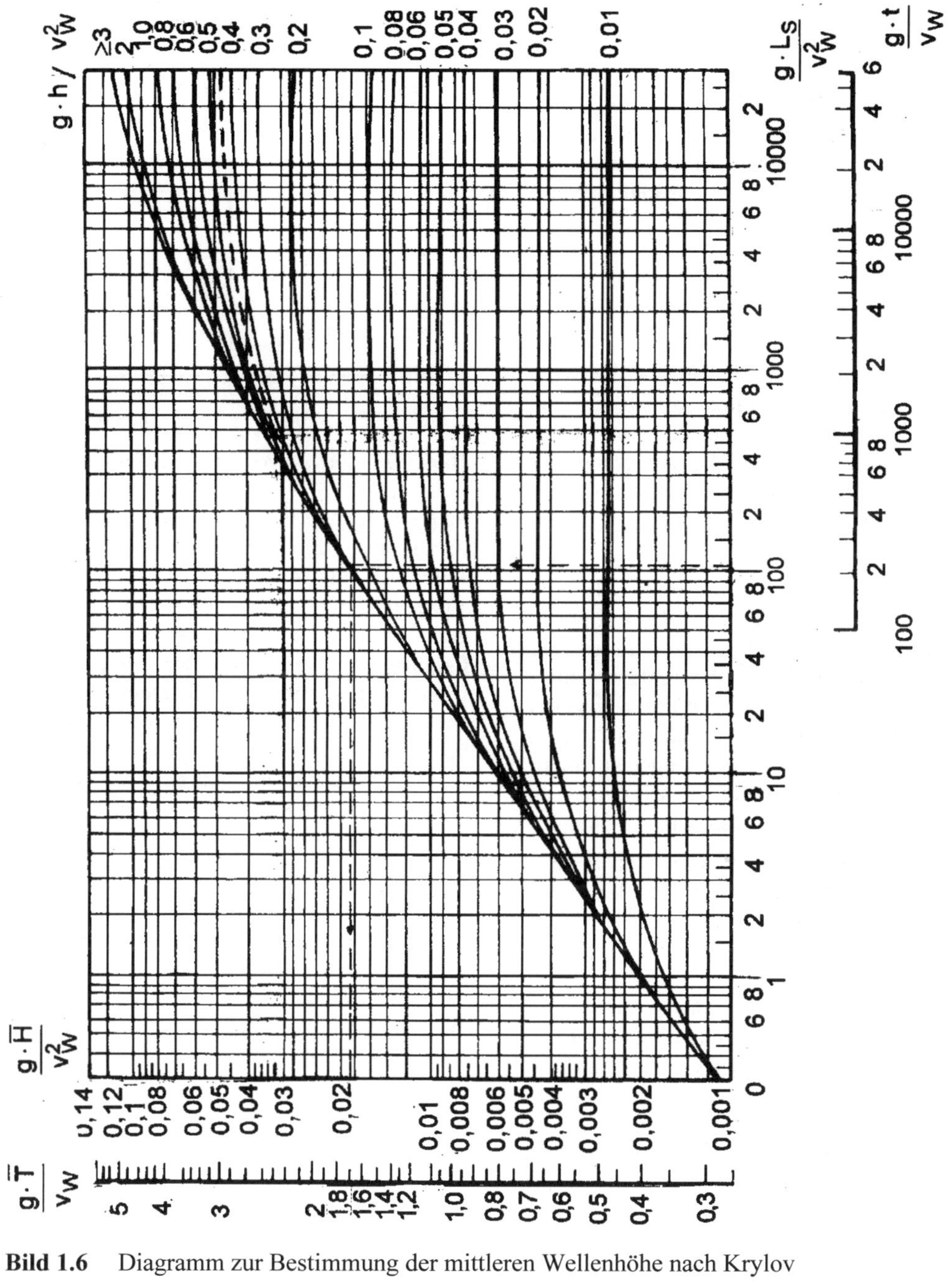

Bild 1.6 Diagramm zur Bestimmung der mittleren Wellenhöhe nach Krylov

1.3.2.3 Windstau

Ein länger anhaltender Wind aus gleicher Richtung mit annähernd gleichbleibender Geschwindigkeit erzeugt eine Wasserspiegelanhebung Δh_W an der dem Wind abgewandten Seite. Ihre Größe kann nach der Gleichung (1.9) bestimmt werden.

$$\Delta h_W = \frac{v_W{}^2 \cdot L_s}{4861 \cdot h_m} \cdot \cos\alpha \quad [m] \qquad (1.8)$$

α Winkel zwischen Windrichtung und Richtung der Böschungsfalllinie, meist ist $\cos \alpha = 1$

L_S Streichlänge in [km]

Während an den Küsten der Windstau oft Ursache von Hochwasserereignissen ist, ergeben sich im Binnenland nur kleine Werte für Δh_W.

1.3.3 Eis

1.3.3.1 Entstehung und Eigenschaften des Eises

Eis bildet sich durch Wärmeabgabe des Wassers bei einer Temperatur von 0 °C. Die Wärmeabgabe erfolgt an die kältere Außenluft. Das Bild 1.7 zeigt die Änderung der Dichte bei der Eisbildung und im Temperaturbereich bis –40 °C.

Eis bildet sich im Fließgewässer erst, wenn sich die gesamte Wassermasse auf null Grad abgekühlt hat. Die durch die turbulente Strömung erfolgende Mischung zögert die Eisbildung hinaus. Durch die stärkere Unterkühlung des Ufers und wegen der geringeren Fließgeschwindigkeit in Ufernähe bildet sich zuerst das **Randeis** aus. Bei länger anhaltendem Frost kann vom Rand zur Mitte hin eine geschlossene Eisdecke entstehen.

Grundeis wird gebildet, wenn im Wasser schwebende Eisteilchen sich an der rauen Gewässersohle festsetzen und durch Anfrieren weiterer Eiskerne sich zu einer Eisschicht vereinigen. Auftrieb und Strömungsdruck reißen dieses Grundeis von der Sohle los und bringen es zum Aufschwimmen. Festgefrorene Schlamm- und Geschiebeteilchen kennzeichnen das Grundeis. Für manche Bauwerke (Rechen) kann der **Eisschlamm** (**Eisbrei**) besonders gefährlich werden. Er bildet sich durch die Vereinigung von im Wasser schwebenden Eiskristallen mit Schwebstoffen des Wassers. Aufschwimmendes Grundeis und von der Strömung abgerissenes Randeis bilden das **Treibeis**. Ist das Treibeis im fließenden Gewässer von Ufer zu Ufer zum Stehen gekommen und zusammengefroren, spricht man vom **Eisstand**. Zuerst kommt es im Oberwasser von Stauhaltungen, dann oberhalb von scharfen Krümmungen und von Einbauten im Fluss zum Eisstand.

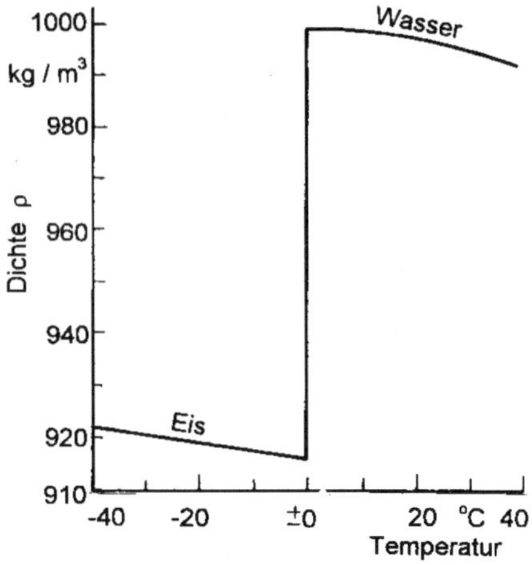

Bild 1.7 Dichte von Eis und Wasser

Schiebt sich das weiterhin hinzuschwimmende Eis unter und auf das ruhende, dann entsteht der **Eisstoß**. Den Höhepunkt dieser Vorgänge bilden schließlich **Eisversetzungen**. Mit einsetzendem Tauwetter beginnt der **Eisgang**. Er kann von der Mündung auf flussaufwärts durch ein künstliches Aufbrechen der Eisdecke gefördert werden. Eisversetzungen können zu Hochwasserständen und Überschwemmungen führen, obwohl der Abfluss geringer ist als bei einem Hochwasser ohne Eis.

Fließgewässer in Mitteleuropa weisen nur in besonders kalten Wintern eine geschlossene Eisdecke auf. Unter dieser Eisdecke kommt es fast immer noch zu einem geringen Abfluss. Salze und andere Inhaltsstoffe des Wassers verändern die Eisbildung. So gefriert z. B. das Meerwasser mit einem Salzgehalt von 3,5 % erst bei –1,8 °C.

Für zahlreiche Flüsse Europas sagt eine Eisstatistik aus dem 20. Jahrhundert wenig aus, weil die starken Verschmutzungen die Eisbildungen erheblich hinausgezögert haben. Die in den letzten Jahren durchgeführten umfangreichen Maßnahmen zur Wiederbelebung und Reinhaltung der Flüsse führen zu künftig verstärkter Eisbildung. Hinzu kommt eine von Klimaexperten vorausgesagte Vergrößerung der Extremwerte, also auch der kalten Winter. Diese sollen zwar seltener, aber mit größeren Frösten auftreten. Der Belastung von Bauwerken und Ufern durch Eis muss deshalb trotz Erderwärmung auch künftig große Aufmerksamkeit geschenkt werden.

1.3.3.2 Belastung von Ufern und Bauwerken durch Eis

Die Kräfte, denen Bauwerke aus einer Eisbelastung ausgesetzt sind, werden vor allem durch die Dicke h_E der Eisdecke und die Eisdruckfestigkeit σ_0 bestimmt. Die Vorausbestimmung einer möglichen Eisdeckenstärke ist schwierig und nur überschläglich möglich, aber auch eine Frage der Eintrittswahrscheinlichkeit. Für Talsperren des Osterzgebirges werden in [56] Werte von 50 cm genannt, wenn ein Wiederkehrintervall von 50 Jahren zugrunde gelegt wird. In Russland errechnet man die Dicke der Eisdecke nach den Gleichungen (1.8) und (1.9) für stehende Gewässer.

$$\boxed{h_E = 2{,}0 \cdot \sqrt{\sum T}} \text{ [cm]} \qquad (1.9)$$

Bzw. für fließende Gewässer

$$\boxed{h_E = 3{,}68 \cdot \sqrt{\sum T}} \text{ [cm]} \qquad (1.10)$$

Darin ist $\sum T$ die Summe der durchschnittlichen Tagestemperaturen unter 0 °C vom Tag der Eisbildung an, wie auch Bild 1.8 zeigt.

Zählt man die negativen Tagestemperaturen auf Bild 1.8 zwischen dem 15.1. (Beginn der Eisbildung) und dem 15.2. (Beginn des Tauwetters) zusammen, erhält man 248 K. Aus Gl. (1.8) würde sich eine Eisdicke von h_E = 31,5 cm für ein Fließgewässer ergeben.

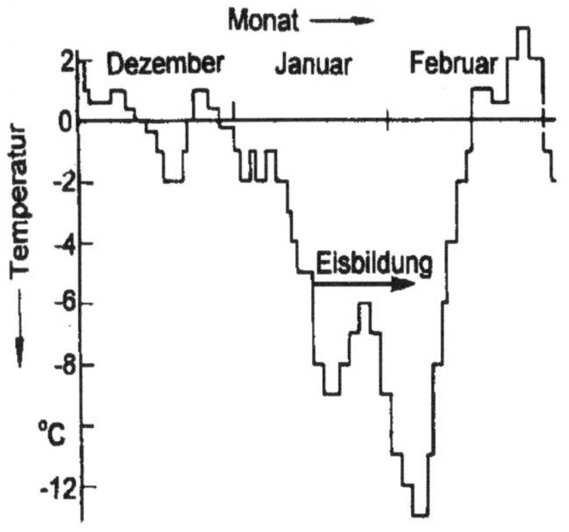

Bild 1.8 Durchschnittliche Tagestemperaturen im Winter an einer Messstelle

Strömungsgeschwindigkeit und örtliche Besonderheiten des Fließgewässers können mit Gl. (1.8) nicht berücksichtigt werden. Statistische Auswertungen gemessener Eisdicken können aussagekräftigere Werte ergeben, wenn sie nicht durch Kühlwasser oder Wasserverschmutzungen (Salze) beeinflusst sind.

Die Eisdruckfestigkeit σ_0 wird z. B. in [18] angegeben mit:

σ_0 = 1,50 MN/m² für den norddeutschen Küstenraum,

σ_0 = 1,80 MN/m² für die Ostsee,

σ_0 = 2,50 MN/m² für Binnengewässer (Süßwassereis).

Die Biegezugfestigkeiten können mit $\frac{1}{3} \cdot \sigma_0$, Scherfestigkeiten mit $\frac{1}{6} \cdot \sigma_0$ angesetzt werden.

Für die Zugfestigkeit steht in [18]:

Zugrichtung senkrecht zur Eisoberfläche: 1,5 MN/m² für Süßwassereis und 0,8 bis 1,0 MN/m² für Meerwassereis.

Zugrichtung parallel zur Eisoberfläche:

0,8 MN/m² für Süßwassereis und 0,3 bis 0,5 MN/m² für Meerwassereis.

Belastet werden Ufer und Bauwerke vor allem durch Druckkräfte und Biegemomente. Statischer, dynamischer und thermischer Eisdruck sowie eine angefrorene Eisdecke, verbunden mit Wasserspiegelschwankungen, sind die Ursachen für Kräfte und Momente.

Die statische Eisdruckkraft entsteht durch unter der Eisdecke strömendes Wasser und aus der Kraftwirkung des Windes. Die statische Eisdruckkraft F_{stat} kann bei Stauseen oder zugefrorenen Flüssen maßgebend sein. Ihre Größe kann durch folgende empirische Gleichungen errechnet werden:

$$\boxed{F_{stat} = A_{Eis} \cdot \begin{bmatrix} (F_1 + F_2 + F_3) \cdot \sin \rho' \\ + F_4 \cdot \sin \beta_W \end{bmatrix}} \text{ [kN]} \qquad (1.13)$$

$$\boxed{F_1 = 5 \cdot 10^{-3} \cdot v} \text{ [kN/m²]} \qquad (1.14)$$

$$F_2 = \frac{50 \cdot h_E \cdot v^2}{100 \cdot L_E} \text{ [kN/m²]} \quad (1.11)$$

$$F_3 = 0{,}92 \cdot h_E \cdot I \text{ [kN/m²]} \quad (1.11a)$$

$$F_4 = 1{,}5 \cdot 10^{-5} \cdot v_W \text{ [kN/m²]} \quad (1.12)$$

Beispiel: Statische Eisdruckkraft an einem Wehr

Oberhalb einer Staustufe hat sich eine h_E = 0,5 m dicke, 200 m breite und L_E = 2 km lange geschlossene Eisdecke gebildet. Unter dieser Eisdecke fließt das Wasser mit v = 1,2 m/s dem Wehr zu und in Fließrichtung weht der Wind mit v_W = 10 m/s. Im Staubereich beträgt das Fließgefälle I = 0,012 %. Welcher statische Eisdruck wirkt auf das sowohl vom Wind mit β_W = 90° als auch vom Wasser (β' = 90°) senkrecht angeströmte Wehr?

Lösung

$$F_1 = 5 \cdot 10^{-3} \cdot 1{,}2 = 6 \cdot 10^{-3} \text{kN/m}^2$$

$$F_2 = \frac{50 \cdot 0{,}5 \cdot 1{,}44}{100 \cdot 2000} = 1{,}8 \cdot 10^{-4} \text{kN/m}^2$$

$$F_3 = 0{,}92 \cdot 0{,}5 \cdot 0{,}12 \cdot 10^{-3} = 0{,}55 \cdot 10^{-4} \text{kN/m}^2$$

$$F_4 = 1{,}5 \cdot 10^{-5} \cdot 10 = 1{,}5 \cdot 10^{-4} \text{kN/m}^2$$

$$F_{stat} = 200 \cdot 2\,000 \cdot \begin{bmatrix} (60 + 1{,}8 + 0{,}55) \cdot \\ \cdot 10^{-4} + 1{,}5 \cdot 10^{-4} \end{bmatrix}$$

$$= 2554 \text{ kN } (12{,}77 \text{ kN/m})$$

Die dynamische Eisdruckkraft entsteht, wenn Eisschollen auf Pfeiler, Wände oder Böschungen auftreffen. Für vertikale Pfähle ergibt sich unabhängig von der Querschnittsform des Pfahles die empirische Gleichung aus [18]

$$F_{dyn} = 0{,}36 \cdot \sigma_0 \cdot d^{0,5} \cdot h_E^{1,1} \text{ [kN]} \quad (1.16)$$

in die die Pfahldicke d und die Eisdicke h_E in cm, σ_0 in MN/m² einzusetzen sind. Für Pfahlgruppen kann die Summe der Lasten auf Einzelpfähle der der Strömung zugekehrten Pfahlreihe gebildet werden.

Bei geneigten Pfählen (ab 6 : 1) kann Scherbruch oder Biegebruch eintreten, bevor das Eis zerdrückt würde. Folglich wäre dann die jeweils kleinere Last für die Bemessung maßgebend.

Auf Böschungen schiebt sich das Eis auf und geht durch Überschreiten der Biegezugfestigkeit zu Bruch. Diese ist geringer als die Druckfestigkeit. Nach [18] sollen 100 kN/m in ungünstiger Höhenlage waagerecht wirkend angesetzt werden.

Der thermische Eisdruck entsteht beim Ausdehnen des Eises durch Temperaturänderung. Große Eisflächen reißen dann auf, in die Spalten dringt Wasser, das schnell gefriert. Besonders die durch steile (senkrechte) und starre Bauwerke begrenzten Wasserflächen mit geschlossenen Eisdecken entwickeln dabei Belastungen auf die Ufer, die oft zu sichtbaren Verformungen führen. Diese Belastungen gehen langsam vor sich. Durch das zeit- und temperaturabhängige Spannungs-Verformungs-Verhalten des Eises wird die Grenze der Druckfestigkeit nicht erreicht, bevor es zu Verformungen kommt.

Auch beim thermischen Eisdruck bestimmen die Eiseigenschaften die Größe wirkender Belastungen. Das führte je nach Versuchsbedingungen zu sehr unterschiedlichen Gleichungen und Grenzwerten für den thermischen Eisdruck. Für seine Größe sind vor allem die Dicke des Eises h_E, die Ausgangstemperatur und die Geschwindigkeit, mit der sich das Eis erwärmt, maßgebend. Eine Berechnung der vom Eis bei Erwärmung erzeugten Linienlast ist nach Gl. (1.15) möglich.

$$F_{therm} = 9 \cdot h_E \cdot (T_0 + 1) \cdot \sqrt[3]{\frac{T_0}{t_E} \cdot (T_0 + 1)^2} \text{ [kN/m]} \quad (1.17)$$

T_0 gemittelte Anfangstemperatur des Eises (Absolutbetrag)

t_E Zeit in Stunden, in der sich das Eis erwärmt

Abweichungen in den Ergebnissen zwischen Formel und Diagramm erklären sich aus unterschiedlichen Bedingungen, aus denen beide hervorgegangen sind.

Angefrorene Eisdecken belasten Ufer, sobald der Wasserstand sich ändert. Solche Wasserstandsschwankungen können gewollt sein (zur Eiszerstörung in Fluss-Stauhaltungen oder bei Speicherbecken) oder durch steigende Wasserstände entstehen. Aus der angefrorenen Eisdecke werden dabei Kräfte und auch Momente auf das Ufer übertragen, die zu Standsicherheitsproblemen und Zerstörungen führen können. Ihre Größe wird vor allem von Eisdicke und Geschwindigkeit der Wasserspiegeländerung bestimmt.

Aus eigenen [56] und weiteren Untersuchungen kann festgehalten werden:

- Die auf das Bauwerk übertragenen Kräfte sind in ihrem Absolutbetrag beim Heben und Senken des Wasserspiegels gleich groß.
- Die Momente unterscheiden sich beim Heben und Senken, weil das Verhalten des Eises über den Querschnitt gesehen temperaturabhängig ist.
- Für praktisch vorkommende Fälle ist für die Belastung eines Ufers oder Bauwerkes das Grenzmoment maßgebend, das aus den zulässigen Zug- und Druckspannungen des Eises unter Beachtung der zeitabhängigen Eiseigenschaften berechnet werden kann.

Da die Belastung aus einer angefrorenen Eisdecke recht groß werden kann, soll ein Beispiel die Ermittlung ausführlicher erläutern. Es muss auch hier betont werden, dass die Ergebnisse auch von Eiseigenschaften, Temperaturverlauf u. a. abhängig sind, stark variieren können.

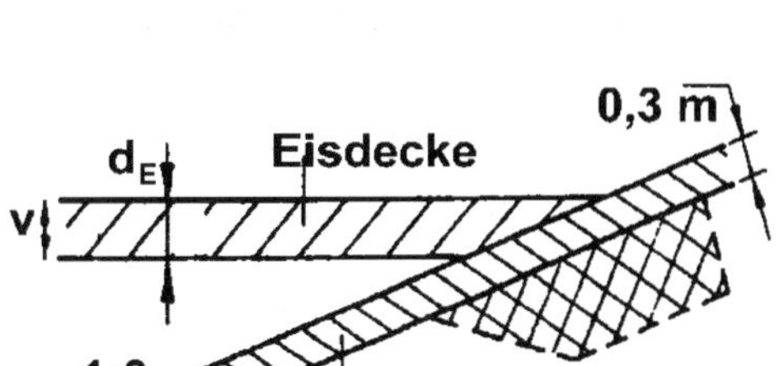

Bild 1.9 Böschungsbelag mit angefrorener Eisdecke

Beispiel: Eisbelastung eines Deckwerkes bei Wasserspiegelschwankung

In einem großen Wasserbecken, z. B. im Oberbecken eines Pumpspeicherwerkes (Abschnitt 5.5.3), hat sich eine geschlossene Eisdecke mit einer Dicke von $h_E = 0{,}35$ m gebildet. Sie haftet fest am Belag aus Bitumenbeton, der in erster Linie dichtende Funktion hat. Das Bild 1.10 zeigt einen Schnitt durch den Belag mit der angefrorenen Eisdecke. Gesucht ist die Belastung, die die Eisdecke beim Heben und Senken des Wasserspiegels und damit der Eisdecke auf den Belag ausübt. Die Temperatur des Eises soll $t_E = -2$ °C betragen. Wasserspiegelbewegungen sind mit einer Vertikalgeschwindigkeit $v_v = 0{,}4$ m/h in beiden Richtungen über insgesamt $t_d = 2$ Stunden möglich.

Lösungen

Friert die Eisdecke am Böschungsbelag an (Bild 1.10), dann entsteht ein fester Verbund zwischen Belag und Eisdecke. Dabei ist die Haftspannung größer als die Biegezugfestigkeit des Eises. Beim Heben oder Senken des Wasserspiegels belasten Gewichts- bzw. Auftriebskräfte sowie ein Einspannmoment den Belag. Diese Belastungen erreichen ein Maximum, unmittelbar bevor der erste Riss in der Eisdecke am Ufer entsteht. Für die Belastung eines Böschungsbelages ist besonders das Einspannmoment von Bedeutung. Vor allem sind Deckwerke, die aus nicht miteinander verbundenen Platten bestehen, in ihrer Standsicherheit gefährdet.

Nach [56] kann mit folgenden Kräften und Momenten auf das Eis beim Heben und Senken gerechnet werden

$$\boxed{F = 200 \cdot v \cdot t_d \cdot \sqrt[4]{\frac{h_E^{\,3}}{\phi}}} \; [\text{kN/m}] \qquad (1.18)$$

$$\boxed{M = 2 \cdot v \cdot t_d \sqrt{\frac{h_E^{\,3}}{\phi}}} \; [\text{MNm/m}] \qquad (1.19)$$

v Geschwindigkeit des Hebens oder Senkens des Wasserspiegels in m/h

t_d Zeit, in der sich die Eisdecke beim Heben bzw. Senken verformt, in h

$$\phi = 1 + \frac{300}{\mu} \cdot \left[t_d + 50 \cdot \left(1 - e^{-0{,}4 \cdot t_d}\right)\right] \quad (1.20)$$

$$\mu = \left(3{,}3 - 0{,}28 \cdot t_E + 0{,}083 \cdot t_E^{\,2}\right) \cdot 10^4 \quad (1.21)$$

Mit $t_E = -2$ °C ergibt sich:

$$\mu = (3{,}3 - 0{,}28 \cdot 2 + 0{,}083 \cdot 4) \cdot 10^4 = 3{,}07 \cdot 10^4$$

$$\phi = 1 + \frac{300}{3{,}07 \cdot 10^4} \cdot \left[2 + 50 \cdot \left(1 - e^{-0{,}4 \cdot 2}\right)\right] = 1{,}29$$

$$F = 200 \cdot 0{,}4 \cdot 2 \cdot \sqrt[4]{\frac{0{,}35^3}{1{,}29}} = 68{,}3 \text{ kN/m}$$

$$M = 2 \cdot 0{,}4 \cdot 2 \cdot \sqrt{\frac{0{,}35^3}{1{,}29}}$$

$$= 0{,}292 \text{ MNm/m} = 292 \text{ kNm/m}$$

Das Moment kann aber nie größer als ein Grenzmoment M_o werden, das aus den Grenzfestigkeiten des Eises bei Zug (σ_Z) und Druck (σ_0) nach Gl. (1.21) gebildet wird:

$$M_o = \frac{h_E^{\,2} \cdot \sigma_Z' \cdot \sigma_0' \cdot (1 + 2 \cdot k_E)}{6 \cdot (\sigma_Z' + \sigma_0')} \text{ [MNm/m]} \quad (1.22)$$

Diese Grenzfestigkeiten berücksichtigen das Relaxationsverhalten des Eises

$$\sigma_Z' = \sigma_Z \cdot e^{-\frac{400 \cdot \tau^*}{\mu}} \text{ [MN/m}^2\text{]} \quad (1.23)$$

$$\sigma_0' = \sigma_0 \cdot e^{-\frac{400 \cdot \tau^*}{\mu}} \text{ [MN/m}^2\text{]} \quad (1.24)$$

In diesen Gleichungen bedeuten:

τ^* die Zeit, in der sich der Wasserspiegel um die Dicke des Eises h_E ändert in h

μ Beiwert nach Gl. (1.31) zu bestimmen

σ_0, σ_Z mittlere Werte für die Eisfestigkeit bei Zug bzw. Druck in MN/m², zu bestimmen aus Versuchen, nach Tabelle 1.4 oder nach [18]

Tabelle 1.5 Eisfestigkeiten auf Zug und Druck

t_E in °C	σ_Z in MN/m²	σ_0 *in* MN/m²
oberer Teil der Eisdecke		
0 bis –2	0,7	1,8
–3 bis –10	0,8	2,5
–11 bis –20	1,0	2,8
unterer Teil der Eisdecke		
0 bis –2	0,5	1,2

Tabelle 1.5 k_E-Werte für Gl. (1.21)

$e^{-\frac{400 \cdot \tau^*}{\mu}}$	$\leq 0{,}8$	0,85	$\geq 0{,}9$
k_E	1,0	1,5	2,0

Zwischenwerte geradlinig interpolieren.

Im Beispiel ist

$$\tau^* = \frac{0{,}35}{0{,}4} = 0{,}875 \text{ Stunden}$$

Mit $\sigma_0 = 1{,}8$ MN/m² und $\sigma_Z = 0{,}7$ MN/m² werden

$$\sigma_0' = 1{,}8 \cdot e^{-\frac{400 \cdot 0{,}875}{30\,700}} = 1{,}78 \text{ MN/m}^2$$

$$\sigma_Z' = 0{,}7 \cdot e^{-\frac{400 \cdot 0{,}875}{30\,700}} = 0{,}69 \text{ MN/m}^2$$

Bei dieser noch als recht schnell anzusehenden Wasserspiegeländerung kommt das Relaxationsverhalten des Eises nicht zum Ausdruck, folglich kann in Gl. (1.21) auch die Eisfestigkeit nach [18] direkt eingesetzt werden:

$$M_o = \frac{0{,}35^2 \cdot 0{,}69 \cdot 1{,}78 \cdot (1 + 2 \cdot 2)}{6 \cdot (0{,}69 + 1{,}78)}$$

$$= 0{,}051 \text{ MNm/m bzw. } 51 \text{ kNm/m}$$

$$M_o = \frac{0{,}35^2 \cdot 0{,}70 \cdot 1{,}80 \cdot (1 + 2 \cdot 2)}{6 \cdot (0{,}70 + 1{,}80)}$$

$$= 0{,}051 \text{ MNm/m bzw. } 51 \text{ kNm/m}$$

Beide Werte sind in diesem Fall gleich, vor allem aber kleiner als 292 kNm/m nach Gl. (1.29), also als Belastung maßgebend.

Ausführliche Untersuchungen zum Eis können bei Carstensen (5) nachgelesen werden.

1.4 Zusammenfassung

Wasserbauten können nur errichtet werden, nachdem umfangreiche Ausgangsdaten ausgewertet worden sind. Am fertigen Bauwerk werden, solange es besteht, weitere Daten erfasst, ständig ausgewertet und oft als Grundlage von Veränderungen am Bauwerk verwendet. Im ersten Abschnitt wurden Daten vorgestellt, die die Natur vorgibt. Jedes Wasserbauwerk beeinflusst die Werte eines Gewässers. Dabei müssen künftig auch die positiven Werte für die Umwelt mehr hervorgehoben, mindestens aber erwähnt werden.

Der Wasserkreislauf bestimmt zahlreiche Prozesse auf der Erde. Niederschlag, Verdunstung und Versickerung sind örtlich sehr unterschiedlich.

Eine besonders wichtige Aufgabe fast aller Wasserbauwerke ist das Verzögern des Abflusses, auch als Retention bezeichnet. auf der Erdoberfläche bzw. vor allem in den Fließgewässern, damit Mensch, Tier und Pflanze ein ihrem Bedarf angepasstes Wasserangebot zur Verfügung haben.

Die vor der Menschheit und unserer Umwelt stehende Klimaänderung beeinflusst schon heute alle Planungen im Wasserbau. Sie vorausschauend zu beachten, ist gegenwärtig von ebenso großer Bedeutung wie das Planen mit Werten, die durch Auswertung von meteorologischen Ereignissen aus der Vergangenheit ermittelt wurden. Das Entsiegeln von Flächen führt nicht zum Verbessern von Ausgangswerten, da der Wasserbauer als Ingenieur immer mit dem ungünstigsten Wert rechnen muss. In Sachen Versickerung ist das der gefrorene und schneebedeckte Boden, auf den plötzlich ein warmer Regen fällt.

Zusammenhänge zwischen Wasserständen, Abflussmengen und Sedimentbewegungen sind wichtige Ausgangsdaten für Änderungen an Fließgewässern. Sie können durch Naturmessungen oder Berechnungen gewonnen werden.

Große Standgewässer wie Seen und Talsperren werden vor allem der Einwirkung der Windwellen ausgesetzt. Die Voraussage und die Berechnung zu erwartender Belastungen aus Wellen bestimmen wesentlich die Lebensdauer der Wasserbauwerke an natürlichen oder künstlichen Seen, z. B. Anlegestellen für Schiffe und Boote. In Fragen der Belastung und Bemessung von Anlegestellen für Boote kann auch auf den Band 2 der zweiten Auflage der Wasserbaupraxis zurückgegriffen werden.

In vielen Standgewässern wie Speichern, Becken und Teichen kann die Eisbelastung ausschlaggebend sein für die Bemessung von Ufersicherungen. Die Eisbelastung eines Wasserbauwerkes zu bestimmen, ist mit Unsicherheiten verbunden, weil die Qualität des Eises sowohl am geplanten Bauwerk als auch bei bisherigen Untersuchungen, die oft zu Berechnungsverfahren und Formeln führten, sehr unterschiedlich (gewesen) sein kann. Frühere Wasserverschmutzungen führten zu geringerer und auch später beginnender Eisbildung und somit auch Eisbelastung.

In den weiteren Kapiteln dieses Buches werden die Forderungen der Menschen nach Wasser in ausreichender Menge und gleichmäßiger Verteilung im Vordergrund stehen. Durch Wasserbauten erfüllt sich die Gesellschaft heute zahlreiche Wünsche. Die Werte der Natur gebührend zu beachten, ist stets eine wichtige Aufgabe beim Errichten eines Wasserbauwerkes. Wie gut das frühere Generationen von Wasserbauern beachtet haben, bekommt der Wasserbauer immer zu spüren, wenn er ein altes marodes Wasserbauwerk beseitigen will oder muss. Dann stehen dem Abriss neue Umweltfragen entgegen. Wasserstände müssen erhalten bleiben, da neben dem abzureißenden Wasserbauwerk neue Biotope sich gebildet haben, die möglichst erhalten bleiben sollen

Wunden in der Natur, durch Baustellen verursacht, heilen langsam – heute stets geforderte Ausgleichsmaßnahmen verbessern nachhaltig die Umwelt.

Der Klimawandel führt zu einer langsam vor sich gehenden Erderwärmung. Das beeinflusst vor allem Inseln und Küsten: Im Binnenland steigen die Aufgaben für den Wasserbauingenieur vor allem mit dem Anwachsen der Extremwerte. Die heißen und trockenen Sommer in den letzten Jahren waren erste Vorboten dieser ebenfalls langsam vor sich gehenden Ereignisse. Mehr noch beeinflussten die großen Wirbelstürme große Gebiete. Die extrem kalten Winter blieben zunächst noch aus, können aber auch noch kommen.

2 Flussbau

2.1 Hydromechanische Grundlagen, Fließformeln

2.1.1 Fließformeln für Gerinne

Fließformeln geben den Zusammenhang zwischen den Querschnittsmaßen (Tiefe, Breite, Rauheit des Fließgewässerquerschnitts), dem Gefälle und der Fließgeschwindigkeit wieder. Mit dem Kontinuitätsgesetz kann der Abfluss bestimmt werden, so dass für interessante Fließquerschnitte der Durchfluss abhängig von der Wassertiefe ermittelt werden kann.

Die Fließformeln entstanden durch das Gleichsetzen der Hangabtriebskraft mit der Reibung auf einem kurzen Abschnitt des Fließgewässers, auf dem Änderungen des Gefälles, der Querschnittsmaße und der Rauheit vernachlässigt werden können.

Im Fall des gleichförmigen und stationären Abflusses ist

$$A \cdot l \cdot \rho \cdot g \cdot \sin\alpha = \tau_0 \cdot l_U \cdot l \qquad (2.1)$$

Die Wandschubspannung τ_0 ist bei der in den Fließgewässern stets vorhandenen turbulenten Wasserbewegung dem Quadrat der Fließgeschwindigkeit proportional. Als Proportionalitätsfaktor tritt die Dichte ρ mit einem dimensionslosen Beiwert λ auf, hier als $\frac{\lambda}{8}$ eingesetzt. Mit

$$I_E = \frac{h_r}{l} = \sin\alpha \approx \tan\alpha \qquad (2.2)$$

(sehr kleine Winkel)

wird

$$\frac{\lambda}{8} \cdot \rho \cdot v^2 \cdot l_U \cdot l = A \cdot \rho \cdot g \cdot h_r \qquad (2.3)$$

$$v = \sqrt{\frac{8 \cdot g}{\lambda}} \cdot \sqrt{\frac{A}{l_U} \cdot \frac{h_r}{l}} \; [\text{m/s}] \qquad (2.4)$$

Mit $C = \sqrt{\frac{8 \cdot g}{\lambda}}$; $r_{hy} = \frac{A}{l_U}$ und $I = \frac{h_r}{l}$

entsteht die einfachste Form, die klassische Fließformel (Brahms 1753, de Chezy 1755)

$$v = C \cdot \sqrt{r_{hy} \cdot I} \; [\text{m/s}] \qquad (2.5)$$

In den folgenden Jahrzehnten konzentrierten sich bekannte Wasserbauer darauf, den *C*-Beiwert, also den Einfluss der Rauheit möglichst genau zu erfassen. Naturmessungen und später Modellversuche gaben ihnen wertvolle Basisdaten. Sehr bekannt und einfach zu handhaben wurden die Ergebnisse von Manning, Gauckler und Strickler:

$$C = k_{St} \cdot r_{hy}^{\frac{1}{6}} \qquad (2.6)$$

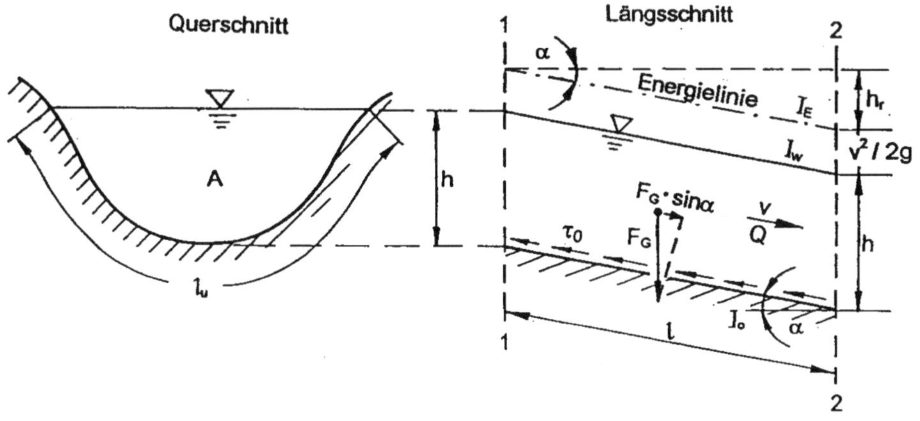

Bild 2.1 Querschnitt (links) und Längsschnitt (rechts) eines kurzen Fließgewässerabschnittes

$$v = k_{St} \cdot r_{hy}^{\frac{2}{3}} \cdot I^{\frac{1}{2}} \qquad (2.7)$$

$$Q = A \cdot k_{St} \cdot r_{hy}^{\frac{2}{3}} \cdot I^{\frac{1}{2}} \; [m^3/s] \qquad (2.8)$$

Der Rauheitsbeiwert k_{St} kann (wie weitere Einzelheiten zur Herleitung der Gleichungen) einschlägigen Werken entnommen werden, z. B. [02] oder [82]. Eine kleine Auswahl von Rauheitsbeiwerten zeigt die Tabelle 2.1. Sie können zur Orientierung dienen, weitere Faktoren wie der Geschiebetrieb beeinflussen seine Größe.

Tabelle 2.1 Rauheitsbeiwerte k_{St}

Sohlen- bzw. Böschungsbeschaffenheit	k_{St} in $m^{1/3}/s$
Sandiger Lehm	50
Mittelsand	45 bis 50
Grobsand	40 bis 45
Mittelkies	40 bis 45
Flussschotter, Geröll	30
Steinschüttung	25
Rasen mit Buschwerk	15 bis 25

Meist wird der Rauheitsbeiwert über den ganzen Querschnitt gleich angenommen, aber auch das Arbeiten mit verschiedenen Beiwerten, z. B. für Mittelwasserprofil und Vorland eines breiten Flusses mit Deichen, ist möglich. Die Fläche eines natürlichen Fließquerschnittes wird einer geometrischen Figur (z. B. Trapez, Parabel) angenähert. Die Geschwindigkeit wird als Mittelwert errechnet.

Beispiel: Trapezprofil

Für ein einfaches Trapezprofil mit 9,0 m breiter Sohle und 1 : 3 geneigten Böschungen, Sohle und Böschungen aus Sand und Kies mit $k_{St} = 41\ m^{1/3}/s$ zeigt die Tabelle 2.2 den Beginn (drei Werte) für die Aufstellung einer Abflusskurve $Q = f(h)$, die oft auch als Schlüsselkurve bezeichnet wird. Das Fließgefälle beträgt in diesem Beispiel über den betrachteten Abschnitt einheitlich $I = 0{,}04\ \%$.

Tabelle 2.2 Bestimmung von $Q = f(h)$

h	m	0,25	0,50	0,75
A	m^2	2,44	5,25	8,44
l_U	m	10,58	12,16	13,74
r_{hy}	m	0,23	0,43	0,61
$r_{hy}^{2/3}$	$m^{2/3}$	0,38	0,57	0,72
k_{St}	$m^{1/3}/s$	41	41	41
v	m/s	0,31	0,47	0,59
Q	m^3/s	0,76	2,47	4,98

Nach [02, S. 251] kann für offene Gerinne (analog zu den Rohrleitungen) eine universelle Fließformel abgeleitet werden, die auf dem Darcy-Gesetz aufbaut und die Beziehung von Prandtl-Colebrook berücksichtigt.

$$v = -4 \cdot \log\left(\frac{f_g \cdot \nu}{8 \cdot r_{hy} \cdot \sqrt{2 \cdot g \cdot r_{hy} \cdot I}} + \frac{\frac{k}{r_{hy}}}{4 \cdot f_r}\right) \cdot \sqrt{2 \cdot g \cdot r_{hy} \cdot I} \; [m/s] \qquad (2.9)$$

Diese Gleichung erfasst alle Größen, die den Fließprozess beeinflussen, nur ihre Anwendung ist aufwendiger. Formbeiwerte f_g (glatt), z. B. für das Trapezprofil und das Rechteckprofil 2,90 oder für den Halbkreis 2,60 und f_r (rau), z. B. für das Trapez 3,16, das Rechteck 3,20 und den Halbkreis 3,60 können auch [02] entnommen werden. Meist genügt es aber wegen der Rauheit der Fließgewässer, nur den zweiten Summanden im Argument des Logarithmus zum Ansatz zu bringen, so dass vereinfacht geschrieben werden kann

$$v = 4 \cdot \log\left(\frac{4 \cdot f_r}{\frac{k}{r_{hy}}}\right) \cdot \sqrt{2 \cdot g \cdot r_{hy} \cdot I} \; [m/s] \qquad (2.10)$$

Mit $C_r = 4 \cdot log(4 \cdot f_r) \cdot \sqrt{2 \cdot g}$ (2.10a)

erhält man eine einfachere Form der universellen Fließformel

$$v = \left(C_r + 17{,}71 \cdot log \frac{r_{hy}}{k} \right) \cdot \sqrt{r_{hy} \cdot I} \quad [m/s] \quad (2.11)$$

Für C_r kann für „normale" Fließgewässer $C_r \cong 20$ eingesetzt werden, [02, S. 252].

Mit $k = 50$ mm, einer absoluten Rauheit für mittleren Kies, die etwa dem Beiwert $k_{St} = 41\ m^{1/3}/s$ entspricht, ergeben die drei Wassertiefen der Tabelle 2.2 $v = 0{,}30$ m/s für $h = 0{,}25$ m, $v = 0{,}47$ m/s für $h = 0{,}50$ m und $v = 0{,}60$ m/s für $h = 0{,}75$ m.

Gegliederte Fließquerschnitte (z. B. Flüsse mit Vorländern und Deichen) werden aufgeteilt, wie im Bild 2.2 gezeigt wird, und einzeln berechnet. Dadurch können unterschiedliche Rauheiten von Vorländern und Mittelwasserprofil ebenso berücksichtigt werden wie ein Bewuchs auf den Vorländern. Die Trennfläche zwischen Mittelwasser- und Vorlandprofil wird durch Reibung des schneller fließenden Wassers mit dem langsameren über dem Vorland gekennzeichnet. Nur die bremsende Wirkung auf das Wasser im mittleren Teil wird angesetzt.

Einige Autoren setzen dort keinen „benetzten Umfang" an, weil keine Reibung an festen Ufern stattfindet. Die Unterschiede in den Ergebnissen sind gering, weil diese Längen gegenüber dem wirklich benetzten Umfang erst bei höheren Wasserständen über den Vorländern ins Gewicht fallen. Sind die Vorländer bewachsen, dann tritt eine größere bremsende Wirkung ein, vgl. Abschnitt 2.1.2.

Beispiel: Doppeltrapezprofil

Gesucht ist der Hochwasserabfluss für den im Bild 2.2 dargestellten Wasserstand und die gegebenen Querschnittswerte. Das Fließgefälle beträgt $I = 0{,}05$ %.

$h_1 = 3{,}00$ m; $b_1 = 116$ m; $k_{St,1} = 30\ m^{1/3}/s$;

$h_2 = 7{,}00$ m; $b_2 = 84$ m; $k_{St,2} = 42\ m^{1/3}/s$;

$h_3 = 3{,}00$ m; $b_3 = 86$ m; $k_{St,3} = 25\ m^{1/3}/s$.

Mit 1 : 3 geneigten Böschungen im Mittelwasserprofil und 1 : 2 geneigten Deichböschungen werden:

$$A_F = 60 \cdot 4 + 12 \cdot 4 + 84 \cdot 3 = 540\ m^2$$

$$l_{U,F} = 60 + 2 \cdot \sqrt{160} + 6 = 91{,}3\ m$$

$$r_{hy} = 5{,}91\ m$$

$$Q_F = 540 \cdot 42 \cdot 5{,}91^{\frac{2}{3}} \cdot \sqrt{0{,}0005}$$

$$= 1658\ m^3/s$$

$$A_{V1} = 3 \cdot 110 + 9 = 339\ m^2$$

$$A_{V2} = 80 \cdot 3 + 9 = 249\ m^2$$

$$l_{U,V1} = 110 + \sqrt{45} = 116{,}7\ m$$

$$l_{U,V2} = 80 + \sqrt{45} = 86{,}7\ m$$

$$r_{hy,V1} = 2{,}90\ m \quad r_{hy,V2} = 2{,}87\ m$$

$$Q_{V1} = 30 \cdot 2{,}90^{\frac{2}{3}} \cdot \sqrt{0{,}0005} \cdot 339 = 464\ m^3/s$$

$$Q_{V2} = 249 \cdot 25 \cdot 2{,}87^{\frac{2}{3}} \cdot \sqrt{0{,}0005} = 281\ m^3/s$$

Insgesamt durchfließen den Querschnitt:

$$Q = 1658 + 464 + 281 = 2403\ m^3/s$$

2.1.2 Fließformeln für bewachsene Fließgewässer

Sowohl durch beabsichtigte oder wildwachsende Ufervegetation als auch durch

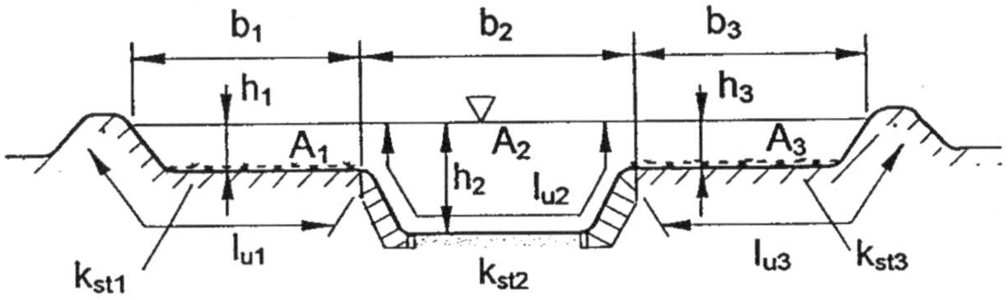

Bild 2.2 Querschnitt zum Berechnungsbeispiel

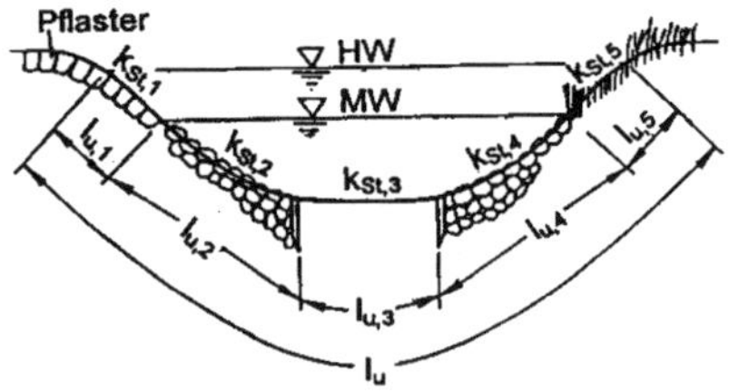

Bild 2.3 Fließquerschnitt mit unterschiedlichen Rauheiten

Baumaßnahmen am Fließgewässer (Böschungssicherung) können Teile des Fließquerschnittes mit sehr unterschiedlichen Rauheiten entstanden sein. In einem kompakten Querschnitt mit Uferbewuchs nach Bild 2.3 ist es möglich und ausreichend, nach Gl. (2.12) einen einheitlichen k_{St}-Beiwert für die Fließformel, Gl. (2.7) zu ermitteln.

$$k_{St,ges} = \left[\frac{l_U}{\sum_{i=1}^{n} \left[\frac{l_{U,i}}{k_{St,i}^{\frac{3}{2}}} \right]} \right]^{\frac{2}{3}} \quad [m^{1/3}/s] \qquad (2.12)$$

Weichen Sohl- und Böschungsrauheit im Trapezprofil erheblich voneinander ab, kann nach Schröder [88] der mittlere k_{St}-Wert nach Gl. (2.13) bestimmt werden:

$$k_{St,ges} = \frac{l_U^{\frac{2}{3}} \cdot k_{St,So} \cdot k_{St,Bö}}{\left(b_S \cdot k_{St,Bö}^{\frac{3}{2}} + l_{U,Bö} \cdot k_{St,So}^{\frac{3}{2}} \right)^{\frac{2}{3}}} \quad [m^{1/3}/s] \qquad (2.13)$$

Beispiel: Mittlerer k_{St}-Beiwert

Das Mittelwasserprofil vom Querschnitt des Bildes 2.3 hat folgende Einzelwerte für Längen und Rauheiten: $l_{U,2} = 9{,}50$ m; $k_{St,2} = 20\ m^{1/3}/s$; $l_{U,3} = 20$ m; $k_{St,3} = k_{St,So} = 35\ m^{1/3}/s$; $l_{U,4} = 6{,}70$ m; $k_{St,4} = 20\ m^{1/3}/s$. Nach Gl. (2.12) ergibt sich:

$$k_{St,ges} = \left[\frac{36{,}20}{\frac{9{,}50}{20^{\frac{3}{2}}} + \frac{20}{35^{\frac{3}{2}}} + \frac{6{,}70}{20^{\frac{3}{2}}}} \right]^{\frac{2}{3}}$$

$$= 25{,}71\ m^{1/3}/s$$

Wird Gl. (2.13) verwendet, so erhält man:

$$k_{St,ges} = \frac{36{,}2^{\frac{2}{3}} \cdot 35 \cdot 20}{\left(20 \cdot 20^{\frac{3}{2}} + 16{,}2 \cdot 35^{\frac{3}{2}} \right)^{\frac{2}{3}}}$$

$$= 25{,}7\ m^{1/3}/s$$

Ein **Fließquerschnitt mit Bewuchs** setzt dem strömenden Wasser einen größeren Widerstand entgegen als ein bewuchsfreies Profil. Nach Schröder und Bollrich [02] kann für einen solchen Querschnitt eine mittlere Fließgeschwindigkeit berechnet werden zu:

$$v = \sqrt{\frac{8 \cdot g \cdot r_{hy} \cdot I_E}{\lambda_W + 4 \cdot c_{WR} \cdot \omega_p \cdot r_{hy}}} \quad [m/s] \qquad (2.14)$$

In dieser Gleichung bedeuten:

λ_W Widerstandsbeiwert der Wandreibung (rau), zu berechnen nach Gl. (2.15)

$$\frac{1}{\sqrt{\lambda_W}} = 2 \cdot \log\left(\frac{14{,}84 \cdot r_{hy}}{k} \right) \qquad (2.15)$$

$c_{WR} = 1{,}0$ bis $1{,}5$, formabhängiger Widerstandsbeiwert für ein Kollektiv durchströmter Pflanzen

ω_p (spezifische Anströmfläche der Vegetation) = 0,1 ... 0,5 m^{-1} für lockeren strauchartigen Bewuchs

$\omega_p =$ 1,5 ... 3,0 m^{-1} für dichten strauchartigen Bewuchs

$$\omega_p = d_{pm} \cdot D_p = \frac{d_{pm}}{a_x \cdot a_y} \quad \text{für Baumbewuchs}$$

d_{pm} mittlerer Stammdurchmesser

a_x Gehölzabstand in Fließrichtung in m

a_y Abstand der Bäume quer zur Fließrichtung in m

Die Gl. (2.14) vereinfacht sich, sobald λ_W vernachlässigt werden kann. Bei nicht sehr rauer Wandung bzw. bei dichtem Gehölz ist der Einfluss von λ_W gering.

Fließgewässer mit Bewuchs der Vorländer und bewuchsfreiem Hauptgerinne (Mittelwasserprofil) werden berechnet, indem das Hauptgerinne von den Vorländern getrennt wird. Für eine erste Berechnung kann man zunächst die Trennflächen zwischen Mittelwasserprofil und Vorländern als glatte Trennwand annehmen (kein benetzter Umfang) und nur den Abfluss des Hauptgerinnes berechnen. Die Vorländer können dann nach [38] berechnet werden, wobei sowohl starrer Bewuchs (Bäume) als auch flexibler Bewuchs (Sträucher) oder nur eine Bewuchsart vorhanden sein können.

Das Berechnungsverfahren, das aus theoretischen Ansätzen und Modellversuchen gewonnen wurde, basiert auf der Gl. (2.7) und verändert nur den Beiwert k_{St}, Gl. (2.16) in $k_{St,V}$.

$$v = k_{St,V} \cdot r_{hy}^{\frac{2}{3}} \cdot I^{\frac{1}{2}} \text{ [m/s]} \tag{2.16}$$

Der neue Stricklerbeiwert $k_{St,V}$ berücksichtigt die Bewuchsdichte $D_{V,hy}$ aus starrem und flexiblem Bewuchs, Gl. (2.17).

$$D_{V,hy} = \frac{c_{WR} \cdot \sum A_{P,i}}{l_U \cdot l_V} \tag{2.17}$$

c_{WR} 1 bis 1,5, vgl. Gl. (2.14) bzw. (2.17)

l_V Vorlandbreite in m

l_U Länge einer ausgewählten bewachsenen Strecke in m

$A_{P,i}$ Summe aller Bewuchsanströmflächen auf der Strecke l_U

Der Mischbewuchsbeiwert α beschreibt den Anteil flexibler Vegetation am gesamten Bewuchs, variiert also von 0 bis 1. Damit kann die Bewuchsdichte aufgeteilt werden in einen flexiblen und einen starren Anteil.

$$\begin{aligned} D_{V,hy,flex} &= D_{V,hy} \cdot \alpha \\ D_{V,hy,starr} &= D_{V,hy} \cdot (1-\alpha) \end{aligned} \tag{2.17 a}$$

Indlekofer [38] führt eine Konstante $C_{V,hy}$, Gl. (2.18) und die X-Variablen, Gl. (2.19) und (2.20) ein, um auf übersichtliche Weise zum Beiwert $k_{St,V}$ bzw. zur Geschwindigkeit v im durchströmten Bereich zu kommen.

$$C_{V,hy} = \frac{k_{St}}{16 \cdot g \cdot r_{hy}^{\frac{1}{3}} \cdot I^{\frac{1}{2}}} \cdot D_{V,hy} \tag{2.18}$$

$$X_{flex} = C_{V,hy} \cdot \alpha \tag{2.19}$$

$$X_{starr} = 8 \cdot v_{oB} \cdot C_{V,hy} \cdot (1-\alpha) \tag{2.20}$$

v_{oB} ist die Fließgeschwindigkeit ohne Bewuchs in m/s

Nach diesen einzelnen Schritten können das Strickler-Beiwerte-Verhältnis und das Geschwindigkeitsverhältnis in Gl. (2.21) dargestellt und die gesuchte Fließgeschwindigkeit im durchströmten Bereich errechnet werden.

$$\frac{k_{St,V}}{k_{St}} = \frac{v}{v_{oB}} = \sqrt{\left(\frac{X_{flex}}{1+X_{starr}}\right)^2 + \frac{1}{1+X_{starr}}} - \frac{X_{flex}}{1+X_{starr}} \tag{2.21}$$

Beispiel: Fließgewässer mit bewachsenen Vorländern

Für ein Fließgewässer mit $I_E = 0{,}05\ \%$ und dem abgebildeten Querschnitt (Bild 2.4) soll untersucht werden, wie viel Wasser über den Vorländern, im Mittelwasserprofil und insgesamt beim vorgegebenen Wasserstand abfließt.

Für das Mittelwasserprofil wurde bereits im Beispiel auf Seite 23 ein Abfluss von 1 658 m^3/s ermittelt. Auch die Vorlandbreiten l_V können übernommen werden. Der nur angedeutete flexible Bewuchs soll 50 % des Gesamtbewuchses betragen, also ist $\alpha = 0{,}5$. Für l_U wird ein 9 m langer Abschnitt in Fließrichtung hier gewählt, auf dem links eine und rechts drei Baumreihen stehen. Die Bäume ergeben eine eingetauchte Fläche links von 9,24 m^2, rechts 10,8 m^2.

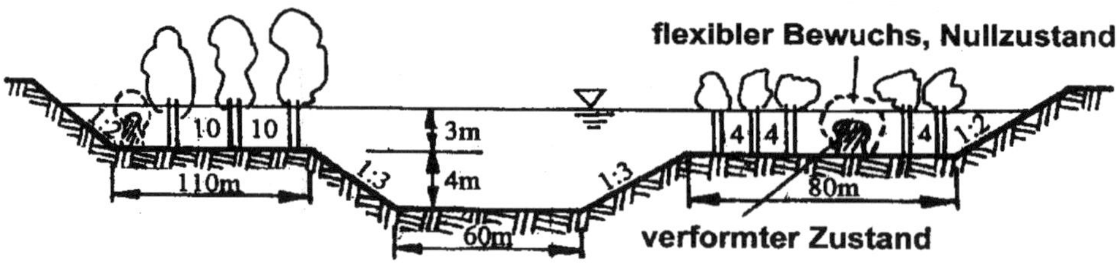

$k_{St} = 30\ m^{1/3}/s$, $a_y = 10$ m, $a_x = 9$ m, $k_{St} = 25\ m^{1/3}/s$, $a_y = 4$ m, $a_x = 3$ m,
$d_{p,m} = 0{,}28$ m, $c_{WR} = 1{,}5$ $d_{p,m} = 0{,}06$ m, $c_{WR} = 1{,}5$

Bild 2.4 Fließquerschnitt mit bewachsenen Vorländern

Aus Gl. (2.17) kann für das linke Vorland ermittelt werden, wenn eine Reihe Bäume 50 % der Bewuchsfläche sind.

$$D_{V,hy,l} = \frac{1{,}5 \cdot 18{,}48}{116{,}7 \cdot 9} = 0{,}0264$$

Analog ergibt sich für das rechte Vorland $D_{V,hy,r} = 0{,}0415$.

Die Gl. (2.18) – erneut für die linke Seite ausführlich berechnet – ergibt

$$C_{V,hy,l} = \frac{30 \cdot 0{,}0264}{16 \cdot 9{,}81 \cdot 2{,}90^{\frac{1}{3}} \cdot 0{,}0005^{\frac{1}{2}}} = 0{,}158$$

$C_{V,hy,r}$ wird 0,208.

Für den flexiblen Bewuchs ergeben die Gleichungen (2.19) bzw. (2.20)

$X_{flex,l} = 0{,}158 \cdot 0{,}5 = 0{,}079$ und für das rechte Vorland $X_{flex,r} = 0{,}104$. Die Baumreihen auf dem linken Vorland ergeben $X_{starr} = 8 \cdot 1{,}37 \cdot 0{,}158 \cdot 0{,}5 = 0{,}866$ und rechts wird $X_{starr} = 0{,}94$. Die Fließgeschwindigkeit ohne Bewuchs wurde dem Beispiel 7 entnommen. Mit der Gl. (2.21) ist die Fließgeschwindigkeit im linken Vorland zu berechnen.

$$v_l = 1{,}37 \cdot \left(\sqrt{\left(\frac{0{,}079}{1{,}866}\right)^2 + \frac{1}{1{,}866}} - \frac{0{,}079}{1{,}866} \right)$$
$$= 0{,}95 \text{ m/s}$$

Im rechten Vorland strömt das Wasser mit $v_r = 0{,}75$ m/s. Der Abfluss beträgt links $Q_l = 0{,}95 \cdot 339 = 322\ m^3/s$ und im rechten Vorland $Q_r = 187\ m^3/s$. Im gesamten Profil fließen bei dem gegebenen Wasserstand $Q = 1658 + 322 + 187 = 2\,167\ m^3/s$ ab. Das sind 236 m^3/s weniger als bei freien (unbewachsenen) Vorländern. Wären nur die im Bild 2.4 angegebenen Bäume vorhanden, also $\alpha = 0$, betrüge der Abfluss $Q_{ges} = 2\,199\ m^3/s$.

Im Vergleich mit dem Beispiel auf der Seite 23 scheint Bewuchs auf den Vorländern ein Hochwasser nur wenig zu beeinflussen. Trotzdem muss gewarnt werden, Bäume oder Sträucher auf Vorländern zuzulassen, denn Eisschollen o. a. schwimmende Gegenstände können die Abflussverhältnisse stark verändern.

2.1.3 Schleppspannungen an Sohle und Böschung

Die Gleichung (2.1) drückt den Gleichgewichtszustand zwischen Hangabtriebskraft und Reibung in einem Fließgewässerabschnitt aus. Aus ihr kann die auch als Schleppspannung bezeichnete mittlere Wandschubspannung τ_0 ermittelt werden.

$$\boxed{\tau_0 = \rho \cdot g \cdot r_{hy} \cdot I_E} \ [\text{N/m}^2] \qquad (2.22)$$

In breiten Gerinnen wird der Einfluss der Böschungen bzw. senkrechten Ufer auf den benetzten Umfang geringer, so dass vereinfacht mit $\rho \cdot g \approx 10\,000\ N/m^3$ geschrieben werden kann:

$$\boxed{\tau_0 = 10\,000 \cdot h \cdot I_E} \ [\text{N/m}^2] \qquad (2.23)$$

Für die Werte in der Tabelle 2.2 ergeben sich Schleppspannungen an der Sohle von 1 bis 3 N/m^2. In dieser Größenordnung liegen zulässige Schleppspannungen τ_{crit} für einen mittleren Sand, d. h. eine Fließgewässersohle aus diesem Material kann schon bei so geringen Abflüssen in Bewegung geraten. Der

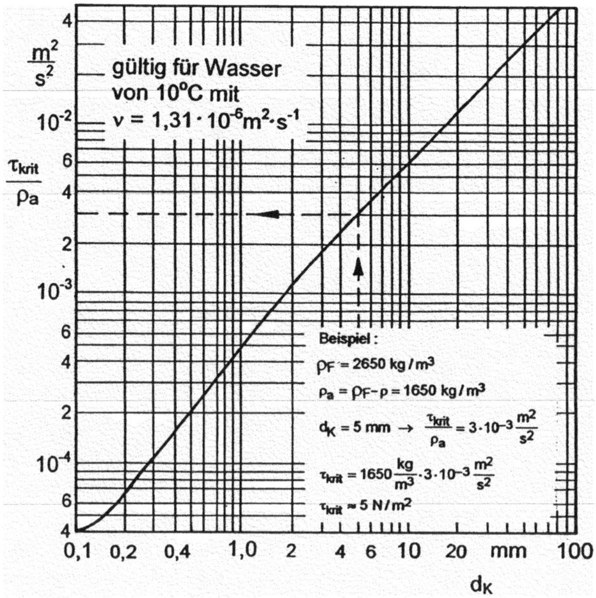

Bild 2.5 Diagramm zur Ermittlung der Grenzschleppspannung τ_{crit} aus dem Durchmesser d_K eines kohäsionslosen Sohlenmaterials

Vergleich auftretender und zulässiger Schleppspannungen ist der Anfang aller Überlegungen zum Transport von Feststoffen (Geschiebe) im Fließgewässer. Schon etwas größere als die zulässigen Schleppspannungen führen zu Erosionen, kleinere zu Ablagerungen mitgeführter Feststoffe. Zulässige Schleppspannungen τ_{crit} können Bild 2.5 oder [02] entnommen werden.

Meist sind in entsprechenden Tabellen auch zulässige Fließgeschwindigkeiten angegeben, so dass auch ein Vergleich der Geschwindigkeiten zu einer Aussage führt, ob die Sohle des Fließgewässers stabil bleibt oder ab wann mit Erosionen zu rechnen ist. Abweichungen in den Aussagen erklären sich aus unterschiedlichen Versuchsbedingungen, unter denen die zulässigen Werte für τ_{crit} bzw. v_{crit} ermittelt wurden, aber auch daraus, dass der Beginn der Geschiebebewegung subjektiv beurteilt werden muss. Außerdem setzt sich das natürlich vorhandene Geschiebe aus sehr unterschiedlichen Korngrößen zusammen.

Die Grenzschleppspannung τ_{crit} kann aus dem Bild 2.5 für ein kohäsionsloses Korn mit dem Korndurchmesser d_K abgelesen werden.

Für Korngemische bildet man d_K aus Gl. (2.24).

$$d_K = \frac{1}{9}\left(d_{10} + d_{20} + \ldots + d_{90}\right) \quad [\text{mm}] \quad (2.24)$$

Geneigte Flächen (Böschungen) sind weniger stabil als Sohlflächen. Deshalb muss die zulässige Schleppspannung τ_{crit} für ein auf der Böschung liegendes Korn abgemindert werden.

$$\tau_{crit,Bö} = n \cdot \tau_{crit} \qquad n = \frac{\sin\varphi - \sin\beta}{\sin\varphi + \sin\beta}$$

[N/m²] (2.25)

ϕ natürlicher Böschungswinkel des Erdstoffes, wenn dieser nicht bindig ist

β vorhandener Böschungswinkel

Aus den Gleichungen (2.23) und (2.25) geht hervor, dass der Böschungsfuß im Trapezprofil ein besonders gefährdeter Teil ist. Deshalb und auch aus anderen Gründen ist der Böschungsfuß besonders zu sichern.

Mehr oder weniger große Anteile bindiger Erdstoffe in den ufernahen Böden natürlicher

Fließgewässer führen dazu, dass auch steilere Böschungen stabil bleiben, steiler als es die o. g. Gleichungen befürchten lassen, die für rollige Erdstoffe zutreffen.

2.2 Natürliche Fließvorgänge und Geschiebe

2.2.1 Fließvorgänge in der Geraden

Gerade Fließstrecken sind in natürlichen Flussläufen kaum vorhanden, weil sie, wie noch erläutert werden wird, der Dynamik des Fließgewässers nicht entsprechen. Sie kommen im Fließgewässer nur auf kurzen Längen vor oder wurden von Menschen geschaffen. Als Ausgangspunkt für weitere Überlegungen muss die Gerade hier zunächst angenommen werden.

Über den Querschnitt gesehen, ist die Fließgeschwindigkeit nicht, wie für die hydromechanischen Berechnungen meist angenommen wird, gleichmäßig verteilt. Örtlich auftretende Fließgeschwindigkeiten weichen vom Mittelwert ab, Bild 2.6.

In der Mitte des Gewässerquerschnittes ist die Geschwindigkeit am größten. Das führt zu größerer kinetischer Energie, ausgedrückt durch $v^2/2g$ in der Bernoulligleichung. Folglich ist der Wasserspiegel zur Mitte hin leicht geneigt. Jedes Wasserteilchen an der Oberfläche unterliegt dadurch nicht nur der Primärströmung, sondern auch einer quer zu dieser gerichteten Sekundärströmung. Das Bild 2.7 bringt das zum Ausdruck. Als Folge dieser Erscheinung entstehen nebeneinander liegende lange Spiralen (Walzen), die zu stärkeren Angriffen auf die Sohle in der Flussmitte führen, zu geringeren Angriffen in Ufernähe. Auch dadurch gräbt sich ein Fluss immer tiefer ein.

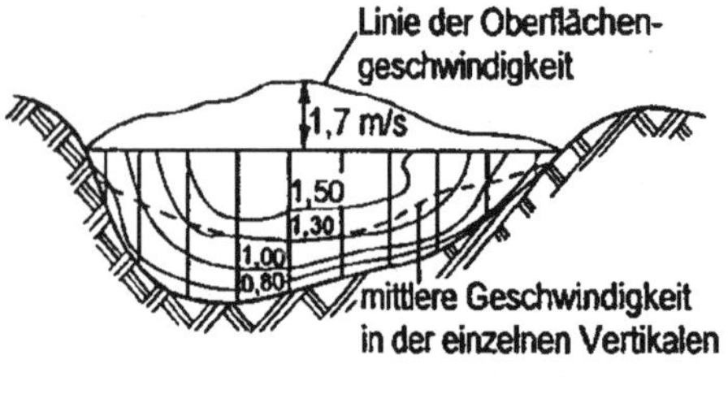

Bild 2.6 Geschwindigkeitsverteilung im Fließgewässerquerschnitt

In breiten Wasserläufen und/oder bei geringer Wasserführung verliert der Fluss seine Führung an den Ufern. Der Fließzustand in der Geraden wird labil. Durch Unebenheiten in der Flusssohle entstehen Pendelbewegungen. Dadurch bricht der Fluss auch bei geringen Wasserführungen aus der Geraden aus, wählt selbst einen Verlauf mit Krümmungen. Die Gerade ist folglich ein Grundrisselement des Fließgewässers, das nicht seinem natürlichen Fließverhalten entspricht.

2.2.2 Fließvorgänge in Krümmungen

Beim Übergang aus einer geraden Fließstrecke (Schnitt A im Bild 2.8) in eine Krümmung führt die Trägheit der strömenden Wasserteilchen zunächst zum Beibehalten der geraden Richtung. Dadurch vergrößert sich die Walze am hier rechts dargestellten ausbuchtenden Ufer, die linke Walze wird kleiner, Schnitt B auf Bild 2.8. Schließlich prallen die Wasserteilchen ans einbuchtende Ufer (Prallufer) und werden zur Mitte hin abgelenkt. Die Linie der größten Oberflächengeschwindigkeit, der Stromstrich, verlagert sich von der Strommitte zum einbuchtenden Ufer. Im Schnitt C ist zu sehen, dass nur noch eine Walze vorhanden ist. Die große Primärgeschwindigkeit im Stromstrich, die Energieumwandlung beim Anprall

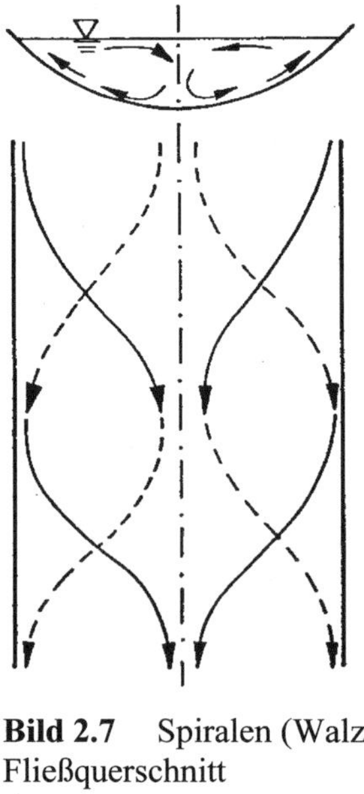

Bild 2.7 Spiralen (Walzen) im Fließquerschnitt

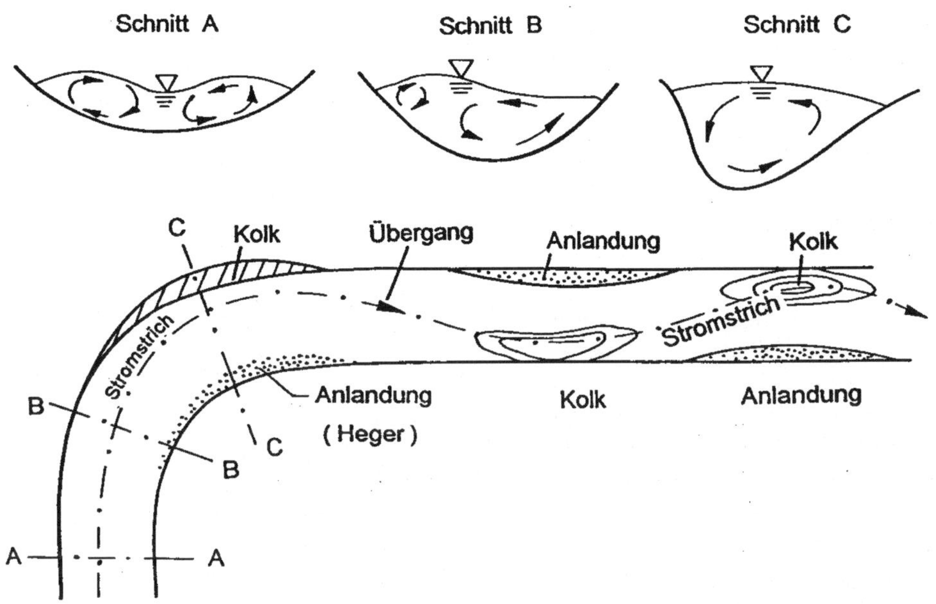

Bild 2.8 Fließvorgänge in Krümmungen

und auch die abwärts gerichtete Sekundärströmung überlagern sich und führen zu besonders großen Angriffen am Prallufer. Kolke sind die Folge. Am ausbuchtenden Ufer führen die kleinere Primärgeschwindigkeit und die aufwärts gerichtete Sekundärströmung zum Ablagern von mitgeführtem Geschiebe.

Das vom Prallufer zurückgeworfene Wasser gelangt – ebenfalls dem Gesetz der Trägheit folgend – ans gegenüberliegende Ufer, wo sich die gleichen Vorgänge noch einmal abspielen. Auf diese Weise pendelt der Stromstrich eines Fließgewässers ständig, gerade Fließstrecken widersprechen diesen natürlichen Prozessen.

Trotz dieser Gesetzmäßigkeiten gibt es keine regelmäßigen Flussläufe, sowohl den Grundriss als auch den Querschnitt betreffend. Die Ursachen dafür sind die wechselnden Abflüsse, Gefälleveränderungen und der ungleichmäßige Untergrund, der von Lockergestein bis Fels reicht. Die Pendelbewegungen des Fließgewässers führen durch Kolke am Prallufer und Ablagerungen am ausbuchtenden Ufer zu Mäandern. Das sind Flusskrümmungen, deren Länge größer ist als ein einbeschriebener Halbkreis, Bild 2.9.

Bei einem über die Ufer tretenden Hochwasser können die schmalen Landrücken eines Mäanders durchbrechen. Mit dem neuen Flussabschnitt, also dem verkürzten Flusslauf, entsteht vor allem ein größeres Gefälle auf der Strecke des Durchbruchs. Das führt zu neuen Erosionen, die an anderen Stellen unerwünschte Ablagerungen bilden können. Im Bereich des Durchbruchs kommt es zur beschleunigten Eintiefung des Fließgewässers mit allen nachteiligen Folgen für die umliegende Landschaft, vor allem durch das Absinken des Grundwasserstandes.

2.2.3 Schwebstoffe und Geschiebe

Berechnungen im Wasserbau gehen fast immer von reinem Wasser aus. Wasserbauwerke im und am bewegten Wasser können

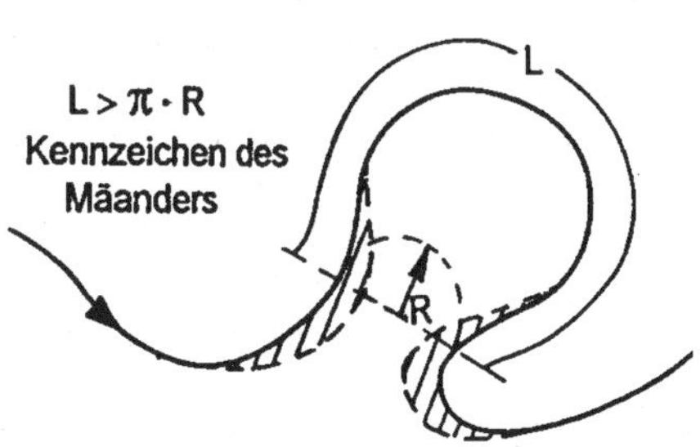

Bild 2.9 Flussmäander

aber auch durch Wasser belastet werden, das Feststoffanteile enthält.

Schwimmstoffe sind Feststoffe (Holz, Eis u. a.), die leichter sind als Wasser, deshalb schwimmen. Sie können vor allem Zuflüsse zu Wasserkraftwerken, Wasserentnahmen und Kühlwasserkreisläufe, aber auch Hochwasserabflüsse in den Fließgewässern beeinträchtigen.

Gelöste Stoffe (z. B. Salze, Säuren, Laugen u. a.) beeinflussen die Fließeigenschaften der Gewässer nur wenig. Für den Wasserbauer sind sie nur von Interesse, wenn sie die Baustoffe angreifen. Probleme der Baustoffchemie sollen hier aber nicht behandelt werden.

Schwebstoffe sind Stoffe, die im Wasser schwebend transportiert werden. Es sind mineralische Stoffe, die von der Oberfläche des Einzugsgebietes stammen. Wind und Niederschlagswasser haben sie dem Fließgewässer zugeführt. Auch Uferabbrüche und Erosionen entlang des benetzten Umfanges können Schwebstoffe ins Fließgewässer eintragen. Im Jangtse fließen etwa 7 kg/m³ Feststoff als Schwebstoff.

Geschiebe besteht aus Gesteinstrümmern, die auf der Sohle gleitend, rollend oder springend vorwärtsbewegt werden. Erosionen an Sohle und Ufern führen zur Bildung von Geschiebe. In vielen Fällen stört das Geschiebe, insbesondere, wenn es in die Anlagen (Turbinen, Pumpen, Grundablässe, Umläufe u. a.) gelangt oder wenn abgelagertes Geschiebe eine zusätzliche Belastung (Erddruck) ergibt.

Die Grenze zwischen Schwebstoff und Geschiebe wurde in Gl. (1.15) bereits vorgestellt.

Die Bestimmung des Geschiebetriebs kann durch Messungen oder mit Hilfe von Formeln erfolgen. Beide Möglichkeiten haben Grenzen in Fragen der Genauigkeit und Zuverlässigkeit der Aussagen, die sich vor allem aus Unregelmäßigkeiten beim Geschiebetransport sowohl über die Zeit als auch über den Fließquerschnitt gesehen ergeben. Von den Formeln zur Bestimmung des Geschiebetriebs im Fließgewässer hat sich die Formel von Meyer-Peter und Müller [24] über viele Jahre gut bewährt:

$$m_G = 8 \cdot \rho_F \cdot v_0^* \cdot d_{Ch} \cdot Fr^* \cdot \left[\frac{Q_S}{Q} \cdot \left(\frac{k_{St}}{k_r} \right)^{1,5} - \frac{Fr_{Cr}^*}{Fr^*} \right]^{1,5} \quad [\mathrm{kg/(m \cdot s)}] \qquad (2.26)$$

Es bedeuten:

m_G Geschiebetrieb in kg/(m·s)

ρ_F Dichte der Feststoffe in kg/m³ (für Sande ist ρ_F = 2 650 kg/m³)

v_0^* Schubspannungsgeschwindigkeit an der Sohle in m/s

$$v_0^* = \sqrt{g \cdot h \cdot I} \quad [\mathrm{m/s}] \qquad (2.27)$$

d_{Ch} charakteristischer Korndurchmesser in m, meist d_{50}

Fr^* Feststoff-Froudezahl

$$Fr^* = \frac{\left(v_0^*\right)^2}{\rho' \cdot g \cdot d_{Ch}} \qquad (2.28)$$

ρ' relative Feststoffdichte

$$\rho' = \frac{\rho_F - \rho_W}{\rho_W} \qquad (2.29)$$

Q_S für den Geschiebetrieb in Betracht kommender Abfluss in m³/s (also ohne Abfluss über die Vorländer)

k_{St} Manning-Strickler-Beiwert in m$^{1/3}$/s

k_r Kornrauheitsbeiwert

$$k_r = \frac{26}{\left(d_{90}\right)^{1/6}} \quad (d_{90} \text{ in m}) \qquad (2.30)$$

Fr_{Cr}^* kritische Feststoff-Froudezahl, eine Zahl für den Bewegungsbeginn, abhängig von D^*, dem sedimentologischen Korndurchmesser

$$D^* = \left(\frac{\rho' \cdot g}{nü^2} \right)^{1/3} \cdot d_{Ch} \qquad (2.31)$$

Ist $D^* \leq 6$, dann gilt

$$Fr_{Cr}^* = 0{,}109 \cdot \left(D^*\right)^{-0,5} \qquad (2.32)$$

$6 < D^* \leq 10$, dann gilt

$$\boxed{Fr_{Cr}^{\;*} = 0{,}14 \cdot \left(D^*\right)^{-0{,}64}} \tag{2.33}$$

$10 < D^* \leq 20$, dann gilt

$$\boxed{Fr_{Cr}^{\;*} = 0{,}04 \cdot \left(D^*\right)^{-0{,}1}} \tag{2.34}$$

$20 < D^* \leq 150$, dann gilt

$$\boxed{Fr_{Cr}^{\;*} = 0{,}013 \cdot \left(D^*\right)^{0{,}29}} \tag{2.35}$$

$150 < D^*$, dann gilt

$$\boxed{Fr_{Cr}^{\;*} = 0{,}055} \tag{2.36}$$

Beispiel: Geschiebefracht

In einem Fließgewässer ohne Vorländer mit 0,03 % Gefälle bildet Sand mit $\rho_F = 2\,650$ kg/m³ und $d_{Ch} = d_{50} = 1{,}5$ mm und $d_{90} = 4{,}5$ mm die Sohle. Welche Geschiebefracht wird bei 3 m Wassertiefe vom Wasser bewegt?

(2.27) $v_0^{\;*} = \sqrt{9{,}81 \cdot 3 \cdot 0{,}0003} = 0{,}094$ m/s

(2.28) $Fr^* = \dfrac{0{,}094^2}{1{,}65 \cdot 9{,}81 \cdot 0{,}0015} = 0{,}364$

Da kein Vorland vorhanden ist, ist der gesamte Fließquerschnitt am Geschiebetransport beteiligt, d. h. der Quotient aus Q_S und Q wird 1. Nach Tabelle 2.1, S. 22 wird für Grobsand $k_{St} = 43$ m$^{1/3}$/s angesetzt.

(2.30) $k_r = \dfrac{26}{0{,}0045^{1/6}} = 64$

(2.31) $D^* = \left(\dfrac{1{,}650 \cdot 9{,}81}{\left(1{,}3 \cdot 10^{-6}\right)^2}\right)^{1/3} \cdot 0{,}0015 = 32$

($n\ddot{u} = 1{,}3 \cdot 10^{-6}$ m²/s bei 10 °C)

(2.35) $Fr_{Cr}^{\;*} = 0{,}013 \cdot 32^{0{,}29} = 0{,}0355$

Somit wird nach Gl. (2.26)

$$m_G = 8 \cdot 2\,650 \cdot 0{,}094 \cdot 0{,}0015 \cdot 0{,}364 \cdot \left[\left(\frac{43}{64}\right)^{1{,}5} - \frac{0{,}0355}{0{,}364}\right]^{1{,}5} = 0{,}332 \,\text{kg/(m} \cdot \text{s)}$$

Aus weiteren Berechnungen kann ermittelt werden, dass bei $h = 0{,}53$ m Wassertiefe der Geschiebetrieb beginnt. Für andere Wassertiefen ergeben sich Werte für m_G, aus denen mit der bekannten Breite des Fließgewässers Werte für die Geschiebeführung ermittelt werden können. Mit diesen Werten kann die Geschiebefunktion aufgestellt werden, vgl. Bild 1.9.

Für kleine Wassertiefen erhält man zunächst in der eckigen Klammer negative Werte. Praktisch bedeutet das, dass kein Geschiebetransport in diesem Fließgewässerabschnitt beginnt und von oberhalb kommendes Geschiebe dieser Korngröße hier zur Ablagerung kommen wird.

Auf dem Bild 1.9 wurde gezeigt, wie mit Hilfe dieser Geschiebefunktion $m_G = f(h)$ aus einer vorhandenen Wasserstandsdauerlinie eine Geschiebemengendauerlinie ermittelt werden kann. Auch die Abflussdauerlinie kann einer solchen Ermittlung zugrunde liegen, was das Einbeziehen der Abflusskurve $Q = f(h)$ notwendig macht. Die Fläche unter der Geschiebemengendauerlinie gibt die Geschiebefracht wieder, also die in einem Jahr transportierte Geschiebemenge.

Befestigte Sohlen und somit latente Erosion entstehen durch Baumaßnahmen und auch auf natürlichem Wege. Besonders hinter Wehren soll eine Kolkbildung vermieden werden, um das Wehr in seiner Standsicherheit nicht zu gefährden. Wasserbausteine zur Sohlensicherung werden geschüttet. Auch zwischen Buhnen und in Bereichen besonders starker und unerwünschter Sohlenerosion werden Sohlensicherungen eingebaut.

Auf natürlichem Weg werden die kleineren Fraktionen ausgewaschen, die gröberen bleiben liegen. So entsteht eine Sohlabpflasterung (Bild 2.10), wenn nicht ausreichend viel feines Material von oberhalb nachkommt. Ein bekanntes Beispiel für eine solche Sohlab-

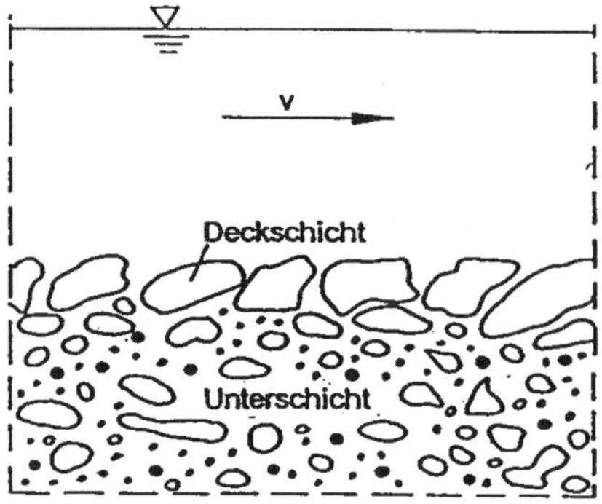

Bild 2.10 Sohlabpflasterung

pflasterung ist die sächsische Elbestrecke. Durch den Bau von Talsperren und Staustufen wurde und wird Geschiebe oberhalb der sächsischen Elbestrecke zurückgehalten. Die heute vorhandene Sohlabpflasterung verhindert eine Sättigung des Flusses mit Geschiebe. Erst unterhalb von Riesa kann die Elbe wieder Geschiebe aufnehmen, verbunden mit großen jährlichen Sohleintiefungen.

Eine Möglichkeit, die dadurch entstehenden Probleme klein zu halten, ist die Zugabe von Geschiebe an geeigneten Stellen.

Alle mit dem Geschiebe im Zusammenhang stehenden Aufgaben, Probleme und Lösungen haben deutlich gemacht, dass ein Fließgewässer als Ganzes zu sehen ist. Jeder Eingriff beeinflusst das gesamte Fließgewässer und seine Umgebung. Deshalb werden heute oft Neutralität und Ausgleich gefordert (Hochwasserneutralität). Viel wichtiger sollte die Bilanz sein, denn wasserbauliche Maßnahmen bringen neben Schäden, insbesondere während der Bauzeit, auch immer großen Nutzen.

2.3 Bauen im und am Fließgewässer

2.3.1 Baustoffe und Bauelemente für den Flussbau

Baustoffe, die im Flussbau eingesetzt werden, müssen spezifisch schwer sein, billig, aber auch langzeitbeständig bei den besonderen Anforderungen, die fließendes Wasser stellt. Spezielle Untersuchungen sind notwendig, wenn das Wasser chemische Angriffe auf bestimmte Baustoffe erwarten lässt. **Sand und Kies** erfüllen die Voraussetzungen, werden vorzugsweise als Füllmaterial verwendet, auch als Filter oder Unterlage für Pflaster. Preiswert und technologisch günstig ist es, wenn das Material an Stellen unerwünschter Ablagerungen durch Nassbaggerung gewonnen, auf dem Wasserweg antransportiert und direkt eingebaut werden kann. Erwünscht sind heute auch oft kiesige Rohbodenflächen, die im oder am Fließgewässer Lebensräume für einige Bodenbrüter schaffen. Leider halten sie aber den bereits geschilderten Beanspruchungen aus dem fließenden Wasser (Hochwasser), aus Eisangriffen und Wind (bei geringen Wasserständen) nicht lange stand. Anfliegende Samen führen oft zu unerwünschtem Bewuchs mit Allerweltspflanzen.

Stärkeren Beanspruchungen widerstehen **Steine**. Sie werden im Fließgewässer in Form von Schotter, Schüttsteinen, Geröll und Setzsteinen sowie Pflaster verwendet. Vor allem zur Böschungsbefestigung unterhalb des Mittelwassers, zur Böschungsfußsicherung sowie als Unterlage und Füllmaterial sind Steine gut zu verwenden. Sind sie in der Wasserwechselzone durch Einwirkung von Frost und Hitze besonderen Beanspruchungen ausgesetzt, dann sollen Granit, Porphyr oder Basalt zum Einsatz kommen. **Feine Lockergesteine** wie Lehm, Ton und Feinsand kommen als Deicherde in Frage, aber auch zum Dichten besonderer Flussabschnitte (z. B. nahe eines Tagebaus) sowie als Mutterboden zum Begrünen mit Rasen und Bepflanzen.

Holz kann wegen seines geringen spezifischen Gewichtes nicht allein verwendet werden, als Teil von Bauelementen wird es aber vielfach eingesetzt.

Künstliche Baustoffe wie **Zement- oder Bitumenbeton** oder **Stahl** (z. B. in Form von Spundwänden) sind im Flussbau nur in Ausnahmefällen einzusetzen, folglich nicht Gegenstand weiterer Überlegungen.

Von den **Kunststoffen** haben sich im Fließgewässerausbau vor allem **Geotextilien** wegen ihrer Anpassungsfähigkeit, dem geringen Gewicht, der hohen Durchlässigkeit und auch dem Preis durchgesetzt. Geotextil ist der Oberbegriff für aus synthetischen Fasern hergestellte, wasserdurchlässige Vliesstoffe, Gewebe und Verbundstoffe für den Erd-, Grund-, Verkehrs- und Wasserbau. Ist die

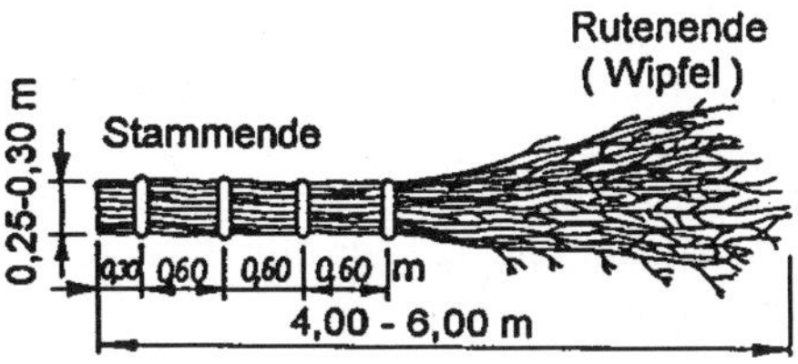

Bild 2.11 Faschine

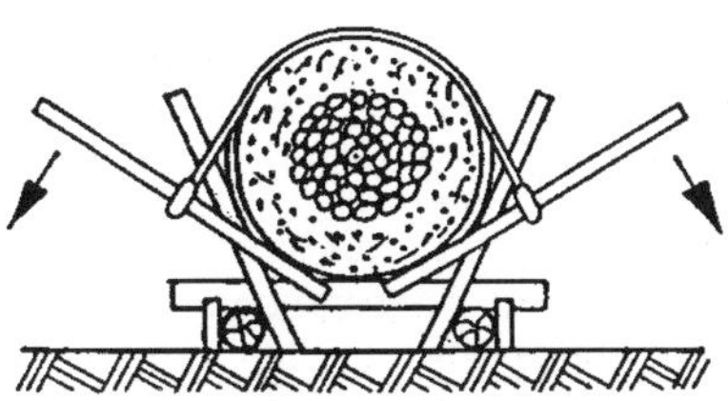

Bild 2.12 Sinkwalze (Senkfaschine)

Abdichtung eines Flussabschnittes notwendig, dann kommen mit Dichtungselementen (Folien) versehene Geotextilien zum Einsatz.

Kurze Bauzeiten (Niedrigwasserstände) und das jahreszeitlich nicht gleiche Angebot u. a. an Holz oder Rasen zwangen schon immer zur Vorfertigung und zu einem konzentrierten Einbau größerer Bauelemente. Wichtige und im Flussbau typische Bauelemente, die oft auch am Einbauort hergestellt werden, meist aus natürlichen Baustoffen bestehen und stets viel Handarbeit erforderlich machen, sind Faschinen, Sinkwalzen, Sinkstücke, Packwerk, Rasenmatten, Rasensoden und Drahtschotterbehälter.

Faschinen sind 4 bis 6 m lange Bündel aus 2 bis 3 cm dicken Reisern beliebiger Holzart (außer Pappeln und Dornenhölzern). Wie das Bild 2.11 zeigt, beträgt der Durchmesser der Faschinen bis 30 cm. Wegen ihrer Elastizität und den filterähnlichen Eigenschaften werden Faschinen oft als Unterlage verwendet.

Beim Verbau von Böschungsfüßen und Ufern unterhalb des Mittelwasserstandes bleiben die Faschinen meist totes Material. Zum Austreiben fähig sind weiter oben auf der Böschung eingebaute Faschinen, wenn sie aus Weiden- oder Erlenreisern bestehen, die Ende Juli oder im Spätherbst geschnitten wurden. Faschinen müssen belastet werden, damit sie nicht aufschwimmen. Auch eine Befestigung mit Strauchwerkwürsten und Pfählen kann das Aufschwimmen verhindern. Strauchwerkwürste sind bis 15 cm dicke und bis 20 m lange faschinenähnliche Gebinde aus Reisern.

Sinkwalzen, auch **Senkfaschinen** genannt, Bild 2.12, sind walzenförmige Körper mit einem Durchmesser von 60 bis 90 cm. Sie bestehen aus einer 15 bis 25 cm dicken Umhüllung aus Strauchwerkwürsten und einem Kern aus Steinen. Ihre Länge beträgt meist 4 bis 6 m; sie können auch endlos hergestellt werden. Ihre Vorfertigung erfolgt am Ufer zwischen Böcken. Die gefüllten Walzen werden mit einer Würgekette und einem Hebel fest zusammengezogen und dann mit Draht gebunden. Nach der Fertigstellung wird die Sinkwalze gleichmäßig über die Böschung zum Einbauort am Böschungsfuß gerollt. Bei endlos langen Sinkwalzen erfolgt das Abrollen abschnittsweise. Da die Sinkwalzen aus totem Strauchwerk hergestellt werden, müssen sie ständig unter Wasser liegen. Sind sie starken Strömungen oder lebhafter Geschiebebewegung ausgesetzt, müssen sie durch Schüttsteine abgedeckt werden.

Packwerk besteht aus mehreren Schichten Faschinen, die miteinander verbunden sind und durch Zwischenschichten aus Steinen, Kies oder Schotter beschwert werden, Bild 2.13. Es wird zum Verbau von Kolken und Uferabbrüchen, zum Uferschutz unterhalb vom Mittelwasser und auch für Buhnen und Leitwerke verwendet. Die Elastizität dieser Bauelemente macht sie als Unterlage gut geeignet.

2.3.2 Sohlensicherungen

Flächenförmige „Sohlensicherungen" als ein Ergebnis natürlicher Fließvorgänge bereits im Abschnitt 2.2.3 erläutert, bestehen aus Steinen. Durch Baumaßnahmen hergestellte Sohlensicherungen werden aus Steinen geschüttet. Als Filter kommen Geotextilien und

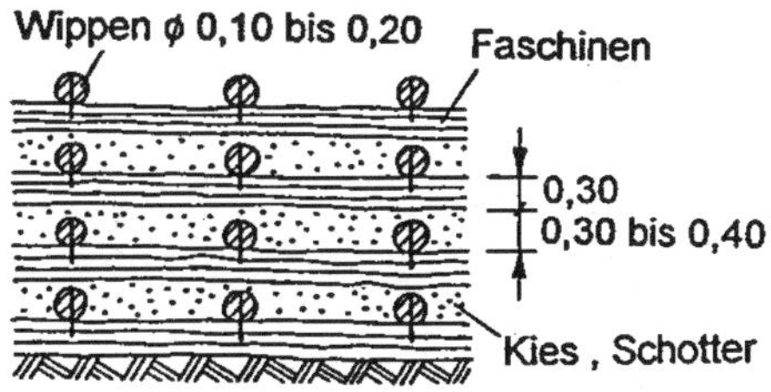

Bild 2.13 Packwerk

mineralische Baustoffe (Sand, Kies) in Frage. Sohlensicherungen werden dort vorgenommen, wo Bauwerke o. a. wichtige Güter gefährdet sind.

An besonders hoch beanspruchten Stellen können **Sinkstücke** erfolgreich eingesetzt werden. Sinkstücke, auf Bild 2.14 dargestellt, sind große Packwerkkörper mit rechteckigem Grundriss. Sie sind bis 30 m lang und bis 20 m breit, 1 bis 2 m dick und werden am Ufer hergestellt, ins Wasser gebracht, schwimmend zur Einbaustelle transportiert und dort durch Belastung mit Steinen oder Kies versenkt.

Für den Zusammenbau eines Sinkstückes werden die toten Strauchwerkfaschinen in mehreren Lagen bis zur Schicht von 1 m Stärke übereinander gelegt. Die starken Strauchwerkenden sind dabei nach außen gerichtet. Kreuzweise unter und über jeder Schicht gespannte Drähte von 5 mm Stärke sowie Verbindungsdrähte von unten nach oben, an den sog. Luntpfählen befestigt, sorgen für einen festen Zusammenhalt. Auf der Oberfläche des Sinkstückes angebrachte Flechtzäune verhindern ein Abgleiten des Kieses oder der Steine beim Beschweren und Versenken am Einbauort.

Um in großen Flüssen eine vorgesehene Höhenlage der Sohle zu erreichen oder zu halten, können **Sohlschwellen** zwischen Ufern oder Buhnenköpfen eine vorübergehende Lösung sein. Sie werden mit Schwimmgerät eingebaut, wobei ein Schüttrost den gleichzeitigen und sehr genauen Abwurf von mehreren Kubikmetern Steinen genau im Profil gestattet. Unter dem Einfluss der Strömung stellt sich im Querprofil der Sohlschwelle stromab eine flachere Böschung ein (1 : 3 bis 1 : 5) als stromauf (1 : 1 bis 1 : 2). Das Bild 2.15 zeigt den Schnitt durch eine Sohlschwelle, zu deren Herstellung Senkfaschinen verwendet wurden.

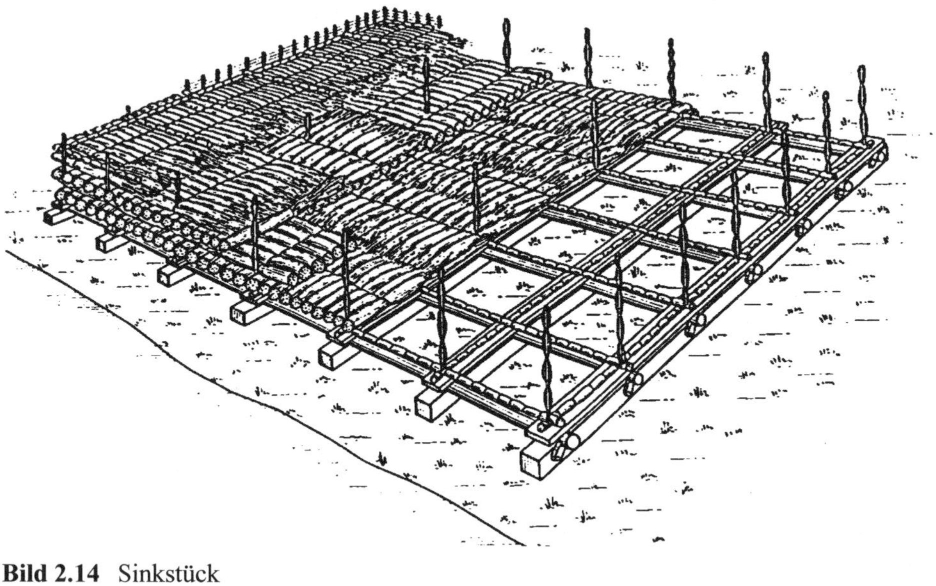

Bild 2.14 Sinkstück

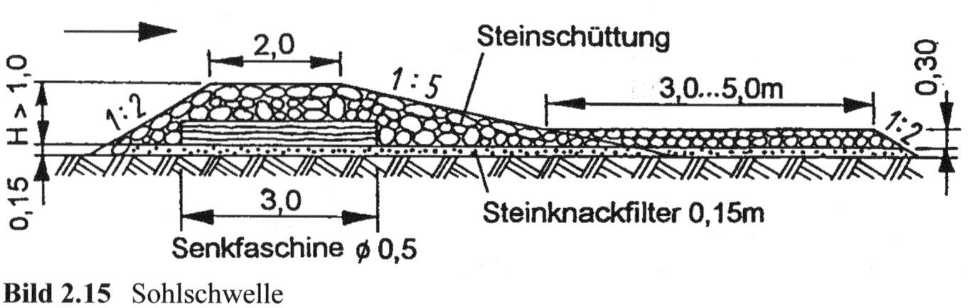

Bild 2.15 Sohlschwelle

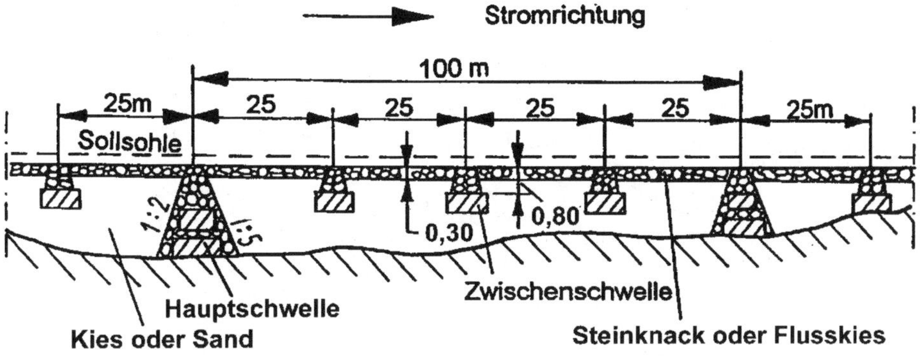

Bild 2.16 Haupt- und Zwischenschwellen

Ist die Sohle wegen besonders großer Erosionen und Kolke um mehr als 1 m höher zu legen, dann bietet es sich an, zunächst im größeren Abstand (etwa 100 m) Hauptschwellen einzubauen. Auf einer Aufschüttung z. B. aus grobem Baggergut können dann Zwischenschwellen errichtet werden, Bild 2.16.

Bei kleinen Fließgewässern ist die Sohlensicherung mit einer Gefällekonzentration auf kurze Bereiche verbunden, Bild 2.17.

Auf dem Bild 2.17 sind eine Sohlengleite und eine Absturztreppe zu sehen. Solche Sohlensicherungen kommen für Fließgewässer im Flach- und Hügelland, also bei kleinerem Gefälle, in Betracht.

Fließgewässer mit größerem Gefälle können mit Blockrampen (auch Sohlrampen genannt) gesichert werden. Über einer Blockrampe, deren Längsschnitt das Bild 2.18 zeigt, tritt bei höheren Wasserführungen schießender Abfluss auf. Das führt am unteren Ende der Rampe zur Bildung eines Kolks, dessen Größe bestimmt werden muss, weil er die Standsicherheit der Blockrampe gefährden kann. Die Steine der Blockrampe müssen auf die Beanspruchung durch schießenden Abfluss bemessen werden. Für alle Lebewesen, die auf die Durchgängigkeit eines Fließgewässers angewiesen sind (Wanderfische, aber auch wirbellose Wassertiere), stellt die Blockrampe dann kein Hindernis dar, wenn zwischen den Steinen ausreichend große Räume vorhanden sind, die einzelne Bereiche mit geringerer Fließgeschwindigkeit schaffen.

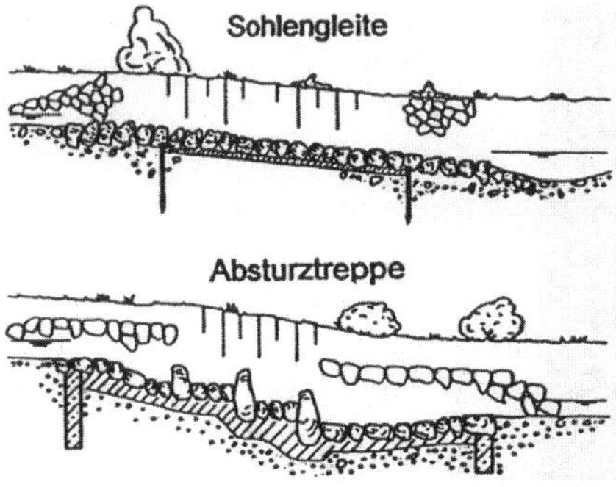

Bild 2.17 Sohlengleite und Absturztreppe

In Fließrichtung sind Blockrampen 1 : 3 bis 1 : 10 geneigt. Ihre Dimensionierung ist meist eine Bestimmung der Blockgröße *D* in m abhängig vom spezifischen Durchfluss *q* und der Rampenneigung. Nach Chervet und Weiss [06] kann als erstes Kriterium für die Stabilität der verwendeten Blöcke gegen Erosionswirkungen die Gleichung (2.37) angewendet werden. Diese Gleichung wurde empirisch gefunden. Ihre Anwendung setzt die Beachtung weiterer Kriterien voraus.

$$\frac{q}{\sqrt{g \cdot D_{65}{}^{3} \cdot \left(\frac{(\rho_F - \rho_W}{\rho_W}\right)}} \leq \frac{0{,}257}{I^{\frac{7}{6}}} \qquad (2.37)$$

q spezifischer Abfluss über die Rampe in $m^3/(s \cdot m)$

D_{65} charakteristischer Blockdurchmesser der verwendeten Blöcke in m

I Neigung der Rampe

Bei feinkörnigem Untergrund besteht die Gefahr des Auswaschens von Boden unter den Blöcken.

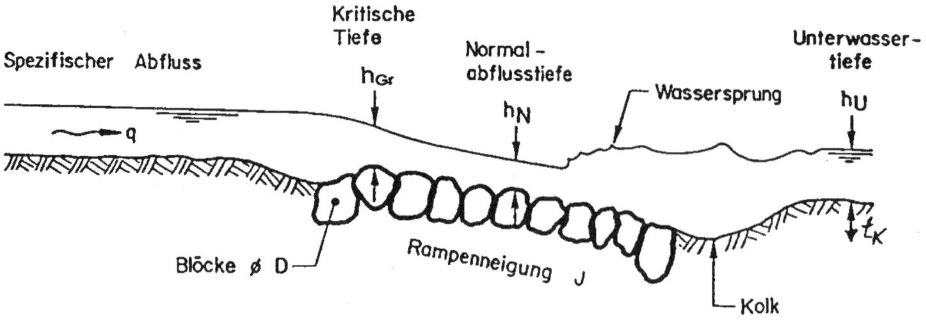

Bild 2.18 Blockrampe im Längsschnitt

Für

$$\frac{D_{65}}{d_{65}} > 10 \qquad (2.38)$$

d_{65} charakteristischer Durchmesser des Sohlenmaterials unter den Blöcken

muss nachgewiesen werden, dass ein zweites Kriterium für die Stabilität der Blockrampe eingehalten wird, Gl. (2.39).

$$q \leq 14{,}9 \cdot \frac{\beta^{2{,}35}}{I^{1{,}9} \cdot {D_{65}}^{0{,}85}} \cdot \left(\frac{d_{65}}{D_{65}}\right)^2$$

[m³/(s·m)] (2.39)

β Belegungsdichte in t/m²

Für eine einlagige Blockrampe ist

$\beta \approx 1{,}5 \cdot D_{65}$ [t/m²]

Nur gröberes Steinmaterial ist bei diesem spezifischen Abfluss lagestabil, feineres muss filterförmig gestützt werden. Beide Kriterien werden erfüllt, wenn die Blockrampe nach dem Diagramm des Bildes 2.19 bemessen wird. Das Diagramm des Bildes 2.19 gilt für einlagige Blockrampen, deren Blöcke dicht aneinandergesetzt sind und deren Belegungsdichte $\beta = 1{,}5 \cdot D_{65}$ ist.

Blockrampen müssen einem dritten Stabilitätskriterium standhalten: Der anschließende Kolk darf nicht tiefer werden, als es die Standsicherheit der Blockrampe zulässt. Deshalb ist die Kolktiefe zu ermitteln, was nach Gl. (2.40) erfolgen kann.

$$t_K + h_u \cong 0{,}85 \cdot q^{0{,}5} \cdot \left(\frac{q}{h_N}\right)^{0{,}5} - 7{,}125 \cdot d_{90}$$

[m] (2.40)

h_u Unterwassertiefe in m

h_N schießende Normalabflusstiefe über die Rampe in m

Für das kolkgefährdete Sohlenmaterial wird hier d_{90} als maßgebend angesehen. Die Normalabflusstiefe h_N kann nach Strickler mit Gl. (2.41) berechnet werden.

$$h_N \cong 0{,}16 \cdot \frac{q^{0{,}6} \cdot {D_{65}}^{0{,}1}}{I^{0{,}3}} \text{ [m]} \qquad (2.41)$$

Zur Bestimmung der Kolktiefe ist die Unterwassertiefe h_u abzuziehen. Da diese Tiefe von den Abflüssen abhängig ist (Ermittlung z. B. nach Gl. (2.8) und einer Abflusskurve), sind mehrere Berechnungen mit verschiedenen Hochwasserabflüssen durchzuführen, um die Gründungstiefe und Standsicherheit der Blockrampe festzulegen. Beim größten Hochwasserabfluss wird meist ein so tiefes Unterwasser vorhanden sein, dass der über die Rampe schießende Abfluss ein ausreichendes Wasserpolster vorfindet und wenig zur Kolkbildung beiträgt.

Die Rampe selbst sollte im Querschnitt mit muldenförmiger Sohle ausgebildet werden, um bei kleinen Abflüssen wandernden Fischen ebenfalls eine Aufstiegsmöglichkeit zu lassen. Unterhalb des Kolkes, der für Fische

u. a. Lebewesen einen dringend benötigten Lebensraum darstellt (man denke nur an Eiswinter), sind Sohle und Böschungen auch zu sichern, was die Einbindung in die weitere Fließgewässerlandschaft erleichtert.

Beispiel: Blockrampe

Eine mit $I = 1 : 7{,}5$ geneigte Blockrampe soll bei Hochwasser einen spezifischen Abfluss $q = 4{,}5\ \text{m}^3/(\text{s}\cdot\text{m})$ abführen. Steine mit $\rho_F = 2{,}65\ \text{t/m}^3$ stehen für die Befestigung der Rampe zur Verfügung. Die Untersuchung des Sohlenmaterials ergab Korndurchmesser von $d_{65} = 43$ mm und $d_{90} = 90$ mm. Gesucht sind:

a) Der Durchmesser der Steinblöcke,

b) die Stabilität der Blockrampe,

c) die Kolktiefe hinter der Rampe.

Lösungen

a) In der Gl. (2.37) ist nur der Durchmesser der Blöcke D_{65} unbekannt. Die Auflösung der Gl. (2.37) nach D_{65} ergibt einen Durchmesser D_{65} für die Steinblöcke von 0,56 m. Dieses Ergebnis wurde bereits in das Bild 2.19 eingetragen, Linie 1. Die Dicke des Belages β_B wird allgemein mit dem 1,5-fachen Steindurchmesser festgelegt, hier also mit 0,84 m.

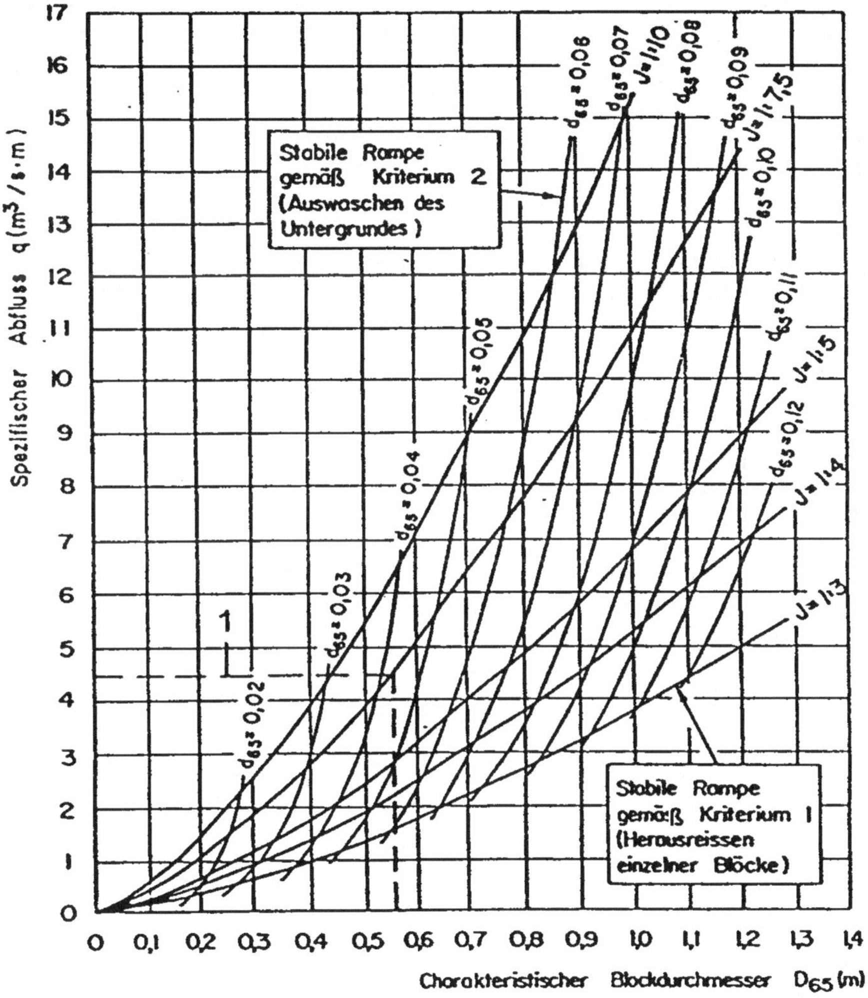

J Rampenneigung

d_{65} maßgebender Korndurchmesser des Sohlenmaterials in m

Bild 2.19 Grafische Bemessung einer Blockrampe nach [07]

b) Setzt man die gegebenen Werte in die Gl. (2.39) ein, so ergibt sich für den spezifischen Abfluss $q = 4{,}4\ m^3/(s{\cdot}m)$, was etwa und ausreichend genau dem vorgegebenen Wert entspricht. Auch dieses Ergebnis ist auf dem Bild 2.19 abzulesen, ebenfalls Linie 1. Die Stabilität der Blockrampe ist gewährleistet.

c) Aus der Gl. (2.41) kann zunächst die Normalabflusstiefe h_N zu 0,68 m bestimmt werden. Mit diesem und den bereits bekannten Werten wird die Summe aus Kolktiefe und Tiefe im Unterwasser nach der Gl. (2.40) ermittelt. Sie ergibt sich zu $t_K + h_U = 4{,}0$ m. Die Unterwassertiefe richtet sich nach den Bedingungen unterhalb der Blockrampe, die hier nicht weiter untersucht werden sollen.

Es sind mehrere Berechnungen mit verschiedenen Hochwasserabflüssen durchzuführen, um die Gründungstiefe und Standsicherheit der Blockrampe festzulegen. Beim größten Hochwasserabfluss wird meist ein ausreichendes Unterwasser vorhanden sein. Der über die Rampe schießende Abfluss tritt in ein Wasserpolster ein und vertieft den Kolk nur gering.

Da über Blockrampen schießender Abfluss auftreten kann, stellt die Blockrampe ein Hindernis für Fische dar. Es ist deshalb zu prüfen, ob eine Fischaufstiegsanlage zusätzlich errichtet werden muss, vgl. Abschnitt 2.6.3. Einfacher wird es in den meisten Fällen sein, die Blockrampe so zu neigen, dass sie von Fischen passiert werden kann. Grundsätzlich ist bei allen Arten von Sohlensicherungen dem wandernden Fisch eine besondere Aufmerksamkeit zu schenken.

2.3.3 Sicherung von Böschungen und Böschungsfüßen

Wie bereits gezeigt wurde (Abschnitt 2.1.3; Abschnitt 2.2.2), ist der Böschungsfuß die am stärksten beanspruchte Stelle im Querschnitt eines Fließgewässers, insbesondere am einbuchtenden Ufer einer Krümmung. Schäden am Böschungsfuß werden oft erst dann sichtbar, wenn weitere Teile der Böschung abbrechen oder nachrutschen. Das Befestigen einer Böschung setzt immer voraus, dass der Böschungsfuß ausreichend stabil ist. Sowohl in kleinen Bächen als auch in großen Strömen kommt deshalb einem standsicheren Böschungsfuß große Bedeutung zu.

Flechtzaun dient in Wasserläufen mit geringen Wassertiefen oft als ausreichende Sicherung des Böschungsfußes. Er besteht aus Holzpfählen von 6 bis 8 cm Durchmesser, die in einer Reihe in Abständen von 30 bis 50 cm etwa 50 cm tief eingeschlagen werden. Um diese Pfähle werden Weidenruten geflochten, Bild 2.20.

Strauchwerkwürste und **Sinkwalzen** werden als leichte Fußsicherung bei geringen *NW*-Tiefen verwendet, Bild 2.21.

Größere *NW*-Tiefen erfordern eine schwere Fußsicherung. Das kann durch eine Steinschüttung allein oder in Verbindung mit Sinkwalzen erfolgen.

Nach dem fachgerechten Einbau der genannten ingenieurbiologischen Bauweisen ist ihre Pflege – insbesondere in den ersten drei bis fünf Jahren – wichtig. Dadurch wird erreicht, dass ein naturnaher und dauerhafter Gehölzbestand sich an den Gewässern entwickeln kann.

Uferdeckwerke befestigen Böschungen insbesondere am Prallufer. Sie sollen Seitenerosionen und Uferabbrüche verhindern.

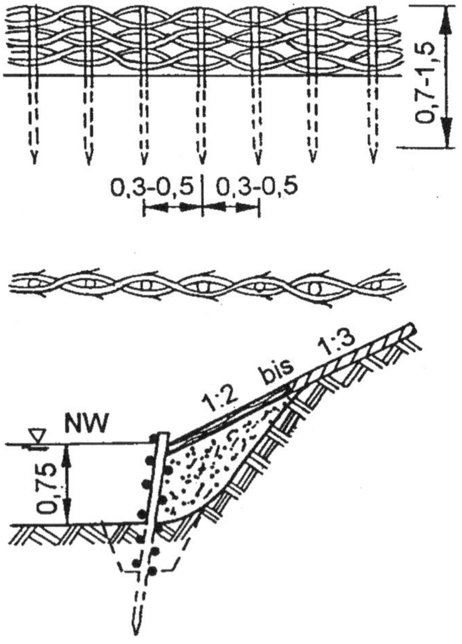

Bild 2.20 Flechtzaun

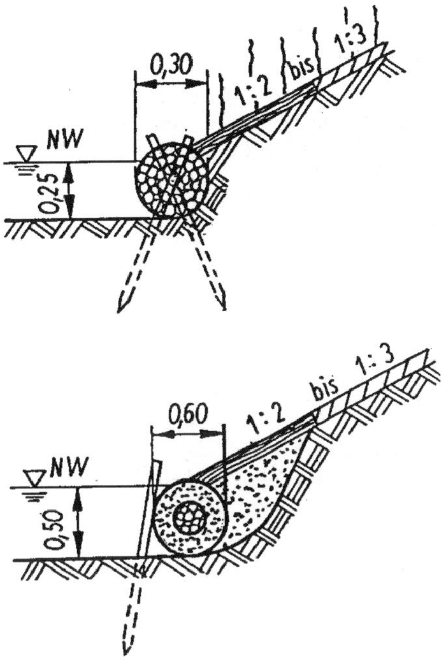

Bild 2.21 Strauchwerkwurst (oben) und Sinkwalze (unten)

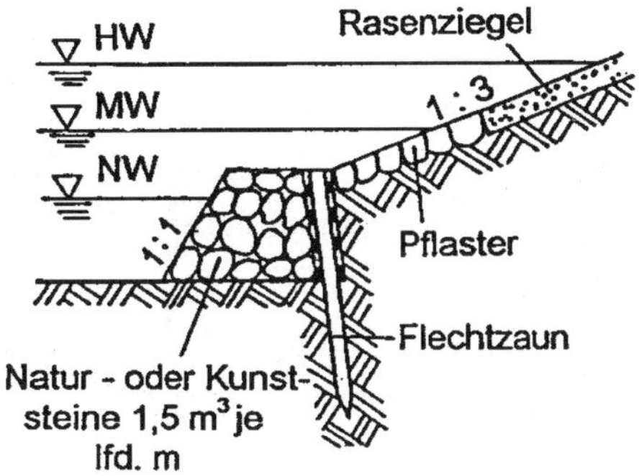

Bild 2.22 Böschungssicherungen mit Pflaster und Schüttsteinen

Werden Deckwerke angewendet, dann ist es möglich, eine höhere Schleppspannung aufzunehmen oder auch die Böschung steiler zu neigen, wenn das die Standsicherheit des darunterliegenden Materials zulässt (vgl. Abschnitt 2.1.3).

Pflaster wurde früher häufig als Deckwerk gewählt, oft auch, um Arbeitsplätze zu schaffen. Heute sind weniger neue Flächen zu pflastern, oft aber ist älteres vorhandenes Pflaster auszubessern. Böschungsneigungen bis etwa 1 : 1,3 sind mit Pflasterung möglich. Vor allem im Bereich zwischen *MW* und *NW* sind Pflastersteine gut verwendbar, auch wegen des manuellen Einbaus. Oberhalb *MW* sollte Rasen Verwendung finden, Bild 2.22.

Steinschüttungen als Deckwerk sind zum Einbau unter Wasser geeignet, über der Mittelwasserlinie sollten sie vorzugsweise in Verbindung mit Pflanzen zur Ufersicherung verwendet werden. Raue Steinschüttungen bremsen Strömungen und Wellen, schaffen auch Lebensräume für zahlreiche Kleinlebewesen. Die Dicke unter Wasser geschütteter Steine soll etwa das Dreifache des Größtkornes betragen. Die größten Steine werden für die äußere Schicht verwendet, weil sie dem strömenden Wasser und auch dem Eis mehr Widerstand als kleinere entgegensetzen können.

Steinmatten sind geeignete Deckwerke für kurze und stark beanspruchte Uferabschnitte z. B. an den Wasserstraßen. Zur Sicherung des Böschungsfußes können sie noch 1 bis 2 m über den Fußpunkt auf die Sohle gelegt werden. Das Bild 2.23 zeigt den Einbauvorgang einer auf einem Bauprahm vorgefertigten Steinmatte.

Eine besonders schwere Ufersicherung, ein Deckwerk aus Steinschüttung auf Packwerk, zeigt das Bild 2.24. Der große vorhanden gewesene Kolk weist auf starke Beanspruchungen des Ufers hin. Ein größeres Sinkstück bildet eine feste Böschungsfußsicherung.

Ingenieurbiologischer Uferschutz, praktisch eine Hilfe des Ingenieurs für natürliche Vorgänge, erfreut sich heute wieder einer verbreiteten Anwendung. Wesentliche Vorzüge sprechen für ingenieurbiologische Bauweisen:

- naturverbundene Ufergestaltung mit Lebensräumen für zahlreiche Wasservögel und Kleintiere,
- sehr elastische Befestigung der Ufer, die Wellen und Eisangriffe dämpfend aufnimmt,

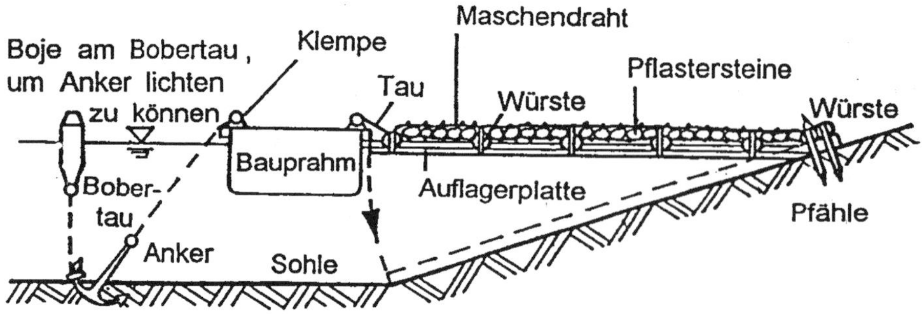

Bild 2.23 Einbau einer vorgefertigten Steinmatte

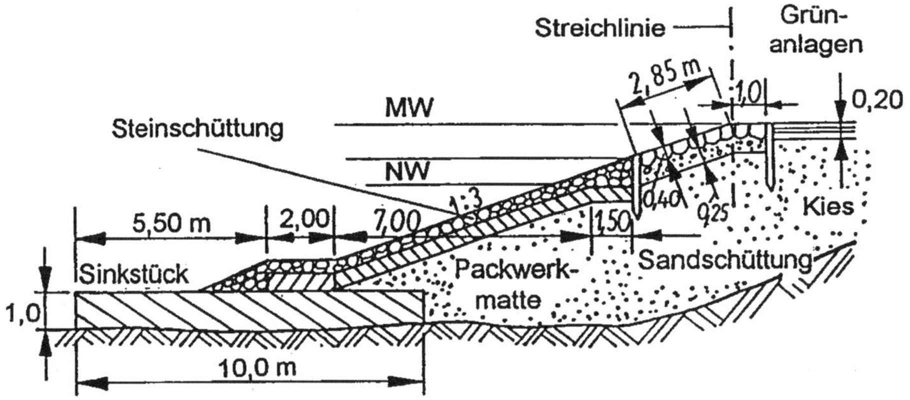

Bild 2.24 Schweres Deckwerk aus Sinkstück und Schüttung

- Verwendung nachwachsender Baustoffe, deren Reste organische Abfälle sind,
- gute Verzahnung des zu sichernden Böschungsbodens durch die Wurzeln.

Nachteilig macht sich bemerkbar, dass
- viel Handarbeit erforderlich ist,
- durch abgestorbene Wurzeln, umgefallene Bäume und Wühltiere Schwachstellen in der Uferbefestigung entstehen können,
- ingenieurbiologische Böschungsbefestigungen erst nach längerer Wachstumsphase wirksam werden.

Eine Kombination aus Pflanzen und Steinen o. a. Ufersicherungen ergibt oft eine Summe von Vorteilen bei abnehmenden Nachteilen, Bild 2.25. Weniger großen Beanspruchungen halten die Ufersicherungen des Bildes 2.26 stand. Aber typisch ist auch hier der Aufbau: Steinmaterial am Böschungsfuß bis zum Mittelwasserstand, oberhalb des Mittelwasserstandes Rasen, Strauchwerk, Büsche und Bäume, also lebende Ufersicherungen.

Rasen wird im Flussbau nur oberhalb des Mittelwasserstandes zum Befestigen großer Flächen verwendet. Er kann vor Ort gesät oder als vorbereiteter Fertigrasen in Form von Rasensoden (Rasenplaggen) oder Rasenmatten (Rollrasen) verwendet werden.

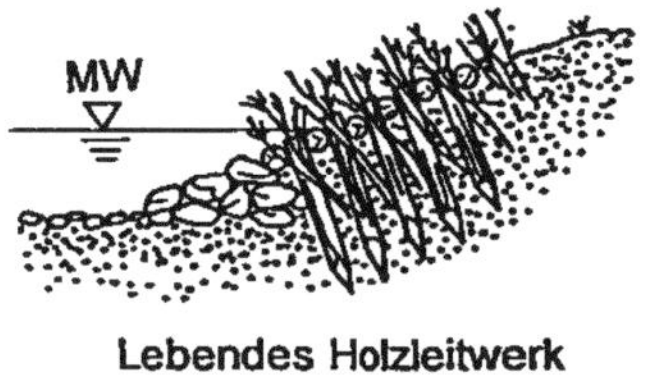

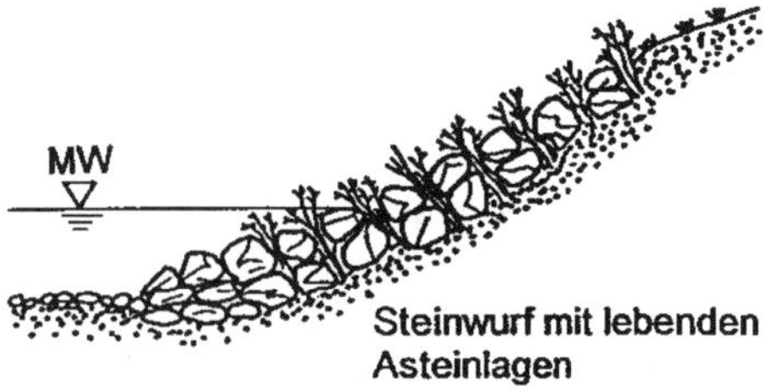

Bild 2.25 Lebende Ufersicherung in Fließgewässern mit großem Gefälle

Gehölze (Bäume und Sträucher) als Uferschutz sind eine langlebige Befestigung des Bodens gegen Erosion. Sie werden oberhalb des Mittelwassers angewendet. Durch ihr tief- und weitreichendes Wurzelsystem schützen die Gehölze die Uferzone bis weit unter *MW* und in der Flächenausdehnung wesentlich über den Pflanzenbereich hinaus. Zwischen *MW* und *HW* werden Weiden vorgesehen, während oberhalb *HW* bis über *HHW* hinaus auch andere Holzarten angewendet werden, Bild 2.27.

Röhricht ist eine vorwiegend aus grasartigen Pflanzen mit hochwüchsigen, kräftigen Halmen bestehende Pflanzengemeinschaft im Uferbereich. Die ingenieurbiologisch wichtigste Röhrichtpflanze ist das Schilfrohr. Rohrglanzgras, Wasserschwaden und die große Teichsimse werden ebenfalls angewendet. Röhricht dient der Ufersicherung unterhalb des Sommermittelwassers und ist auch in schiffbaren Flüssen geeignet. Die elastische Widerstandsfähigkeit der Halme vermindert die Wellenenergie vor dem Uferanprall. Die intensive Verwurzelung sichert aber auch den Böschungsbereich unter dem Mittelwasserspiegel. Die unbegrenzte Lebensdauer der Pflanzenbestände ist neben dem schnellen Wachstum und den geringen Kosten für Herstellung und Unterhaltung ein wesentlicher Vorteil. Schilfrohr fordert für das optimale Wachsen eine flache Böschungsneigung von etwa 1 : 10. Das begrenzt seine Anwendung bei stärker schwankenden Wasserständen.

Der Bereich unterhalb des *NW*-Spiegels wird als **Laichkrautbereich** bezeichnet. Er wird von Wasserpflanzen bewachsen, die für das biologische Leben im Wasser von großer Bedeutung sind. Die Bereiche biologischer Bauweisen sind auf dem Bild 2.27 im Zusammenhang mit der Wasserstands-Dauerlinie dargestellt.

2.3.4 Trassierung im Flussbau

Eine freie Trassierung im Sinne eines Neubaus kommt nur bei Flussverlegungen vor. Flussverlegungen können für das Freimachen von Braunkohletagebauen, zum Schaffen, Begrenzen oder Entwässern landwirtschaftlicher Nutzflächen (vor allem früher) und beim Rückbau begradigter Wasserläufe in die Nähe ihres früheren Zustandes (vor allem gegenwärtig) erforderlich werden. In großen Wasserläufen sind vor allem örtlich oft Anpassungen an veränderte Nutzungen (z. B. Abflachen von Krümmungen für das Befahren mit größeren Schiffseinheiten) notwendig. Auch ein Fließgewässer kann, ähnlich wie ein Verkehrsweg zu Lande, als Trasse angesehen werden, die im Grundriss aus Trassierungselementen besteht: Gerade, Kreis, Übergangsbogen. Im Längsschnitt ist das Gefälle, im Querschnitt die Regelbreite ein wichtiges Trassierungselement. Die Regelbreite *B* (in m) ist die Wasserspiegelbreite des Regelprofils. Das Regelprofil soll die ankommenden Wasser-, Geschiebe- und auch Eismengen in einem einheitlichen Bett aufnehmen und schadlos abführen. Im Regelprofil ist der Abfluss an etwa 250 bis 300 Tagen im Jahr ohne Ausuferung zusammengefasst. Für angrenzende Flächen soll ein optimaler Grundwasserspiegel eingehalten werden.

Schon 1868 fasste O. Fargue Erfahrungen, Messungen und Beobachtungen in Regeln für die Linienführung von Fließgewässern zusammen, z. B.:

– Damit das Flussbett beständig erhalten bleibt, muss die Linienführung eine Aufeinanderfolge von abwechselnd einbiegenden (konkaven) und ausbiegenden (konvexen) Bögen aufweisen, die sich an den Wendepunkten tangential aneinanderschließen, Bild 2.28. Dabei ging Fargue von der Überlegung aus, dass eine künstliche Festlegung der Flussufer den besten

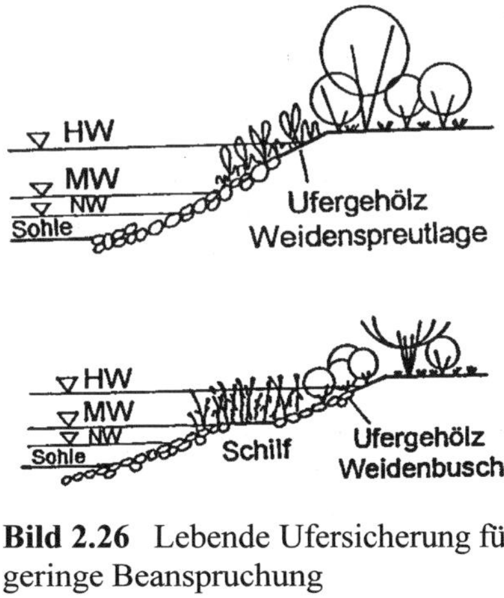

Bild 2.26 Lebende Ufersicherung für geringe Beanspruchung

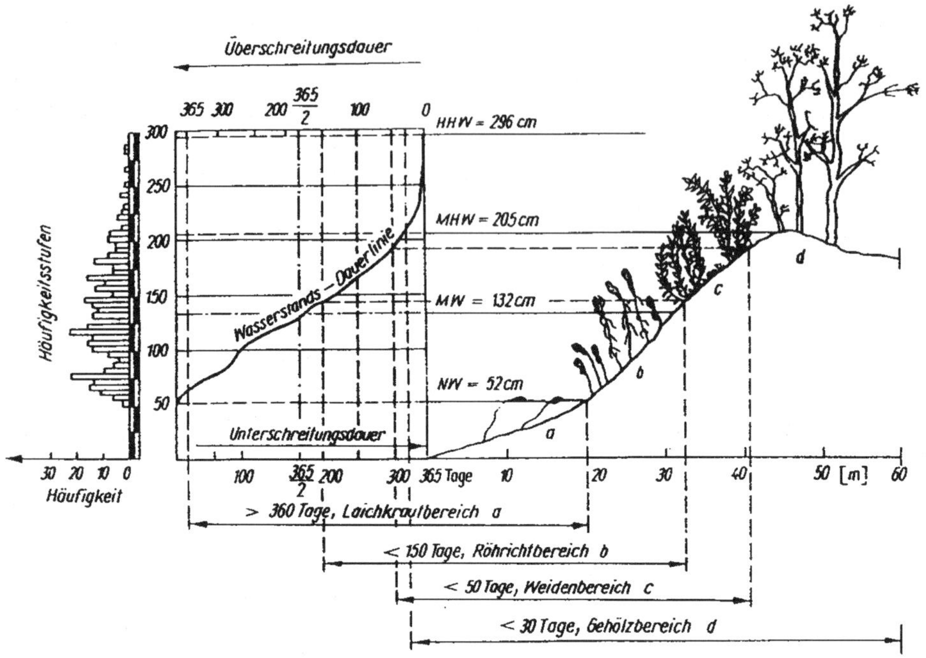

Bild 2.27 Uferbereiche für ingenieurbiologische Bauweisen

Erfolg bringen wird, wenn eine gute Anpassung an die natürlichen Flussformen erfolgt.

- Damit das Flussbett regelmäßig verläuft, darf der Bogen nicht nach einem Kreis geformt sein. Er muss am Wendepunkt mit dem Radius $R = \infty$ beginnen. Dann muss der Radius kleiner werden, um in der Mitte des Bogens sein Minimum zu erreichen. Bis zum folgenden Wendepunkt nimmt er dann stetig wieder zu.
- Auch die Flussbreite soll vom Wendepunkt zur Mitte des Bogens allmählich zunehmen, und die Wendepunkte am rechten und linken Ufer sollen nicht in einem Querprofil gegenüberliegen.

Weitere Richtlinien für eine gute Linienführung sind:

- Die Stromstriche sollen sich bei Niedrig-, Mittel- und Hochwasser möglichst nicht überschneiden, damit ein geregeltes Flussbett gut erhalten bleibt. Das kann durch Ausbau des Niedrigwasser-, Mittelwasser- und Hochwasserbettes nach Bild 2.29 erreicht werden.

2.3.5 Bauwerke im und am Fließgewässer

- Die Zwischengerade zwischen Krümmung und Gegenkrümmung sollen das Zwei- bis Dreifache der Regelbreite B nicht überschreiten, weil sonst der Fluss innerhalb der Geraden ausbrechen würde (Serpentinenbildung).
- Die Krümmungsradien sollen das Fünffache der Regelbreite nicht unterschreiten, das Zwanzigfache der Regelbreite nicht überschreiten.

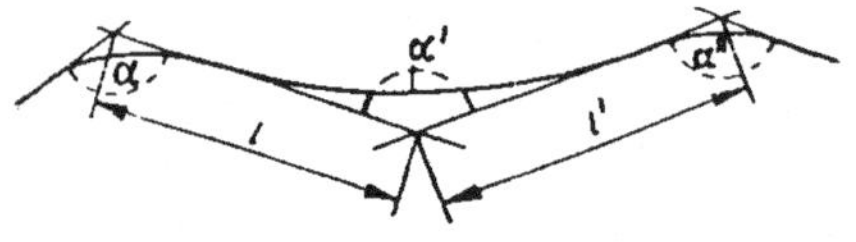

Bild 2.28 Tangentennetz nach Fargue

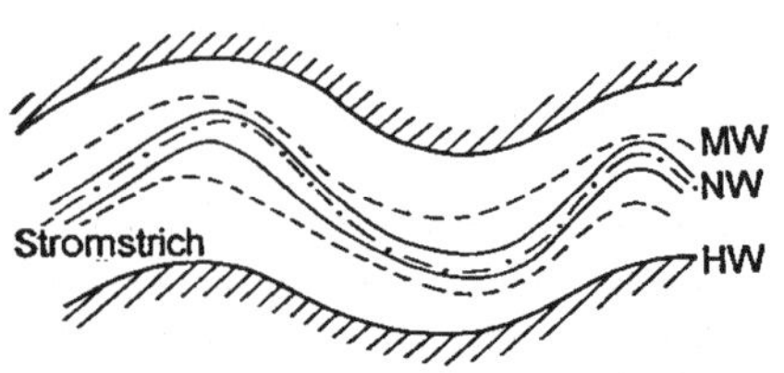

Bild 2.29 Streichlinien für Niedrig-, Mittel- und Hochwasser

- Eine Verbreiterung in der Krümmung bis etwa 30 % der Regelbreite kommt der Schifffahrt entgegen, ohne den Fließvorgängen zu schaden.
- Die Krümmungsbilder (Bild 2.30) zeigen die Nachteile eines Überganges von der Geraden in den Kreisbogen (a). Der Dynamik des fließenden Wassers wird die Klothoide am besten gerecht (c). Sie eignet sich besonders als Übergangsbogen von der Geraden zum Kreisbogen. Sie ist eine Kurve, bei der der Krümmungsradius R der Länge des Bogens umgekehrt proportional ist.

Diesen Regeln für einen naturnahen und auch dynamischen Flussverlauf stehen oft Hindernisse wie Felsstrecken oder Einbauten entgegen. Weitere Abweichungen von den o. g. Empfehlungen ergeben sich aus Anforderungen an den Fluss und den Wasserbau wie Hochwasserschutz, Binnenschifffahrt oder Flächennutzungen im flussnahen Bereich.

2.3.5.1 Geröllsperren, Wildbachverbau

Wildbäche entspringen im Gebirge, haben stark schwankende Wasserführungen und große mitgeführte Geschiebemengen, insbesondere bei Hochwasser. Im Oberlauf eines Wildbaches kommt es durch die große Schleppkraft immer zu neuen Sohlenerosionen und Hangrutschungen. Durch Sperren als Fixpunkte kann das verhindert oder verzögert werden. Außer der Stabilisierung der Hänge erfolgt durch die Sperren weniger Tiefen- und Seitenerosion. Ihr Stauraum ist klein und wird bei größeren Wasserführungen mit Geschiebe gefüllt, was zum Stabilisieren der Hangfüße und zum Abmindern des Gefälles beiträgt.

Nach einer Näherungsformel [88, S. 297] ergibt sich der untere Grenzwert I_N für das Gefälle oberhalb einer Geröllsperre zu

$$I_N = \frac{0{,}4 \cdot d_{90}^{\frac{9}{7}}}{q_{max}^{\frac{6}{7}}} \tag{2.42}$$

d_{90} Korngröße, die von 90 Gewichts-% der Geschiebemischung erreicht wird, in m

q_{max} maximaler Abfluss pro m Gewässerbreite in $m^3/(s \cdot m)$

Auch ganze Sperrentreppen werden errichtet, meist von unten nach oben. Das kann zeitlich so gestreckt erfolgen, dass erst die Verlandung einer Sperre abgewartet wird, bevor die nächste gebaut wird. Die Sperre selbst ist für Wasser durchlässig, damit sich hinter ihr nicht der statische Wasserdruck ausbilden kann. Bei Sperren aus Holz und Steinen, z. B. steingefüllten Holzkastenkonstruktionen (Bild 2.31) oder auch bei mit Geröll gefüllten Drahtschotterkörben ist die Durchlässigkeit gegeben. Sperren aus Beton erhalten Öffnungen – rund oder rechteckig – sog. Dolen.

Die hydraulische Bemessung erfolgt für das Bemessungshochwasser Q_{max} bzw. pro Meter Breite der Abflusssektion q_{max}. Die Breite der Abflusssektion soll nicht mehr als die Hälfte der Breite des Unterwassers betragen und in der Mitte der Sperre liegen. Kurz vor dem Absturz unterschreitet der Abfluss die Grenztiefe h_{Gr}, die etwa gleich 2/3 der Höhe H_A der Abflusssektion betragen soll [50, S. 300].

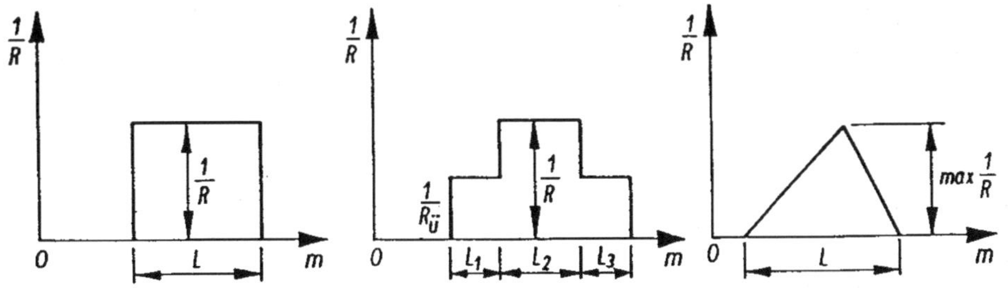

a. Gerade – Kreisbogen – Gerade b. Korbbogen c. Scheitelklothoide mit unterschiedlichen Parametern

Bild 2.30 Krümmungsbilder für verschiedene Krümmungsformen

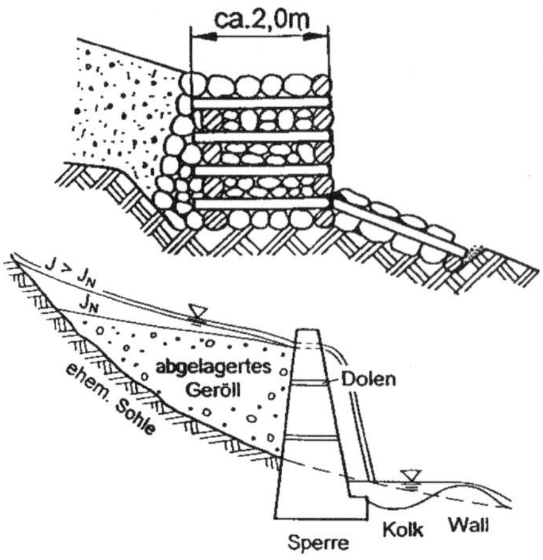

Bild 2.31 Geröllsperren aus Holz und Stein (oben) bzw. Beton (unten)

$$\frac{2}{3} \cdot H_A = h_{Gr} = \sqrt[3]{\frac{q_{max}^{\;2}}{g}} \quad [m] \qquad (2.43)$$

Unmittelbar hinter der Sperre muss die Sohle so stark befestigt werden, dass keine Kolke entstehen. Oft ist es aber einfacher, die Sperre so tief zu gründen, dass ein sich bildender Kolk die Standsicherheit nicht gefährdet. Im Kolk wandelt sich ein Großteil der Energie des herabfallenden Wassers bereits um. Für die Bestimmung der Kolktiefe kann mit den Bezeichnungen des Bildes 2.32 Gl. (2.44) verwendet werden.

$$h_{So} = 0{,}88 \cdot \frac{H^{0{,}343} \cdot q_{max}^{\;0{,}686}}{d_{95}^{\;0{,}372}} \quad [m] \qquad (2.44)$$

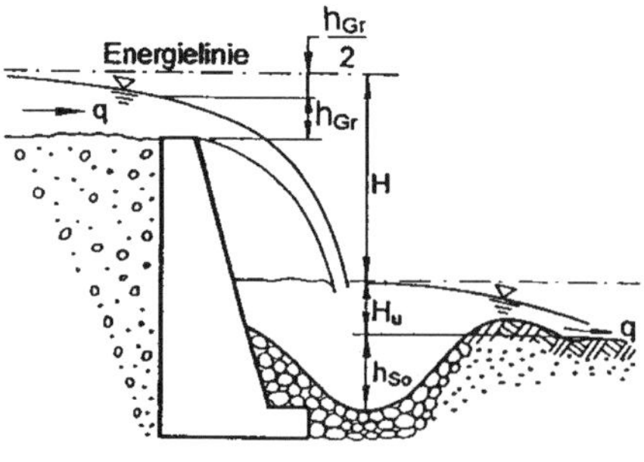

Bild 2.32 Kolkentwicklung hinter einer Geröllsperre

2.3.5.2 Wasserentnahmen

Wasserentnahmen aus Fließgewässern dürften mit die ältesten Wasserbauten der Menschheit sein. Nach dem Schöpfen wurden die Archimedes'sche Schraube und das Wasserrad bekannt und bis in unsere Zeit – vornehmlich in Entwicklungsländern – auch noch erhalten. Heute erfolgen Entnahmen aus Fließgewässern in kleinen Mengen, um für Baustellen, Beregnungsanlagen oder kleine Versorgungsgebiete Wasser bereitzustellen. Den Nutzern wird das Wasser über Rohrleitungen zugeführt. Große Entnahmen, z. B. als Kühlwasser, für die Stromerzeugung oder zur Bewässerung großer Flächen erfolgen über Freispiegelleitungen. Im Fluss kann ein Stau die Bedingungen für die Entnahme verbessern, vor allem ausreichende Wasserstände schaffen. Hauptproblem bei allen Entnahmen ist das vom Fluss mitgeführte Geschiebe. Für den Wasserbauer lautet stets die Aufgabe, so viel Wasser wie nötig und so wenig Geschiebe wie möglich zur Verfügung zu stellen. Besonders wenn größere Entnahmemengen gefordert sind, ist ohne hydraulischen Modellversuch kaum eine zuverlässige Aussage über die günstigste Lage und Ausbildung des Entnahmebauwerkes möglich.

Kleine Wassermengen können mit einer Heberleitung, Bild 2.33, dem Fließgewässer entnommen werden. Voraussetzung ist ein stets höherer Wasserspiegel im Fließgewässer und somit eine entsprechend tiefe Lage des Verbrauchers. Die Abflussleistung des Hebers errechnet sich zu

$$Q_a = \mu_H \cdot A_H \cdot \sqrt{2 \cdot g \cdot \Delta h} \quad [m^3/s] \qquad (2.45)$$

wenn der Heber vollkommen entlüftet, d. h. auf seine gesamte Länge mit Wasser gefüllt ist. Der Beiwert μ_H liegt je nach strömungsgünstiger Aufweitung im Eintrittsbereich bei 0,6 bis 0,8.

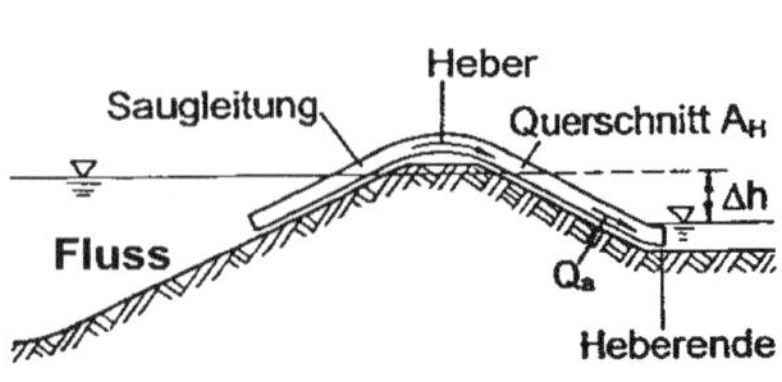

Bild 2.33 Heber

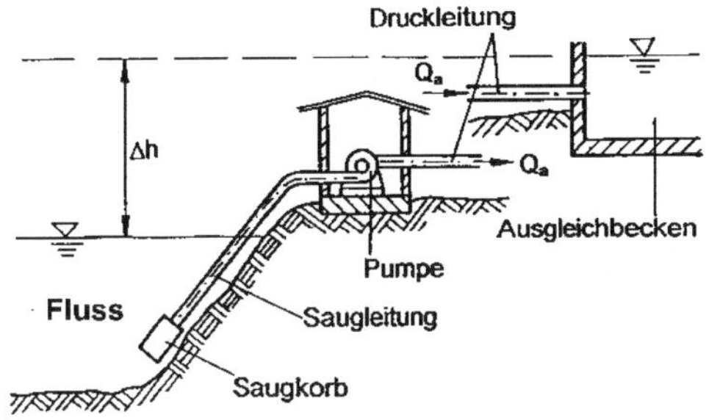

Bild 2.34 Pumpenentnahme

Eine Entnahme mit Pumpen (Bild 2.34) fördert die Wassermenge

$$\boxed{Q_a = \frac{\eta_P \cdot N_P}{\Delta h + \sum \Delta E}} \quad [m^3/s] \qquad (2.46)$$

mit η_P Pumpenwirkungsgrad (0,6 ... 0,9)

N_P Pumpenleistung in kW

$\sum \Delta E$ alle hydraulischen Verluste in m

Um größere Wassermengen zu entnehmen, kann die Entnahme als Seiten-, Sohl- (Tiroler Wehr) oder als Stirnentnahme (mit der Sonderform der Pfeilerentnahme) erfolgen. Standardlösungen gibt es nicht, fast immer ergeben Berechnungen und hydraulische Modellversuche eine individuelle Lösung. Als Beispiel soll im Bild 2.35 eine Seitenentnahme vorgestellt werden, die mit Leitpontons arbeitet.

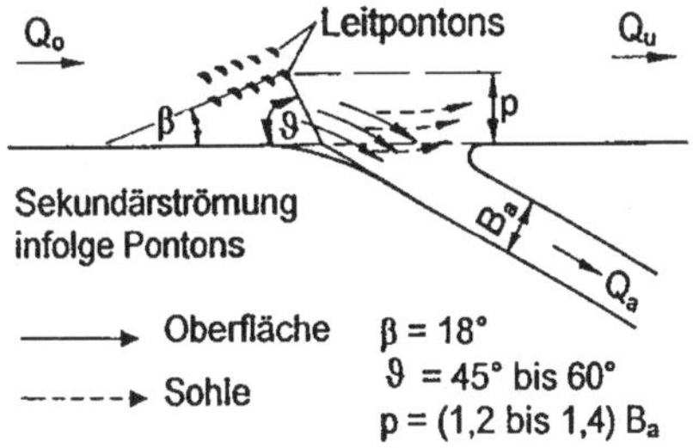

Bild 2.35 Seitenentnahme mit Leitpontons

Aufgabe der Leitpontons oder anderer Leiteinrichtungen ist es, die Strömung an der Oberfläche zur Entnahme zu führen. Das hat zur Folge, dass an der Sohle eine Strömung zur Flussmitte hin entsteht, so dass Geschiebe in Richtung Flussmitte abgelenkt wird. Statt der Leitpontons sind auch Leitwände oder eine einfache Schwelle am Beginn der Seitenentnahme bisher gebaut worden.

Ausführliche Betrachtungen zu Wasserentnahmen können bei Scheuerlein [84] nachgelesen werden.

2.3.5.3 Durchlässe

Durchlässe sind Kreuzungsbauwerke zur Durchleitung kleiner Wasserläufe. In ihnen fließt das Wasser mit freiem Wasserspiegel ab. Das Gefälle des Durchlasses soll dem Gefälle der angrenzenden Flussstrecken entsprechen. Die Fließgeschwindigkeit im Durchlass soll etwa so groß wie die der freien Strecke sein, um Ablagerungen von Geschiebe zu vermeiden.

Konstruktiv werden Durchlässe sowohl als Rohrdurchlässe als auch als Rahmendurchlässe – also rund oder rechteckig im Querschnitt – ausgebildet. Als Durchlässe müssen auch viele Straßenbrücken bezeichnet werden. Sie wirken hydromechanisch wie Durchlässe, was bei Hochwasser besonders deutlich wird. Aus wirtschaftlichen Gründen bedeutet das Anordnen eines Durchlasses immer eine mehr oder weniger große Einschnürung des Fließquerschnittes einer freien Flussstrecke (Trapez- oder Muldenprofil). Dadurch entsteht ein Aufstau z, der sich als Differenz zwischen der Wassertiefe vor dem Durchlass und der Wassertiefe des ungestauten Flusses ergibt. Dieser Aufstau ist die Summe der vom Durchlass verursachten hydraulischen Verluste (Einlauf, Reibung usw.) und wird nach Gl. (2.47) berechnet und im Bild 2.36 dargestellt.

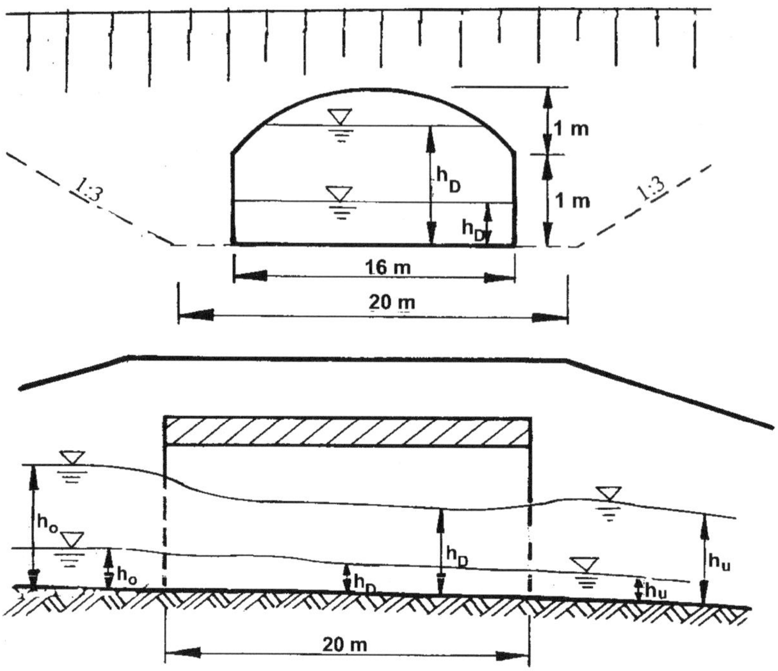

Bild 2.36 Durchlass

$$h_{o,z} + \frac{v_{o,z}^2}{2g} \cdot (1 + c_e) = h_u + \frac{v_u^2}{2g} \cdot (1 - c_a) + \frac{v_d^2}{2g} \cdot (c_a + c_e) + \frac{v_d^2 \cdot l}{k_{St}^2 \cdot r_{hy,d}^{4/3}} - s_d \quad [m] \quad (2.47)$$

Mit $c_e = 0{,}5$ und $c_a = 1$ für einen plötzlichen, $c_e = 0{,}25$ und $c_a = 0{,}5$ für einen ausgerundeten und $c_e = c_a = 0{,}1$ für einen allmählichen Übergang zwischen Durchlass und freier Fließstrecke und den im Beispiel erläuterten Bezeichnungen kann ein Durchlass überschläglich berechnet werden, solange der Fließvorgang strömend bleibt, also kein schießender Abfluss auftritt.

Beispiel: Durchlassbemessung

Ein Bach mit $I = 0{,}05$ % Gefälle und einem Rauheitsbeiwert von $k_{St} = 38$ m$^{1/3}$/s wird von einer Straße gekreuzt. Der Längs- und der Querschnitt des Durchlasses (vom Straßenbauer meist als Brücke bezeichnet) gehen aus Bild 2.36 hervor. Welcher Aufstau z tritt bei Unterwassertiefen von 0,5 bzw. 1,65 m auf?

Lösungen

a) Für eine Wassertiefe unterhalb des Durchlasses von $h_u = 0{,}5$ m kann nach Gl. (2.8) ein Abfluss $Q = 5{,}47$ m^3/s ermittelt werden. Die Fließgeschwindigkeit beträgt $v_u = 0{,}51$ m/s. Der Durchlass soll mit plötzlichen Übergängen ausgeführt sein. Mit den Werten $c_e = 0{,}5$ und $c_a = 1$ kann die Gl. (2.47) vereinfacht werden zu

$$h_{oz} + 1{,}5 \cdot \frac{v_{oz}^2}{2g} = h_u + 1{,}5 \cdot \frac{v_d^2}{2g} + \frac{20 \cdot v_d^2}{k_{St}^2 \cdot r_{hy,d}^{4/3}} - 0{,}01$$

wobei s_d der Höhenunterschied zwischen Ein- und Auslauf des Durchlasses ist. Zunächst wird die Unterwassertiefe in den Durchlass verlängert, so dass $r_{hy,d} = 0{,}47$ m und $v_d = 0{,}68$ m/s leicht berechnet werden können. Wird auch k_{St} in erster Näherung beibehalten (die breite Sohle rechtfertigt das), dann ergibt sich

$$h_{oz} + 1{,}5 \cdot \frac{v_{oz}^2}{2g} = 0{,}5 + 0{,}013 + 0{,}035$$

$$+ 0{,}026 - 0{,}01 = 0{,}567\,\text{m}$$

In maximal zwei Iterationsschritten erhält man für $h_{oz} = 0{,}53$ m, also 3 cm Aufstau.

b) Für $h_u = 1{,}65$ m ergibt sich im Unterwasser: $v_u = 1{,}04$ m/s, $Q = 42{,}8$ m³/s. Mit $r_{hy,d} = 0{,}79$ m und $v_d = 1{,}88$ m/s wird

$$h_{oz} + 1{,}5 \cdot \frac{v_{oz}^2}{19{,}62} = 1{,}65 + 1{,}5 \cdot \frac{1{,}88^2}{19{,}62}$$

$$+ \frac{20 \cdot 1{,}88^2}{38^2 \cdot 0{,}79^{4/3}} - 0{,}01 = 1{,}98\ \text{m}$$

Auch hier genügen zwei Iterationsschritte, um für $h_{oz} = 1{,}93$ m zu erhalten. Der schnell steigende benetzte Umfang führt zu einem unruhigen Abfluss in diesem Bereich ($Q = 42{,}8$ m³/s). Aber auch eine Eisscholle, ein mitgeführter Ast o. Ä. kann einen größeren Aufstau sowie Druckabfluss im Durchlass hervorrufen.

2.3.5.4 Düker

Düker sind Kreuzungsbauwerke, die ein Gewässer oder einen Verkehrsweg unterfahren, wobei die Leitung im Kreuzungsbereich gegenüber der normalen Trasse abgesenkt werden muss.

Beim Bau von Verkehrswegen müssen vorhandene Bäche, Flüsse und Gräben gekreuzt werden. Oft lassen die Geländeverhältnisse und die Höhenlage des Verkehrsweges als Kreuzungsbauwerk nur einen Düker zu. Vor und hinter dem Düker fließt das Gewässer als Freispiegelleitung. Beim vollkommenen Düker fließt das Wasser im mittleren, dem abgesenkten Teil immer unter Druck ab, beim unvollkommenen kann sich bei kleinen Abflüssen ein Freispiegelabfluss einstellen. Das setzt aber voraus, dass der mittlere Teil nur geringfügig tiefer liegt.

Die hydraulische Berechnung eines Dükers erfolgt nach den in der Rohrhydraulik üblichen Ansätzen. Alle auftretenden Verluste werden ermittelt, addiert und – abzüglich der Sohlendifferenz s_d – als vom Düker verursachter Aufstau ausgewiesen. Das erfolgt nach Gl. (2.48).

$$H_{0Z} = h_{0Z} + \frac{v_{0Z}^2}{2 \cdot g} = h_u + \frac{v_u^2}{2 \cdot g} + h_R + h_e + h_r + h_K + h_a - s_d \quad [\text{m}] \qquad (2.48)$$

Hierin bedeuten:

- h_{0Z} und v_{0Z} Wassertiefe und Fließgeschwindigkeit oberhalb des Dükers,
- h_u und v_u Wassertiefe und Fließgeschwindigkeit unterhalb des Dükers,
- h_R Rechenverlust,
- h_e Einlaufverlust,
- h_r Rohrreibungsverlust,
- h_K Krümmerverlust,
- h_a Auslaufverlust,
- $s_d = I \cdot l$ die geodätische Höhendifferenz der Sohle vor und hinter dem Düker.

Die Einzelverluste werden auch hier wie in der Rohrhydraulik berechnet, also aus dem Produkt von Geschwindigkeitshöhe und Beiwert. Der Aufstau vor dem Düker wächst also mit dem Quadrat der Fließgeschwindigkeit im Düker. Ist der Aufstau begrenzt, z. B. um nahe gelegene Anlagen nicht zu gefährden, dann ist auch die Fließgeschwindigkeit im Düker in Grenzen zu halten. Empfohlen wird deshalb, eine Geschwindigkeit von 2 m/s nicht zu überschreiten, obwohl das Bauwerk auch 3 bis 4 m/s vertragen würde. Begrenzt ist auch die Mindestgeschwindigkeit. Unterschreitet sie 1 m/s, so verschlechtert sich die Spülwirkung, der Düker kann versanden. Deshalb sollte die Fließgeschwindigkeit im Düker stets größer sein als die auf der anschließenden Strecke. Die Forderungen hinsichtlich der Fließgeschwindigkeit lassen beim Entwurf oft nur die Anordnung mehrerer Dükerrohre nebeneinander zu – auch mit unterschiedlichen Durchmessern.

Der Einlaufbereich eines Dükers für einen Wasserlauf mit sehr unterschiedlichen Wasserführungen kann mit Streichwehren gestaltet werden. Bei steigendem Abfluss werden die Streichwehre überströmt, die weiteren Dükerrohre springen an. Geht die Wasserführung wieder zurück, dann werden die größeren Querschnitte leergepumpt und gereinigt.

Düker durch einen Fluss sind Druckrohrleitungen, Gasleitungen, Post- und Fernmeldekabel, die den Fluss kreuzen. Flussbaulich ist nur ihre Einbringung in den Fluss von Interesse. Unter Beachtung einer ausreichenden Überdeckung als Sicherheitsmaß gegenüber Sohlenerosion und schleifenden Ankern bei schiffbaren Flüssen wird die Tiefe des Dükers im Fluss festgelegt. Auf diese Tiefe ist die Verlegerinne auszubaggern [93]. Eine Reservebaggerung für das Versanden der Verlegerinne ist abhängig vom Geschiebetrieb und von der Zeit zwischen Baggerung und Einbringung des Dükers mit vorzunehmen. Besonders bei feinen Sanden ist das Baggern der Rinne aufwendig und kompliziert. Das Verlegen der Rohre erfolgt im Einschwimmverfahren, Einschleppverfahren oder im Einspülverfahren.

Beim **Einschwimmverfahren** werden die vorgefertigten und geprüften Dükerrohre zur Einbaustelle geschwommen, über die Verlegerinne geschwenkt und durch Füllen der Rohre abgesenkt. Steht ein genügend breites Vorland zur Verfügung, kann das Einschwimmen auch von einer Einschlepprinne aus erfolgen, die durch Ausbaggern des Vorlandes in der Dükerachse entsteht. Das ist besonders bei schiffbaren Flüssen vorteilhaft, weil das Einschwimmen in die Verlegerinne dann schnell geht.

Beim **Einschleppverfahren** werden die Dükerleitungen vom Vorland aus auf Rollwagen oder Schlitten gleitend in die ausgebaggerte Verlegerinne gezogen.

Nach dem Einbringen wird die genaue Lage des Dükers durch Peilungen überprüft. Zum Schutz der Rohre werden sie mit Feinkies umgeben. Danach wird die gesamte Verlegerinne verfüllt. Der obere Bereich der Verlegerinne wird durch Schüttsteine besonders gesichert.

Die Nachteile der beschriebenen Verfahren, das Bauen in den drei Abschnitten Ausbaggern der Verlegerinne – Verlegen der Rohrleitung – Verfüllen, werden beim Einspülverfahren umgangen. Dabei wird mit einem Spülrohr eine Rinne freigespült, in die flexible Rohrleitungen aus Kunststoffen verlegt werden. Unmittelbar danach werden die Rohre wieder umbettet. Feinsande sind für das Einspülverfahren besonders geeignet.

2.3.5.5 Pfeiler, Widerlager, Baugruben

Pfeiler und Widerlager sind ständige, Baugruben zeitweilige Einbauten in den Querschnitt eines Fließgewässers, die die Abflussverhältnisse beeinflussen. Oberhalb der Einbauten entstehen Wasserspiegelhebungen, deren Größe bekannt sein muss, wenn Deichhöhen, Konstruktionsunterkanten von Brücken, höchste Wasserstände oder Standorte von Wasserentnahmen und -einleitungen und andere Größen festgelegt werden. Unmittelbar am Bauwerk wird die Gewässersohle besonders stark beansprucht, Kolke bilden sich. Mit ausreichenden Befestigungen kann der Kolkbildung entgegengewirkt werden. Wird ein Kolk zugelassen, dann ist seine Größe zu bestimmen, um sie zur Festlegung der Standsicherheit und der Gründungstiefe zu berücksichtigen. Trotz der Einbauten sollte auch bei Hochwasser nur strömender Abfluss zugelassen werden ($h > h_{Gr}$).

Für ständige Bauwerke wird HHQ oder ein etwas kleineres Hochwasser, z. B. das HQ_{100} oder HQ_{200}, als BHQ festgelegt, für zeitweilige Einbauten wie Baugruben ein geringerer Abfluss, z. B. das HQ_{25}.

Die Ermittlung der Wasserspiegellage kann schrittweise erfolgen. Der Wasserspiegelverlauf ist auf Bild 2.37 dargestellt.

Wichtige Punkte sind:

- s der Wert für die größte Wasserspiegelabsenkung,
- z die Höhe des Aufstaus, gemessen eine Pfeilerlänge L_P vor dem Pfeiler,
- $I_{E,max}$ das größte Energieliniengefälle,
- L die Länge des Staus oberhalb der Einbauten.

Aus der Gleichung für die Grenztiefe und der Überlegung, dass $h - s > h_{Gr}$ sein soll, kann man s ermitteln zu

$$s = \frac{1}{2 \cdot g} \cdot \left[\left(\frac{Q}{\sum b \cdot (h - s)} \right)^2 - v^2 \right] \quad \text{[m]} \qquad (2.49)$$

Um die Höhe des Aufstaus z überschläglich zu bestimmen, können die Versuchsergebnisse von Rehbock verwendet werden, Gl. (2.50).

$$z = \left[\delta_0 - \alpha_A \cdot (\delta_0 - 1)\right] \cdot \left(0{,}4 \cdot \alpha_A + \alpha_A^2 + 9 \cdot \alpha_A^4\right) \cdot \left(1 + Fr^2\right) \cdot h_V \quad [\text{m}] \qquad (2.50)$$

In der Gl. (2.50) bedeuten:

- δ_0 Formbeiwert für die Einbauten, zu ermitteln nach Bild 2.38
- a unter der ursprünglichen Wasserlinie liegender nunmehr verbauter Querschnitt in m²
- Fr Froudezahl vor Einbau der Pfeiler, Gl. (3.26)
- h_V Geschwindigkeitshöhe des unverbauten Flusses in m, $h_V = \dfrac{v^2}{2 \cdot g}$ [m]
- α_A Verbauungsverhältnis $\alpha_A = \dfrac{a}{A}$
- A Durchflussquerschnitt vor der Verbauung in m²

Strömender Abfluss liegt so lange vor, wie

$$\alpha_A < \frac{1}{0{,}97 + 10{,}5 \cdot Fr^2} - 0{,}13 \qquad (2.51)$$

ist, andernfalls tritt streckenweise Fließwechsel oder schießender Abfluss ein. Zu beachten ist, dass Rehbock im Modellversuch, im Rechteckgerinne und mit einem mittig angeordneten Pfeiler gearbeitet hat. Je weiter man von seinen Versuchsbedingungen abweicht (Naturmessung, Trapezquerschnitt, Widerlager, mehrere Pfeiler), desto größer können die Abweichungen werden. $I_{E,max}$, das größte Energieliniengefälle, kann aus der schrittweisen Wasserspiegelberechnung abgelesen oder nach Gl. (2.52) ermittelt werden.

$$I_E = \frac{v^2}{k_{St}^2 \cdot r_{hy}^{\frac{4}{3}}} \qquad (2.52)$$

Der Größtwert tritt dort auf, wo der Wasserspiegel am steilsten abnimmt. Dort ist die Flusssohle besonderen Beanspruchungen ausgesetzt, da dort eine besonders große Schleppspannung vorhanden ist.

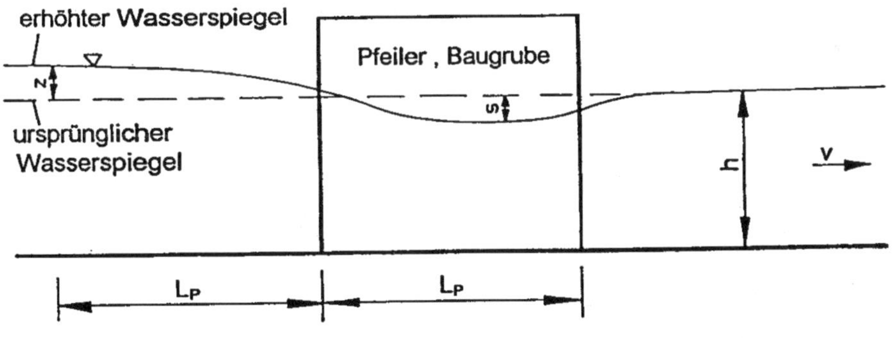

Bild 2.37 Wasserspiegel zwischen Pfeilern, Widerlagern oder Baugruben

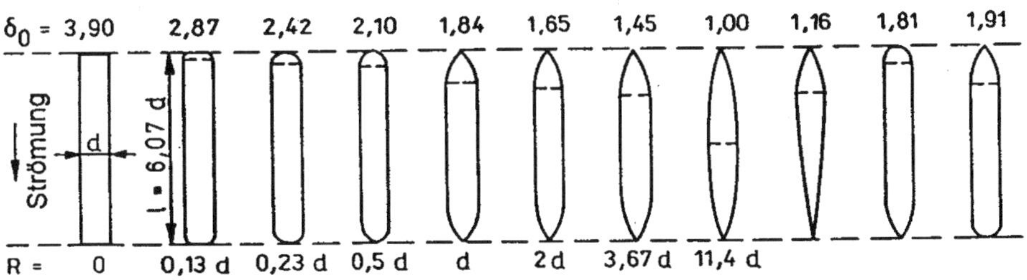

Bild 2.38 Formbeiwerte δ_0, gültig für Pfeilerlängen $l = (3...8) \cdot d$

Zahlreiche Versuche und Berechnungen wurden bisher durchgeführt, um die Abmessungen bestehender Kolke vorausbestimmen zu können. Verschiedene Einflussfaktoren auf die Kolkgröße wie die Wassertiefe, die Fließgeschwindigkeit, die Abflussmenge, der Korndurchmesser des Geschiebes und des Sohlenmaterials am Hindernis (Pfeiler), Form und Durchmesser des eingebrachten Hindernisses und die Zeit haben eine theoretisch exakte Lösung bisher verhindert. Modellversuche zum Kolk am runden Pfeiler führten zu folgenden Erkenntnissen:

- Die Form des Kolkes ist im Grundriss aus einem Halbkreis oberstrom des Pfeilers und einer halben Ellipse unterstrom des Pfeilers zusammengesetzt, der tiefste Punkt erscheint oberstrom des Pfeilers.
- Die Kolktiefe kann etwa gleich dem Pfeilerdurchmesser gesetzt werden.
- Die Kolklänge (Abstand zwischen dem oberstromigen Kolkanfang und dem Pfeileranfang) ist doppelt so groß wie der Pfeilerdurchmesser.
- Das Kolkvolumen ergibt sich zu

$$\boxed{V_K = 13 \cdot D^3} \; [\mathrm{m}^3] \qquad (2.53),$$

wenn Geschiebebewegung im Fluss vorhanden ist.

- Aus den Untersuchungen ergibt sich der im Bild 2.39 dargestellte Befestigungsvorschlag für die Flusssohle im Pfeilerbereich mit d_0 – Mindestdurchmesser für ein Schüttsteinmaterial.

Beispiel: Pfeilerstau an einer Brücke

Für die Brücke auf Bild 2.40 ist für drei Wasserführungen von Q = 1 000, 2 000 und 2 800 m³/s der Aufstau nachzuweisen. Für den Fluss wird einheitlich vereinfacht angenommen: $I = 0{,}05$ %; $k_{St} = 37\ \mathrm{m}^{1/3}/\mathrm{s}$, Sohlenneigung 1 : 18 bis zur Wassertiefe von 4,0 m, dann 1 : 2 geneigte Böschungen.

Lösungen

Zunächst kann mit der Gl. (2.8) eine Abflusskurve für den unverbauten Fluss gezeichnet werden, aus der abgelesen wird: $h = 5{,}65$ m für $Q = 1\,000\ \mathrm{m}^3/\mathrm{s}$, $h = 7{,}50$ m bei $Q = 2\,000\ \mathrm{m}^3/\mathrm{s}$ und $h = 8{,}70$ m für $Q = 2\,800\ \mathrm{m}^3/\mathrm{s}$. Ebenfalls für den unverbauten Querschnitt werden die Froudezahl und die Geschwindigkeitshöhe ermittelt, die in die Gl. (2.50) einzusetzen sind. Für die Pfeiler wird der Formbeiwert nach Bild 2.38 einheitlich zu $\delta_0 = 2{,}87$ angenommen. Die Verbauungsverhältnisse betragen $\alpha_A = 0{,}45$; 0,45 bzw. 0,50. Die Prüfung nach Gl. (2.51) ergibt strömenden Abfluss für $Q = 1\,000\ \mathrm{m}^3/\mathrm{s}$,

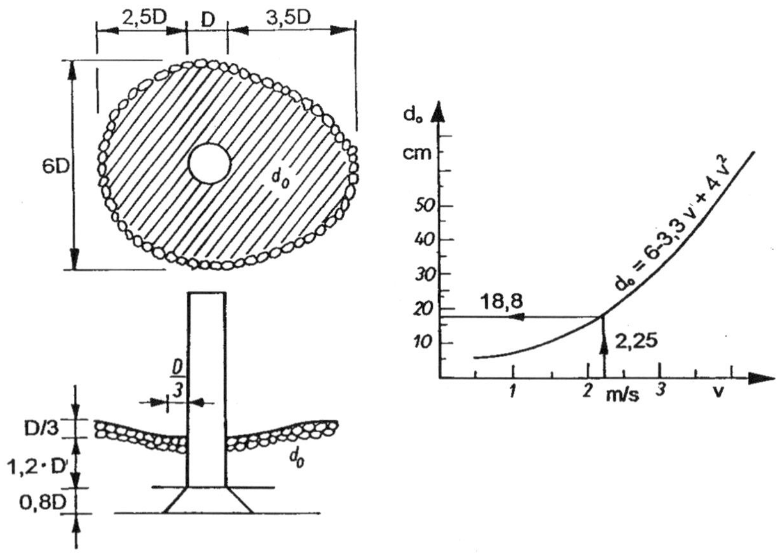

Bild 2.39 Befestigungsvorschlag für eine Flusssohle um runde Pfeiler

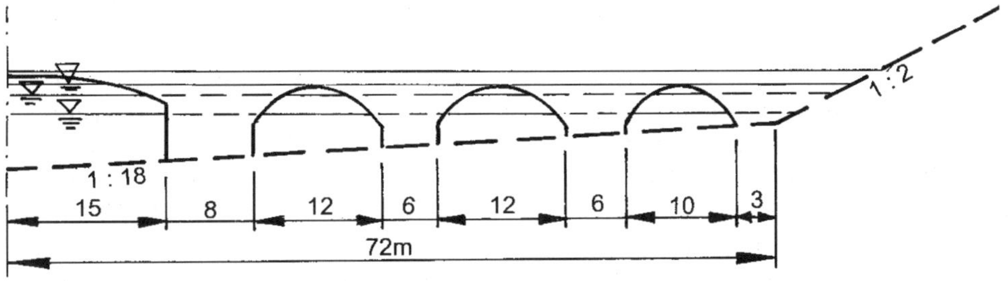

Bild 2.40 Halber Querschnitt der Brücke

Bild 2.40 Pöppelmannbrücke in Grimma am 13. 8. 2002

schießenden Abfluss für $Q = 2\,800$ m³/s und bei 2 000 m³/s den recht unsicheren Bereich des Fließwechsels. Für $h = 5{,}65$ m wird $v_u = 1{,}88$ m/s, $h_v = 0{,}18$ m und $Fr = 0{,}064$. In Gl. (2.50) eingesetzt, erhält man

$$z = (2{,}87 - 0{,}45 \cdot 1{,}87) \cdot (0{,}4 \cdot 0{,}45 + 0{,}45^2 + 9 \cdot 0{,}45^4) \cdot (1 + 0{,}064) \cdot 0{,}18 = 0{,}29 \text{ m}$$

Für $Q = 2\,000$ m³/s ergibt sich ein Stau von $z = 0{,}51$ m, wenn Gl. (2.50) noch verwendet wird. Im Bereich schießenden Abflusses ist Gl. (2.50) nicht gültig, das Bauwerk wirkt als Durchlass, Gl. (2.47), vgl. auch Beispiel 11. Mit $c_e = 0{,}5$, $c_a = 1$ und $A = 1\,009$ m², $l_U = 165{,}2$ m sowie im „Durchlass" $A_D = 504$ m², $v_D = 5{,}56$ m/s, $r_{hy} \approx 6$ m wird ein Aufstau von 1,8 m errechnet. Dieser Wert kann nicht hingenommen werden, auch nicht die Tatsache, dass sich im Bereich der Brücke schießender Abfluss einstellt, der zu großen Kolken führt und die Standsicherheit der Brücke gefährdet.

Das Bild 2.40 zeigt die Pöppelmannbrücke in Grimma am 13.8.2002. Ihre Maße sind denen der Aufgabe sehr ähnlich. Schießender Abfluss, zu erkennen am Wechselsprung unterhalb der Brücke und bis 6 m tiefe Kolke traten an den Pfeilern auf, die denkmalgeschützte Brücke wurde teilweise zerstört.

2.4 Hochwasserregelung

2.4.1 Entstehung und Ablauf einer Hochwasserwelle

Immer wieder auftretende große Hochwasser veranlassten die Menschheit frühzeitig, Wasserbauer zu beauftragen, Leben, Gesundheit, Hab und Gut der Bewohner flussnaher Regionen zu schützen.

Die großen Hochwasser u. a. am Rhein 1993 und 1995, an der Oder 1997 und im Elbegebiet

2002 und 2013 machten deutlich, welche Gefahr für den Menschen und seine Güter auch heute vom Hochwasser ausgeht. Voraussagen der Klimaforscher und Meteorologen lassen auch künftig große Hochwasser und damit Aufgaben im Hochwasserschutz erwarten.

Für die Entstehung eines Hochwassers sind, abhängig von der Größe des Einzugsgebietes, kurzzeitige Starkniederschläge oder lang anhaltender Regen, oft verbunden mit der Schneeschmelze, ursächlich. Hochwasserkatastrophen im Osterzgebirge (1897, 1927, 1957, 1958) und an der Oder (1997) traten nach heftigen örtlichen Starkniederschlägen im Sommer auf, die Katastrophe im August 2002 nach großräumigen lang anhaltenden Starkniederschlägen. Ursachen des Weihnachtshochwassers am Rhein waren ein schneereicher November 1993 und ein warmer Regen im Dezember auf den gefrorenen und schneebedeckten Boden. Die Verringerung von Rückhalteräumen durch

- Waldsterben (z. B. im Erzgebirge) oder Abholzen bis zum Kahlschlag,
- Trockenlegung von Sümpfen, Mooren, Abbau von Torf,
- Abtrennen von Flussschleifen und Altarmen zur Verkürzung eines Flusslaufes

beschleunigen den Abfluss einer Hochwasserwelle.

Praktisch ohne Einfluss auf ein Hochwasser ist die sog. Flächenversiegelung. Große Hochwasserereignisse in früheren Jahrhunderten belegen das hinreichend. Schmidt [85] hat die HW-Stände der Lahn von 1255 bis 1984 ausgewertet und gezeigt, dass Chronisten von 1255 bis 1400 vier große Hochwasser festhielten, die nach 1800 nie mehr erreicht wurden.

Die Flächenversiegelung als eine Ursache der Hochwasser zu nennen, ist nur ideologisch begründet und für einen Ingenieur bedeutungslos, weil im Winter fast 100 % aller Flächen „versiegelt", da gefroren und oft schneebedeckt sind und der Ingenieur immer mit dem ungünstigen Lastfall rechnen muss. Für die Zeit ohne Frost und Schnee ist festzuhalten, dass der Anteil der versiegelten Flächen (Häuser, Straßen, Autobahnen, Flugplätze usw.) in Deutschland etwa 10 % beträgt.

Gegenwärtig wird spekuliert, ob Klimaänderungen (Treibhauseffekt) auf die Hochwasserereignisse Einfluss haben. Für den Wasserbau(er) ist das weniger interessant, denn seine Aufgabe ist es, die Menschen vor Hochwasser zu schützen. Hochwasser traten immer auf, nur heute sind die Werte der zu schützenden Objekte größer.

Den Ablauf einer Hochwasserwelle charakterisiert Bild 2.41: Anstieg des Hochwassers, Erreichen des Scheitelwertes, Abflachung der Hochwasserwelle.

Auch mehrere Scheitelwerte können während eines Hochwasserereignisses auftreten. Der Anstieg erfolgt meist relativ schnell, insbesondere bei kleinen Einzugsgebieten, während der Rückgang des Hochwassers sich über einen längeren Zeitabschnitt erstreckt. In kleinen Einzugsgebieten kann der Scheitelwert schon nach einigen Stunden erreicht sein. Große Flüsse mit entsprechend großem Einzugsgebiet haben eine Hochwasseranstiegszeit von einigen Tagen. Ganz untypisch ereignete sich das Hochwasser 2002 in Grimma an der Mulde. Die Pöppelmannbrücke am Ende (!) der Stadt, Bild 2.40, staute das Wasser stark und schnell an. Es stürzte von allen Seiten in die Stadt. Ebenfalls sehr schnell strömte das Wasser aus der Stadt zur Mulde zurück, nachdem die Brücke teils eingestürzt war. Andere Sonderfälle wie Bruch einer Stauanlage, Eisversetzung an Brücken müssen ebenfalls erwähnt

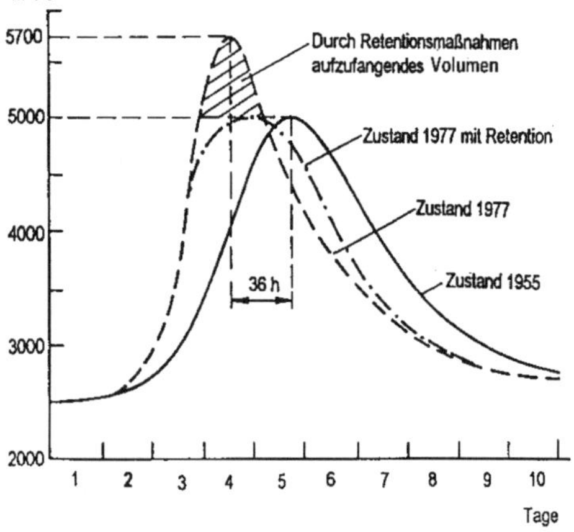

Bild 2.41 Ablauf und Beeinflussung einer Hochwasserwelle am Rhein

werden. Entscheidend für die Höhe des Schadens, den das Hochwasser anrichtet, sind die Höhe seines Scheitelwertes und die Geschwindigkeit des Anstieges. Folglich haben sich alle menschlichen Aktivitäten zum Hochwasserschutz immer darauf konzentriert, den Scheitelwert zu verringern. Jahrhundertelang gingen diese Bemühungen, die nach jedem Hochwasser besonders intensiv betrieben wurden, einher mit Arbeiten zum Trockenlegen von Sümpfen (um Krankheiten zu bekämpfen), zum Gewinnen von hochwasserfreiem Ackerland und auch zum Lösen von Grenzkonflikten (z. B. Rhein zwischen Deutschland und Frankreich).

2.4.2 Örtlicher Hochwasserschutz

Hochwassergefährdete Gebiete an großen Flussläufen können durch Umleitungen des Wassers oder durch Eindeichungen vor Überflutungen geschützt werden. An kleinen Wasserläufen wie Wildbächen und kleinen Fließgewässern im Hoch- oder Mittelgebirge kommt praktisch nur ein Zurückhalten der Wassermassen in großen Stauräumen in Frage (Talsperren, Rückhaltebecken). Ein großes Aufgabengebiet ergibt sich beim Beseitigen von zu engen Brückenquerschnitten, die oft nur Durchlässe sind. Doch diese Aufgaben liegen unverständlicherweise meist außerhalb des Aufgabengebietes eines Wasserbauers, siehe auch die beiden Beispiele.

Umleitungen hat früher die Natur geschaffen, z. B. Abkürzungen beim Durchbruch von Flussmäandern bei Hochwasser. Mit zunehmender Besiedelung beeinflusste der Mensch mit baulichen Maßnahmen den Lauf der Flüsse. Heute werden Städte und Stadtteile auch durch Flutrinnen vor den größten Hochwassern geschützt.

Bekannte Beispiele sind die Dresdener Flutrinne in Kaditz (Bild 2.42) und die Hochwasserableitung östlich Magdeburgs, beginnend am Pretziner Wehr.

Flutrinnen beginnen mit einem Einlaufwehr (meist ein Streichwehr), das bei einem bestimmten Wasserstand überströmt wird. Unterhalb des zu schützenden Gebietes fließt das Wasser wieder in den Fluss. Nach Ablauf des Hochwassers leert sich die mit Gras bewachsene Flutrinne wieder. Insgesamt ist die Wirkung einer Flutrinne nur gering und örtlich begrenzt.

Wirksamer werden zu schützende Gebiete durch Eindeichungen vor Überschwemmung bewahrt. Das Bild 2.43 zeigt die Arten von Deichen im Grundriss.

Je nach Flusslauf, Geländeart und Entwicklungsstand der Bautechnologie wurden die einzelnen Deicharten – oft über dutzende Kilometer – gebaut, erhöht, unterhalten und ausgebessert. Die Polder, die selten überflutet werden, und die Vorländer, die auch schon bei kleineren Hochwassern überschwemmt sind, können nur als Wiese und Weide genutzt werden.

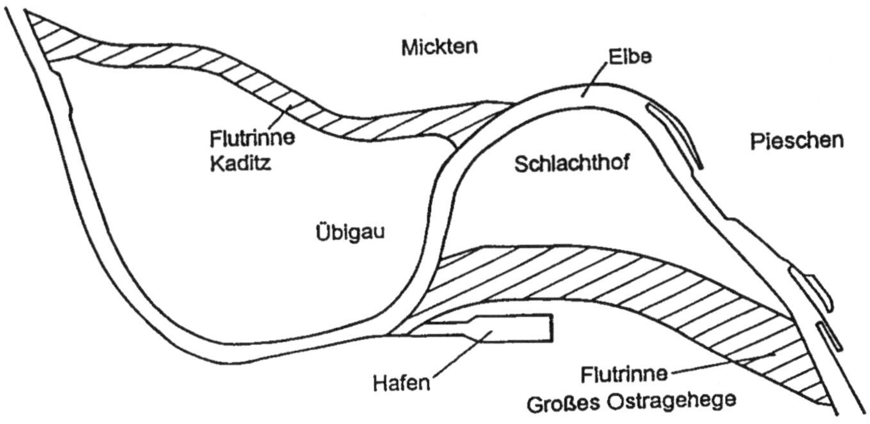

Bild 2.42 Flutrinnen in Dresden

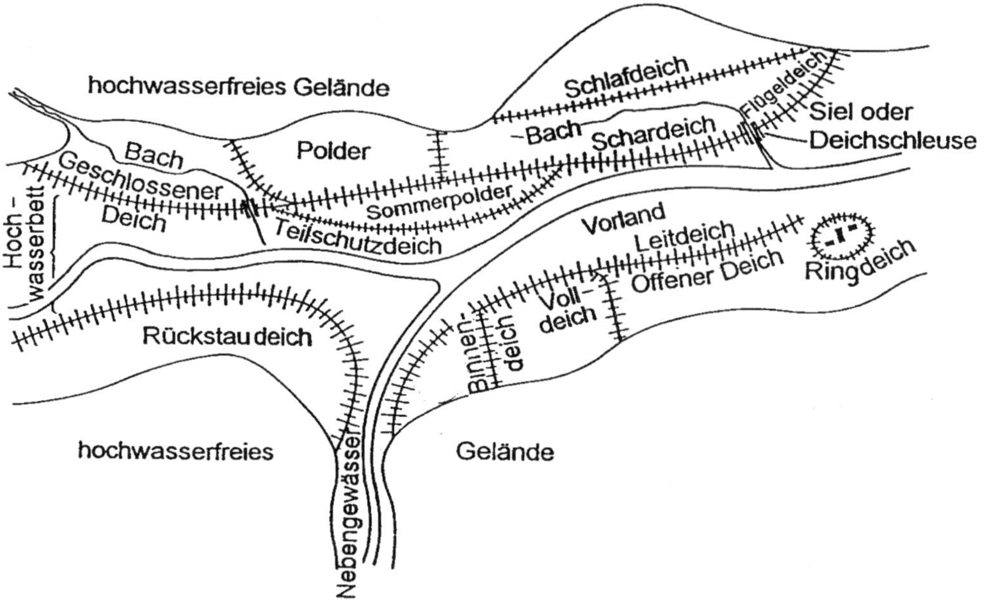

Bild 2.43 Deicharten

Im Querschnitt sind Flussdeiche meist homogene Dämme aus einem möglichst gering durchlässigen Material. Flussdeiche wurden wegen der hohen Kosten nur selten als gedichtete Dämme gebaut. Das kam vor allem in Frage, wenn besonders wertvolle Gebiete zu schützen waren, ein schwieriger Untergrund vorhanden war oder ein ausreichend dichter Erdstoff für den gesamten Deich nicht zu beschaffen war. Das Bild 2.44 zeigt einen typischen Querschnitt durch einen Deich mit besonders hervorgehobenen Gefahrenstellen.

An der wasserseitigen Böschung tritt bei Benetzung Wasser ein. Der Untergrund des Deiches ist ohnehin stets wassergesättigt (Grundwasser).

Mit steigendem Hochwasser entsteht eine Sickerbewegung zur Landseite hin, sowohl im Untergrund als auch durch den Deich, der als homogener Damm hier angenommen wird. Am landseitigen Deichfuß darf das Sickerwasser nicht austreten, da das die Standsicherheit des Deiches gefährden würde. Aus dieser Forderung ergibt sich eine erste Aussage dazu, ob ein Material als Deichbaustoff geeignet ist; das Hochwasser muss abgeklungen sein, bevor der Deich durchsickert ist.

Beispiel: Homogener Deich

Zwischen dem Bemessungshochwasser (*BHW*) und dem Wasserspiegel im Deichseitengraben ist eine Differenz von Δh = 3,00 m

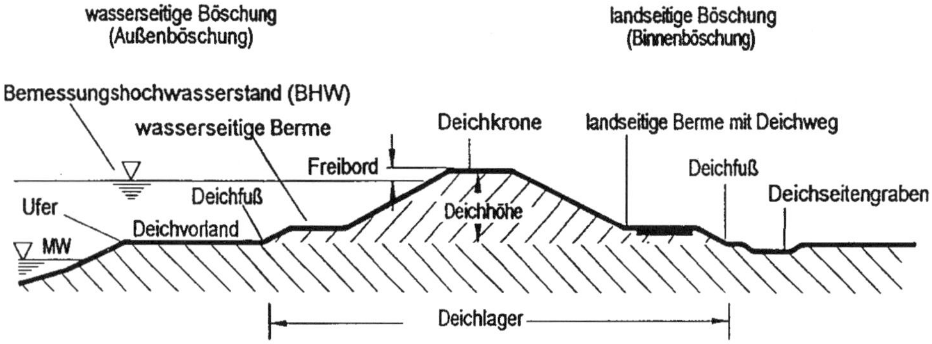

Bild 2.44 Querschnitt durch einen Flussdeich

vorhanden. Das bisher beobachtete längste Hochwasser hatte 28 Tage Dauer. Kann vorhandener Erdstoff mit $k_f = 8 \cdot 10^{-5}$ m/s als Deicherde verwendet werden, wenn der Deich 30 m breit werden soll?

Lösung

Mit dem Darcy-Gesetz wird

$$v = k \cdot I = k \cdot \frac{\Delta h}{\Delta l} = 8 \cdot 10^{-5} \cdot \frac{3{,}00}{30} = 8 \cdot 10^{-6} \quad \text{[m/s]} \qquad (2.55)$$

In 28 Tagen würde das Wasser durch diesen Deich eine Strecke von

$$s = v \cdot t = 8 \cdot 10^{-6} \cdot 28 \cdot 24 \cdot 3600 = 19{,}35\,\text{m} \qquad (2.56)$$

zurücklegen.

Ein etwas schmalerer Deich würde demnach schon genügen. Genauer kann der Verlauf der Sickerwasserbewegung mit einem Spaltmodell oder nach Zeichnung der Sickerlinie (Kozeny-Parabel, vgl. Abschnitt 3.3.7) ermittelt werden.

Gegenüber einem Damm für Dauerstau sind beim Flussdeich Besonderheiten zu beachten:

- der Hochwasserstand im Fluss ist nicht konstant,
- wie die Hochwasser der letzten Jahre besonders deutlich gemacht haben, genügten nur wenige Deichquerschnitte den genannten Anforderungen der DIN 19712, nach Heerten [36] z. B. nur 5 % der 1 343 km in Sachsen-Anhalt,
- ein durch Wühltiere, abgestorbene Wurzeln u. a. geschwächter Deich, der viele bevorzugte Sickerwege hat, setzt dem Sickerwasser nur geringeren Widerstand entgegen,
- Bäume auf den Deichen gefährden die Standsicherheit in besonders starkem Maße.
- Sowohl der Sicherung der Deiche selbst gegen Durchsickerung als auch Deicherhöhungen (mindestens zeitweilig) kommt künftig große Bedeutung zu.

Ein überströmter Deich ist ein zerstörter Deich. Das Überströmen des Deiches muss vermieden werden. Ausnahmen sind nur die Teilschutzdeiche (auch Sommerdeiche genannt), die den Sommerpolder vor kleineren Hochwassern schützen, bei höheren Wasserständen aber überflutet sind. Das Überströmen des Deiches zum Füllen des Polders erfolgt an besonders befestigten Überlaufstrecken, deren Krone etwas unterhalb der Krone des Teilschutzdeiches liegt. Der Hauptdeich (früher Winterdeich genannt) muss möglichst gegen das höchste bisher bekannte Hochwasser kehren, eine Sicherheit in Form eines Freibordes von 0,5 m bis 1,5 m je nach Bedeutung des Deiches kommt zum *BHW* noch hinzu, Bild 2.44. Die Festlegung des Bemessungshochwasserstandes erfolgt abhängig von der Bedeutung des Fließgewässers und der zu schützenden Gebiete. Das HW_{100} oder auch ein HW_{200}, mitunter auch das *HHW* werden als Bemessungshochwasser festgelegt. Droht trotzdem ein Überströmen des Deiches, dann sichern Sandsäcke, die nur zu etwa zwei Dritteln gefüllt werden, um möglichst dicht zu liegen, kurzfristig die gefährdeten Deichabschnitte.

Ein Wasseraustritt im Polder (Qualmwasser) ist auf eine nicht ausreichend dicke Deckschicht zurückzuführen und weist auf eine intensive Durchsickerung des Untergrundes hin. Er bringt für den Deich allgemein keine Gefahr mit sich.

Tritt Wasser an der landseitigen Böschung aus, dann ist der Deich in hohem Maße gefährdet, weil er dann wassergesättigt ist und durchsickert wird. Führt das austretende Sickerwasser feine Erdstoffpartikel mit sich, dann ist eine Suffosion im Gange. Suffosion ist das Auswaschen der feinen Bestandteile aus dem Korngemisch (Erdstoff), ohne dass das Korngerüst insgesamt zerstört wird. Es vergrößern sich die Hohlräume, die Durchlässigkeit und damit auch die Sickergeschwindigkeit. Die Folge ist eine innere Erosion, d. h. es werden auch gröbere Bestandteile aus dem Korngerüst ausgewaschen, eine Zerstörung des Deiches droht. Um sie abzuwenden, sind zwei Möglichkeiten gegeben:

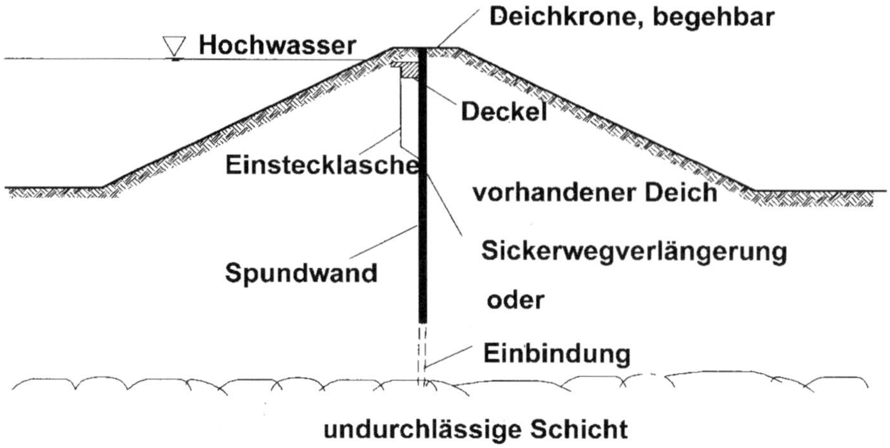

Bild 2.45 Vorschlag zur Sicherung und Erhöhung eines Deiches

- Erhöhung der Standsicherheit des gefährdeten Deichabschnittes,
- Beseitigung der Ursachen für die Durchsickerung.

Ein Abflachen der landseitigen Böschung durch Aufschütten eines durchlässigen Erdstoffes (Kies, Steine) erhöht die Standsicherheit und ermöglicht auch weiterhin den Sickerwasseraustritt. Wenn die Eintrittsstelle des Sickerwassers zu ermitteln war (z. B. eine schadhafte Stelle an der Außenböschung), so ist auch schon versucht worden, durch Ausrollen einer Folie den Sickerwassereintritt zu vermindern. Doch das war mit Schwierigkeiten verbunden und meist wirkungslos [03].

Ursache jeder Wasserbewegung ist ein Gefälle. Am durchsickerten Deich kann das Gefälle nur verringert werden, indem an der Luftseite ein Gegendruck aufgebaut wird. Das kann durch Anlegen eines Ringdeiches um die Austrittsstelle des Sickerwassers erfolgen.

Zahlreiche Deichabschnitte im Oder- und Elbegebiet erwiesen sich bei den letzten Katastrophen als nicht den Anforderungen und Normen genügend. Ihre Ertüchtigung ist gegenwärtig eine Aufgabe großen Umfanges. Eine Möglichkeit, dies wirtschaftlich, ökologisch verträglich und ohne langwierige Planungsprozesse durchzuführen, zeigt das Bild 2.45. Für alle kleinen und mittleren Hochwasserereignisse stabilisiert eine Innendichtung den Deich, bei drohender Überspülung kann der Deich schnell erhöht werden. Eine Stahlspundwand, deren Profil weitgehend einheitlich festgelegt werden sollte, wird in den Deich eingebracht. Ihre Länge richtet sich nach der Deichhöhe und den Untergrundverhältnissen. In vom gewählten Spundwandprofil abhängigen Abständen von etwa 3 m werden an die Spundbohlen Einstecklaschen schon beim Herstellen der Bohlen angeschweißt, die nach dem Spundwandeinbau durch Deckel verschlossen werden.

Für alle Hochwasser, bei denen die Deichkrone nicht überspült wird, ist der Deich ausreichend gesichert. Droht das Hochwasser höher zu steigen, dann werden in die Einstecklaschen leichte Doppel-T-Träger (z. B. aus Aluminium) eingesteckt. Zwischen die Träger werden anschließend Tafeln aus Aluminium eingeführt. Nach dem Hochwasser werden die Tafeln und die Träger entfernt, gereinigt und sicher aufbewahrt. An der Donau hat sich diese Lösung 2013 bewährt. Wesentliche Vorteile dieses Systems sind die Sicherheit des Deiches gegen Durchsickerung bei allen kleinen und mittleren Hochwasserereignissen und das schnelle Aufbauen einer Deicherhöhung bei steigendem Hochwasserstand. Nach dem Hochwasser ist der Deich wieder nutzbar als Geh- oder Radweg.

Neben den erwünschten positiven Auswirkungen für hochwasserfreie landwirtschaftliche Nutzflächen, Siedlungen und Verkehrswege hat eine Eindeichung auch negative, insbesondere für den Fluss selbst. Die seitlich nicht mehr zur Verfügung stehende Fläche wird – einen gleichgroßen Hochwasserabfluss *HQ* einmal vorausgesetzt – durch eine Aufhöhung des Wasserspiegels oberhalb der eingedeichten Strecke und eine größere Abflussgeschwindigkeit zwischen den Deichen ausgeglichen. Diese größere Abflussgeschwindigkeit führt zum einen zu verstärkter Sohlenerosion, zum anderen vor allem zum schnelleren Abgang der Hochwasserwelle. Wie erwartet wurde (und den Wasserbauern seit Jahrhunderten bekannt ist!), führt der schnellere Abfluss zum schnelleren Ansteigen des Hochwassers unterhalb der eingedeichten Strecke und zu einer Erhöhung der bisherigen Hochwasserspitzen (bei gleichem Abfluss), vgl. Bild 2.42.

An den Mündungen von Nebenflüssen können zeitlich versetzt oder – der besonders schlimme Fall – zur gleichen Zeit Hochwasser mit ihren Scheitelabflüssen zusammentreffen. Sollen größere Flussabschnitte eingedeicht werden, dann ist der Einfluss dieser Maßnahmen auf die Scheiteldurchflüsse beider Flüsse bei der Planung zu untersuchen.

2.4.3 Hochwasserschutzsysteme

Die Gesamtmenge des Niederschlages (einschließlich Schnee) gibt die Natur vor. Wasserbauliche Aktivitäten zum Hochwasserschutz müssen sich stets auf ein besseres Verteilen des Abflusses, also ein Abflachen der Hochwasserwelle, Bild 2.42, gestrichelte Linie, verbunden mit einem langsameren Anstieg, konzentrieren. Das kann nur dann sinnvoll gemacht werden, wenn die jeweiligen Einzugsgebiete des Fließgewässers (also nicht die Ländergrenzen o. Ä.) Ausgangspunkt aller Überlegungen sind.

In Böhmen (fast identisch mit dem Einzugsgebiet der Elbe bei Decin) hatten die Teichflächen im 16. Jh. eine Ausdehnung von insgesamt 138 000 ha, zu Beginn des 20. Jh. nur noch 12 000 ha. Ein Wasserspiegelanstieg um nur 10 cm hätte auf den damals vorhandenen Teichen ein Volumen von 126 Mio m^3 Wasser zurückhalten können, eine Wassermenge, die heute schneller der Elbe zufließt. Für den Rhein bringt das Bild 2.42 eine analoge Situation zum Ausdruck: Retentionsflächen wurden zwischen 1955 und 1977 verringert.

Die Gesamtheit möglicher Hochwasserschutzmaßnahmen umfasst:

- Retention vor allem im Oberlauf der Fließgewässer,
- örtlicher Hochwasserschutz, verbunden mit Retentionsmaßnahmen im Mittellauf,
- schnelles Ableiten der Hochwasserspitzen im Unterlauf.

Vor allem die Retentionsmaßnahmen im Oberlauf wirken dämpfend auf den Hochwasserabfluss. Im gesamten Einzugsgebiet gilt für die land- und forstwirtschaftlich genutzten Flächen:

- Erhaltung oder Anlegung von bewaldeten Flächen, Hochmooren u. a. wasserspeichernden Flächen,
- Anlegen der Ackerfurchen, Wälle, Haine, Wege möglichst entlang der Höhenschichtlinien, nicht senkrecht zu ihnen,
- Verbau von Wildbächen, Schluchten o. Ä. durch Stauanlagen, vor allem auch, um das Gefälle herabzusetzen,
- Wiederherstellung von Teichflächen.

Mit diesen Maßnahmen könnte man sich Zuständen früherer Jahrhunderte wieder annähern. Doch das ist heute an vielen Stellen nicht mehr möglich (Bebauung) und auch nicht ausreichend, da es auch früher verwüstende Hochwasser gab, mit denen die Gesellschaft heute nicht leben möchte.

Zum Hochwasserschutzsystem im gesamten Einzugsgebiet eines Flusses oder Flussabschnittes gehören vor allem wasserbauliche Maßnahmen:

- Bau von Hochwasserrückhaltebecken und Talsperren,
- Flutung und spätere Nutzung von Tagebaurestlöchern für den Hochwasserschutz,
- Schaffen von steuerbaren Poldern hinter den Teilschutzdeichen,
- Bau und Nutzung von Staustufen zur Steuerung des Hochwasserabflusses,
- Nutzung anderer Speichermöglichkeiten: Schifffahrtskanäle, Regenrückhaltebecken in städtischen Kanalisationen bis hin zu Auffangen von Regenwasser in Regentonnen.

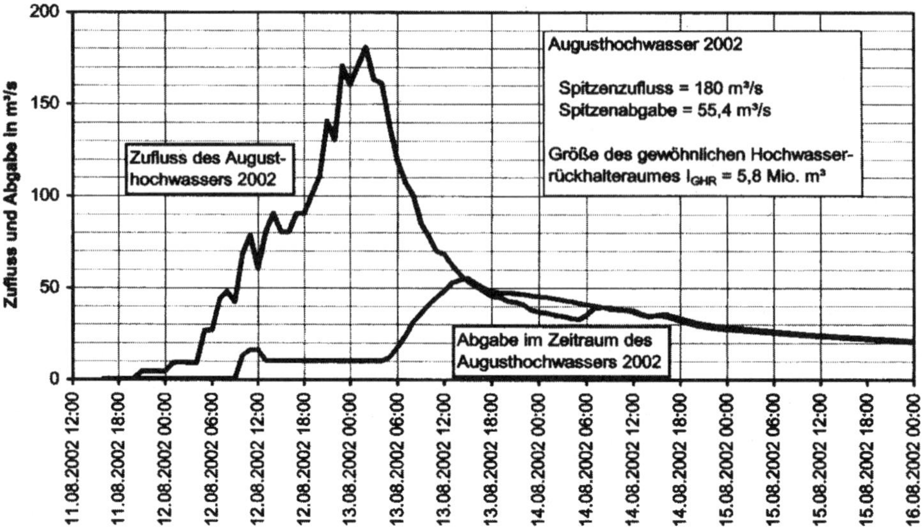

Bild 2.46 Bewirtschaftung der Talsperre Eibenstock während des Augusthochwassers 2002 nach Müller [68]

Talsperren haben stets die Aufgabe, Hochwasserschutz zu gewährleisten, oft ist es die Hauptaufgabe der Talsperre. Rückhaltebecken sind „grüne Talsperren", d. h. im Normalfall trockene Becken, die beim Auftreten eines Hochwassers schnell gefüllt werden. Nach Abklingen des Hochwassers geben sie das gespeicherte Wasser wieder ab. Zum Steuern des Abflusses sind die Rückhaltebecken mit Betriebseinrichtungen versehen wie eine Talsperre, Abschnitt 3.3.10. Der Stauraum kann nach Ablauf des Hochwassers anderweitig genutzt werden (Weide). Die außerordentlich große Retentionswirkung einer Talsperre zeigt das Bild 2.46 am Beispiel von Eibenstock. Von 180 m³/s – ein für die Ortschaften unterhalb der Talsperre unvorstellbarer Wert – auf 55 m³/s wurde der Scheitelabfluss reduziert. Nach Sieber [90] haben im August 2002 sechs Talsperren in Sachsen das BHQ_2 nach DIN 19700 erreicht. Das ist das $HQ_{10\,000}$.

Tagebaurestlöcher nehmen während der Flutung große Hochwassermengen auf. Nach vollständiger Füllung sollen sie im Haupt- oder Nebenschluss mit dem Fließgewässer betrieben werden. Durch die Speicherlamelle ergibt sich eine stark dämpfende Wirkung auf eine Hochwasserspitze. Eine gleiche Wirkung hat der Bodensee für den Oberlauf des Rheins. Talsperren und durchflossene Seen sind deshalb die wichtigsten Elemente des Systems, weil sie große Wassermengen zurückhalten können.

Geringere Möglichkeiten zum Schutz vor Hochwasser – vor allem auch in Relation zum flussabwärts größeren Abfluss – ergeben sich durch Schaffung flutbarer Polder, die Steuerung mit Hilfe von Staustufen und das Nutzen weiterer Speichermöglichkeiten. Beim „Zurückverlegen" der Deiche muss ein neuer Winterdeich errichtet werden, der bisherige Deich zum Teilschutzdeich umgebaut werden. Staustufen im Fluss werden nicht für den Hochwasserschutz gebaut. Sie können aber Einfluss auf den Ablauf einer Hochwasserwelle nehmen, wenn sie mit einer ausreichenden Lamelle für Wasserspiegelschwankungen oberhalb der Staustufe versehen werden. Durch Steuerung (Vorentlastung des Stauraumes) ist ein Abflachen der Hochwasserwelle möglich. Die „Welle" aus Usti nad labem, die bei geringen Elbewasserständen für die Durchführung der Flottenparade in Dresden dient, kann als Vorbild dienen.

Die Talsperre Gottleuba (Osterzgebirge) hat einen gesamten Hochwasserschutzraum von 3,05 Mio m³. Einen gleichgroßen „Speicher" ergibt ein etwa 111 km langer Abschnitt eines 55 m breiten Schifffahrtskanals, wenn dessen

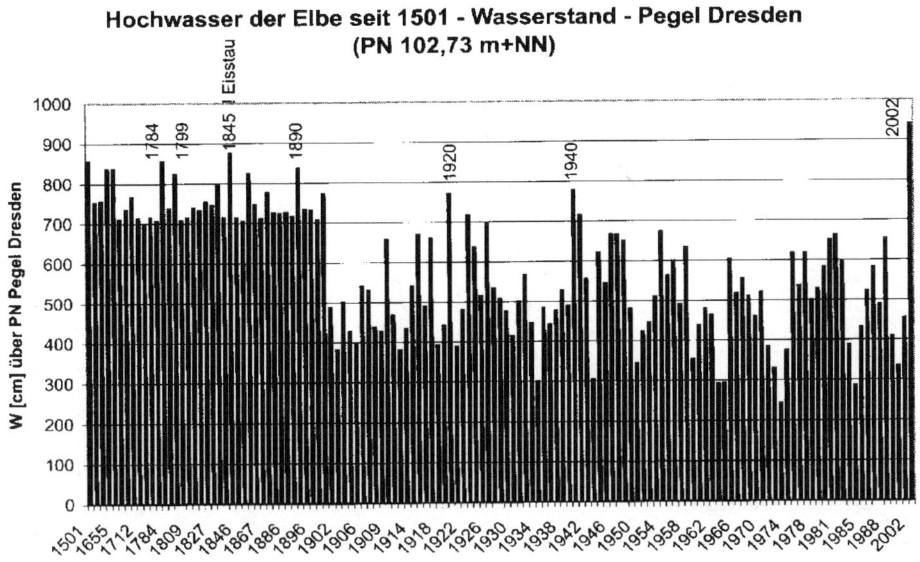

Bild 2.47 Hochwasserereignisse am Pegel Dresden über 500 Jahre

Wasserspiegel um 0,5 m schwanken dürfte, was natürlich Einfluss auf Brücken, Schleusen, Deckwerke usw. hätte. Diese technischen Probleme sind leicht zu lösen – schwieriger sind in Deutschland andere Probleme. Wasserstraßen sind Sache des Bundes, Hochwasserschutz ist (noch) Länderangelegenheit.

Zusammenfassend zeigt das Bild 2.47 sowohl die Ergebnisse wasserbaulicher Bemühungen zum Hochwasserschutz im Elbegebiet als auch die Größe der noch bevorstehenden Aufgaben. Wasserbauliche Aktivitäten setzten immer nach besonders großen Hochwasserereignissen ein, vor allem nach 1890 und 1954, 1957 und 1958. Die von früher bekannten Spitzenwerte Dresdener Hochwasser konnten um etwa 2,0 m gesenkt werden – trotz Abholzungen, Bebauungen, Flusslaufverkürzungen, Flächenversiegelungen und Verringerung von Teichflächen. Doch der neue Spitzenwert vom August 2002, hervorgerufen durch bisher nicht für möglich gehaltene Extremniederschläge (vgl. S. 3) zeigt, dass große Aufgaben noch bevorstehen, um den Hochwasserschutz zu verbessern. Besorgniserregende Prognosen der Klimaforscher, Meteorologen und Hydrologen führen zu der Schlussfolgerung, dass auch das Ereignis vom August 2002 im Einzugsgebiet der Elbe wieder erreicht oder auch übertroffen werden kann.

2.5 Niedrigwasserregelung

2.5.1 Ziele und Möglichkeiten einer Niedrigwasserregelung

Geringe Abflüsse und damit niedrige Wasserstände behindern vor allem die Schifffahrt. Folglich konzentrieren sich Niedrigwasserregelungen in erster Linie auf schiffbare Flussabschnitte, also den Mittel- und Unterlauf größerer Fließgewässer. Auch die Flora und Fauna am Fluss, insbesondere aber das Leben im Wasser leiden sehr bei Niedrigwasser. Geringere Wasserführungen führen zum schnelleren Erwärmen des Wassers im Sommer oder Durchfrieren im Winter. Gleichzeitig erhöht sich die Konzentration der Verschmutzung. Die Ziele, die mit einer Niedrigwasserregelung erreicht werden sollen, sind eine Vergrößerung des Abflusses Q und/oder eine Vergrößerung der Wassertiefe h.

Die Abflussvergrößerung erfolgt durch Zuschusswasser aus Talsperren. Das kann „unbewusst" geschehen, indem bei Hochwasser gespeichertes Wasser aus den Talsperren über den Weg Wasserwerk – Gebrauch durch die Nutzer – Kläranlage wieder dem Fließgewässer zugeführt wird. Auch durch gezielte Abgaben aus den Talsperren kann zeitweise der Wasserstand im Fließgewässer erhöht werden. Die Saaletalsperren in Bleiloch und Hohen-

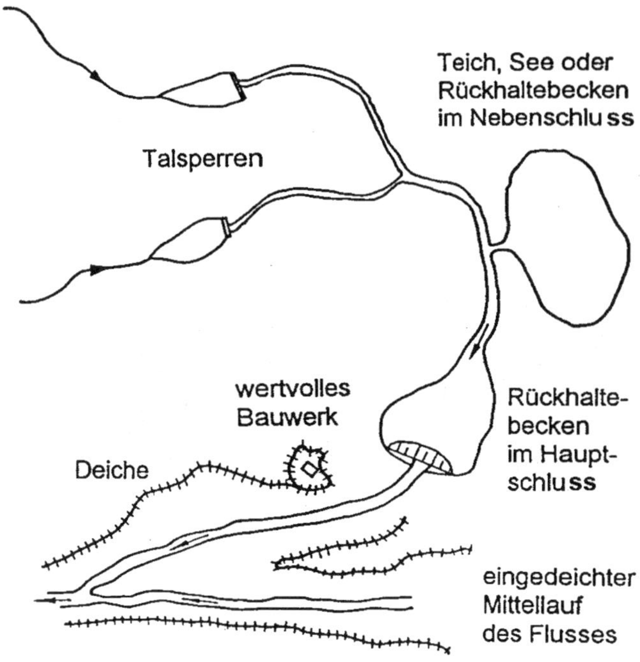

Bild 2.48 Hochwasserschutzsysteme

warte, die Edertalsperre u. a. Sperren wurden einst zu diesem Zweck gebaut. Mit der Zugabe von klarem und temperiertem Talsperrenwasser wird nicht nur die Qualität des fließenden Wassers verbessert (Verdünnungseffekt), es kommt natürlich auch zu einer etwas größeren Wassertiefe, allerdings nur im cm-Bereich.

Die Wassertiefe kann durch Einbauten in den Fluss (Buhnen) und Einschränkung der Flussbreite (Leitwerke, Deckwerke) vergrößert werden. Kleine Abflussmengen werden dann konzentriert im mittleren Querschnittsbereich abgeführt. Durch Buhnen, Leit- und Deckwerke kann der Wasserspiegel im dm-Bereich angehoben werden.

Für die Elbe war in den 30er Jahren geplant, durch stromregelnde Maßnahmen und Abgabe von 28 m^3/s aus einem Speicher bei Pirna und von 70 m^3/s aus den Saaletalsperren unterhalb der Saalemündung den Wasserstand um 45 cm zu erhöhen, um eine Fahrwassertiefe von mindestens 1,70 m herzustellen. Durch Krieg und deutsche Teilung sind diese Ziele nicht erreicht worden.

Höhere Wasserstände bei kleinen Abflüssen kommen auch anderen zugute: der Landwirtschaft wegen der nicht so tief absinkenden Grundwasserstände, der Wasserversorgung, wenn sie aus Uferfiltrat erfolgt, dem Landschaftsbild und auch dem Stadtbild.

2.5.2 Bauwerke zur Niedrigwasserregelung

Bauwerke für die Niedrigwasserregelung sind Deckwerke, Leitwerke bzw. -dämme, Buhnen und Sohlbefestigungen, dargestellt im Bild 2.50.

Die Deckwerke sichern Ufer, die durch Kolkbildungen besonders gefährdet sind. Vor allem am Prallufer (auch konkaves oder einbuchtendes Ufer genannt) kommt es durch die Trägheit des strömenden Wassers, durch die Sekundärbewegung des Wassers (Walzenbildung) und natürlich durch die Strömung selbst (Primärströmung) zu Uferabbrüchen, die durch Deckwerke zu verhindern sind. Aus zahlreichen Möglichkeiten zur Deckwerksausbildung sind im Abschnitt 2.3.3 einige ausgewählt.

In Stadtstrecken kommen auch senkrechte Ufersicherungen (Spundwände, Ufermauern) in Frage. Deckwerke legen die Uferlinie dauerhaft fest, sind sehr starr und trotz der massiven Ausbildung in den Fragen der

Bild 2.49 Niedrigwasser in der Elbe im Sommer 1904

Standsicherheit recht empfindlich. Mit zunehmender Neigung des Deckwerkes und mit abnehmender Durchlässigkeit (Schüttsteine → Pflaster → Beton) verringert sich die Standsicherheit. Andererseits sind Steindeckwerke bei Eisgang und durch schifffahrtsbedingte Belastungen mehr gefährdet.

Leitdämme (Leitwerke) verlaufen parallel zum Ufer, sind bei höheren Wasserständen überspült und fassen vor allem die kleinen Abflussmengen im mittleren Fließquerschnitt zusammen. Sie werden durchlässig gebaut (Steinschüttungen), um auch bei kleinen Wasserführungen einen geringen Wasseraustausch zwischen dem Fluss und dem abgetrennten Bereich zu ermöglichen. Zwischen Leitdamm und Ufer entsteht eine Zone mit ruhigem Wasser, die allmählich verlanden wird. Durch Querbauten kann der Prozess der Verlandung noch unterstützt werden. Verschiedene Formen von Längswerken sind auf dem Bild 2.51 dargestellt.

Durch Öffnungen in den Leitwerken ist eine beschränkte Einwanderung von Geschiebe möglich. Dadurch verlandet der Raum hinter den Leitwerken allmählich. Soll das Verlanden schneller erfolgen, werden wasserdurchlässige Querbauten (Bild 2.51 b und c), die die Feststoffe zurückhalten, eingebaut. Das Hakenwerk ist der Übergang zu den Buhnen. Auf Bild 2.51 e) ist eine Kombination von Buhnen und Längswerken zu sehen. Ist die Buhnenlänge größer als der Buhnenabstand, dann spricht man von Hakenbuhnen.

Buhnen sind dammartige Regelungsbauwerke, die vom Ufer aus in den Fluss vorgebaut werden, um den vorhandenen Abflussquerschnitt einzuengen. Die Kronenhöhe einer Buhne wird etwa auf Mittelwasserhöhe festgelegt. Bei höheren Wasserständen werden die Buhnen überströmt. Krone und Böschungen müssen diesen Belastungen standhalten. Das erfolgt vor allem durch eine gute Befestigung. Die Streichseite wird steiler (1 : 2 bis

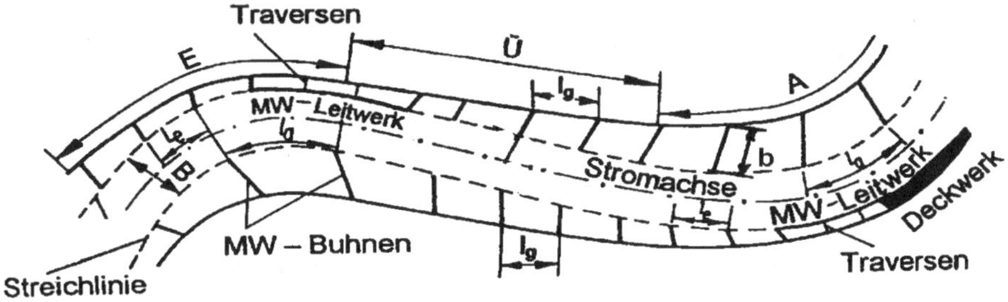

E ... einbuchtendes Ufer, Ü ... Übergangsbereich, A ... ausbuchtendes Ufer

Bild 2.50 Bauwerke zur NW-Regelung im Grundriss

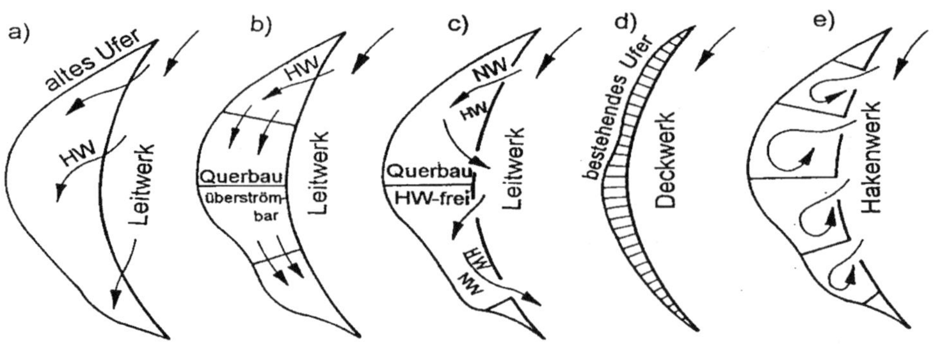

Bild 2.51 Längswerke im Grundriss

1 : 3) als die Rückseite (1 : 3 bis 1 : 5) geneigt. Die Neigung am Buhnenkopf zur Flussachse schwankt von 1 : 4 bis 1 : 10.

In Flüssen ohne Gezeiteneinfluss werden Buhnen heute inklinant gebaut, d. h. gegen die Strömungsrichtung unter einem Winkel von 72 bis 85 Grad geneigt. Am Buhnenkopf löst sich eine Strömung unter einem Winkel von $\alpha = 6°$ ab. Diese Strömung soll mit Sicherheit nicht die Wurzel der folgenden Buhne angreifen. Sie soll etwa in der Mitte auf die folgende Buhne treffen. Daraus kann der Abstand zweier Buhnen ermittelt werden, vgl. auch Bild 2.50.

$$\boxed{l_g \leq \frac{b}{2} \cdot \cot\alpha = \frac{b}{2} \cdot 9{,}51 = 4{,}75 \cdot b} \quad [\mathrm{m}] \qquad (2.57)$$

Buhnen wirken durch Ablösungswalzen, die sich an jedem Buhnenkopf bilden. In den Buhnenfeldern entstehen rückläufige Fließbewegungen. An der Streichlinie müssen die abgebremsten Wasserteilchen wieder beschleunigt werden. Das kostet den Fluss Strömungsenergie, er wird gebremst. In den Buhnenfeldern treten Anlandungen auf, während im eingeengten Querschnitt, vor allem an den Buhnenköpfen, Sohlenerosionen entstehen. Einer Gefährdung der Standsicherheit ist durch flache Böschungsneigung und eine elastische Unterlage entgegenzuwirken, wie das im Bild 2.52 gezeigt wird.

Das Bild 2.53 zeigt die Verteilung der Geschwindigkeiten im Fluss, der durch Deckwerke (a und d), zweiseitige Buhnenanordnung (b und e) und eine Anordnung von Deckwerk (links) und Buhnen (rechts) (c und f) geregelt wurde. Bemerkenswert sind die Vergrößerung der Maximalgeschwindigkeit und deren Verlagerung zum Prallufer hin bei Krümmungen. Die wichtigsten Vorteile der Buhnen sind:

- Buhnen sind anpassungsfähig. Ein Verlängern ist möglich, wenn zunächst die Ausbauziele nicht erreicht wurden.
- Buhnen sind wirtschaftlich. Der Buhnenabstand ist meist größer als die Buhnenlänge. Der Querschnitt der Buhne wird zum Ufer hin kleiner.
- Die Verlandung der Buhnenfelder erfolgt schneller als bei Längswerken. Durch Verklappen von Baggergut kann der Prozess der Verlandung noch unterstützt werden.
- Die Buhnenfelder sind gute Laichplätze für Fische und beruhigte Zonen für Jungfische.

Die wichtigsten Nachteile der Buhnen sind:

- Durch die größere Fließgeschwindigkeit im eingeengten Querschnitt kommt es zu verstärkter Sohlenerosion. Besonders am Buhnenkopf entstehen Kolke, die die Standsicherheit der Buhne gefährden können.
- Buhnen geben dem Fluss keine so gute und ruhige Führung wie Längswerke. Durch Querströmungen und Ablösungswirbel entsteht für die Schifffahrt ein unruhiges Fahrwasser.
- Durch Hochwasser und Eis können die Markierungen der Buhnenköpfe zerstört werden, was zu Schiffshavarien führen kann.

Der stärkeren Sohlenerosion kann nur durch Befestigung der Sohle begegnet werden. Das erfolgt meist durch Grundschwellen aus Steinschüttungen in Abständen von etwa

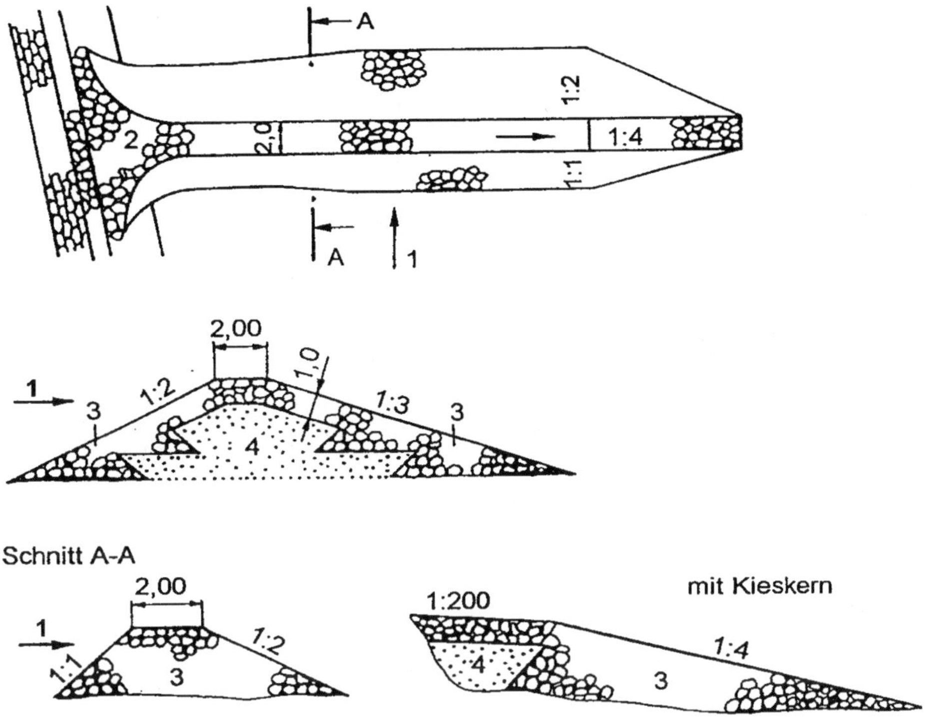

1 ... Fließrichtung, 2 ... Buhnenwurzel, 3 ... Wasserbausteine, 4 ... Kieskern

Bild 2.52 Draufsicht und Schnitte einer Buhne

25 m oder von Buhnenkopf zu Buhnenkopf. Mit Hilfe eines Schüttrostes, der den gleichzeitigen Abwurf mehrerer Kubikmeter Steine genau im Profil gestattet, werden die Grundschwellen eingebaut. Die stromab liegende Böschung der Grundschwelle wird flacher geschüttet (1 : 3 bis 1 : 5) als die stromauf liegende (1 : 1 bis 1 : 2). Bei besonders tiefen Sohlenkolken (> 1 m) werden alle ca. 100 m Hauptschwellen und dazwischen alle ca. 25 m Zwischenschwellen auf einer Aufschüttung aus grobem Baggergut eingebaut, vgl. Bilder 2.15 und 2.16.

Werden Buhnen ohne Sohlenbefestigung eingebaut, dann erodiert der Fluss schneller und tiefer als ohne Buhnen, vorausgesetzt, erodierbares Material lagert an der Sohle des Flusses. Eine erste Möglichkeit, die zusätzlichen Vertiefungen auch quantitativ zu erfassen, wird in [92] vorgestellt. Diese Untersuchungen basieren auf Modellversuchen mit beweglicher Sohle und wurden bis zum Erreichen eines neuen Gleichgewichtszustandes durchgeführt.

2.5.3 Auswirkungen und Grenzen der Niedrigwasserregelung

Mit dem Zuschusswasser aus Talsperren und anderen Speichern lässt sich nur eine geringe Aufhöhung der Niedrigwasserstände erreichen. Andere Aufgaben (Hochwasserschutz, Wasserversorgung, Gewinnung elektrischer Energie) rechtfertigen wesentlich mehr den Bau einer Talsperre als das „Nebenprodukt" Zuschusswasser.

Längs- und Deckwerke engen den Fluss ein, beschleunigen dadurch den Abfluss, auch bei hohen Wasserständen. Das verstärkt die Sohlenerosion und führt zu Standsicherheitsproblemen für die Leitdämme oder Deckwerke selbst. Buhnen sind noch am wirtschaftlichsten, haben aber in Bezug auf die Sohle-Sohlenerosion die gleiche beschleunigende Wirkung. Somit sind Regelungsbauwerke im Fluss in ihrer Wirkung zeitlich begrenzt, müssen ständig angeglichen, unterhalten und ausgebessert werden.

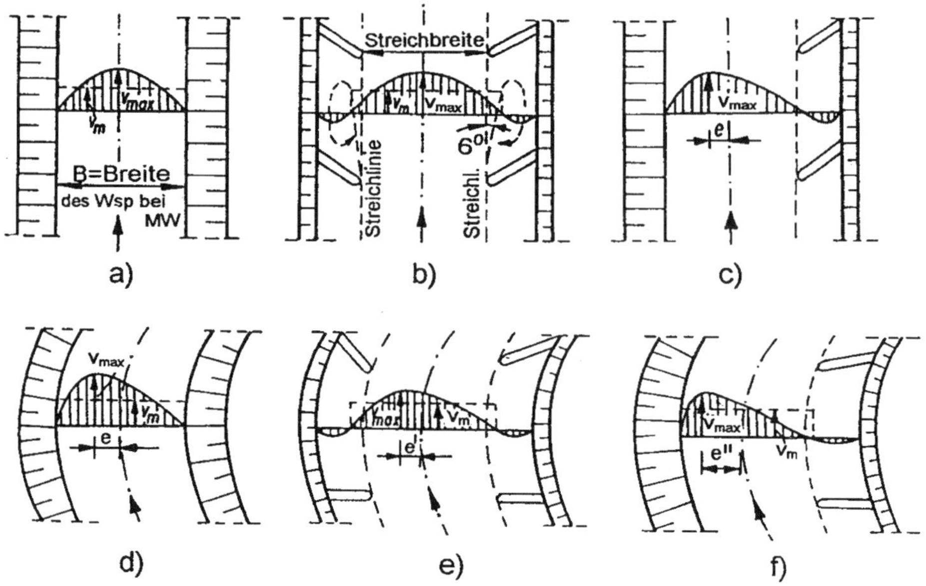

Bild 2.53 Geschwindigkeitsverteilung in Flüssen mit Niedrigwasserregelung

Auch die erreichbaren Ziele sind eng eingegrenzt. Planungsgrundlage für jede Niedrigwasserregelung ist die Abflussdauerlinie (siehe auch Bild 1.7 Seite 14). Das Bild 2.54 zeigt ein Beispiel. Auf der Abszisse werden die Überschreitungstage pro Jahr aufgetragen, auf der Ordinate sind die Abflüsse Q abzulesen. Die Kurve 1 ist die Abflussdauerlinie für einen bestimmten Zeitraum von n Jahren. Die Regelungsniedrigwassermenge wird so festgelegt, dass eine Horizontale 2 die Kurve 1 dort schneidet, wo ihr steiler Abfall beginnt. Im Beispiel ergibt sich ein *RNQ* von 210 m^3/s. Dieser Abfluss wird durchschnittlich an 326 Tagen im Jahr erreicht oder überschritten. Folglich ist mit durchschnittlich 39 Tagen zu rechnen, an denen dieser Abfluss unterschritten wird. Aus der Abfluss- oder Schlüsselkurve kann zu diesem Abfluss die zugehörige Wassertiefe ermittelt werden. Sie liegt viel niedriger als 3,5 bis 4,0 m, was einer Vollschiffigkeit entsprechen würde.

Die stromregelnden Maßnahmen an der Elbe sollen eine Mindesttiefe von nur 1,60 m für ein 50 m breites Fahrwasser garantieren, die an höchstens 20 Tagen des durchschnittlichen Jahres unterschritten wird.

Wichtigster Nachteil einer *NW*-Regelung mit stromregelnden Maßnahmen ist die oft unterschätzte verbleibende Unzuverlässigkeit der Wasserstraße. Es wird zwar, wie auch das Bild 2.54 zeigt, für ein durchschnittliches Jahr die Anzahl der Ausfalltage bestimmt, unsicher ist aber, wann diese Perioden eintreten. Gleiches gilt auch für die Verteilung von Wasserständen zwischen dem Ziel einer *NW*-Regelung (Elbe ≥ 1,60 m) und der Vollschiffigkeit der Wasserstraße, die für den Fluss bei $h \geq 3{,}50$ m liegt. Befürchtet wird auch, dass durch die Klimaänderung längere Trockenpe-

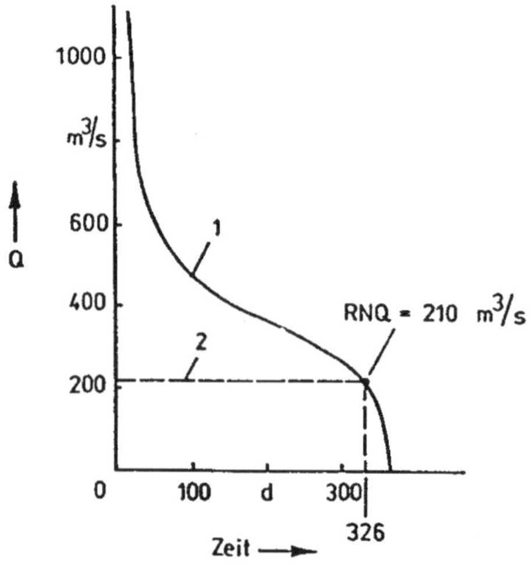

Bild 2.54 Bestimmung von *RNQ*

rioden zunehmen werden. Mit diesen Unsicherheiten müssen Schiffsführer und Verlader leben, solange eine Wasserstraße nur durch *NW*-Regelung ausgebaut ist. Das führt dazu, dass immer mehr für die Wasserstraße geeignete Güter auf den Straßen befördert werden.

2.6 Stauregelung

2.6.1 Ziele und Auswirkungen einer Stauregelung

Eine Stauregelung in einem Fließgewässer dient zum Heben der Wasserstände bei kleinen Durchflüssen. Früher dienten Staustufen im Fluss vor allem der Gewinnung eines Höhenunterschiedes, der zum Betreiben von Mühlen benötigt wurde. Auch das Bewässern landwirtschaftlicher Flächen war ein Grund für das Stauen von Gewässern.

Heute sind Schifffahrt und Energiewirtschaft die wichtigsten Auftraggeber für den Bau von Staustufen. Eine wichtige Regel beim Bau einer Staustufe ist, dass sich der Hochwasserstand oberhalb des Wehres nicht erhöhen darf.

Ziele einer Stauregelung sind, der Schifffahrt fast ganzjährig und vor allem zuverlässig eine ausreichende Fahrwassertiefe zur Verfügung zu stellen und schadstofffrei Strom zu erzeugen. Nur in strengen Wintern und bei extremen Hochwassern treten im staugeregelten Fluss noch kurzzeitige Schifffahrtssperren ein. Die oft monatelangen Niedrigwasserperioden werden durch die Stauregelung beseitigt. Eine staugeregelte Strecke ist stets mit voll abgeladenen Schiffen befahrbar.

Mit jeder Stauregelung wird das Gefälle kleiner und örtlich konzentriert, die Dynamik der Wasserspiegeländerungen verringert, der Geschiebetrieb eingeschränkt. Dadurch hat die Stauregelung auf das Fließgewässer selbst und auf die umliegende Landschaft zahlreiche Auswirkungen auf:

Die Dynamik der Wasserspiegeländerungen. Sowohl im Fluss als auch im Grundwasser der umliegenden Flussniederung sinken die Wasserspiegel nicht mehr so tief ab. Das ist negativ für angrenzende Auewälder, deren Wurzelbereich das Trockenfallen braucht (Belüftung), positiv für Landwirtschaft und Wasserversorgung, weil auch das Grundwasser nicht mehr so tief absinkt.

Die Sohlenerosion. Zahlreiche Abschnitte natürlicher Flussläufe sind durch starke Sohlenerosionen gekennzeichnet. So gibt es z. B. an der Elbe Bereiche, in denen die Flusssohle in den letzten 50 Jahren um bis zu 2 m abgesunken ist. Mit dieser Vertiefung geht das Sinken des Wasserspiegels im Fluss einher, aber auch das Sinken der Grundwasserstände in Flussnähe und das Austrocknen flussnaher Auengebiete. Durch den Bau von Staustufen kann diese Tendenz gestoppt werden.

Den Geschiebetrieb. Durch die Verringerung der Fließgeschwindigkeit lagert sich im Stauraum Geschiebe ab, das unterhalb der Sperrstelle nicht mehr zur Verfügung steht. Da der Fluss unterhalb der Staustufe bzw. unterhalb der letzten in einer Staustufenkette aber das gleiche Arbeitsvermögen wie früher hat, wird er „geschiebehungrig“. Erosionen im Fluss wären die Folge. Durch hebbare Wehrverschlüsse (vgl. Abschnitt 3.2.3) kann ein Teil des Geschiebes die Anlage passieren. Eine ständig durchzuführende Zugabe von Geschiebe unterhalb der letzten Staustufe muss das verbleibende Defizit ausgleichen, wenn die Sohlenerosion unerwünscht ist.

Die Wasserqualität. Die Auswirkungen einer Stauanlage auf die Wassergüte sind vor allem von der Beschaffenheit des Wassers abhängig. Durch die geringere Fließgeschwindigkeit oberhalb der Staustufe wird sich ein belastetes Gewässer qualitativ verschlechtern. An der Stauanlage (mit überströmtem Wehr) nimmt das Wasser viel Sauerstoff auf, was seine Qualität verbessert. Die Abgabe von Zuschusswasser aus Talsperren kommt mit Staustufen erst richtig zur Wirkung (Verdünnungseffekt). Eine wesentliche Verbesserung der Wassergüte ist im Staubereich durch das saubere Talsperrenwasser selbst, aber auch durch den Wasseraustausch erzielbar.

Die Wasserstände. Hochwasserstände werden durch Staustufen nicht vergrößert. Im *HW*-Fall ist der Stau zu legen. Bei ausreichender Vorwarnzeit kann durch vorzeitges Absenken des Stauspiegels Raum geschaffen werden, um die Hochwasserspitze abzusenken.

Ausgeglichene Wasserstände (fehlendes Niedrigwasser) können vor allem für Stadtbilder sehr vorteilhaft sein. Aber auch einmündende

Nebenflüsse, Bäche und Ausleitungen z. B. aus Kläranlagen sind zu beachten. Solche Einmündungen beeinflussen mitunter den Standort einer Staustufe. Durch Verlegung der Mündung in den Unterwasserbereich der Staustufe kann für das einmündende Gewässer der alte Zustand beibehalten werden.

Die Umwelt. Das Erzeugen von jeder kWh Elektroenergie in einem Wasserkraftwerk spart etwa 1 kg CO_2-Ausstoß neben anderen Schadstoffen ein, wenn die Stromerzeugung vergleichsweise im Kohlekraftwerk erfolgen würde. Gütertransporte auf Wasserstraßen sind mit viel geringerem Energieeinsatz als mit Bahn oder LKW durchführbar. Es muss also das Ziel einer umweltfreundlichen Verkehrspolitik sein, **Güter**transporte auf Wasserstraßen zu verlagern. Die Wirtschaft geht auf die Angebote der Schifffahrt nur ein, wenn

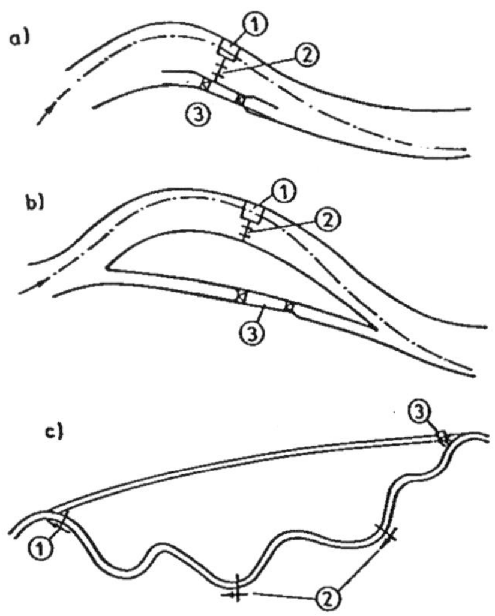

1 Wasserkraftwerk, 2 Wehr, 3 Schleuse, a) Flussausbau, b) Seitenausbau, c) mit Seitenkanal

Bild 2.55 Anordnung von Staustufen im Grundriss

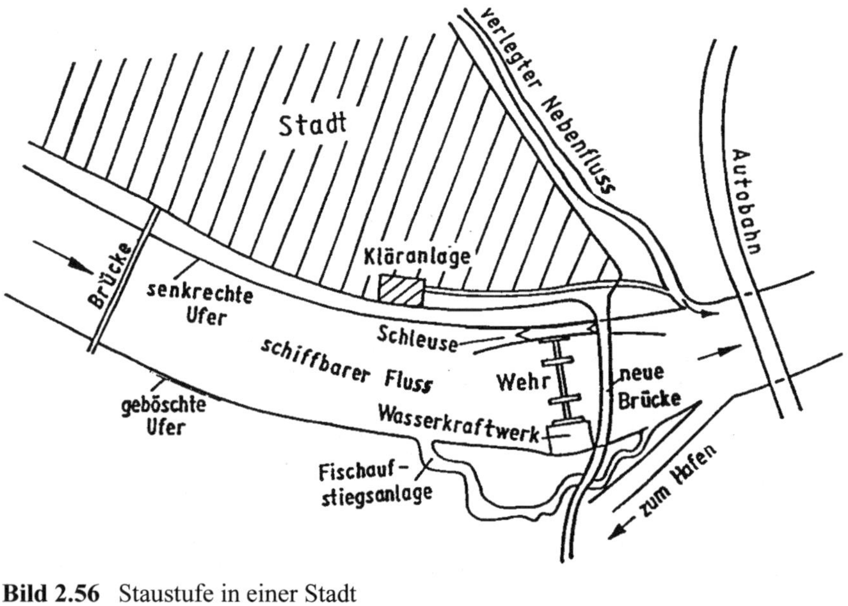

Bild 2.56 Staustufe in einer Stadt

den Schiffen ein zuverlässiger Verkehrsweg zur Verfügung steht. Aufgabe des Wasserbauers ist es, die Wasserstraßen zuverlässig zu machen, die negativen Auswirkungen zu vermindern und die positiven zu fördern.

2.6.2 Bauwerke einer Staustufe, ihre Anordnung und Herstellung

Wichtigstes Bauwerk jeder Flussstaustufe ist das **Wehr.** Es erzeugt den Stau. Heute werden fast nur noch Wehre mit beweglichen Verschlüssen gebaut, alte feste Wehre z. T. umgebaut. Das Entfernen alter Wehranlagen, die nicht mehr benötigt werden, kann ebenfalls eine Aufgabe im Wasserbau sein. Es kommt aber selten vor, da die oberhalb des Wehres entstandenen stabilen Wasserstände, Grundwasserstände, Landschaften und Biotope meist einen Abriss des Wehres ausschließen. Die konstruktive Ausbildung von Wehren, ihre Herstellung, Unterhaltung, Umbau und Modernisierung sowie ihre Funktion werden im Abschnitt 3.2 behandelt.

Fischaufstiegsanlagen gehören heute zu jeder neu zu errichtenden Anlage, um die Durchgängigkeit des Gewässers zu erhalten. Ältere Wehre sind heute oft mit Fischaufstiegen nachzurüsten, Abschnitt 2.6.3.

Das **Wasserkraftwerk,** Abschnitt 5.5.1, wird immer dann gebaut, wenn Fallhöhe und Wassermenge über große Zeiträume im Jahr ausreichend sind. An großen Strömen (Wolga, Rhein, Donau) ist das Kraftwerk das dominierende Bauwerk der Staustufe. Weil die Gewinnung von Elektroenergie aus Wasserkraft die weitaus wirtschaftlichste Form alternativer Stromerzeugung ist, werden heute mehr und mehr auch kleine Wasserläufe zur Wasserkraftnutzung herangezogen. Vor allem in den neuen Bundesländern, wo die Braunkohle stets als wichtigster Energieträger galt, hat das Kleinwasserkraftwerk wieder an Bedeutung gewonnen. In den größeren Flüssen reicht die Begründung für den Bau von Staustufen von ausschließlicher Wasserkraftnutzung (Isar, Lech, Inn u. a.) bis zur alleinigen Nutzung durch die Schifffahrt (Havel, Spree).

Die **Schleuse** (siehe Abschnitt 4.6) für Güter- und Personenschifffahrt ist für alle schiffbaren Wasserläufe unverzichtbar. Zur Schleuse gehören stets ein oberer und ein unterer Vorhafen. Die Größe der Schleuse(n) an einer Staustufe richtet sich nach der Größe der auf der Wasserstraße verkehrenden Schiffe bzw. Schiffsverbände und nach dem prognostizierten Verkehrsaufkommen. Da dieses besonders schwer vorauszusagen ist, wird meist zunächst eine Schleuse gebaut, nach Erreichen der Kapazitätsgrenze eine zweite errichtet (Mosel). Konstruktive Details der Schleusen richten sich nach den Bedingungen, die die Schifffahrt stellt, und danach, ob die Schleuse für die Hochwasserableitung herangezogen wird, evtl. nur während der Bauzeit. Schleusen für die technische Flotte zum Unterhalten der Gewässer, die Sportbootschifffahrt und den Tourismus haben kleinere Abmessungen.

Anlagen für den **Sportbootverkehr** können sowohl an kleinen staugeregelten Flüssen, die nicht der Güterschifffahrt dienen, als auch an großen Staustufen errichtet werden, um Güter- und Sportbootschifffahrt zu trennen.

Im Grundriss können drei Möglichkeiten für die Anordnung von Staustufen gewählt werden, die auszuwählende wird durch Gelände und vorhandene Bebauung bestimmt. Das Bild 2.55 zeigt die Möglichkeiten, Bild 2.56 eine Variante für den Flussausbau. Je nach Örtlichkeit sind auch andere Anordnungen ausgeführt worden, vor allem, wenn z. B. Ländergrenzen, Städte, besonders zu schützende Gebiete oder andere Gegebenheiten zu weiteren Variantenuntersuchungen führen. Auch muss schon beim ersten Entwurf an spätere Erweiterungen gedacht werden, z. B. zweite Schleusen.

Beim **Flussausbau (a)** finden alle Bauwerke im Flussquerschnitt Platz. Das Wasserkraftwerk sollte vorzugsweise im Stromstrich liegen, aber stets an einem der beiden Ufer. Damit bleibt das andere Ufer für die Schleuse. Das Wehr wird in die Mitte gelegt. Diese Variante wird immer bei beengten Platzverhältnissen (enges Flusstal, städtische Bebauung) gewählt. Dort ist auch das Anordnen der Fischaufstiegsanlage am schwierigsten, meist bleibt nur die Wahl eines Beckenfischpasses an einem der Wehrpfeiler. Der gesamte Durchfluss bleibt im Flussbett. Das beeinflusst die Flusslandschaft am wenigsten, ein

Stadtbild nur positiv. Besondere Schwierigkeiten ergeben sich für die Baudurchführung. Auch während der Bauzeit muss mit einem Hochwasser gerechnet werden. Dieses bauzeitliche Bemessungshochwasser ist kleiner als das *HHQ*. Um durch die fertige Anlage auch ein extremes Hochwasser ableiten zu können, können Kraftwerk und Schleuse auch (teilweise) in das Ufer eingeschnitten werden. Außerdem kann die Schleuse mit zum Hochwasserabfluss herangezogen werden.

Beim **Seitenausbau (b)** liegen nur Wehr und Krafthaus im Fluss, die Schleuse wird in einen künstlichen Durchstich gelegt. Das bringt entscheidende Vorteile: Der Bauablauf wird entflochten, weil die Schleuse im Trockenen gebaut werden kann. Vom Abflussquerschnitt des Flusses wird weniger verbaut, die Hochwasserabführung ist besser möglich, auch während der Bauzeit. Im Betrieb beeinflussen sich Kraftwerk bzw. Wehr und die Schleuse nicht mehr, so dass für die Schiffe und Schiffsverbände Ein- und Ausfahrt an der Schleuse sicherer gestaltet werden können. Die Nachteile dieser Lösung sind gering, können nur entstehen, wenn der Erwerb der größeren Flächen zu teuer und/oder die entstandene Insel nicht sinnvoll genutzt werden kann.

Die **Schlingenlösung (c)**, z. B. beim Ausbau der Saar für den Wiltinger Bogen angewendet [6], ist eine erheblich erweiterte Lösung nach dem Prinzip Seitenausbau. Eine mitunter mehrere Kilometer lange Flussschleife oder stark mäandrierende Strecke wird durch einen (nahezu) geraden Kanal abgekürzt. Schleuse und Kraftwerk werden an der Stelle der Wiedereinmündung in den Flusslauf angeordnet, das Wehr am Abzweig des Durchstiches aus dem Fluss. Bei dieser Lösung entstehen meist mehrere Stellen, an denen die Fischaufstiegsanlage sich vorteilhaft anbringen lässt. Ein besonders willkommener ökologischer Vorteil entsteht in der abgetrennten Schlinge selbst: Die Dynamik der Wasserspiegeländerungen wird erhöht, da auch bei kleinen Abflüssen mindestens das Schleusungswasser durch den Durchstich abgeleitet wird, aber praktisch keine Veränderung des früheren Zustandes erfolgt. Hinzu kommt, dass die Abflussmengen durch die alte Flussschleife am Wehr gesteuert werden können (außer bei Hochwasser), so dass ein Abgeben landeskulturell günstiger Abflussmengen möglich wird. Ein weiterer Vorteil ist, dass die oft unerwünschte Sohlenerosion – verbunden mit Wasserspiegelfall und Austrocknung – nach dem Ausbau unterbleibt. Für die Schifffahrt entsteht ein kürzerer und krümmungsfreier Fahrweg.

Zu beiden Seiten der Staustufe werden wasserbauliche Folgemaßnahmen notwendig, die in enger Wechselbeziehung der jeweiligen Stauhöhe zu den für die Landschaft optimalen Grundwasserständen stehen. Im oberen Teil der Stauhaltung, beginnend an der Stauwurzel, sind praktisch keine Folgemaßnahmen notwendig, da sich hier die Wasserstandsverhältnisse nur ganz gering ändern, etwas stabilisieren, also landeskulturell günstig beeinflusst werden. Im mittleren Teil der Stauhaltung können Vorländer eingestaut werden, vorhandene Sommerdeiche einem Dauerstau ausgesetzt werden, was eine Dichtung der Deiche notwendig macht. Im unteren Teil der Stauhaltung, also in der Nähe des Wehres, sind die Folgemaßnahmen am größten. Durchstich und Deiche sind entlang des gestauten Flussabschnittes zu dichten, also nach den Regeln des Kanalbaus bzw. Staudammbaus auszubilden. Dadurch können für alle flussnahen Bereiche die bisher vorhandenen Wasserstandsschwankungen erhalten bleiben.

Bei jeder Flussstaustufe entsteht ein besonders gutes Nutzen/Kosten-Verhältnis, wenn Schifffahrt und Energiewirtschaft gemeinsam die Staustufe errichten und nutzen. Das kann Schwierigkeiten für das sichere Manövrieren der großen Verbände mit sich bringen, da beim Ein- und Ausschalten der Turbinen Querströmungen entstehen können. Beim Abschalten der Turbine(n) bildet sich ein Absperrsunk aus, der sich von der Staustufe ins Unterwasser bewegt. An der Einfahrt zur Schleuse entstehen dadurch Querströmungen zur Flussmitte hin. Ein in diesem Bereich langsam fahrendes und damit schlechter steuerbares Schiff wird dadurch beeinflusst. Ins Oberwasser bewegt sich ein Stauschwall, der ein dort ein- oder ausfahrendes Schiff zum Ufer drückt. Beim Zuschalten der Turbine(n) wandert ein Entnahmesunk durch das Oberwasser, ein Füllschwall ins Unterwasser.

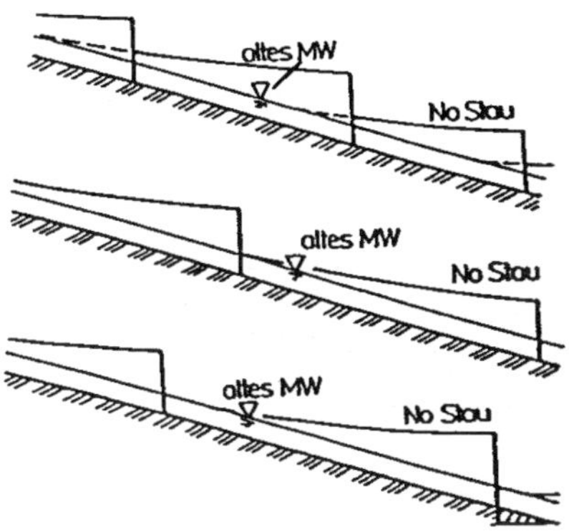

Bild 2.57 Längsschnitte von staugeregelten Flüssen

Ausreichend lange Trennmolen zwischen den Vorhäfen und dem Fluss sind vorzusehen, um diese unerwünschten Nebenwirkungen zu minimieren.

Im Längsschnitt unterscheidet man die übergreifende, die aussetzende und die aneinandergereihte Staffel, Bild 2.57. Am besten für die Schifffahrt wäre die übergreifende Staffel (oben) wegen der großen Wassertiefen. Doch Energiewirtschaft und Naturschutz lehnen gerade diese Lösung ab (zu geringe Fallhöhe, zu starke Beeinflussung der Dynamik der Wasserstandsschwankungen). Für Schifffahrt und Energiewirtschaft bringt die aneinandergereihte Staffel (Mitte) den besten Kompromiss, sofern an der Stauwurzel gerade noch für die Schifffahrt ganzjährig ausreichende Wasserstände vorhanden sind.

Einzeln gesetzte Staustufen bzw. die aussetzende Staffel (unten) rufen im Fluss aber Probleme in Bezug auf den Geschiebehaushalt hervor: starke Erosionen treten unterhalb der Staustufe auf. Deshalb sollte beim Staffelausbau der Fluss von unten nach oben ausgebaut werden. Doch politische und wirtschaftliche Gegebenheiten haben meist zur umgekehrten Reihenfolge geführt: Das größere Gefälle im Oberlauf ergibt bessere Effekte für die Energiewirtschaft, Ländergrenzen verhinderten oft die zügige Fertigstellung. Typisches Beispiel für aussetzende Staffeln ist die Donau mit wenigen noch fehlenden Staustufen. Für den Staffelausbau von oberstrom her sind Elbe und Rhein zu nennen. Im Rhein versucht man, durch Geschiebezugabe die Erosionsprobleme zu lösen, in der Elbe ist die fehlende Geschiebezufuhr eine Ursache für die ständige Sohlenvertiefung in einigen Abschnitten. Die Schifffahrt hat aus wirtschaftlichem Interesse stets Lösungen bevorzugt, die zunächst die tauchtiefenbestimmenden Strecken (z. B. Felsstrecken) überstauten. Für die Schifffahrt kann der Staffelausbau erst beendet sein, wenn der gesamte Fluss für einen bestimmten Schiffstyp, heute allg. das Großmotorgüterschiff, ganzjährig befahrbar ist.

Alle Bauwerke einer Staustufe müssen in trockener Baugrube errichtet werden. In der Planungsphase für die Baudurchführung sind die entsprechenden Details unter Beachtung möglicher Besonderheiten – insbesondere Durchgang eines Hochwassers – festzulegen. Jede Staustufe hat so viele individuelle Merkmale, dass ein Erläutern eines Beispiels nur als Anregung dienen kann.

Bei der Schlingenlösung bietet es sich an, am Ende des späteren Durchstiches mit Schleuse und Kraftwerk zu beginnen. Auch große Teile des Durchstiches selbst und des oberen Vorhafens können in trockener Baugrube hergestellt werden. Beim Bau des Wehres im alten Flussbett kann dann schon der Durchstich für die Ableitung des Wassers oder eines Teils des Abflusses genutzt werden.

Auch beim Seitenausbau steht zunächst im Durchstich ausreichend trockene Fläche zum Bau von Schleuse und Vorhäfen zur Verfügung. Der gesamte Bauablauf wird ähnlich wie bei der Schlingenlösung erfolgen.

Die größeren Schwierigkeiten bereitet der Flussausbau, d. h. die Anordnung aller Bauwerke innerhalb des Hochwasserquerschnittes. Ein Unterteilen in einzelne Baugruben und somit Bauabschnitte ist notwendig. Wichtig ist, dass

- ein festgelegtes Bemessungshochwasser in jeder Bauphase abgeführt werden kann,
- Zufahrten zu den einzelnen Baugruben gewährleistet sind, evtl. auch mit Schwimmgeräten,
- die Schifffahrt möglichst in keiner Bauphase unterbrochen werden muss, höchstens nur kurzzeitig, wenn es unumgänglich ist.

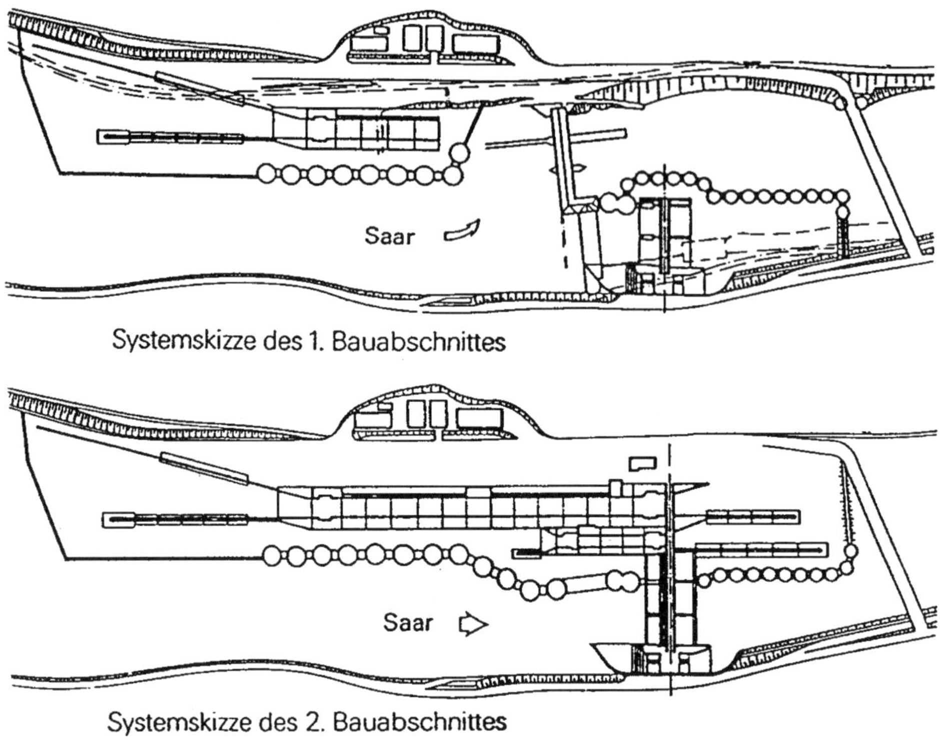

Bild 2.58 Zwei Phasen der Baudurchführung für die Staustufe Mettlach

Das Bemessungshochwasser für die Bauzeit wird in der Größenordnung des HQ_{25} bis HQ_{50} gewählt. Es werden aber auch Vorkehrungen getroffen, dass beim Eintreten eines größeren Hochwassers keine großen Schäden entstehen. So kann für diesen Sonderfall z. B. die Baugrube geflutet werden, wenn keine Möglichkeit einer anderen Hochwasserableitung besteht, z. B. durch eine Flutrinne.

Die Zufahrt zur Baugrube wird schwierig, sobald mehr als zwei Bauabschnitte notwendig werden. Möglichkeiten sind dann, mit einem Kabelkran zu arbeiten, den mittleren Teil von einer Insel aus zu errichten und/oder mit Schwimmgeräten die Baugrube(n) zu bedienen. Hierbei können aber neben den hohen auch die besonders niedrigen Wasserstände Hindernisse darstellen.

Die durchgehende Schifffahrt während der Bauzeit zu sichern, kann den Bauablauf wesentlich beeinflussen. Das gilt auch für Seitenausbau und Schlingenlösung, weil der Durchstich meist erst nach Stauerrichtung, also Fertigstellung der Gesamtanlage, nutzbar wird. Für die Engstelle zwischen Baugruben bzw. Ufern kann eine zeitweilige Schlepperhilfe notwendig werden. Eine Lösung, die für die Elbe oder Donau (beide sind internationale Wasserstraßen!) nicht denkbar ist, zeigt das Bild 2.58. Beim Ausbau der Saar konnte die bis dahin nicht so bedeutungsvolle Schifffahrt längerfristig unterbrochen werden.

2.6.3 Fischaufstiegsanlagen

2.6.3.1 Einleitung

Konflikte zwischen Naturschutz und Umweltschutz treten bei Staustufen besonders deutlich zutage, unabhängig davon, ob es sich um den Abriss, die Modernisierung oder den Neubau einer Staustufe handelt. Staustufen dienen der Umwelt:

- einer schadstofffreien Erzeugung von Elektroenergie,
- dem wenig energieaufwendigen Gütertransport,
- dem Erhalt von Grundwasserständen und Landschaften.

Sie unterbrechen aber auch die lineare Durchgängigkeit der Fließgewässer und verhindern die Ortswechsel zahlreicher Fischarten und wirbelloser Organismen innerhalb der Fließgewässersysteme. Um die Fließgewässer trotz Staustufen durchgängig zu erhalten oder wieder durchgängig zu machen, sind **Fischwege** notwendig.

„Ein Fischweg ist allgemein ein natürlicher oder künstlicher Wasserlauf, der es den Fischen ermöglicht, die auf ihrer Wanderung stromaufwärts angetroffenen natürlichen oder künstlichen Hindernisse, namentlich Staustufen, zu überwinden.“ [22, S. 1288].

Obwohl die Bedeutung der Fischwege also seit langem bekannt ist und die Binnenfischerei früher eine wesentlich größere Bedeutung hatte als heute, gibt es zahlreiche Stauanlagen in Fließgewässern, die keinen Fischweg haben. Die Ursachen für solche Mängel liegen vor allem in einer recht milden Gesetzgebung und einer mangelhaften Aufstellung von Nutzen-Kosten-Verhältnissen.

Wasserbauer stehen heute vor drei Aufgaben, für die sie unterschiedliche Lösungen zu suchen haben:

- Umbau von Wehren zu Fischwegen, wenn das Wehr nicht mehr gebraucht wird, der Stau aber erhalten bleiben soll (um z. B. den Grundwasserstand zu erhalten oder denkmalgeschützte Mühlen wieder in Gang zu bringen);
- Einbau von Fischwegen bei der Modernisierung alter Wehranlagen, die auch weiterhin benötigt werden;
- Integration eines Fischweges in das Ensemble einer neu zu bauenden Staustufe (auch wenn es gesetzliche Bestimmungen noch nicht in jedem Falle fordern).

Die aufwärtsgerichtete Wanderung der Fische und anderer Organismen der Aquafauna wurde früher erforscht als die abwärtsgerichtete. Deshalb wird bisher meist von **„Fischaufstiegsanlagen“** gesprochen, **„Fischabstiegsanlagen“** rückten zuletzt mehr ins Blickfeld. **„Fischwege“** würden beide Richtungen berücksichtigen.

Fischaufstiegsanlagen können in **naturnaher** oder **technischer Bauweise** errichtet werden. Ein Merkblatt des DVWK [26] fasst den Stand der Kenntnisse zusammen.

Fische und aquatische Invertebraten schwimmen fast immer in der Hauptströmung. Damit sie die Fischaufstiegsanlage auch finden, soll die Einmündung der Fischaufstiegsanlage ins Unterwasser dort angebracht werden, wo die Hauptströmung anliegt, z. B. am Prallhang oder unterhalb eines Turbinenauslaufes. Die aus der Fischaufstiegsanlage austretende Strömung dient den Fischen als **Leitströmung.** Die Austrittsgeschwindigkeit der Leitströmung soll 0,8 bis höchstens 2,0 m/s betragen. Auch im Bereich der Fischaufstiegsanlage sind Fließgeschwindigkeiten über 2,0 m/s ebenso zu vermeiden wie schießender Abfluss. Strecken mit größeren Fließgeschwindigkeiten sollen sich mit Ruhezonen abwechseln. Die Sohlen der Fischwege sind möglichst rau zu halten, um auch benthalen Invertebraten den Aufstieg zu ermöglichen, aber auch, weil grobes Steinmaterial bei den recht großen Gefällen weniger erosionsgefährdet ist.

Um ein Trockenfallen der Fischaufstiegsanlagen zu vermeiden, sind die Anlagen 24 Stunden täglich und das ganze Jahr über in Betrieb zu halten. Nur bei extremen Wasserführungen kann eine eingeschränkte Funktionsfähigkeit hingenommen werden. Vorgesehen sind in [26] je 30 Unter- und Überschreitungstage, an denen aber die Standsicherheit der Fischaufstiegsanlage gewährleistet sein muss.

2.6.3.2 Raue Rampen mit Störsteinen

Sohlenrampen oder -gleiten können lotrechte oder steil geneigte Abstürze ersetzen, um die Durchgängigkeit eines gestauten Fließgewässers wieder herzustellen.

Blocksteinrampen (1 : 8 bis 1 : 10 geneigt) wurden bereits im Abschnitt 2.3.2 vorgestellt und berechnet. Besonders gut passierbar für die Fauna des Fließgewässers ist eine geschüttete **Sohlengleite,** Bild 2.59, die noch durch große Störsteine oder ganze Steinschwellen rauer gemacht werden kann. Das geringere Längsgefälle von 1 : 15 bis 1 : 30 ermöglicht ein Schütten der Steine auch

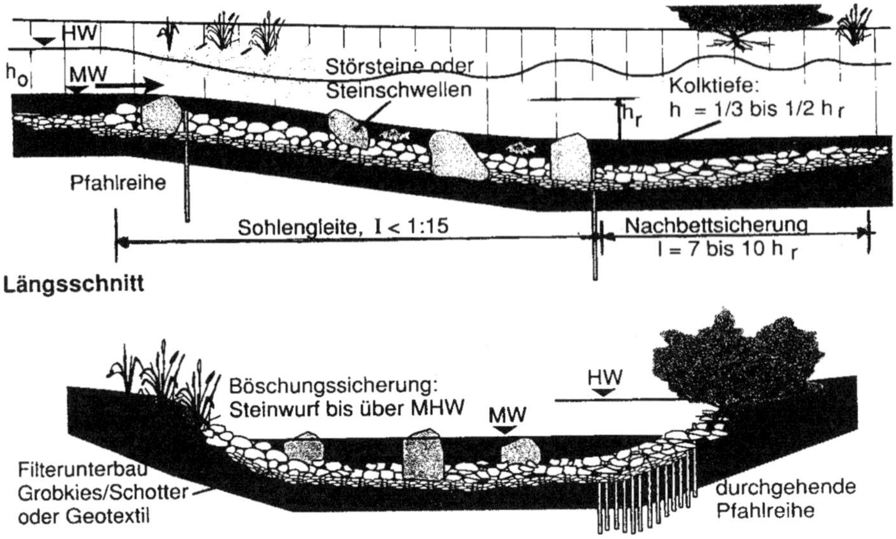

Bild 2.59 Sohlengleite im Längs- und Querschnitt

durchs Wasser, spart also die trockene Baugrube. Auch die Sohlengleite wird oben und unten von einer Spundwand oder Pfahlreihe stabilisiert. Eine Kolksicherung im Anschluss an die untere Pfahlreihe (Spundwand) sichert die Standsicherheit der Anlage.

In Riegelbauweise ausgeführte **Sohlenstufen** liegen quer im Fließgewässer, können im Grundriss auch gewölbt angeordnet sein, um ihre Standsicherheit zu erhöhen. Das Gefälle dieser Sohlenstufen beträgt etwa 1 : 15 bis 1 : 30. Bei Rampen und Gleiten soll die Wassertiefe mindestens 0,3 m betragen, aber möglichst ungleichmäßig sein. Auch die Fließgeschwindigkeit soll schwanken, ihre Grenzen sind 0 bis 2 m/s.

Mitunter werden Staustufen heute nicht mehr benötigt (alte Mühlenstaue, Staustufen für eine landwirtschaftliche Bewässerung u. a.). Zahlreiche ökologische u. a. Gründe verbieten fast immer ein Abreißen der Anlagen. Um die gestauten Wasserspiegel zu erhalten, kann ein festes Wehr oder ein Teil eines Wehres problemlos in eine Rampe umgewandelt werden. Ein bewegliches Wehr wird in vielen Fällen auf ein Feld verzichten können und dann vorteilhaft mit einer **Stützschwelle** oder einer **Rampe** ausgestattet werden, Bild 2.60. Voraussetzung für einen solchen Umbau ist, dass auch bei Niedrigwasserabflüssen eine ausreichende Wassermenge zur Verfügung steht.

Die Breite der Anlage soll 2 m nicht unterschreiten, mittlere Wassertiefen von 30 bis 40 cm sollen stets vorhanden sein. Das Gefälle ist mit 1 : 20 bis 1 : 30 recht steil, so dass es schwierig werden kann, die Fließgeschwindigkeit von 1,6 m/s (maximal örtlich 2,0 m/s) nicht zu überschreiten. Störsteine, raue Sohle und Steinschwellen können den Abfluss bremsen und auch notwendige Ruhezonen für die Fische schaffen.

2.6.3.3 Verbindungsgewässer

Verbindungsgewässer sind naturnah gestaltete Fließgewässer, die eine Staustufe seitlich umgehen und den Fischen das Auf- und Absteigen neben dem Wehr ermöglichen.

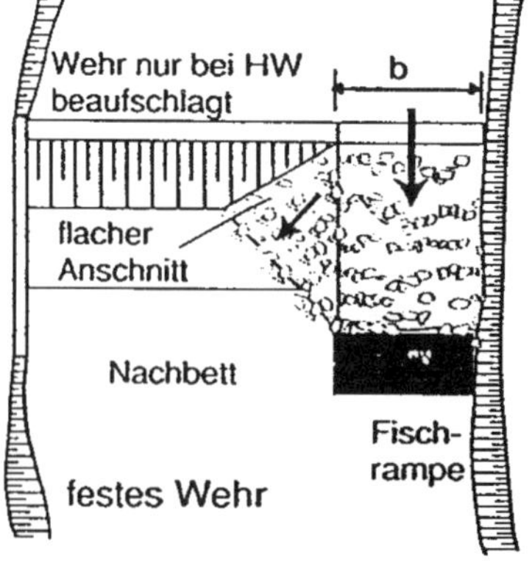

Bild 2.60 Fischrampe an einer Staustufe

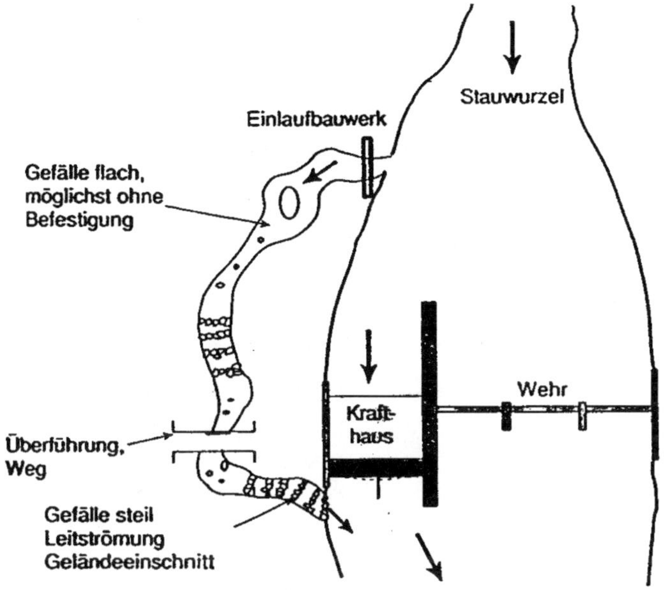

Bild 2.61 Verbindungsgewässer

Besonders an bestehenden Staustufen kann das nachträgliche Anbringen einer solchen Anlage nicht nur dem Fischaufstieg dienen, sondern auch das gesamte Landschaftsbild beleben. Im Unterwasser der Staustufe wird das Verbindungsgewässer direkt unterhalb der Wehranlage eingebunden, damit die Fische durch das eingeleitete Wasser aus dem Verbindungsgewässer (Leitströmung) den Aufstieg auch finden. Je nach Länge des Verbindungsgewässers (abhängig von der Höhe der Staustufe) mündet es in den Stauraum. Erfolgt die Einmündung an der Stauwurzel, dann wird trotz der Staustufe das durchgehend ungestörte Fließgewässerkontinuum erhalten bzw. wieder hergestellt. Das Bild 2.61 zeigt ein Verbindungsgewässer für einen nicht schiffbaren, gestauten Fluss.

Ein Verbindungsgewässer zu entwerfen, ist weniger eine Frage exakter Berechnungen, mehr eine Frage landschaftsverbundener Gestaltung unter Beachtung wichtiger wasserbaulicher Grundlagen. Der Querschnitt eines Verbindungsgewässers ist abwechslungsreich zu gestalten, wobei Sohlenbreiten von 0,8 m und Wassertiefen von 0,2 m nicht unterschritten, aber beliebig oft überschritten werden sollten. Durch Steine, Faschinen und Weiden oder Erlen können die Ufer vielseitig gestaltet werden, die Sohle sollte sowohl Kolke als auch ein durch Störsteine und Steinschwellen gebrochenes Gefälle aufweisen. Das Gefälle des Verbindungsgewässers soll etwa zwischen 1 : 100 und 1 : 20 schwanken; je nach Örtlichkeit ergeben sich daraus Länge und Linienführung des Fischweges. Im Mittel soll das Wasser mit 0,4 bis 0,6 m/s im Verbindungsgewässer fließen, örtlich begrenzte Spitzengeschwindigkeiten bis zu 2 m/s (z. B. zwischen Störsteinen) sind denkbar, müssen sich aber mit sehr langsam durchflossenen Strecken sinnvoll abwechseln, so dass dem aufwärts schwimmenden Fisch auch Pausen ermöglicht werden.

2.6.3.4 Hydromechanische Bemessung naturnaher Fischaufstiegsanlagen

Naturnah gestaltete Fischaufstiegsanlagen sind in der Ufer- und Sohlenausbildung rau und unregelmäßig. Eine hydromechanische Berechnung kann daher nur als Vorbemessung zu verstehen sein, um die frei wählbaren Größen (Breite, Gefälle, Steingröße usw.) richtig auszuwählen, aber auch das Einhalten der gegebenen Grenzwerte sicherzustellen. Ein Probelauf wird die berechneten Größen bestätigen oder zu Nachbesserungen führen.

Nach [26] werden die hydr. Bemessungen für zwei Fälle durchgeführt, den Betriebsabfluss und den Bemessungsabfluss. Beim Betriebsabfluss muss die Anlage funktionstüchtig sein, d. h. den Fischaufstieg gewährleisten. Beim Bemessungsabfluss ist nur die Standsicherheit nachzuweisen. Für den Normalfall – den Betriebsabfluss – soll in diesem Abschnitt eine Bemessung vorgestellt werden, die für den Fischaufstieg gilt.

Der Abfluss Q in einer naturnah ausgebildeten Fischaufstiegsanlage ergibt sich aus dem Kontinuitätsgesetz, Gl. (1.3).

Als Fließfläche A wird dabei der gesamte Fließgewässerquerschnitt genommen, obwohl Störsteine usw. ihn erheblich verkleinern können. Der Einfluss solcher Fließhindernisse geht in den Widerstandsbeiwert λ_{ges} und somit in die mittlere Fließgeschwindigkeit v_m ein. Diese wird nach Darcy und Weisbach bestimmt zu

$$v_m = \frac{1}{\sqrt{\lambda_{ges}}} \cdot \sqrt{8 \cdot g \cdot r_{hy} \cdot I} \quad [\text{m/s}] \qquad (2.58)$$

Überschläglich, aber ausreichend genau, kann der Widerstandsbeiwert λ_{ges} einer mit Störsteinen durchsetzten Fließstrecke bestimmt werden zu

$$\lambda_{ges} = \lambda_S + \lambda_0 \qquad (2.59)$$

Dabei ist λ_0 nach Gl. (2.59), λ_S nach Gl. (2.60) zu ermitteln.

$$\frac{1}{\sqrt{\lambda_0}} = -2 \cdot log \frac{\frac{k_S}{r_{hy}}}{14{,}84} \qquad (2.60)$$

solange $k_S < 0{,}45 \cdot r_{hy}$ ist.

Für die äquivalente Sandrauheit k_S wird bei einer Steinschüttung der mittlere Steindurchmesser d_S und bei abgestuftem Sohlenmaterial d_{90} eingesetzt.

Für die Störsteine wird λ_S bestimmt zu

$$\lambda_S \cong \frac{6 \cdot A_S}{a_x \cdot a_y}; \quad A_S = d_S \cdot h^* \qquad (2.61)$$

Für h^* ist bei umströmten Steinen die mittlere Wassertiefe h_m und bei überströmten Steinen die Steinhöhe h_S einzusetzen;

d_S, a_x und a_y ergeben sich aus dem Bild 2.62. Gültig ist Gl. (2.60) für

$$a_x = a_y = 1{,}5 \text{ bis } 3 \cdot d_S;$$
$$a_y - d_S > 0{,}3\,\text{m};$$
$$\frac{h_m}{h_S} < 1{,}5 \text{ und } I \leq 1:20$$

Beispiel: Verbindungsgewässer

Ein Verbindungsgewässer, dargestellt auf Bild 2.63, wurde vor langer Zeit gebaut und hat folgende Abmessungen:

$I = 1 : 50$; $b_S = 2{,}50$ m; 1: m = 1 : 3; Schüttsteine $k_S = 0{,}1$ m; $h = 0{,}5$ m. Trotz des geringen Gefälles wird dieser Fischpass nicht angenommen. Ursache und Abhilfe sind zu ermitteln.

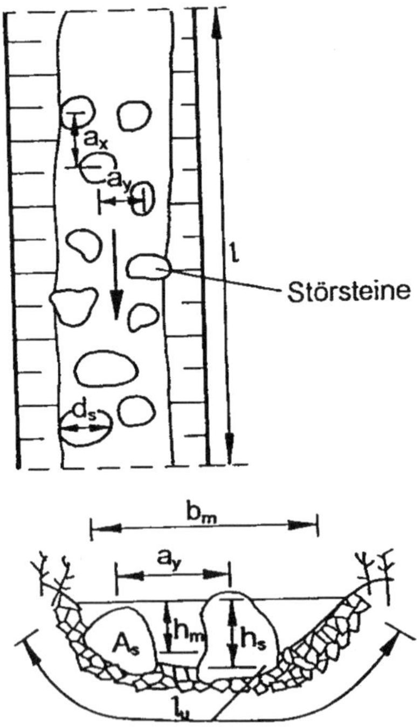

Bild 2.62 Grundriss und Querschnitt der Anlage

Lösung

Ausgangswerte:

$$A = 2{,}5 \cdot 0{,}5 + 3 \cdot 0{,}5^2 = 2{,}0\,\text{m}^2$$

$$l_U = 2{,}5 + 2 \cdot 0{,}5 \cdot \sqrt{1+3^2} = 5{,}66\,\text{m}$$

$$r_{hy} = \frac{2{,}00}{5{,}66} = 0{,}35\,\text{m}$$

(Gültigkeit prüfen: $0{,}45 \cdot r_{hy} = 0{,}45 \cdot 0{,}35 = 0{,}16\text{ m} > 0{,}1\text{ m}$, also können die Bemessungsgleichungen verwendet werden.)

$$\frac{1}{\sqrt{\lambda_0}} = -2 \cdot \log \frac{\frac{0{,}1}{0{,}35}}{14{,}84} = 3{,}43$$

$$\rightarrow \lambda_0 = 0{,}085$$

$$v_m = \frac{1}{\sqrt{0{,}085}} \cdot \sqrt{8 \cdot 9{,}81 \cdot \frac{0{,}35}{50}}$$
$$= 2{,}54\,\text{m/s} > 2\,\text{m/s!}$$

$$Q = 2{,}54 \cdot 2{,}0 = 5{,}1\,\text{m}^3/\text{s}$$

$$Fr = \frac{2{,}54}{\sqrt{g \cdot \frac{2}{5{,}5}}} = 1{,}34 > 1$$

schießender Abfluss!

Abhilfe: Störsteine sollen eingebaut werden. Zur Verfügung stehen: $d_S = 0{,}6$ m; mit $h_S = 0{,}5$ m wird folglich $A_S = 0{,}3$ m².

Störsteinabstände von z. B.

$a_x = 1{,}2$ m und $a_y = 1{,}0$ m ergeben:

$$\lambda_S = \frac{6 \cdot 0{,}3}{1{,}2 \cdot 1} = 1{,}5 \rightarrow \lambda_{ges} = 1{,}585$$

$$v_m = \sqrt{\frac{8 \cdot 9{,}81 \cdot 0{,}35}{50 \cdot 1{,}585}} = 0{,}59\,\text{m/s} < 0{,}6\,\text{m/s}$$

$Q = 1{,}18$ m³/s bedeuten auch, dass etwa 3,9 m³/s mehr an den Turbinen zur Verfügung stehen. Die höchste Fließgeschwindigkeit tritt dort auf, wo (maximal) drei Störsteine nebeneinander liegen. (Bei $a_y = 1{,}0$ m geht das nur schlecht.)

$$v_{max} = \frac{v_m}{1 - \frac{\sum A_S}{A_{ges}}} = \frac{0{,}59}{1 - \frac{3 \cdot 0{,}3}{2{,}0}}$$
$$= 1{,}1\,\text{m/s} < 2{,}0\,\text{m/s}$$

Ein neues Berechnungsverfahren wird in [46] vorgestellt. Danach wird nicht mit der mittleren Fließgeschwindigkeit gerechnet, weil die stets versetzt angeordneten Störsteine mit einer wesentlich größeren Geschwindigkeit angeströmt werden. Das Verfahren wird in neue Vorschriften eingehen, ist aber wesentlich rechenaufwendiger.

2.6.3.5 Technische Fischwege

Technische Fischwege sind Becken-, Schlitz- und Denilpässe sowie Aalleitern, Fischschleusen und Fischaufzüge. Sie stellen Kunstbauten dar, bestehen aus Beton und nehmen nur wenig Platz und wenig Abfluss in Anspruch. Nur in engen Tälern, bei nachträglichem Einbau und wenn das Wasser knapp ist, können sie gebaut werden. Wo immer es geht, sind die naturnahen den technischen Fischwegen vorzuziehen.

Die technischen Fischpässe bestehen aus einer gemauerten oder betonierten meist rechteckigen Rinne mit zahlreichen Querwänden. Die Wände des Beckenpasses haben unten Schlupflöcher und oben Kronenausschnitte, durch die die Fische ins nächste Becken gelangen können. Beim Schlitzpass ermöglichen vertikale durchgehende Öffnungen an einer Seite den Wasserabfluss und Fischaufstieg. Im Denilpass sind einzelne Lamellen mit Öffnungen nach oberstrom geneigt. Aalleitern sind mit Bürsten dem besonderen Verhalten der Aale angepasst.

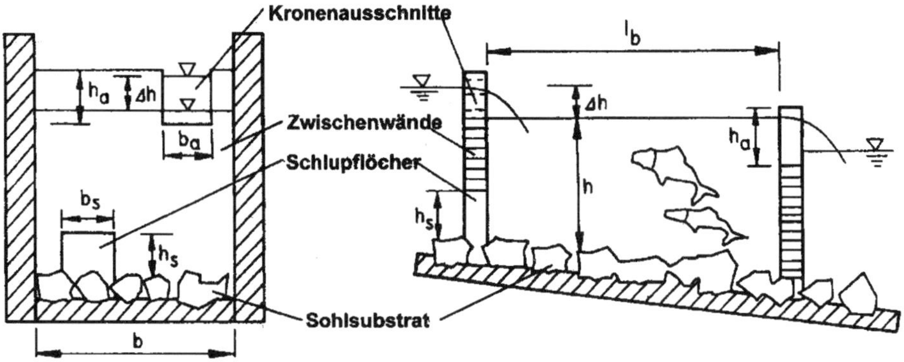

Bild 2.63 Details eines Beckenfischpasses aus [26]

Tabelle 2.3 Empfohlene Abmessungen für Beckenpässe aus [26]

Fischart	l_b	b	h	b_S	h_S	b_a	h_a	Q	Δh
	m	m	m	m	m	m	m	m³/s	m
Stör	5 bis 6	2,5 bis 3	1,5 bis 2	1,5	1,0	–	–	2,5	0,2
Lachs, Forelle, Huchen	2,5 bis 3	1,6 bis 2	0,8 bis 1	0,4 bis 0,5	0,3 bis 0,4	0,3	0,3	0,2 bis 0,5	0,2
Äsche, Döbel, Blei	1,4 bis 2	1,0 bis 1,5	0,6 bis 0,8	0,25 bis 0,35	0,25 bis 0,35	0,25	0,25	0,08 bis 0,2	0,2
Obere Forellenregion	> 1,0	> 0,8	> 0,6	0,2	0,2	0,2	0,2	0,05 bis 0,1	0,2

Der Fischpass kann im Grundriss gerade, mit Ecken oder gekrümmt angeordnet werden. Die stets sehr raue Sohle bremst den Durchfluss ebenso wie die eingebauten Wände. Das Bild 2.63 zeigt Details eines Beckenpasses, die Tabelle 2.3 gibt für ausgewählte Fischarten notwendige Abmessungen der Beckenpässe an.

2.7 Naturnaher Fließgewässerausbau, Renaturierung

Fließgewässer, die aus unterschiedlichen Gründen in der Vergangenheit ihre Natürlichkeit eingebüßt haben, werden heute nach Möglichkeit renaturiert, d. h. in einen naturnäheren Zustand versetzt. Das kann mit unterschiedlichen Mitteln geschehen:

- Trassierung ohne oder fast ohne Geraden, vgl. Abschnitt 2.3.4,
- Beseitigen von verrohrten oder überbauten Abschnitten,
- Ersatz harter Ufersicherungen durch ingenieurbiologische Bauweisen, vgl. Bilder 2.26, 2.27 und [40],
- Wiederbelebung von Altgewässern [74].

Fließgewässer, die aus unterschiedlichen Gründen auszubauen sind, sollen höchstens mit geringen Abweichungen vom natürlichen Zustand ausgebaut werden. Extreme Abweichungen vom natürlichen Zustand entstehen im Längsschnitt bei einer Stauregelung. Durch weiträumige Verbindungsgewässer, Fischwege, Mindestwasserabflüsse in verbleibenden Altarmen oder Verlegung einmündender Nebenflüsse ins Unterwasser können die ökologischen Nachteile einer Stauregelung verringert werden [96].

Im Querschnitt des Fließgewässers sind bei allen Änderungen des gegenwärtigen Zustandes die im Bild 2.27 dargestellten Bereiche mit ihren jeweiligen Besonderheiten zu beachten.

Der aquatische Bereich (Laichkrautbereich) ist der Lebensraum für Benthos, die sohlennahen Lebewesen. Diese überziehen Bereiche der Sohle, auch darauf liegender Steine. Sie sind ein wichtiges Glied in der Nahrungskette und wandern auch in Längsrichtung des Fließgewässers. Sie nutzen dazu auch Fischwege, die aus diesem Grunde nicht trocken fallen dürfen. Extreme Niedrigwasserstände bzw. das Trockenfallen zu beseitigen, ist auch deshalb eine wichtige Aufgabe im Wasserbau.

Der amphibische Bereich (Röhrichtbereich) fällt bei niedrigen Wasserführungen trocken. Dieser vor allem von Wasservögeln und Amphibien bewohnte Bereich ist meist mit Röhricht (Schilf) bewachsen, was dem Ruhe- und Schutzbedürfnis zahlreicher Kleinlebewesen zugutekommt. Strömungen, Wellen und Eis werden durch diesen Bewuchs gedämpft, die biologische Ufersicherung erfüllt viele Aufgaben.

Der terrestrische Bereich beginnt dort, wo der Gehölzbewuchs beginnt, und reicht bis dahin, wo die Überflutung endet. Weichholzbereiche und Hartholzauen sind auf die Dynamik der Wasserstandsschwankungen angewiesen. Altarme mit und ohne Durchströmung, Teiche, Feuchtgebiete kennzeichnen die Flussauen ebenso wie die Gehölze und Tier- und Pflanzenarten, die hier oft günstige Lebensbedingungen finden.

Nicht alle Anforderungen an einen naturnahen Ausbau oder an die Renaturierung von Fließgewässern können vorbehaltlos erfüllt werden. Im Sommer trockenfallende Sand- oder Kiesbänke werden angestrebt – den Beanspruchungen durch die Schleppspannungen bei größeren Wasserführungen halten diese aber nicht stand. Zum Überwintern von Fischen u. a. Wasserlebewesen sollen in Altarmen oder an anderen geeigneten Stellen Kolke oder ähnliche Vertiefungen von mindestens 1 m Tiefe vorhanden sein – vom Geschiebe werden diese aber schnell verfüllt werden. Ebenso ist es oft schwierig, die technischen Möglichkeiten des Wasserbaus allen Wünschen des Naturschutzes anzupassen. Die einen lieben eine große Dynamik bei den Wasserspiegelschwankungen (Hartholzaue), die anderen (Fische) scheuen die niedrigen Wasserstände.

Zur hydromechanischen Berechnung ingenieurbiologisch ausgebildeter Flussquerschnitte wurden auf den Seiten 23 bis 27 Erläuterungen und Beispiele gezeigt. Neben den Schwierigkeiten, die mit genauen Berechnungen des Abflussvermögens bewachsener Fließquerschnitte verbunden sind, müssen mit den Renaturierungen verbundene Nachteile und Grenzen, die heute zu oft verschwiegen werden, genannt werden:

- starke Verbreitung von Mücken u. a. Insekten auch weit über den Bereich renaturierter Fließgewässer hinaus,
- Umwandlung von landwirtschaftlichen Nutzflächen in Sumpfgebiete,
- Aufstau des Hochwassers oberhalb bewachsener Fließ- bzw. Vorlandquerschnitte wegen des verringerten Abflussvermögens bewachsener Querschnitte,
- Ablagerungen von bei Hochwasser mitgeführtem Geschiebe sowie Schwimmstoffen (Eis, Holz u. a.) und schwierige Beseitigung derselben.

Altgewässer sind hauptsächlich Altarme, Altwasser und Qualmgewässer, Bild 2.64. Altarme sind ehemalige Flussstrecken. Sie standen früher mit dem Fluss in Verbindung, sind heute abgetrennt und nur bei Hochwasser geflutet. Qualmgewässer entstanden mit dem Bau von Deichen. Ein durchlässiger Untergrund lässt Sickerwasser im Polder austreten, das Qualmwasser.

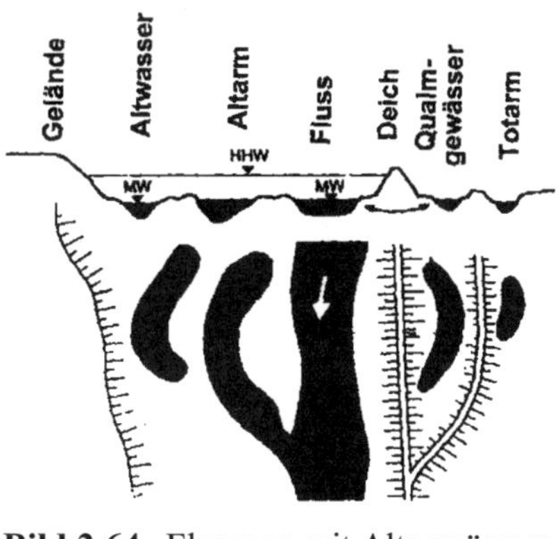

Bild 2.64 Flussaue mit Altgewässern, Grundriss und Querschnitt [74]

Umfangreiche Aufgaben für den Wasserbau ergeben sich bei der Sanierung der Bergbaufolgelandschaften vor allem in der Lausitz und im Südraum von Leipzig. In der Lausitz entstehen gegenwärtig 21 Tagebaufolgeseen mit 11 500 ha Wasserfläche. Außer Talsperren, Hochwasserrückhaltebecken (Abschnitt 3.3) und Wehranlagen (Abschnitt 3.2) werden zur Rekultivierung dieser Landschaften auch schiffbare Wasserstraßen (Abschnitt 5.3) mit zahlreichen Schleusen (Abschnitt 5.6) hergestellt. Etwa 800 km Gewässer erster Ordnung und zahlreiche kleinere Fließgewässer sind ebenso neu zu entwerfen und zu bauen – teils auch schon fertiggestellt – wie 170 km Hochwasserschutzdeiche an Gewässern I. Ordnung. 39 Einlaufbauwerke und 15 Auslaufbauwerke werden die Fließgewässer künftig begrenzen.

Im Leipziger Raum sind ähnliche Rekultivierungen im Gang. Schwerpunkte sind hier der Hochwasserschutz für Leipzig und die touristische Nutzung der Landschaft mit Sportbooten.

2.8 Zusammenfassung

Baumaßnahmen an Fließgewässern bedürfen umfangreicher Voruntersuchungen. In diesem Kapitel wurden Möglichkeiten und Lösungen vorgestellt, am und im Fließgewässer zu bauen, weniger die Auswirkungen auf das Gewässer und seine Umgebung. Zu dieser Thematik gibt es gegenwärtig eine umfangreiche und spezielle Literatur, die bei geplanten Arbeiten am Fließgewässer zu beachten ist. Andererseits kann es nicht das Anliegen dieses Buches sein, einen naturnahen neben einen technischen Wasserbau zu stellen. Vielmehr muss immer wieder betont werden, dass Wasserbau nur dann erfolgreich sein kann, wenn die Natur nicht oder nur gering negativ verändert wird – das Positive muss immer überwiegen. Im Flussbau kommt das besonders zum Ausdruck.

Baumaßnahmen am Fließgewässer dienen vor allem der Nutzung des Wassers durch den Menschen, aber auch dem Schutz des Lebens und der Güter der in Flussnähe lebenden oder arbeitenden Menschen. Beim Bauen am Fließgewässer gehört zum Berechnen und Ausführen der Wasserbauten auch große Erfahrung dazu. An einem Fließgewässer erfolgreich durchgeführte Maßnahmen müssen nicht zwangsläufig am anderen Gewässer zu gleichen Erfolgen führen. Zahlreiche Aufgaben entstehen auch aus notwendigen Ergänzungen, Änderungen oder Rückbauten. Der Fluss reagiert auf jede Veränderung als ein einheitliches Ganzes. Viele Eingriffe verkraftet er problemlos. Am Fluss Falsches zu tun, schadet dem Fluss. Am Fluss nichts zu tun, schadet dem Menschen. Auf Dauer wird nur der Erfolg haben, der mit dem Fluss baut und nicht gegen ihn.

3 Stauanlagen

3.1 Einführung

Stauanlagen sind nach der DIN 19700 Talsperren, Hochwasserrückhaltebecken, Staustufen im Fluss (Wehre) sowie Pumpspeicherbecken, Sedimentationsbecken, Stauteiche und Geschiebesperren. Die bautechnischen Grundlagen werden in diesem Kapitel an den Wehren, Talsperren und Sedimentationsbecken erläutert. Hochwasserrückhaltebecken sind bautechnisch den Talsperren gleich, Geschiebesperren wurden bereits im Abschnitt 2.3.5 vorgestellt, Stauteiche werden am Rande mit erwähnt, Pumpspeicherbecken gehören als wichtige Teile zu den Wasserkraftanlagen, bautechnisch sind sie den Staudämmen ähnlich.

Talsperren sperren ein ganzes Tal über den Flussquerschnitt hinaus ab (ggf. auch mehrere Täler) und speichern den Zufluss über große Zeiträume. Sie bestehen aus dem Speicherbecken (Stauraum), dem Abschlussbauwerk und den Betriebseinrichtungen. Der Wasserbauer widmet seine Aufmerksamkeit vor allem dem Abschlussbauwerk und den Betriebseinrichtungen. Die wichtigsten Betriebseinrichtungen sind die Hochwasserentlastungsanlagen, Grundablässe, Entnahmeanlagen sowie die Mess- und Kontrolleinrichtungen. Das Abschlussbauwerk ist eine Staumauer oder ein Staudamm.

Hochwasserrückhaltebecken sind Stauanlagen, die nur zum Aufnehmen und Zurückhalten von Hochwasser gefüllt, sonst als grüne Becken leer sind.

Abschlussbauwerk einer Staustufe ist das **Wehr**. Es staut das Fließgewässer nur im Gewässerquerschnitt und ist Abschlussbauwerk und fast immer auch Betriebseinrichtung zugleich. Schleusen, Wasserkraftanlagen und seitliche Dämme können, ein Fischweg sollte die Gesamtanlage einer Staustufe vervollständigen. Ein Wehr ist nach DIN 4048 ein Absperrbauwerk, das der Hebung des Wasserstandes dient Mit festen Wehren, die heute nicht mehr gebaut werden, ist die Abflussregelung nicht möglich. Die am Wehr konzentrierte Fallhöhe kann zur Nutzung der Energie des Wassers dienen, früher für Mühlen, heute in Turbinen zur Gewinnung von elektrischer Energie.

3.2 Wehre

3.2.1 Hydromechanische Grundlagen

Feste Wehre werden nur überströmt, bewegliche je nach Konstruktion über- oder durchströmt. Der vollkommene, also nicht vom Unterwasser rückgestaute Überfall, auf Bild 3.1 links dargestellt, wird nach Gleichung (3.1) berechnet.

$$Q = \frac{2}{3} \cdot \mu \cdot b \cdot \sqrt{2 \cdot g} \cdot \left[\left(h_{ü} + h_{ko} \right)^{\frac{3}{2}} - h_{ko}^{\frac{3}{2}} \right]$$

[m³/s] (3.1)

Für kleine Anströmgeschwindigkeiten bis etwa $v_0 < 1$ m/s wird die Geschwindigkeitshöhe h_{k0} sehr klein, so dass die Gl. (3.1) sich vereinfacht zu

$$Q = \frac{2}{3} \cdot \mu \cdot b \cdot \sqrt{2 \cdot g} \cdot h_{ü}^{\frac{3}{2}} \quad [\mathrm{m^3/s}] \qquad (3.2)$$

Die Überfallbeiwerte μ können z. B. aus [02] entnommen oder im Modellversuch ermittelt werden.

Mit steigender Unterwassertiefe wird der Überfall unvollkommen. Dann ist in die Gl. (3.1) bzw. (3.2) ein Abminderungsbeiwert einzuführen.

Auch der Durchfluss unter einem hebbaren Verschluss kann vollkommen oder unvollkommen sein, Bild 3.3.

Der vollkommene Durchfluss errechnet sich nach Gl. (3.3) zu:

$$Q = \mu \cdot a \cdot b \cdot \sqrt{2 \cdot g \cdot h_0} \quad [\mathrm{m^3/s}] \qquad (3.3)$$

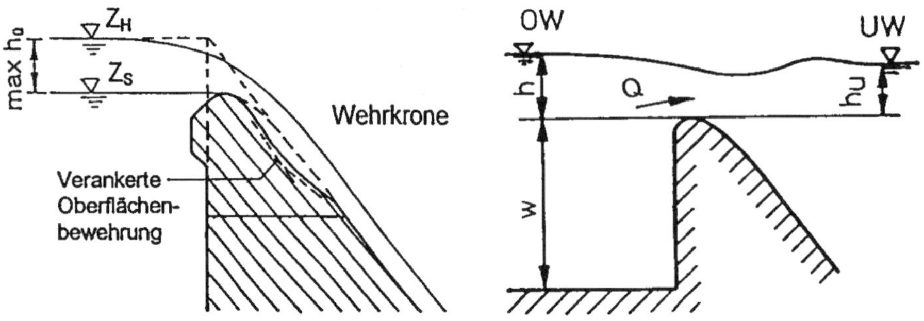

Bild 3.1 Überströmtes festes Wehr

breit, scharfkantig	breit, abgerundet	völlig abgerundet, umgelegte Klappe	scharfkantig, Strahlbelüftung	senkrechte OW-Seite, geneigte UW-Seite	dachförmig, Krone abgerundet
0,49...0,51	0,50...0,55	0,65...0,73	0,62...0,68	0,72...0,75	0,78...0,81

Bild 3.2 μ-Beiwerte

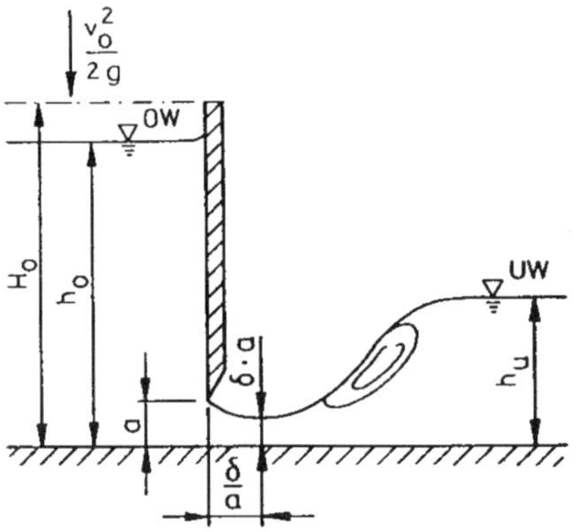

Bild 3.3 Durchströmtes Wehr

Für senkrechte scharfkantige Schütze kann μ zwischen 0,55 und 0,60 angenommen werden (0,60 für $h/a > 6$). Ein Abminderungsfaktor berücksichtigt den Einfluss eines höheren Unterwasserstandes. Er kann ebenfalls [87] entnommen werden.

Zur hydromechanischen Berechnung von Streichwehren, Tiroler Wehren und Heberüberfällen wird auf [02] verwiesen.

Das Wasser, das den Wehrkörper mit großer Geschwindigkeit passiert hat (schießender Abfluss), muss gebremst werden. Das erfolgt durch Energieumwandlung im Tosbecken in Form einer Deckwalze. Die Berechnung eines Tosbeckens ist vor allem eine Berechnung der Tosbeckenlänge. Bei allen Abflüssen und Beaufschlagungen des Wehres soll die Energieumwandlung im Tosbecken erfolgen, damit sich hinter dem Tosbecken keine Kolke bilden. Das ist der Fall, solange die Deckwalze nicht aus dem Tosbecken gedrängt wird. Bei niedrigem Unterwasserstand und Beaufschlagung nur eines Wehrfeldes kann die Deckwalze aus dem Tosbecken gedrängt werden.

Im Wechselsprung konzentrieren sich örtliche Energiehöhenverluste auf kurzer Länge, so dass der Stützkraftsatz [81, S. 118] oder [02] verwendet werden kann.

$$S = \frac{1}{2} \cdot \rho \cdot g \cdot b \cdot h^2 + \rho \cdot Q \cdot v = \text{const.} \quad [\text{kN}] \tag{3.4}$$

Mit dem Kontinuitätsgesetz

$$Q = v_1 \cdot b \cdot h_1 = v_2 \cdot b \cdot h_2 \quad [\text{m}^3/\text{s}] \tag{3.5}$$

und der Froudezahl

$$Fr_1 = \frac{v_1}{\sqrt{g \cdot h_1}} \tag{3.6}$$

erhält man nach einigen Umformungen das Verhältnis der konjugierten Tiefen h_1 und h_2 eines ebenen Wechselsprungs zu

$$\frac{h_2}{h_1} = \frac{1}{2} \cdot \left(\sqrt{8 \cdot Fr_1^{\ 2} + 1} - 1\right) \tag{3.7}$$

oder in guter Näherung für $Fr_1 > 2$

$$\frac{h_2}{h_1} = \sqrt{2} \cdot Fr_1 - 0{,}5 \tag{3.7a}$$

Mit den bekannten Gleichungen

$$q_1 = v_1 \cdot h_1 \ [\mathrm{m^3/(s \cdot m)}]$$

$$v_1 = \sqrt{2 \cdot g \cdot H} \ [\mathrm{m/s}]$$

$$H = H_1 - h_1 = \frac{v_1^{\ 2}}{2 \cdot g} \ [\mathrm{m}]$$

(Kontinuitätsgesetz, Bernoulligleichung) kann h_1 iterativ errechnet werden. Somit ist auch h_2 zu ermitteln, Gl. (3.7). Nicht eindeutig definiert ist das Ende des Wechselsprungs, was auf die Ermittlung der Tosbeckenlänge Einfluss hat. Eine Möglichkeit, die Tosbeckenlänge l_T zu ermitteln, ist Gl. (3.8) mit Tabelle 3.1.

$$l_T = k \cdot h_2 \ [\mathrm{m}] \tag{3.8}$$

Tabelle 3.1 ***k*-Werte**

Fr_1	2,4	4	5	6...11	14
k	4,8	5,8	6	6,13	6

Moderne Tosbecken sind durch Einbauten konstruktiv gegliedert und gestaltet. Einbauten sind Schwellen, Strahlteiler, Störkörper, Sohlstufen und Tosbeckenendschwellen. Es ist praktisch nicht möglich, diese Elemente auf ihre hydraulische Wirksamkeit zu berechnen. Deshalb sieht die DIN 19700, Blatt 13 [12] vor: „Insbesondere für die Beurteilung der Energieumwandlung (hydraulische Wirksamkeit = Sicherheit gegen Abwandern der Deckwalze, Kolkentwicklung) und für die detaillierte Gestaltung eines Tosbeckens ist ein Modellversuch meist unumgänglich."

An das Tosbecken schließt sich allg. ein Kolkschutz an, der fast immer aus geschütteten Steinen besteht. Die Bemessung der Steingröße setzt eine befriedigende Wirksamkeit des Tosbeckens voraus, die ggf. erst hergestellt werden muss und sehr häufig Ursache für immer wieder auftretende Kolke ist. Die Hauptdiagonale eines Steines (Dichte 2,65 t/m³) sollte betragen

$$D \cong 0{,}052 \cdot v^{x} \ [\mathrm{m}] \tag{3.9}$$

v mittlere Fließgeschwindigkeit in m/s

x Exponent für die Wirksamkeit des Tosbeckens, x = 2,0 für gute, x = 2,25 für geringe Wirksamkeit

Mindestens 60 % der zu schüttenden Steine sollten diese Größe haben. Der Einbau erfolgt zweilagig beim Trockeneinbau und dreilagig beim Einbau ins Wasser. Auch großflächige, steingefüllte Matten werden zum Verbau von Kolken verwendet.

Auch im Oberwasser eines Wehres treten Kolke auf. Ihre Ursachen sind große Strömungsgeschwindigkeiten, die vor allem bei ungleichmäßiger Beaufschlagung der Wehrfelder entstehen, und die Beschleunigung des Wassers zwischen den Pfeilern.

Jede Stauanlage erzeugt nach oberstrom einen Stau, dessen Länge von der Stauanlage bis zur Stauwurzel reicht. Die Stauwurzel ist dort, wo der Stau nur noch 1 % von der ursprünglichen Wassertiefe beträgt. Ist am Wehr die gestaute Wassertiefe h_{Stau} etwa doppelt so groß wie die ursprüngliche Tiefe h_0, dann kann die Staulänge überschläglich bestimmt werden, indem von der Stauanlage eine Horizontale gezogen wird. Wo diese die Gewässersohle schneidet, liegt etwa die Stauwurzel, Gl. (3.10).

$$l_{Stau} \cong \frac{h_{Stau}}{I_o} \ [\mathrm{m}] \tag{3.10}$$

Etwa in der Mitte würde diese Stauwaage den ursprünglichen, also nicht gestauten Wasserspiegel schneiden, Gl. (3.11).

$$l_{Stau} \cong \frac{2 \cdot (h_{Stau} - h_o)}{I_o} \ [\mathrm{m}] \tag{3.11}$$

Eine genaue Berechnung der Staulänge und/oder der Stauhöhe an interessanten Zwischenstationen sowie des Verlaufs der Staulinie kann schrittweise erfolgen, vgl. z. B. [02, S. 326] oder [88, S. 163].

3.2.2 Standsicherheit

3.2.2.1 Wirkende Kräfte

Die Standsicherheit der Massivbauwerke im Wasserbau ist nach DIN 19702 nachzuweisen. Kritisch und somit ausschlaggebend für die Bemessung des Gesamtbauwerkes oder einzelner Teile können für das Wehr die Gleitsicherheit, der Nachweis zulässiger Spannungen in der Sohlenfuge, die Auftriebssicherheit des leeren Tosbeckens und der Nachweis der Sicherheit gegen hydraulischen Grundbruch werden. Allgemeine Grundbruch- und Geländebruchsicherheit sind selten kritisch. Sowohl das Gesamtbauwerk als auch einzelne Teile (Pfeiler, Tosbecken, Wehrkörper, Wehrwangen) müssen den notwendigen Nachweisen standhalten. Für einen Wehrkörper und sein Tosbecken soll zunächst ein Überblick gegeben werden, ein zugehöriges Berechnungsbeispiel ist ab S. 89 vorgesehen.

Das Bild 3.4 zeigt den Querschnitt durch ein kombiniertes Wehr in allgemeiner Darstellung mit den auf das Wehr wirkenden Kräften.

Das Eigengewicht G des massiven Wehrkörpers überträgt die äußeren Belastungen durch Reibung und Normalspannungen in den Untergrund. Die Wasserauflasten WA unterstützen den Wehrkörper in seiner Wirkung.

Das Gewicht des Verschlussorgans kann nur einbezogen werden, wenn das Verschlussorgan nicht an Pfeilern befestigt ist. Die entscheidende aktive Kraft ergibt sich aus dem Wasserdruck W_1. Der Wasserdruck W_2 und der Erddruck E_3 mindern die Wirkung von W_1. Der Erddruck E_2, bei Ablagerungen im Stauraum vergrößert um E_1, verstärkt die aktive Wirkung von W_1. Die resultierenden Kräfte aus dem Sohlenwasserdruck, der zur einfacheren Berechnung aufgeteilt wird in statischen (S_1) und dynamischen (S_2) Sohlenwasserdruck, verringern die Wirkung des Eigengewichts.

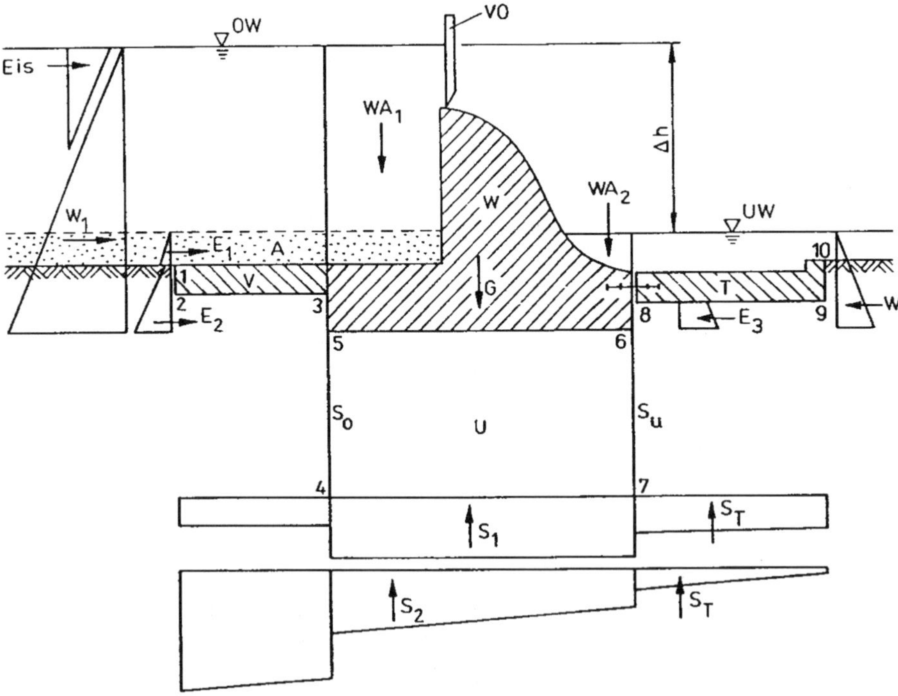

Bild 3.4 Kräfte auf Wehrkörper und Tosbecken

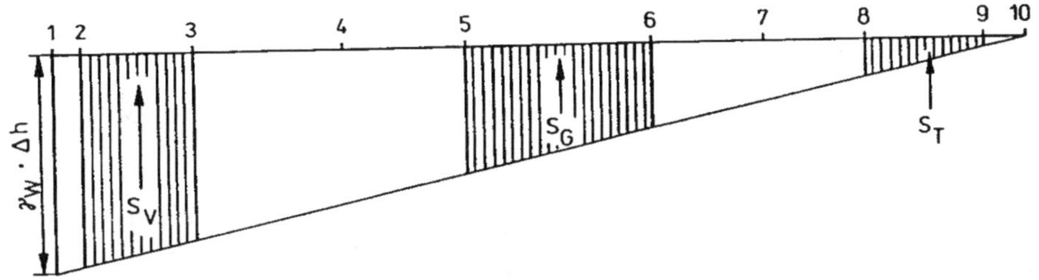

Bild 3.5 Ermittlung des hydrodynamischen Sohlenwasserdruckes

Der hydrostatische Sohlenwasserdruck S_1 wird ermittelt, indem der Unterwasserspiegel horizontal zum Oberwasser hin verlängert wird. Dadurch ist bei horizontaler Sohle mit $p = \gamma_W \cdot h_u$ die Größe der Ordinate gegeben. Bei abgestufter Wehrsohle entsteht die Figur von S_1 entsprechend der Form der Wehrsohle. S_2, der hydrodynamische Sohlenwasserdruck, kommt durch den Anstau im Oberwasser zustande. Er kann auf verschiedene Weise ermittelt werden, bei homogenem und isotropem Untergrund z. B. mit der Methode des unterirdischen Wehrumrisses. Wie auf dem Bild 3.5 gezeigt wird, muss dazu der gesamte unterirdische Umriss des Wehrkörpers vom Bild 3.4 vom Punkt 1 bis zum Punkt 10 auf Bild 3.5 als horizontale Linie gezeichnet werden. Als Ordinate wird der Wasserdruck $\gamma_W \cdot (h_o - h_u) = \gamma_W \cdot \Delta h$ im Punkt 1 aufgetragen, d. h. dass im Punkt 1 der volle Druck aus dem Oberwasser anzusetzen ist ($\gamma_W \cdot h_u$ wurde bereits beim hydrostatischen Sohlenwasserdruck berücksichtigt). Entlang der Umrisslinie von 1 bis 10 soll der Druck linear abnehmen. Auf die Sohle des Wehrkörpers wirkt der hydrodynamische Sohlenwasserdruck zwischen den Punkten 5 und 6.

Oft ist der Untergrund nicht isotrop. Die Durchlässigkeit ist in horizontaler Richtung meist größer als in vertikaler. Bei der Ermittlung des hydrodynamischen Anteils des Sohlenwasserdruckes kann das berücksichtigt werden, indem die vertikalen Teile des Umrisses (z. B. entlang der Spundwände) im entsprechenden Verhältnis verlängert werden.

3.2.2.2 Gleitsicherheit

Für die genannten Kräfte muss der Wehrkörper gleitsicher sein. Der Nachweis erfolgt nach DIN 1054 [10] für auf Lockergestein gegründete Wehre nach Gl. (3.12).

$$\boxed{\eta_{Gl} = \frac{H_{So} + E_{pr}}{H}} \qquad (3.12)$$

Während im Nenner die horizontalen Aktionskräfte stehen, insbesondere der Wasserdruck W_1, stellen H_{So} die Sohlwiderstandskraft und E_{pr} einen Teil der Erdwiderstandskraft dar, also die das Gleiten behindernden Kräfte. Für H_{So} ist das Produkt aus der Summe der Vertikalkräfte und dem Tangens des Reibungswinkels in der Gleitfläche einzusetzen.

$$\boxed{H_{So} = V \cdot \tan \delta_{St}} \text{ [kN]} \qquad (3.13)$$

Für δ_{St} wird bei Ortbeton der Reibungswinkel des Gründungsbodens angesetzt, bei Verwendung von Fertigteilen zwei Drittel dieses Reibungswinkels. Der Erdwiderstand E_{pr}, der bis zur Hälfte des Erdwiderstandes E_P angesetzt werden darf, ist klein und setzt zu seiner Mobilisierung eine Verschiebung voraus, die ohne Gefahr hingenommen werden kann. Einfacher ist es, ihn zu vernachlässigen, vgl. auch das Beispiel auf S. 89 ff. Geforderte Werte für die Gleitsicherheit gehen aus der Tabelle 3.2 hervor.

Tabelle 3.2 Nachzuweisende Gleitsicherheiten

Lastfall	1	2	3
η_{Gl}	1,5	1,35	1,2

3.2.2.3 Spannungsnachweise

Mit den Bezeichnungen des Bildes 3.6 können auftretende Sohlenspannungen an den Rändern nach den Gleichungen (3.14) und (3.15) ermittelt werden. Liegt die Resultierende im Kern, ist also $e \leq \frac{B}{6}$, wird

$$q_{1,2} = \frac{V}{B} \cdot \left(1 \pm \frac{6 \cdot e}{B}\right) \quad [\text{kN/m}^2] \qquad (3.14)$$

Ist $\frac{B}{6} \leq e \leq \frac{B}{3}$, dann wird

$$q_1 = \frac{2 \cdot V}{3 \cdot u} \quad [\text{kN/m}^2] \qquad (3.15)$$

Alle äußeren Lasten sind durch Druckspannungen in den Baugrund zu übertragen. Zugspannungen sind nicht übertragbar. Die zulässigen Spannungen sind dem Baugrundgutachten oder für Voruntersuchungen den Tabellen z. B. in [81, S. 11.9] zu entnehmen.

Sind die zulässigen Bodenpressungen eingehalten, dann ist das Bauwerk auch kippsicher, was auch mit der Lage der Resultierenden nachgewiesen wird. Sie soll in der Kernfläche die Sohle durchstoßen. Erfolgt das in der ersten Kernfläche, dem mittleren Drittel der Sohlfläche, dann treten keine Zugspannungen, somit auch keine klaffende Fuge auf.

3.2.2.4 Auftriebssicherheit

Ein bei Reparaturen geleertes Tosbecken muss gegenüber dem Sohlenwasserdruck ausreichend auftriebssicher sein. Das ist durch die Wahl der Dicke der Tosbeckensohle gesichert, einer Dicke, die z. B. nach Gl. (3.16) bestimmt werden kann.

$$d_T \geq \frac{\eta_A \cdot m_u \cdot \gamma_W}{\gamma_B - \eta_A \cdot m_u \cdot \gamma_W} \cdot (h_u + \delta) \quad [\text{m}] \qquad (3.16)$$

η_A Sicherheit gegen Auftrieb nach DIN 19702. Eine Größe von $\eta_A = 1{,}1$ ist allg. ausreichend für Lastfall 1 und 2, im Lastfall 3 ist $\eta_A = 1{,}05$.

m_u Faktor zum Sohlenwasserdruck, Größenordnung 1,0 bis 1,1

δ Eintiefung am Tosbeckenende (z. B. auf Bild 3.13 ist $\delta = 0{,}5$ m.)

Mit $\eta_A = 1{,}1$; $m_u = 1{,}1$; $\gamma_W = 10$ kN/m³ und $\gamma_B = 24$ kN/m³ wird

$$d_T \cong h_u + \delta \quad [\text{m}] \qquad (3.17)$$

Maßgebend ist das leere Tosbecken. Das Gewicht evtl. vorhandener Störkörper wird mit angesetzt. Der bei leerem Tosbecken (Reparaturarbeiten) höchstmögliche Unterwasserstand kann für vorhandene Tosbecken mit der Gl. (3.17) errechnet werden. Sollte dieser Unterwasserstand überschritten werden, ist das Tosbecken zu fluten.

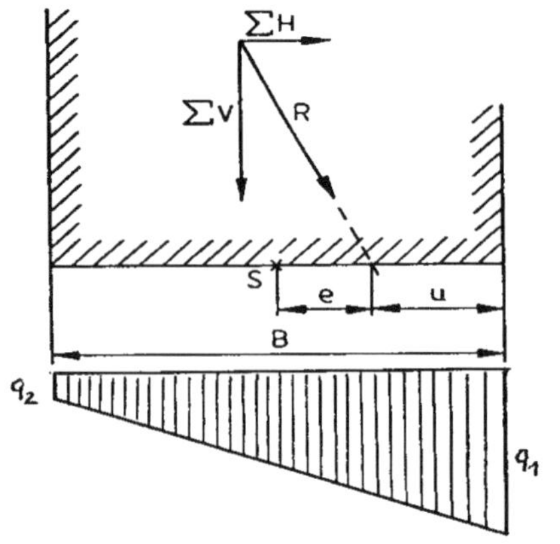

Bild 3.6 Kräfteaufteilung

3.2.2.5 Nachweis der Sicherheit gegen hydraulischen Grundbruch

Wehre auf Lockergestein werden auch vom Sickerwasser beansprucht. Neben dem Druck auf die Wehrsohle kommt es zu Sickerwasserströmungen, die zum Auswaschen feiner Bestandteile aus dem Untergrund (Suffosion und Erosion, vgl. Abschnitt 3.3.7.5) und zum hydraulischen Grundbruch führen können. Dieser kann am Tosbeckenende auftreten, wenn in dem von unten nach oben durchströmten Boden die lotrechte Komponente der Strömungskraft größer wird als das unter Auftrieb stehende Bodengewicht. Die Kraft, die sich aus dem Strömungsdruck ergibt, kann aus einem hydrodynamischen Netz ermittelt werden, Bild 3.7.

Um das Strömungsbild zeichnen zu können, muss der Untergrund homogen oder annähernd homogen sein. Die Bahnen, auf denen die Wasserteilchen den Untergrund passieren, sind die Stromlinien. Nach der Potentialtheorie verlaufen senkrecht zu ihnen die Potentiallinien. Die Unterkante des Bauwerkes und die undurchlässige Schicht bilden die Grenzen des Netzes. Zwischen diesen Grenzsickerlinien werden einige Stromlinien gezeichnet, zu denen senkrecht die Potentiallinien so entworfen werden, dass etwa Quadrate ent-

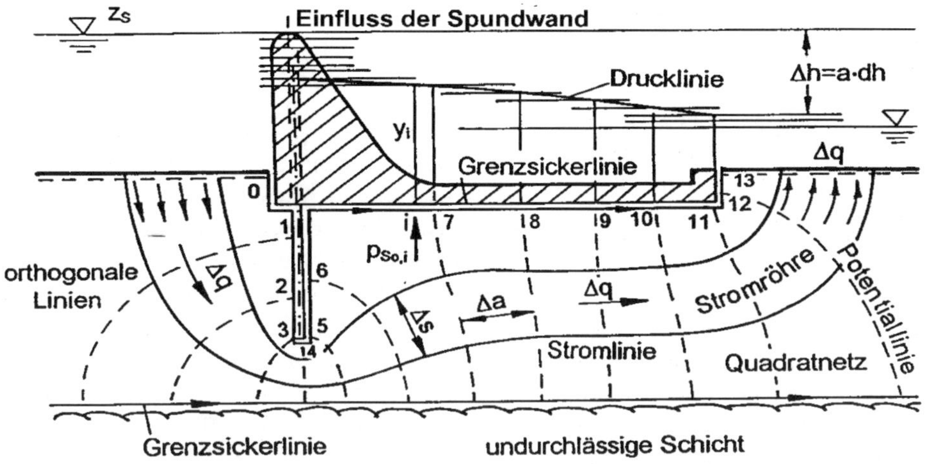

Bild 3.7 Hydrodynamisches Netz (Strömungsbild) unter einem Wehr

stehen. Das ergibt a Potentiallinien sowie s Stromröhren – das sind die Bereiche zwischen zwei Stromlinien.

Die gesamte Spiegeldifferenz Δh wird bei a Potentiallinien in a Druckintervalle unterteilt. Auf der Strecke von einer Potentiallinie zur nächsten wird ein Druckintervall von $\frac{\Delta h}{a}$ abgebaut. Abhängig von der Anordnung einer unterstromigen Dichtwand (Bilder 3.7 und 3.8) wird hinter dem Tosbecken zum Ausströmen ins Unterwasser eine bestimmte Restdruckhöhe h_p zur Verfügung stehen, die in einem prismatischen Körper abgebaut wird.

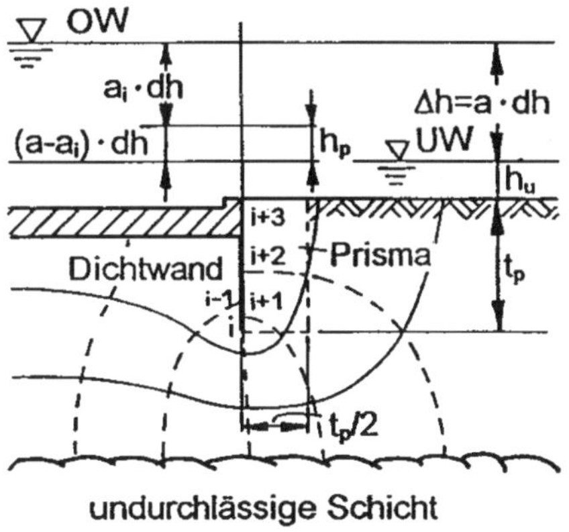

Bild 3.8 Hydraulischer Grundbruch am Tosbeckenende mit unterstromiger Dichtwand

Das zu untersuchende Bodenprisma hat die Höhe t_P und die Breite 0,5 t_P. Auf dieses Prisma wirkt von unten ein noch abzubauender Restströmungsdruck der Größe

$$\boxed{p_{\mathrm{So,i}} = \rho_{\mathrm{W}} \cdot g \cdot h_{\mathrm{P}}} \text{ [kN/m}^2\text{]} \qquad (3.18)$$

Das Gewicht des unter Auftrieb stehenden Bodens, das diesem Restdruck widerstehen muss, beträgt

$$\boxed{G = (1-n) \cdot (\rho_{\mathrm{S}} - \rho_{\mathrm{W}}) \cdot t_{\mathrm{P}} \cdot g \cdot \frac{t_{\mathrm{P}}}{2}} \text{ [kN]} \qquad (3.19)$$

Die Kraft pro lfd. m aus dem o. g. Wasserdruck auf die Sohle des Prismas ist

$$\boxed{F_{\mathrm{So}} = \rho_W \cdot g \cdot h_{\mathrm{P}} \cdot \frac{t_{\mathrm{P}}}{2}} \text{ [kN]} \qquad (3.20)$$

Daraus ergibt sich die Sicherheit gegen hydraulischen Grundbruch zu

$$\boxed{\eta = \frac{G}{F_{\mathrm{So}}} = \frac{\rho' \cdot t_{\mathrm{P}}}{\rho_{\mathrm{W}} \cdot h_{\mathrm{P}}} \geq 1{,}5} \qquad (3.21)$$

Für einen mineralischen Boden unter dem Wehr mit $n = 0{,}33$ (Porenanteil) und somit $\rho' = 1{,}1$ t/m^3 ergibt sich aus der Forderung nach 1,5facher Sicherheit gegen hydraulischen Grundbruch ein zulässiges Strömungsgefälle von

$$\boxed{I_{\mathrm{P}} = \frac{h_{\mathrm{P}}}{t_{\mathrm{P}}} \leq 0{,}73} \qquad (3.22)$$

3.2.3 Verschlussorgane beweglicher Wehre

Während mit den festen Wehren nur ein Heben des Wasserspiegels möglich ist, können mit beweglichen Wehrverschlüssen auch die Wasserstände und die Abflüsse variiert werden. Die Abführung von Schwimmstoffen, Eis und Geschiebe ist mit beweglichen Wehren möglich. Feste Wehre, heute kaum noch ausgeführt, bestehen meist von Ufer zu Ufer aus nur einem Feld. Bewegliche Wehre werden zwischen Pfeilern montiert, die den Flussquerschnitt in mehrere Felder unterteilen.

Für die Bemessung des Abflusses an beweglichen Wehren ist heute die $(n-1)$-Regel verbindlich [16]. Sie fordert, dass bei n Wehrfeldern das Bemessungshochwasser über (durch) $n-1$ Felder abgeführt werden kann, ohne dass ein Aufstau entsteht, der den ohne Wehr vorhanden gewesenen Wasserstand überschreitet.

Ein oft verwendeter überströmter Verschluss ist das Klappenwehr. Das Bild 3.9 zeigt eine Fischbauchklappe. Weitere Verschlüsse, die überströmt werden, sind Sektorwehre, Trommelwehre (aber nur selten verwendet), Schlauchverschlüsse aus Kunststoff und mit Wasser gefüllt sowie das Dachwehr, Einzelheiten in [41]. Überströmte Verschlussorgane sind zur Abfuhr schwimmender Stoffe und zur Feinregelung des Wasserspiegels gut geeignet.

Ein unterströmter Verschluss ist das Schütz, dargestellt ist auf dem Bild 3.10 ein Dreigurtschütz. Auch Segmentverschlüsse werden unterströmt. Mit unterströmten Verschlüssen ist die Ableitung von Geschiebe in begrenzter Menge möglich, aber auch nur eine „Grobregelung“ des Abflusses, vgl. auch die Gleichungen (3.2) und (3.3).

Alle Aufgaben (Geschiebe, Schwimmstoffe, Grob- und Feinregelung) sind mit Kombinationen der o. g. Verschlüsse lösbar, Bild 3.11. Außerdem sind mit diesen kombinierten Verschlüssen größere Stauhöhen zu erreichen.

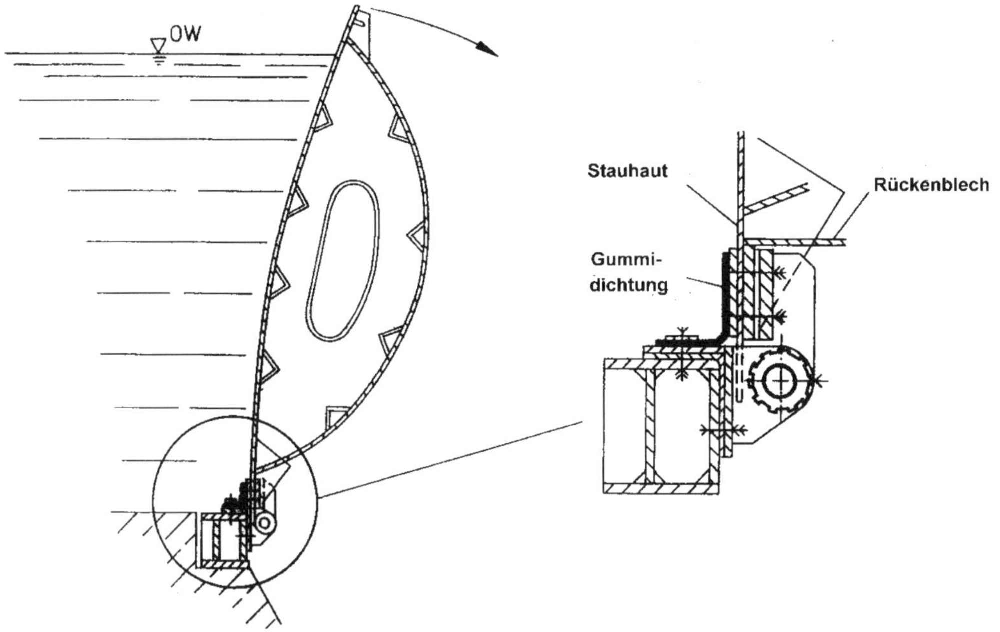

Bild 3.9 Fischbauchklappe als überströmter Verschluss

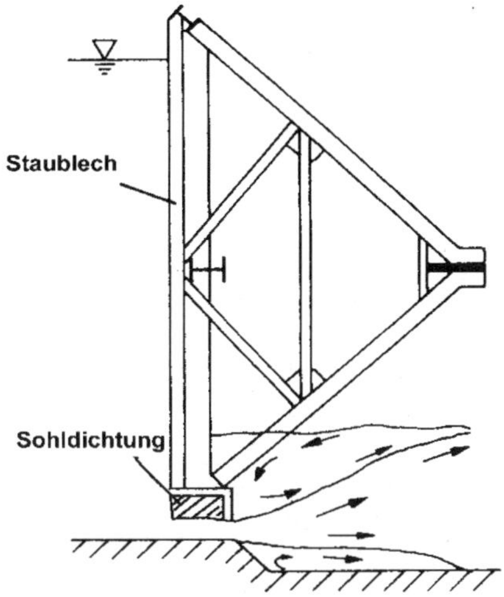

Bild 3.10 Schütz als unterströmter Verschluss

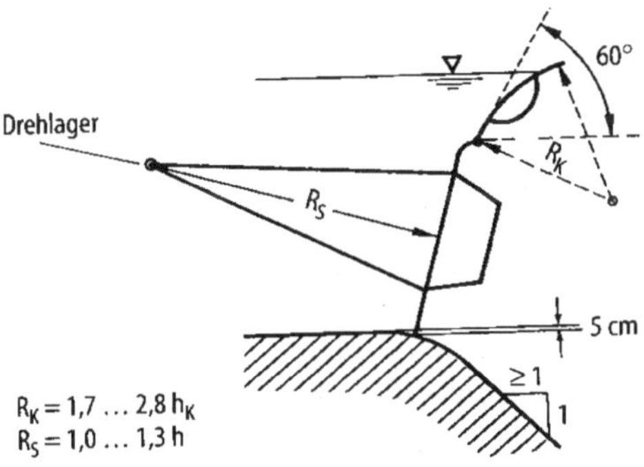

Bild 3.11 Zugsegment mit aufgesetzter Klappe

Eine Sonderform stellen die Nadelwehre dar, die durchströmt werden. Bei ihnen erfolgt das Regeln des Abflusses bzw. der Wasserstände durch das Setzen oder Entfernen von „Nadeln". Das sind Rohre, die sich oben an eine Nadellehne, unten in eine Nische in der Sohle abstützen. Wegen der schweren körperlichen Arbeit besonders im Winter, die mit der Bedienung verbunden ist, werden sie heute, soweit noch vorhanden, durch andere Verschlussorgane ersetzt.

Weitere Informationen zur konstruktiven Ausbildung, Durchbildung von Details (Dichtungen, Lager, Antriebe), zweckmäßigen Auswahl der Verschlüsse je nach Stauhöhe und Spannweite, aber auch zur hydromechanischen Belastung und zur statischen Berechnung sowie zur Bauausführung können neben Beiträgen in Fachzeitschriften z. B. bei Kaczynski [41], Vischer/Huber [95] und Wickert/Schmaußer [97] gefunden werden.

3.2.4 Modernisierung von Wehren

3.2.4.1 Veranlassung

In Deutschland existieren sehr viele Wehre. Neubauten von Wehren werden sich folglich in Grenzen halten, kommen vor allem dort vor, wo alte Anlagen abgerissen und durch Neubauten ersetzt werden. Ein Schwerpunkt aller Bautätigkeiten im Wehrbau liegt bei der Modernisierung.

Unter Modernisierung wird die Gesamtheit aller baulichen und betrieblichen Maßnahmen verstanden, die geeignet sind, ein Wehr entsprechend dem Stand der Technik aktuellen Aufgaben anzupassen [66, S. 1].

Veranlassungen für eine Modernisierung eines alten Wehres sind vor allem:

- Seit der Bauzeit des Wehres veränderte Bemessungsgrundlagen (hydrologische Bemessungswerte, Wasserstände, bodenmechanische Kennwerte u. a.),
- neue Erkenntnisse oder Normen wie z. B. Erkenntnisse aus Modellversuchen, Änderung des Sicherheitsniveaus, Erfüllung der (n – 1)-Bedingung,
- veränderte Nutzungen (Änderung des Stauziels, Einbau von Fischpässen, Erhalt wegen des Denkmalschutzes),
- betriebliche Gründe (Fernsteuerung, Schwellbetrieb, betrieblich notwendige Verbesserungen, Verbesserung des Hochwasserschutzes),
- bauliche Gründe (Schäden durch Alterung und Verschleiß, Setzungen, Kolkbildungen, Rutschungen).

Oft sind es mehrere Gründe, die eine Modernisierung erforderlich machen. Demnach sind die Möglichkeiten zur Ausführung auch sehr verschieden. Die folgenden Überlegungen und Skizzen sind deshalb sowohl als Beispiel für ausgeführte Modernisierungen als auch zur Anregung für ähnliche Aufgaben gedacht.

3.2.4.2 Vergrößerung des Abflussvermögens

Die Notwendigkeit, das Abflussvermögen am Wehr zu erhöhen, ergibt sich sehr oft aus der Einführung der $(n-1)$-Bedingung, kann aber auch durch größere Bemessungshochwasser oder veränderte Nutzungen entstehen. Für feste Wehre kann sich, wenn es die bauliche Substanz noch zulässt, oft schon durch Verbesserung des μ-Beiwertes (Bild 3.2) eine bessere Lösung ergeben, z. B. durch Umbau einer breiten Wehrkrone in eine besser geformte.

Aus dem Bild 3.12 geht hervor, dass die Modernisierung nicht nur die größere Abflussleistung ergibt, sondern auch die Möglichkeit, Wasserstand und Abfluss zu regeln. Durch den Einbau von Stauklappen (ggf. nach Unterteilung zu großer Wehrfelder durch Pfeiler) ergibt sich eine größere Überfallhöhe $h_{\ddot{U}}$, ohne dass das Stauziel überschritten wird.

3.2.4.3 Verbesserung der Tosbeckenwirksamkeit

Eine nicht optimale Energieumwandlung im Tosbecken oder die Vergrößerung des Abflussvermögens sind meist die Veranlassungen, das Tosbecken zu modernisieren. Fast immer wird eine Verlängerung des Tosbeckens erforderlich. Gute Erfolge bringen aber auch Einbauten von Strahlteilern, Störkörpern, Schwellen, Endschwellen, auch als gezahnte Endschwellen ausgebildet. Zur Tosbeckenwirksamkeit sei noch einmal ganz besonders auf die Notwendigkeit hydraulischer Modellversuche hingewiesen. In vielen Fällen können Modernisierungen auch den Umfang eines Neubaus erreichen.

3.2.4.4 Verbesserung der Standsicherheit

Stauzielerhöhungen, Sohleneintiefungen im Unterwasser, früher oft zu gering angesetzte Sohlenwasserdrücke, Unwirksamwerden von Drainagen, Alterung oder Versagen einzelner Teile und auch mehrere Ereignisse zusammen können Ursachen für eine nicht mehr ausreichende Standsicherheit sein. Bei jeder Modernisierung eines Wehres müssen alle Fragen der Standsicherheit mit beantwortet werden, was praktisch immer eine Erhöhung – insbesondere der Gleitsicherheit – nach sich zieht.

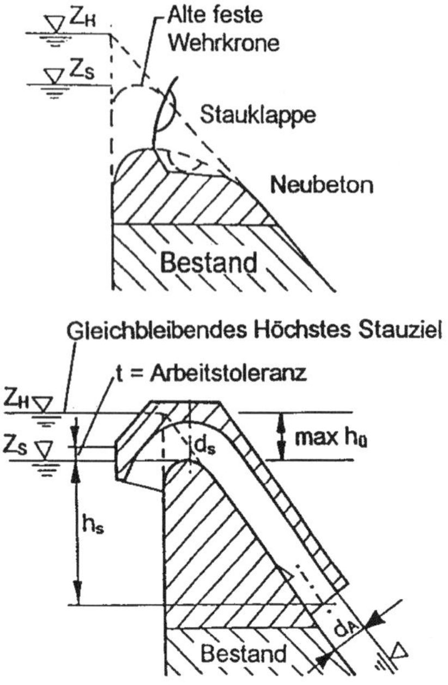

Bild 3.12 Vergrößerung des Abflussvermögens durch Stauklappe(n) (oben) oder einen Heber (unten)

Der hydrodynamische Anteil vom Sohlenwasserdruck kann dadurch reduziert werden, dass ein größerer Abbau schon vor dem Wehrkörper erfolgt. Das kann erreicht werden, indem ein Vorboden an den Wehrkörper mit wasserdichter Fuge angebracht wird. Eine zusätzliche Dichtwand (z. B. Stahlspundwand) im Oberwasser kann ebenfalls hilfreich sein, auch wenn sie nicht bis in einen un- bzw. schwer durchlässigen Boden reicht.

Besonders umfangreiche Umbauten zur Verbesserung der Standsicherheit und Tosbeckenwirksamkeit wurden in Landshut vorgenommen. Drei Daueranker von einem verlängerten Pfeiler aus in den Untergrund eingebracht, eine unterwasserseitige Stützplatte und ein Dichtungsschleier im Oberwasser, vor allem aber eine neue Stahlbetonplatte vergrößern die nicht mehr ausreichend gewesene Standsicherheit. Auch wurde die Unterströmung des Wehres wegen der Sickerwegverlängerung geringer.

Ein verändertes Verschlussorgan kann zur Vergrößerung der Standsicherheit führen, wenn beim neuen Verschluss oberwasserseitig eine größere Wasserfläche und somit Auflast entsteht, z. B. durch die Verwendung von Zugsegmenten, Bild 3.11.

Mit jeder Modernisierung ist auch ein Sanieren schadhafter Teile verbunden. Insbesondere Bewegungsfugen, Dichtungen an den Verschlüssen und an hydromechanisch besonders hoch beanspruchten Betonflächen wie Störkörper im Tosbecken unterliegen größerem Verschleiß und sind folglich öfters zu sanieren.

Zahlreiche weitere Anregungen, Beispiele ausgeführter Modernisierungen und weitere Details können dem DVWK-Merkblatt 241/1996 [66] entnommen werden.

Beispiel: Modernisierung eines Wehres

Am Beispiel einer Wehrsanierung, die einem Umbau des Wehres gleichkommt, sollen die erläuterten Gesichtspunkte zur Hydromechanik, Konstruktion und Standsicherheit eines Wehres weiter vertieft werden.

In einem Fluss staut über die Breite von 166 m ein altes festes Wehr das Wasser um etwa 4,0 m über der Sohle. Das einst für den Mühlenbetrieb genutzte Wehr ist baufällig und dringend zu modernisieren, da seine Standsicherheit nicht mehr gegeben ist. Es wurde einst aus noch relativ gut erhaltenem Beton gegossen, auf Lockergestein errichtet, mit einem (evtl. zu kurzen) Tosbecken versehen und ohne Zwischenpfeiler gebaut. Heutigen Anforderungen, z. B. der $(n-1)$-Regel, genügt es folglich nicht. Ein Abriss des Wehres scheitert am Widerstand der Verantwortlichen für ein etwa 3 bis 5 km oberhalb des Wehres entstandenes Naturschutzgebiet, das auch Zugvögeln als Rastplatz dient.

Ein Investor plant, das Gebäude der alten Mühle zu einem Wasserkraftwerk umzubauen. Eine wirtschaftliche Stromgewinnung ist aber nur möglich, wenn der Stau um 1,00 m erhöht werden kann. Dem Naturschutzgebiet schadet die vorgesehene Stauerhöhung nicht – im Gegenteil, eine Vergrößerung dieses Gebietes ist schon mit eingeplant.

Ein erster Entwurf für das neue Wehr sieht den im Bild 3.13 vorgestellten Schnitt durch das Wehr vor, das Teile des alten Massivbaues verwendet. Fünf Felder zu je 30 m Breite werden durch je 4 m breite Pfeiler künftig getrennt. Sie erhalten je eine Klappe als beweglichen Verschluss. Zur Sickerwegverlängerung wird vor das Wehr eine Spundwand geschlagen, die dicht mit dem Wehrkörper verbunden wird. Die Fuge zwischen Wehrkörper und Tosbecken soll gedichtet werden und Druckkräfte übertragen können.

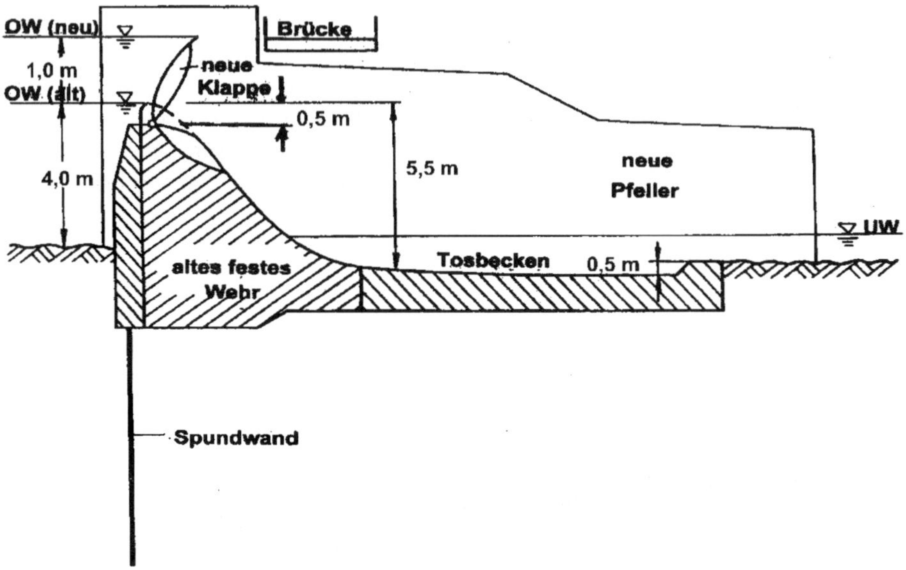

Bild 3.13 Vorschlag zur Modernisierung des Wehres (vgl. auch Bild 3.16)

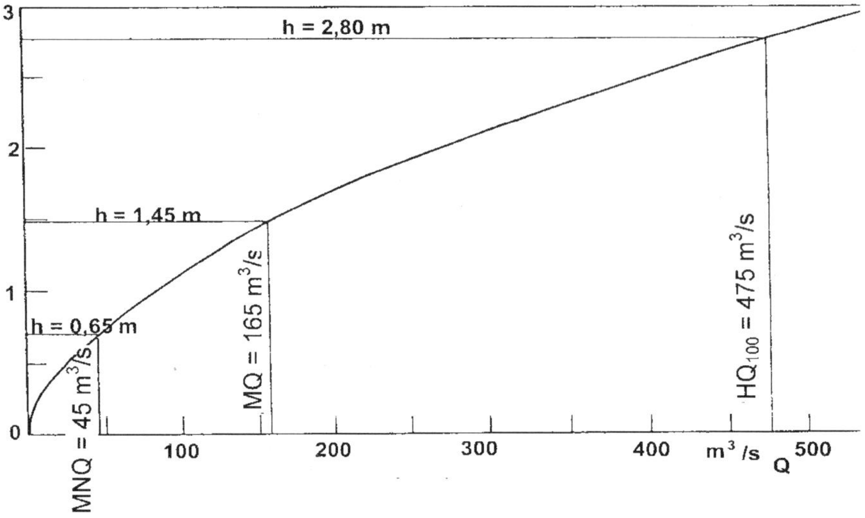

Bild 3.14 Abflusskurve im Unterwasser des Wehres

Nachzuweisen sind die Stand- und Funktionssicherheit der Wehranlage einschließlich des Tosbeckens. Bekannt bzw. durch Voruntersuchungen ermittelt wurden folgende Werte:

- Größe des Bemessungshochwassers $HQ_{100} = 475$ m³/s,
- Abflusskurve für das Unterwasser nach Bild 3.14 mit $MQ = 165$ m³/s und $MNQ = 45$ m³/s,
- $\gamma_B = 24$ kN/m³ für Wehrkörper und Tosbecken,

Bodenkennwerte: $\gamma = 20$ kN/m³; $\gamma' = 11$ kN/m³; $\varphi = 30°$; $\lambda = 3$, d. h. die Durchlässigkeit des Bodens ist wegen der Schichtung in horizontaler Richtung gleich der dreifachen Durchlässigkeit in vertikaler Richtung.

Lösungen

a) Hydromechanische Leistungsfähigkeit des Wehres

Die ($n - 1$)-Bedingung besagt hier, dass von den fünf Wehrfeldern nur vier in der Lage sein müssen, das Bemessungshochwasser abzuleiten, ohne dass das höchste Stauziel überschritten wird [16]. Für die vier Wehröffnungen von je 30 m Breite ergeben sich 120 m Gesamtbreite (Einschnürungen an den Wehrpfeilern bleiben unberücksichtigt). Der Überfallbeiwert μ kann nach Bild 3.2 (S. 86) zu $\mu = 0{,}73$ für das Überfallprofil mit umgelegter Klappe angesetzt werden. Wird die geringe Anströmgeschwindigkeit im Oberwasser zunächst gleich 0 gesetzt, so fließt je Breitenmeter ab (vgl. auch Gl. 3.2):

$$q = \frac{2}{3} \cdot \mu \cdot \sqrt{2 \cdot g} \cdot h^{\frac{3}{2}} \quad [\text{m}^3/(\text{s·m})] \qquad (3.23)$$

Mit $h = 1{,}50$ m als oberem Grenzwert (Stauziel soll nicht überschritten werden) ergibt sich:

$$q = \frac{2}{3} \cdot 0{,}73 \cdot 4{,}43 \cdot 1{,}5^{\frac{3}{2}} = 3{,}96 \ \text{m}^3/(\text{s·m})$$

Über die gesamte Wehrbreite von 120 m (vier Felder) können die 475 m³/s gerade abgeführt werden. Die Berücksichtigung einer Anströmgeschwindigkeit würde das Abführvermögen am Wehr noch etwas erhöhen.

Für das alte feste Wehr (gestrichelte Linie in Bild 3.13) galt:

$$b = 5 \cdot 30 + 4 \cdot 4 = 166 \,\text{m}; \ \mu = 0{,}67$$

$$\frac{475}{166} = 2{,}86 \,\text{m}^3/(\text{s} \cdot \text{m})$$

$$2{,}86 = \frac{2}{3} \cdot 0{,}67 \cdot 4{,}43 \cdot h^{\frac{3}{2}} \rightarrow h = 1{,}28 \,\text{m}$$

Beim Abfluss des HQ_{100} wäre der Wasserstand oberhalb des alten Wehres 28 cm höher gewesen als mit dem neuen Wehr.

b) Ermittlung der Tosbeckenlänge und -dicke

Die Tosbeckenlänge l_T kann z. B. nach Bild 3.15 ermittelt werden.

Zur Benutzung des Bildes 3.15 müssen die Wassertiefe h_1 am Tosbeckenanfang und die Froudezahl Fr_1 bestimmt werden. Die Tiefe h_1 für den schießenden Abfluss wird iterativ aus der Erfüllung der Gleichungen (3.24) und (3.25) ermittelt.

$$\boxed{q_1 = v_1 \cdot h_1} \quad [\mathrm{m^3/(s \cdot m)}] \qquad (3.24)$$

$$\boxed{v_1 = \sqrt{2 \cdot g \cdot H} \quad \text{mit } H = H_1 - h_1 = \frac{v_1^2}{2 \cdot g}}$$

[m/s] (3.25)

Mit dem ersten Iterationsschritt $H = H_1 = 6{,}5$ m wird (92 + 1,5 – 87 = 6,5 m, vgl. Bild 3.16)

$$v_1 = \sqrt{19{,}62 \cdot 6{,}5} = 11{,}29 \text{ m/s}$$

$$h_1 = \frac{3{,}96}{11{,}29} = 0{,}35 \text{ m}$$

Im zweiten Iterationsschritt wird

$$H = H_1 - h_{1(1)} = 6{,}50 - 0{,}35 = 6{,}15 \text{ m}$$

$$v_{1(2)} = \sqrt{19{,}62 \cdot 6{,}15} = 10{,}98 \text{ m/s}$$

$$h_{1(2)} = \frac{3{,}96}{10{,}98} = 0{,}36 \text{ m},$$ was im 3. Schritt bestätigt wird.

Die *Froude*zahl kann nach Gl. (3.26) ermittelt werden

$$\boxed{Fr_1 = \frac{v_1}{\sqrt{g \cdot h_1}}} \qquad (3.26)$$

$$Fr_1 = \frac{10{,}98}{\sqrt{9{,}81 \cdot 0{,}36}} = 5{,}84 \geq 1$$

Der schießende Abfluss wird bestätigt.

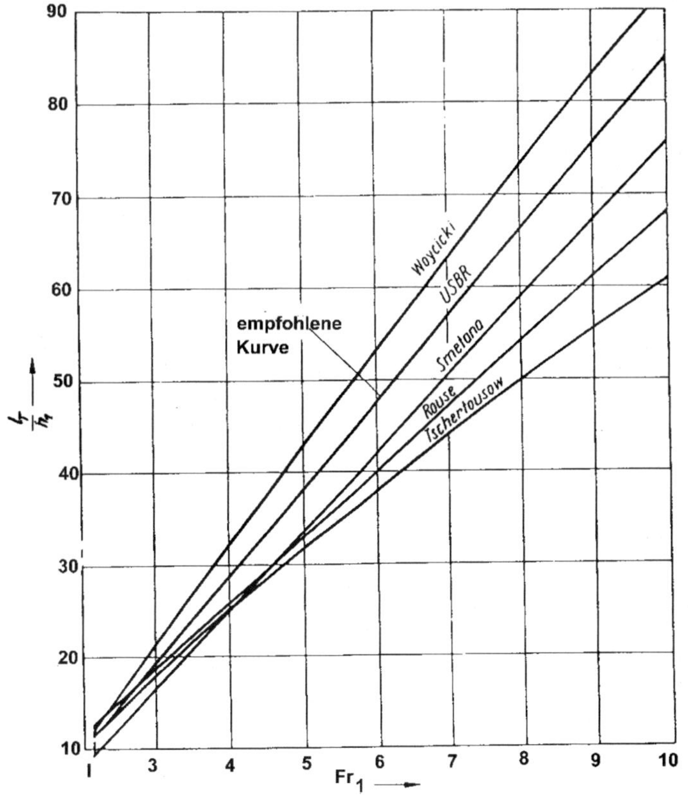

Bild 3.15 Tosbeckenlänge nach verschiedenen Verfahren aus [02]

Das Bild 3.15 liefert für diese Froudezahl und bei Verwendung der empfohlenen Kurve den Wert $\frac{l_T}{h_1} = 47$. Somit wird die Tosbeckenlänge $l_T = 47 \cdot 0{,}36 = 16{,}92$ m. Gewählt wird ein 17 m langes Tosbecken.

Die Wassertiefe am Tosbeckenende kann aus Gl. (3.27) bestimmt werden.

$$\boxed{\frac{h_2}{h_1} = \frac{1}{2} \cdot \left(\sqrt{1 + 8 \cdot Fr_1^2} - 1 \right)} \qquad (3.27)$$

$$h_2 = 0{,}36 \cdot 0{,}5 \cdot \left(\sqrt{1 + 8 \cdot 5{,}84^2} - 1 \right) = 2{,}80 \text{ m}$$

Durch die Vertiefung des Tosbeckens um 0,5 m (Bild 3.13) bleibt der Wechselsprung mit Sicherheit im Tosbecken (ohne Vertiefung wäre die Sicherheit bei diesem Abfluss auch gegeben, da $h_2 = h_u$, der Tiefe unterhalb des Wehres beim Abfluss des HQ_{100} ist, vgl. Bild 3.14).

Die Dicke des Tosbeckens d_T kann aus Gl. (3.28) ermittelt werden

$$\boxed{d_T \geq \frac{\eta_A \cdot m_u \cdot \gamma_W}{\gamma_B - \eta_A \cdot m_u \cdot \gamma_W} \cdot (h_u + \delta)} \text{ [m]} \qquad (3.28)$$

Mit $\eta_A = 1{,}1$ (Sicherheit gegen Auftrieb nach DIN 19702), $m_u = 1{,}0$ bis $1{,}1$ (Faktor zur Ausbildung des Sohlenwasserdruckes z. B. infolge von Spundwänden, gewählt 1,05), $\delta = 0{,}5$ m (Eintiefung am Ende des Tosbeckens), $h_u = 1{,}0$ m bzw. $Q = 84$ m³/s (eine Betriebsanweisung muss also für dieses Wehr ein Auspumpen des Tosbeckens bei höheren Wasserständen ausschließen) wird

$$d_T = \frac{1{,}1 \cdot 1{,}05 \cdot 10}{24 - 1{,}1 \cdot 1{,}05 \cdot 10} \cdot (1{,}0 + 0{,}5) = 1{,}39 \text{ m}$$

Gewählt wird eine Tosbeckendicke von $d_T = 1{,}4$ m.

c) Ermittlung aller angreifenden Kräfte

Zum Nachweis der Standsicherheit des Wehres (Gleitsicherheit, Sicherheit gegen Auftrieb des Tosbeckens, Einhaltung zulässiger Sohldruckspannungen, bei Felsgestein als Untergrund auch der Kippsicherheit) werden die angreifenden Kräfte ermittelt und in ungünstigen, aber möglichen Kombinationen zusammengestellt. Für verschiedene Lastfälle (z. B. Hochwasserabfluss, Normalstau, Reparaturzustand, Bauzustände) sind die Nachweise zu führen. Hier wird der Lastfall „Normalstau" ausgewählt, wobei der Staustufe nur $MNQ = 45$ m³/s zufließen sollen. Somit ist der Unterwasserstand $h = 0{,}65$ m aus der Abflusskurve bekannt.

Vertikale Kräfte: Für die vertikalen Kräfte im Bild 3.16 können ermittelt werden:

Gewicht Wehrkörper $G_{We} = 680$ kN/m

Gewicht Verschluss $G_V = 27{,}35$ kN/m

Vertikale Wasserdruckkräfte V_1 bis V_8:

$V_1 = 10 \cdot 1{,}5 \cdot 0{,}5 = 8{,}25$ kN/m (der Rücken der Klappe wird angenähert durch eine Gerade ersetzt)

$V_2 = 10 \cdot 1{,}5 \cdot 0{,}5 = 7{,}5$ kN/m

$V_3 = 10 \cdot 0{,}3 \cdot 0{,}5 \cdot 0{,}5 = 0{,}75$ kN/m

$V_4 = 10 \cdot 1{,}8 \cdot 0{,}7 = 12{,}60$ kN/m

$V_5 = 10 \cdot (6 - 1{,}8) \cdot 0{,}7 \cdot 0{,}5 = 14{,}70$ kN/m

$V_6 = 10 \cdot 1{,}6 \cdot 1{,}15 \cdot 0{,}5 = 9{,}20$ kN/m

$V_7 = 10 \cdot 17 \cdot 1{,}15 = 195{,}5$ kN/m

$V_8 = 10 \cdot 1 \cdot 0{,}65 = 6{,}5$ kN/m

Der Sohlenwasserdruck wird unter der Annahme bestimmt, dass der Druckabbau entlang des unterirdischen Umrisses vom Punkt A bis zum Punkt I linear abnimmt, was bei homogenem Boden der Fall ist. Um dieses einfache Berechnungsverfahren auch bei natürlichem Untergrund, der in vertikaler Richtung oft eine geringere Durchlässigkeit als in horizontaler hat, anwenden zu können, werden alle vertikalen Längen im entsprechenden Maßstab vergrößert. Für Vorplanungen (wie in diesem Beispiel auch) wird meist für $\lambda = 3$ verwendet, d. h., dass die vertikale Sickerweglänge verdreifacht wird. Somit wird

$$\boxed{L_{Ges} = 3 \cdot L_{V,Ges} + L_{H,Ges}} \text{ [m]} \qquad (3.29)$$

Bis zu einem beliebigen Punkt i ist die vom Sickerwasser zurückgelegte Strecke

$$\boxed{L_i = 3 \cdot L_{V,i} + L_{H,i}} \text{ [m]} \qquad (3.30)$$

An diesem beliebigen Punkt i beträgt die Ordinate des Wasserdruckes

$$\boxed{P_i = h_o + z_{S,i} - \Delta h \cdot \frac{L_i}{L_{Ges}}} \quad [\mathrm{m}] \qquad (3.31)$$

mit

h_o Höhe des freien Wasserspiegels im Oberwasser

$z_{S,i}$ Tiefe des Punktes i unter der Flusssohle des Oberwassers

Δh Differenz zwischen Oberwasser und Unterwasser

Für den gewählten Lastfall ist $\Delta h = 93{,}50 - 88{,}15 = 5{,}35$ m. Die Gesamtlänge des unterirdischen Umrisses wird:

$$L_{Ges} = 3 \cdot (2{,}5 + 10 + 10 + 0{,}6 + 1{,}9) + 2{,}5 + 0{,}6 + 3{,}2 + 18 = 99{,}3\,\mathrm{m}$$

Es ergibt sich für die Punkte B bis I:

$$B: L_B = 3 \cdot 2{,}5 = 7{,}5\,\mathrm{m}$$

$$P_B = (6 + 2{,}5 - 5{,}35 \cdot \frac{7{,}5}{99{,}3}) \cdot 10 = 81{,}0\,\mathrm{kN/m^2}$$

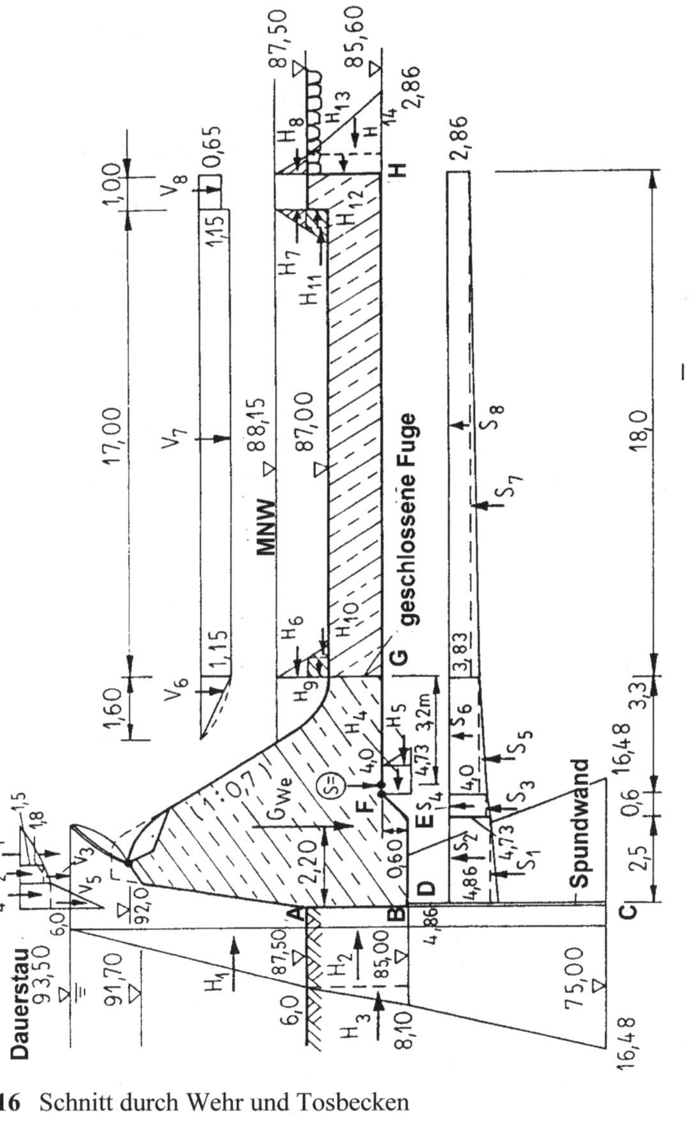

Bild 3.16 Schnitt durch Wehr und Tosbecken

$$H_3 = \frac{1}{2} \cdot 10 \cdot (8{,}10 - 6) \cdot 2{,}5 = 26{,}22\,\text{kN/m}$$

$$C{:}L_C = 3 \cdot 12{,}5 = 37{,}5\ \text{m}$$

$$P_C = (6 + 12{,}5 - 5{,}35 \cdot \frac{37{,}5}{99{,}3}) \cdot 10$$

$$= 164{,}8\ \text{kN/m}^2$$

$$D{:}L_D = 3 \cdot (12{,}5 + 10) = 67{,}5\ \text{m}$$

$$P_D = (6{,}0 + 2{,}5 - 5{,}35 \cdot \frac{67{,}5}{99{,}3}) \cdot 10$$

$$= 48{,}6\ \text{kN/m}^2$$

$$E{:}L_E = 3 \cdot (12{,}5 + 10) + 2{,}50 = 70\ \text{m}$$

$$P_E = (6{,}0 + 2{,}5 - 5{,}35 \cdot \frac{70}{99{,}3}) \cdot 10$$

$$= 47{,}3\ \text{kN/m}^2$$

$$S_1 = \frac{1}{2} \cdot 10 \cdot (4{,}86 - 4{,}73) \cdot 2{,}5$$

$$= 1{,}63\ \text{kN/m}$$

$$S_2 = 10 \cdot 4{,}73 \cdot 2{,}5 = 118{,}25\ \text{kN/m}$$

$$F{:}L_F = 3 \cdot (12{,}5 + 10 + 0{,}6) + 2{,}5 + 0{,}6$$

$$= 72{,}4\ \text{m}$$

$$P_F = (6{,}0 + 1{,}9 - 5{,}35 \cdot \frac{72{,}4}{99{,}3}) \cdot 10$$

$$= 40{,}0\ \text{kN/m}^2$$

$$S_3 = H_5 = \frac{1}{2} \cdot 10 \cdot (4{,}73 - 4{,}00) \cdot 0{,}6$$

$$= 2{,}19\ \text{kN/m}$$

$$S_4 = H_4 = 10 \cdot 4{,}00 \cdot 0{,}6 = 24{,}0\ \text{kN/m}$$

$$G{:}L_G = 3 \cdot (12{,}5 + 10 + 0{,}6) + 2{,}5 + 0{,}6 + 3{,}2$$

$$= 75{,}6\ \text{m}$$

$$P_G = (6{,}0 + 1{,}9 - 5{,}35 \cdot \frac{75{,}6}{99{,}3}) \cdot 10$$

$$= 38{,}3\ \text{kN/m}^2$$

$$S_5 = \frac{1}{2} \cdot 10 \cdot (4{,}00 - 3{,}83) \cdot 3{,}2$$

$$= 2{,}72\ \text{kN/m}$$

$$S_6 = 10 \cdot 3{,}83 \cdot 3{,}2 = 122{,}56\ \text{kN/m}$$

$$H{:}L_H = 3 \cdot (12{,}5 + 10 + 0{,}6) + 2{,}5 + 0{,}6 + 3{,}2 + 18 = 93{,}6\,\text{m}$$

$$P_H = (6{,}0 + 1{,}9 - 5{,}35 \cdot \frac{93{,}6}{99{,}3}) \cdot 10$$

$$= 28{,}6\ \text{kN/m}^2$$

$$S_7 = \frac{1}{2} \cdot 10 \cdot (3{,}83 - 2{,}86) \cdot 18$$

$$= 87{,}3\ \text{kN/m}$$

$$S_8 = 10 \cdot 2{,}86 \cdot 18 = 514{,}8\ \text{kN/m}$$

$$I{:}L_I = 3 \cdot (12{,}5 + 10 + 0{,}6 + 1{,}9) + 2{,}5 + 0{,}6 + 3{,}2 + 18 = 99{,}3\,\text{m}$$

$$P_I = (6{,}0 - 5{,}35 \cdot \frac{99{,}3}{99{,}3}) \cdot 10 = 6{,}5\ \text{kN/m}^2$$

(was zu erwarten war)

$$H_{13} = 10 \cdot 0{,}65 \cdot 1{,}9 = 12{,}35\ \text{kN/m}$$

$$H_{14} = \frac{1}{2} \cdot 10 \cdot (2{,}86 - 0{,}65) \cdot 1{,}9$$

$$= 21{,}00\ \text{kN/m}$$

Die restlichen horizontalen Wasserdruckkräfte errechnen sich zu

$$H_1 = \frac{1}{2} \cdot 10 \cdot 6 \cdot 6 = 180\ \text{kN/m}$$

$$H_2 = 10 \cdot 6 \cdot 2{,}5 = 150\ \text{kN/m}$$

$$H_6 = H_7 = H_8 = \frac{1}{2} \cdot 10 \cdot 0{,}65 \cdot 0{,}65$$

$$= 2{,}11\ \text{kN/m}$$

$$H_9 = H_{12} = 10 \cdot 0{,}65 \cdot 0{,}5 = 3{,}25\ \text{kN/m}$$

$$H_{10} = H_{11} = \frac{1}{2} \cdot 10 \cdot 0{,}5 \cdot 0{,}5 = 1{,}25\ \text{kN/m}$$

Die Zusammenstellung aller Kräfte erfolgt in der Tabelle 3.3.

Tabelle 3.3 Zusammenstellung aller Kräfte am Wehr

Lastkomponente	vertikal	horizontal	Schwerpunkt-abstand e	Moment um Schwerpunkt S
	kN/m	kN/m	m	kNm/m
Wehr G_{We}	680,0		1,00	680,000
G_S	27,35	–	–	–
V_1	8,25	–	1,63	–13,448
V_2	7,50	–	2,25	–16,875
V_3	0,75	–	2,33	–1,748
V_4	12,67	–	2,85	–35,910
V_5	14,70	–	2,97	–43,659
V_6	9,20	–	2,67	+24,564
S_1	–1,63	–	2,37	+3,863
S_2	–118,25	–	1,95	+230,588
S_3	–2,19	–	0,50	+1,095
S_4	–24,00	–	0,40	+9,600
S_5	–2,72	–	1,00	–2,72
S_6	–122,56	–	1,55	–189,968
H_1	–	180,00	3,90	+702,000
H_2	–	150,00	0,65	+97,500
H_3	–	26,22	0,23	+6,031
H_4	–	–24,00	0,30	+7,200
H_5	–	–2,19	0,40	+0,876
H_6	–	–2,11	2,12	–4,473
H_{13}	–	–12,35	0,95	–11,733
H_{14}	–	–21,00	0,63	–13,230
Gesamt Wehr	**489,00**	**294,57**	–	**+ 69,553**
Tosbecken				
V_7	195,50	–		
V_8	6,50	–		
S_7	–87,30	–		
S_8	–514,80	–		
G_{To}	618,80	–		
Gesamt Tosbecken	**218,70**	–		

d) Auftriebssicherheit des Tosbeckens

Die Auftriebssicherheit des leeren Tosbeckens errechnet sich aus

$$\eta_A = \frac{G}{A} \text{ mit } G = \sum(V_i + G) \text{ und } A = \sum S_i \tag{3.32}$$

$$G = 24 \cdot (18 \cdot 1{,}4 + 1{,}0 \cdot 0{,}5) = 616{,}8 \, \text{kN/m}$$

$$A = 10 \cdot 2{,}86 \cdot 18 + \frac{1}{2} \cdot 10 \cdot (3{,}83 - 2{,}86) \cdot 18 = 602{,}1 \, \text{kN/m}$$

$$\eta_A = \frac{618{,}8}{602{,}1} = 1{,}02$$

Obwohl das Tosbecken im Reparaturfall nicht aufschwimmen würde, reicht die Auftriebssicherheit nicht aus; gefordert wird $\eta_A = 1{,}1$ bzw. 1,05 (im Lastfall 3). Die nach Gl. (3.28) ermittelte Tosbeckendicke ist also knapp bemessen, was auch auf den Faktor m_u zurückzuführen ist (mit $m_u = 1{,}1$ wird $d_T = 1{,}53$ m).

e) Gleitsicherheit des Wehres

Der Untergrund soll aus Sand, mitteldicht gelagert, bestehen. Nach [81, S. 11.5] kann für diesen Boden ein Winkel der inneren Reibung von cal $\phi = 32{,}5°$ angenommen werden. Kohäsion soll nicht vorhanden sein. Die Gleitsicherheit nach Gl. (3.33) ergibt sich somit zu (vgl. auch Tabelle 3.2):

$$\eta_{Gl} = \frac{\tan\phi' \cdot \sum V + c \cdot A}{\sum H} \tag{3.33}$$

$$\eta_{Gl} = \frac{(489{,}0 + 218{,}7) \cdot \tan 32{,}5°}{294{,}57} = 1{,}53 > 1{,}50 = \eta_{Gl,erf}$$

Vorausgesetzt, dass die Fuge zwischen Wehrkörper und Tosbecken Druckspannungen überträgt, ist die Gesamtanlage gleitsicher.

f) Spannungen in der Sohlfuge

Die Resultierende durchstößt in der Entfernung e vom Mittelpunkt die Sohlfläche

$$e = \frac{\sum M_S}{\sum V} \; [\text{m}] \tag{3.34}$$

Aus Tabelle 3.3 kann für den Wehrkörper (ohne Tosbecken) übernommen werden: $\sum M_S = 69{,}553$ kNm/m und $\sum V = 489{,}0$ kN/m

$$e = \frac{69{,}553}{489} = 0{,}14 \, \text{m} < 1{,}07 \, \text{m} = \frac{B}{6}$$

Die Resultierende liegt in der Kernfläche.

Pro laufenden Meter Wehrbreite wird der Untergrund durch Normalspannungen beansprucht, die nach den Gleichungen (3.14) und (3.15) berechnet werden können. Da die Resultierende die Sohlfuge in der Kernfläche durchstößt, e kleiner als $B/6$ ist, wird Gleichung (3.14) verwendet.

Mit den vorliegenden Werten, vgl. auch Tabelle 3.3 und Bild 3.6, wird

$$q_1 = \frac{489}{6{,}4} \cdot \left(1 + \frac{6 \cdot 0{,}14}{6{,}4}\right) = 86{,}6 \text{ kN/m}^2$$

$$q_2 = \frac{489}{6{,}4} \cdot \left(1 - \frac{6 \cdot 0{,}14}{6{,}4}\right) = 66{,}2 \text{ kN/m}^2$$

Zulässige Spannungen sind für Aufgaben in der Praxis dem Baugrundgutachten zu entnehmen. Für Voruntersuchungen oder Belegarbeiten im Studium können zulässige Spannungen für den hier angenommenen Sand z. B. nach [81, S. 9.11] oder anderen Bautabellen angenommen werden. Die errechneten Werte lassen im Vergleich mit praktisch möglichen Werten keine Schwierigkeiten erwarten.

3.2.5 Sonderformen von Wehrkörpern

Vor allem feste Wehre aus Beton oder Steinen, eine heute nicht mehr gewählte Bauweise, sind oft zu sanieren und dabei weitgehend original zu erhalten. Naturschützer fordern oft den Erhalt des Staus wegen der Grundwasserstände, besonderen Biotopen oder seltenen Arten im staubeeinflussten Gebiet. Die gewünschte Durchgängigkeit des Fließgewässers kann ein Fischweg schaffen. Der Stau kann durch Anordnung eines beweglichen Wehres erhalten werden. Dem Schutz der Oberlieger vor Hochwasser käme das entgegen. Doch besonders bei sehr alten Anlagen fordert oft der Denkmalschutz den möglichst originalgetreuen Wiederaufbau. Das Fehlen der Unterlagen aus alter Zeit erschwert solche Arbeiten in vielen Fällen sehr.

Nur die hydromechanischen Grundlagen und die Fragen der Standsicherheit sind beim Erhalten, Sanieren, Modernisieren oder Umbau solcher ehrwürdigen Bauten den heutigen gleich. Für die konstruktiven Einzelheiten, die Baudurchführung oder die Baukosten können nur Beispiele genannt werden, u. a. [63], [09], [01], Bilder 3.17, 3.18. Das Bild 3.17 zeigt die mit Gabionen neu gestaltete Luftseite eines alten Wehres. Der wichtigste Grund für diese Bauweise war das Ziel, den Schall des rauschenden Wassers zu dämpfen. An der Aller (Bild 3.18) wurde ein altes Hakendoppelschütz durch ein unterhalb, also im ehemaligen Tosbecken, errichtetes Schlauchwehr ersetzt.

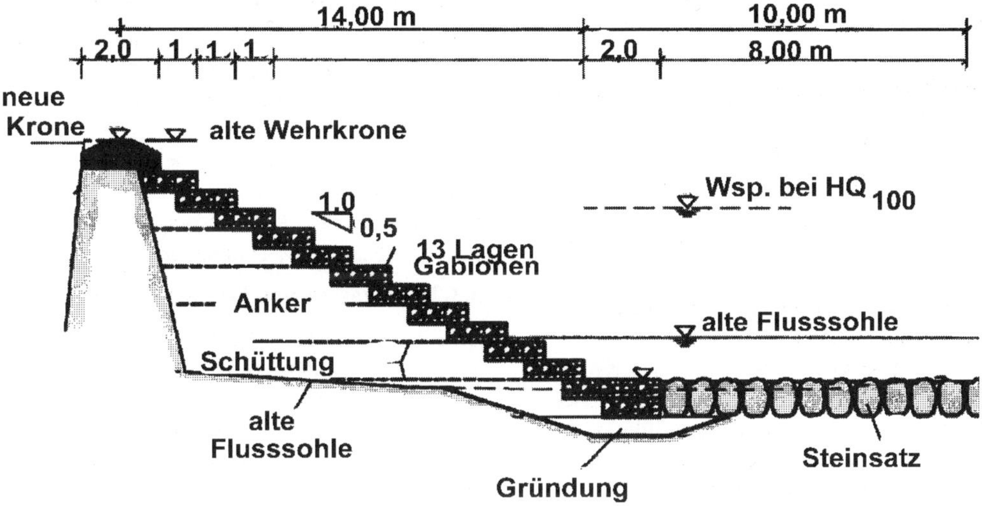

Bild 3.17 Gabionenwehr nach [01]

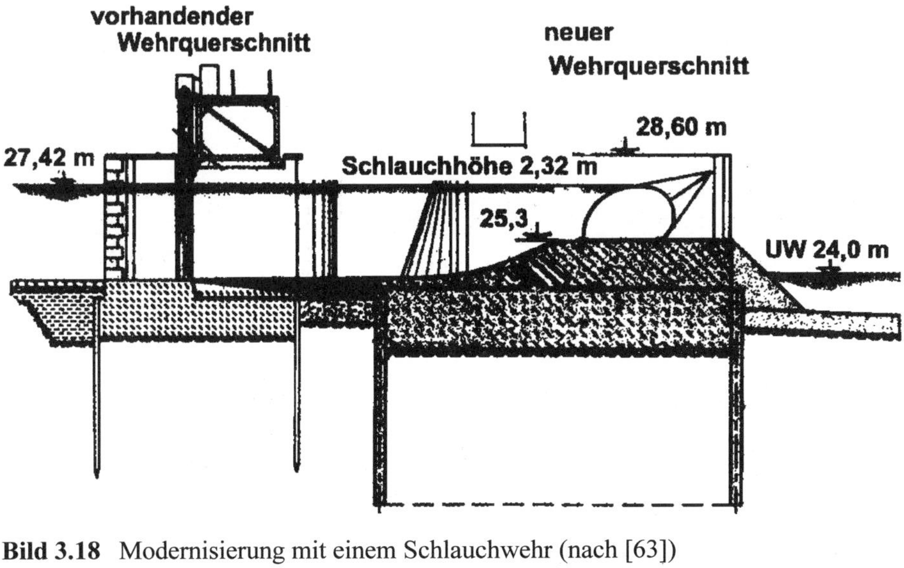

Bild 3.18 Modernisierung mit einem Schlauchwehr (nach [63])

3.3 Talsperren

3.3.1 Aufgaben von Talsperren

Wichtige Aufgaben von Talsperren, von denen jede Anlage mehrere erfüllt, sind:

- **Hochwasserschutz.** Jede Talsperre hat einen Hochwasserrückhalteraum, unterteilt in den gewöhnlichen (oder beherrschbaren) und den außergewöhnlichen (unbeherrschbaren). Der außergewöhnliche Hochwasserrückhalteraum tritt dann in Funktion, wenn der Stauraum bis zur Krone des Überlaufs bzw. bis zur Oberkante des Verschlussorgans, wenn ein solches auf dem Überlauf vorhanden ist, gefüllt ist und weiteres Hochwasser aufzuhalten hat, vgl. Bild 3.19.
- **Niedrigwasseraufhöhung.** Niedrigwasserabflüsse schaden Tieren und Pflanzen im und am Fluss, beeinträchtigen Wassergüte, Schifffahrt und das Landschaftsbild am Fluss. Abgaben aus Talsperren, direkt oder indirekt über die Nutzung des gespeicherten Wassers, schaffen hier Abhilfe.
- **Gewinnung elektrischer Energie.** Die Energie des gestauten Wassers wird in einem Wasserkraftwerk in elektrischen Strom umgewandelt. Die Speicherkapazität des Stauraumes ermöglicht das Herstellen besonders wertvollen Stroms für die Spitzenbelastungszeiten. Bei kleinen Abflussmengen wird durch die Turbine mindestens der Eigenbedarf der Talsperre gedeckt.
- **Wasserversorgung.** Qualitativ hochwertiges Rohwasser wird in den Speicherbecken der Talsperren gespeichert, das zur Trinkwasseraufbereitung verwendet wird. Ebenso kann Talsperrenwasser zur Bewässerung landwirtschaftlicher Nutzflächen, als Kühl- oder Brauchwasser für die Industrie verwendet werden.
- **Naturschutz und Erholung.** Außer zur Trinkwasserversorgung dienenden Talsperren entstehen oft rund um die Stauseen attraktive Freizeit- und Erholungsgebiete. Am Ufer eines Stausees, in den Nebenarmen und Seitentälern finden Tiere und Pflanzen wertvolle Lebensräume. Auch selten gewordene Arten können hier besonders ruhige Rückzugsräume besiedeln.

Vorsperren sind Stauanlagen oberhalb vom oder im Stauraum einer Talsperre. Sie dienen vor allem dem Zurückhalten und leichteren Entnehmen des Geschiebes. Auch in der Bauzeit des eigentlichen Abschlussbauwerkes bzw. auch bei dessen späterer Sanierung oder Rekonstruktion erfüllen Vorsperren die Aufgaben, die sonst die Hauptsperre erfüllt.

3.3.2 Bauarten von Staumauern

Staumauern werden heute aus Beton hergestellt. Alte Mauern bestehen oft aus Bruchsteinmauerwerk. Sie sind heute deshalb von Bedeutung, weil sie saniert oder rekonstruiert werden müssen und oft unter Denkmalschutz stehen.

In Deutschland trifft man vor allem die Gewichtsstaumauer an. Dem Druck des gestauten Wassers setzt sie nur ihr Gewicht entgegen, vgl. Abschnitte 3.3.3 und 3.3.4. Weitere Staumauerarten sind:

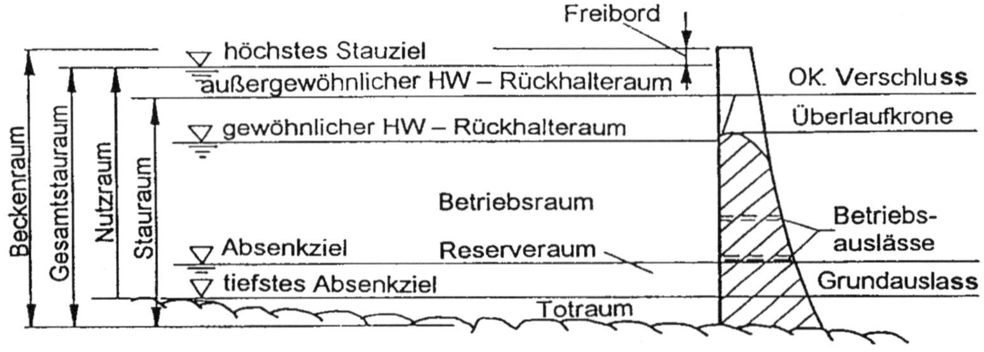

Bild 3.19 Teilstauräume einer Talsperre

- Die **Bogenstaumauer**. Bei ihr werden die Lasten aus dem Wasserdruck vor allem über die Bogenwirkung in die seitlichen Talflanken abgetragen. Zu unterscheiden sind der Gleichwinkeltyp (V-förmig), bei denen der Öffnungswinkel nach oben gleich bleibt, der Radius folglich mit der Höhe zunimmt, der Zylindertyp (U-förmig) mit gleichbleibendem Radius und der Kuppel- oder Schalentyp, eine doppelt gekrümmte Mauer.
- Die **Pfeilerstaumauer**. Bei dieser werden die Lasten über Pfeiler in den Untergrund, der besonders fester Fels sein muss, abgetragen. Man unterscheidet je nach Ausbildung der Flächen zwischen den Pfeilern die Pfeilerplatten-, Pfeilerkopf-, Pfeilerbogen- und Pfeilerkuppelstaumauern. Geeignet sind sie für breite Täler, wärmere Gegenden (wegen der besseren Ableitung der Abbindewärme) und niedrige Arbeitslöhne (wegen der aufwendigen Schalarbeiten).
- **Kombinationen** der Bauarten, z. B. die Bogengewichtsstaumauern, die sowohl in der Länge als auch in der Höhe verschiedene Bauweisen haben können.

Über Berechnung, konstruktive Einzelheiten und Beispiele zu diesen Staumauerarten können in [41] weitere Ausführungen nachgelesen werden. Zusätzlich sei auf die **vorgespannte Staumauer** hingewiesen. Da diese im Zusammenhang mit Rekonstruktionen und/oder Mauererhöhungen Bedeutung haben kann, erfolgen im Abschnitt 3.3.5 einige Ausführungen zu ihr.

3.3.3 Bemessung einer Gewichtsstaumauer

3.3.3.1 Wirkende Kräfte und Lastfälle

Nach der DIN 19700, Teil 11 [12] werden alle wirkenden Lasten in drei Gruppen eingeteilt:

- **Lasten der Gruppe 1** wirken ständig oder treten häufig auf: Eigenlast, Verkehrs- und Auflasten, Wasserdruck, Sohl- und Porenwasserdruck, Erddruck und Verlandungsdruck, Temperaturänderungen, Kriechen und Schwinden des Betons, Lasten aus Betriebseinrichtungen.
- **Lasten der Gruppe 2** wirken kurzzeitig und/oder treten nur in größeren Zeitabschnitten auf: Belastungen aus Schiffsmanövern, Winddruck, Eisdruck, Belastungen bei Bau- und Reparaturarbeiten, Betriebserdbeben.
- **Lasten der Gruppe 3** treten selten auf: Wasserdruck bei einem Stauspiegel in Höhe der Staumauerkrone, Versagen der Dränung in der Sohle und im Beton, seltenes Temperaturereignis (einmal in 200 Jahren auftretend), Versagen betrieblicher Vorkehrungen zur Verminderung des Eisdruckes, Sicherheitserdbeben.

Diese Einzellasten werden zu Lastfällen kombiniert:

- Lastfall 1: alle Lasten der Gruppe 1,
- Lastfall 2 a: alle Lasten der Gruppe 1 und die Lasten der Gruppe 2, aber ohne ein Betriebserdbeben,
- Lastfall 2 b: alle Lasten der Gruppe 1 mit Betriebserdbeben, aber ohne die übrigen Lasten der Gruppe 2,
- Lastfall 3: alle Lasten der Gruppe 2, dazu eine Einwirkung aus Gruppe 3.

Diese Belastungen wirken auf das sog. Grunddreieck ein, für das zunächst in einer Vorbemessung die Standsicherheiten nachzuweisen sind. Das Grunddreieck reicht von der Gründungssohle der Staumauer bis zur Überlaufkrone. Abweichungen vom Grunddreieck wie das Kronendreieck, Kontrollgänge oder eine geringe wasserseitige Neigung können zunächst vernachlässigt werden, wenn die Grundmaße der Staumauer festgelegt werden. Das Bild 3.21 zeigt das Grunddreieck einer Staumauer mit den angreifenden Kräften.

Die Wasserdruckkraft W_1 reicht in den Lastfällen 1 und 2 von der Gründungssohle bis zur Überlaufkrone. Die Resultierenden S_1 und S_2 aus dem Sohlwasserdruck werden heute angesetzt, obwohl Staumauern auf gesundem Fels gegründet werden. Früher wurden diese Belastungen nicht berücksichtigt, deshalb kann es heute bei alten Gewichtsmauern Standsicherheitsprobleme geben (vgl. auch Abschnitt 3.3.5). Das „Wachsen" der angenommenen Sohlwasserdruckverteilung kann Jahrzehnte dauern.

Der Sohlwasserdruck wird in einen hydrostatischen Anteil S_1 und einen hydrodynamischen Anteil S_2 aufgeteilt, um ihn einfacher berechnen zu können. S_1 entspricht dem Auftrieb des ins Unterwasser eingetauchten Betonkörpers, S_2 ergibt sich durch den Anstau des Wassers im Stauraum. Die Abnahme des hydrodynamischen Sohlwasserdruckes wird entlang der Sohle linear angenommen, vgl. auch Abschnitt 3.2.2.1. Eine Abminderung des hydrodynamischen Sohlwasserdruckes darf vorgenommen werden:

- höchstens auf 40 % der Druckhöhendifferenz zwischen Ober- und Unterwasserspiegel, wenn ein Dichtungsschleier angebracht wird, also $k = 0{,}4$.
- höchstens auf 50 % der Druckhöhendifferenz am Entwässerungsort, wenn eine Entwässerung (Dränage) in der Sohlfuge angebracht wird, also $k = 0{,}5$.

3.3.3.2 Bemessen auf Kippen und Gleiten

Wenn die Resultierende aller angreifenden Kräfte in der Kernfläche (mittleres Drittel der Sohlfläche) die Sohlfuge durchstößt, treten wasserseitig keine Zugspannungen auf, und die Mauer ist kippsicher. Eine zugspannungsfreie Sohlfuge ist eine wichtige Voraussetzung für das Bemessen einer dauerhaft standsicheren Staumauer. Zugspannungen an der Wasserseite könnten zum Abreißen des Dichtungsschleiers führen, was den vollen Oberwasserdruck an der Sohle nach sich ziehen würde. Aus wirtschaftlichen Überlegungen lässt man die Resultierende am luftseitigen Rand der Kernfläche die Sohle durchstoßen. Aus der Bedingung $\sum m = 0$ um den Durchstoßpunkt der Resultierenden ergibt sich in ausführlicher Form:

$$\begin{aligned}
&\frac{1}{2}\cdot\gamma_B\cdot h_o\cdot m\cdot h_o\cdot\frac{m\cdot h_o}{3}-\frac{1}{2}\cdot\gamma_W\cdot h_o^2\cdot\frac{h_o}{3}\\
&-\gamma_W\cdot h_u\cdot m\cdot h_o\cdot\frac{m\cdot h_o}{6}\\
&-\frac{1}{2}\cdot k\cdot\gamma_W\cdot(h_o-h_u)\cdot m\cdot h_o\cdot\frac{m\cdot h_o}{3}\\
&+\frac{1}{2}\cdot\gamma_W\cdot h_U^2\cdot\frac{h_u}{3}=0
\end{aligned} \quad (3.35)$$

Nach entsprechenden Umformungen wird die luftseitige Neigung

$$m=\sqrt{\frac{\gamma_W\cdot\left(1-\frac{h_u^3}{h_o^3}\right)}{\gamma_B-\gamma_W\cdot\frac{h_u}{h_o}-k\cdot\gamma_W\cdot\left(1-\frac{h_u}{h_o}\right)}} \quad (3.36)$$

Für $h_u = 0$ vereinfacht sich Gl. (3.36) zu

$$m=\sqrt{\frac{\gamma_W}{\gamma_B-k\cdot\gamma_W}} \quad (3.37)$$

Die Sohlbreite b einer kippsicheren Mauer wird $b = m\cdot h_o$ [m] (3.38)

Die höchste Gewichtsstaumauer der Welt, die Mauer von Grande Dixence, ist 281 m hoch und an der Sohle 216 m breit. Grenzwerte für die notwendige Mauerbreite sind für $\gamma_B = 24$ kN/m³ $m = 0{,}88$ für den vollen Sohlenwasserdruck und $m = 0{,}69$ für $k = 0{,}2$ (d. h. Dichtungsschleier unmittelbar am wasserseitigen Mauerfuß und Entwässerung hinter dem Schleier).

Oft ist die Gleitsicherheit der die Abmessungen bestimmende Nachweis. Zu ihrem Nachweis kann die Gleichung (3.39) verwendet werden.

$$\eta_{Gl}=\frac{\tan\varphi\cdot\sum V}{\sum H} \quad (3.39)$$

Im Lastfall 1 soll die Gleitsicherheit mindestens 2,0 betragen, 1,5 im Lastfall 2 und 1,20 im Lastfall 3, sofern Vorschriften nicht andere Werte festlegen. In Deutschland ist die DIN 19700 maßgebend.

Um die oft nicht ausreichende Gleitsicherheit zu erhöhen, kann der Fels in der Gründungsfläche durch Zementinjektionen verbessert werden, die mindestens bis in eine Tiefe von 10 % der Mauerhöhe erfolgen sollen. Auch ein Abtreppen der Felsoberfläche mit einem Winkel zwischen der Resultierenden und der Felsoberfläche von möglichst 90° erhöht die Gleitsicherheit, sofern nicht mögliche Gleitfugen unterhalb der Gründungssohle diese Wirkung zunichtemachen.

Beispiel: Standsicherheit einer Staumauer

Eine Gewichtsstaumauer hat die im Bild 3.20 dargestellten Hauptabmessungen (Grunddreieck ohne Beachtung von Kontrollgängen und Kronendreieck). Sie wurde auf sehr gutem Fels errichtet, für den der Reibungsbeiwert $\tan\phi = 0{,}75$ angegeben werden kann. Der Injektionsschleier sollte den hydrodynamischen Sohlwasserdruck auf 40 % abmindern.

Nach vielen Betriebsjahren steigt der Druck an der mit D bezeichneten Druckmessdose auf zeitweilig bis nahe 840 kN/m² an, was auf Schäden am Injektionsschleier hinweist.

a) Es ist zu überprüfen, ob die Staumauer damals ausreichend kipp- und gleitsicher projektiert wurde.

b) Bis zu welcher Höhe ist der Wasserspiegel zu senken, damit die Staumauer bis zum Abschluss der notwendigen Reparatur des Injektionsschleiers ausreichend standsicher bleibt?

Lösungen

a) Eine Staumauer ist ausreichend kippsicher, solange die Resultierende aller Kräfte in der Kernfläche die Sohle schneidet, Gl. (3.35). Das auf dem Bild 3.20 dargestellte Grunddreieck reicht von der Gründungssohle bis zur Krone des Hochwasserüberlaufs. Für dieses Grunddreieck können die Drücke und ihre Resultierenden gezeichnet werden, Bild 3.21.

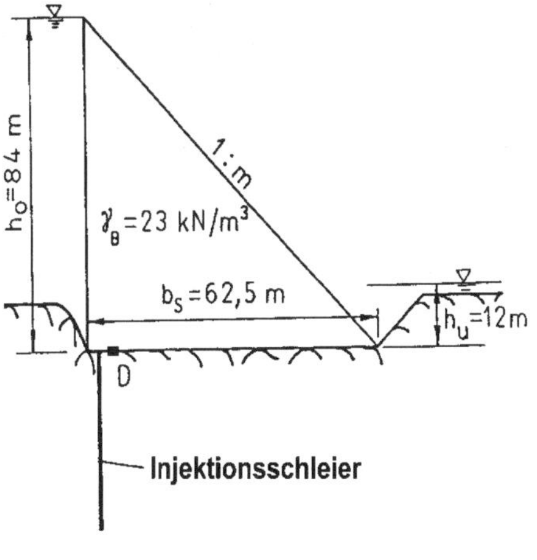

Bild 3.20 Grunddreieck der Staumauer

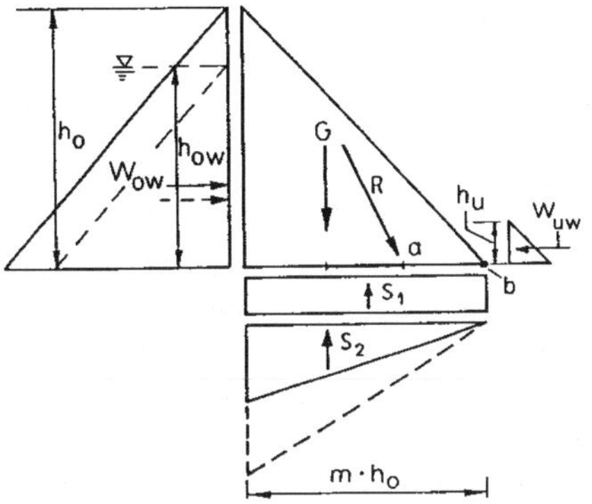

Bild 3.21 Kräfte am Grunddreieck

Aus der Gl. (3.36) ergibt sich für die luftseitige Neigung

$$m_{\text{erf}} = \sqrt{\frac{1-\left(\frac{12}{84}\right)^3}{2{,}3-\frac{12}{84}-0{,}4\cdot\left(1-\frac{12}{84}\right)}} = 0{,}741$$

Die vorhandene Neigung ist

$$m_{\text{vorh}} = \frac{62{,}5}{84} = 0{,}744 > 0{,}741$$

folglich durchstieß die Resultierende die Sohlfuge im mittleren Drittel und die Staumauer war kippsicher und zugspannungsfrei in der Sohlfuge, was für die Gleichungen (3.35) bis (3.38) vorausgesetzt wurde.

Die Gleitsicherheit ergibt sich aus der Gleichung (3.39) mit:

$$G = \frac{1}{2}\cdot 84\cdot 62{,}5\cdot 23 = 60\,375 \text{ kN/m}$$

$$S_1 = 12\cdot 10\cdot 62{,}5 = 7\,500 \text{ kN/m}$$

$$S_2 = \frac{1}{2}\cdot 0{,}4\cdot 10\cdot(84-12)\cdot 62{,}5 = 9\,000 \text{ kN/m}$$

$$W_{\text{OW}} = \frac{1}{2}\cdot 10\cdot 84^2 = 35\,280 \text{ kN/m}$$

$$W_{\text{UW}} = \frac{1}{2}\cdot 10\cdot 12^2 = 720 \text{ kN/m}$$

mit $\sum V = G - S_1 - S_2$

und $\sum H = W_{\text{OW}} - W_{\text{UW}}$

zu

$$\eta_{Gl} = \frac{0{,}75 \cdot (60\,375 - 7\,500 - 9\,000)}{35\,280 - 720} = 0{,}95$$

Nach heutigen Anforderungen ist die Mauer nicht gleitsicher gewesen.

b) Kritisch sind die Gleitsicherheit und die Tatsache, dass der Dichtungsschleier offenbar versagt. Deshalb wird mit vollem hydrodynamischen Sohlwasserdruck, also $k = 1{,}0$, und der erforderlichen Gleitsicherheit nach Lastfall 2 die Gl. (3.39) nach h_{OW}, der abgesenkten Oberwasserhöhe, aufgelöst:

$$1{,}5 = \frac{\left[60375 - 7500 - 5 \cdot (h_{OW} - 12) \cdot 62{,}5\right] \cdot 0{,}75}{5 \cdot h_{OW}{}^2 - 720}$$

$h_{OW} = 62$ m

Setzt man diesen Wert in Gl. (3.35) ein, um die Kippsicherheit zu kontrollieren, so ergibt sich:

$$\frac{1}{2} \cdot 23 \cdot 84 \cdot 62{,}5 \cdot \frac{62{,}5}{3} - 10 \cdot \frac{62^3}{6}$$

$$-10 \cdot 62{,}5 \cdot 12 \cdot \frac{62{,}5}{6} - 1 \cdot 10 \cdot (62 - 12)$$

$$\cdot \frac{1}{2} \cdot 62{,}5 \cdot \frac{62{,}5}{3} + 10 \cdot \frac{12^3}{6} = 1\,257\,813 - 397\,213$$

$$-78\,125 - 325\,521 + 2\,880 = 459\,834 \text{ kN/m}.$$

Da dieser Wert deutlich größer als 0 ist, überwiegen die Kräfte, die die Kippsicherheit erhöhen. Mit vorübergehend auf $h_{OW} = 62$ m abgesenktem Stauspiegel würde bis zum Abschluss notwendiger Reparaturarbeiten die Staumauer ausreichend standsicher sein. Eine die Gleitsicherheit erhöhende Kohäsion wurde hier nicht berücksichtigt, auch weil ihr Vorhandensein nicht vorausgesetzt werden kann.

Kritisch wird es aber im Fall eines größeren Hochwassers, da der Hochwasserüberlauf erst bei $h_{OW} = 84$ m anspringt.

3.3.4 Konstruktives und Technologisches zum Bau einer Gewichtsstaumauer

3.3.4.1 Blockeinteilung und Blockfugen

Durch die Hydratation des Zements erwärmt sich Beton beim Abbinden. Beim Herstellen einer Staumauer führt das zu Spannungen im Beton, durch die sich Risse bilden können. Auch später ist der Beton Temperaturunterschieden und deshalb auch Volumenänderungen ausgesetzt. Mit der Einteilung in Blöcke beugt man möglichen Schäden vor. Das Bild 3.22 zeigt eine Staumauer in isometrischer Darstellung.

Ein Block soll im Talgrund 15 bis 20 m breit sein, an den Talhängen 10 bis 15 m. Bei

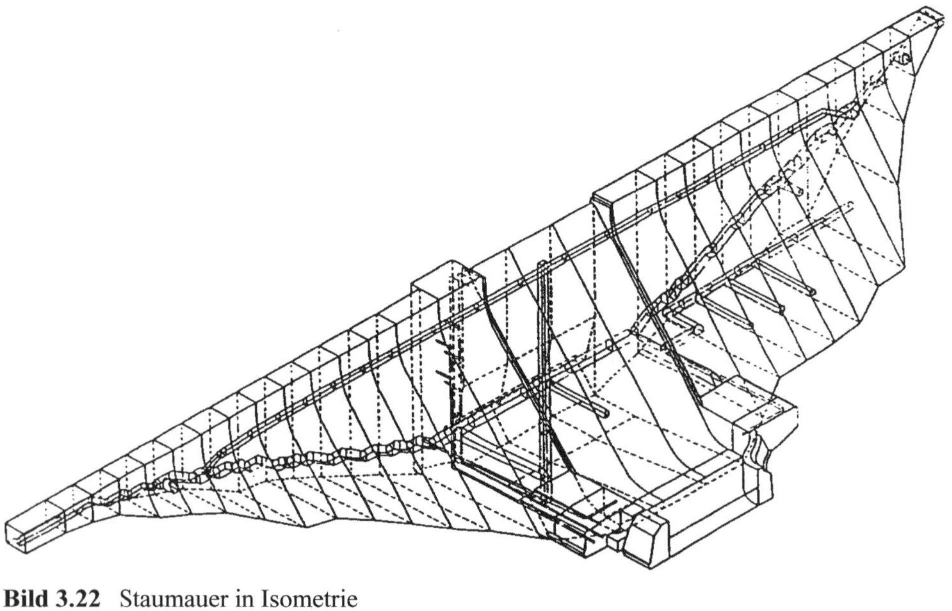

Bild 3.22 Staumauer in Isometrie

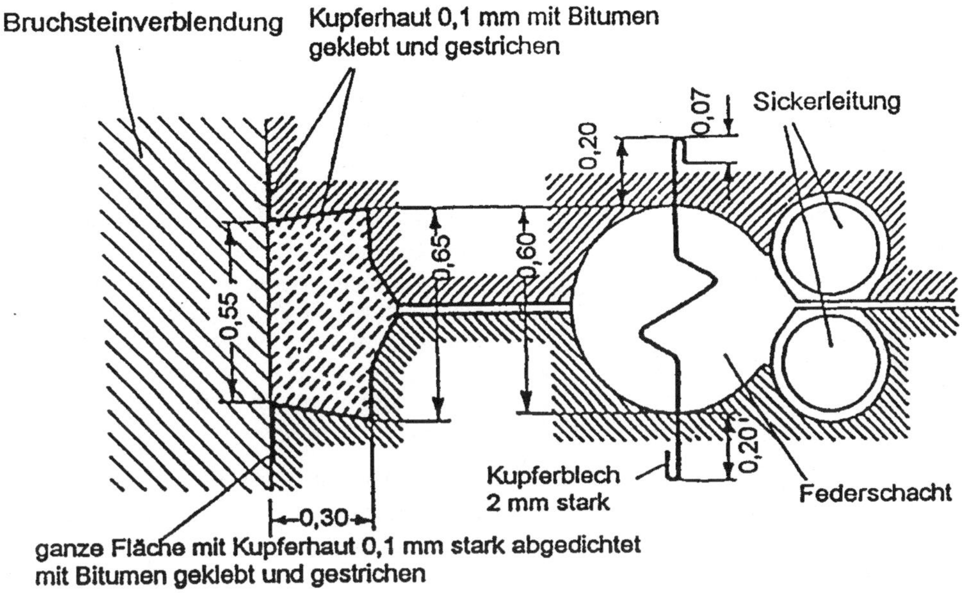

Bild 3.23 Bewegungsfuge

Staumauern, die unten mehr als 40 m dick sind, muss auch die Blocklänge geteilt werden in höchstens 40 m lange Abschnitte. Das Betonieren erfolgt in Schichthöhen von 1,5 bis 3,0 m. Die durchgehenden Fugen zwischen den Blöcken öffnen und schließen sich in Abhängigkeit von Verformungen des Baugrundes, der Talhänge und des Betons.

Diese Fugen werden als Bewegungs- oder Pressfugen ausgebildet. Bewegungsfugen sind mindestens 2 cm breit. Sie werden an der Wasserseite mit zwei Fugenbändern (Bild 3.23) abgedichtet. Fugenbänder bestehen aus Kupferblech, Kautschuk oder Kunststoff. Sie müssen alle Verformungen der Fugen bzw. der Blöcke mitmachen, ohne ihre Funktionsfähigkeit zu verlieren. An der Luftseite genügt ein Fugenband, das gegen Schmutz und Regen schützt.

Pressfugen entstehen, indem ein später betonierter Block an einen vorhandenen anbetoniert wird. Diese Fugen können Druckspannungen übertragen, bei Zugspannungen öffnet sich die Fuge. Deshalb wird sie wie eine Blockfuge gedichtet.

Zum besseren Ableiten der Abbindewärme werden die Blöcke sägezahnförmig betoniert, erst Block 1, 3, 5, später Block 2, 4, 6 usw. Zusätzlich kann eine Kühlung durch einbetonierte Kühlschlangen vorgenommen werden.

3.3.4.2 Staumauerbeton

Das Bild 3.24 zeigt den Querschnitt durch einen Block einer hohen Staumauer. Verschiedene Betonsorten (Kernbeton, Vorsatzbeton) sind bei hohen Staumauern zweckmäßig. An den Sohlenfeinbeton und an den Vorsatzbeton werden höhere Anforderungen gestellt. Der Vorsatzbeton, der mit einer Dicke von zwei bis drei Metern hergestellt wird, enthält einen größeren Zementanteil, um gute Wasserdichtigkeit, Frostbeständigkeit und eine größere Festigkeit zu gewährleisten. Für den Kernbeton ist vor allem wichtig, die Hydratationswärme gering zu halten. Das wird durch einen geringen Zementanteil erreicht.

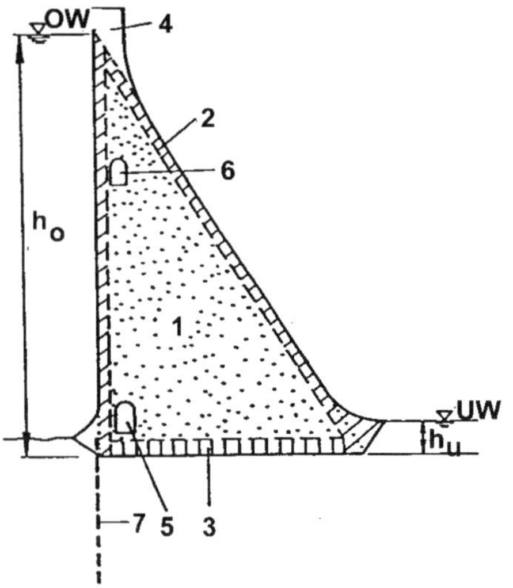

1 Kernbeton, 2 Vorsatzbeton, 3 Sohlenfeinbeton, 4 Kronendreieck, 5 unterer Kontrollgang, 6 oberer Kontrollgang, 7 Dichtungsschleier

Bild 3.24 Querschnitt durch einen Staumauerblock

3.3.4.3 Entwässerung des Betons und der Sohle

Staut ein durchlässiger Staukörper Wasser (auch Beton und Fels sind nicht vollkommen undurchlässig), so wird dieser Staukörper allmählich durchsickert. Nach Jahren oder Jahrzehnten würde sich bei einer Betonmauer ein etwa linearer Druckabfall von der Wasser- zur Luftseite hin einstellen. In großen Teilen des Mauerkörpers wäre ein Porenwasserdruck vorhanden, der bei allen Berechnungen zu berücksichtigen wäre. An der Luftseite kämen Ausblühungen und Frostschäden noch hinzu, sobald das Sickerwasser dort austreten würde. Der Gefahr des Durchsickerns wird durch zwei konstruktive Maßnahmen entgegengewirkt: Dichtung und Entwässerung.

Als Dichtung wird der besonders gute Vorsatzbeton an der Wasserseite angesehen. Die Entwässerung wird dadurch erreicht, dass im Vorsatzbeton etwa ein bis zwei Meter von der wasserseitigen Oberfläche entfernt, Rohre (z. B. Tonrohre) von ca. 20 cm Durchmesser oder Filtersteine aus sehr durchlässigem Einkornbeton eingebaut werden. Auch Gänge oder Schächte haben eine ähnliche Wirkung. Das in einem engen Netz von Entwässerungseinrichtungen sich sammelnde Wasser wird blockweise zum unteren Kontrollgang abgeleitet und dort quantitativ und qualitativ geprüft.

Zur Minderung des Sohlenwasserdruckes werden auch an der Sohle der Staumauer Entwässerungen angebracht. Das Bild 3.25 zeigt neben dem Dichtungsschleier (Abschnitt 3.3.4.4) mögliche Anordnungen von Entwässerungen. Diese ein- oder mehrreihig eingebrachten Bohrungen von 20 bis 25 cm Durchmesser und 2 bis 5 m Abstand entspannen den Druck des Wassers auf die Sohle der Staumauer. Die Tiefe der Entwässerungsbohrungen soll 50 bis 75 % der Tiefe des Dichtungsschleiers betragen.

3.3.4.4 Dichtungsschleier

Zur Abminderung des hydrodynamischen Sohlenwasserdruckes kann ein Dichtungsschleier angeordnet werden, siehe z. B. Bild 3.25. Um diesen Schleier herzustellen, werden Löcher von 45 bis 76 mm Durchmesser in den Fels gebohrt. Das kann in einer Reihe und auch mehrreihig erfolgen. Die Bohrlochtiefe soll etwa 50 bis 80 % der Stauhöhe betragen, wenn nicht eine wesentlich undurchlässigere Schicht schon früher erreicht wird. In diese Löcher wird unter hohem Druck eine Zementmilch, eine Tonsuspension, Bitumen oder ein Kunststoff eingepresst. Dieser Stoff – am häufigsten werden Zementinjektionen durchgeführt – dringt je nach

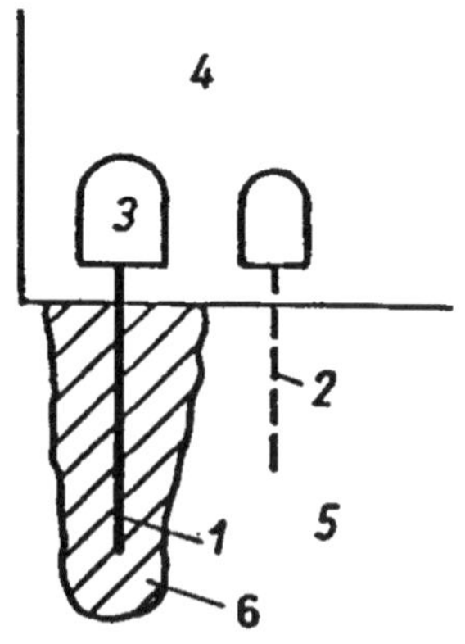

1 Achse des Dichtungsschleiers, 2 Achse der Entwässerung, 3 unterer Kontrollgang, 4 Staumauer, 5 Untergrund, 6 Dichtungsschleier

Bild 3.25 Dichtungsschleier und Entwässerung der Sohle

Druck und Durchlässigkeit (Rissgröße, Anzahl der Risse) des Felsens in die Umgebung des Bohrloches. Dadurch werden Klüfte, Spalten und Risse im Fels geschlossen. Der Untergrund wird in dem auf Bild 3.25 schraffierten Bereich dichter.

Das vom Oberwasser zum Unterwasser sickernde Wasser muss sich um den Dichtungsschleier herum bewegen, sein Weg wird auf diese Weise verlängert. Ist der Schleier zu dünn oder mit Fehlstellen ausgeführt worden, dann wird auch durch ihn Wasser gelangen. Da solche Fehler erst beim Einstau oder viel später bemerkt werden können, muss die Möglichkeit bestehen, sie durch den Bau einer weiteren Reihe von Injektionen zu beseitigen. Dieses Nachinjizieren erfolgt vom unteren Kontrollgang aus.

3.3.4.5 Staumauern aus Walzbeton

Erfolgreich wird für Staumauern heute auch Walzbeton verwendet. Das Bild 3.26 zeigt den Querschnitt durch eine russische Staumauer, bei der nur der Kernbeton gewalzt wurde. Walzbeton (Roller Compacted Concrete, kurz RCC) ist ein unbewehrter Beton steifer Konsistenz, der mit Einbaugeräten transportiert, eingebaut und mit Vibrationswalzen verdichtet wird. Auch Walzbeton besteht aus Zuschlagstoffen (das Größtkorn beträgt 50 bis 80 mm), Bindemitteln (Portlandzement, vermischt mit Puzzolanen, z. B. Tuff oder Flugasche aus Kohlekraftwerken) sowie Wasser. Der mittlere Bindemittelgehalt liegt bei etwa 130 kg/m^3. Er kann aber auch weniger als 110 kg/m^3 oder auch mehr als 160 kg/m^3 betragen. Die geringere Menge an Bindemitteln und Wasser bringt die wesentlichen Vorteile des Walzbetons: geringere Abbindewärme, weniger oder keine Fugen und sehr hohe Einbauleistungen bei Schichtdicken von 30 cm.

Einbauleistungen von 100 000 m^3/Monat und dadurch kürzere Bauzeiten gegenüber herkömmlichem Blockbeton führen zu erheblichen Kosteneinsparungen. Die erzielten Druck-, Zug- und Scherfestigkeiten von Walzbeton sind mit denen konventionell errichteter Staumauern vergleichbar. Das Bild 3.27 zeigt den Querschnitt durch die 216 m hohe Staumauer Longtan in China, errichtet zu Beginn dieses Jahrhunderts.

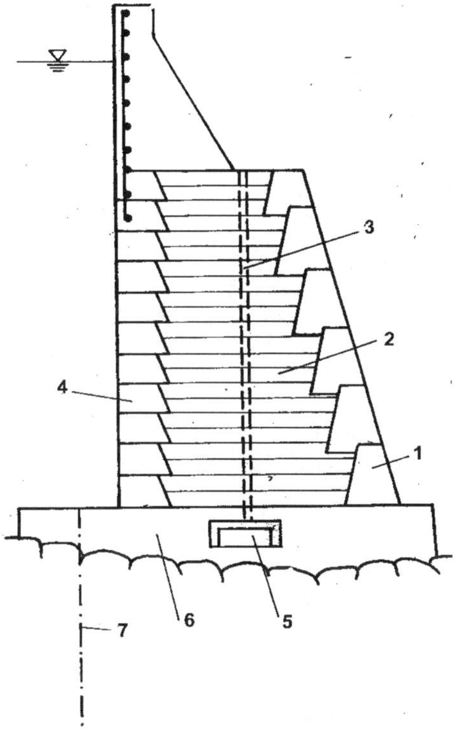

1 vorgefertigte Betonelemente, 2 Kern aus Walzbeton, 3 Dränage, 4 Ortbeton, 5 Sammelrinne für Sickerwasser, 6 Sockel aus Beton, 7 Dichtungsschleier

Bild 3.26 Russische Variante einer Staumauer mit Walzbeton

Um horizontale Fugen zu minimieren, muss Walzbeton kontinuierlich eingebracht werden. Das verhinderte seine Anwendung bisher in Deutschland. Frostperioden, Ruhe an Sonn- und Feiertagen, Nachtschichtverbot und Auflagen des Naturschutzes (z. B. Brutzeiten von Vögeln) können die Anwendung von Walzbeton ausschließen. Weltweit wurden bisher etwa 300 Staumauern ganz aus oder mit großem Anteil von Walzbeton errichtet.

3.3.5 Rekonstruktion alter Staumauern

Zahlreiche deutsche Staumauern wurden Ende des 19. Jh./Anfang des 20. Jh. gebaut. Der damalige Stand der Technik und das Streben nach Arbeitsbeschaffung führten zu Mauerquerschnitten, die auf dem Bild 3.28 dargestellt sind. Bruchsteinmauerwerk mit einer Vorsatzschale als Dichtung und der Intzekeil sind typische Merkmale dieser

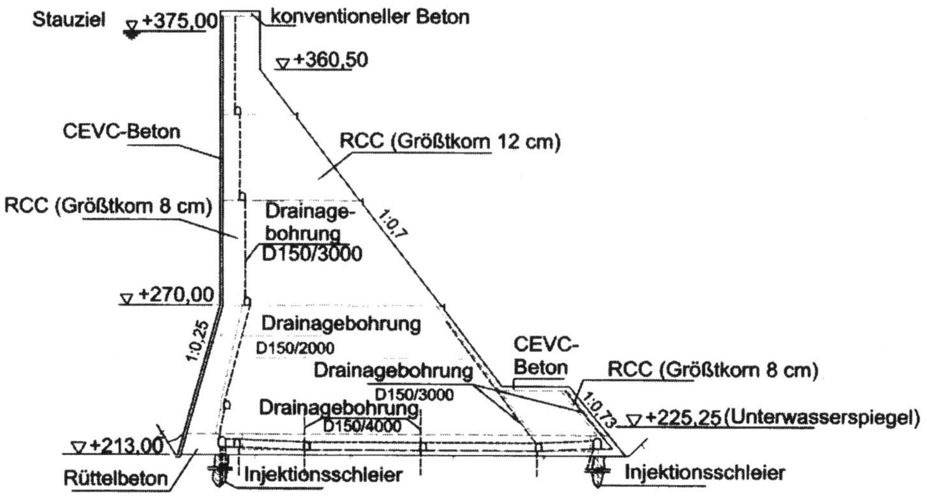

Bild 3.27 Querschnitt der Staumauer Longtan

Staumauern. Statt des Bruchsteinmauerwerks wurde später auch Stampfbeton eingesetzt. Diese Staumauern haben ihre einst vorgesehene Nutzungsdauer erreicht bzw. schon überschritten. Ihr Abriss kommt vor allem aus zwei Gründen nicht in Frage:

- ihr Beitrag zum Hochwasserschutz, zur Wasserversorgung usw. ist wichtiger denn je,
- am und teils auch im Stauraum sind Landschaften und Biotope entstanden, deren Rückbau oder Vernichtung verhindert werden muss.

Poren- und Sohlenwasserdruck sowie Erdbebeneinwirkungen wurden damals nicht berücksichtigt. Heutige Normen fordern die Beachtung dieser Belastungen, ein wichtiger Grund für Rekonstruktionen. Auch neue Anforderungen und höhere Auslastungen, dadurch geringerer Freibord, sowie mitunter der Wunsch nach Erhöhung des Stauspiegels können umfangreiche Rekonstruktionen erforderlich machen. Allein in Sachsen sind von 17 Staumauern zehn aus Bruchsteinen gemauert und demnach sehr alt. Einen Vorschlag zur Rekonstruktion der auf dem

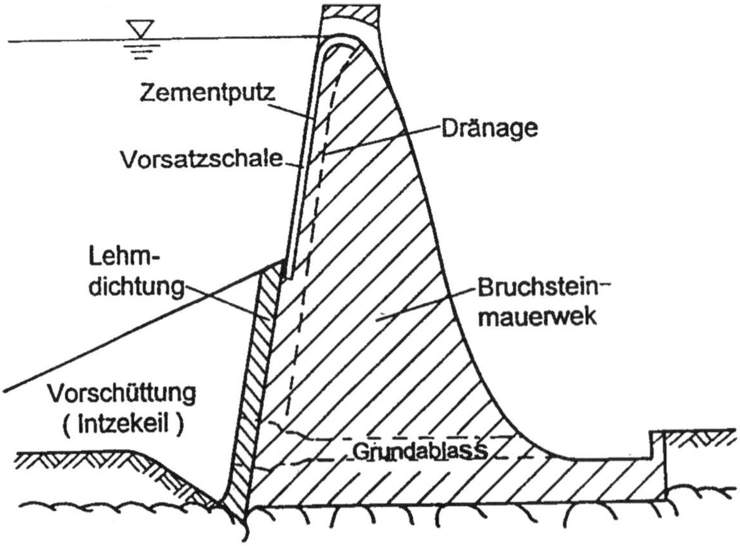

Bild 3.28 Querschnitt einer alten Staumauer

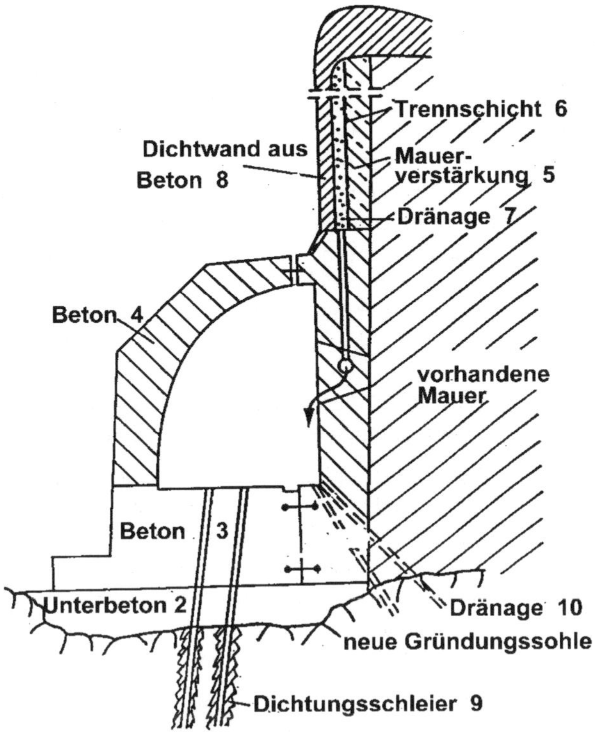

Bild 3.29 Vorschlag zur Rekonstruktion einer alten Staumauer

Bild 3.28 gezeigten Staumauer zeigt das Bild 3.29. Die Ziffern geben die mögliche Reihenfolge an, in der die Arbeiten ausgeführt werden können. Die nicht vorhandene Nummer 1 entspräche dem Entfernen des Intzekeils. Auch eine Dichtwand aus Asphalt oder eine Geomembran kommen zum Einsatz. Die Fugen können Druckkräfte übertragen. Das Prinzip „dichten und entwässern" kommt auf dem Bild 3.29 gut zum Ausdruck.

Die Vorsperren zur Talsperre Pöhl, Thoßfell und Neuensalz wurden als vorgespannte Staumauern ausgebildet, Bild 3.30 zeigt einen Querschnitt. Vor allem diente der Einsatz von Spannbeton an den Vorsperren dem Sammeln von Erfahrungen, um bei Erhöhungen von Staumauern diese Bauweise nutzen zu können. Auch bei fehlender Standsicherheit alter Betonmauern kann das Vorspannen Erfolg bringen.

Die Staumauer Muldenberg, Bild 3.31, wurde 1920 bis 1925 gebaut. Umfangreiche Sanierungen dienten auch der Erhöhung der Standsicherheit. Von der Mauerkrone aus wurden 19 Felsanker mit einer Gebrauchskraft von je 2 500 kN eingebaut und vorgespannt [68].

3.3.6 Aufgaben und Bauarten von Staudämmen

Staudämme sind Abschlussbauwerke von Talsperren. Sie werden auf Lockergestein oder Fels gegründet und bestehen überwiegend aus geschüttetem Lockergestein (bindige Erdstoffe, Sand, Kies, Steine). Meist ist auch der Untergrund ein Lockergestein, da Fels als Baugrund sehr oft eine Staumauer als Vorzugslösung für das Abschlussbauwerk ergibt. Wichtigste Aufgabe der Staudämme ist das Stauen von Wasser zu den Zwecken, denen die Talsperre dient. Sowohl der Staudamm selbst als auch sein Untergrund werden durchsickert. Der Wasserbauer soll den Damm so konstruieren, dass versickernde Wassermengen in zulässigen Grenzen bleiben und vor allem, dass jedes Teil des Dammes und seines Untergrundes den Beanspruchungen durch das Sickerwasser mit ausreichender Sicherheit und über lange Zeiträume widersteht.

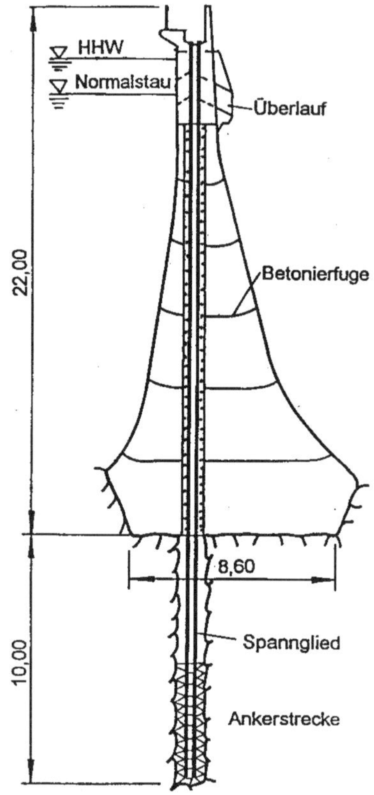

Bild 3.30 Vorgespannte Staumauer der Vorsperre Neuensalz

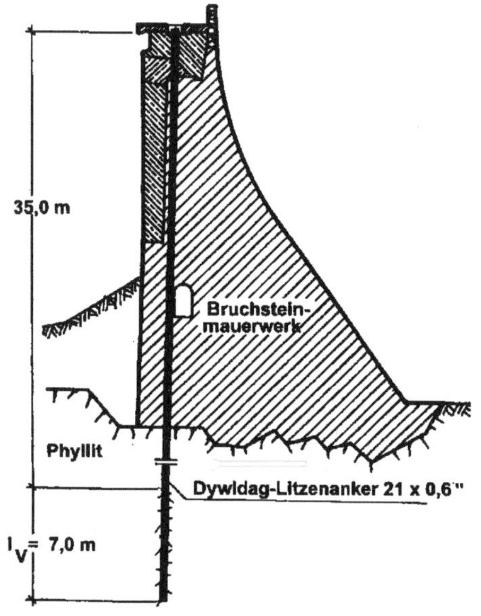

Bild 3.31 Staumauer Muldenberg nach [68]

In Bezug auf Kraftübertragung und Dichtheit sollen Staudamm und Untergrund eine Einheit bilden. Aus dem Aufstau des Wassers resultieren Kräfte, die mit entsprechender Sicherheit in den Untergrund abgeleitet werden müssen. Da die Staudämme aus Lockergestein gebaut werden, und zu einem Teil auch durchströmt sind, unterliegen sie anderen Bedingungen als Staumauern und Wehre. Das Bauwerk Staudamm eignet sich sehr gut, um viele grundsätzliche Probleme zu erläutern, mit denen sich nicht nur Wasserbauer beschäftigen müssen. Dazu gehören vor allem das Durchströmen poröser Medien und alle damit zusammenhängenden Fragen bis zu denkbaren Schäden.

Staudämme können bei fast allen geologischen Bedingungen errichtet werden. Sie sind einfach in Konstruktion und Herstellung, preiswert und sehr langzeitbeständig, wenn die Regeln der Baukunst bei Projektierung, Herstellung und im späteren Betrieb mit Sachkenntnis beachtet werden.

Fast alle wichtigen Baustoffe für den Staudamm, mindestens aber die für den Stützkörper, müssen in unmittelbarer Nähe der Einbaustelle in einer solchen Qualität vorhanden sein, dass sie ohne große Aufbereitung eingebaut werden können.

Staudämme sind besonders für kleine Stauhöhen vorteilhaft herzustellen. Aber auch bei sehr großen Höhen werden heute aus mehreren Gründen die Staudämme bevorzugt, vor allem aus Gründen der Sicherheit. Besonders zwei Disziplinen des Bauingenieurwesens haben im letzten Jahrhundert mit ihrer Entwicklung dazu beigetragen, dass heute auch sehr große Staudämme errichtet werden können: die Bautechnologie und die Bodenmechanik. Zum Errichten hoher Staudämme sind viele Millionen Kubikmeter Lockergestein zu gewinnen, zu transportieren und einzubauen. In wettbewerbsfähiger Bauzeit schaffen das nur sehr leistungsstarke Gewinnungsgeräte, Fahrzeuge und Einbau-, insbesondere Verdichtungsgeräte. Bodenmechanik und Wasserbau erzielten einen großen Zuwachs an Wissen in allen Fragen, die sich mit dem Durchsickern poröser Medien beschäftigen. Das mindert sehr das Risiko beim Entwerfen hoher Staudämme.

Bild 3.32 Homogener Damm

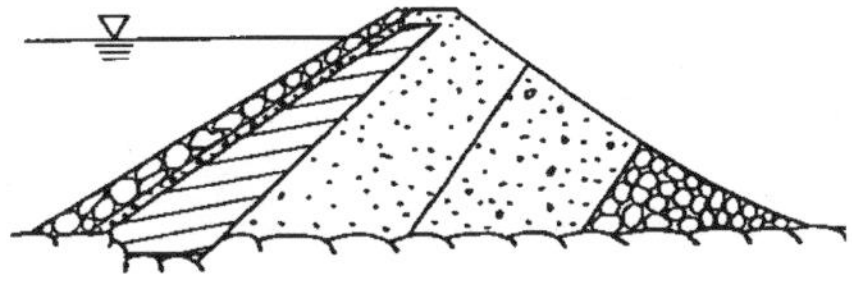

Bild 3.33 Zonendamm

Kleinspeicher, vorzugsweise für Bewässerungen in der Landwirtschaft, haben geringe Stauhöhe und/oder einen kleinen Stauraumninhalt. Sie unterliegen nicht so strengen Vorschriften wie die großen Talsperren. Zu unterscheiden sind auch Dämme für Dauerstau von den Dämmen, die nur zeitweilig eingestaut werden (Deiche, Hochwasserrückhaltebecken). Auch die Technologie der Herstellung kann verschieden sein. Dämme können gespült (in Deutschland selten) oder durch Schüttung hergestellt werden.

In erster Linie ist der konstruktive Aufbau eines Staudammes von Interesse. Das Bild 3.32 zeigt einen homogenen Staudamm. Er besteht aus einem einheitlichen Erdstoff, der möglichst dicht sein soll. Nur zum Schutz der Wasserseite vor Wellen und Eis und am luftseitigen Böschungsfuß werden grobkörnige Baustoffe verwendet.

Der Zonendamm, Bild 3.33, besteht aus zwei bis vier verschiedenen Lockergesteinen, die von der Wasserseite zur Luftseite immer grobkörniger und damit durchlässiger werden. Dadurch wird erreicht, dass durch die wasserseitiger liegende Zone sickerndes Wasser in der luftseitiger liegenden gröberen Zone der Schwerkraft folgend nach unten fällt. Dadurch wird nur ein kleiner Teil vom Staudammquerschnitt vom Sickerwasser beansprucht.

Die meisten Dämme, die einem Dauerstau ausgesetzt sind, bestehen aus dem Stützkörper und der Dichtung. Nach der Lage der Dichtung werden unterschieden: der Staudamm mit Kerndichtung, Bild 3.34, der Staudamm

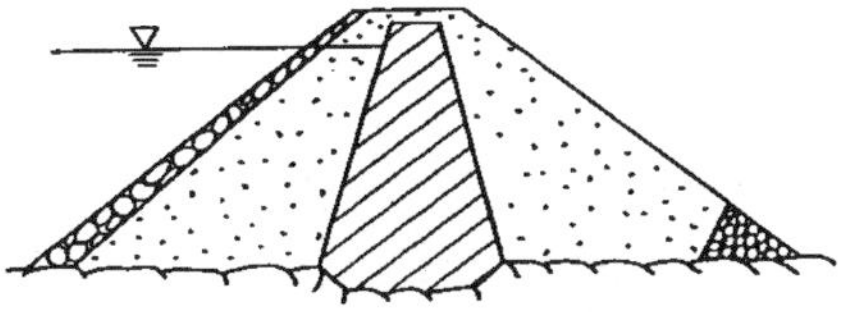

Bild 3.34 Staudamm mit Kerndichtung

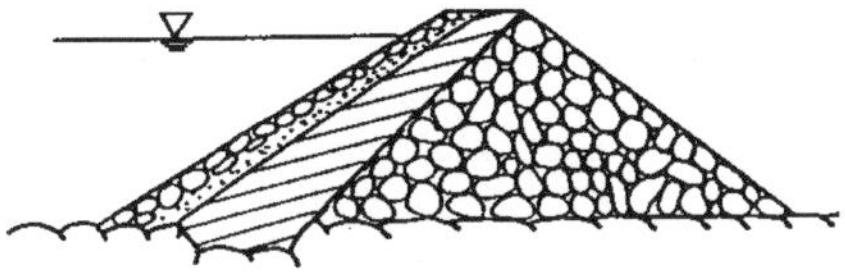

Bild 3.35 Staudamm mit geneigter Innendichtung

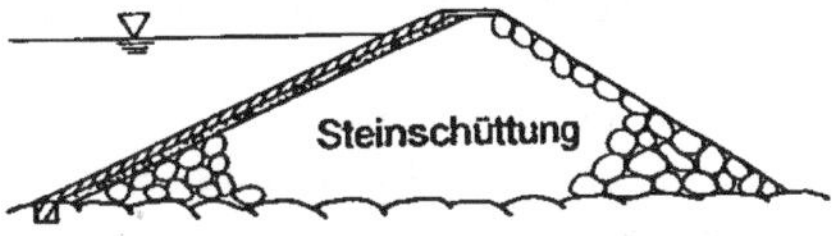

Bild 3.36 Staudamm mit Außenhautdichtung

mit geneigter Innendichtung, Bild 3.35, und der Staudamm mit Außenhautdichtung, Bild 3.36. Die Höhe des Dammes, Baukosten, Sicherheitsfragen und technologische Möglichkeiten entscheiden über die Art des Dammes.

Die Dichtung hat in allen Fällen die Aufgabe, das gestaute Wasser zurückzuhalten. Ihr Eigengewicht (außer bei der Kerndichtung) und den Wasserdruck überträgt sie auf den Stützkörper. Der Stützkörper ist viel durchlässiger als die Dichtung, muss eine große Scherfestigkeit haben, gut einbaubar, also gut zu verdichten sein, damit die beim Einstauen entstehenden Lasten nur geringe Setzungen des Stützkörpermaterials hervorrufen. Kerndichtungen sind vorzugsweise natürliche Erdstoffe, aber auch Stahl, Asphalt (Bitumenbeton), Zementbeton und Kunststoff. Für die Außenhautdichtung sind bisher Bitumen- und Zementbeton verwendet worden. Als geneigte Innendichtung sind vor allem natürliche Erdstoffe, auch aufbereitet zu Tonbeton, und Kunststofffolien vorteilhaft. Welcher Dichtungsstoff eingesetzt wird, entscheiden neben dem Preis vor allem konstruktive und technologische Gesichtspunkte, vgl. Abschnitt 3.3.8.3.

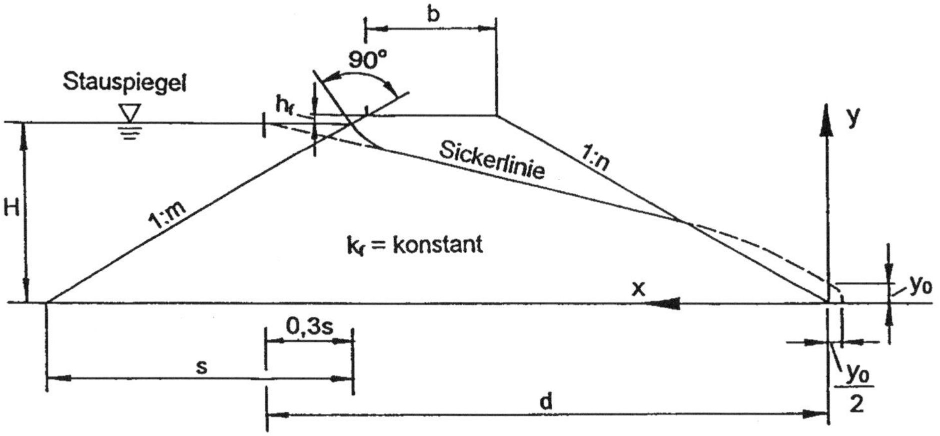

Bild 3.37 Homogener Damm auf undurchlässigem Untergrund

3.3.7 Durchsickerung und Standsicherheit eines homogenen Dammes

Staudämme aus einheitlichem Erdstoff (Sand, Lehm, Schluff, Deicherde) werden gleichmäßig durchsickert. Auf dem Weg von der Wasser- zur Luftseite verliert das Sickerwasser durch Reibung sein Energiepotenzial. Die Sickerlinie trennt den durchströmten Querschnittsteil (unterhalb der Sickerlinie) vom nicht durchströmten. Sie stellt die oberste Stromlinie in einem hydrodynamischen Netz aus Strom- und Potentiallinien dar. Bis zur Sickerlinie, vgl. auch Bild 3.37, würde in einem an beliebiger Stelle eingebrachten Standrohr das Wasser steigen. Bild 3.37 zeigt einen Damm auf undurchlässigem Untergrund, für den hier die Untersuchungen zur Durchsickerung geführt werden sollen. Die Durchsickerung durch den Untergrund wird beim Staudamm auf durchlässigem Grund in einem zweiten Schritt berechnet. Die Summe beider Teile ergibt dann die gesamte Wassermenge, die ständig von der Wasser- zur Luftseite entweicht. Die durch den Untergrund erfolgende Durchsickerung wird am Beispiel ab Seite 111 erläutert.

Die Lage der Sickerlinie ist bei einem homogenen Damm nur von der Form des Dammquerschnittes, nicht aber von der Durchlässigkeit des Erdstoffes abhängig. Die Durchlässigkeit des Damm- bzw. auch des Untergrundmaterials bestimmt die Menge des durch den Damm und den Untergrund sickernden Wassers.

Für einen homogenen Damm hat Kozeny gezeigt, dass die Sickerlinie durch eine Parabel (Kozeny-Parabel) dargestellt werden kann, deren Brennpunkt der luftseitige Dammfuß ist. Für die Bewegung des Wassers im Boden gilt das Gesetz von Darcy, siehe Gl. (1.2). Ordnet man im Parabelbrennpunkt ein Koordinatensystem an, dann kann für den spezifischen Sickerdurchfluss q pro laufendem Meter Damm bei einer Durchflusshöhe y die Gleichung (3.40) geschrieben werden:

$$\boxed{q = k_f \cdot y \cdot i = k_f \cdot y \cdot \frac{dy}{dx}} \quad [\mathrm{m^3/(s \cdot m)}] \qquad (3.40)$$

Nach Integration erhält man:

$$\boxed{\frac{q}{k_f} \cdot x = \frac{y^2}{2} + C} \quad [\mathrm{m^2}] \qquad (3.41)$$

Die Konstante C ergibt sich bei $x = 0$ sowie $y = y_0$ zu $C = -\frac{y_0^2}{2}$. Damit wird:

$$\boxed{\frac{q}{k_f} = \frac{y^2 - y_0^2}{2 \cdot x} = y_0} \quad [\mathrm{m}] \qquad (3.42)$$

Mit dem Parameter q/k_f der Parabelgleichung kann geschrieben werden:

$$\boxed{y^2 = 2 \cdot x \cdot y_0 + y_0^2} \quad [\mathrm{m^2}] \qquad (3.43)$$

Die Koordinaten der Parabel ergeben sich damit für $x = 0$ zu $y = y_0$ und für $y = 0$ zu $x = -\frac{y_0}{2}$. Wird Gl. (3.43) durch x^2 ergänzt, so kann die allgemeine Gleichung der Kozeny-Parabel geschrieben werden:

$$x^2 + y^2 = (x + y_0)^2 \quad [\mathrm{m}^2] \qquad (3.44)$$

Mit den Werten des Staudammes $y = H$ und $x = d$ kann geschrieben werden:

$$y_0 = \frac{q}{k_f} = \sqrt{H^2 + d^2} - d \quad [\mathrm{m}] \qquad (3.45)$$

Casagrande hat nachgewiesen, dass der Schnittpunkt der Kozeny-Parabel mit dem Stauspiegel um die Strecke $0{,}7 \cdot s$ vom wasserseitigen Dammfuß entfernt liegt. Stellt s die horizontale Projektion der benetzten Böschung dar, so kann d entsprechend Bild 3.37 berechnet werden zu:

$$d = (0{,}3 \cdot m + n) \cdot H + (m + n) \cdot h_F + b \quad [\mathrm{m}] \qquad (3.46)$$

Eine Näherungsgleichung ergibt sich aus der Bedingung, dass y_0 meist sehr klein ist gegenüber d. Vernachlässigt man in der Gl. (3.43) das Quadrat der kleinen Größe y_0, so erhält man:

$$\frac{q}{k_f} = y_0 = \frac{H^2}{2 \cdot d} \quad [\mathrm{m}] \qquad (3.47)$$

Aus der Gl. (3.45) geht eindeutig hervor, dass $y_0 > 0$ ist, sobald $H > 0$ ist. Das bedeutet, dass das Einstauen eines homogenen Dammes nach gewisser Zeit zum Austritt der Sickerlinie führt. Dieser Sickerwasseraustritt führt zur Minderung der Standsicherheit an der Luftseite und zum möglichen Durchfrieren mehrerer Dezimeter. Er muss auf jeden Fall verhindert werden. Der Verlust an Standsicherheit beim böschungsparallelen Austritt des Sickerwassers an der Luftseite des Staudammes ergibt sich aus Gl. (3.48). Danach beträgt die Standsicherheit nur noch

$$\eta = \frac{\tan \varphi}{2 \cdot \tan \alpha} \qquad (3.48)$$

Tritt das Sickerwasser unterhalb eines Wasserspiegels, also senkrecht zur Böschung aus, z. B. bei einem Rückstau oder bei einer Vorsperre, dann beträgt die Standsicherheit der gefährdeten Böschung

$$\eta = \frac{\tan \varphi}{\tan 2\alpha} \qquad (3.49)$$

Anschaulich lassen sich die Vorgänge beim Durchsickern eines homogenen Dammes darstellen, wenn man das Netz aus Strom- und Potentiallinien zeichnet. Das wird im unteren Beispiel gezeigt. Gleichzeitig dient das Beispiel dazu, die Durchsickerung des Untergrundes zu erläutern.

Beispiel: Durchsickerung eines homogenen Dammes und seines Untergrundes

Durch ein Teichgebiet wurde einst ein 14 m hoher Verkehrsdamm aus Feinsand mit einem 6,0 m breiten Weg geschüttet. Bild 3.38 zeigt die Lage des Dammes, auf dem Bild 3.39 ist sein Querschnitt dargestellt. Der Damm ist 350 m lang und steht auf 10 m tiefem, durchlässigem Untergrund aus fest gelagertem Feinsand. Darunter ist eine Tonschicht, die als undurchlässig angesehen werden kann. Ein Erdstoff wird allg. als „undurchlässig“ angesehen, wenn seine Durchlässigkeit zwei Zehnerpotenzen geringer als die des benachbarten Erdstoffes ist, z. B. bei einem Wert von $k_f = 10^{-8}$ m/s gegenüber 10^{-6} m/s.

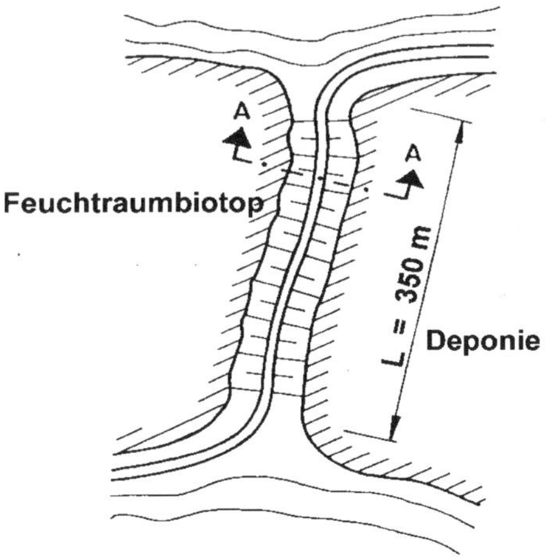

Bild 3.38 Draufsicht auf den Damm und beide Teiche

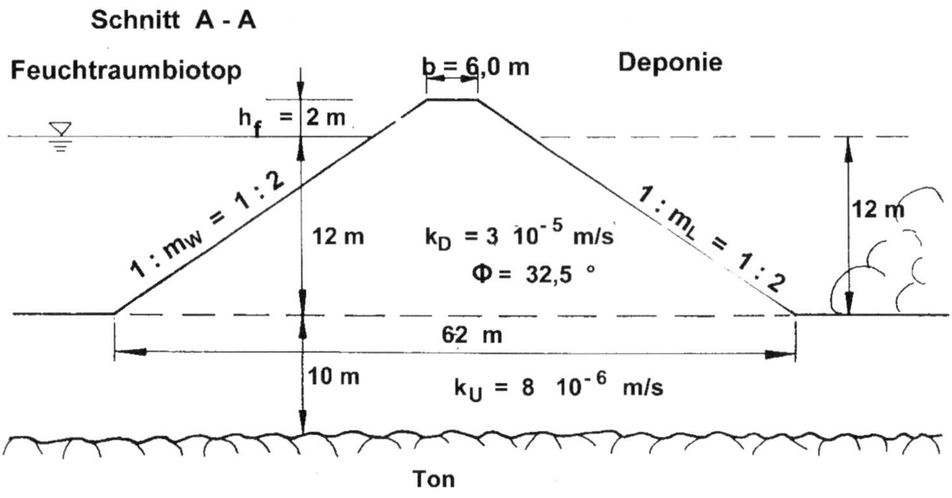

Bild 3.39 Querschnitt durch Damm und Untergrund

Während das eine Teichgebiet fast unberührt blieb, wurde das andere auch als Deponie genutzt. Eine Beseitigung der deponierten Stoffe und eine Dichtung der Deponiesohle sind nunmehr vorgesehen. Aus diesem Grund soll das Wasser bis zur Sohle der Deponie ausgepumpt werden. Im übrigen Teichgebiet – inzwischen zum Feuchtbiotop von europäischer Bedeutung geworden – muss der Wasserspiegel unverändert bleiben. Aus dem Verkehrsdamm wird während der Deponiesanierung ein homogener Staudamm auf durchlässigem Untergrund, der natürlich durchsickert wird.

Es ist zu ermitteln, welche Wassermengen durch Damm und Untergrund sickern und folglich zurückzupumpen sind und ob und wie die Standsicherheit des Dammes beeinträchtigt wird

Lösungen

a) Durchsickerung durch den Staudamm

Zur Berechnung der Sickervorgänge im Damm wird zunächst der Untergrund als undurchlässig angenommen. Die durch den Untergrund versickernde Wassermenge wird im Punkt b) errechnet und dazugezählt.

Die Durchsickerung des Dammes erfolgt zwischen der Gründungssohle und der Sickerlinie. Folglich ist zunächst die Sickerlinie zu entwerfen. In den luftseitigen Fußpunkt legt man ein Koordinatensystem, wie es das Bild 3.40 zeigt.

Die Gleichungen (3.44) und (3.45) werden verwendet, um die Kozeny-Parabel zu entwerfen. Aus Gl. (3.46) wird d gefunden.

Mit $H = 12$ m; $h_F = 2{,}0$ m; $m_W = m_L = 2$; $b = 6{,}0$ m und $s = m_W \cdot H = 2 \cdot 12 = 24$ m wird

$$d = (0{,}3 \cdot 2 + 2) \cdot 12 + (2 + 2) \cdot 2 + 6$$
$$= 45{,}2 \text{ m}$$

$$y_0 = \sqrt{12^2 + 45{,}2^2} - 45{,}2 = 1{,}57 \text{ m}$$

Mit diesen Werten kann die Sickerlinie nach Gl. (3.44) entworfen und auch gezeichnet werden. Die Tabelle 3.4 zeigt die zusammengehörenden Werte.

Der Schnittpunkt der Kozeny-Parabel mit dem Stauspiegel ist ein theoretischer Punkt. Praktisch beginnt die Sickerlinie am Schnittpunkt zwischen Wasserspiegel und Dammböschung senkrecht zur Dammböschung.

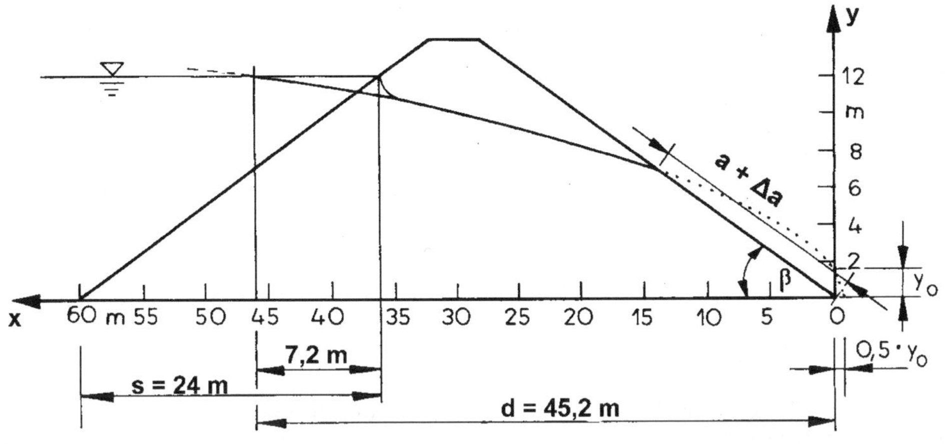

Bild 3.40 Kozeny-Parabel

Tabelle 3.4 Koordinaten der Sickerlinie

x	y	x	y	x	y
m	m	m	m	m	m
0	1,57	16	7,26	32	10,15
2	2,96	18	7,68	34	10,45
4	3,88	20	8,08	36	10,75
6	4,62	22	8,46	38	11,04
8	5,25	24	8,82	40	11,32
10	5,82	26	9,17	42	11,59
12	6,34	28	9,51	44	11,86
14	6,81	30	9,83	45	≈12

Die Annäherung wird ohne Berechnung gezeichnet und in das Bild 3.40 eingetragen.

Der Schnittpunkt der Kozeny-Parabel mit der luftseitigen Dammböschung liegt um $a + \Delta a$ vom Böschungsfuß entfernt, vgl. Bild 3.40. Die Größe Δa stellt dabei einen Anteil dar, um den die Sickerlinie abgesenkt werden kann, so dass Sickerwasser nur noch unterhalb von a aus der Böschung austritt. Das Absenken der Sickerlinie kann mit einem Entlastungsprisma erfolgen, das aber hier auf dem Boden der Deponie und unter Wasser nicht eingebaut werden kann. Somit tritt auf der Länge $a + \Delta a$ Sickerwasser aus. Diese Länge kann mit Gl. (3.50) errechnet werden.

$$\boxed{a + \Delta a = \frac{y_0}{1 - \cos\alpha}} \quad [\text{m}] \qquad (3.50)$$

Da die luftseitige Böschung die Entlastungsebene ist, ist der Winkel α gleich dem Böschungswinkel β.

$$a + \Delta a = \frac{1{,}57}{1 - \cos 26{,}56°} = 14{,}88 \text{ m}$$

Auf dieser Länge tritt das Sickerwasser aus der deponieseitigen Böschung aus, wenn die Deponie leergepumpt ist. Die Abweichung Δa der Sickerlinie vom Austrittspunkt der Kozeny-Parabel kann für den Winkel $\alpha = 10$ bis 60° mit den Werten der Tabelle 3.5 errechnet werden.

Tabelle 3.5 Werte für die Korrektur der Sickerlinie

α [°]	10	20	30	45	60
$\frac{\Delta a}{a + \Delta a}$	0,35	0,345	0,34	0,33	0,32

Für $\alpha = 26{,}56$ ° kann $\frac{\Delta a}{a + \Delta a} = 0{,}342$ angesetzt werden. Damit wird

$$0{,}342 = \frac{\Delta a}{14{,}88} \rightarrow \Delta a = 5{,}09 \text{ m}$$

Sickerlinie und Böschung schneiden sich folglich bei

$$a^2 = y^2 + (2 \cdot y)^2 = (14{,}88 - 5{,}09)^2$$
$$\rightarrow y = 4{,}38\,\text{m}; \quad x = 8{,}76\,\text{m}$$

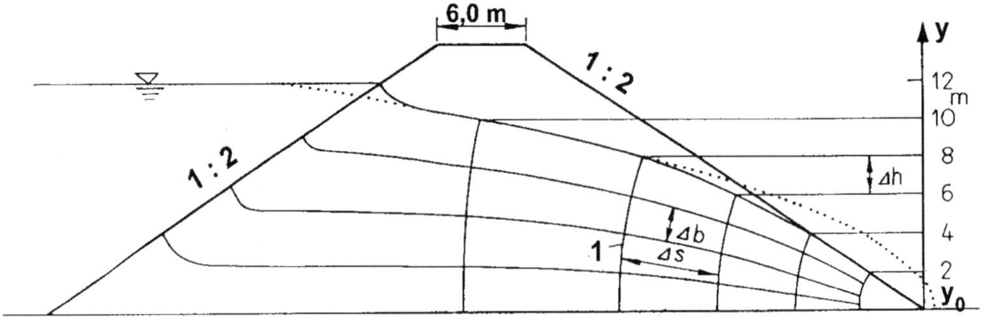

Bild 3.41 Strom- und Potentialliniennetz

Die Sickermenge durch den Damm kann mit Gl. (3.47) errechnet werden:

$$q = 1{,}57 \cdot 3 \cdot 10^{-5} = 4{,}7 \cdot 10^{-5}\ \text{m}^3/(\text{s} \cdot \text{m})$$

Eine weitere Möglichkeit, die Sickerwassermenge durch einen homogenen Damm zu bestimmen, ist das Zeichnen des Netzes aus Strom- und Potentiallinien, Bild 3.41.

Je nach Höhe des Dammes wird zu diesem Zweck die Stauhöhe in mindestens vier gleiche Abschnitte auf der y-Achse eingeteilt. Hier sind sechs Abschnitte zu je $\Delta h = 2{,}0$ m Höhe gewählt.

Von diesen Höhenmarken auf der y-Achse geht man horizontal auf die Sickerlinie und erhält dort sechs Schnittpunkte. Beginnend mit einer mittleren Linie (auf Bild 3.41 mit **1** gekennzeichnet), wird eine Potentiallinie entworfen. Sie steht senkrecht auf der Sickerlinie und auch senkrecht auf der undurchlässig angenommenen Gründungssohle des Dammes. Weitere Potentiallinien und die Stromlinien werden so konstruiert, dass

- alle Stromlinien senkrecht auf allen Potentiallinien stehen,
- alle Stromlinien senkrecht zur wasserseitigen Dammböschung beginnen und
- alle Stromlinien mit den Potentiallinien ähnliche rechteckförmige Flächen bilden, was am schwierigsten ist und etwas Übung erfordert.

Die durch den Damm sickernde Wassermenge kann nunmehr nach Gl. (3.51) bestimmt werden

$$q = k_f \cdot n \cdot \Delta h \cdot \frac{\Delta b}{\Delta s}\ [\text{m}^3/(\text{s·m})] \tag{3.51}$$

mit n Anzahl der Stromröhren

Aus dem Bild 3.41 geht hervor, dass $n = 4$ gewählt wurde. Für das Seitenverhältnis $\frac{\Delta b}{\Delta s}$ kann auf dem Bild 3.41 etwa 0,2 ermittelt werden (verzerrten Maßstab beachten). Somit wird

$$q = 3 \cdot 10^{-5} \cdot 4 \cdot 2 \cdot 0{,}2$$
$$= 4{,}8 \cdot 10^{-5} \left[\text{m}^3/(\text{s} \cdot \text{m})\right]$$

b) Standsicherheit der Böschung

Das austretende Sickerwasser gefährdet die Standsicherheit der Sandböschung. Während diese im Trockenen bzw. auch unter Wasser (aber nicht durchströmt) nach Gl. (3.52)

$$\eta = \frac{\tan \phi}{\tan \beta} = \frac{0{,}637}{0{,}5} = 1{,}27 \tag{3.52}$$

gegeben wäre (wenn auch nicht allen Vorschriften genügend), muss sie bei einem böschungsparallelen Sickerwasseraustritt nach Gl. (3.48) bestimmt werden.

$$\eta = \frac{\tan \phi}{2 \cdot \tan \beta} = \frac{0{,}637}{1} = 0{,}637 < 1$$

Durch den Austritt des Sickerwassers tritt also eine Zerstörung der deponieseitigen Dammböschung ein, auf die Probleme beim Durchfrieren braucht hier nicht extra eingegangen zu werden. Eine mit dem Winkel $\beta = 17{,}67°$, also $\tan \beta = 0{,}3185 = \frac{\tan \phi}{2}$, oder 1 : 3,2 geneigte Böschung würde gerade standsicher bleiben ($\eta = 1$). Folglich muss vor dem Absenken des Wasserspiegels in der Deponie filterförmig eine Schüttung aufgebracht werden, die etwa in der Neigung 1 : 3,5 abschließt. Würde der Damm im Trockenen gebaut, dann könnte der luftseitige Böschungsfuß z. B. nach den Vorschlägen im Bild 3.45 gesichert werden.

c) Durchsickerung durch den Untergrund

Die durch den Untergrund sickernde Wassermenge wird unter der Annahme berechnet, dass der Damm undurchlässig sei. Unter Verwendung des Darcy-Gesetzes fließt pro laufenden Meter Dammlänge durch den Untergrund:

$$q_U = k_U \cdot \frac{H}{n_1 \cdot l} \cdot T \quad [m^3/(s \cdot m)] \tag{3.53}$$

l Aufstandslänge des Dammes, im Bild 3.39 ist $l = 62$ m. Der Beiwert n_1 berücksichtigt, dass in größeren Tiefen der sonst als gleichmäßig verteilt angenommene Sickerdurchfluss geringer wird. Er kann der Tabelle 3.6 entnommen werden.

Tabelle 3.6 Beiwert n_1

$\frac{l}{T}$	20	5	4	3	2	1
n_1	1,18	1,21	1,25	1,33	1,47	2,00

Durch den Untergrund fließen

$$q_U = 8 \cdot 10^{-6} \cdot \frac{12}{1{,}21 \cdot 62} \cdot 10$$
$$= 1{,}28 \cdot 10^{-5}\ m^3/(s \cdot m)$$

Eine Wassermenge, die ebenfalls zurückgepumpt werden muss

d) Gesamte Sickerwassermenge

Der Gesamtabfluss durch Damm und Untergrund wird

$$q = 4{,}80 \cdot 10^{-5} + 1{,}28 \cdot 10^{-5}$$
$$\cong 6{,}1 \cdot 10^{-5}\ m^3/(s \cdot m)$$

$Q = 6{,}1 \cdot 10^{-5} \cdot 350 = 2{,}14 \cdot 10^{-2}$ m^3/s bzw. 21,4 l/s

Neben den Standsicherheitsproblemen an der deponieseitigen, also „luftseitigen" Böschung des Dammes ist dem kontinuierlichen Ersetzen dieser Wassermengen Aufmerksamkeit zu schenken, solange der Wasserspiegel in der Deponie gesenkt ist.

3.3.8 Konstruktives und Technologisches zum Bau von Staudämmen

3.3.8.1 Übersicht

Die Lage und die bautechnische Ausführung der Dichtung sind entscheidend für die ge-

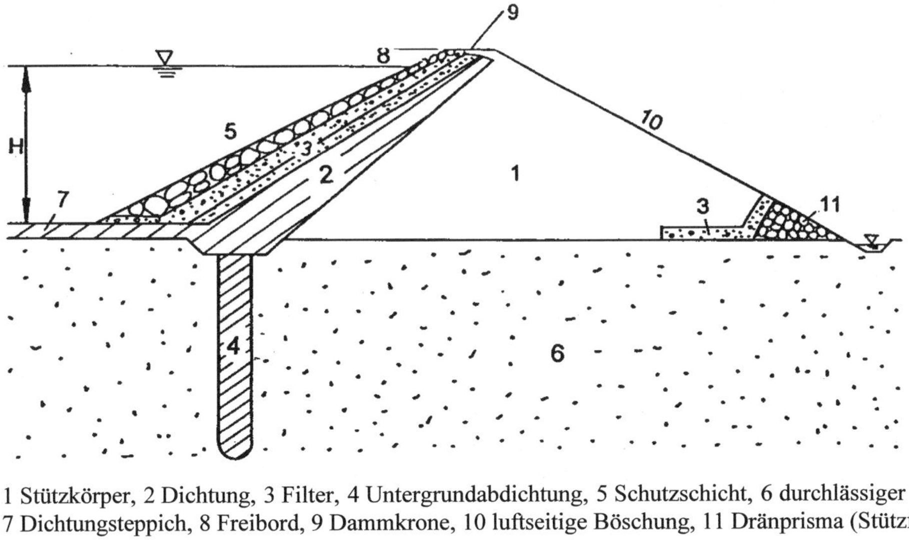

1 Stützkörper, 2 Dichtung, 3 Filter, 4 Untergrundabdichtung, 5 Schutzschicht, 6 durchlässiger Untergrund, 7 Dichtungsteppich, 8 Freibord, 9 Dammkrone, 10 luftseitige Böschung, 11 Dränprisma (Stützfuß)

Bild 3.42 Hauptkonstruktionselemente eines Staudammes mit geneigter Innendichtung

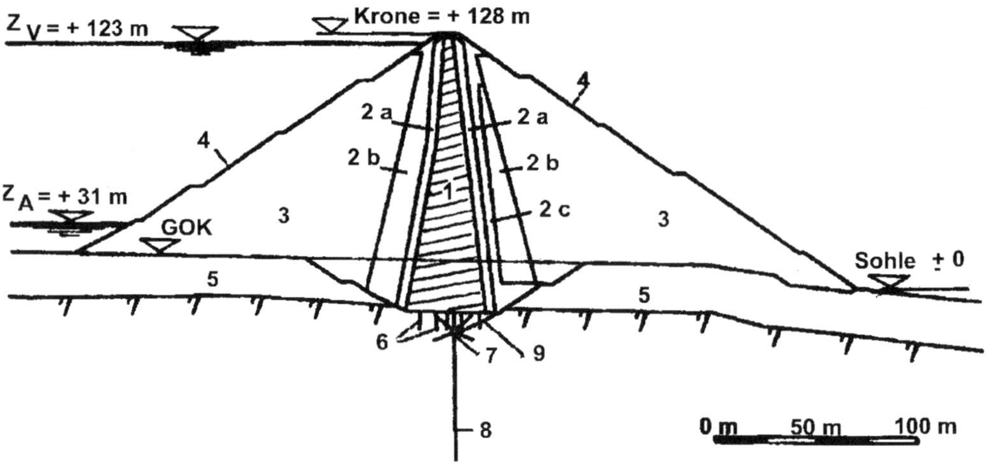

1 Kerndichtung, 2 a bis c Filterschichten, 3 Stützkörper, 4 Schutzschicht, 5 verbleibende Überlagerung, 6 Kontaktinjektionen, 7 Kontrollgang, 8 Dichtungsschleier, 9 Sickerwasserleitung

Bild 3.43 Staudamm mit Kerndichtung (geplant) nach [32]

samte Staudammkonstruktion und für die Technologie der Herstellung. Am Beispiel der Bilder 3.42, einem Staudamm mit geneigter Innendichtung, und 3.43, einem Damm mit Kerndichtung, sollen die wichtigsten Konstruktionsteile näher vorgestellt werden.

3.3.8.2 Stützkörper

Wichtigste Aufgabe des Stützkörpers ist das Übertragen von Kräften aus dem Wasserdruck und dem Eigengewicht in den Baugrund, ohne dass unzulässige Verformungen die empfindliche Dichtung gefährden. Außerdem wird das durch die Dichtung sickernde Wasser entspannt, so dass der Stützkörper nur im unteren Bereich durchsickert wird. Aus diesen Aufgaben ergeben sich die Anforderungen an das Stützkörpermaterial:

- möglichst hohe Scherfestigkeit,
- ausreichende Durchlässigkeit ($k_f > 10^{-5}$ m/s),
- geringe Zusammendrückbarkeit, keine Gefügeveränderungen, keine Kornzertrümmerung unter der großen Last.

Diese Anforderungen erfüllen fast alle Fest- und Lockergesteine. Die genannten Baustoffe werden deshalb für den Stützkörper verwendet, wenn sie keine zu großen Anteile an organischen, löslichen, veränderlichen oder quellfähigen Bestandteilen haben. Der Stützkörper besteht aus Steinen (Steinschüttdamm) oder feinerem Lockergestein (Erddamm). Das Bild 3.44 zeigt Kornverteilungskurven vom Stützkörpermaterial ausgeführter Staudämme.

Die Kornverteilung gibt erste wichtige Aufschlüsse über die weiteren bodenmechanischen Parameter wie Lagerungsdichte, Durchlässigkeit, Verformbarkeit und Scherfestigkeit. Der Ungleichförmigkeitsgrad U ist das Verhältnis aus dem Korndurchmesser bei 60 Massenteilen Siebdurchgang der Kornverteilungskurve und dem Korndurchmesser bei 10 Massenteilen Siebdurchgang.

$$U = \frac{d_{60}}{d_{10}} \tag{3.54}$$

Ist $U < 5$, dann ist der Erdstoff gleichförmig, bei $5 < U < 15$ gilt er als ungleichförmig, bei $U > 15$ als sehr ungleichförmig. Der Ungleichförmigkeitsgrad gibt weitere Hinweise zur Lagerungsdichte. Zur Berechnung der Durchlässigkeit des Stützkörpers kann der Wert für k_f nach Tabelle 3.7 verwendet werden. Bei gröberem Material (Steine) ist das Darcy-Gesetz nicht gültig.

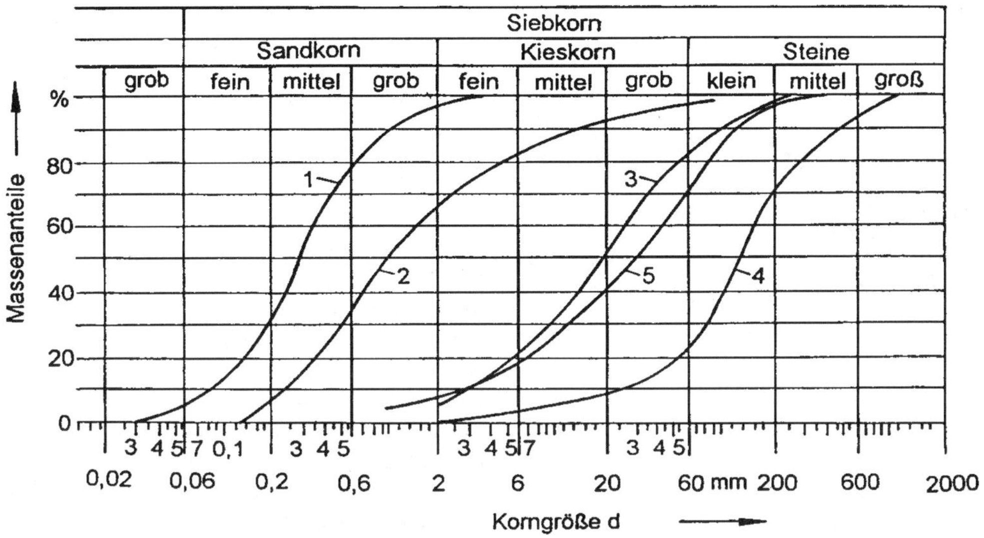

1 schluffiger Sand, 2 Kiessand, (1 und 2 Lausitzer Gebiet), 3 Ohra, 4 Lichtenberg, 5 Schönbrunn

Bild 3.44 Kornverteilungskurven von Stützkörpermaterial

Außer den o. g. bodenmechanischen Eigenschaften ist für die Eignung von Material als Baustoff für den Stützkörper von Interesse, in welcher Entfernung von der Einbaustelle es liegt und wie es sich gewinnen und einbauen lässt. Steinmaterial wird durch Sprengung im Steinbruch gewonnen, heute nur noch mit Kippern (also gleislos), zur Einbaustelle transportiert und dort in Schichten von 0,2 bis 1,0 m Dicke eingebaut. Die Verdichtung der geschütteten Steine erfolgt mit Stampfplatten (Gewicht 20 bis 25 kN, Fallhöhe 2 bis 4 m), Oberflächenrüttlern (Gewicht 60 bis 150 kN) oder Vibrationswalzen. Auch Nassverdichtung ist schon erfolgreich eingesetzt worden. Feinere Lockergesteine werden mit Rüttlern oder Walzen verdichtet.

Besondere Schwierigkeiten bereitet das Verdichten an den Anschlussstellen zu Massivbauwerken sowie an den Übergängen zu den Talflanken. Kleinere und wendigere Verdichtungsgeräte kommen dort zum Einsatz.

Tabelle 3.7 Bodenkennwerte von Dammbaustoffen

Erdstoff	Durchlässigkeitsbeiwert k_f in m/s	Reibungswinkel Φ in Grad	Scherhaftfestigkeit c_S in kN/m^2
Kiessand, ungleichförmig	10^{-1} bis 10^{-2}	33 bis 38	-
Fein- bis Mittelsand, gleichförmig	10^{-3} bis $3 \cdot 10^{-3}$	33 bis 36	-
Feiner Sand, ungleichförmig	10^{-4} bis $2 \cdot 10^{-4}$	30 bis 34	-
Löß	10^{-7} bis 10^{-8}	24 bis 30	10 bis 20
Lößlehm	10^{-8} bis 10^{-9}	24 bis 28	15 bis 30
Geschiebelehm	10^{-9} bis 10^{-10}	26 bis 32	15 bis 30
Auelehm, Aueton	10^{-9} bis10^{-11}	14 bis 22	30 bis 60
Ton	$< 10^{-10}$	-	> 50
Hydraton	10^{-9} bis 10^{-10}	-	5 bis 20

3.3.8.3 Der Stützfuß

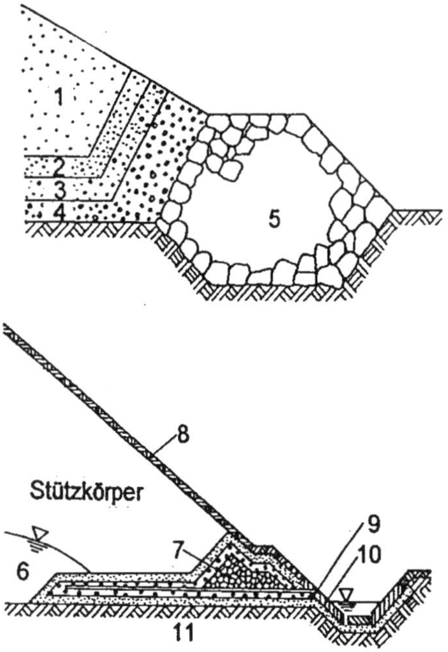

1 z. B. Schluff, 2 Feinsand, 3 Grobsand, 4 Kies, 5 Steine, Geröll, 6 Sickerlinie, 7 Dammfuß, 8 Mutterboden, 9 gelochte Steinzeugrohre, 10 Betonplatten, 11 Untergrund

Bild 3.45 Ausbildung des luftseitigen Stützfußes

Erddämme erhalten einen luftseitigen Dammfuß, der z. B. nach Bild 3.45 ausgebildet werden kann. Er führt das Sickerwasser ab und stabilisiert den Stützkörper.

3.3.8.4 Dichtungen des Staudammes

Bindige Erdstoffe in natürlich vorkommender Form, aufbereitete Erdstoffe, Betone und Kunststoffe eignen sich als Dichtungsmaterial im Wasserbau.

Natürliche bindige Erdstoffe müssen als Dichtungsstoff Durchlässigkeitsbeiwerte von $k_f \leq 10^{-9}$ m/s haben. Das erreichen Erdstoffe, mit stetiger Kornverteilungskurve bei hohem Ton- und Schluffanteil. Gute plastische Eigenschaften und eine hohe Scherfestigkeit sowie die Verdichtungsfähigkeit sind für natürliche Dichtungsstoffe ebenfalls wichtig. Für die Bemessung eines Dichtungselementes aus Erdstoff ist der hydraulische Gradient i von Bedeutung. Er gibt den hydraulischen Verlust an, den das Wasser beim Durchsickern der Dichtung erfährt und wird als Quotient aus der Druckhöhendifferenz Δh und der Sickerweglänge angegeben.

$$\boxed{i = \frac{\Delta h}{l}} \qquad (3.55)$$

Da die Sickerweglänge gleich der Dicke des Dichtungselementes ist, kann aus Gl. (3.55) diese Dicke bestimmt werden, wenn für das zur Verfügung stehende Dichtungsmaterial der zulässige hydraulische Gradient bekannt ist. Er ist u. a. auch von Witterungseinflüssen beim Einbau abhängig und wird je nach der Bedeutung des Bauwerkes bei 1 bis 5 liegen, wenn eine Kerndichtung gewählt wird. Für geneigte Innendichtungen werden größere Gradienten, etwa $i = 2$ bis 10 zugelassen.

Für einen bindigen Erdstoff ist die Erosionsbeständigkeit nachzuweisen. Nicht erosionsbeständig ist ein Dichtungsstoff, wenn unter dem Einfluss des Sickerwassers Teilchen aus dem Dichtungselement abgetrennt werden und durch die Poren des an der Dichtung anliegenden gröberen Erdstoffes (Filter) hindurchgespült werden. Die Sicherheit gegen Erosion hängt folglich vom Porendurchmesser d_P des anliegenden Erdstoffes, von der Zugfestigkeit c_0 des Dichtungsstoffes und vom hydraulischen Gradienten i ab und kann nach Gl. (3.56) bestimmt werden.

$$\boxed{\eta = \frac{1}{4} \cdot \frac{c_0}{d_P \cdot (\gamma \cdot \cos\beta + 1{,}1 \cdot \gamma_W \cdot i)}} \qquad (3.56)$$

β Neigungswinkel der Dichtungsschicht gegen die Horizontale

γ Rohwichte des bindigen Erdstoffes

Der Einbau der bindigen Erdstoffe erfolgt lagenweise in Schichten von etwa 0,5 m, abhängig von der Konsistenz des Materials und dem eingesetzten Verdichtungsgerät. Besonders wichtig für den Einbauvorgang ist es, den optimalen Wassergehalt einzuhalten. Das kann zu längeren Pausen bei schlechtem Wetter führen. Um horizontale Sickerwege an den Schichtgrenzen zu vermeiden, wird vorzugsweise mit Schaffußwalzen verdichtet. Ihre Nocken führen zu einer guten Verzahnung der einzelnen Schichten.

Tonbeton ist ein aufbereiteter Erdstoff, der als Kerndichtung oder geneigte Innendichtung verwendet wird. Er entsteht durch Mischung eines nichtbindigen Zuschlagstoffes (Sand, Kies o. Ä.) mit einem hochplastischen Ton, wobei der Zuschlagstoff eine möglichst gute Kornabstufung haben sollte. Nach dem Prinzip des kleinsten Hohlraumes wird in einem Zwangsmischer ein Dichtungsstoff hergestellt, der eine langgestreckte Kornverteilungskurve hat, Bild 3.46. Dadurch erreicht man Durchlässigkeitsbeiwerte von $k_f = 10^{-10}$ m/s. Die Aufbereitung des Tonbetons gestattet größere zulässige hydraulische Gradienten und somit geringere Dicken der Dichtung.

Hydraton entsteht durch Mischen von rolligen oder schwach bindigen Zuschlagstoffen (Kiessand, Sand, Schluffsand) mit hydratationsfähigem Ton unter Zugabe von Natriumwasserglas, kalzinierter Soda und Wasser. Als Zuschlagstoffe sind gut abgestufte Erdstoffe mit $U > 5$ und einem hohen Anteil an Feinkorn (< 0,1 mm) zu bevorzugen. Die Tone müssen ein Kationenaustauschvermögen haben, das ein Maßstab für die Wasserbindefähigkeit ist. Ton und Schlufftone mit der Fließgrenze $w_f \geq$ 0,50 und $w_{fa} \geq 0{,}30$ sind besonders geeignet. Natriumwasserglas (Natriumsilikat) und kalzinierte Soda, ein Natriumkarbonat, rufen in der Erdstoffmischung den Thixotropieeffekt hervor, was den Mischprozess und den Vorgang der Hydratation günstig beeinflusst.

Hydraton kann nur dort als Dichtung verwendet werden, wo er keinen großen Beanspruchungen unter dicken Deckschichten oder großen Stauspiegelschwankungen ausgesetzt ist. Die weichplastische Konsistenz gestattet, dass der Hydraton bis zu einer Dicke von 1 m einschichtig und ohne Verdichtung eingebaut werden kann. Das Bild 3.46 zeigt typische Kornverteilungskurven für die drei Dichtungsarten Hydraton, Tonbeton und natürlich vorkommende Dichtungsstoffe.

Asphaltbeton, auch als Bitumenbeton oder Asphalt bezeichnet, wird als Außen- oder als Kerndichtung verwendet. Hauptbestandteile eines Asphaltbetons sind etwa 75 % Steinsplitt und Sande, 15 % Steinmehl (Füller) und 10 % Bitumen. Asphaltbeton ist ein Stoff, der sich bei kurzzeitiger Belastung (brandende Wellen, Eisstöße usw.) elastisch, bei lang andauernden Beanspruchungen und höheren Temperaturen vor allem plastisch verhält. Da Asphaltbeton in einem großen Temperaturbereich dehnbar ist, kann eine Asphaltdichtung sich den Dammbewegungen anpassen.

Mit Asphaltbeton können große Flächen ohne Fugen gedichtet werden. Bei Außenhautdichtungen wird außer der Dichtungswirkung auch noch ein guter Erosionsschutz erzielt, so dass Schutzschichten auf der Dichtung entfallen können. Das Bild 3.47 zeigt zwei Möglichkeiten für den Aufbau der Außenhautdichtung aus Asphaltbeton, links einlagig und rechts zweilagig mit Dränschicht.

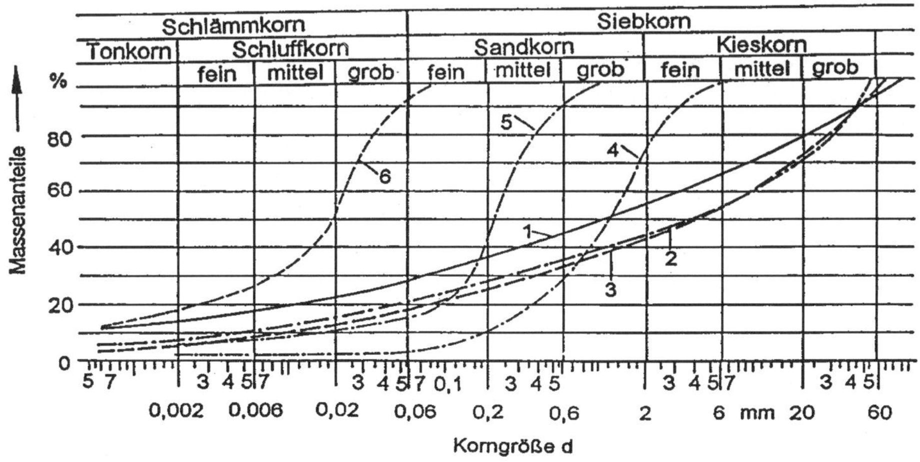

1, 2 und 3 Tonbeton, 4 und 5 Hydraton, 6 Lößlehm

Bild 3.46 Kornverteilungskurven für Dichtungsstoffe

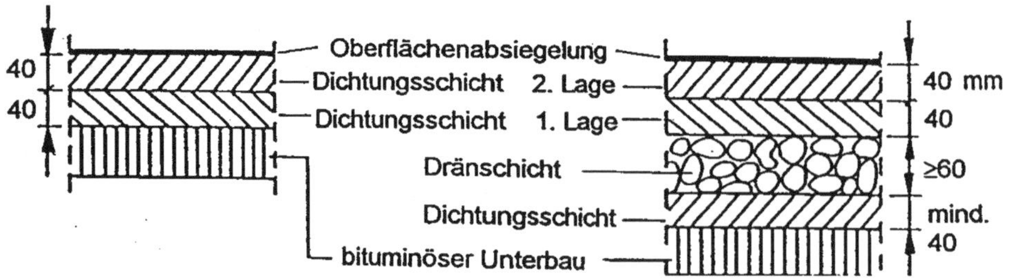

Bild 3.47 Außenhautdichtungen aus Asphalt

Da der Asphalt heiß (ca. 180 °C) eingebaut wird und niedrige Temperaturen einen Einbau ausschließen, kann eine jährlich nur begrenzte Einbauzeit – z. B. in Gebirgsgegenden – ausschlaggebend sein für die Wahl der Dichtungsvariante. Wird die Dichtung zweilagig ausgebildet, dann dient die Dränschicht zur Kontrolle des durch die obere Dichtungsschicht hindurchtretenden Sickerwassers. Die Mengen sind gering, da es heute gelingt, Asphaltbeton herzustellen, der eine gute Kornabstufung des Materials hat und höchstens 3 % Wasseraufnahme gestattet. Ein solcher Asphaltbeton gilt als dicht. Viel durchlässiger muss die Dränschicht sein, für sie wird ein k_f-Wert von 10^{-4} m/s angestrebt. Zur Oberflächenabsiegelung wird Mastix verwendet.

Zementbeton, in heißen Ländern dem Asphaltbeton vorzuziehen, wurde für die Dichtung von Staudämmen sowohl als Ortbeton als auch in Form von Fertigteilen oft eingesetzt. Die Bewegungen des Stützkörpers (Setzungen beim Einstau) fordern auch, dass die Dichtungsdecke beweglich ist. Das kann nur erreicht werden, wenn der starre Beton durch Fugen unterteilt ist. Die sorgfältige Dichtung der Fuge ist das Hauptproblem dieser Dichtungsart.

Ein 145 m hoher Steinschüttdamm mit einer Außenhautdichtung aus Ortbeton wurde 2002 in Lesotho (Südafrika) fertiggestellt. Auf einer 1 : 1,4 geneigten Böschung wurden 81 000 m^2 Ortbeton aufgebracht [32].

Kunststoffdichtungen kommen bei kleinen Staudämmen sowie Deponien (Abschnitt 3.4) und Kanälen (Abschnitt 4.3.3) zum Einsatz.

3.3.8.5 Untergrundabdichtung

Spundwände als vertikale Dichtung wurden im Abschnitt 3.2.2.1, Bilder 3.4 und 3.5, vorgestellt. Als Dichtung für den Untergrund von Staudämmen kommen Spundwände in Frage, wenn der undurchlässige Untergrund in weniger als 225 m ansteht.

Injektionsschleier (Bild 3.18) sind für Staudämme möglich, aber selten, da sie bevorzugt bei felsigem Untergrund verwendet werden.

Beim Ersatzverfahren wird ungeeigneter Untergrund durch dichtende Stoffe ersetzt. Das kann in offener Bauweise erfolgen, wenn der undurchlässige Untergrund in geringer Tiefe ansteht. Im Schutz einer Grundwasserabsenkung kann eine Herdmauer gegründet oder ein Lehmsporn eingebracht werden, oder die Dichtung selbst wird auf einen undurchlässigen Untergrund gesetzt. Bei größeren Tiefen bieten sich Bohrpfahlwände und Schlitzwände an. Bohrpfahlwände entstehen, indem Bohrlöcher entweder im Schutz eines Mantelrohres oder durch Stützflüssigkeit unterstützt, ausgehoben und danach mit Beton verfüllt werden. Die Bereiche der einzelnen Pfähle sollen sich dabei überschneiden, um eine geschlossene Wand zu erzielen.

Schlitzwände entstehen durch Aushub eines Schlitzes im Baugrund. Um das Einstürzen der senkrechten Seitenwände zu vermeiden, wird bei der Zweiphasen-Schlitzwand in den Schlitz zunächst eine Stützflüssigkeit eingebracht. Der später einzubauende Beton (bewehrt oder unbewehrt) oder Tonbeton verdrängt die Stützflüssigkeit wieder aus dem Schlitz und erhärtet zur fertigen Schlitzwand. Bei der Einphasen-Schlitzwand verbleibt die stützende Flüssigkeit im Schlitz und verfestigt sich. Während der Flüssigphase können Elemente aus Beton, Stahl oder Kunststoff eingestellt werden. Tiefen bis 50 m können mit einem Greifer, bis 100 m mit einer Fräse hergestellt werden.

Beim Injektionsverfahren wird der Untergrund in mehreren Reihen verpresst. Das erfolgt je nach Korngröße des Untergrundes mit Zement (Schmalwasser in Thüringen), Ton, Bentonit, Silikatgelen oder Kunstharz. Zunächst wird ausreichend viskoses Injektionsgut eingebracht, danach werden leichter eindringende Stoffe verwendet. Durch Injizieren in mindestens drei Reihen wird eine ausreichende Dichtheit der Wand bei nicht zu großen Verlusten an Injektionsgut erreicht.

3.3.8.6 Filter

Filter werden im Wasserbau immer dort angewendet, wo Lockergesteine mit sehr unterschiedlichen Korngrößen zusammentreffen. Beim Staudamm ist das z. B. zwischen einer Dichtung aus Erdstoffen und dem Stützkörper, wenn er aus Steinen geschüttet ist, der Fall. Aber auch wasserseitig einer geneigten Innendichtung und am Stützfuß (Bilder 3.42 und 3.45) sind Filter notwendig. Sie schützen einen Erdstoff, das sog. Ausgangsmaterial, vor Ausspülungen durch das Sickerwasser. Diese Hauptaufgabe des Filters

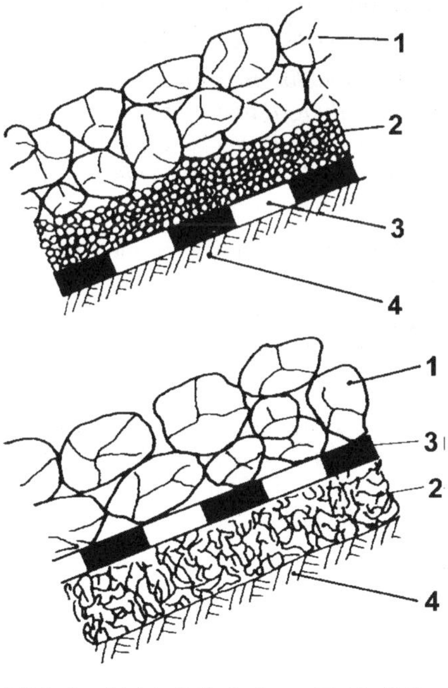

1 Schutzschicht, 2 Zwischenschicht, 3 Geotextil, 4 nichtbindiger feinkörniger Boden

Bild 3.48 Geotextile Filter an Böschungen

bestimmt seine Konstruktion. Er muss für Wasser durchlässig sein, für den anliegenden Erdstoff aber nicht. Diese Anforderungen erfüllen rollige Erdstoffe (Sand, Kies), gebrochenes Material (Splitt, Schotter), Gewebe aus Kunststoffen sowie Matten und Vliese, Bild 3.48, die heute unter der Bezeichnung Geotextil weitverbreitet Anwendung im Erd- und Wasserbau finden.

Geotextilien müssen ausreichend überdeckt werden, damit ultraviolette Strahlung und auch Nagetiere sie nicht angreifen können. Der Einbau eines mehrschichtigen mineralischen Filters, z. B. am luftseitigen Stützfuß eines Dammes, erfordert filigrane Arbeit, teils Handarbeit. Für kleine Staudämme und zahlreiche andere Wasserbauwerke wie Schifffahrtskanäle, Deiche oder Kraftwerkskanäle sind Geotextilien wegen des einfacheren Einbauvorganges und des Preises bevorzugte Filterkonstruktionen.

Der mineralische Filter besteht aus Schichten unterschiedlicher Körnung (Stufenfilter). Bei ihm erfolgt die Abstufung der Korngrößen nach Filterregeln. Die Zwischenräume zwischen den Körnern des gröberen Materials dürfen nur so groß sein, dass die Erdstoffkugeln der zu entwässernden Schicht nicht durch sie hindurchgelangen können. Das wird erreicht, wenn die mittleren Korndurchmesser beider Schichten (D_{50} und d_{50}) ein Verhältnis von 4 bis 5 haben.

Im Filter soll das durch den dichteren Erdstoff sickernde Wasser entspannt und abgeführt werden. Diese Aufgabe erfüllt eine Filterschicht nur, wenn sie durchlässiger als die zu entwässernde Schicht ist. Das Verhältnis der Durchlässigkeitsbeiwerte sollte mindestens 15 sein, Gl. (3.57).

$$\boxed{\kappa = \frac{k_{\mathrm{f,Filter}}}{k_{\mathrm{f,Erdstoff}}} \geq 15} \qquad (3.57)$$

Werden die Regeln für den Bau der Filter eingehalten, dann bleibt sowohl der Filter selbst als auch der von ihm zu schützende Erdstoff, z. B. die Dichtung aus bindigem Boden, stabil. Bei Nichteinhaltung kann es zu Suffosion, Erosion oder Kolmation in den genannten Bauteilen kommen.

Suffosion ist das Auswaschen von feineren Teilchen eines Erdstoffes im vorhandenen Porenraum, hervorgerufen durch das Sickerwasser. Durch die Suffosion kommt es nicht zur Zerstörung der Erdstoffstruktur, es wird aus dem Erdstoffskelett nur die Füllung herausgespült. Dadurch erhöht sich das Porenvolumen, folglich auch der Durchlässigkeitsbeiwert und somit der Sickerwasserdurchfluss.

Bei der **Erosion** werden fast alle Fraktionen eines Erdstoffes transportiert. Die äußere Erosion findet an freien Oberflächen, die innere in einem Erdstoffkörper statt. Die innere Erosion beginnt an der schwächsten Stelle. Das kann sein:

- ein durch Suffosion geschwächter Bereich,
- ein röhrenförmiger Hohlraum, gebildet von Wühltieren oder absterbenden Wurzeln,
- eine Fuge zwischen massiven Bauwerken und dem Erdstoff (Fugenerosion),
- eine mit ungenügend bemessenem Filter versehene Berührungsfläche zwischen Stoffen unterschiedlicher Korngröße (Kontakterosion).

Ausführlicher werden Suffosion und Erosion an den zwei folgenden Beispielen erläutert.

Kolmation ist die Anlagerung von feinem Material, das vom Sickerwasser mitgeführt wird, an der Oberfläche oder in den Poren eines durchströmten Erdstoffes. Durch die Kolmation verringern sich der Sickerwasserdurchfluss, der Durchlässigkeitsbeiwert und das Porenvolumen. Bei der Kolmation setzen sich zunächst die gröberen Teile in den Hohlräumen fest, dann immer feinere. Ein Filter kann dadurch seine Wirksamkeit verlieren, weil er nicht mehr ausreichend durchlässig ist.

Beispiel: Suffosionsbeständigkeit eines Erdstoffes

Ein kleiner Staudamm soll als homogener Erddamm errichtet werden. Sein luftseitiger Stützfuß ist auf Bild 3.48 dargestellt. Bei längerem Stau tritt die Sickerlinie durch den Filter ins Dränprisma ein. Aus dem hydrodynamischen Netz (hier nicht gezeichnet) kann als größtes Sickerwassergefälle $I_{\text{vorh}} = 0{,}4$ entnommen werden. Zur Gewinnung des Schüttmaterials für den Stützkörper stehen zwei Entnahmestellen zur Auswahl. Im Stauraum kann Boden A abgebaut werden, unterhalb der geplanten Sperrstelle ist der Boden B zu gewinnen. Die Kornverteilungskurven beider Böden gehen aus Bild 3.49 hervor. Der Porenanteil des Bodens A beträgt $n = 0{,}42$, der des Bodens B ist $n = 0{,}37$. Beide Böden sollen auf ihre Sicherheit gegen Suffosion untersucht werden.

Lösungen

Die Untersuchung eines nichtbindigen Bodens auf Suffosion kann nach Regeln erfolgen, die Ziems 1969 formulierte [99]. Ein Erdstoff gilt als suffosionssicher, wenn er eine der folgenden Regeln erfüllt.

Regel 1: *Homodisperse Erdstoffe ($U \approx 1$) sind unabhängig von ihrer Lagerungsdichte sicher gegen innere Suffosion.*

Beide Erdstoffe sind nicht ausreichend homodispers, erfüllen also Regel 1 nicht.

Regel 2: *Ungleichförmige Erdstoffe mit geraden Kornverteilungslinien im semilogarithmischen Maßstab sind bei $U \leq 10$ (Gl. 3.54) unabhängig von ihrer Lagerungsdichte sicher gegen innere Suffosion.*

Erdstoff A hat eine ziemlich gerade Kornverteilungskurve und ein U von

$$U = \frac{0{,}068}{0{,}009} = 7{,}6 < 10$$

Damit ist er sicher gegen innere Suffosion und scheidet aus den weiteren Untersuchungen aus. Er kann als Stützkörper verwendet werden. Boden B hat ein U von $U = \dfrac{0{,}53}{0{,}016} = 33{,}1 > 10$, erfüllt die Regel 2 nicht.

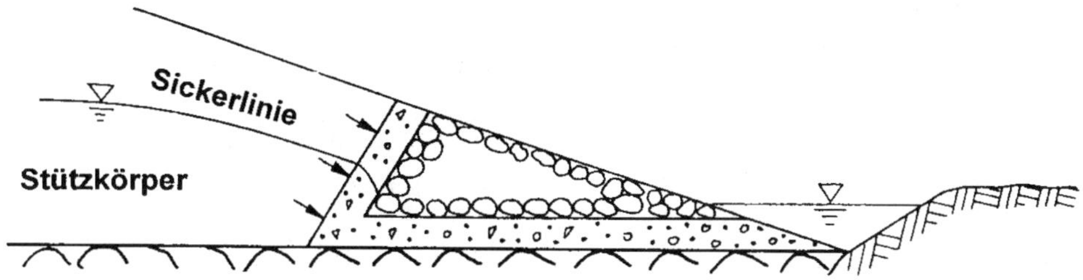

Bild 3.48 Luftseitiger Stützfuß

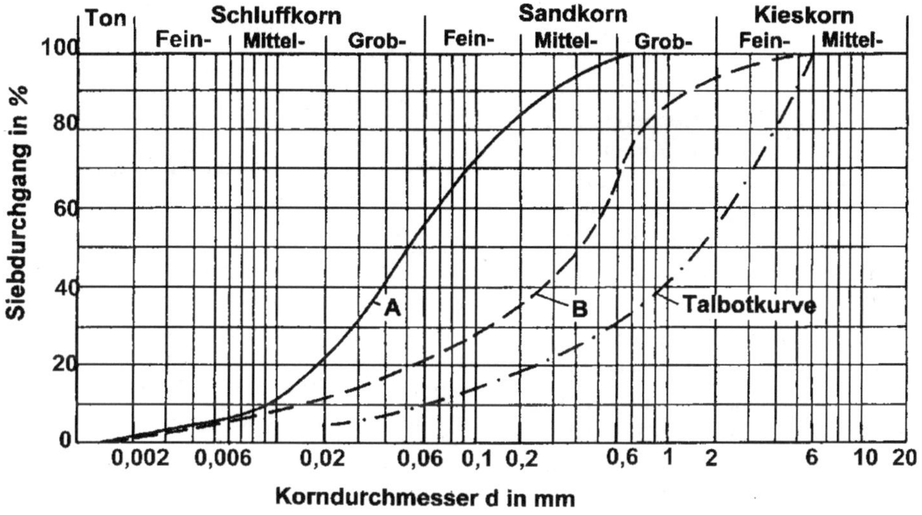

Bild 3.49 Kornverteilungskurven für die Böden A und B

Regel 3: *Ungleichförmige Erdstoffe mit geraden Kornverteilungslinien im semilogarithmischen Maßstab und $U > 10$ sind bei mindestens mitteldichter Lagerung*

$$D_\varepsilon = \frac{\varepsilon_0 - \varepsilon}{\varepsilon_0 - \varepsilon_D} = 0{,}3 \text{ bis } 0{,}6 \tag{3.57}$$

sicher gegen innere Suffosion, wenn ihre Homogenität durch technologische Vorschriften gesichert wird.

Unter der Annahme, dass die mitteldichte Lagerung oder die Homogenität nicht garantiert werden kann, ist auch Regel 3 nicht erfüllt.

Regel 4: *Ungleichförmige Erdstoffe mit stetigen Kornverteilungslinien ohne Ausfallkörnung sind bei $U < 8$ praktisch sicher gegen innere Suffosion, wenn mindestens mitteldichte Lagerung $D_\varepsilon = 0{,}3$ bis 0,6 garantiert ist.*

Die Stetigkeit in der Kornverteilungskurve (keine scharfen Krümmungen oder Knicke) ist zwar gegeben, nicht aber $U < 8$, also ist Regel 5 zu prüfen.

Regel 5: *Ungleichförmige Erdstoffe mit stetiger Kornverteilungslinie ohne Ausfallkörnung sind sicher gegen innere Suffosion, wenn*

$$d_{min} \geq 0{,}4815 \cdot \sqrt[6]{U} \cdot e \cdot d_{17} \text{ ist.} \tag{3.58}$$

Im vorliegenden Fall ist mit

$$e = \frac{n}{1-n} = \frac{0{,}37}{1-0{,}37} = 0{,}587 \tag{3.59}$$

$$d_{min} \geq 0{,}4815 \cdot \sqrt[6]{33{,}1} \cdot 0{,}587 \cdot 0{,}04$$
$$= 0{,}02 \text{ mm}$$

Auch diese Regel ist nicht erfüllt, da Erdstoff B noch ca. 11 % feinere Bestandteile aufweist.

Regel 6: *Ungleichförmige Erdstoffe mit Kornverteilungslinien, die der Talbotkurve entsprechen oder dieser nahekommen, sind unabhängig von ihrer Lagerungsdichte sicher gegen innere Suffosion. Jedoch muss ihre Homogenität durch technologische Vorschriften gesichert werden.*

Die Talbotkurve kann nach Gl. (3.60) aufgestellt werden.

$$p_\mathrm{i} = \left(\frac{d_\mathrm{i}}{d_\mathrm{max}} \right)^{0,5} \qquad (3.60)$$

Für den Erdstoff B wird die Talbotkurve in das Bild 3.49 eingetragen. Sie kommt der Kornverteilungskurve für den Erdstoff B nicht nahe genug, so dass auch die Regel 6 hier als nicht erfüllt angesehen werden muss.

Wird ein Erdstoff, z. B. der Boden A, einer der genannten Regeln gerecht, gilt er bereits als sicher gegen innere Suffosion. Ein Erdstoff, dessen Suffosionssicherheit nicht nach den Regeln 1 bis 6 nachgewiesen werden kann, sollte entweder nicht verwendet werden oder nach weiteren Regeln [60] doch noch auf seine Tauglichkeit getestet werden. Im Beispiel soll an dieser Stelle die Entscheidung für Boden A getroffen werden.

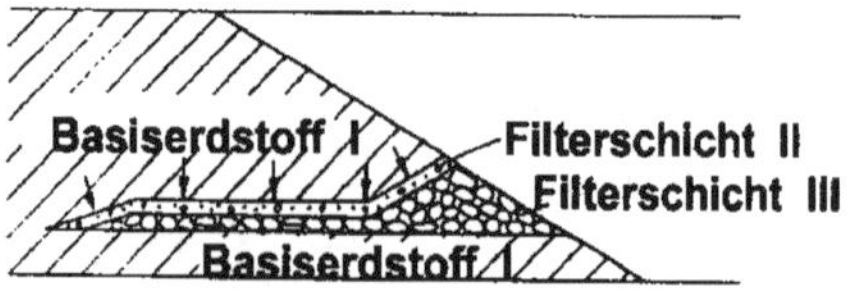

Bild 3.50 Luftseitiger Dammfuß

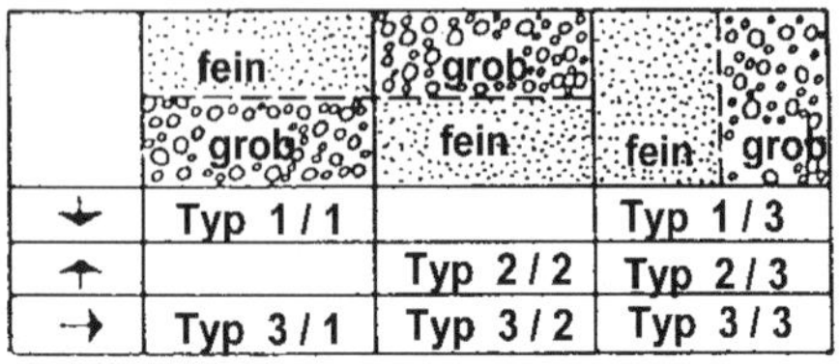

Bild 3.51 Typen der Kontakterosion

Beispiel: Kontakterosion und Filterbemessung

Am luftseitigen Fuß eines zeitweilig eingestauten homogenen Dammes (Basiserdstoff) ist eine Dräneinrichtung mit Filter vorgesehen, um die Sickerlinie so weit abzusenken, dass sie an der Luftseite des Dammes nicht austreten kann. Das Bild 3.50 zeigt die Ausbildung des Dammfußes.

Das Material, das zum Einsatz kommen soll, hat Kornverteilungskurven, die im Bild 3.52 dargestellt sind. Es ist zu untersuchen, ob die vorhandenen Erdstoffe eine gegen Kontakt-

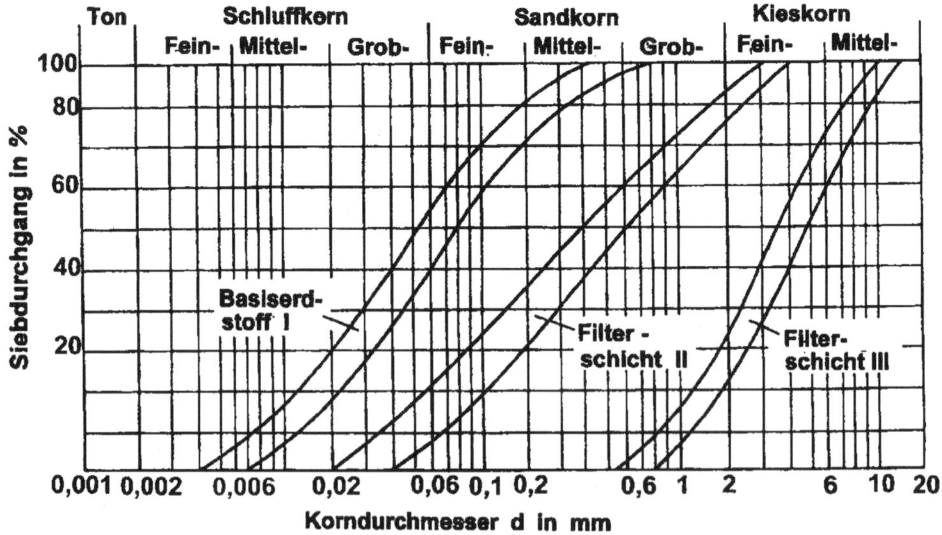

Bild 3.52 Kornverteilungskurven der drei Erdstoffe

erosion ausreichend sichere Konstruktion ergeben. Es wird dabei vorausgesetzt, dass sowohl Basiserdstoff als auch Filtermaterialien ausreichend suffosionssicher sind (vgl. auch das Beispiel S. 122) und dass eine mindestens mitteldichte Lagerung beim Einbau erreicht wird.

Lösungen

a) Ermittlung der Ausgangswerte

Aus Bild 3.52 können Werte für die Erdstoffe entnommen werden, die in den Tabellen 3.8 bis 3.10 zusammengestellt sind.

Tabelle 3.7 Ausgangswerte für den Basiserdstoff I

	min.		mittl.		max.
d_{10}^{I}	0,007		0,01		0,013
d_{50}^{I}	0,04				0,06
d_{60}^{I}	0,053		0,067		0,08
U^{I}	7,1		6,7		6,2
		4,1		10,7	

Tabelle 3.7 Ausgangswerte für die Filterschicht II

	min.		mittl.		max.
d_{10}^{II}	0,034		0,05		0,067
d_{50}^{II}	0,24				0,44
d_{60}^{II}	0,40		0,51		0,62
U^{II}	11,8		10,2		9,3
		6,0		18,2	

Tabelle 3.7 Ausgangswerte für die Filterschicht III

	min.		mittl.		max.
d_{10}^{III}	0,82		1,0		1,2
d_{50}^{III}	2,9				4,0
d_{60}^{III}	3,5		4,2		4,9
U^{III}	4,3		4,2		4,1
		2,9		6,0	

b) Kontakterosion Typ 1/1

Mit Bild 3.53 und den nachfolgend aufgeführten Filterregeln aus [99] wird überprüft, ob an den Kontaktstellen feinerer Erdstoff in die Poren des gröberen gelangen kann, also eine Gefahr der Kontakterosion besteht.

Im Entwurfsdiagramm hat jede U^{II}-Kurve ein Maximum. Für die Erdstoffe I und II kann aus den Tabellen 3.8 und 3.9 entnommen werden: $U^{I} = 7{,}1$ bzw. 6,7 bzw. 6,2. Die U^{II}-Werte sind 11,8 bzw. 10,2 bzw. 9,3. Die Werte für U^{I} liegen links von den Maxima der entsprechenden U^{II}-Werte. Deshalb sind die folgenden ungünstigen Kombinationen möglich, Gln. (3.61) bis (3.64):

a. $$\boxed{\frac{\text{mittl}\,U^{I}}{\min d_{50}^{I}} - \frac{\text{mittl}\,U^{II}}{\max d_{50}^{II}}} \qquad (3.61)$$

Der Abstand für die Korngrößen ergibt sich aus Bild 3.53 für $U^{II} = 10{,}2$ und $U^{I} = 6{,}7$ zu $A_{50,\text{zul}} = 29$ (gestrichelte Linie).

b. $$\boxed{\frac{\text{mittl}\,U^{I}}{\min d_{50}^{I}} - \frac{\min U^{II}}{\min d_{50}^{II}}} \qquad (3.62)$$

Der Abstand wird für $U^{II} = 11{,}8$ und $U^{I} = 6{,}7$ ermittelt zu $A_{50,\text{zul}} = 31$ (gepunktete Linie)

c. $$\boxed{\frac{\min U^{I}}{\min d_{50}^{I}} - \frac{\text{mittl}\,U^{II}}{\max d_{50}^{II}}} \qquad (3.63)$$

Hier wird für $U^{II} = 10{,}2$ und $U^{I} = 7{,}1$ $A_{50,\text{zul}} = 29$.

d. $$\boxed{\frac{\min U^{I}}{\min d_{50}^{I}} - \frac{\min U^{II}}{\min d_{50}^{II}}} \qquad (3.64)$$

Hier ergibt sich für $U^{II} = 11{,}8$ und $U^{I} = 7{,}1$ das $A_{50,\text{zul}}$ zu 31.

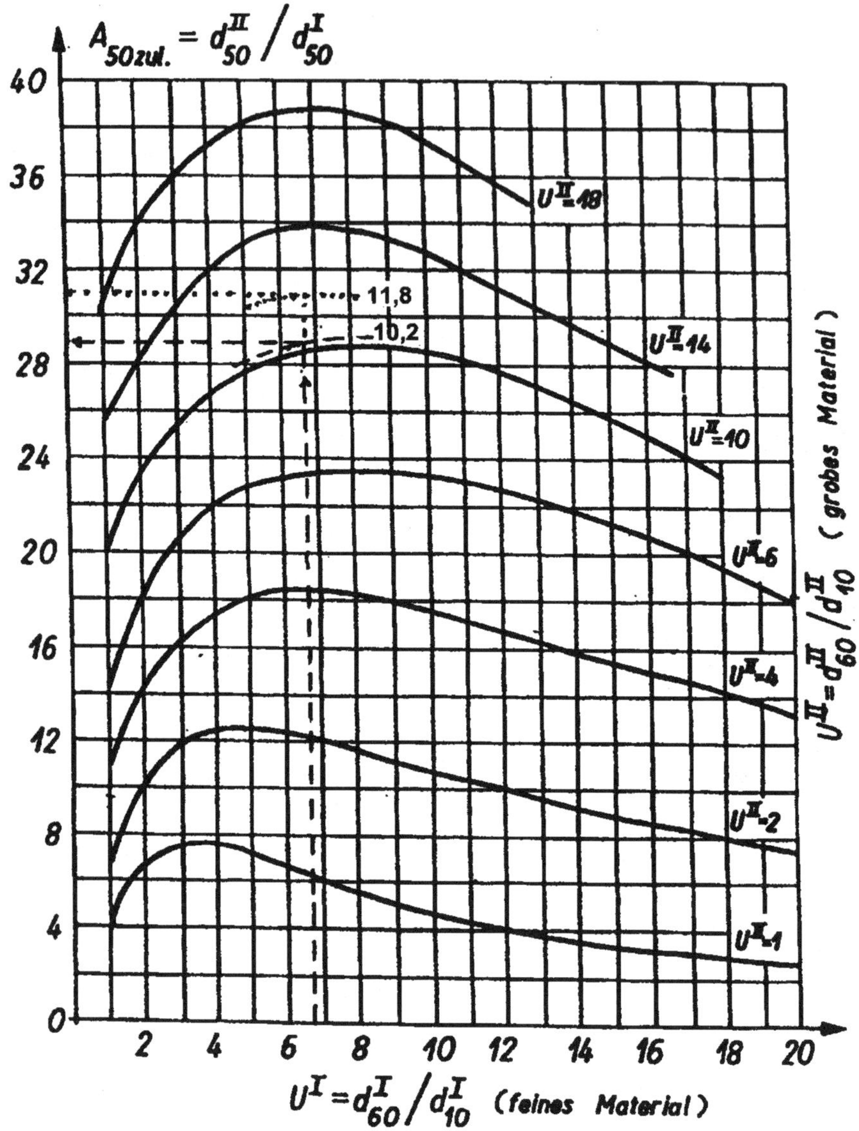

Bild 3.53 Entwurfsdiagramm für Kontakterosion Typen 1/1, 1/3 und 3/1

Die vorhandenen Abstände sollen stets kleiner als die zulässigen sein. Sie ergeben sich bei

a. $A_{50,\text{vorh}} = \dfrac{0,44}{0,04} = 11 < 29$

(Sicherheit ist $\eta = 2,64$)

b. $A_{50,\text{vorh}} = \dfrac{0,24}{0,04} = 6 < 31$ ($\eta = 5,2$)

c. $A_{50,\text{vorh}} = \dfrac{0,44}{0,04} = 11 < 29$ ($\eta = 2,64$)

d. $A_{50,\text{vorh}} = \dfrac{0,24}{0,04} = 6 < 31$ ($\eta = 5,2$)

Zwischen Basiserdstoff I und der Filterschicht II besteht keine Gefahr einer Kontakterosion vom Typ 1/1.

Um für die Schichtgrenze zwischen den Schichten II und III ebenfalls das Bild 3.53 verwenden zu können, rücken die römischen Zahlen jeweils eine Stelle nach vorn, mit U^{I} wird der jeweils feinere Erdstoff charakterisiert usw. Es gilt jetzt $U^{\mathrm{I}} = 11{,}8;\ 10{,}2;\ 9{,}3$ bzw. $U^{\mathrm{II}} = 4{,}3;\ 4{,}2;\ 4{,}1$. Die Werte für U^{I} liegen jetzt rechts von den Maxima der entsprechenden U^{II}-Werte. Deshalb sind jetzt folgende ungünstige Kombinationen möglich:

a. $$\boxed{\frac{\text{mittl}\,U^{\mathrm{I}}}{\min d_{50}{}^{\mathrm{I}}} - \frac{\text{mittl}\,U^{\mathrm{II}}}{\max d_{50}{}^{\mathrm{II}}}} \qquad (3.65)$$

Hier wird für $U^{\mathrm{II}} = 4{,}2$ und $U^{\mathrm{I}} = 10{,}2$ $A_{50,\mathrm{zul}} = 18$.

b. $$\boxed{\frac{\text{mittl}\,U^{\mathrm{I}}}{\min d_{50}{}^{\mathrm{I}}} - \frac{\min U^{\mathrm{II}}}{\min d_{50}{}^{\mathrm{II}}}} \qquad (3.66)$$

Es wird jetzt für $U^{\mathrm{II}} = 4{,}3$ und $U^{\mathrm{I}} = 10{,}2$ der Abstand $A_{50,\mathrm{zul}} = 18$.

c. $$\boxed{\frac{\max U^{\mathrm{I}}}{\max d_{50}{}^{\mathrm{I}}} - \frac{\text{mittl}\,U^{\mathrm{II}}}{\max d_{50}{}^{\mathrm{II}}}} \qquad (3.67)$$

Hier wird für $U^{\mathrm{II}} = 4{,}2$ und $U^{\mathrm{I}} = 9{,}3$ der Abstand $A_{50,\mathrm{zul}} = 19$.

d. $$\boxed{\frac{\max U^{\mathrm{I}}}{\max d_{50}{}^{\mathrm{I}}} - \frac{\min U^{\mathrm{II}}}{\min d_{50}{}^{\mathrm{II}}}} \qquad (3.68)$$

$A_{50,\mathrm{zul}} = 19$ für $U^{\mathrm{II}} = 4{,}3$ und $U^{\mathrm{I}} = 9{,}3$.

Die vorhandenen Abstände der Kornverteilungslinien betragen bei

a. $A_{50,\mathrm{vorh}} = \dfrac{4{,}0}{0{,}24} = 16{,}7 < 18\ (\eta = 1{,}08)$

b. $A_{50,\mathrm{vorh}} = \dfrac{2{,}9}{0{,}24} = 12{,}1 < 18\ (\eta = 1{,}49)$

c. $A_{50,\mathrm{vorh}} = \dfrac{4{,}0}{0{,}44} = 9{,}1 < 19\ (\eta = 2{,}09)$

d. $A_{50,\mathrm{vorh}} = \dfrac{2{,}9}{0{,}44} = 6{,}6 < 19\ (\eta = 2{,}88)$

Erwartungsgemäß ergibt sich hier im Fall a der geringste Sicherheitsbeiwert. Eine Gefahr der Kontakterosion Typ 1/1 besteht nicht.

c) Kontakterosion Typ 2/2

An der Grenzfläche zwischen der Filterschicht III (Dränage) und dem unteren Basiserdstoff I kann eine Kontakterosion nach Typ 2/2 auftreten, vgl. auch Bild 3.50. Auch für diese Art der Erosion ist die Sicherheit nachzuweisen, aber nach einigen Regeln.

Regel 1: *Bei der Kontakterosion Typ 2/2 und 3/2 ist die Anwendung weiterer Erosionsregeln unnötig, wenn das vorhandene mittlere Sickerwassergefälle im Basiserdstoff*

$$\boxed{I^{\mathrm{I}}{}_{\mathrm{vorh}} \le (0{,}7 \text{ bis } 0{,}8) \cdot \frac{(1-n)\cdot(\gamma_{\mathrm{S}} - 1)}{\gamma_{\mathrm{W}}}} \qquad (3.69)$$

ist und die Randbedingungen nach Regel 2 erfüllt sind. Setzt man in diese Gleichung die ungünstigsten Erdstoffkennwerte ein, so ergibt sich als grober Näherungswert:

$I^{\mathrm{I}}{}_{\mathrm{vorh}} \le 0{,}66$

Angenommen, mit $I_{\mathrm{vorh}} = 0{,}7$ aus einem (hier nicht gezeigten, vgl. aber Bild 3.7 Seite 85 und Bild 3.41 Seite 114) hydrodynamischen Netz soll die erste Regel nicht erfüllt sein, müssen weitere Regeln überprüft werden.

Regel 2: *Die Anwendung aller Regeln für die Kontakterosion Typ 2/2 und 3/2 setzt voraus, dass:*

- *das in die Berechnungen eingeführte Sickerwassergefälle $I^{\mathrm{I}}{}_{\mathrm{vorh}}$ im Basiserdstoff auch bei instationärer Sickerwasserströmung nicht überschritten wird, die Filterkombination nicht durch dynamische Kräfte belastet wird, z. B. Erdbeben, Erschütterungen in der unmittelbaren Nähe von Tosbecken, Straßen, bei Pulsationsbetrieb von Brunnen, durch Wellenschlag und Wellensog,*
- *im Basiserdstoff keine bevorzugten Sickerwege vorhanden sind und*
- *der Filtererdstoff die Kontaktfläche homogen berührt.*

Diese Bedingungen sollen in der Aufgabe als erfüllt angesehen werden.

Regel 3: *Werden die Regeln 1 und 2 erfüllt, so kann das Abstandsverhältnis $A_{50} = d^{\mathrm{II}}{}_{50} / d^{\mathrm{I}}{}_{50}$ zwischen Basis- und Filtererdstoff beliebig gewählt werden.*

Regel 4: *Werden die Regeln 1 oder 2 nicht erfüllt, dann kann die Filterbemessung in jedem Fall nach Bild 3.53 erfolgen. Ein danach bemessener Filter ist also auch für die*

Kontakterosion der Typen 2/2 und 3/2 bei einem praktisch beliebigen Sickerwassergefälle I^{I}_{vorh} im Basiserdstoff sicher genug.

Regel 5: *Wird die Regel 1 nicht erfüllt, können jedoch die Randbedingungen der Regel 2 eingehalten werden, so kann der Filterentwurf nach den folgenden Regeln 6 oder 7 erfolgen. In diesem Falle wird die hydraulische Sicherheit gegen Kontakterosion nach folgender Gleichung bestimmt:*

$$\eta_{K,H,vorh} = \frac{I^{I}_{krit}}{I^{I}_{vorh}} \leq \eta_{K,H,erf} \qquad (3.70)$$

Der erforderliche Sicherheitsgrad beträgt $\eta_{K,H,erf} = 1{,}5$, wenn das vorhandene Sickerwassergefälle im Basiserdstoff I^{I}_{vorh} nur näherungsweise bestimmt bzw. $\eta_{K,H,erf} = 1{,}1$, wenn das vorhandene Sickerwassergefälle im Basiserdstoff I^{I}_{vorh} aus einem exakten hydrodynamischen Sickerwasserströmungsnetz entnommen werden kann.

Regel 6: *Das kritische Sickerwassergefälle im Basiserdstoff I^{I}_{krit} wird bei der Kontakterosion Typ 2/2 und 3/2, unter Beachtung der in Regel 8 genannten Randbedingungen bestimmt, wobei das Bemessungsdiagramm im Bild 3.54 verwendet wird, das die funktionelle Abhängigkeit $I^{I}_{krit} = f(A_{50};\, d^{I}_{50})$ enthält.*

Regel 7: *Ist $\eta_{K,H,erf} \cdot I^{1}_{vorh} \leq 1{,}5$, so wird das zulässige Abstandsverhältnis $A_{50,zul}$ unter Beachtung der in Regel 8 genannten Randbedingungen mit Hilfe des Bemessungsdiagramms in Bild 3.55 wirtschaftlicher als nach Regel 6 erhalten. Es enthält die funktionelle Abhängigkeit $A_{50,\,zul} = f(U^{II},\, d^{I})$.*

Mit $A_{50} = \dfrac{d^{III}_{50}}{d^{I}_{50}} = \dfrac{3{,}4}{0{,}05} = 68$ und

$d^{I} = 0{,}05$ mm kann aus Bild 3.55 $I^{I}_{krit} \cong 1{,}6$ ermittelt werden.

Mit $I_{vorh} = 0{,}7$ wird $1{,}5 \cdot 0{,}7 = 1{,}05 < 1{,}5$.

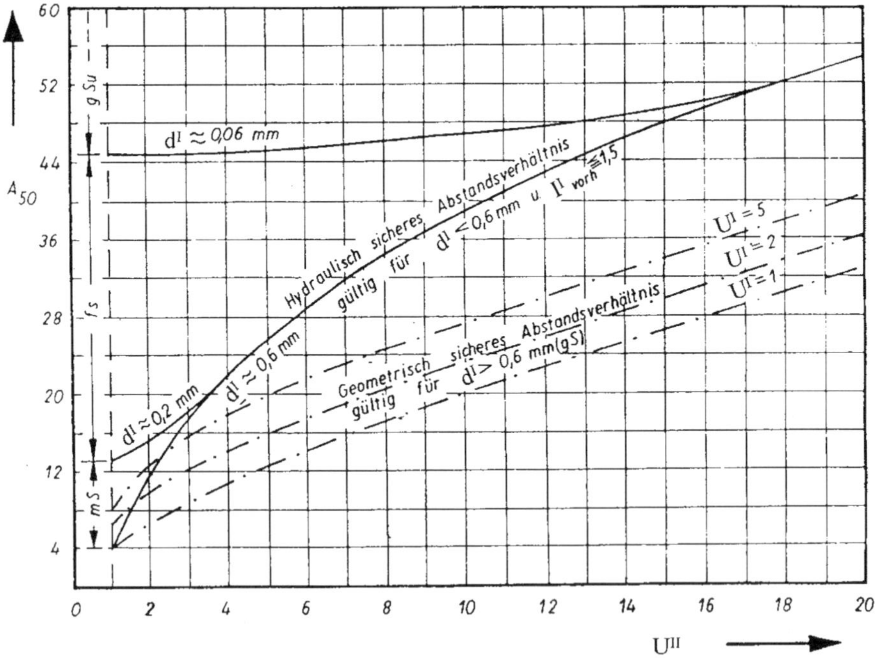

Bild 3.54 Entwurfsdiagramm für die Kontakterosion Typ 2/2 und 3/2
$A_{50,zul} = f(U^{II};\, d^{I})$ bei $U^{I} < 5$ und $\eta_{K,H,erf} \cdot I^{I}_{vorh} < 1{,}5$

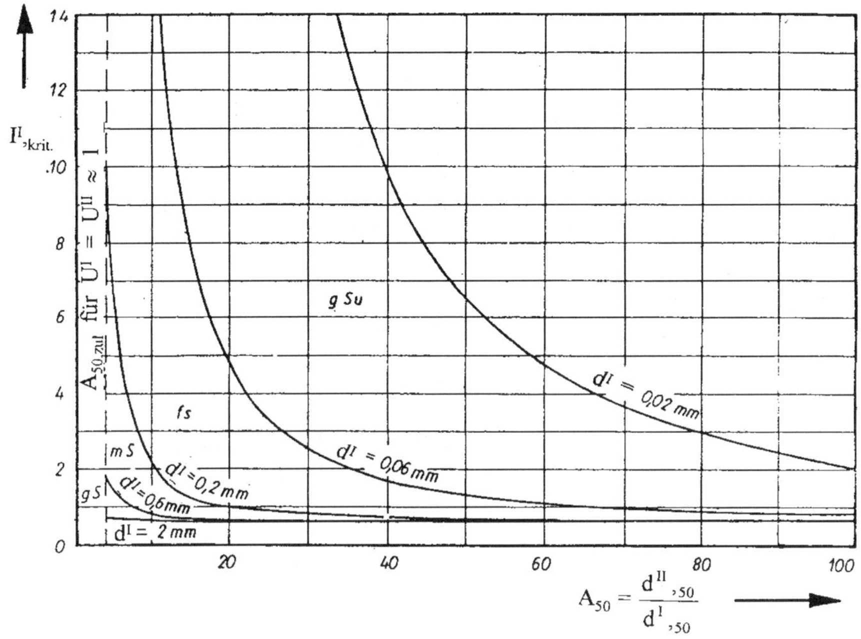

Bild 3.55 Entwurfsdiagramm für Kontakterosion Typ 2/2 und 3/2
$I^{I}_{krit} = f(A_{50}; d^{I})$ bei $U^{I} < 5$ und $U^{II} < 20$

Regel 8: *Die Anwendung der Bemessungsdiagramme in den Bildern 3.54 und 3.55 erfordert die Einhaltung folgender Randbedingungen (zusätzlich zu Regel 2):*

- *Normalspannung in der Kontaktfläche*

$$\boxed{\sigma \geq \gamma_W \cdot t \cdot I_{I,vorh}} \quad (3.71)$$

- *Suffosionssicherer Basiserdstoff mit dem Ungleichförmigkeitsgrad $U^{I} \leq 5$*
- *Suffosionssicherer Filtererdstoff mit $U^{II} \leq 20$*
- *Beliebige Lagerungsdichte beider Erdstoffe*
- *Kornform des Filtererdstoffes kugelähnlich, abgerundet (bei Filtererdstoffen mit einer scharfkantig-eckigen Kornform ist das Abstandsverhältnis $A_{50,zul}$ mit einem zusätzlichen Sicherheitsgrad von $\eta = 1,3$ zu belegen).*
- *Kornform des Basiserdstoffes beliebig*
- *Keine Beeinträchtigung der Entwässerungswirkung des Filters durch die Belastung.*

Mit $U^{II} = 4,1$ und $d^{I} = 0,05$ mm wird die Kontaktfläche hydraulisch sicher.

Die Regel 8 soll hier als erfüllt angenommen werden. Somit kann der luftseitige Stützfuß wie im Bild 3.50 vorgeschlagen ausgebildet werden, vorausgesetzt, die Entwässerung des Basiserdstoffes kann gewährleistet werden.

d) Der Nachweis ausreichender Entwässerung kann mit Bild 3.56 erfolgen. Aus $U^{I} = 6,7$ und $U^{II} = 10,2$ wird $\omega = 1,05$, Bild 3.56. Analog zum Abstand A_{50} wird hier der Abstand A_{10} verwendet.

Mit $A_{10} = \frac{d_{10}^{\;II}}{d_{10}^{\;I}} = \frac{0,05}{0,01} = 5$ kann κ bestimmt werden zu

$$\boxed{\kappa = \left(\frac{A_{10}}{\omega}\right)^2 = \left(\frac{5}{1,05}\right)^2 = 22,7} \quad (3.72)$$

Zwischen den Schichten II und III ergibt sich: $U^{II} = 4,2$; $U^{I} = 10,2$; $\omega = 0,91$; $d_{10}^{\;II} = 1,0$ mm; $d_{10}^{\;I} = 0,05$ mm; $A_{10} = 20$; $\kappa = 483$. Beide κ-Werte sind größer als 15. Folglich ist die Entwässerung ausreichend.

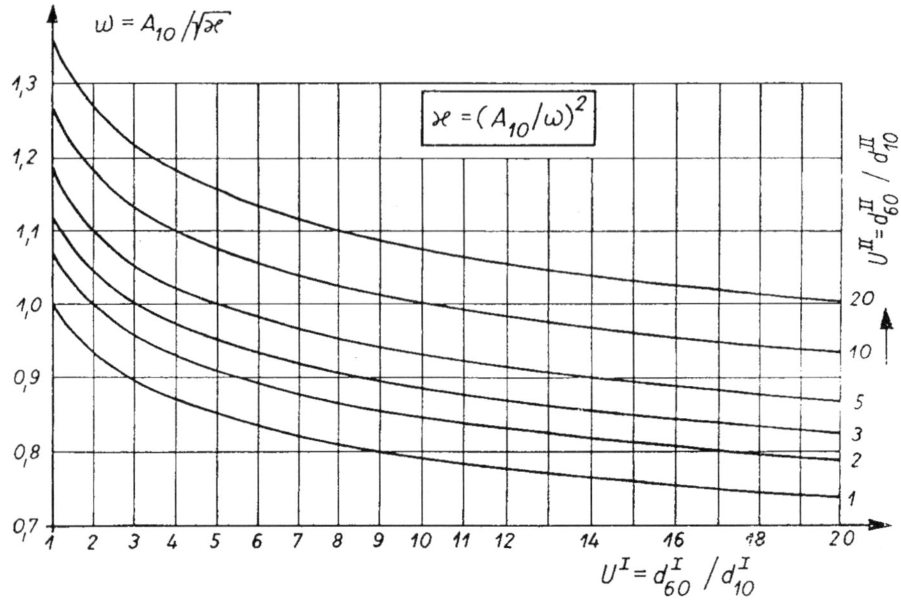

Bild 3.56 Diagramm zur Bestimmung von $\kappa = K_{ai}/k_I$

Beispiel: Stauspiegelsenkung

Ein H = 35 m hoher Staudamm (Bilder 3.57 und 3.58) soll errichtet werden. Ein für die Wasserseite kritischer Lastfall ist immer die Stauspiegelsenkung beim Betrieb bzw. bei der Entleerung des Stauraumes. Gefordert wird im Beispiel, dass der gesamte Stauraum in 350 Stunden entleert werden kann, d. h. die durchschnittliche Absenkgeschwindigkeit des Wasserspiegels würde dann $v_a = 0{,}1$ m/h ($2{,}8 \cdot 10^{-5}$ m/s) betragen. Wasserseitig der Dichtung, die aus einem schluffigen Ton hergestellt wird, soll ein feiner Sand mit $k_f = 4 \cdot 10^{-5}$ m/s und einem wirksamen, spannungsfreien Porengehalt $n_S = 0{,}25$ eingebaut werden, darauf dann die üblichen Schutzschichten (Abschnitt 3.3.8.7). Die wasserseitige Neigung des Dammes beträgt $1 : m = 1 : 2{,}5$. Für die beiden Varianten

- Staudamm mit Kerndichtung, die wasserseitige Neigung der Dichtung beträgt $m' = 0{,}5$,
- Staudamm mit geneigter Innendichtung, die eine wasserseitige Neigung von $m' = 2{,}0$ hat,

soll geklärt werden, wie sich der Wasserspiegel im Sand verhält, wenn der Stauraum mit der angegebenen Absenkgeschwindigkeit entleert wird.

Lösungen

a) Ermittlung des Ähnlichkeitsfaktors

Der Ähnlichkeitsfaktor $\ddot{A}$ nach Gl. (3.73) charakterisiert die Stauspiegelsenkung.

$$\ddot{A} = \frac{k_f}{n_S \cdot v_a} \tag{3.73}$$

Ist $\ddot{A} < 0{,}25$ bis 1,0, dann wird die Lage der Sickerlinie vernachlässigt und der Dammkörper als vollkommen wassergesättigt betrachtet. Der Wert 0,25 gilt dabei für steile, der Wert 1,0 für flache wasserseitige Böschungen. Ist $\ddot{A} > 100$, dann sinkt die Sickerlinie im Dammkörper praktisch mit gleicher Geschwindigkeit wie der Stauspiegel. Bei entleertem Stauraum kann auch der Dammkörper rechnerisch als entwässert angesetzt werden. Ähnlichkeitsfaktoren zwischen diesen Grenzen haben zur Folge, dass die Lage der Sickerlinie die Standsicherheit der wasserseitigen Böschung mehr oder weniger beeinflusst. Hier ist

$$\ddot{A} = \frac{4 \cdot 10^{-5}}{0{,}25 \cdot 2.8 \cdot 10^{-5}} = 5{,}7$$

Folglich ist die Sickerlinie zu ermitteln, da sie Einfluss auf die wasserseitige Böschung hat.

b) Sickerlinie für den Staudamm mit Kerndichtung

Am Dichtungskern hat die Sickerlinie die Höhe h_0, an der Böschung die Höhe h_a. Diese Höhen können nach Gl. (3.74) bzw. (3.75) bestimmt werden.

$$\frac{t}{T} = \frac{e^{1{,}90+0{,}55\cdot m-5{,}35\cdot\frac{h_0}{H}}}{\frac{k_f}{n_S\cdot v_a}} + 1 - \frac{h_0}{H} \qquad (3.74)$$

$$\frac{t}{T} = \frac{e^{1{,}28+0{,}49\cdot m-6{,}40\cdot\frac{h_a}{H}}}{12{,}5^{\log\frac{k_f}{n_S\cdot v_a}}} + 1 - \frac{h_a}{H} \qquad (3.75)$$

T Zeit vom Beginn bis zum Ende der vollständigen Absenkung

t Zeit vom Beginn der Absenkung

Zum Zeitpunkt $t = T$, also am Ende der Absenkung, tritt die größte Differenz zwischen Sickerlinie und Stauspiegel auf, somit auch die stärkste Beanspruchung der wasserseitigen Böschung. Aus Gl. (3.74) ergibt sich für diesen Moment

$$5{,}7\cdot\frac{h_0}{H} = e^{1{,}9+0{,}55\cdot 2{,}5-5{,}35\cdot\frac{h_0}{H}}$$

$$\rightarrow\ 0{,}163\cdot h_0 = e^{3{,}275-0{,}153\cdot h_0}$$

$h_0 = 15{,}40$ m

Mit Gl. (3.75) wird

$$\frac{h_a}{35} = \frac{e^{1{,}28+0{,}49\cdot 2{,}5-\frac{6{,}40}{35}\cdot h_a}}{12{,}5^{0{,}756}}$$

$$\rightarrow\ 0{,}193\cdot h_a = e^{2{,}505-0{,}183\cdot h_a}$$

$h_a = 10{,}1$ m

Auf dem Bild 3.57 ist das hydrodynamische Netz für die ermittelte Situation zu sehen.

c) Sickerlinie für den Staudamm mit geneigter Innendichtung

Die Werte für h_0 und h_a können aus den Gleichungen (3.76) und (3.77) ermittelt werden.

$$\frac{t}{T} = \frac{1+0{,}45\cdot(m-m')\cdot e^{\left[0{,}4\cdot(m+m')-3{,}4\right]\cdot\frac{h_0}{H}}}{4^{\log\frac{k}{n_S\cdot v_a}}} + 1 - \frac{h_0}{H} \qquad (3.76)$$

$$\frac{t}{T} = \frac{0{,}4+0{,}3\cdot(m-m')\cdot e^{\left[0{,}4\cdot(m+m')-3{,}4\right]\cdot\frac{h_a}{H}}}{2{,}5^{\log\frac{k_f}{n_S\cdot v_a}}} + 1 - \frac{h_a}{H} \qquad (3.77)$$

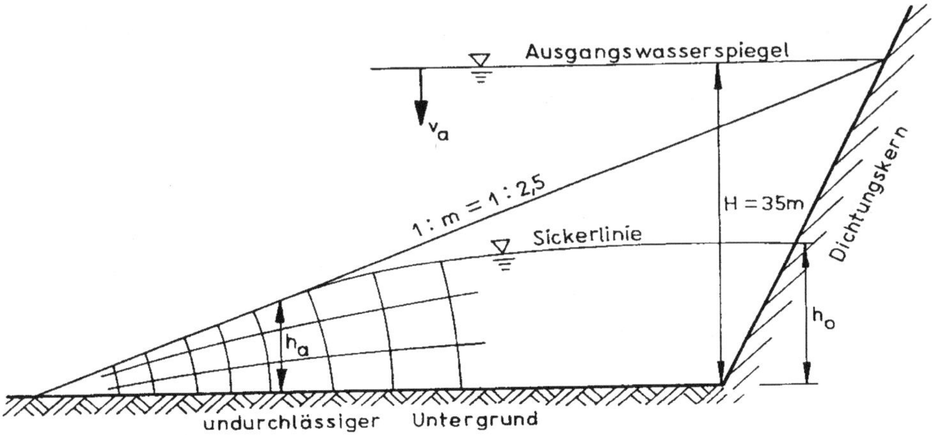

Bild 3.57 Hydrodynamisches Netz für den Damm mit Kerndichtung bei Entleerung des Stauraumes

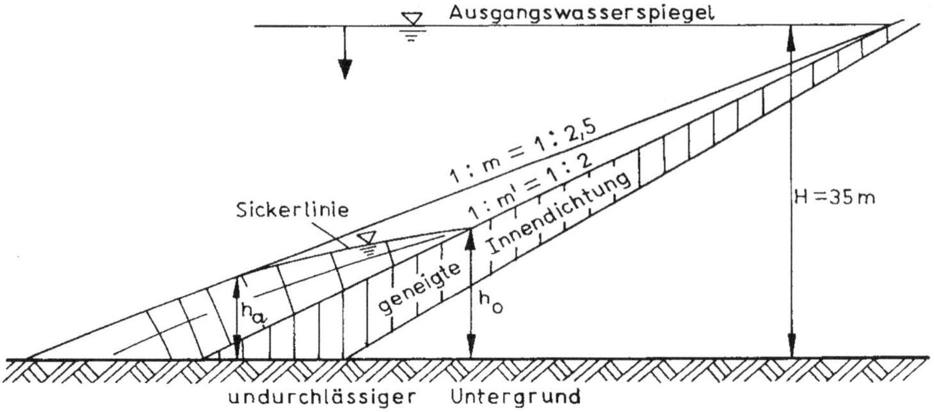

Bild 3.58 Hydrodynamisches Netz für den Damm mit geneigter Innendichtung bei Entleerung des Stauraumes

Auch hier ist bei $\frac{t}{T} = 1$ die größte Beanspruchung der Böschung durch das Sickerwasser vorhanden. Zu diesem Zeitpunkt beträgt h_0

$$\frac{t}{T} = \frac{1 + 0{,}225 \cdot e^{-1{,}6 \cdot \frac{h_0}{H}}}{4^{0{,}756}} + 1 - \frac{h_0}{H}$$

$$\rightarrow \; 0{,}0815 \cdot h_0 = 1 + 0{,}225 \cdot e^{-0{,}0457 \cdot h_0}$$

$h_0 = 13{,}75$ m

Der Wert für h_a errechnet sich zu

$$\frac{h_a}{H} = \frac{0{,}4 + 0{,}15 \cdot e^{-0{,}0457 \cdot h_a}}{2}$$

$$\rightarrow 0{,}0571 \cdot h_a = 0{,}4 + 0{,}15 \cdot e^{-0{,}0457 \cdot h_a}$$

$h_a = 8{,}75$ m

Auf dem Bild 3.58 ist das hydrodynamische Netz dargestellt.

3.3.8.7 Schutzschichten

Die Schutzschicht – (5) im Bild 3.42 – hat die Aufgabe, die unter ihr liegenden Schichten, vor allem die hochempfindliche Dichtungsschicht, vor Zerstörungen zu schützen. Bei den vorgestellten Außenhautdichtungen aus Asphalt- oder Zementbeton übernehmen die Dichtungen auch die Funktion der Schutzschicht.

Die gesamte wasserseitige Böschung ist auf denkbare Extrembeanspruchungen aus Wellen, Eis und Stauspiegelsenkungen zu untersuchen und zu bemessen. Besonders bei größeren Stauseen sind die Wellen eine entscheidende Belastung. Die Wellenhöhe ist der wichtigste Parameter, vgl. Abschnitt 1.3.2.2. Aus der ermittelten Wellenhöhe muss die Größe der Einzelsteine der Schutzschicht festgelegt werden. Diese Größe kann mit ausreichender Genauigkeit nach der Hudson-Formel, Gleichung (3.78), bestimmt werden.

$$W_{50} = \frac{\rho_S \cdot H_{Bem}^{\;3}}{K_R \cdot \left(\frac{\rho_S}{\rho_W} - 1\right)^3 \cdot \cot\alpha} \quad [\text{kg}] \qquad (3.78)$$

K_R ist ein Beiwert, der die Steinform und die Art der Welle (brechend, schwingend) berücksichtigt, z. B. 2,0 für brechende Wellen und 4,0 für nicht brechende (schwingende) Wellen bei Schüttung rauer scharfkantiger Steine [30, S. 77]. W_{50} ist die Masse eines Steines mittlerer Größe in kg, wenn ρ_S und ρ_W in kg/m³, H_{Bem} in m eingesetzt werden, α ist der Böschungswinkel. Die Steine der ermittelten Größe müssen auf einer filterförmig aufgebauten Unterlage aufliegen.

Die mögliche Geschwindigkeit einer Stauspiegelsenkung ist durch die Leistungsfähigkeit der Grundablässe gegeben. Bei einer durchlässigen Schutzschicht besteht keine Gefahr für die Standsicherheit der Steine. Im darunterliegenden Filter bleibt die Standsicherheit ausreichend, solange seine Durchlässigkeit mindestens zehnmal so groß ist wie die Absenkgeschwindigkeit des Stauspiegels. Schnelle Absenkungen des Wasserspiegels wie im Schifffahrtskanal werden im Abschnitt 4.3.3.4 ausführlicher untersucht. Eis kann die Schutzschicht eines Staudammes so belasten, wie es im Abschnitt 1.3.3.2 bereits beschrieben wurde.

Wenn die Schutzschicht dicht (undurchlässig) ist und beim Senken des Wasserspiegels im Speicher nur durch die Umströmung des Fußes ein Wasserspiegelausgleich stattfinden kann, entsteht ein Innenwasserüberdruck. Vorhandene und nicht oder schlecht gedichtete Fugen werden als undurchlässig angenommen (ungünstiger Lastfall), so dass die Entlastung des Innenwasserüberdruckes nur durch Fußumströmung erfolgt. Auch eine seitliche Umströmung des dichten Deckwerkes kann nicht angenommen werden. Eine bemessungswirksame Belastung ergibt sich beim dichten Deckwerk, besonders einer Schutzschicht aus Beton, bei einer Stauspiegelsenkung. Absetzbecken oder kleinere Dämme mit ungenügend ausgebildetem Filter und dichter Schutzschicht sind besonders gefährdet. Bei der Ausbildung einer dichten Schutzschicht muss die Stauspiegelsenkung sehr langsam erfolgen, damit der Wasserspiegel im darunterliegenden Filter nachfolgen kann. Bild 3.59 und die Gleichungen 3.79 bis 3.81 erläutern die Verhältnisse beim Absenken des Wasserspiegels in einer wasserbaulichen Anlage mit geschlossenem (dichtem) Deckwerk. Mit den Bezeichnungen des Bildes 3.59 kann der nach Ablauf des Zeitintervalls Δt_i eingetretene Wasserspiegel im Filter nach Gl. (3.79) bestimmt werden, vgl. [59].

$$Z_{i+1} = -\left(S + \frac{C \cdot \Delta t_i}{2}\right) \cdot \sin\alpha_1 \pm \sqrt{\left[\left(S + \frac{C \cdot \Delta t_i}{2}\right) \cdot \sin\alpha_1\right]^2 + Z_i \cdot \left[Z_i - \left(C \cdot \Delta t_i - 2 \cdot S\right) \cdot \sin\alpha_1\right] + C \cdot \Delta t_i \cdot \sin\alpha_1 \cdot \left(X_i + X_{i+1}\right)}$$

[m] (3.79)

Darin sind

$$C = \frac{k_f \cdot \sin\alpha_1}{n_f} \qquad (3.80)$$

Für die Absenkgeschwindigkeit – z. B. eine zulässige beim Entleeren eines Speichers – kann als durchschnittlicher Wert überschläglich geschrieben werden:

$$v_a = C \cdot \frac{\Delta h_{zul}}{\frac{X_i + X_{i+1}}{2\sin\alpha_1} + \frac{\Delta h_{zul}}{\sin\alpha_1} + S} \quad [\mathrm{m/h}]$$

(3.81)

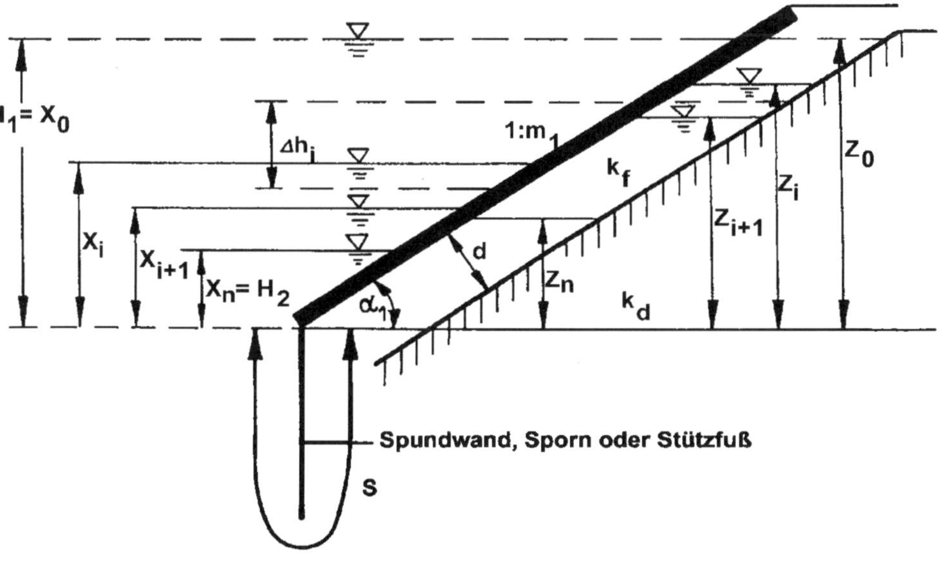

Bild 3.59 Skizze zur Berechnung der Wasserspiegellagen

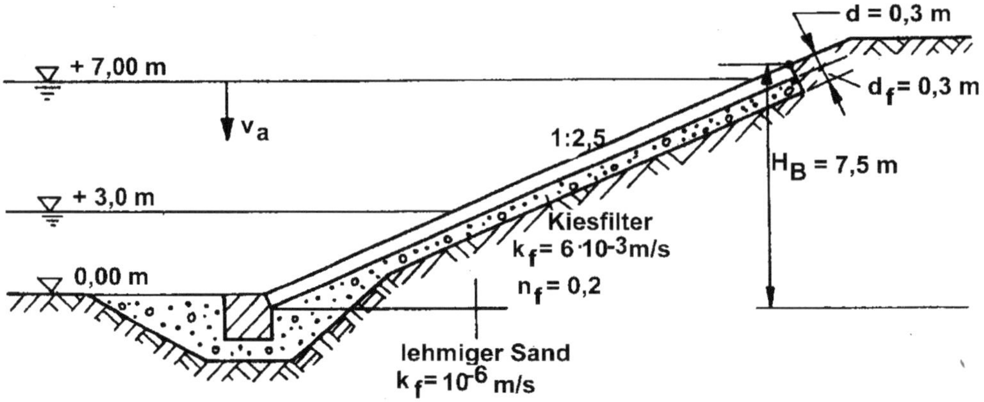

Bild 3.60 Querschnitt durch die Böschungsbefestigung des Beckens

Beispiel: Absenkgeschwindigkeit des Wasserspiegels bei einem dichten Deckwerk

Ein Absetzbecken hat eine nach Bild 3.60 befestigte Böschung. Wegen der Fußumströmung folgt der Wasserspiegel im Kiesfilter dem Absenken des Beckenwasserspiegels, selbstverständlich mit Verzögerung. Durch diese Verzögerung entsteht ein die Standsicherheit gefährdender Innenwasserüberdruck (Grundwasserüberdruck). Der Sickerweg um den Stützfuß beträgt: $S = 0{,}8 + 0{,}5 + 0{,}6 = 1{,}9$ m.

a) Der Wasserspiegel soll mit $v_a = 2$ m/h von + 7,00 m auf + 3,00 m abgesenkt werden, welcher Innenwasserüberdruck tritt auf?

b) Die Böschungsbefestigung verträgt bei 1,1facher Sicherheit gegen Abheben nur ein $\Delta h = 0{,}33$ m und nur 0,08 m bei 1,5facher Sicherheit gegen Gleiten mit der Annahme, dass der Stützfuß eine Stützkraft von $F_{zul} = 4{,}63$ kN/m aufnehmen kann. Wie schnell darf der Wasserspiegel gesenkt werden?

Lösungen

a) Innenwasserüberdruck

Der Innenwasserüberdruck ist notwendig, um die Fußumströmung zu ermöglichen. Seine Größe hängt von der Absenkgeschwindigkeit des Außenwasserspiegels und dem Durchlässigkeitsbeiwert k_f des Filtermaterials ab. Die Zeitintervalle Δt_i sind frei wählbar, hier werden sie gleichmäßig zu 15 Minuten (0,25 Stunden) gewählt. Mit Gl. (3.80) wird

$$C = \frac{6 \cdot 10^{-3} \cdot 0{,}37}{0{,}2} = 1{,}11 \cdot 10^{-2} \text{ m/s}$$
$$= 40 \text{ m/h}$$

$$Z_{i+1} = -\left(1{,}9 + \frac{40 \cdot \Delta t_i}{2}\right) \cdot 0{,}37$$
$$\pm \sqrt{\left[\left(1{,}9 + \frac{40 \cdot \Delta t_i}{2}\right) \cdot 0{,}37\right]^2 + Z_i \cdot \left[Z_i - \left(40 \cdot \Delta t_i - 3{,}8\right) \cdot 0{,}37\right] + 40 \cdot \Delta t_i \cdot 0{,}37 \cdot \left(X_i + X_{i+1}\right)}$$

$$Z_{i+1} = -2{,}55 \pm$$
$$\sqrt{6{,}52 + Z_i \cdot \left[Z_i - 2{,}29\right] + 3{,}7 \cdot \left(X_i + X_{i+1}\right)}$$

Die Auswertung erfolgt in Tabelle 3.11.

Tabelle 3.11 Ermittlung des Innenwasserüberdruckes

i	t_i	X_i	Z_i	Δh
–	h	m	m	m
0	0	7,00	7,00	0
1	0,25	6,50	6,91	0,41
2	0,50	6,00	6,65	0,65
3	0,75	5,50	6,29	0,79
4	1,00	5,00	5,85	0,85
5	1,25	4,50	5,36	**0,86**
6	1,50	4,00	4,83	0,83
7	1,75	3,50	4,27	0,77
8	2,00	3,00	3,71	0,71
9	2,25	3,00	3,28	0,28
10	2,50	3,00	3,10	0,10

b) Absenkgeschwindigkeit

Für die Absenkgeschwindigkeit kann mit Gl. (3.81) ermittelt werden:

$$v_a = 40 \cdot \frac{0{,}08}{\frac{7{,}0+3{,}0}{2 \cdot 0{,}37} + \frac{0{,}08}{0{,}37} + 1{,}9} = 0{,}2 \text{ m/h}$$

Mit diesem Wert ist entsprechend Gl. (3.79) der Wert für Δh nachzuweisen, was in der Tabelle 3.12 erfolgt. Für Δt wurden hier zwei Stunden gewählt.

$$Z_{i+1} = -15{,}5 \pm \sqrt{240{,}3 + Z_i \cdot [Z_i - 28{,}2] + 29{,}6(X_i + X_{i+1})}$$

Nur am Anfang ist eine kleine Überschreitung des zulässigen Wertes für Δh zu beobachten. Das ist dadurch zu erklären, dass mit der Gleichung (3.81) der Durchschnittswert für die Absenkgeschwindigkeit ermittelt wird.

Eine Absenkgeschwindigkeit von maximal 0,2 m/h sichert die Standsicherheit des dichten Böschungsbelages. An vielen anderen wasserbaulichen Anlagen lassen sich viel schnellere Wasserspiegelabsenkungen nicht vermeiden. Auch Windwellen erzeugen wesentlich größere Werte für v_a. Besonders in Kanälen, in denen Sunkwellen durchlaufen, sinkt der Wasserspiegel schneller. Für solche Kanäle wurden oft Wabenplatten verwendet, die eine berechenbare Durchlässigkeit haben, Beispiel auf Seite 258. Für häufige Wasserspiegelsenkungen ist das durchlässige Deckwerk aus Schüttsteinen eine wesentlich bessere Lösung. Bei Deckwerken, die durch Schwebstoffe, Staub oder Bewuchs dichter als geplant werden, ist die Gefahr des Innenwasserüberdruckes zu beachten.

Tabelle 3.12 Nachweis des Innenwasserüberdruckes

i	t_i	X_i	Z_i	Δh
–	m	m	m	m
0	0	7,00	7,00	0
1	2	6,60	6,74	0,14
2	4	6,20	6,28	0,08
3	6	5,80	5,90	0,10
4	8	5,40	5,48	0,08
5	10	5,00	5,08	0,08
6	12	4,60	4,67	0,07
7	14	4,20	4,27	0,07
8	16	3,80	3,86	0,06
9	18	3,40	3,46	0,06
10	20	3,00	3,05	0,05
				∅ 0,08

3.3.9 Sanierung von Staudämmen

Die Sanierung von Staudämmen, gegenwärtig ein Schwerpunkt im Talsperrenbau Deutschlands, ist in erster Linie eine Sanierung von Außenhautdichtungen aus Bitumenbeton. Frostschäden, Blasenbildung und Risse sind die hauptsächlichen Schadensformen an bituminösen Außenhautdichtungen. Die Ursachen liegen sowohl im Verwenden qualitativ nicht ausreichender Komponenten beim Herstellen des Bitumenbetons, als auch in damals noch nicht vorhandenen Erfahrungen bzw. wiss.-techn. Untersuchungen.

Vor allem im Bereich häufiger Wasser-Luft-Wechsel sind die Schäden vorhanden. Das Sanieren der Außenhautdichtung kommt praktisch dem Neubau einer Dichtungsschicht gleich, nachdem die beschädigte Schicht abgefräst oder anders entfernt wurde. Der Einbau der neuen Schicht erfolgt in vertikalen Bahnen, wenn der Speicherraum völlig entleert werden kann, und in horizontalen Bahnen, wenn eine bestimmte Stauhöhe gehalten werden muss (z. B. bei Trinkwasserspeichern).

Die Instandsetzung einer 40 Jahre alten Asphaltbetondichtung des Oberbeckens eines Pumpspeicherwerkes wird in [76] ausführlich beschrieben. Etwa 40 000 m^2 einer 1 : 1,75 geneigten Böschung wurden abgefräst, mit einer neuen Asphaltdichtung belegt und durch eine Schicht aus Sandmastix geschützt.

Ein weiterer Schwerpunkt der Sanierungen ist der Austausch verschlissener Betriebseinrichtungen.

3.3.10 Betriebseinrichtungen von Talsperren

3.3.10.1 Hochwasserentlastungsanlagen

Auf eine gefüllte Talsperre kann ein Hochwasser treffen. Dieses Hochwasser muss am Absperrbauwerk abgeführt werden, ohne große Schäden zu hinterlassen. Zur Ableitung dient die Hochwasserentlastungsanlage (*HWE*).

Nach DIN 19700, Teil 11 [12] sind zwei Bemessungszuflüsse maßgebend: der Bemessungsfall 1, das HQ_{1000}, setzt einen Hochwasser**zu**fluss voraus, der eine Wiederholungszeitspanne von $T_n = 1\,000$ Jahren hat, d. h. in 1 000 Jahren statistisch gesehen, einmal auftritt. Im Bemessungsfall 2 wird eine Wahrscheinlichkeit von 10^{-4} angenommen, d. h. ein 10 000-jährlicher Hochwasserzufluss. Nach Sieber [90] haben im August 2002 sechs Talsperren in Sachsen diesen großen Zufluss, das $HQ_{10\,000}$, erleben müssen.

Der Bemessungshochwasser**ab**fluss über die *HWE* ist geringer als der Zufluss, da die Retention im Stauraum berücksichtigt wird. Die *HWE* muss so ausgelegt sein, dass sie den Bemessungshochwasserabfluss ohne Überschreitung des höchsten Stauzieles abführen kann. Dieser Abfluss erfolgt bei Staumauern meist auf einem Abschnitt des Mauerrückens. Eine andere Möglichkeit ist die Entlastung seitlich der Staumauer, die sog. Hangentlastung, die auch bei Staudämmen oft vorgesehen wird. Besonders typisch für den Staudamm ist der Schachtüberfall.

Die *HWE* auf dem Mauerrücken beginnt mit einem Überlaufbauwerk, das wie ein festes Wehr geformt ist, vgl. auch Bilder 3.1, 3.2, 3.13 u. a.

Da die Anströmgeschwindigkeit wegen des großen Stauraumes gleich null gesetzt werden kann, kann die Gl. (3.2) zur Berechnung des Abflussvermögens verwendet werden.

Um den gewöhnlichen Hochwasserschutzraum zu vergrößern, kann auf dem Überfallrücken noch ein beweglicher Verschluss – meist eine Klappe – montiert werden. Auf dem Rücken der Staumauer fließt das Hochwasser im schießenden Abfluss zwischen seitlichen Begrenzungen hinab. Dabei kommt es zu einer intensiven Durchmischung mit Luft. Soll ein Staudamm auf ähnliche Weise entlastet werden, dann kann das nur über ein separates Massivbauwerk erfolgen, da der Damm selbst nicht überströmt werden darf.

Für den Staudamm sind der Schachtüberfall und die Hangentlastung die typischen Hochwasserentlastungsanlagen. Das Bild 3.61 zeigt einen Schachtüberfall. Der trichterförmige Einlauf wird mit Zirkulationsbremsen ausgerüstet, damit eine Rotation des Strahles beim Herabfallen vermieden wird. An den Schachtüberfall schließen sich ein senkrechter Schacht und eine nahezu horizontale Strecke an. Dieser Stollen, der durch den Staudamm hindurchgeführt wird, kann mit freiem Wasserspiegel oder als Druckrohr durchströmt werden.

Eine Hangentlastung beginnt mit der Sammelrinne, die einseitig (in Hangnähe) oder zweiseitig (in Form eines Entenschnabels in den Stausee hineinreichend) angeströmt wird. An der Luftseite des Dammes setzt sich die Ableitung des Hochwassers in einer Schussrinne fort, die auch kaskadenförmig abgetreppt ausgeführt werden kann. Eine sehr raue Ausbildung der treppenförmigen Schussrinne wandelt bereits Energie um, so dass das Tosbecken kürzer gestaltet werden kann.

Die kinetische Energie des herabschießenden Wassers muss umgewandelt werden, bevor das Wasser in den Bach bzw. Fluss unterhalb der Staumauer fließt. Deshalb bildet den Abschluss einer *HWE* stets ein Tosbecken, das in Abschnitt 3.2.1 bereits vorgestellt wurde.

Bei den Betriebseinrichtungen von Talsperren – insbesondere bei den *HWE* – ist auch heute noch der hydraulische Modellversuch ein unentbehrliches Hilfsmittel bei der Planung, Rekonstruktion oder Modernisierung. Er wird deshalb auch in der DIN 19700 besonders empfohlen.

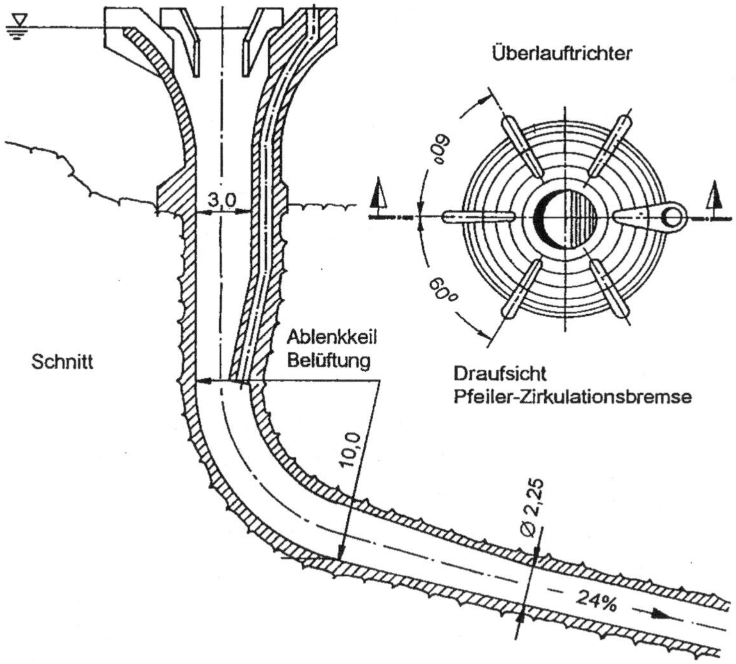

Bild 3.61 Schachtüberfall

Beispiel: Bemessung einer Hochwasserentlastungsanlage

Der Hochwasserüberlauf einer Staumauer ist ein fester Überlauf nach Bild 3.62, links. Mit einem Überfallbeiwert, z. B. nach [81, S. 13.35] von $\mu = 0{,}73$ und einer Breite von 80 m wurde er ausgebildet, weil er ein Hochwasser von $Q = 400\ m^3/s$ abzuführen hatte. Nunmehr soll die Höhe des gewöhnlichen Hochwasserschutzraumes durch Aufsetzen von drei Klappen zu je 24 m Breite, getrennt durch zwei je 4 m breite Pfeiler, um 2,00 m vergrößert werden, Bild 3.62, rechts. Beim Abfluss des Bemessungshochwassers dürfen diese 2 m Stauhöhe nicht überschritten werden. Sind 400 m³/s noch abzuführen, obwohl der Überfallbeiwert durch den Einbau der Klappe auf $\mu = 0{,}68$ verringert wird.

Lösungen

Mit den Werten der Aufgabenstellung kann die Gl. (3.2) nach der Überfallhöhe h wie folgt aufgelöst werden:

$$h = \sqrt[3]{\left(\frac{400 \cdot 3}{2 \cdot 0{,}73 \cdot 4{,}43}\right)^2} = 1{,}75\,\text{m}$$

Fragen der Standsicherheit der Staumauer sollen hier nicht untersucht werden. Es wird vorausgesetzt, dass die Erhöhung möglich ist.

Für die veränderten Verhältnisse ($b = 3 \cdot 24 = 72$ m; $\mu = 0{,}68$; $h \leq 2{,}00$ m) wird Q ermittelt zu

$$Q = \frac{2}{3} \cdot 0{,}68 \cdot 4{,}43 \cdot 72 \cdot 2^{\frac{3}{2}} = 409\,\text{m}^3/\text{s}$$

$$> 400\ \text{m}^3/\text{s}$$

Durch das Anbringen der Pfeiler (falls diese als Auflager einer Brücke über die Mauer nicht ohnehin schon vorhanden waren) ergibt sich eine seitliche Einschnürung des Überfallstrahles. Diese kann berücksichtigt werden, indem eine Gesamtbreite nach Gl. (3.83) ermittelt wird.

$$b = \frac{Q}{\frac{2}{3} \cdot \mu \cdot \sqrt{2 \cdot g} \cdot h^{\frac{3}{2}}} + \sum b_{Pf} + 2 \cdot n \cdot \xi \cdot h \quad [\text{m}] \qquad (3.83)$$

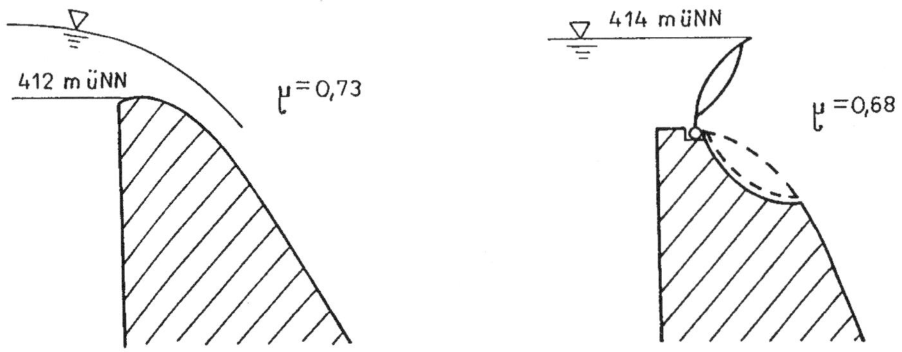

Bild 3.62 HWE vor (links) und nach (rechts) dem Umbau

Im Beispiel ist $\sum b_{\text{Pf}} = 2 \cdot 4 = 8{,}0\,\text{m}$; $n = 3$ (Anzahl der Pfeiler plus zwei Hälften der seitlichen Widerlager). Der ξ-Beiwert kann dem Bild 3.63 entnommen werden. Somit wird b, wenn nicht ausgerundete Pfeiler verwendet werden:

$$b_{\text{erf}} = \frac{400}{\frac{2}{3} \cdot 0{,}68 \cdot 4{,}43 \cdot 2^{\frac{3}{2}}} + 2 \cdot 4 + 2 \cdot 3 \cdot 0{,}1 \cdot 2$$

$$= 79{,}62\,\text{m} < 80\,\text{m} = b_{\text{vorh}}$$

Unter der Voraussetzung, dass auch aus anderer Sicht (Standsicherheit der Staumauer, Verringerung des Freibordes) keine Einwände kommen, kann der Hochwasserüberlauf umgebaut werden.

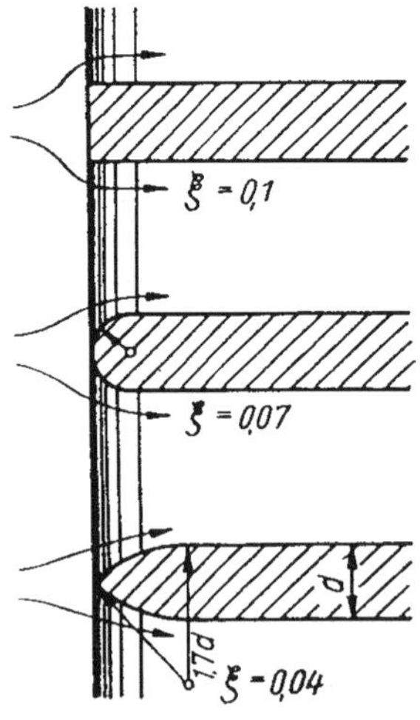

Bild 3.64 Einschnürungsbeiwerte bei Pfeilern aus [02]

Zwei Bemessungsbeispiele für Schachtüberfälle können bei Bollrich [02] nachgelesen werden.

3.3.10.2 Entnahmeanlagen

Mit Hilfe der Entnahmeanlagen wird das gestaute Wasser seinem Verwendungszweck zugeführt. Dementsprechend unterschiedlich sind die Entnahmen für den Betrieb der Talsperre angeordnet und konstruiert. Die Einläufe der Entnahmeanlagen müssen gegen Verlandung, Treibgut, Eis u. Ä. geschützt angebracht werden. Jeder Auslass muss mit mindestens zwei Verschlüssen ausgerüstet sein, die unabhängig voneinander zu bedienen sind. Bei maschinellem Antrieb der Verschlüsse ist zusätzlich Handantrieb vorzusehen, der gegen unbefugtes Benutzen zu sichern ist.

Trinkwasser wird in verschiedenen Höhen entnommen, damit je nach Stauhöhe und Jahreszeit stets das beste Wasser verwendet werden kann. Bewässerungswasser für die Landwirtschaft wird nahe unter dem jeweiligen Stauspiegel entnommen, da es möglichst warm sein soll. Die Oberkante der Entnahme muss dabei aber um Δh unter dem Stauspiegel liegen, damit keine Luft eingesaugt wird. Keine besonderen Anforderungen bestehen, wenn Brauchwasser entnommen werden soll.

$$\boxed{\Delta h = 1{,}0 + \left(1 + \zeta_{\text{E}}\right) \cdot \frac{v^2}{2}}\ [\text{m}] \qquad (3.84)$$

ζ_{E} Eintrittsverlustbeiwert

v Fließgeschwindigkeit im Rohr in m/s

Talsperren dienen meist auch zur Gewinnung elektrischer Energie. Zum Wasserkraftwerk muss dann auch eine Entnahmeleitung führen. Diese beginnt möglichst hoch über der Beckensohle, um ein Einsaugen von Geschiebe, Schlamm u. a. Ablagerungen zu vermeiden. Da bekanntlich die hydraulischen Verluste in einer Rohrleitung mit dem Quadrat der Fließgeschwindigkeit steigen, wird die Geschwindigkeit im Zulauf zum Wasserkraftwerk klein gehalten ($v \le 2{,}5$ m/s).

3.3.10.3 Grundablässe

Grundablässe dienen vor allem der Entleerung des Speicherbeckens, z. B. für Instandsetzungen. Sie werden auch zur Hochwasservorentlastung herangezogen. Wegen der tiefen Lage des Grundablasses gelangen auch Ablagerungen von Sedimenten durch den Grundablass. Für die Bemessung der Grundablässe ist maßgebend, dass nur so viel Wasser durch sie fließen darf, wie unterhalb der Talsperre auch schadlos abfließen kann. Meist werden Grundablässe für die fünf- bis zehnfache Mittelwassermenge bemessen. Andererseits soll auch bei abgesenktem Stauspiegel noch ein ausreichend großer Abfluss vorhanden sein, und die zulässige Absenkgeschwindigkeit im Stauraum soll auch erreicht werden können.

Talsperren müssen zwei unabhängig voneinander arbeitende Grundablässe haben, um auch beim Ausfall einer Anlage noch einen normalen Betrieb gewährleisten zu können. Die Abmessungen der Rohrleitungen und der Armaturen ergeben sich daraus, dass die Fließgeschwindigkeit im Rohr 10 m/s nicht überschreiten soll. Der Durchfluss durch einen Grundablass errechnet sich zu

$$Q = A \cdot \sqrt{\frac{2 \cdot g}{1 + \sum \xi}} \cdot \sqrt{H} \quad [\mathrm{m^3/s}] \qquad (3.85)$$

In erster Näherung kann $\sum\xi$, die Summe der Verlustbeiwerte aus Eintritts-, Schieber-, Rohrreibungs- und Krümmerverlusten, als gleichbleibend angesehen werden. Die Fläche A, der kleinste Durchflussquerschnitt, tritt an Regelorganen auf. Mit dem Ändern dieser Fläche kann z. B. Q konstant gehalten werden, wenn die Stauhöhe H abnimmt. Auch die Abgabe der notwendigen Mindestwassermenge für das Gewässer unterhalb der Talsperre ist dadurch möglich.

Jeder Grundablass muss mindestens zwei Verschlüsse haben, die unabhängig voneinander zu bedienen sind, Bild 3.64.

An der Wasserseite der Talsperre befindet sich meist ein Talsperrenschieber, der von der Krone aus bedient werden kann. Er wird nur geschlossen, wenn am Grundablass Reparaturen vorgenommen werden müssen. Nach einem kurzen Stück Rohrleitung schließt sich ein Absperrorgan an. Hierfür wird häufig eine Drosselklappe verwendet. An der Luftseite liegt das Regelorgan. Mit ihm wird die durch den Grundablass abzugebende Wassermenge geregelt. Sehr oft wird hierfür ein Ringkolbenschieber (Ringkolbenventil) verwendet. Hinter

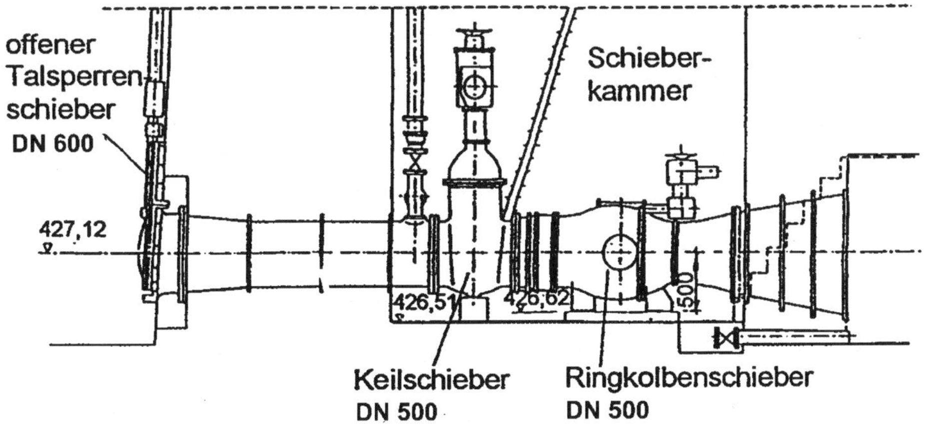

Bild 3.64 Grundablassanlage einer kleinen Staumauer

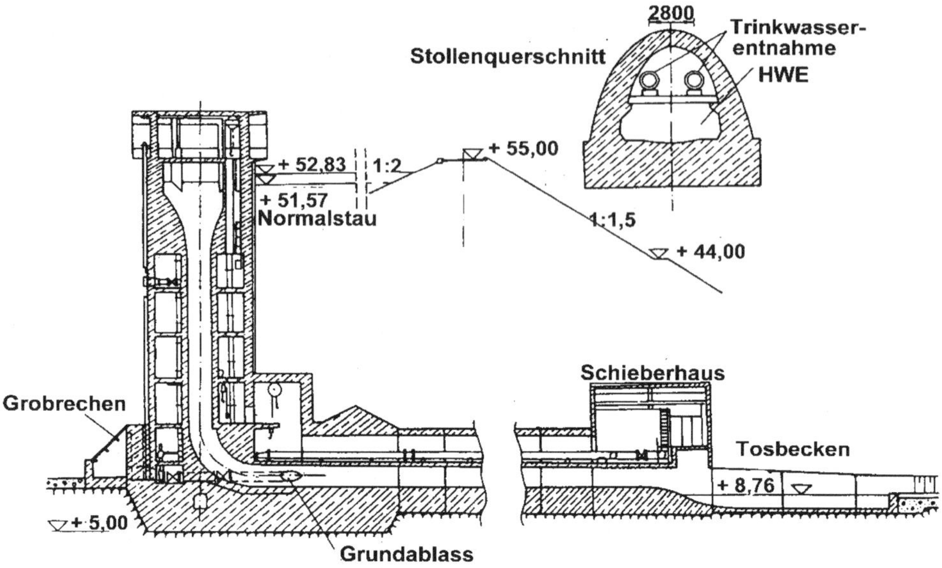

Bild 3.65 Komplexbauwerk der Talsperre Lichtenberg

dem Ringkolbenschieber gelangt das Wasser ins Tosbecken, bevor es unterhalb der Talsperre weiterfließt. Besonderer Überlegungen bedarf stets die Wasserableitung während der Bauzeit. Hochwasser kann in dieser Zeit Schäden verursachen. In vielen Fällen wurden die späteren Grundablassanlagen für die bauzeitliche Hochwasserabführung genutzt.

Eine andere Lösung sind Umgehungsstollen, die das Wasser seitlich an der Baustelle vorbei durch den Hang führen.

Grundablass, Entnahmeanlagen und die Hochwasserentlastungsanlage können in einem Komplexbauwerk zusammengefasst werden, eine Lösung, die besonders bei Staudämmen Vorteile bringt, Bild 3.65.

3.3.10.4 Mess- und Kontrolleinrichtungen

Stand- und Funktionssicherheit einer Staumauer müssen ständig kontrolliert werden. Wasserdrücke und versickernde Wassermengen, Temperaturen, Spannungen und Verformungen des Betons sowie Deformationen der gesamten Mauer werden in regelmäßigen Abständen gemessen.

Der Sohlenwasserdruck ist mit Druckmessdosen kontrollierbar, die im unteren Kontrollgang abgelesen werden können. Dort laufen auch die Stränge der Entwässerungseinrichtungen zusammen, so dass das durch die Mauer sickernde Wasser hier ebenfalls kontrolliert werden kann. Über den Temperaturverlauf im Innern der Mauer geben einbetonierte Thermometer Auskunft, die an einer zentralen Stelle abgelesen werden. Zur gesamten Überwachung einer Staumauer gehört auch das Feststellen von Verformungen der Mauer, hervorgerufen durch die Belastung aus dem gestauten Wasser. Mit Polygonzugmessungen werden bei verschiedenen Stauhöhen die horizontalen Bewegungen der Mauerkrone ermittelt. Mess- und Kontrolleinrichtungen für Staudämme werden bereits mit Baubeginn wirksam. Außer dem Staudamm wird auch seine Umgebung mit in die Messungen einbezogen, d. h. der Stauraum, der Bereich unterhalb der Sperre, der Untergrund des Dammes und die seitlichen Hänge. Die Überwachung konzentriert sich vor allem auf den Dammkörper, darüber hinaus auch auf die Funktions- und Leistungsfähigkeit der Betriebseinrichtungen.

Sickerwassermengen festzustellen, heißt vor allem, sie zu sammeln. Dazu werden die Dränagen zusammengeführt, und das Sickerwasser wird einer Messstelle zugeleitet. Durch diese Kontrolle lassen sich Fehler in der Dichtung auch dann feststellen, wenn die Dichtung im Innern des Dammes liegt.

Verformungen eines Staudammes sind vor allem vertikale (Setzungen), horizontale (Verschiebungen) Bewegungen, aber auch axiale, relative und örtliche Lageänderungen. Diese Verformungen werden für die Bauzeit, die Schonzeit, die Zeit des Einstauens und später in größeren Zeitabständen für die Betriebszeit festgehalten. Ein großer Teil der vertikalen Verformungen vollzieht sich in der Bauzeit. Die mit dem Einstau beginnenden Horizontalverschiebungen und weitere Setzungen sind besonders bei Außenhautdichtungen gefährlich, können sie doch zum Abreißen der Dichtung an den seitlichen Talhängen oder an Massivbauwerken führen. Außerdem auftretende axiale Bewegungen in Richtung der Staudammachse beanspruchen die Außenhautdichtung noch weiter. Staudämme, für die eine Außenhautdichtung vorgesehen ist, müssen folglich besonders gut verdichtet werden.

Porenwasserdrücke werden in Piezometern gemessen. Sie sollen Auskunft geben über die Standsicherheit feinkörniger Böden, insbesondere von Dichtungen aus natürlichen Erdstoffen.

3.4 Sedimentationsbecken

3.4.1 Aufgaben und Besonderheiten von Sedimentationsbecken

Sedimentationsbecken sind Stauanlagen, deren Staubecken ausschließlich dem Rückhalt absetzbarer Schwebstoffe dienen. Solche Stoffe können sein: Rückstände aus Produktionsanlagen wie Asche, Sand und Staub, Endprodukte chemischer Prozesse, von Erzen getrennte Beimengungen oder Reste der Kohlenwäsche. Sedimentationsbecken werden als Nebenanlagen im Bergbaubetrieb oder in der Nähe von Produktionsstätten gebaut.

Für den Betrieb von Sedimentationsbecken wird hier vorausgesetzt, dass die sich absetzenden Stoffe chemisch und biologisch unbedenklich, also umweltverträglich sind. Insbesondere bei Rückständen aus der Produktion chemischer Betriebe können zu den absetzbaren Stoffen umfangreiche Untersuchungen notwendig werden, die auch auf bauliche Details der Sedimentationsbecken Einfluss haben können. Da die Sedimentationsbecken oft viele Hektar groß sind, muss der Auswahl geeigneter Flächen besondere Aufmerksamkeit geschenkt werden. Sowohl denkbare Gefährdungen des Grundwassers oder der Umgebung als auch die Art des abzusetzenden Stoffes, aber auch die Spültechnologie und die Möglichkeiten des Klarwasserabzuges bestimmen Art, Größe und auch die bauliche Gestaltung der Sedimentationsbecken.

3.4.2 Spül- und Absetzvorgänge

Stauräume von Talsperren und Wehren verlanden, im Flusslauf treten Untiefen (Heger) als Hindernisse für die Schifffahrt auf. Diese unangenehmen Erscheinungen haben hydromechanisch die gleichen Ursachen: mit größer werdendem Fließquerschnitt verringert sich die Fließgeschwindigkeit des Wassers (Kontinuitätsgesetz). Mit kleiner werdender Fließgeschwindigkeit wird das Transportvermögen des bewegten Wassers geringer. Dadurch kommt es zu Ablagerungen zunächst gröberer, dann immer feinerer Körnungen. Diese Vorgänge werden in Sedimentationsbecken technisch genutzt. Von der Stelle, an der das Gemisch aus Feststoff und Wasser anfällt (Bergbau oder Industriebetrieb), wird es in Rohrleitungen zum Sedimentationsbecken transportiert. Eine mögliche Anordnung eines Sedimentationsbeckens im Gebirge zeigt das Bild 3.66. Hier wurde ein Tal durch einen Damm, den Hauptdamm, abgeriegelt. Auf diesem Damm wird entlang der Krone das Wasser-Feststoff-Gemisch aus einem Holzgerinne oder einer Rohrleitung, also linienförmig, eingeleitet. Dadurch entsteht der Spülstrand. Aus dem Längsschnitt der Anlage geht die Technologie der Sedimentationsbecken hervor. Mit dem Betrieb der Anlage wächst der Damm – mit dem Wachsen des Dammes ist ein weiterer Spülbetrieb möglich. Für den Aufbau des Dammes ist wichtig, dass er als Zonendamm errichtet wird, vgl. Bild 3.33.

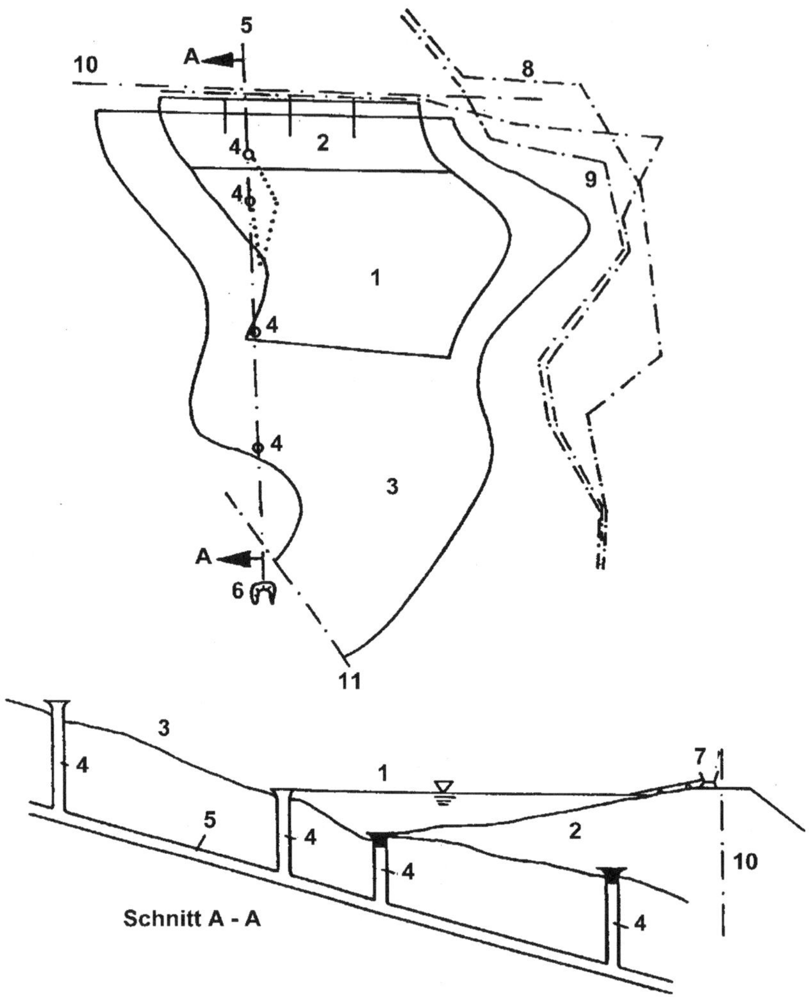

1 Klärteich; 2 Spülstrand; 3 Klärteich nach Inbetriebnahme eines Gegendammes; 4 Schrote mit angeschlossenen Mönchen; 5 Achse des Umleitungsstollens; 6 Einlauf in die Umleitung; 7 Holzgerinne oder Rohrleitung für die Trübe; 8, 9 Rückwasserleitungen; 10 Achse des Hauptdammes; 11 Achse des Gegendammes

Bild 3.66 Lageplan und Längsschnitt eines Sedimentationsbeckens

Das Gemisch aus Wasser und Feststoff ist sehr unterschiedlich zusammengesetzt. Im Bergbau fallen bei der Aufbereitung der abgebauten verunreinigten Gesteine große Mengen wertlosen Gesteins an. Das vom Rohstoff getrennte Gestein bildet zusammen mit dem Waschwasser ein Schlamm-Wasser-Gemisch, das als Trübe bezeichnet wird. Der Feststoffgehalt beträgt etwa 50 bis 300 g je Liter Trübe. Viel feinere Stoffe und oft in geringeren Konzentrationen kommen in den Sedimentationsbecken der Industriebetriebe an. So enthält z. B. die Asche von Braunkohlekraftwerken kaum noch Sandanteile.

Oft sind es die Qualitätsanforderungen an das aus dem Sedimentationsbecken fließende Wasser, die die Technologie der Beschickung und vor allem die Größe der Sedimentationsbecken bestimmen. Wie das Bild 3.66 zeigt, kann aber durch Zurückpumpen des Wassers mit anschließender Wiederverwendung besonders hohen Forderungen an die Reinheit des Wassers aus dem Wege gegangen werden.

Um ein Sedimentationsbecken ausreichend bemessen zu können, muss das Sedimentationsverhalten aller abzusetzenden Stoffe bekannt sein. Das Absetzen erfolgt in zwei Phasen:

1. Sedimentation während des Fließens des Trübestromes über den Spülstrand,
2. Sedimentation im überfluteten Teil des Spülfeldes (Klärteich).

Über dem Spülstrand kann der aus der Rohrleitung oder dem Gerinne austretende Gemischstrahl als Tauchstrahl betrachtet werden. Das Bild 3.67 zeigt die Ausbreitungscharakteristiken eines ebenen Tauchstrahles. Für den ebenen Tauchstrahl gelten folgende Gesetzmäßigkeiten:

$$\frac{v_{max}}{v_0} = \frac{2{,}88}{\sqrt{\frac{x}{B_0}}} \quad (3.86)$$

$$\frac{v_x}{v_0} = \frac{2{,}28 \cdot e^{-42{,}45 \cdot \left(\frac{y}{x}\right)^2}}{\sqrt{\frac{x}{B_0}}} \quad (3.87)$$

In einer Entfernung von $y = C \cdot x$ von der Strahlachse tritt die durchschnittliche Fließgeschwindigkeit auf. Für den ebenen Strahl ist $C = 0{,}1085$.

$$\frac{Q_x}{Q_0} = 0{,}62 \cdot \sqrt{\frac{x}{B_0}} \quad (3.88)$$

Mit der Gl. (3.86) kann die maximale Geschwindigkeit im Strahl abhängig von der Entfernung von der Einspülstelle errechnet werden, mit Gl. (3.87) die durchschnittliche. Die Geschwindigkeiten nehmen kontinuierlich ab, dadurch kommt es zum Absetzen immer feinerer Teilchen. Die Schwebstoffe, d. h. alle Körnungen mit einem $d < d_{Gr}$, kommen nicht über dem Spülstrand zur Ablagerung. Sie sinken erst im Klärteich zu Boden. Der Grenzdurchmesser zwischen Schwebstoff und Geschiebe kann nach Gl. (1.15) ermittelt werden.

Der Klärteich wird mit einer Geschwindigkeit durchströmt, die kaum noch feststellbar ist. Die Größe des Klärteiches richtet sich nach den Sinkgeschwindigkeiten der abzusetzenden Teilchen (Schwebstoffe). Zur Feststellung dieser Geschwindigkeit kann zunächst ein einfacher Versuch im Standzylinder durchgeführt werden. Wie Untersuchungen zeigten, ergibt er Fehler von höchstens 20 %, so dass für die Auslegung eines Sedimentationsbeckens gute Ausgangswerte gewonnen werden können. Nach Bild 3.68 kann die Zeit bestimmt werden, nach der das ursprünglich aufgerührte Gemisch zu ausreichender Sedimentation gekommen ist.

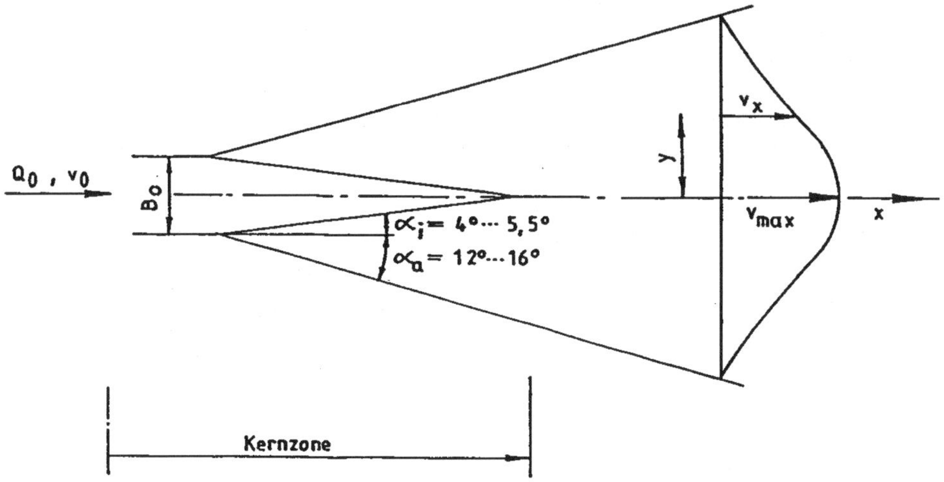

Bild 3.67 Charakteristische Größen eines ebenen Tauchstrahls

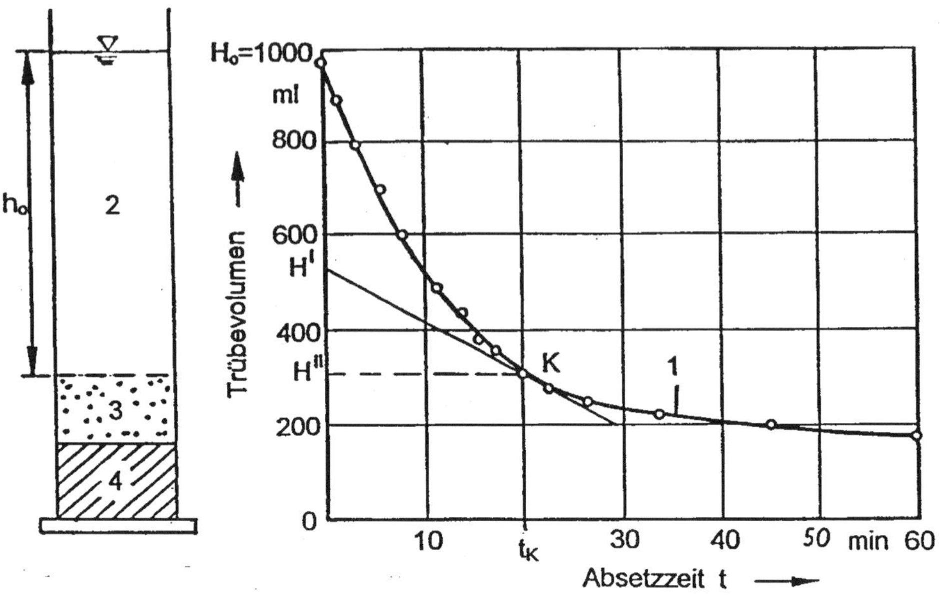

1 Absetzkurve, 2 Wasser, 3 Kompressionszone, 4 komprimierter Feststoff

Bild 3.68 Versuch zur Bestimmung der Absetzzeit

Der sedimentierende Stoff erreicht die Kompressionszone, wenn der freie Fall beendet ist. Er hat im Punkt K die Absinkgeschwindigkeit

$$v_K = \frac{H' - H''}{H_0} \cdot \frac{h_0 \cdot 60}{t_K} \quad (v_K \text{ in m/h}) \qquad (3.89)$$

3.4.3 Dämme zur Spülfeldbegrenzung

Drei beliebige Beispiele festgestellter Kornanteile von Trüben, die in Sedimentationsbecken abgelagert wurden, zeigt das Bild 3.67. Von diesem Material soll so viel wie möglich zum Aufbau des Abschlussdammes bzw. der seitlichen Begrenzungsdämme des Sedimentationsbeckens verwendet werden. Das vergrößert den Absetzraum und spart Transportkosten. Durch Fremdgut sind die Dämme zu ergänzen. Ein Abschlussdamm in einem Tal, wie auf Bild 3.66 dargestellt, kann die Höhe einer mittleren Talsperre erreichen. Fragen der Standsicherheit und der Durchsickerung eines solchen Abschlussdammes sind bereits bei den homogenen Dämmen erläutert worden.

Für das Beschicken eines Sedimentationsbeckens sind zwei Möglichkeiten zu unterscheiden: die Längseinspülung, linienförmig, Bild 3.66, und die konzentrierte Einspülung aus einem Rohr, dessen Ausmündungsstelle verändert werden kann.

Beim Längseinspülen sammelt sich das gröbste Gut, wie bereits erläutert wurde, auf dem Spülstrand, das feinere auf dem Grund des Beckens. Beim konzentrierten Einspülen sammelt sich grobkörniges Material an der Einspülstelle. An die Dämme gelangt nur das Korn der Trübe. Dort versickert das Wasser durch die Dämme, dichtet diese durch Kolmation. Für die Dämme ist dabei zu beachten, dass über dem durch Kolmation gedichteten Dammbereich eine Klarwasserlamelle vorhanden ist, so dass sich eine permanente Sickerlinie ausbilden wird, vgl. Abschnitt 3.3.7.

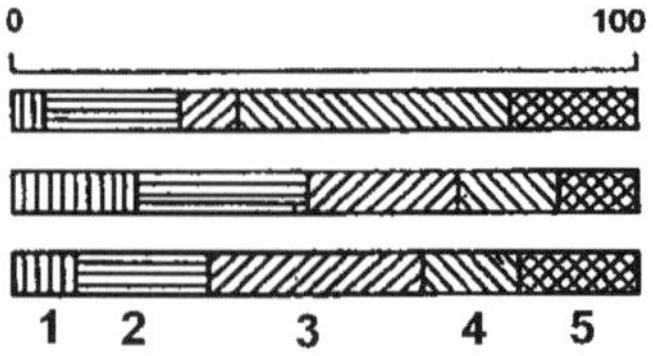

1 Grobsand, 2 Mittelsand, 3 Feinsand, 4 Schluff, 5 Ton

Bild 3.69 Kornanteile dreier Proben von Sedimentationsgut

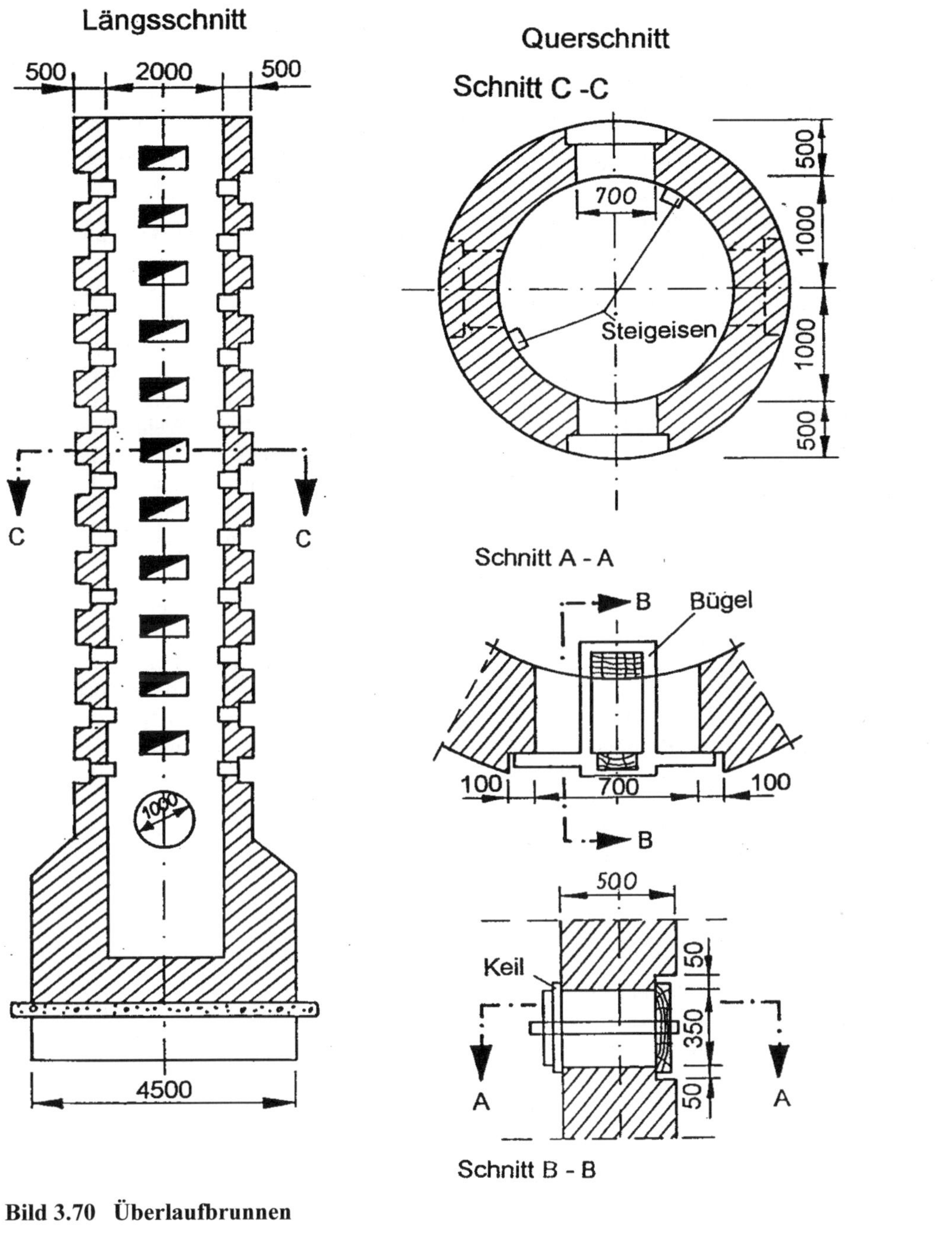

Bild 3.70 Überlaufbrunnen

Begrenzungsdämme von Sedimentationsbecken können in einem Arbeitsgang auf die Endhöhe gebracht werden. Dann unterscheiden sie sich praktisch nicht von den Staudämmen. Nur die Bewirtschaftung sieht anders aus: statt Wasser wird Trübe gestaut, der Stauraum verlandet schneller, und die Verlandung führt am Ende zur Außerbetriebsetzung der gesamten Anlage. Das Material für die Dammschüttung kann aus dem künftigen Absetzraum gewonnen werden, im Bergbau oder Industriebetrieb als Abfall anfallen oder durch Antransport beschafft werden.

Typisch für Sedimentationsbecken ist der stufenweise Ausbau der Dämme. Dabei kann der gesamte Dammquerschnitt aus dem Sediment, dem sog. Klärgut, bestehen oder teils aus Klärgut, teils aus Fremdgut. Der Gesamtdamm kann aus Klärgut geschüttet oder gespült werden. Beim geschütteten Damm wird die Trübe durch Längseinspülung in den Klärteich geleitet. Das Grobgut kann durch Baggern gewonnen werden und nach Lufttrocknung im erdfeuchten Zustand als Schüttgut in den Damm eingebaut werden. Auch ein mechanisches Trennen des Grobgutes vom Rest der Trübe ist in Zentrifugen bereits praktiziert worden. Beim Spülen des Dammes wird das Material für den Spüldamm jeweils aus dem Spülstrand des letzten Abschnittes entnommen. Die Spüldämme sind 1,0 bis 2,5 m hoch. Zweckmäßig ist es, die Dammlänge in mehrere Abschnitte zu unterteilen. Dann kann man das Material für die Spüldämme jeweils aus dem ausgetrockneten Spülstrand der stillliegenden Abschnitte entnehmen.

3.4.4 Bauwerke für Sedimentationsbecken

Zum Betreiben der Sedimentationsbecken sind Bauwerke erforderlich, durch die das Klarwasser aus dem Sedimentationsbecken in den Vorfluter oder zurück in die Aufbereitung gelangt. Liegt das Sedimentationsbecken in einem Tal mit natürlichem Zufluss, so ist für die Ableitung dieses Zuflusses bis zum Hochwasserabfluss zunächst Sorge zu tragen. Als Entnahmebauwerke können Wasserlose, überströmte Wehre oder schachtüberfallartige Brunnenbauwerke (Mönche, vgl. Bild 3.70) gewählt werden. Stahlbeton, Stahl oder Holz kommen als Baustoffe in Frage. Das Bild 3.70 zeigt einen Überlaufbrunnen aus Stahlbeton. Der Durchmesser der Brunnen soll mindestens 1,0 m betragen, damit die Abflussöffnungen geschlossen bzw. geöffnet werden können.

Das herabfallende Wasser soll in ein Wasserpolster stürzen, um Zerstörungen des Bodens zu vermeiden. Es ist auch möglich, die Brunnen durch Aufeinandersetzen einfacher Brunnenringe herzustellen. Ein Brunnen, der nicht mehr gebraucht wird, muss dann verschlossen werden, vgl. auch Bild 3.66.

3.5 Zusammenfassung

Wehre stauen Wasser nur im Querschnitt des Fließgewässers. Heute werden fast nur noch bewegliche Wehre gebaut, die bei hohen Wasserführungen den gesamten ursprünglichen Fließquerschnitt freigeben. Wichtigste Bauteile eines Wehres sind die feste Wehrschwelle, die beweglichen Verschlüsse und das Tosbecken. Pfeiler können die Gesamtanlage in Wehrfelder teilen. Das vor dem Wehr gestaute Wasser fließt langsamer als früher, Ablagerungen und verstärkte Eisbildung sind die Folge. Unterhalb des Wehres kann ein Kolk entstehen, der die Standsicherheit des Wehres gefährden kann. Wehre können auf felsigem Untergrund oder auf Lockergestein gebaut werden. Einer möglichen Unterströmung durch Sickerwasser ist wie auch der seitlichen Umströmung große Aufmerksamkeit zu schenken.

Talsperren stauen ein Fließgewässer über den Fließquerschnitt hinaus, sperren ein ganzes Tal ab und schaffen dadurch einen großen Speicherraum. Sie dienen dem Hochwasserschutz, der Wasserversorgung, der Gewinnung elektrischer Energie und dem Aufhöhen von Niedrigwasserständen unterhalb der Stauanlage. Zur Talsperre gehören das Abschlussbauwerk, der Stauraum und die Betriebseinrichtungen.

Staumauern sind Abschlussbauwerke aus Beton, früher auch aus Bruchsteinmauerwerk. Heute liegt in Deutschland der Schwerpunkt der Arbeiten im Talsperrenbau beim Rekonstruieren und Erhalten der zahlreichen alten Anlagen. Besonders beim Rekonstruieren der alten Bruchsteinmauern treten Probleme auf, die die eines Neubaus übersteigen können.

Staudämme werden meist auf und stets aus Lockergestein hergestellt. Dämme aus homogenem Material sind nur für kurzzeitigen Einstau geeignet, werden deshalb für Flussdeiche und Hochwasserrückhaltebecken bevorzugt verwendet. Hochwasserrückhaltebecken sind Talsperren, die nur zum Zurückhalten einer Hochwasserwelle über einen kurzen Zeitraum dienen, die übrige Zeit sind sie leer.

Wichtige Betriebseinrichtungen für Talsperren sind die Hochwasserentlastungsanlage, der Grundablass, die Entnahmeanlage sowie die Mess- und Kontrolleinrichtungen. Zur Überwachung gehören das Messen von Vertikalbewegungen (Setzungen), Horizontalbewegungen (Gleiten), Kippbewegungen (Neigungen), Spannungen und Sickerwassermengen.

Sedimentationsbecken werden mit einem Wasser-Feststoff-Gemisch beschickt. Der Feststoff verbleibt im Stauraum. Mit der Fertigstellung des Bauwerkes erfolgt auch seine Außerbetriebsetzung.

Die zur Gestaltung und Bemessung der Stauanlagen erläuterten Grundlagen sind für weitere wasserwirtschaftliche Anlagen gültig: Speicherbecken für die Landwirtschaft, Oberbecken von Pumpspeicherwerken, Einfassungen von Teichen.

Die Klimaforscher sagen für die Zukunft neben der Erhöhung der Durchschnittstemperatur die vor allem für die Wasserbauer wichtige Vergrößerung der Schwankungen zwischen langanhaltenden trockenen Sommern und extremen Hochwassern voraus. Dem Speichern von Wasser kommt dabei zunehmende Bedeutung zu.

4 Binnenverkehrswasserbau

4.1 Binnenschifffahrt und Umwelt

Künstliche Kanäle und schiffbare Flüsse (in ganz geringem Maße auch Abschnitte von Binnenseen) bilden die Binnenwasserstraßen. Für größere Baumaßnahmen an Wasserstraßen ist heute eine Umweltverträglichkeitsprüfung (*UVP*) vorgeschrieben. Ziel der *UVP* ist eine umfassende Ermittlung und Bewertung von Auswirkungen, die der vorgesehene Eingriff auf die Umwelt hat.

Während die wirtschaftlichen Aspekte einer großen Baumaßnahme (Stauregelung eines Flusses, Verbreiterung und Vertiefung eines Kanals u. a.), also der erwartete Nutzen und die geplanten Kosten, sich erfassen und in Geldwerten ausdrücken lassen (vgl. auch Abschnitt 4.5), ist Gleiches in Umweltfragen kaum möglich. Deshalb werden die Untersuchungsergebnisse vor allem verbal interpretiert und subjektiv bewertet.

Die verbalargumentative Bewertung (*VAB*) folgt keinen methodischen Regeln, fasst Einzelbewertungen verbal zusammen. Nicht oder nur schwer quantifizierbare Eigenschaften der Natur kann die *VAB* gut in die Bewertung integrieren.

Die ökologische Risikoanalyse (*ÖRA*) quantifiziert Umweltwirkungen und Nutzungskonflikte. Der ihr zugrunde liegende Belastungsbegriff orientiert sich an der ökologischen Leistungsfähigkeit der Naturgüter als Lebensgrundlage des Menschen. *ÖRA* und *VAB* sind für geplante Baumaßnahmen an deutschen Wasserstraßen bevorzugte Verfahren.

Unvermeidbare Auswirkungen einer geplanten Maßnahme an Wasserstraßen müssen minimiert und durch Ausgleichs- oder Ersatzmaßnahmen kompensiert werden. Ergebnisse der *UVP* an Wasserstraßen sind aber auch stets eine Verteuerung der Maßnahme, fast immer eine Verzögerung des Baubeginns und immer häufiger auch die Ablehnung – insbesondere, wenn seltene und/oder vom Aussterben bedrohte Tier- oder Pflanzenarten in ihrem Lebensraum eingeschränkt werden.

Besonders beim geplanten Erweitern von Kanalabschnitten kommt dabei immer wieder zum Ausdruck, welch ökologisch wertvolle Bereiche im vorigen Jahrhundert, als es noch keine *UVP* gab, entlang der Kanäle geschaffen wurden. Mit dem heutigen Erkenntnisstand und den hohen Anforderungen, die das Gesetz zur Durchführung von Umweltverträglichkeitsprüfungen (*UVPG*) stellt, gelingt es in Zusammenarbeit mit Landschaftsarchitekten, Wasserwirtschaftlern, Ökologen u. a. Fachkollegen zunehmend, die Ufer der Schifffahrtskanäle und die Bereiche neben dem Kanal naturnah und somit ökologisch wertvoll auszubilden [69].

Wesentliche weitere Umweltkomponenten sind Luft, Lärm, Klima, Boden, Wasser und im weiteren Sinne auch Unfälle. Nach einer *PLANCO*-Studie [76] verursacht die Binnenschifffahrt auf ausgewählten und verglichenen Containerrelationen nur etwa 16 %, die Eisenbahn 67 % der Belastung – ausgedrückt durch die externen Kosten –, die der Straßenverkehr hervorruft. Für eine Transportleistung von 100 tkm verbraucht der LKW 4 kg Diesel, das Binnenschiff 1 kg. Beim Verbrauch von einem Kilogramm Diesel werden 3 kg CO_2 in die Umwelt geblasen. Auch diese Zahlen unterstreichen die Forderung nach Verkehrsverlagerungen von der Straße auf Schiene und Wasserstraße.

Von allen Verkehrswegen ist die Wasserstraße ökologisch am wertvollsten. Sowohl im Wasser als auch neben dem Wasserlauf findet vielseitiges Leben statt. Das führt viel zu oft zu Behinderungen geplanter Baumaßnahmen, da die *UVP* vor allem die Vergangenheit und die Gegenwart, aber viel zu wenig die Zukunft sieht.

4.2 Binnenschiffe und Schiffsverbände

Auf Wasserstraßen können Güter und Personen befördert werden. Für die Bemessung und Klasseneinteilung der Wasserstraßen spielt praktisch nur die Güterschifffahrt eine Rolle.

Ausnahmen sind die Wasserstraßen in den neuen Seenlandschaften, den ehemaligen Tagebauen der Lausitz [33] und im Leipziger Raum. Fahrgastschiffe (Länge 29 m, Breite 5,4 m, Tiefgang 1,5 m) und Segelboote bestimmen hier die Abmessungen.

Von der einst mit Muskelkraft (treideln) betriebenen Schifffahrt ist nur noch der Name Treidelpfad für den Weg entlang der Wasserstraße geblieben, der zur Unterhaltung der Kanalufer dient, und ein beliebter Wander- und Fahrradweg ist.

Mit der Ablösung der Muskelkraft durch die Schleppdampfer war am Ende des 19. Jahrhunderts eine bedeutende Vergrößerung der Wasserstraßenquerschnitte erforderlich. Bis zum 2. Weltkrieg wurden die Flüsse in Deutschland, die vor allem von Süd nach Nord fließen, durch Kanäle verbunden, was die Entwicklung in der Binnenschifffahrt sehr beeinflusste. Dadurch verlor das regionale Schiff (Breslauer, Plauer, Finow-Maßkahn usw.) an Bedeutung, das 1 000-t-Kanalschiff galt als Bemessungsschiff der 20er und 30er Jahre. Im Jahre 1953 wurde das Europaschiff aus der Taufe gehoben, das den großen europäischen Flüssen angepasst war und neu zu bemessenden Kanälen zugrunde gelegt wurde. In diese Zeit fällt auch die Verdrängung der Schleppschifffahrt durch Motorgüterschiffe, die wesentlich schneller fahren. Mehr Begegnungen und auch Überholungen waren die Folge.

Steigende Transportmengen und größere Schiffsgeschwindigkeiten beanspruchten die Kanal- und Flussquerschnitte in zunehmendem Maße. Besonders große Auswirkungen auf den Bestand von Sohle und Böschungen der Flüsse und Kanäle hatte die Tatsache, dass beim Motorgüterschiff mit der Beladung auch der Antrieb tiefer eintaucht, somit der Propellerstrahl viel intensiver die Sohle und Böschungen angreift. Querschnittsvergrößerungen und Ufersicherungen waren und sind wichtige Baumaßnahmen an Binnenwasserstraßen.

Vorzüge der Schleppschifffahrt und der Motorgüterschiffe vereint die Schubschifffahrt in sich:

- Der Antrieb des Schubbootes liegt höher, außerdem trifft der Propellerstrahl nicht auf eine weitere Schiffseinheit wie beim Schleppverband;
- das wertvolle Schubschiff kann weitere Aufgaben übernehmen, während die Leichter im Hafen be- und entladen werden, teils auch als Lager oder Sammelstelle dienen;
- Schubverbände sind manövrierfähiger und schneller als Schleppzüge, transportieren mehr als Motorgüterschiffe.

Schubverbände bestimmen seit den 60er Jahren vor allem die Krümmungsradien von Kanälen. Heute gehören auch Koppelverbände zum Bild auf den großen Flüssen. Dominierend auf Europas Wasserstraßen ist heute das selbstfahrende Motorgüterschiff (auch als Tankmotorschiff). Es fährt als Einzelfahrer oder im Koppelverband. Als Einzelfahrer hat es die in der Tabelle 4.1 angegebenen Abmessungen sowie Antriebsorgane bis etwa 1 000 kW. Diese großen Leistungen können auf Flüssen besser ausgenutzt werden, wenn bei der Talfahrt Schiffsverbände gebildet werden. Auf dem Bild 4.1 sind Motorschiffsverbände dargestellt.

In der ehemaligen DDR wurde die Schubschifffahrt bevorzugt, bauliche Anpassungen der Kanäle an das Europaschiff wurden kaum durchgeführt.

Ein Schubverband besteht aus einem Schubboot und Leichtern, die vor dem Schubboot angeordnet sind und untereinander und mit dem Schubboot über Poller und Trossen starr verbunden sind. Das Bild 4.2 zeigt einige Möglichkeiten, Schubverbände zusammenzu-

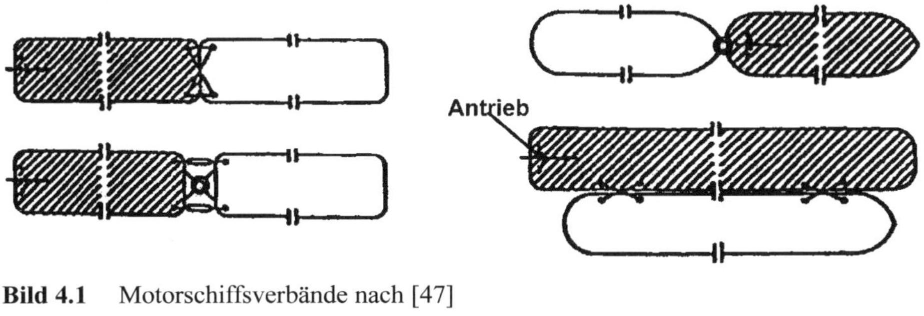

Bild 4.1 Motorschiffsverbände nach [47]

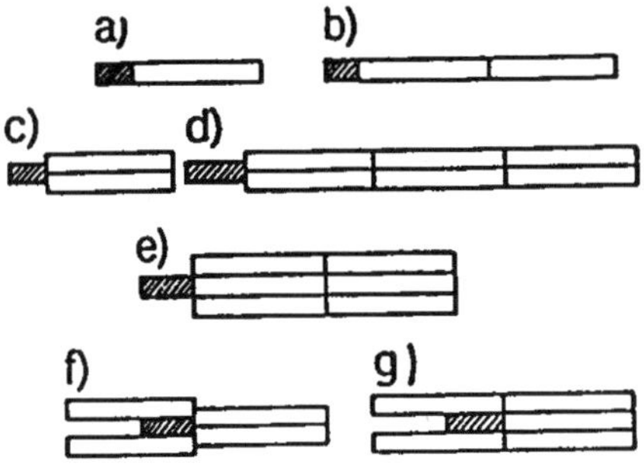

Bild 4.2 Schubverbände nach [47]

stellen. Versuche, mit gelenkig gekoppelten Schubleichtern engere Krümmungen zu durchfahren, brachten bisher nicht die gewünschten Erfolge.

Während die einspurigen (a und b) Verbände für die Kanäle und auf dem Fluss für die Bergfahrt zusammengestellt werden, sind die dreispurigen (e bis g) nur für die Talfahrt auf entsprechend breiten Flüssen denkbar. Die zweispurigen Verbände (c und d) fahren auf großen Flüssen wie Rhein und Donau.

In der Tabelle 4.1 sind die wichtigsten Abmessungen von Schiffen und Verbänden der einzelnen Klassen dargestellt.

Länge und Breite der Fahrzeuge, die auf einer Wasserstraße verkehren können, bestimmen deren Klassenzuordnung. In der Tabelle 4.1 wurden teilweise nur die jeweils größten Maße den Bestimmungen [88] entnommen. Kleinere Werte, z. B. beim Tiefgang, bringen weniger Tonnage.

Die Klassen I bis III sind Wasserstraßen von regionaler Bedeutung, ab Klasse IV spricht man von internationalen Wasserstraßen. Empfohlen wird heute, internationale Wasserstraßen nach Klasse V b auszubauen. Wegen seiner zentralen Lage erhält Deutschland hierbei eine besonders große und wichtige Aufgabe. Dass dabei auch Schwerpunkte in Ostdeutschland liegen, ergibt sich daraus, dass mit der DDR auch ihr eigenes Klassifizierungssystem (kursiv geschriebene Zeilen in Tabelle 4.1), das sich vor allem durch geringere Tiefgänge der Typschiffe in den Klassen I bis III von der europäischen Klasseneinteilung unterschied, aufgehört hat zu existieren.

Mit der europäischen Einigung, aber auch mit der Fertigstellung des Main-Donau-Kanals 1992 ergaben sich große Möglichkeiten für den Flottenaustausch in ganz Europa. Die Vergrö-

Tabelle 4.1 Klassifizierung (Auszug) europäischer Binnenwasserstraßen nach [82]

1	2	3	4	5	6
Kl.	Bezeichn.	l	b	t	Tonnage
I	Penische	38,5	5,05	2,2	400
II	Kempenar	55	6,6	2,5	650
III	G. Königs	80	8,2	2,5	1000
I	*Gr. Finow*	*41*	*4,7*	*1,4*	*180*
II	*BM-500*	*57*	*9,0*	*1,6*	*630*
III		*70*	*9,0*	*2,0*	*700*
IV	J. Welker	80–85	9,5	2,5	1 000–1 500
Va	Großmotorgüterschiff	95–110	11,40–11,45	2,8	2300
Vb	Schubverband schiebendes Motorgüterschiff	172–185 172–185	11,40–11,45 x	2,5 – 4,5 x	3600 x
VIa		110	22,80	4,50	6 000
VIb		195	22,80	4,50	12 000
VIc		280	22,80	4,50	18 000
VII		285	34,20	4,50	27 000

x Abhängig von der Größe der geschobenen Einheit und der Anordnung, vgl. auch Bild 4.1.

ßerung der Handelsräume – insbesondere nach der EU-Osterweiterung – und der harte Konkurrenzkampf mit Eisenbahn und LKW führen mehr und mehr zum Abwracken der kleinen Schiffe und somit zu einer Vereinheitlichung der Flotte in Europa in den entsprechend größeren Abmessungen. Diesen Anforderungen muss sich der Wasserbau künftig stellen. Eine Anpassung der Schiffe an die Flüsse ist sehr begrenzt, weil von Fluss zu Fluss die Bedingungen für die Binnenschifffahrt genauso schwanken wie auf dem Fluss selbst.

Während früher vor allem Kohle, Sand, landwirtschaftliche Produkte und Düngemittel per Binnenschiff befördert wurden, kommen heute Öl, Benzin, große sperrige und schwere Güter, Bauschutt und Schrott zunehmend auf Binnenschiffen zum Versand. Die größten Zuwachsraten in der Binnenschifffahrt verzeichnet gegenwärtig der Containertransport. Die genormten Behälter bestimmen Schiffsabmessungen, Maße auf den Wasserstraßen und den Umschlag in den Häfen. Moderne Binnenschiffe für den Containertransport zeigt das Bild 4.3. Der dreilagige Containertransport scheitert oft an den Brücken.

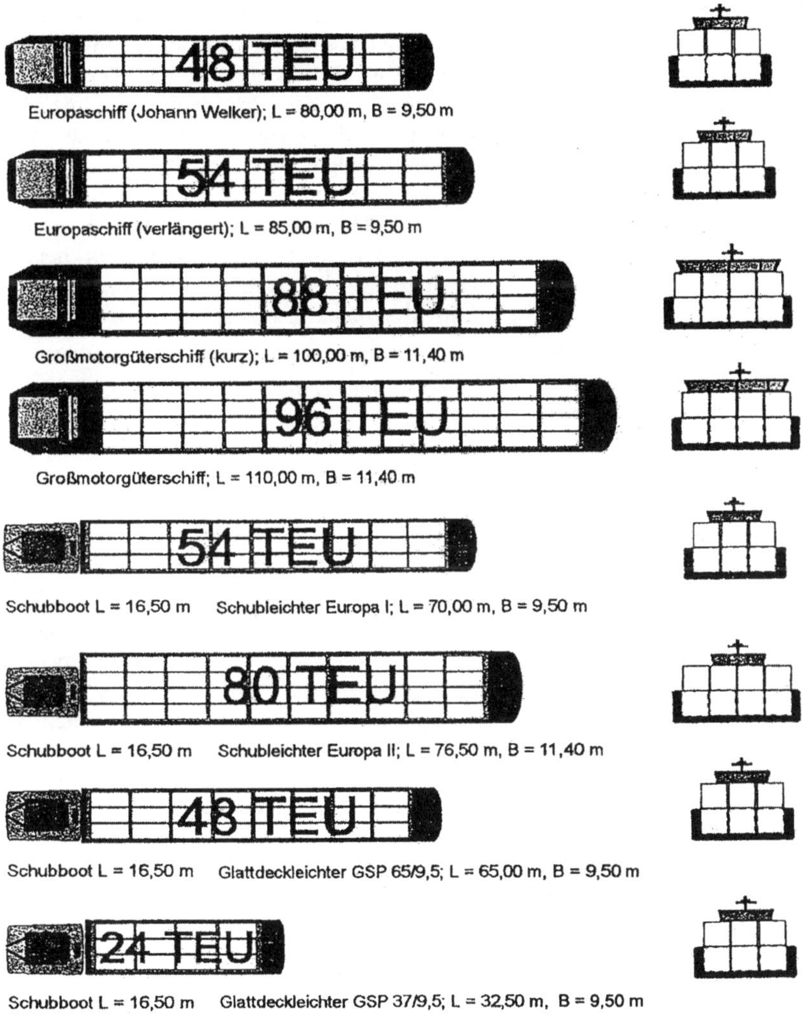

TEU = **t**wenty feet **e**quivalent **u**nit, Einheitscontainer mit 20 Fuß (6,096 m) Länge. B = 11,45 m ist heute üblicher.

Bild 4.3 Schiffs- und Leichtertypen für den Containerverkehr

4.3 Schifffahrtskanäle

4.3.1 Kanaltrassierung im Grundriss, Längsschnitt und Querschnitt

4.3.1.1 Allgemeine Gesichtspunkte

Trassierungsfragen an Schifffahrtskanälen betreffen heute selten die Trassierung neuer Kanäle, häufiger sind vorhandene Kanäle an neue Anforderungen anzupassen, ganz besonders in Deutschland. Sowohl ein Neubau als auch Erweiterungen sind mit Eingriffen in bestehende Ufer und kanalnahe Landschaften verbunden. Solche Eingriffe so zu gestalten, dass nach einigen Jahren ein gleiches oder besseres Landschaftsbild entsteht als vor dem Eingriff, ist heute eine wichtige Aufgabe der Wasserbauer.

Im Grundriss unterscheidet man folgende Kanalarten:

- den **Seitenkanal**, etwa gleichlaufend mit einem Fluss (Bild 4.4), am unteren Ende (Elbe-Seitenkanal) oder an beiden Enden (Rhein-Seitenkanal) mit dem Fluss verbunden,
- den **Umgehungskanal**, der eine Schlinge abschneidet (Bild 4.5) oder eine im Fluss verlaufende Wasserstraße um ein Hindernis herumführt, das nicht beseitigt werden kann,
- den **Stichkanal**, der von einem Fluss oder Kanal abzweigt und eine Stadt, ein Güterverkehrszentrum (*GVZ*) oder ein Industriegebiet an die Wasserstraße anschließt, z. B. die Kanäle nach Hildesheim, Salzgitter oder Leipzig (unvollendet),
- den **Verbindungskanal**, der zwei andere Wasserstraßen verbindet, z. B. Main-Donau-Kanal, Mittellandkanal.

Im Längsschnitt unterscheidet man:

- den **Hangkanal** mit einseitigem Gefälle (meist ein Seitenkanal, z. B. Rhein-Seitenkanal),
- den **Scheitelkanal** mit Gefälle vom Scheitel nach beiden Seiten (meist ein Verbindungskanal). Der Main-Donau-Kanal ist ein als Scheitelkanal ausgebildeter Verbindungskanal.

Die meisten Kanäle sind Stillwasserkanäle. Weitere Funktionen von Kanälen können aber zu geringen Fließgeschwindigkeiten führen. Zu Kraftwerkskanälen kann auf Abschnitt 5.4 bzw. Seiten 254 bis 260 hingewiesen werden. Dient der Kanal auch der Hochwasserableitung, der Überleitung von Wasser in trockene Gebiete, als Bewässerungskanal oder auch als Vorfluter, siehe Erläuterungen im Abschnitt 4.5, dann sind die sich daraus ergebenden Fließgeschwindigkeiten des Wassers meist gering und/oder zeitlich begrenzt. Auch das den Schleusen zuströmende Wasser ruft nur geringe Fließgeschwindigkeiten hervor. Deshalb werden Kanäle im Folgenden als Stillwasserkanäle, also strömungsfrei betrachtet.

Die meisten Kanäle sind Stillwasserkanäle. Weitere Funktionen von Kanälen können aber zu geringen Fließgeschwindigkeiten führen. Zu Kraftwerkskanälen kann auf Abschnitt 5.4 bzw. Seiten 254 bis 260 hingewiesen werden. Dient der Kanal auch der Hochwasserableitung, der Überleitung von Wasser in trockene Gebiete, als Bewässerungskanal oder auch als Vorfluter, siehe Erläuterungen im Abschnitt 4.5, dann sind die sich daraus ergebenden Fließgeschwindigkeiten des Wassers meist gering und/oder zeitlich begrenzt. Auch das

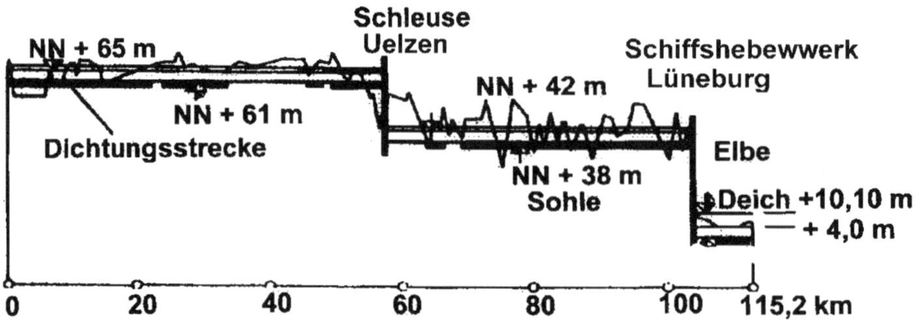

Bild 4.4 Elbe-Seitenkanal im Längsschnitt nach [42]

den Schleusen zuströmende Wasser ruft nur geringe Fließgeschwindigkeiten hervor. Deshalb werden Kanäle im Folgenden als Stillwasserkanäle, also strömungsfrei betrachtet.

Ein wichtiger Grundsatz beim Trassieren neuer Kanäle ist, dass der Kanalwasserspiegel auf möglichst großen Abschnitten in Höhe des Grundwasserspiegels liegt. Das ergibt für den Kanal und seine Böschungssicherung einfachere Lösungen (ungedichtete Querschnitte). Die umliegende Landschaft wird nicht vernässt oder entwässert. Besonders schwierig, deshalb zu vermeiden, sind Kanalstrecken im Anschnitt, bei denen ein Teil des Querschnittes in den Hang eingeschnitten, ein Teil auf einem aufgeschütteten Damm liegt.

Kanalstrecken bestehen im Grundriss aus Geraden, Kreisbögen und Übergangsbögen. In die Trasse sind auch Zwangspunkte einzubinden: Schiffshebeanlagen (Abschnitte 4.6 und 4.7), Kreuzungen mit Verkehrswegen (Brücken über den Kanal, Kanalbrücken über Verkehrswege), Kreuzungen mit Wasserläufen als Düker, Durchlass oder Kanalbrücke, Binnenhäfen und Umschlagstellen (Abschnitt 4.9), Industriegebiete und Städte, auch Naturschutzgebiete u. a. geschützte Landschaften, Denkmale und topografische Zwangspunkte.

Die Abzweigung eines Stillwasserkanals aus einem anderen mit gleicher Wasserspiegellage erfolgt mit einem Radius von $R \geq 350$ m bei rechtwinkliger und mit $R \geq 150$ m bei spitzwinkliger Abzweigung. Das schafft ein ausreichend übersichtliches Fahrwasser mit einfachen und sicheren Einschwenkmanövern.

4.3.1.2 Die gerade Kanalstrecke

In der Geraden fährt das Schiff selten in der Kanalachse. Da ein Kanalquerschnitt nicht exakt symmetrisch ist und auch durch die Drehrichtung der Schiffsschraube kommt es zu einer leicht unsymmetrischen Fahrt in der Geraden. Das Bild 4.6 a zeigt eine solche Fahrweise für das Motorgüterschiff, das Bild 4.6 b für den Schubverband.

Bei der Fahrt entsteht vor dem Schiff eine Bugwelle. Unter und neben dem Schiff strömt das Wasser zurück, vgl. Abschnitt 4.3.2. Diesem Rückstrom steht zwischen Motorgüterschiff und Ufer dort nur der kleinere Querschnitt zur Verfügung, wo es näher zum Ufer ist. Folglich entsteht dort eine größere Strö-

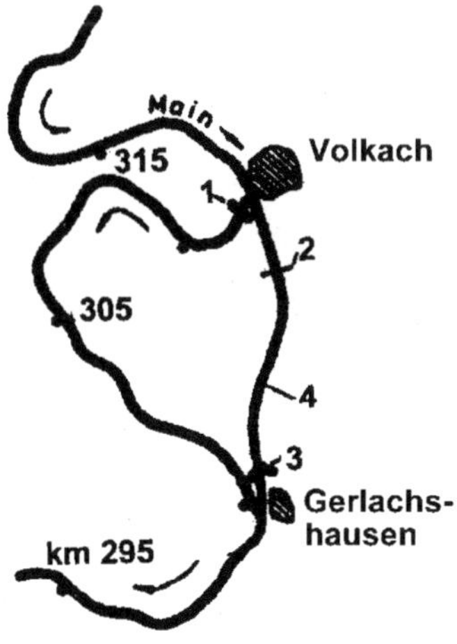

1 Wehr, 2 Hochwassersperrtor, 3 Schleuse, 4 Umgehungskanal,

Bild 4.5 Umgehungskanal

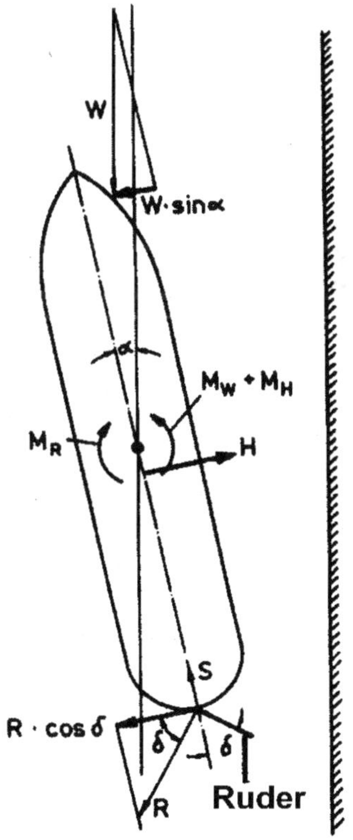

Bild 4.6 a Unsymmetrische Fahrt eines Motorgüterschiffes aus [47]

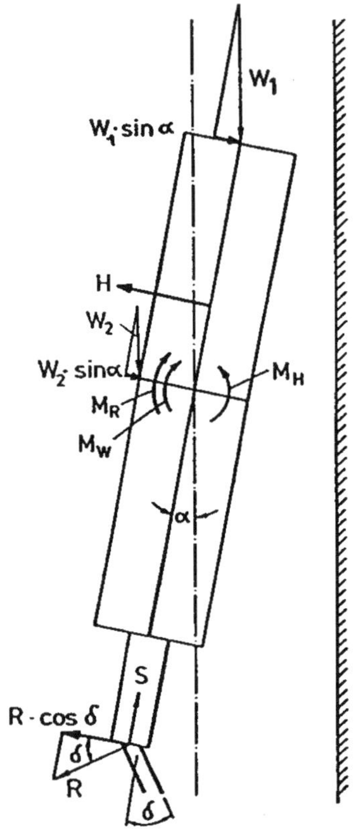

Bild 4.6 b Unsymmetrische Fahrt eines Schubverbandes aus [47]

mungsgeschwindigkeit und nach Bernoulli eine stärkere Absenkung des Wasserspiegels. Diese wirkt sich auf das Schiff als Sog aus, das Schiff wird zum Ufer gedrückt. Darauf reagiert der Schiffsführer mit einem Ruderausschlag um den Winkel δ. Das Schiff nimmt einen Kurs ein unter dem Winkel α vom Ufer weg. Auf das fahrende Schiff entsteht der Fahrwiderstand W. Seine Komponente $W \cdot \sin \alpha$ und der Sog H erteilen dem Schiff ein Drehmoment $M_W + M_H$. Das gleichgroße Gegenmoment M_R wird von der quergerichteten Ruderkomponente $R \cdot \cos \delta$ gebildet.

Beim langen Schubverband mit Pontonbug entstehen auf der Oberfläche des Wassers andere Strömungen als an der Sohle. Das führt zu einem Druck auf der ufernahen Seite. Mit einem Kurs unter dem Winkel α begegnet der Schiffsführer des Verbandes den entstehenden Momenten. Da aber die Druckresultierende H beim Verband zwischen Bug und Schiffsschwerpunkt liegt, dreht das Moment M_H auch gegen den Uhrzeigersinn. Folglich muss das Ruder wie beim einzeln fahrenden Motorgüterschiff gelegt werden.

Die dargestellten Vorgänge beim Fahren eines Schiffes in der Geraden führen dazu, dass die notwendige Fahrspurbreite B_1 (Bild 4.7, Tabelle 4.2) wesentlich größer ist als die Schiffsbreite und davon abhängt, welche Verbandslänge auf der Kanalstrecke zugelassen werden kann. Für Kanäle, die der europäischen Wasserstraßenklasse IV entsprechen, wird eine Fahrspurbreite von 16 m heute als Mindestbreite gefordert [82]. Sie muss in der Tiefe des in Fahrt befindlichen voll abgeladenen Ausbaumaßschiffes vorhanden sein. Für Geraden und Kreisbögen mit sehr großen Radien ($R > 2\,000$ m) wird dieses Maß heute mindestens ausgeführt.

Der Querschnitt eines Schifffahrtskanals soll entsprechend dem Optimum aus Kosten (Landerwerb, Bau- und Unterhaltungskosten) und der Leichtigkeit des Schiffsverkehrs festgelegt werden. Aus Berechnungen, Fahrversuchen in der Natur und im Modell und auch Erfahrungen haben sich in den letzten Jahrzehnten vier Querschnitte herausgebildet, die heute allg. bei Neu- oder Umbauten ausgeführt werden:

- Das **Trapezprofil (*T*)**, Bild 4.7 a. Auf den freien Strecken wird es allg. als das Regelprofil verwendet. Die 1 : 3 geneigte Böschung ist ein Optimum aus Standsicherheit, Bautechnologie und Kosten. Wo genügend Gelände zur Verfügung steht, sollten auch flachere Böschungen angewendet werden, einer naturnahen Ufergestaltung käme das sehr entgegen. Ausnahmen bilden nur die gedichteten Strecken, die nicht zu bepflanzen sind.
- Das **Rechteckprofil (*R*)**, Bild 4.7 b. Ist der Platz für das Trapez nicht vorhanden, also in Städten, unter Brücken und an anderen Engstellen, dann wird bevorzugt ein Rechteckprofil gewählt. Meist bilden Stahlspundwände die senkrechten Ufer, auch Stützmauern sind möglich.
- Das **Rechteck-Trapez-Profil (*RT*)**, Bild 4.7 c. Bei einseitig begrenztem Platz, insbesondere aber bei Querschnittsvergrößerungen im Zuge von Ausbaumaßnahmen kommt das *RT*-Profil vorzugsweise in Fra-

ge. Durch die Verwendung dieses Profils wird bei Querschnittserweiterungen nur ein Ufer umgestaltet, am anderen kann die meist über Jahrzehnte gewachsene Flora erhalten bleiben. Auch der zusätzliche Landerwerb hält sich in Grenzen.

- Das **kombinierte Rechteck-Trapez-Profil** (***KRT***), Bild 4.7 d. Das Hindernis „Senkrechtufer" können durchs Wasser schwimmende Tiere nur schwer überwinden. Ihnen kommt das *KRT*-Profil entgegen. Auch im Landschaftsbild fällt die senkrechte Uferbefestigung nicht mehr auf, das bewachsene Ufer prägt das Bild.

Die benetzte Querschnittsfläche des Kanals A_K muss ein Vielfaches der eingetauchten Hauptspantquerschnittsfläche des Ausbaumaßschiffes a_S betragen. In den Jahren zwischen dem 1. und 2. Weltkrieg, die durch rege Bautätigkeit am deutschen Wasserstraßennetz gekennzeichnet waren, bestimmte die Schleppschifffahrt die Querschnittsabmessungen der Kanäle. Für die damals üblichen Schiffsgeschwindigkeiten von $v_S \approx 5$ km/h

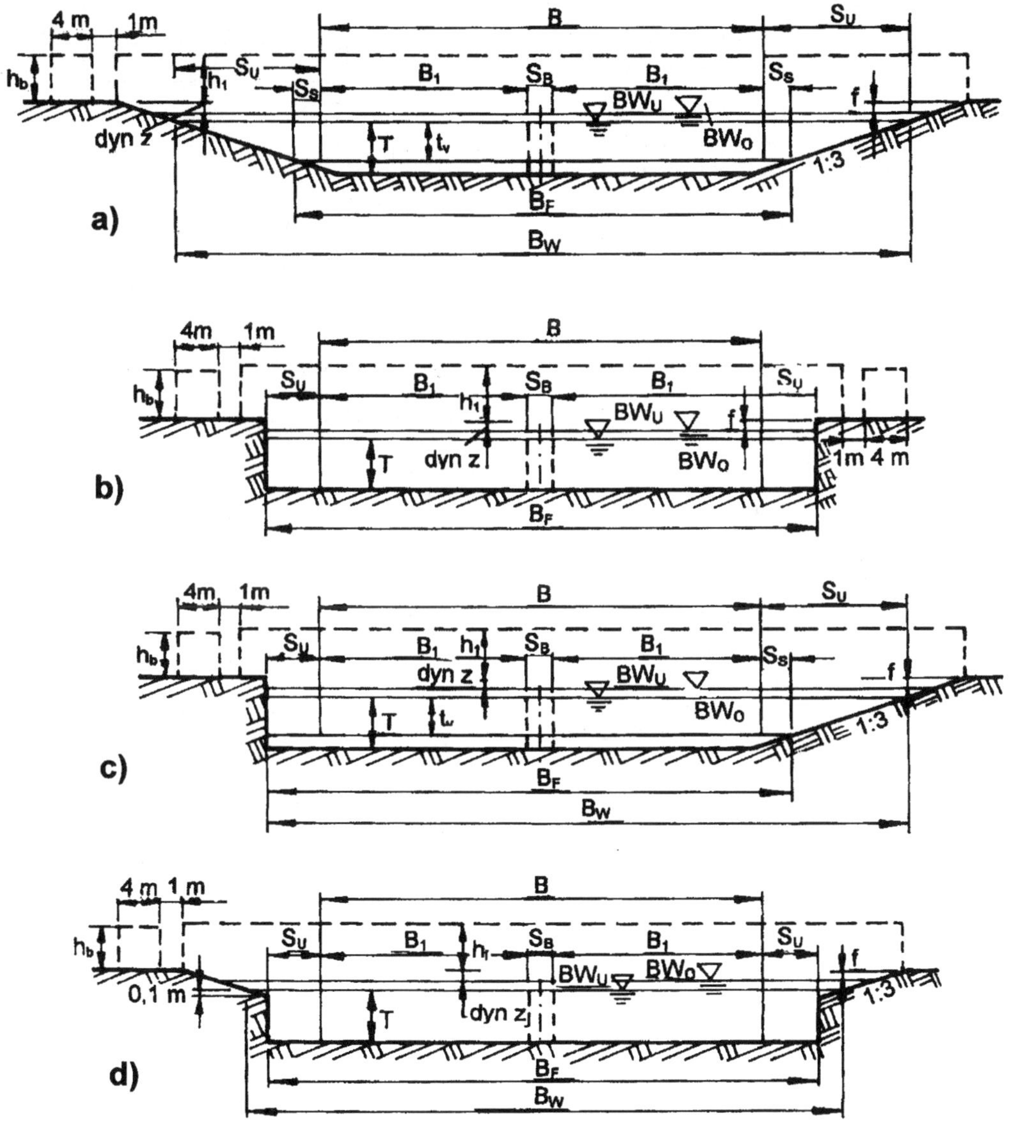

Bild 4.7 Formen von Kanalquerschnitten aus [72]

wurde angestrebt, den Kanalquerschnitt etwa gleich der fünffachen Hauptspantquerschnittsfläche anzulegen. Heute soll das n-Verhältnis, Gl. (4.1), mindestens gleich 7 betragen.

$$n = \frac{A_K}{a_S} \qquad (4.1)$$

Die Ursache für diesen größeren n-Wert liegt vor allem in der größeren Schiffsgeschwindigkeit, die wesentlich die fahrdynamischen Zusammenhänge bestimmt. Für a_S wird in Gl. (4.1) jeweils die Hauptspantquerschnittsfläche **eines** Schiffes, das sich in Ruhe befindet und gleichmäßig beladen ist, eingesetzt, obwohl die Kanäle allg. zweischiffig befahrbar sind.

Außer den in der Tabelle 4.2 angegebenen Maßen, die vor allem schifffahrtsbedingt sind, bedeuten im Bild 4.7

- BW_o einen oberen Wasserstand im Kanal, hervorgerufen z. B. durch Windstau und Absperrschwall,
- BW_u einen unteren Wasserstand, hervorgerufen durch z. B. Entnahmesunk oder Wind,
- dyn z eine Wasserspiegeländerung, hervorgerufen vom fahrenden Schiff, vgl. Abschnitt 4.3.2,
- h_b eine freizuhaltende Höhe auf dem Betriebsweg (Treidelpfad),
- t_v die Eintauchtiefe des fahrenden Schiffes, ausgehend von BW_u, weil in dieser Tiefe die Fahrwasserbreite B_F vorhanden sein muss.

Für die vier Regelprofile ergeben sich Mindestmaße für die Querschnittsausbildung nach Tabelle 4.2.

Alle Maße in m. Für dreilagigen Containertransport muss $h_1 = 7$ m betragen.

Tabelle 4.2 Abmessungen der Regelquerschnitte aus [82]

Profilform	*T*	*R*	*RT*	*KRT*
B	33	34	33,5	34
B_1	15,5	16	15,75	16
s_B	2	2	2	2
s_U	11	4	4/11	4
s_S	1,5	-	1,5	-
B_F	36	42	39	42
B_W	55	42	48,5	44,4
T	4	4	4	4
f	0,7	0,7	0,7	0,7
h_1	5,25	5,25	5,25	5,25

Diese Abmessungen berücksichtigen, dass

- das Querschnittsverhältnis $n \approx 7$ sein soll,
- unter dem fahrenden Schiff noch ausreichend Flottwasser vorhanden ist,
- ein Begegnen zweier voll abgeladener Ausbaumaßschiffe möglich ist,
- Bau- und Unterhaltungskosten in einem ausgewogenen Verhältnis zum Nutzen für die Schifffahrt stehen.

Vor allem an den sehr knappen Sicherheitsabständen wird sichtbar, dass es sich bei den Maßen der Tabelle 4.2 um Mindestabmessungen handelt, die nur für die Gerade und Krümmungen mit mehr als 2 000 m großen Radien Gültigkeit haben.

4.3.1.3 Krümmungen mit $R \leq 2\,000$ m

In einer Krümmung mit dem Radius R_i (Innenradius) bewegt sich ein Schiff bzw. ein Verband wie im Bild 4.8 dargestellt. Das Fahrzeug benötigt in der Krümmung eine größere Breite als in der Geraden. Sie kann mit der Gl. (4.2) bestimmt werden.

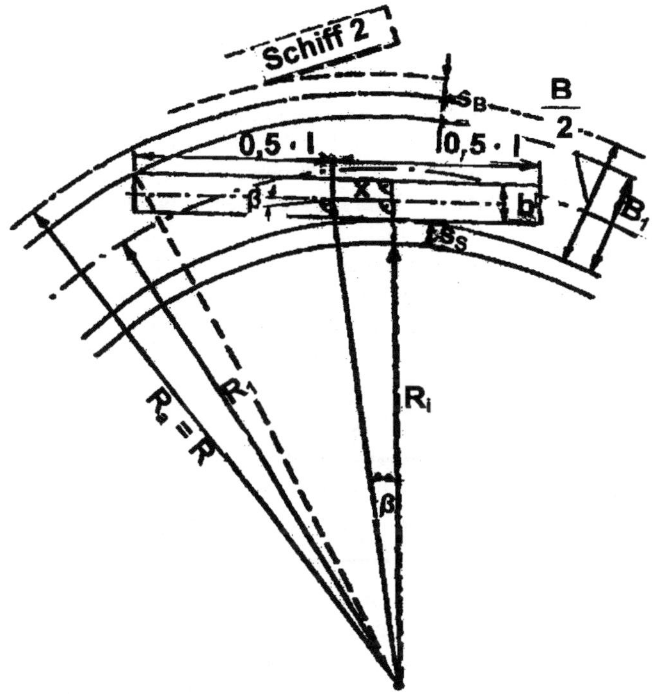

Bild 4.8 Schubverbände in einer Krümmung

$$B_1 = \sqrt{(R_i + s_S + b)^2 + \left[\frac{l}{2} + (R_i + s_S + 0{,}5 \cdot b) \cdot \tan\beta\right]^2} - R_i - s_S \text{ [m]} \quad (4.2)$$

$$B = \sqrt{(R_i + B_1 + s_S + s_B + b)^2 + \left[\frac{l}{2} + (R_i + s_S + s_B + 0{,}5 \cdot b) \cdot \tan\beta\right]^2} - R_i - s_S \text{ [m]} \quad (4.3)$$

Der Driftwinkel *β*, mit dem ein Schiff eine Krümmung durchfährt, ist eine schwer festzulegende Größe, weil auch Erfahrung und Geschick des Schiffsführers, Windverhältnisse, die Beladung des Schiffes und andere Faktoren auf ihn Einfluss haben. Für Planungen sehen die Richtlinien [82] vor, den Driftwinkel abhängig vom Kurvenradius dem Bild 4.9 zu entnehmen. Die aus Versuchsfahrten gewonnenen Werte sollten nicht unterschritten werden, da Versuchsfahrten unter günstigen Bedingungen (kein extremer Wind, erfahrener ortskundiger Schiffsführer, zahlreiche Wiederholungen der Versuche) gewonnen werden.

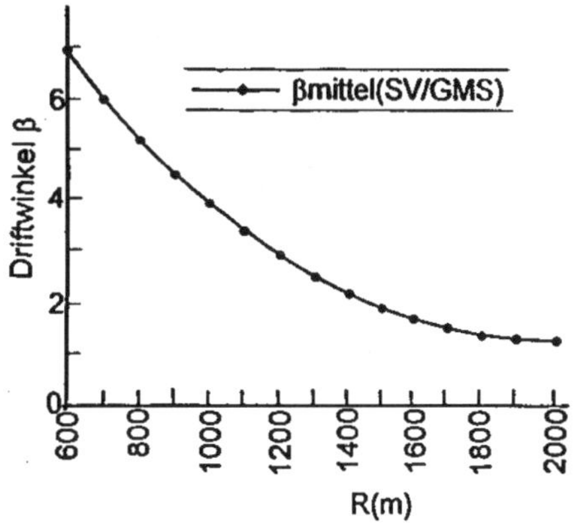

Bild 4.9 Driftwinkel *β* abhängig vom Radius *R* nach [82]

Fast alle Kanäle sind zweischiffig befahrbar, d. h. Begegnungen sind oft möglich. Überholungen sind selten. Für den zweischiffigen Kanal ergibt sich in der Krümmung eine Gesamtbreite B zwischen den äußeren Begrenzungen der Fahrspuren nach Gl. (4.3). Die nach Gl. (4.3) zu ermittelnde Breite ist eine Mindestbreite.

Die Abstände s_U, s_S und s_B nach Tabelle 4.2 und Bild 4.7 werden heute fast schon zu gering gewählt und der Bemessung zugrunde gelegt. Auch sie sind auf Fahrversuche zurückzuführen, die meist mit erfahrenem Personal unter günstigen Bedingungen durchgeführt wurden. Besonders wenn bewachsene Ufer zurückverlegt werden sollen, kommt es immer wieder zu Überlegungen und Auseinandersetzungen über Fahrwasserbreiten und Sicherheitsabstände. Nur im Sonderfall sollte auf Krümmungsstrecken ein Begegnungsverbot ausgesprochen werden.

4.3.1.4 Übergangsbögen

Die notwendige Verbreiterung einer Krümmung wird immer am Innenufer vorgenommen, um die Sichtverhältnisse zu verbessern. Ist der Zentriwinkel 2 ξ klein, dann wird die Verbreiterung ΔB in der Mitte des Kreisbogens abgetragen. Mit dem Radius R_V, zu errechnen aus der Gl. (4.4), wird dann ein neuer Kreisbogen gezeichnet, Bild 4.10 zeigt das Ergebnis.

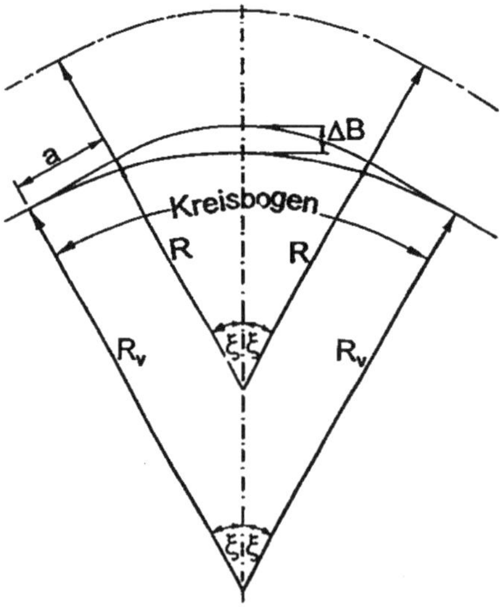

Bild 4.10 Krümmung mit kleinem Zentriwinkel

$$R_V = R + \Delta B \cdot \frac{\cos \xi}{1 - \cos \xi} \quad [\text{m}] \qquad (4.4)$$

Gegenüber dem Punkt, an dem Gerade und Kreisbogen (ohne Verbreiterung) zusammentreffen würden, beginnt der neue Kreisbogen um das Maß a in die Gerade versetzt. Ist der Zentriwinkel 2 ξ groß, dann wird ein ganzer Bereich um das Maß ΔB verbreitert und mit dem Radius R_V' gezeichnet. Das Bild 4.11 zeigt diesen Kreisbogen. Der Radius R_V' kann nach Gl. (4.6) ermittelt werden.

$$a = \Delta B \cdot \frac{1 + \cos \xi}{\sin \xi} \quad [\text{m}] \qquad (4.5)$$

$$R_V' = R_i - \Delta B = R - \frac{B}{2} - \Delta B \quad [\text{m}] \qquad (4.6)$$

Zwischen dem Kreisbogen, der den gleichen Mittelpunkt wie der ursprüngliche hat, und der Geraden muss ein Übergangsbogen angelegt werden, auf dem dem Schiffsführer das Ruderlegen und dem trägen Schiff das Reagieren auf das Ruderlegen ermöglicht wird. Der Übergangsbogen wird als quadratische Parabel ausgebildet. Diese Parabel (Bild 4.12) wird aus den Bedingungen errechnet, dass sowohl am Kreis (Punkt B) als auch an den Geraden (Punkt A) tangentialer Anschluss erfolgt und die Krümmung der Parabel im Punkt B der Kreiskrümmung gleich ist. Mit den dimensionslosen Hilfswerten μ, η und ζ kann die Parabel bestimmt werden.

$$\mu = 1 + \frac{\Delta B}{R_V'}; \quad \eta = \mu + \sqrt{\mu^2 - 1}; \quad \zeta = \sqrt{\eta^2 - 1} \qquad (4.7)$$

Mit den Längen s, dem Abstand zwischen Punkt B und dem einstigen Übergang vom Kreis zur Geraden, und u, dem projizierten Abstand zwischen A und B, kann der Bereich der Parabel festgelegt werden.

$$s = R_V' \cdot \sin \alpha; \quad \alpha = \arctan \xi$$
$$u = \frac{1}{2} \cdot R_V' \cdot \tan \alpha \cdot \left(\cos \alpha + \frac{1}{\cos \alpha} \right) \quad [\text{m}] \qquad (4.8)$$

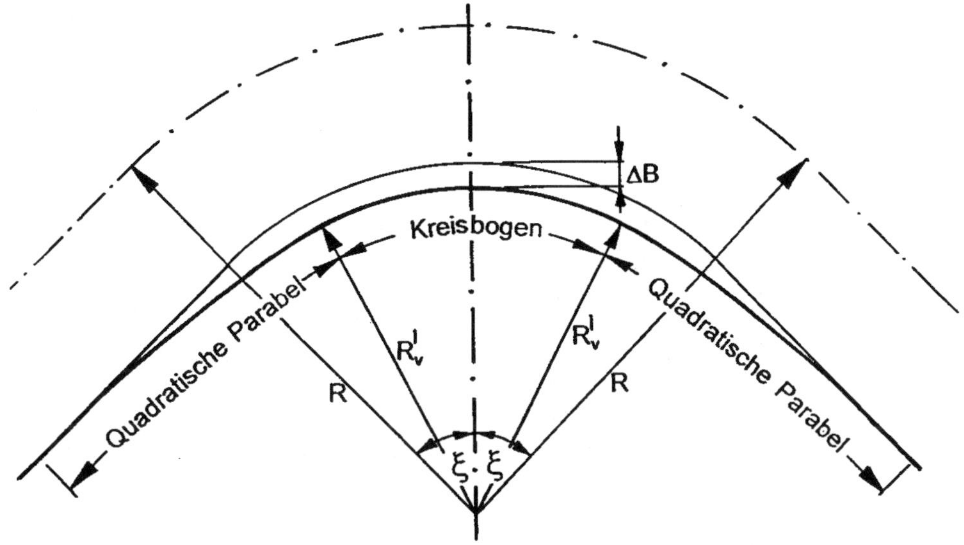

Bild 4.11 Krümmung mit großem Zentriwinkel

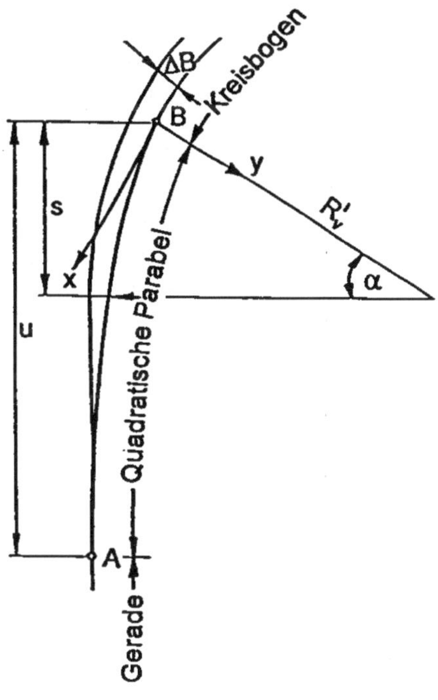

Bild 4.12 Quadratische Parabel als Übergangsbogen

Die Parabel folgt der Gleichung

$$y = \frac{1}{2 \cdot R_V'} \cdot x^2 \quad [\text{m}] \qquad (4.9)$$

Ob der Zentriwinkel groß oder klein ist, ist durch den Öffnungswinkel α festgelegt. Ist $\alpha \leq 2 \cdot \xi$, dann schrumpft der innere Kreisbogen auf einen Punkt zusammen.

Beispiel: Trassierung eines Schifffahrtskanalabschnittes

Ein zweischiffiger, im Querschnitt trapezförmiger Kanal hat in der Geraden eine Wasserspiegelbreite von $B_W = 55$ m. An die gerade Kanalstrecke sind eine Krümmung und eine Gegenkrümmung angeschlossen, Bild 4.13. Der Krümmungsradius beider Strecken beträgt $R = 1\,300$ m. Die eine Krümmung ist 2 600 m lang, die andere 620 m. Künftig sollen auf dieser Strecke auch 185 m lange, 11,45 m breite Schubverbände verkehren und sich begegnen können. Das erfordert Verbreiterungen in den Krümmungsstrecken.

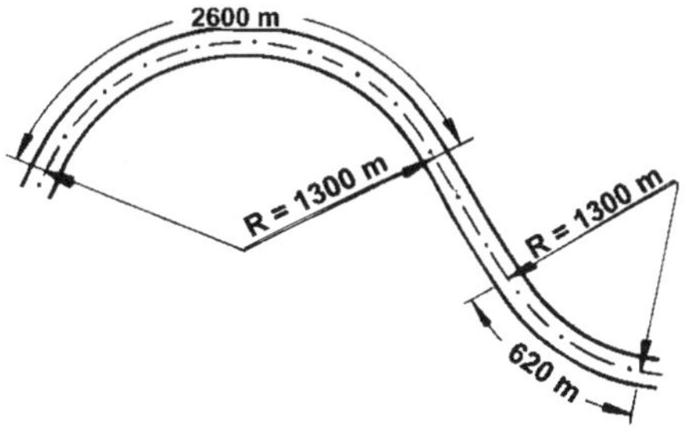

Bild 4.13 Krümmung, Zwischengerade und Gegenkrümmung des Kanalabschnittes

a) Um welches Maß sind die Krümmungsstrecken zu verbreitern?

b) Wie sind die Verbreiterungen zu gestalten?

Lösungen

a) Das Bild 4.8 zeigt einen starren Schubverband der Länge l bei seiner Fahrt durch eine Krümmungsstrecke mit dem Radius R, der auch als Außenradius R_a der einen Fahrspur bzw. eines einschiffigen Kanalabschnittes angesehen werden kann. Die Fahrspurbreite B_1, die in der Geraden 15,5 m nach Tab. 4.2 beträgt, ist in der Krümmung größer als in der Geraden wegen eines größeren Driftwinkels β.

Die Breite B_1 kann mit der Gl. (4.2) bestimmt werden. Der Driftwinkel wird im Bild 4.9 zu 2,6° abgelesen. In einem ersten Iterationsschritt wird $R_i = R = 1\,300$ m gesetzt. Es ergibt sich:

$$B_1 = \sqrt{(1300 + 1{,}5 + 11{,}45)^2 + \left[\frac{185}{2} + \left(1300 + 1{,}5 + \frac{11{,}45}{2}\right) \cdot \tan 2{,}6°\right]^2} - 1300 - 1{,}5 = 20{,}20\,\text{m}$$

Mit $R_i = 1300 - 1 - 20{,}20 - 1{,}5 = 1\,277{,}3$ m (vgl. auch Bild 4.8) werden $B_1 = 20{,}24$ m und $R_i = 1\,300 - 1{,}5 - 1 - 20{,}24 = 1\,277{,}3$ m.

Eine einschiffige Kanalstrecke wäre also um $\Delta B = 20{,}24 - 15{,}5 = 4{,}74$ m zu verbreitern. Die hier vorliegende zweischiffige Kanalstrecke soll das Begegnen mit Schiff 2 (auf Bild 4.8 angedeutet) ermöglichen. Für die gesamte Fahrwasserbreite B in 3 m Tiefe ergibt die Gl. (4.3)

$$B = \sqrt{(1277{,}3 + 20{,}24 + 1{,}5 + 2 + 11{,}45)^2 + \left[\frac{185}{2} + \left(1277{,}3 + 1{,}5 + 2 + \frac{11{,}45}{2}\right) \cdot \tan 2{,}6°\right]^2} - 1\,277{,}3 - 1{,}5 = 42{,}34\,\text{m}$$

Gegenüber 33 m in der Geraden (Tabelle 4.2) müsste die Krümmung um $\Delta B = 9{,}34$ m breiter sein.

b) Mit den Werten der Aufgabenstellung wird für den 620 m langen Kreisbogen

$$\xi = \frac{620 \cdot 360}{2 \cdot 3{,}14 \cdot 1300 \cdot 2} = 13{,}7° \text{ und damit}$$

nach Gl. (4.4)

$$R_V = 1300 + 9{,}34 \cdot \frac{\cos 13{,}7°}{1 - \cos 13{,}7°} = 1618{,}9\,\text{m}$$

Der 2 600 m lange Kreisbogen ergibt

$$\xi = \frac{2\,600 \cdot 360}{2 \cdot 3{,}14 \cdot 1300 \cdot 2} = 57{,}32° \text{ und}$$

$$R_V = 1300 + 9{,}34 \cdot \frac{\cos 57{,}32°}{1 - \cos 57{,}32°} = 1310{,}96\,\text{m}$$

Für den kurzen Bogen wird

$$a = 9{,}34 \cdot \frac{1 + \cos 13{,}7°}{\sin 13{,}7°} = 77{,}75 \text{ m}$$

Für den längeren Bogen muss R_V' nach Gl. (4.6) berechnet werden.

$$R_V' = 1300 - \frac{42{,}34}{2} - 9{,}34 = 1269{,}5 \text{ m.}$$

Mit $R_V' = 1\,269{,}5$ m kann im Kernbereich des Innenufers ein konzentrischer Kreisbogen gezeichnet werden, was auf Bild 4.11 bereits angedeutet wurde.

Aus den Gleichungen, die unter (4.7) zusammengefasst sind, wird

$$\mu = 1 + \frac{9{,}34}{1269{,}5} = 1{,}007$$

$$\eta = 1{,}007 + \sqrt{1{,}007^2 - 1} = 1{,}128$$

$$\zeta = \sqrt{1{,}128^2 - 1} = 0{,}522$$

Mit der Gl. (4.8) kann ermittelt werden

$$\alpha = \arctan 0{,}522 = 27{,}56°$$

$$s = 1269{,}5 \cdot \sin 27{,}56° = 587{,}46 \text{ m}$$

$$u = \frac{1}{2} \cdot 1269{,}5 \cdot \tan 27{,}56° \cdot \left(\cos 27{,}56° + \frac{1}{\cos 27{,}56°}\right) = 667{,}36\,\text{m}$$

Der Vergleich des Winkels α mit den Winkeln ξ zeigt, dass der kleine Bogen nach Bild 4.10 zu konstruieren ist, der größere dem Bild 4.11 folgt.

Die Parabel folgt der Gleichung (4.9)

$$y = \frac{1}{2 \cdot 1269{,}5} \cdot x^2 = 3{,}94 \cdot 10^{-4} \cdot x^2$$

Einige Werte zum Abstecken der Parabel im Gelände zeigt die Tabelle 4.3.

Tabelle 4.3 Werte für die Parabel als Übergangsbogen

x in m	100	200	300	500	700
y in m	3,94	15,75	35,45	98,5	193

4.3.2 Fahrdynamik im Kanal

4.3.2.1 Einzeln fahrendes Schiff

Für die Befestigung aller Böschungen und in gedichteten Abschnitten auch der Sohle eines Schifffahrtskanals sind in erster Linie Belastungen aus der Schifffahrt maßgebend. Eis oder Strömungen im Kanal (z. B. beim Füllen einer Schleuse) sind nicht von gleich großer Bedeutung.

Bei der Fahrt eines Schiffes kommt es vor dem Schiff zu einem Aufstau (Bugwelle), parallel zum Schiff zu einer Absenkung des Wasserspiegels um z_A und am Heck zum Auffüllen des Kanalquerschnittes (Heckwelle). Das vor dem Schiff gestaute Wasser strömt neben und unter ihm mit der Rückstromgeschwindigkeit v_R zum Heck. Sohle und Böschung des Kanals werden durch die Rückstromgeschwindigkeit und durch den Druckabfall während der Absenkung beansprucht. Hinzu kommt die vom Propeller erzeugte größere Geschwindigkeit, der Propellerstrahl. Besonders beim langsam fahrenden oder manövrierenden Schiff kann der Propellerstrahl den benetzten Kanalquerschnitt erreichen und Schäden hervorrufen bzw. für die Bemessung der Auskleidung maßgebend werden. Auf der freien Strecke bestimmt das schneller fahrende Schiff die Bemessung der Kanalauskleidung.

Rückstromgeschwindigkeit v_R und Absenkung z_A können zunächst eindimensional, also vereinfacht, ermittelt werden. Man denkt sich das Schiff festgehalten und das Wasser mit der Schiffsgeschwindigkeit v_S strömen. Dann entsteht, hydromechanisch gesehen, das gleiche Problem wie beim Pfeilerstau im

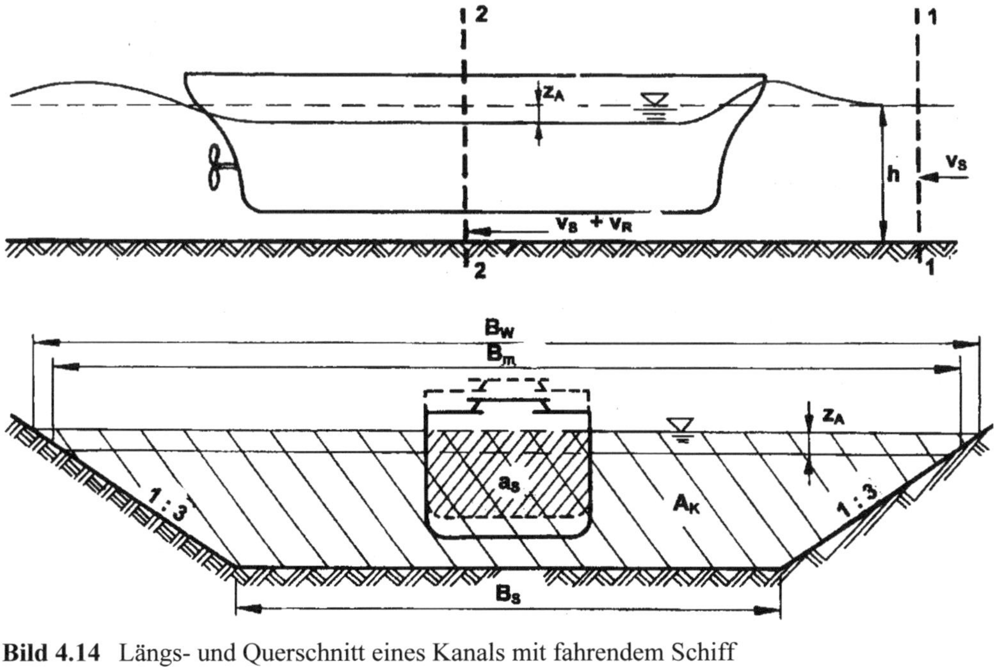

Bild 4.14 Längs- und Querschnitt eines Kanals mit fahrendem Schiff

Fließgewässer, vgl. Abschnitt 2.3.5.5. Bei diesem Gedankenversuch führen die Bernoulligleichung und das Kontinuitätsgesetz zur Lösung. Nach Bernoulli kann für den Schnitt 1–1 die Energie des (im Gedankenversuch) strömenden Wassers gleich der Energie im Schnitt 2–2 gesetzt werden.

$$h + \frac{v_S^2}{2 \cdot g} = h - z_A + \frac{(v_S + v_R)^2}{2 \cdot g} \quad \text{[m]} \qquad (4.10)$$

Das Kontinuitätsgesetz ergibt beim Gedankenversuch in den Schnitten 1–1 bzw. 2–2:

$$A_K \cdot v_S = (A_K - a_S - z_A \cdot B_m) \cdot (v_S + v_R) \quad [\text{m}^3/\text{s}] \qquad (4.11)$$

Aus der Gl. (4.10) kann z_A ermittelt werden zu

$$z_A = \frac{1}{g}\left(v_S \cdot v_R + \frac{v_R^2}{2}\right) \quad \text{[m]} \qquad (4.10\text{ a})$$

Die Gl. (4.11) kann nach v_R aufgelöst werden.

$$v_R = \frac{a_S + z_A \cdot B_m}{A_K - a_S - z_A \cdot B_m} \cdot v_S \quad \text{[m/s]} \qquad (4.11\text{ a})$$

Für die beiden Unbekannten z_A und v_R sind damit zwei Gleichungen gefunden, die rechnerisch oder grafisch gelöst werden können. Für B_m kann zunächst die Wasserspiegelbreite eingesetzt werden, was streng genommen nur beim Rechteckprofil zutrifft.

Die eindimensionale Betrachtung ergibt bei kleinen Schiffsgeschwindigkeiten gute Übereinstimmungen mit Naturmessungen. Mit größer werdender Schiffsgeschwindigkeit nehmen auch die Einflüsse aus Querströmungen, Schiffsschraube, Rauheit der Ufer und des Schiffskörpers zu, so dass deren Berücksichtigung notwendig wird. Gleichungen, die Bouwmeester fand, ergaben recht gute Übereinstimmungen mit in Großversuchen erzielten Messergebnissen [51]. Sie berücksichtigt besser die Kanalform und die Schiffseigenschaften. Für die Rückstromgeschwindigkeit fand Bouwmeester:

$$v_R = \left[\frac{\frac{z_A}{h_m} - \frac{3 \cdot h_m}{B_W} \cdot \left(\frac{z_A}{h_m}\right)^2 + \frac{a_S}{A_K}}{1 - \frac{z_A}{h_m} + \frac{m_B \cdot h_m}{B_W} \cdot \left(\frac{z_A}{h_m}\right)^2 - \frac{a_S}{A_K}}\right] \cdot v_S \quad \text{[m/s]} \qquad (4.12)$$

m_B Böschungsneigung

h_m mittlere Wassertiefe

Auch hier muss eine zweite Gleichung für die zwei Unbekannten z_A und v_R gefunden werden. Bouwmeester fand mit der Gl. (4.13) eine Abhängigkeit der Wasserspiegelabsenkung vom Verhältnis aus Schiffsgeschwindigkeit v_S und Wellengeschwindigkeit v_W. Die Wellengeschwindigkeit hängt nur von den Kanalabmessungen ab.

Beispiel Schifffahrt und Kanalquerschnitt

In einem Schifffahrtskanal mit den Abmessungen des Bildes 4.15 fährt ein Schiff der europäischen Wasserstraßenklasse IV mit der Geschwindigkeit $v_S = 2{,}5$ m/s bzw. 9,0 km/h.

a) Welche Rückstromgeschwindigkeit v_R und welche Wasserspiegelabsenkung z_A beanspruchen die Sohle und die Böschungssicherung bei dieser Schiffsdurchfahrt?

b) Mit welcher Geschwindigkeit darf ein Großmotorgüterschiff ($a_S = 11{,}45$ mal 2,8 m = 32,1 m^2) fahren, wenn Sohle und Böschung keine größere Beanspruchung aufnehmen können?

c) Wie groß ist die zulässige Geschwindigkeit für das 1 350-t-Schiff, wenn zur Querschnittsvergrößerung die im Bild 4.15 angegebene Baustelle (gestrichelte Linie) errichtet wird, die rechte Böschung aber nicht stärker als unter a) ermittelt, beansprucht werden darf ?

$$\frac{v_S}{v_W} = \sqrt{\frac{\left(\frac{z_A}{h_m}\right)\cdot 2\cdot\left(1-\frac{1}{n}\right)-\left(\frac{z_A}{h_m}\right)^2\cdot\left(1-\frac{b_S}{B_W}\right)+\frac{2}{3}\cdot\left(\frac{z_A}{h_m}\right)^3\cdot\frac{m_B\cdot h_m}{B_W}}{\left(\frac{t_S}{h_m}\right)^2\cdot\left(\frac{1}{n}+\frac{z_A}{h_m}\cdot\frac{b_S}{B_W}\right)+2\cdot\left[\frac{1}{1-\frac{z_A}{h_m}+\frac{m_B\cdot h_m}{B_W}\cdot\left(\frac{z_A}{h_m}\right)^2-\frac{1}{n}}-1\right]}} \qquad (4.13)$$

b_S Schiffsbreite, t_S Tauchtiefe des Schiffes

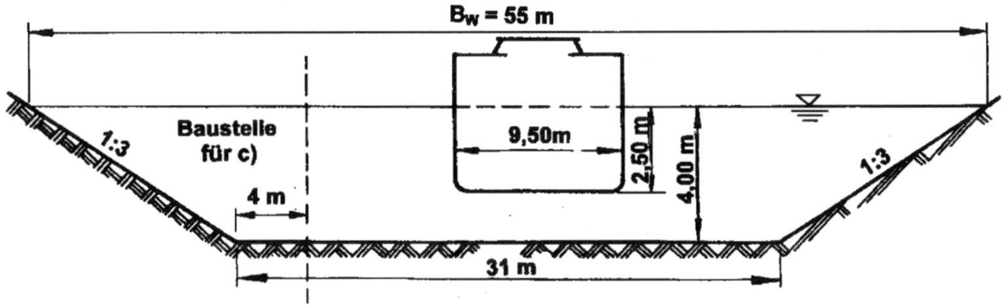

Bild 4.15 Kanalquerschnitt mit Europaschiff und Baustelle

Lösungen

a) Aus den Gleichungen (4.10a) und (4.11a) können zunächst eindimensional, also überschläglich, die Absenkung und die Rückstromgeschwindigkeit berechnet werden. Das erfolgt mit der Annahme von $B_m = 54$ m (also $z_A = 0{,}33$ m)

$$z_A = \frac{1}{9{,}81}\cdot\left(2{,}5\cdot v_R+\frac{v_R^{\,2}}{2}\right)$$

$$v_R = \frac{23{,}75+z_A\cdot 54}{172-23{,}75-54\cdot z_A}\cdot 3{,}0$$

Die Auflösung der Gleichungen ergibt

$\mathbf{v_R = 0{,}59}$ **m/s** und $\mathbf{z_A = 0{,}17}$ **m.**

Bei einer Schiffsgeschwindigkeit von 9 km/h sollte auch nach Bouwmeester gerechnet werden. Mit den auf Seite 162 genannten Einflüssen und der Tatsache, dass Bouwmeester im Gegensatz zu Krey mit selbstfahrenden Schiffen gearbeitet hat, wird das Ergebnis realistischer. Für Gl. (4.13) müssen zunächst die folgenden Werte ermittelt werden:

$$h_m = \frac{A_K}{B_W} = \frac{172}{55} = 3{,}127\text{ m}$$

$$v_W = \sqrt{g\cdot h_m} = \sqrt{9{,}81\cdot 3{,}127} = 5{,}54\text{ m/s}$$

$$n = \frac{A_K}{a_S} = \frac{172}{23{,}75} = 7{,}24;\; b_S = 9{,}50\text{ m}$$

$B_W = 55$ m, $m_B = 3$ und $t_S = 2{,}50$ m

Eingesetzt in die Gleichungen (4.13) und (4.12) ergibt sich:

$$\frac{2{,}50}{5{,}54} = \sqrt{\frac{\frac{z_A}{3{,}127}\cdot 2\cdot\left(1-\frac{1}{7{,}24}\right)-\left(\frac{z_A}{3{,}127}\right)^2\cdot\left(1-\frac{9{,}5}{55}\right)+\frac{2}{3}\cdot\left(\frac{z_A}{3{,}127}\right)^3\cdot\frac{3\cdot 3.127}{55}}{\left(\frac{2{,}5}{3{,}127}\right)^2\cdot\left(\frac{1}{7{,}24}+\frac{z_A}{3{,}127}\cdot\frac{9{,}5}{55}\right)+2\cdot\left[\frac{1}{1-\frac{z_A}{3{,}127}+\frac{3\cdot 3{,}127}{55}\cdot\left(\frac{z_A}{3{,}127}\right)^2-\frac{1}{7{,}24}}-1\right]}} \qquad z_A = 0{,}25\text{ m}$$

$$v_R = \left[\frac{\frac{0{,}25}{3{,}127} - \frac{3\cdot 3{,}127}{55}\cdot\left(\frac{0{,}25}{3{,}127}\right)^2 + \frac{23{,}75}{172}}{1 - \frac{0{,}25}{3{,}127} + \frac{3\cdot 3{,}127}{55}\cdot\left(\frac{0{,}25}{3{,}127}\right)^2 - \frac{23{,}75}{172}}\right]\cdot 2{,}50 = 0{,}69\,\text{m/s}$$

Mit diesen Gleichungen erhält man die etwas größeren Werte für die Absenkung von z_A **= 0,25 m** und die Rückstromgeschwindigkeit von v_R **= 0,69 m/s**. Zum Vergleich: bei einer Schiffsgeschwindigkeit von 9,9 km/h sind die Unterschiede größer: 0,24/0,37 m bzw. 0,75/0,94 m/s.

b) Als Ausgangswerte sind jetzt gegeben: $A_K = 172\ \text{m}^2$, $a_S = 11{,}45 \cdot 2{,}8 = 32{,}1\ \text{m}^2$, $z_A \leq 0{,}25$ m, $B_W = 55$ m und $v_R \leq 0{,}69$ m/s, wenn die Werte nach Bouwmeester verwendet werden.

$$n = \frac{172}{32{,}1} = 5{,}36$$

Aus Gl. (4.13) kann v_S ermittelt werden.

$$v_S = \sqrt{\frac{\left(\frac{0{,}25}{3{,}127}\right)\cdot 2\cdot\left(1-\frac{1}{5{,}36}\right) - \left(\frac{0{,}25}{3{,}127}\right)^2\cdot\left(1-\frac{11{,}45}{55}\right) + \frac{2}{3}\cdot\left(\frac{0{,}25}{3{,}127}\right)^3\cdot\frac{3\cdot 3{,}127}{55}}{\left(\frac{2{,}8}{3{,}127}\right)^2\cdot\left(\frac{1}{5{,}36}+\frac{0{,}25}{3{,}127}\cdot\frac{11{,}45}{55}\right) + 2\cdot\left[\frac{1}{1-\frac{0{,}25}{3{,}127}+\frac{3\cdot 3{,}127}{55}\cdot\left(\frac{0{,}25}{3{,}127}\right)^2 - \frac{1}{5{,}36}} - 1\right]}}\cdot 5{,}54$$

$$v_S = \sqrt{\frac{0{,}13 - 0{,}0051 + 0{,}000\,058}{0{,}1629 + 0{,}7227}}\cdot 5{,}54 = 2{,}08\,\text{m/s}$$

Aus Gl. (4.12) würde sich ergeben:

$$v_S = 0{,}94\cdot\left[\frac{1 - \frac{0{,}25}{3{,}127} + \frac{3\cdot 3{,}127}{55}\cdot\left(\frac{0{,}25}{3{,}127}\right)^2 - \frac{32{,}1}{172}}{\frac{0{,}25}{3{,}127} - \frac{3\cdot 3{,}127}{55}\cdot\left(\frac{0{,}25}{3{,}127}\right)^2 + \frac{32{,}1}{172}}\right]$$

$$v_S = 0{,}94\cdot\frac{0{,}7345}{0{,}2655} = 1{,}91\ \text{m/s} < 2{,}08\ \text{m/s}$$

Maßgebend ist v_S **= 1,91 m/s (6,9 km/h)** als zulässige Geschwindigkeit für die größeren Schiffe bei den genannten Bedingungen.

c) Die Größe der Kanalquerschnittsfläche ändert sich wegen der Baustelle auf:

$$A_K = 27\cdot 4 + \frac{1}{2}\cdot 4\cdot 12 = 132\ \text{m}^2$$

B_W wird zu 39 m

$$h_m = \frac{132}{39} = 3{,}38\ \text{m}$$

$$v_W = \sqrt{9{,}81\cdot 3{,}38} = 5{,}76\,\text{m/s}$$

$$n = \frac{132}{23{,}75} = 5{,}56$$

Somit kann v_S aus der Gl. (4.13) bestimmt werden zu:

$$v_S = 5{,}76 \cdot \sqrt{\frac{\frac{0{,}25}{3{,}38} \cdot 2 \cdot \left(1 - \frac{1}{5{,}56}\right) - \left(\frac{0{,}25}{3{,}38}\right)^2 \cdot \left(1 - \frac{9{,}5}{39}\right) + \frac{2}{3} \cdot \left(\frac{0{,}25}{3{,}38}\right)^3 \cdot \frac{3 \cdot 3{,}38}{39}}{\left(\frac{2{,}5}{3{,}38}\right)^2 \cdot \left(\frac{1}{5{,}56} + \frac{0{,}25}{3{,}38} \cdot \frac{9{,}5}{39}\right) + 2 \cdot \left[\frac{1}{1 - \frac{0{,}25}{3{,}38} + \frac{3 \cdot 3{,}38}{39} \cdot \left(\frac{0{,}25}{3{,}38}\right)^2 - \frac{1}{5{,}56}} - 1\right]}}$$

$$v_S = 5{,}76 \cdot \sqrt{\frac{0{,}1173}{0{,}7834}} = 2{,}23 \text{ m/s}$$

Aus Gl. (4.12) ergibt sich:

$$v_S = 0{,}69 \cdot \left[\frac{1 - \frac{0{,}25}{3{,}38} + \frac{3 \cdot 3{,}38}{39} \cdot \left(\frac{0{,}25}{3{,}38}\right)^2 - \frac{23{,}75}{132}}{\frac{0{,}25}{3{,}38} - \frac{3 \cdot 3{,}38}{39} \cdot \left(\frac{0{,}25}{3{,}38}\right)^2 + \frac{23{,}75}{132}}\right] = 0{,}69 \cdot \frac{0{,}7475}{0{,}2525} = 2{,}04 \text{ m/s} < 2{,}23 \text{ m/s}$$

An der Baustelle beträgt die zulässige Höchstgeschwindigkeit für das 2,5 m tiefgehende Schiff 2,04 m/s bzw. 7,35 km/h.

4.3.2.2 Schiffsbegegnungen

Eine exzentrische (außermittige) Fahrt, die bei Begegnungen und (selten stattfindenden) Überholungen vorkommt, erzeugt nach [34] mit zunehmender Ufernähe einen starken Anstieg der Wellenhöhe. Dieser Anstieg hängt vom Verhältnis der Querschnittsfläche zwischen Schiff und Ufer zur Kanalquerschnittsfläche A_K ab, siehe Bild 4.16.

Mit Hilfe von Bild 4.17 kann für erste Berechnungen der maximale Heckabsunk am Ufer nach den Gln. (4.14) und (4.15) berechnet werden.

$$\boxed{H_{u,Heck} = \left(2{,}0 - 2\frac{A'}{A_K}\right) \cdot \Delta\hat{h}_{u,Heck}} \quad [\text{m}] \quad (4.14)$$

$$\boxed{\Delta\hat{h}_{u,Heck} = C_H \cdot \Delta\bar{h}_{u,Heck}} \quad [\text{m}] \quad (4.15)$$

$C_H = 1{,}3$ für moderne Binnenschiffe

$\Delta\bar{h}_{u,Heck}$ kann für Kanalfahrt mit Europaschiff oder Großmotorgüterschiff dem Wert z_A gleichgesetzt werden. Weitere Berechnungen bei Fahrt leerer Schiffe, Sportboote, einzelner Schubboote, die auch mit überkritischer Geschwindigkeit fahren, können ausführlichen Betrachtungen in [34] entnommen werden.

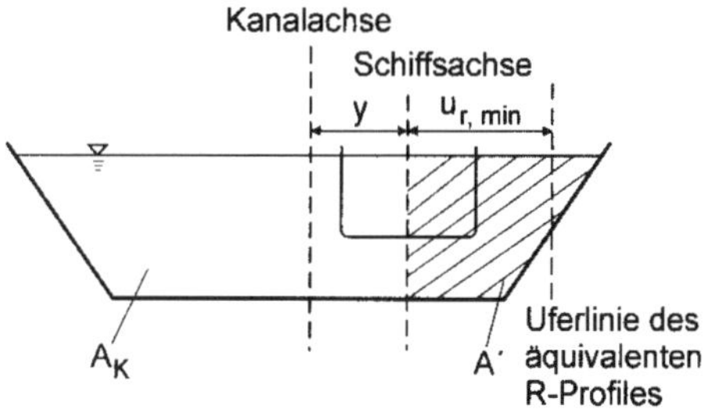

Bild 4.16 Exzentrische Fahrt im Kanal nach [34]

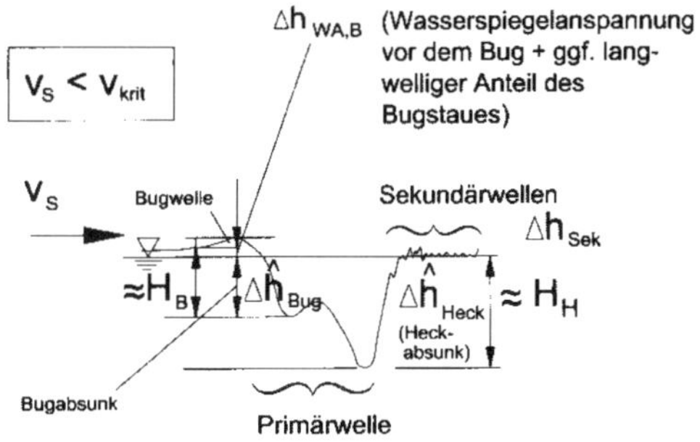

Bild 4.17 Primärwellen im unterkritischen Bereich nach [34]

Alle bisherigen Betrachtungen gingen davon aus, dass ein voll abgeladenes Schiff mit geringerer als der kritischen Geschwindigkeit, Gl. (4.16), fährt. Beim Erreichen der kritischen Geschwindigkeit geht das rückströmende Wasser unter und neben dem Schiff in den Fließzustand „Schießen" über. Hohe Antriebsleistungen und große Uferbeanspruchungen wären die Folge. Beim Erreichen der kritischen Geschwindigkeit tritt eine Absenkung des Wasserspiegels ein, die aus der Gl. (4.17) ermittelt werden kann.

$$\boxed{v_{\text{krit}} = y_{\text{krit}} \cdot \sqrt{g \cdot h_{\text{m}}}} \quad [\text{m/s}] \qquad (4.16)$$

$$\boxed{z_{\text{A,krit}} = x_{\text{krit}} \cdot h_{\text{m}}} \quad [\text{m}] \qquad (4.17)$$

y_{krit} und x_{krit} können nach [34] berechnet oder für übliche n-Werte der Tabelle 4.4 entnommen werden.

Tabelle 4.4 Werte für x_{krit} und y_{krit} abhängig vom n-Verhältnis

n	x_{krit}	y_{krit}
5,00	0,21	0,48
5,25	0,21	0,50
5,50	0,205	0,51
5,75	0,204	0,52
6,00	0,203	0,53
6,25	0,202	0,54
6,50	0,201	0,545
6,75	0,201	0,55
7,00	0,20	0,56
7,25	0,199	0,566
7,50	0,197	0,577
8,00	0,195	0,59

Beispiel: Exzentrische Fahrt

Ein 110 m langes, 11,45 m breites, 2,8 m tief abgeladenes Großmotorgüterschiff fährt mit 6,9 km/h (1,91 m/s) im Trapezprofil nach Bild 4.7 und Tabelle 4.2. Angenommen wird, dass dieses Schiff nicht in der Kanalmitte, sondern in Mitte der 15,5 m breiten Fahrspur B_1 fährt, vgl. Bild 4.7. Welche Wellenhöhe ist am schiffsnäheren Ufer zu erwarten?

Lösung

Als Ausgangswert muss für Gl. (4.15) die über den Querschnitt gemittelte Absenkung z_{A} berechnet werden. Sie ist aus Beispiel S. 162 mit 0,25 m bereits bekannt. Der 1,3-fache Wert ergibt 0,33 m für die maximale Absenkung am Heck, aber noch ohne Exzentrizitätseinfluss.

Für die exzentrische Fahrt ist zunächst A' zu berechnen. Mit $y = 0{,}5 \cdot (s_{\text{B}} + B_1) = 8{,}75$ m wird $A' = 51$ m^2. Eingesetzt in die Gl. (4.14) ergibt sich für den Maximalwert der Heckwelle am schiffsnäheren Ufer

$$H_{\text{u,Heck}} = \left(2{,}0 - 2 \cdot \frac{51}{172}\right) \cdot 0{,}33 = 0{,}46\,\text{m}$$

Empirisch und aus Modellversuchen gewonnene Gleichungen, die auch durch Großversuche bestätigt werden (u. a. in [51]), ergeben für Begegnungen etwa den 1,5-fachen Wert der Absenkung für die Querwellenhöhe am Heck (hier nur 1,23-facher Wert).

Bei Begegnungen überlagern sich zwei entgegengesetzte Rückströmungsfelder. Jedes Schiff fährt zunächst in die Absenkungsmulde des Entgegenkommers. Die Geschwindigkeiten erhöhen sich, werden beim Verlassen der Absenkungsmulde wieder geringer. In Naturversuchen wurde erkannt, dass sich die Absenkung bei Begegnung aus linearer Überlagerung beider Absenkmulden ergibt. Im 4 m tiefen Kanal darf ein 2,8 m tief gehendes Schiff folglich 60 cm für die Absenkung z_{A} nicht überschreiten, andernfalls gäbe es Grundberührung. Aus diesen Überlegungen können Höchstgeschwindigkeiten für das Begegnen und maßgebende Belastungen für Deckwerke abgeleitet werden, vgl. Abschnitt 4.3.3.4. Zwischen der Höchstgeschwindigkeit und einer navigatorisch bedingten Mindestgeschwindigkeit beim Begegnen von etwa 5 km/h liegt nur ein kleiner Spielraum.

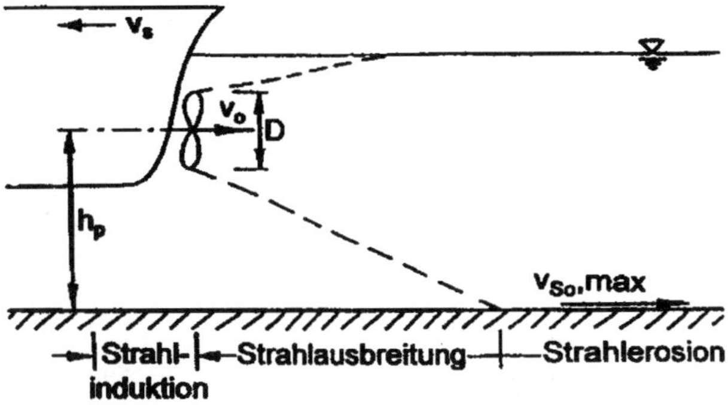

Bild 4.18 Propellerstrahl eines Binnenschiffes

4.3.2.3 Der Propellerstrahl

Der Propeller erzeugt durch die Rotation einen sich drehenden, hochturbulenten Tauchstrahl. Dieser Strahl taucht in die nicht oder nur wenig bewegte (mit der Rückstromgeschwindigkeit v_R strömende) Wassermasse ein. Mit einer Restgeschwindigkeit trifft er auf die Kanalsohle. Diese ist abhängig vom Tiefgang des Schiffes und der Wassertiefe im Kanal sowie von den Ausgangsdaten des Strahles. Umlagerungen des Sohlenmaterials sind möglich. Für gefährdete Strecken (Wendestellen, Vorhäfen, Standprobenplätze, Hafenbecken oder in gedichteten Kanalstrecken) ist der Propellerstrahl zu berechnen oder durch Natur- oder Modellversuche zu bestimmen, Bild 4.18 und Gl. (4.18). Zunächst wird das dem Propeller zuströmende Wasser auf v_0 beschleunigt, eine Anfangsgeschwindigkeit, die näherungsweise aus der installierten Maschinenleistung bestimmt werden kann und für das stehende Schiff ($v_S = 0$) gilt.

$$\boxed{v_0 = C \cdot \left(\frac{f_P \cdot P_{d,Nenn}}{\rho_W \cdot D^2} \right)^{1/3}} \quad [m/s] \qquad (4.18)$$

Es bedeuten:

C ein Beiwert, 1,5 für nicht ummantelte Propeller, 1,2 bis 1,4 für Propeller mit Düse

f_P ein Beiwert, 0,42 für Anfahrmanöver aus dem Stand

$P_{d,Nenn}$ Nennleistung des Propellers in kW

D Durchmesser des Propellers in m

Nach umfangreichen Misch- und Austauschvorgängen, verbunden mit Energieumwandlungen, trifft der Strahl mit der Auftreffgeschwindigkeit $v_{So,max}$ auf die Sohle, Gln. (4.19) und (4.20).

Ist diese Geschwindigkeit größer als die für die Lagestabilität des Sohlenmaterials zulässige, dann kommt es zu Materialumlagerungen an der Sohle. Auf den ungedichteten freien Kanalstrecken ist eine solche Materialumlagerung nicht gefährlich, über Dichtungen kann es zur Schwächung des Dichtungsschutzes kommen.

Für $v_S = 0$ gilt die Gl. (4.19), für $v_S \neq 0$ die Gl. (4.20).

$$\boxed{v_{So,max} = E \cdot \left(\frac{D}{h_p} \right) \cdot v_0} \quad [m/s] \qquad (4.19)$$

$$\boxed{v_{So,max} = E \cdot \left(\frac{D}{h_p} \right) \cdot v_0 \cdot \left(1 - \frac{v_S}{n \cdot D} \right)} \quad [m/s] \qquad (4.20)$$

Außer den im Bild 4.18 erläuterten Werten bedeuten hier

E einen Beiwert, der die Heckform und Ruderanordnung des Schiffes berücksichtigt (z. B. $E = 0{,}25$ für Binnenschiffe mit Tunnelheck und Zwillingsruder, 0,42 für schlanke Heckformen ohne Zentralruder und 0,71 für schlanke Heckformen mit Zentralruder)

n Propellerdrehzahl [1/s]

Die maximale Auftreffgeschwindigkeit tritt beim Anfahren des Schiffes ($v_S = 0$) auf. Liegestellen, Wendeplätze und Hafenbecken sind deshalb vom Propellerstrahl besonders betroffen.

Beispiel: Propellerstrahl

In einem Schifffahrtskanal mit Abmessungen der europäischen Wasserstraßenklasse IV fährt ein 2,5 m tief abgeladenes Europaschiff, angetrieben durch einen Propeller am Heck (Schiffsschraube). Der Propeller hat einen Durchmesser von $D = 1{,}70$ m und arbeitet mit 6 Umdrehungen pro Sekunde und liegt mit seiner Achse 2,4 m über der Sohle (Bild 4.18). Seine Nennleistung beträgt 550 kW. Tunnelheck und Zentralruder seien nicht vorhanden.

Gesucht ist:

a) Welche Sohlbelastung ruft ein aus dem Stand anfahrendes Schiff hervor?

b) Welche Sohlbelastung ergibt sich aus dem Propellerstrahl bei einem mit $v_S = 3{,}06$ m/s (11 km/h) fahrenden Schiff? Das entspricht 97 % der kritischen Geschwindigkeit, Gl. (4.16). Mit dieser Geschwindigkeit fahren die Schiffe allg. auf freier und gerader Strecke.

Lösungen

a) Für die Anfangsgeschwindigkeit des Strahles wird mit Gl. (4.18) ermittelt:

$$v_0 = 1{,}5 \cdot \left(\frac{0{,}42 \cdot 550}{1 \cdot 1{,}7^2} \right)^{1/3} = 6{,}46 \text{ m/s}$$

Mit Gl. (4.19) wird ermittelt:

$$v_{\text{So,max}} = 0{,}42 \cdot \left(\frac{1{,}7}{2{,}4} \right) \cdot 6{,}46 = 1{,}92 \text{ m/s}$$

Mit dieser Geschwindigkeit belastet das in Ruhe befindliche Schiff die Kanalsohle.

b) Mit Gl. (4.20) wird ermittelt:

$$v_{\text{So,max}} = 1{,}92 \cdot \left(1 - \frac{3{,}06}{6 \cdot 1{,}7} \right) = 1{,}34 \text{ m/s}$$

4.3.3 Dichtungen und Deckwerke

4.3.3.1 Anforderungen an Dichtungen

Wie jede Dichtung im Wasserbau (vgl. Abschnitt 3.3.8.4) hat auch die Dichtung im Schifffahrtskanal die Aufgabe, die Potentiale von zwei Wasserspiegeln (hier Kanal- und Grundwasserspiegel) zu trennen. Wenn auch die Trassierung im Längsschnitt sich weitgehend an den Grundwasserständen orientieren soll, so kommt es doch besonders in hügeligem Gelände zu Kanalstrecken, deren Wasserspiegel höher als der Grundwasserspiegel liegt, also Strecken, die gedichtet werden müssen. Auch durch Entnahmen, Absinken des Grundwassers kann es zu diesen Unterschieden kommen, so dass mitunter Kanalstrecken auch nachträglich noch zu dichten sind. Qualitätsanforderungen an das Grundwasser oder die Aufgabe, das Zuströmen von Grundwasser in den Kanal zu verhindern, können ebenfalls Dichtungen erforderlich machen. Nach [20] sollen die Wasserverluste in gedichteten Strecken nicht mehr als etwa 15 l/(s·km) betragen. Während der geplanten Lebensdauer von 80 Jahren dürfen die Eigenschaften für die Funktionsfähigkeit nicht negativ verändert werden. Bei der Wahl der Dichtungsbauweise ist zu beachten, dass Reparaturen ohne Unterbrechung der Schifffahrt stattfinden müssen.

Die Anforderungen an die Dichtung sind durch den Unterschied zwischen Kanal- und Grundwasserspiegel bestimmt. Liegt der Spiegel des Grundwassers unterhalb der Unterkante der Dichtungsschicht, dann ergibt sich der größte hydraulische Gradient unabhängig von der Tiefe des Grundwassers durch Anwendung der Gl. (3.55) nach Gl. (4.21) zu:

$$\boxed{i = \frac{h + h_S + h_D}{h_D}} \qquad (4.21)$$

h Wassertiefe im Kanal, zuzüglich Windstau, Schwall- und Bugwelle

h_S Dicke der Schutzschicht

h_D Dicke der Dichtungsschicht

Diesem Gradienten muss die Dichtung standhalten. Zulässige Gradienten werden im bodenmechanischen Labor ermittelt. Liegt der Grundwasserspiegel höher als unterhalb der Sohldichtung, dann ist im Zähler nur die Differenz aus dem höchstmöglichen Kanalwasserspiegel und dem Grundwasserspiegel einzusetzen.

Eine andere Beanspruchung erhält die Dichtung, wenn der Grundwasserspiegel höher als der Kanalwasserspiegel liegt. Dann kann sie unter Auftrieb geraten und aufschwimmen

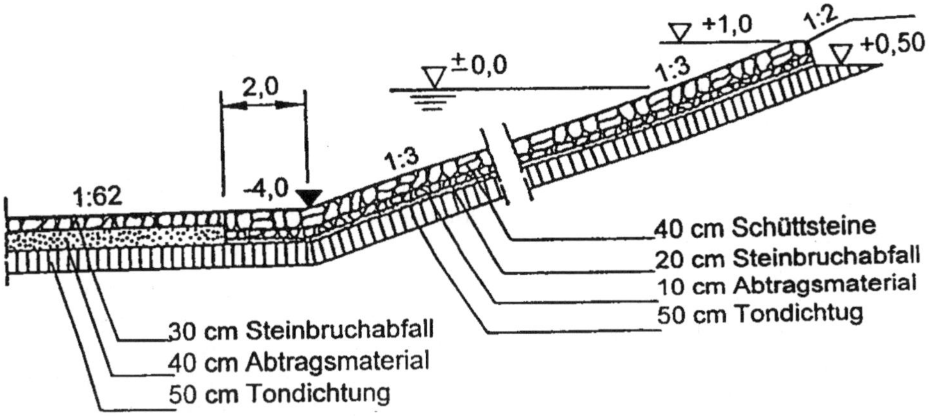

Bild 4.19 Kanaldichtung aus Ton

oder auf den Böschungen abgleiten. Nach Möglichkeit ist eine solche Belastung zu vermeiden. Sie kann aber auch kurzzeitig auftreten, z. B. bei Schiffsdurchfahrt wegen des Absunks.

4.3.3.2 Ausbildung von Kanaldichtungen

Grundsätzlich können die im Abschnitt 3.3.8.4 beschriebenen Dichtungen auch für Schifffahrtskanäle verwendet werden. Dort genannte Materialeigenschaften, Einbautechnologien und konstruktive Einzelheiten sind anzuwenden. Eine Tondichtung, die trocken eingebaut werden kann, zeigt das Bild 4.19. Aus dem o. g. Grenzwert für den Wasserverlust ergeben sich Forderungen nach einer Mindestdicke der Tonschicht von 20 cm und einem Durchlässigkeitsbeiwert von $k_f \leq 10^{-9}$ m/s. Die Schutzschicht soll unmittelbar nach dem Dichtungseinbau aufgebracht werden, um Austrocknungen und Beschädigungen der Dichtung zu vermeiden

Das Bild 4.20 zeigt eine Dichtung aus Asphaltfeinbeton.

Geosynthetische Tondichtungsbahnen wurden Ende des vorigen Jahrhunderts entwickelt und im Kanalbau eingesetzt. Bild 4.21 zeigt einen Kanalquerschnitt mit dieser Dichtung, die wegen ihrer geringen Dicke (ca. 1 cm) und der großen Flexibilität gern bei Querschnittsvergrößerungen gedichteter Kanalstrecken eingesetzt wird, vgl. Abschnitt 4.3.6. Der Durchlässigkeitsbeiwert wird mit $k_f = 5 \cdot 10^{-11}$ m/s angegeben [91] und [20]. Ein Gemisch aus Sand, Tonmineralien und Zement ergibt eine fließfähige dauerplastische Dichtungsschicht.

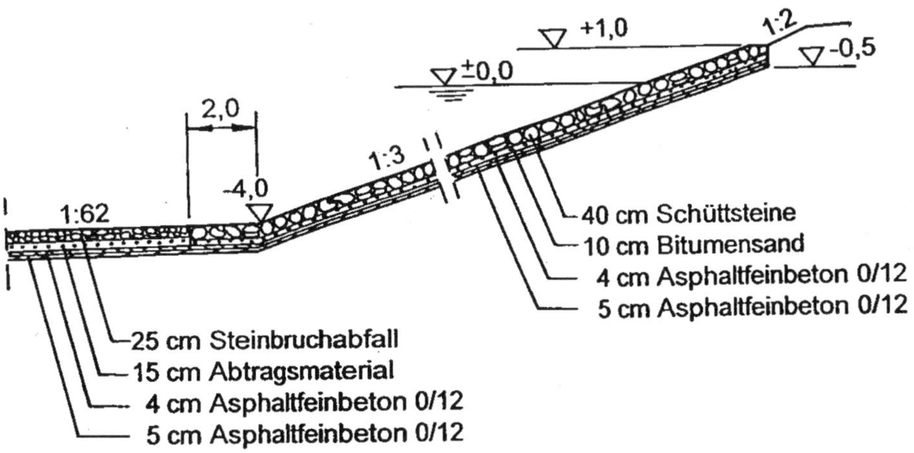

Bild 4.20 Kanaldichtung aus Asphalt

Ein immer schwierig zu dichtender Gefahrenpunkt, der Anschluss der Dichtung an ein Massivbauwerk, kann mit diesem fließfähigen Material gelöst werden, indem eine mindestens 0,5 m lange Kontaktfläche hergestellt wird, der Solidurkeil im Bild 4.21.

4.3.3.3 Aufgaben und Beanspruchung einer Sohlschutzschicht

Die Dichtung muss mit einer Schutzschicht aus Schüttsteinen bzw. Steinbruchabfall o. a. Materialien geschützt werden. Die Bilder 4.19 bis 4.21 zeigen auch Möglichkeiten für die Ausbildung der Schutzschichten. Besonders auf den Böschungen muss die Standsicherheit der Schutzschichten (Deckwerke) nachgewiesen werden. Auf der Sohle erhalten ungedichtete Kanalabschnitte allgemein keine Schutzschicht. Ausnahmen können dort gemacht werden, wo Düker oder andere Leitungen die Wasserstraße kreuzen. Für die anderen Kanalstrecken können bei Schiffsdurchfahrten geringe Umlagerungen von Material erfolgen, die sich in der Gesamtheit ausgleichen.

Über einer Dichtung ist grundsätzlich eine Schutzschicht erforderlich. Gefährdet ist eine Dichtung durch Materialumlagerungen, die örtlich zum Freilegen der Dichtung führen können, und durch schleifende Anker. In Dichtungsstrecken ist das Ankern grundsätzlich verboten. Aber im Gefahrenfall bringt der Schiffsführer das Fahrzeug zum Halten, indem er den Anker wirft. Geschieht das über einer Dichtung, so muss die Schutzschicht allein in der Lage sein, diese Beanspruchungen aufzunehmen. Aus Versuchsfahrten hat sich ergeben, dass der schleifende Anker eines 1 350-t-Europaschiffes 60 bis 70 cm tief in das Lockergestein (Sand o. Ä.) an der Sohle eindringt. Um ein Kratzen an der Dichtung zu vermeiden, muss die Schutzschicht folglich mindestens 70 cm dick sein, wenn sie aus Lockergestein besteht.

Wie das Bild 4.19 zeigt, wird sie meist aus zwei Lagen aufgebaut. Unten wird das örtlich vorhandene Material verwendet, darüber eine gröbere Schicht, die vor allem den Beanspruchungen aus Rückstrom und Propellerstrahl standhalten muss.

Der Propeller- oder Schraubenstrahl trifft, wie aus Bild 4.18 hervorgeht, die Kanalsohle. Bei Kurvenfahrten kann der Strahl auch auf die Böschung treffen. In Dichtungsstrecken und überall dort, wo angefahren oder gewendet wird (Vorhäfen, Wendestellen, Hafenbecken u. a.), sind Steine mit einem mittleren Korndurchmesser D_{50} als Schutzschicht zu verwenden. Diese Steingröße kann mit der Gl. (4.22) berechnet werden.

$$D_{50} \geq B_S \cdot \frac{v^2_{So,max}}{g} \cdot \frac{\rho_W}{\rho_S - \rho_W} \quad [m] \qquad (4.22)$$

B_S Beiwert, 1,23 für Schiffe ohne Zentralruder und Schiffe mit Tunnelheck, auch für das Bugstrahlruder sowie 0,64 für Schiffe mit Zentralruder

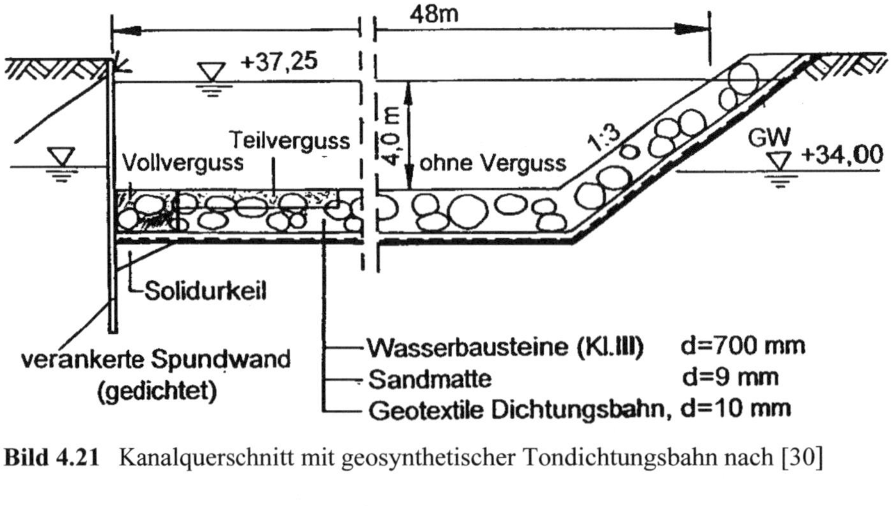

Bild 4.21 Kanalquerschnitt mit geosynthetischer Tondichtungsbahn nach [30]

Für die Werte des Beispiels S. 172 würde sich D_{50} zu 0,28 m ergeben, wenn Steine mit $\rho_S = 2{,}65$ t/m³ verwendet werden. Das entspricht Steinen der Größenklasse II bis III, einer häufig verwendeten Steingröße. Der Tabelle 4.5 können die Steingrößen nach *TLW*, den **T**echnischen **L**ieferbedingungen für **W**asserbausteine [04] entnommen werden.

Tabelle 4.5 Größenklassen für Wasserbausteine nach *TLW*

Größenklasse	Abmessungen in cm
0	5 bis 10
I	10 bis 15
II	15 bis 25
III	15 bis 45
IV	20 bis 60
V	35 bis 100

Die Sohle eines Schifffahrtskanals besteht in der ungedichteten Strecke aus dem örtlich anstehenden Bodenmaterial, das oft im Bereich des Feinsandes liegt. Belastet wird das Sohlenmaterial durch die Rückstromgeschwindigkeit und den Propellerstrahl. Diese Belastungen verlagern die oben liegenden Schichten, wenn sie größer als aufnehmbare Belastungen sind.

Unterhalb der Kanalsohle kommt es zum Porenwasserdruck im Sohlenmaterial, der durch den schnellen Absunk z_A erzeugt wird. Dieser kann zum hydraulischen Grundbruch führen. Das Sohlenmaterial in der ungedichteten Strecke wird folglich vertikal (Liftwirkung) und horizontal (Rückstromgeschwindigkeit, Propellerstrahl) beansprucht. Beim schnellen Absenken des Wasserspiegels im Kanal um z_A vermindert sich der Druck an der Sohle um Δp. Im Inneren des Sohlenmaterials macht sich der Druckabbau desto weniger bemerkbar, je tiefer man in den Boden eindringt. Das Bild 4.22 zeigt diesen Druckabbau, die Gleichung (4.23) eine Möglichkeit, ihn zu berechnen.

$$\Delta p(z) = \Delta p(0) \cdot \left(1 - a \cdot e^{-b \cdot z}\right) \quad [\text{kN/m}^2] \quad (4.23)$$

b Porenwasserdruckparameter [1/m], der für eine Absunkzeit von 5 s und eine Absunkgeschwindigkeit von 0,12 m/s (übliche Größen bei Schiffsdurchfahrt) Bild (4.23) entnommen werden kann

$a =$ 1,0, sofern keine anderen Messergebnisse vorliegen.

Für den mittleren Strömungsdruck, der auf einen Körper zwischen der Kanalsohle und der Tiefe z wirkt, kann geschrieben werden:

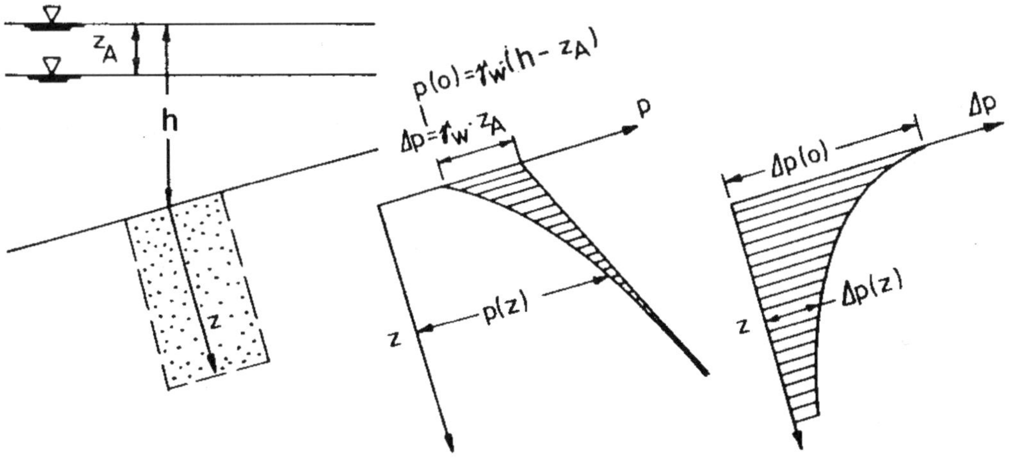

Bild 4.22 Druckabbau beim schnellen Senken des Wasserspiegels um z_A nach [45]

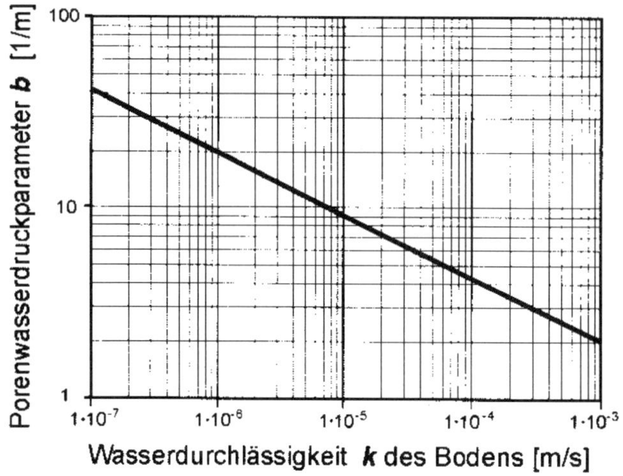

Bild 4.23 Porenwasserdruckparameter abhängig vom k-Wert des Bodens nach [34]

$$\bar{i}_p(z) = \frac{(\Delta p_0 - \Delta p(z))}{z} \quad [\text{kN/m}^3] \qquad (4.24)$$

bzw. mit $\Delta p_0 = z_A \cdot \gamma_W$ und $\Delta p\ (z)$ nach Gl. (4.23)

$$\bar{i}_p(z) = \frac{10 \cdot z_A\left(1 - e^{-b \cdot z}\right)}{z} \quad [\text{kN/m}^3] \qquad (4.25)$$

Die Auswertung der Gl. (4.25) für einen Sand mit $b \approx 2$ bis 3 und verschiedene Werte für z_A gibt das Bild 4.24 wieder. Es kann zur ersten Abschätzung dienen, bis zu welcher Tiefe das Sohlenmaterial aufbruchgefährdet ist. Aus dem Gleichgewicht aller am Bodenelement angreifenden und haltenden Kräfte wird für den zulässigen Strömungsdruck:

$$\text{zul}\, i_p(z) = \frac{\gamma_B' \cdot \cos\beta}{\eta_A} \quad [\text{kN/m}^3] \qquad (4.26)$$

Mit β ... Böschungswinkel, auf der Sohle ist natürlich $\beta = 0$, und η_A ... Sicherheit gegen Aufbrechen des Bodens.

Soll kein Aufbrechen des Sohlenmaterials eintreten (z. B. über Dükern), dann muss die Sohle mit geeignetem Material beschwert werden. Für ein Bodenelement mit Abdeckung kann der zulässige Strömungsdruck gegen Abheben nach Gl. (4.27) berechnet werden.

$$\text{zul}\, i_p(z) = \left(\frac{g_D'}{z} + \gamma_B'\right) \cdot \frac{\cos\beta}{\eta_A} \quad [\text{kN/m}^3] \qquad (4.27)$$

mit g_D' Flächengewicht der Deckschicht unter Auftrieb in kN/m²

Beispiel: Belastung und Bemessung von Kanalsohlen

Im folgenden Beispiel ist eine gerade Kanalstrecke gegeben, auf der 11,45 m breite Großmotorgüterschiffe mit 2,50 m Tiefgang zum Einsatz kommen sollen. Zu vergleichen ist die Belastung der Sohle für eine 4,00 m tiefe und eine 5,00 m tiefe Kanalstrecke, Bild 4.25.

Die Sohle besteht aus einem Sand mit $d_{50} = 0{,}2$ mm. Seine Werte: $\gamma_B = 18$ kN/m³, $\gamma_B' = 10$ kN/m³, $\gamma_S = 26{,}5$ kN/m³, $\phi' = 32{,}5°$, $c = 0$, $k_f = 3 \cdot 10^{-4}$ m/s.

Das Großmotorgüterschiff soll auf dieser Strecke mit 2,64 m/s (9,5 km/h) fahren.

Gesucht sind:

a) Rückstromgeschwindigkeit v_R und Wasserspiegelabsenkung z_A bei mittiger Einzelfahrt für beide Querschnitte.

b) Sohlbeanspruchung bei der Schiffsdurchfahrt des die Sohle stärker belastenden Schiffes und Bemessung einer evtl. erforderlich werdenden Schutzschicht.

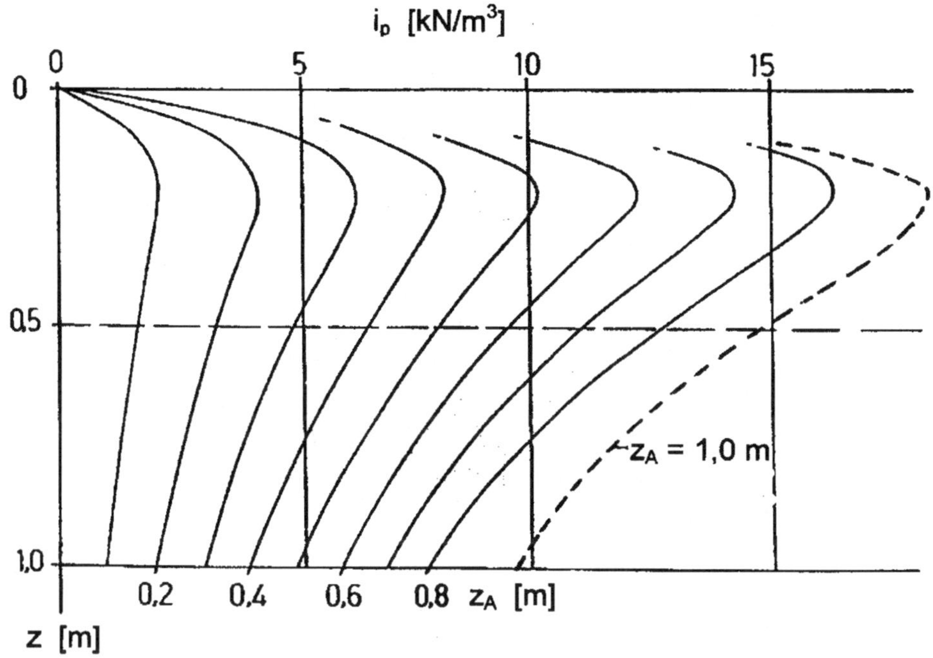

Bild 4.24 Vorhandener Strömungsdruck in Abhängigkeit von der Tiefe

Lösungen

a) Für das 5,00 m tiefe Kanalprofil kann ermittelt werden: [Werte für das 4 m tiefe Profil in eckigen Klammern].

$$A_K = \frac{25+55}{2} \cdot 5 = 200\ \text{m}^2\ [172\ \text{m}^2]$$

$$n = \frac{200}{28{,}63} = 7\ [6]$$

$$h_m = \frac{200}{55} = 3{,}64\ \text{m}\ [\frac{172}{55} = 3{,}172\ \text{m}]$$

$$v_W = \sqrt{9{,}81 \cdot 3{,}64} = 5{,}98\ \text{m/s}$$

$$[\sqrt{9{,}81 \cdot 3{,}127} = 5{,}54\ \text{m/s}]$$

Die kritische Geschwindigkeit, die nicht erreicht werden soll, beträgt nach Gl. (4.16) und Tabelle 4.4:

$$v_{krit} = 0{,}56 \cdot \sqrt{9{,}81 \cdot 3{,}64} = 3{,}35\ \text{m/s bzw.}$$

$$[v_{krit} = 0{,}53 \cdot \sqrt{9{,}81 \cdot 3{,}127} = 2{,}94\ \text{m/s}]$$

Analog zum Beispiel S. 162 und deshalb hier nicht ausführlich berechnet, ergibt sich nach Gl. (4.13) für die Absenkung $z_A = 0{,}27$ m [0,50 m] und nach Gl. (4.12) für die Rückstromgeschwindigkeit $v_r = 0{,}73$ m/s [1,25 m/s].

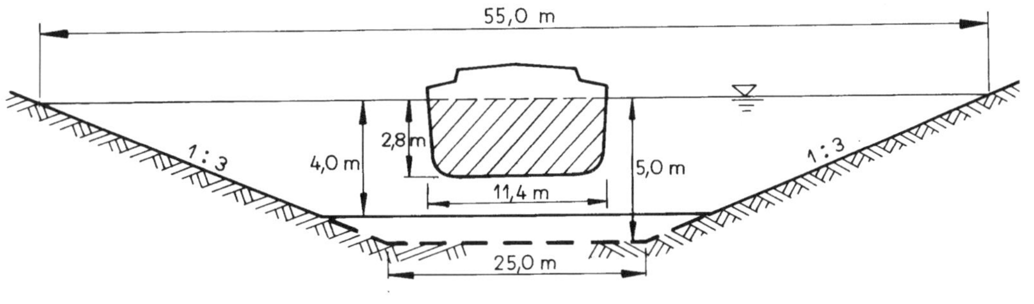

Bild 4.25 Kanalquerschnitte und Großmotorgüterschiff

b) Die Absenkung z_A ist für die Sohle als maßgebend anzusehen. Die vorhandenen Strömungsdrücke werden errechnet und zulässigen, die von der Bodenart abhängig sind, gegenübergestellt. Bei $z_A = 0{,}27$ m bleibt vorh $i_p <$ zul i_p. Eine Schutzschicht auf der Sohle ist im 5 m tiefen Kanalabschnitt also nicht notwendig, sofern die Rückstromgeschwindigkeit und der Propellerstrahl keine unzulässigen Umlagerungen hervorrufen. Mit $\eta_A = 1{,}5$ gegenüber einem Aufbrechen von Bodenmaterial wird nach Gleichung (4.26)

$$\text{zul}\, i_p(z) = \frac{10 \cdot 1}{1{,}5} = 6{,}67 \text{ kN/m}^3$$

Der Vergleich (Bild 4.24) dieses Wertes mit den vorhandenen Werten zeigt, dass bei $z_A = 0{,}50$ m vorh $i_p >$ zul i_p ist, aber nur im Bereich etwa von 0,1 bis 0,7 m unter der Kanalsohle. Für diesen Bereich kann mit Gl. (4.27) das Flächengewicht g_D' errechnet werden.

$$10{,}2 = \left(\frac{g_D'}{0{,}6} + 10\right) \cdot \frac{1}{1{,}5} \rightarrow g_D' = 3{,}2 \text{ kN/m}^2$$

Es würde eine 32 cm dicke Kiesschicht oder eine 16 cm dicke Schicht aus Kupfererzschlacke mit jeweils $g_D' = 3{,}2$ kN/m² ausreichen, eine stabile Sohle herzustellen.

4.3.3.4 Aufgaben, Beanspruchung und Bemessung eines Deckwerkes

Ein Deckwerk (auch als Schutzschicht oder Böschungssicherung bezeichnet) ist ein Belag auf einer Böschung, der aus fugen- oder hohlraumreichen Elementen besteht und die Aufgabe hat, eine weiter innen liegende Schicht (z. B. eine Dichtung) zu belasten und zu schützen, vgl. auch Abschnitt 3.3.8.7. Sein Durchlässigkeitsbeiwert ist größer als der des darunterliegenden Materials. In den ungedichteten Kanalstrecken trennt das Deckwerk die Potentiale von Kanal- und Grundwasser nicht, beide Wasserspiegel liegen auf gleicher Höhe. Das Deckwerk schützt die unter ihm liegende Schicht vor allem vor Beanspruchungen aus:

- Strömungen des Wassers im Kanal, insbesondere Rückströmungen bei Schiffsdurchfahrten,
- schnellem Absunk des Wasserspiegels im Kanal und den daraus entstehenden böschungsparallelen Strömungen bei Steinschüttungen und der Liftwirkung,
- schnellem Wiederanstieg des Wassers nach Schiffsdurchfahrt infolge der Heckquerwelle, die mitunter sogar als Rollbrecher aufläuft,
- Schiffsstoß bei Anprall,
- Wurf oder Furchung des Ankers,
- Eisbelastungen,
- Angriffen durch Mensch, Tier, Pflanze, Wind und Sonne.

Die letzten vier Beanspruchungen sind nicht bemessungsrelevant, ggf. werden Reparaturen in Kauf genommen.

Deckwerke unter Verwendung von Wasserbausteinen werden heute als Regelbauweisen [42] zur Anwendung empfohlen. Seltener angewendet wurden auch Gabionen oder Steinmatratzen. Als Deckwerk für ungedichtete Kanalstrecken nicht geeignet sind dichte Deckwerke, da sie dem Innenwasserüberdruck bei Schiffsdurchfahrt nicht standhalten.

Deckwerke bestehen aus den Funktionselementen **Deckschicht** (oberste Schicht, bestehend aus Wasserbausteinen), **Filter** (Kornfilter oder Geotextil, siehe Abschnitt 3.3.8.6), **Fußsicherung**, Bild 4.26, sofern keine Sohlsicherung erforderlich ist, evtl. eine **Oberflächendichtung**, die auch als Deckwerk wirkt, siehe Abschnitt 3.3.8.4.

Die Beanspruchung des Deckwerkes wird von der äußeren Schicht aufgenommen. Darunterliegende Schichten sind als Filter auszubilden, die Bauweise richtet sich nach der anstehenden Bodenschicht.

Die neuen Regelbauweisen [42] unterscheiden fünf Standardböden: B1 Sande und Kiese, B2 Sande, B3 schluffige Sande und Kiese, B4 Schluffe, stark schluffige Sande und Kiese, B5 kohäsiver Boden.

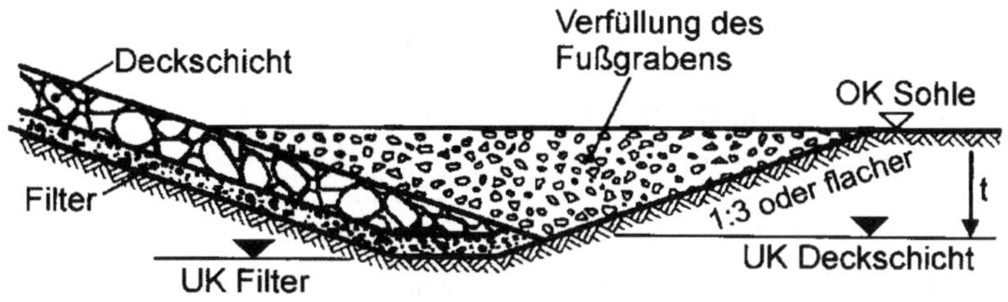

Bild 4.26 Fußsicherung aus [42]

Die auf den Bildern 4.19 und 4.20 gezeigten Beispiele haben sich als haltbar erwiesen. Auf ungedichteten Strecken wurden vorzugsweise Schüttsteine als Schutzschicht verwendet. Extrembelastungen können zu Materialumlagerungen auch größerer Steine führen.

Deckschichten aus Wasserbausteinen werden vor allem durch die Heckquerwelle, Gl. (4.14) und in besonderen Fällen durch den Schraubenstrahl, Gl. (4.20) belastet. Steingrößen D_{50} aus der Heckquerwelle werden nach Gl. (4.28) ermittelt.

$$D_{50} \geq \frac{H_{\mathrm{Bem}}}{B'_{\mathrm{B}} \cdot \left(\frac{\rho_{\mathrm{S}} - \rho_{\mathrm{W}}}{\rho_{\mathrm{W}}}\right) \cdot m^{1/3}} \quad [\mathrm{m}] \qquad (4.28)$$

H_{Bem} Bemessungswelle aus dem Primärwellensystem nach Gl. (4.14)

B'_{B} Stabilitätsbeiwert, empfohlen zwischen 1,5 (häufiges Auftreten des Bemessungsfalles und/oder Vermeidung von Deckwerksschäden) und 2,3 (geringe Häufigkeit des Bemessungsfalles, begrenzter Unterhaltungsaufwand

m die Böschungsneigung soll zwischen 2 und 5 liegen

Die Heckwelle des Beispiels S. 166 würde für D_{50} 0,08 bzw. 0,13 m ergeben.

In [64] werden Steingrößen D_{50} bzw. Steingewichte G_{50} nach Tabelle 4.6 und die Mindestdicke der Deckschicht d_{D} nach Tabelle 4.7 empfohlen.

Bemessungswirksame Belastungen entstehen aus den mit 97 % der kritischen Geschwindigkeit fahrenden Schiffe vor allem aus der Heckabsenkung und der Wiederauffüllungsströmung. Weitere Belastungen wie Windwellen, Sekundärwellen, Strömungen und Rückströmung sind für die Steingröße nicht entscheidend.

Außer der Ermittlung von Mindestdicke und Steingröße ist die geotechnische Bemessung des Deckwerkes erforderlich. Ein schneller Wasserspiegelabsunk führt im Böschungsboden zu einem Porenwasserüberdruck, dessen Größe die Standsicherheit von Bereichen oder der gesamten Böschung mindert.

Tabelle 4.6 Steindurchmesser, Steingewichte und Steinklassen für Regelprofile aus [64]

Rohdichte ρ_{S}	erforderliches D_{50}	erforderliches G_{50}	empfohlene Steinklasse
[kg/m^{3}]	[mm]	[kg]	–
2 300	≥ 260	≥ 25	$\mathrm{LMB}_{10/60}$ [1]
2 650	≥ 200	≥ 14	$\mathrm{LMB}_{5/40}$
3 000	≥ 160	≥ 8	LMB5/40
3 600	≥ 120	≥ 4	$\mathrm{CP}_{90/250}$ [2]

[1] $\mathrm{LMB}_{x/y}$ ... Light Mass x untere und y obere Klassengrenze [kg]. Binnenwasserstraßen.

[2] CP ... Coarse. Particle. Klassengrenzen in [mm].

Tabelle 4.7 Schichtdicken für Wasserbausteine auf Sohle und Böschung aus [64]

Roh-dichte [kg/m³]	WBSt-Klasse	Empfohlene Deckschichtdicken d_D [m] bei Fußeinbindung (Einbindetiefe: 1,50 m) 					
		Böschung				Sohle	
		Geotextil nach MAG [1]			Kornfilter nach MAK [2]	Geotextil nach MAG	Kornfilter nach MAK
		B1, B2, B5 [3]	B3	B4	alle Böden	alle Böden	alle Böden
2300	$LMB_{10/60}$	0,70	0,85	0,95	0,70	0,70	0,70
2650	$LMB_{5/40}$	0,60	0,70	0,80	0,60	0,60	0,60
3000	$LMB_{5/40}$	0,55	0,60	0,70	0,55	0,60	0,55
3600	$CP_{90/250}$	0,50	0,50	0,60	0,50	0,60	0,50

[1] Merkblatt Anwendung von geotextilen Filtern an Wasserstraßen. [2] Merkblatt Anwendung von Kornfiltern an Wasserstraßen. [3] B5 einschließlich Weichdichtungen

Sowohl ein Abgleiten in der kritischen Tiefe d_{krit} als auch eine Ausbauchung infolge hydrodynamischer Bodenumlagerungen unter dem Deckwerk sind zu verhindern. Ein ausreichendes Flächengewicht des Deckwerkes einschließlich einem evtl. vorhandenen mineralischen Filter ist erforderlich.

Die kritische Tiefe d_{krit} kann mit Gl. (4.29) berechnet werden.

$$d_{krit} = \frac{1}{b} \cdot \ln \frac{\tan\varphi' \cdot \gamma_W \cdot z_A \cdot b}{\cos\beta \cdot \gamma' \cdot (\tan\varphi' - \tan\beta)} \geq 0 \quad [m] \tag{4.29}$$

In der kritischen Tiefe kann sich eine böschungsparallele Bruchfuge bilden. Zur Verhinderung des Gleitens ist ein Flächengewicht g' der Deckschicht erforderlich, das nach Gl. (4.30) mit der Dichte nach Gl. (4.31) bestimmt wird.

$$g' = \gamma'_D \cdot d_D = \frac{\Delta u \cdot \tan\varphi' - c' - \tau_F - \tau_F}{\cos\beta \cdot \tan\varphi' - \sin\beta} - (\gamma'_F \cdot d_F + \gamma'_D \cdot d_{krit}) \quad [kN/m^2] \tag{4.30}$$

$$\gamma'_D = (1-n) \cdot (\gamma_S - \gamma_W) \quad [kN/m^3] \tag{4.31}$$

Hier bedeuten:

- n Porenanteil beim Verklappen unter Wasser 50 – 55 %, sonst 40 – 45 %
- c' effektive Kohäsion in kN/m²
- τ_A Zusatzspannung in kN/m² bei einer Aufhängung des Deckwerkes
- τ_F Zusatzspannung in kN/m² durch die Fußstützung
- Δu der Porenwasserüberdruck in kN/m² $\Delta u = (\Delta h_W + z_A) \cdot \gamma_W$

Zur Ermittlung der Zusatzspannungen aus Fußstützung und/oder Aufhängung wird auf [34] verwiesen.

Bei kohäsionslosen Böden, für die allgemein $b \leq 8$ gilt, (Bild 4.23), kann eine Auflockerung des Untergrundes durch Porenwasserüberdruck erfolgen. Ist $b > 8$, dann entfällt der folgende Nachweis. Für kohäsionslosen Untergrund kann das erforderliche Flächengewicht g' nach Gl. (4.32) ermittelt werden.

$$g' = \gamma'_D \cdot d_D \geq \frac{\Delta u}{\cos\beta} - (\gamma'_F \cdot d_F + \gamma' \cdot d_{krit,h,B}) \quad [kN/m^2] \tag{4.32}$$

$d_{krit,h,B}$ die kritische Tiefe der Bruchfuge, die für die hydrodynamischen Bodenverlagerungen maßgebend ist, kann mit der Gl. (4.33) bestimmt werden.

$$d_{\text{krit,h,B}} = \frac{1}{b} \cdot \ln\left(\frac{\gamma_W \cdot z_A \cdot b}{\gamma' \cdot \cos\beta}\right) \geq 0 \quad [\text{m}] \quad (4.33)$$

Ein teilweiser Verguss mit einem hydraulisch gebundenen dichten Vergussstoff erhöht die Lagestabilität einer Steinschüttung bei geringeren Schichtdicken.

Untersuchungen [34], [64] haben ergeben, dass ein Teilverguss mit hydraulisch- oder bitumengebundenem Mörtel die Widerstandskraft der Steine vergrößert und heutigen hohen ökologischen Anforderungen sehr gut gerecht wird. 50 % des vorhandenen Hohlraumes sollten vergossen werden. Mindestens 40 cm dicke teilvergossene Steinschüttungen, eingebaut auf einen geotextilen Filter, sind stabil gegen mechanische Beanspruchungen (Eis, Anker oder Schiffsberührungen) und haben einen hohen Widerstand gegen hydraulische Belastungen aus Strömungen und Wellen. Das Flächengewicht eines teilvergossenen Deckwerkes kann nach Gl. (4.34) festgelegt werden.

$$g' = (1-n) \cdot (\gamma_D - \gamma_W) \cdot d_D + m_V(\gamma_V - \gamma_W)$$

[kN/m²] (4.34)

n Porenanteil des unvergossenen Deckwerkes

m_V Vergussmenge in [m³/m²]

γ_V Wichte des Vergussstoffes, meist 22 kN/m³

Ein weiterer Vorteil des teilvergossenen Deckwerkes ergibt sich aus der Stabilität der verbleibenden Hohlräume, weil kaum noch Steinumlagerungen auftreten. Das ermöglicht ufernahen Pflanzen eine sehr stabile und dauerhafte Besiedlung, die auch von Tieren schnell angenommen wird. Der ökologische Wert dieses Deckwerkes ist folglich sehr hoch.

Wird der gesamte Porenraum vergossen, entsteht ein dichtes Deckwerk. Gleiches bildet sich durch Kolmation (Abschnitt 3.3.8.6) dicht gewordener, teilvergossener Deckwerke. Ein dichtes Deckwerk wird vom Böschungsboden her durch einen Wasserüberdruck belastet, der ein Gleiten oder ein Anheben hervorrufen kann.

Das erforderliche Flächengewicht gegen Gleiten wird mit Gl. (4.35) ermittelt.

$$g' = \gamma'_D \cdot d_D + \gamma'_F \cdot d_F + \gamma'_{Di} \cdot d_{Di} = \frac{\Delta u \cdot \tan\varphi' - c'}{\cos\beta \cdot \tan\varphi' - \sin\beta}$$

[kN/m²] (4.35)

Die Indices sind D für Deckwerk, Di für Dichtung und F für Filter.

Der Höhenunterschied Δh_W zwischen Grund- und Ruhewasserspiegel ist positiv, wenn der Grundwasserspiegel über dem Ruhewasserspiegel liegt.

Gegen Anheben (Blasenbildung) ist ein dichtes Deckwerk auf der Sohle oder der Böschung sicher, wenn das erforderliche Flächengewicht g' erreicht oder überschritten wird, Gl. (4.36).

$$g' = \gamma'_D \cdot d_D + \gamma'_F \cdot d_F + \gamma_{Di} \cdot d_{Di} \geq \frac{\Delta u \cdot \gamma_A}{\cos\beta}$$

[kN/m²] (4.36)

γ_A Sicherheitsbeiwert gegen Auftrieb, hier 1,20.

Beispiel: Schüttsteindeckwerk auf einer Kanalböschung

Ein Schüttsteindeckwerk, wie im Bild 4.26 dargestellt, soll bemessen werden, ein nur geringer Unterhaltungsaufwand wird angestrebt. Ein vollkommenes Ausschließen von Schäden ist bei dieser Problematik nicht möglich.

Das auf Bild 4.26 dargestellte Schüttsteindeckwerk, 1 : 3 geneigt, liegt auf einem sandigen Untergrund auf. Für den Sand gilt: $b = 5$ (Bild 4.23), Boden B 2 (S. 174), $\varphi' = 35°$, $k_f = 6 \cdot 10^{-5}$ m/s, $\gamma' = 10$ kN/m³, keine Kohäsion. Der Filter ist 20 cm dick und hat ein γ' von 10 kN/m³. Die Belastung des Deckwerkes durch fahrende Schiffe soll betragen: $H_{u,\text{Heck}} = 0{,}90$ m, der Absunk des Wasserspiegels beträgt $z_A = 0{,}60$ m und erfolgt in 5 Sekunden.

Als Deckwerksmaterial stehen zur Auswahl: Steine mit einer Trockenrohdichte von 2,65 t/m³ und eine Kupfererzschlacke mit $\rho_s = 3{,}60$ t/m³, n ist bei beiden 0,4.

a) Für beide Materialien sind die erforderlichen Durchmesser der oberen Steinlage und die Dicke des Deckwerkes zu bestimmen.

b) Für eine erforderliche Fußstützung sind die Anforderungen zu bestimmen.

Lösungen

a) Die Belastung durch die Heckwelle als Bemessungswelle ergibt mit Gl. (4.28):

$$D_{50} = \frac{0{,}90}{2{,}3 \cdot \left(\frac{2{,}65-1{,}0}{1{,}0}\right) \cdot 3^{1/3}} = 0{,}16 \text{ m}$$

Die Schichtdicke sollte nach Tab. 4.7 60 cm betragen. Für die Kupfererzschlacke wird $D_{50} = 0{,}16$ m, die Schichtdicke 0,5 m, 0,4 m bei einem Teilverguss.

b) Die Anforderung an die Fußstützung kann aus Gl. (4.30) ermittelt werden.

$$g' = 0{,}24 \cdot 9{,}9 = \frac{6 \cdot 0{,}7 - \tau_F}{0{,}9487 \cdot 0{,}7 - 0{,}3162} - \left(10 \cdot 0{,}2 + 10 \cdot 0{,}36\right)$$

$$\tau_F = 1{,}42 \text{ kN/m}^2$$

Mit dieser Fußstützung kann das Deckwerk nicht abrutschen. Mit Gl. (4.33) wird geprüft, ob ein Anheben, d. h. eine Bodenverlagerung, die zu Ausbauchungen führt, erfolgt. Dazu wird die kritische Tiefe nach Gl. (4.33) bestimmt:

$$d_{\text{krit}} = \frac{1}{5} \cdot \ln\left(\frac{10 \cdot 0{,}6 \cdot 5}{10 \cdot 0{,}9487}\right) = 0{,}23 \text{ m}$$

Aus Gl. (4.32) kann g' ermittelt werden:

$$g' = 9{,}9 \cdot d_D = \frac{6}{0{,}9487} - \left(2 + 2{,}3\right) = 2{,}02 \text{ kN/m}^2$$

Gegen Abheben wäre eine 0,20 m dicke Steindecke oder eine 0,13 m dicke Schicht aus Kupfererzschlacke sicher.

4.3.4 Kanalbauwerke

Kanalbrücken überspannen Wasserläufe oder Verkehrswege. Das Bild 4.27 zeigt den Querschnitt des Mittellandkanals auf der Kanalbrücke über die Elbe bei Magdeburg. Zu beiden Seiten der Kanalbrücke wird der Kanal auf Dämmen herangeführt. Feste Widerlager begrenzen die Dämme und sind der Übergang auf die Brücke.

Über Flüsse führende Kanalbrücken benötigen oft zahlreiche Pfeiler über dem Vorland, um den ungestörten Hochwasserabfluss im Flusslauf zu gewährleisten. Der Querschnitt einer Kanalbrücke ist meist ein Rechteck, um die Kosten nicht zu hoch werden zu lassen. Sowohl die Sohle als auch die Seitenwände bestehen aus Stahltafeln, die zu einem Trog verschweißt werden. Oft kann es angebracht sein, die Kanalbrücke einschiffig auszubilden, da auf dem kurzen und überschaubaren Abschnitt der Wasserstraße nicht in jedem Fall Begegnungen notwendig sein werden.

Eine ausführliche Beschreibung der Magdeburger Kanalbrücke, die 2003 für den Verkehr freigegeben wurde, ist in [24] nachzulesen. Für die Querung der Weser musste bereits eine zweite Kanalbrücke errichtet werden.

Kurze Kanalbrücken über Straßen oder Wege bereiten heute in verschiedener Hinsicht Schwierigkeiten. Undichte Stellen besonders an den Übergängen vom Massivbauwerk zum Damm – sehr oft eine Gefahrenstelle im Wasserbau – und bauliche Probleme beim Erweitern sowohl der Kanalstrecke selbst als auch der Straße führen zu aufwändigen Umbauten. Meist muss dazu der Kanalabschnitt trockengelegt werden. In [43] können Einzelheiten für einen Umbau nachgelesen werden.

Brücken über einen Kanal sind hier nur in Bezug auf die lichte Höhe von Interesse. Die Containerschifffahrt, mitunter auch die Fahrgastschifffahrt, bestimmt weitgehend die Mindesthöhen. Heutige Forderungen sehen 5,25 m für Brücken über Wasserstraßen der Klasse IV vor, 7,00 m bei Containerfahrt mit drei Lagen. Zu beachten ist, dass diese Höhen vom höchsten Kanalwasserstand zu rechnen sind unter Beachtung von Windstau, Schwallwellen o. a. Wasserstandserhöhungen.

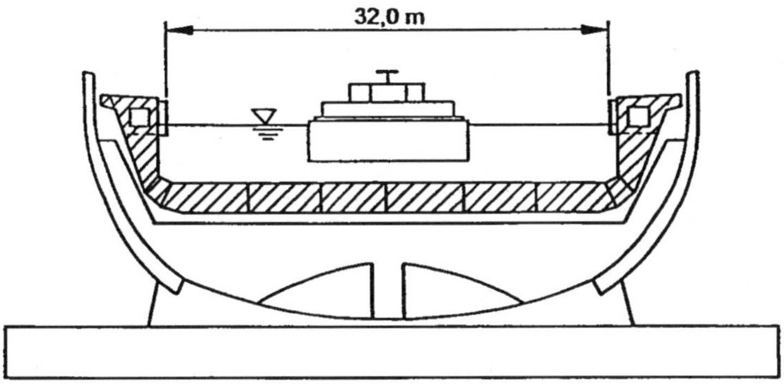

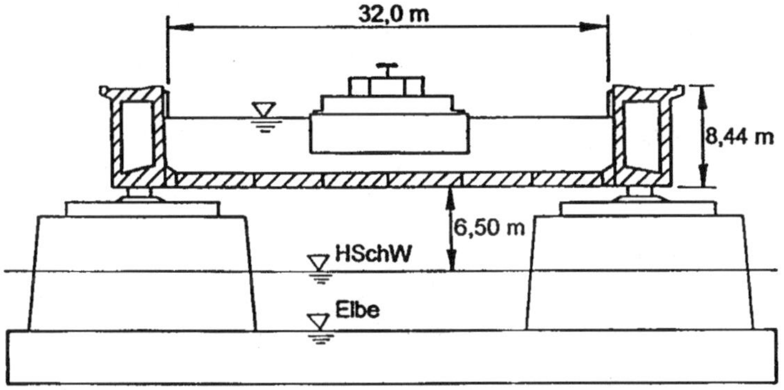

Bild 4.27 Querschnitte durch die Kanalbrücke bei Magdeburg, oben im Bereich der Vorlandpfeiler, unten im Bereich der Elbe

Kleinere Wasserläufe können Kreuzungsbauwerke erfordern, die bereits im Abschnitt 2.3.5 aus der Sicht des gekreuzten Wasserlaufes betrachtet wurden, in [49] und [58] ausführlich beschrieben. Heute stellen solche Bauwerke oft Hindernisse dar, wenn Kanalquerschnitte zu vergrößern sind.

Um im Fall eines Dammbruches oder auch bei größeren Umbauarbeiten (z. B. an einer Kanalbrücke) das Leerlaufen einer ganzen Kanalhaltung zu vermeiden, begrenzen **Sicherheitstore** einzelne Kanalabschnitte. Eine im Bedarfsfall ins Kanalprofil absenkbare Schütztafel trennt einen Teil des Kanals ab, so dass er trockengelegt werden kann. Sicherheitstore werden vor Kanalbrücken oder Dammstrecken angeordnet. Regelmäßige Funktionskontrollen stellen sicher, dass im Fall einer Havarie der Kanalquerschnitt schnell abgeschlossen werden kann.

Entlastungsanlagen sind für alle Kanäle erforderlich, in die Wasserläufe einmünden. Diese sind auf ein Bemessungshochwasser zu bemessen, das sich aus dem Hochwasser des einmündenden Gewässers nach Abzug des an den Schleusen ableitbaren Wassers ergibt. Um einen schnellen Abfluss des Hochwassers aus dem Kanal zu erreichen, werden Entlastungsanlagen an Kreuzungen mit Wasserläufen angeordnet. Befestigte Überläufe in Form eines festen Wehres oder auch Heberanlagen sind die konstruktiven Lösungen.

4.3.5 Wasserbilanz im Schifffahrtskanal

Wasserverluste und der Gebrauch des Wassers bestimmen die Wasserbilanz des Kanals. Verluste entstehen durch Verdunstung und Versickerung, die im gesamten Kanal auftreten können. Die Verdunstung kann für einen heißen Monat mit 5 mm pro Tag für Mitteleuropa angenommen werden. Die Versickerung ist sehr vom Anteil gedichteter Strecken und von der Qualität der Dichtung abhängig. Im Durchschnitt können etwa 15 l/s pro Kilometer Dichtungsstrecke angesetzt werden. Entnahmen für andere Nutzer müssen gesondert bilanziert werden.

Ein Gebrauch des Wassers erfolgt vor allem an den Schleusen. Täglich muss mit folgendem Volumen gerechnet werden:

$$\boxed{V = a \cdot l_F \cdot b \cdot \Delta h} \ [\mathrm{m}^3] \qquad (4.38)$$

mit

- a Zahl der möglichen Schleusungen pro Tag
- l_F Fülllänge der Schleusenkammer (größer als Nutzlänge)
- b Breite der Schleusenkammer
- Δh Stufenhöhe (Differenz zwischen OW und UW)

Spaltwasserverluste treten vor allem an den Toren der Schleusen auf. Mit 5 l/s je Meter Stufenhöhe kann hier ein allg. üblicher Durchschnittswert angesetzt werden. Während für die Zwischenhaltungen das Gebrauchswasser von der oberen Schleuse ständig ersetzt wird (bei gleicher Stufenhöhe, Schleusengröße und Schleusungsfrequenz auch in gleicher Größe), tritt es für die Scheitelhaltung in doppelter Größe als Verlust auf. Diese Verluste führen in der Scheitelhaltung zu besonders großen Schwankungen des Wasserstandes.

Das Verlustwasser ist ständig zu ersetzen. Das kann durch Einleitung eines Wasserlaufes aus einem höher gelegenen Gebiet (Hügelland, Gebirge) erfolgen. Wichtig für die Kanalhaltung sind dann die Schwankungen im Abfluss dieses Gewässers, insbesondere die Größen der extremen Werte. Auch Talsperren können zur Speisung einer Scheitelhaltung angelegt werden. Aus ihnen kann dann ein recht konstanter und auch garantierter Abfluss entnommen werden.

Viel häufiger wird das Wasser an der Schleuse in die jeweils höhere Haltung zurückgepumpt. Wenn das Pumpen nachts erfolgt, ist für die Bemessung des Querschnitts eine Lamelle zu beachten. Für die Trassierung eines neuen Kanals bedeutet das, dass die Scheitelhaltung möglichst lang ausgeführt werden soll. Das mindert die Schwankungen des Wasserspiegels. Am Mittellandkanal ist das besonders gut gelungen, am Main-Donau-Kanal (*MDK*) setzten topografische Gegebenheiten sehr enge Grenzen. Da aber der *MDK* auch noch der Überleitung von Donauwasser ins wasserärmere Maingebiet dient, kann durch das Überpumpen von Donauwasser in die Scheitelhaltung der Verlust in dieser ständig ausgeglichen werden.

4.3.6 Sanierung, Modernisierung und Rekonstruktion im Kanalbau

Das Anpassen der Infrastruktur an ständig steigende Anforderungen, die die Verkehrsmittel, also die Binnenschiffe stellen, ist ein ständiger Prozess. Besonders große Aufgaben stehen heute an, wenn es um die Modernisierung der Schifffahrtskanäle im Osten Deutschlands geht, die in der ersten Hälfte des 20. Jh. gebaut wurden. Nach der Vollendung des Projektes 17 der Verkehrsprojekte Deutsche Einheit ist eine Weiterführung zur Oder eine große Aufgabe im deutschen Binnenverkehrswasserbau. Im Gegensatz zum Neubau werden Erweiterungen auf vorhandener Trasse und bei laufendem Schifffahrtsbetrieb ausgeführt.

Ein Schwerpunkt des Projektes 17, die Kanalüberführung in einer Trogbrücke über die Elbe, wurde bereits vorgestellt. Schiffshebeanlagen sind Inhalt der Abschnitte 4.6 und 4.7. In diesem Abschnitt soll die Vergrößerung des Querschnittes von Kanalstrecken betrachtet werden. Alle auszubauenden Strecken sollen heute sowohl vom 185 m langen Schubverband als auch vom Großmotorgüterschiff (110 m / 11,45 m / 2,8 m) zweischiffig befahrbar sein.

An einigen Stellen sind die Verbreiterungen mit Vergrößerung von Krümmungsradien oder Durchstichen verbunden, Abschnitt 4.3.1.

Der Ausbau der ungedichteten Kanalstrecken erfolgt vorzugsweise mit einem Trapezprofil, Bild 4.28. Um die vorhandene Vegetation an den Ufern nicht mehr anzugreifen als notwendig, wird der Ausbau nur an einer Seite vorge-

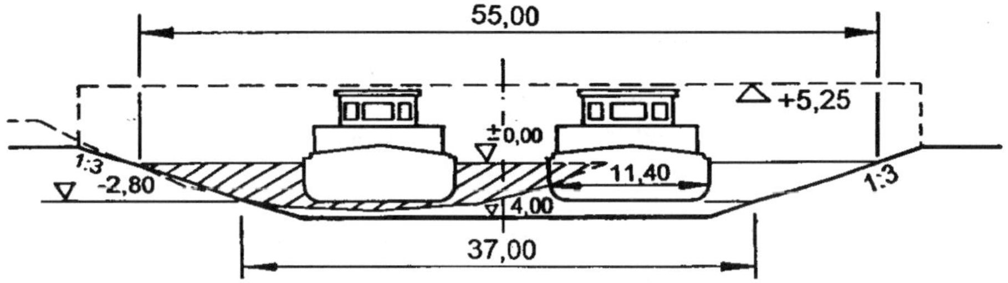

Bild 4.28 Querschnittsvergrößerung einer ungedichteten Kanalstrecke

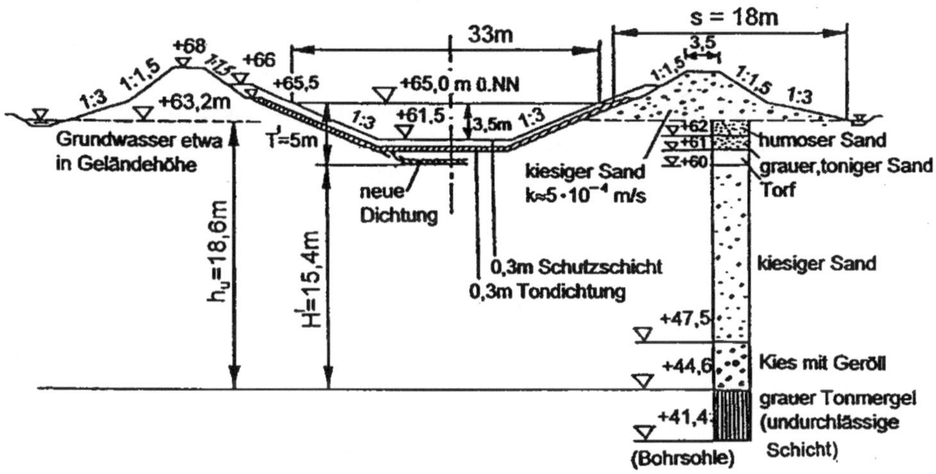

Bild 4.29 Querschnitt einer zu erweiternden gedichteten Kanalstrecke

nommen. Aus bautechnischer Sicht ergeben sich hierbei praktisch keine Schwierigkeiten.

Wesentlich schwieriger wird die Querschnittsvergrößerung der gedichteten Kanalabschnitte. Vor allem die sehr hohen Dammstrecken können zu bautechnischen Problemen führen, die oft nur den Neubau einer zweiten Fahrt als Alternative bieten. Für das Erweitern kleinerer Kanaldämme (Bild 4.29) sind drei Bauweisen möglich [61] und angewendet worden:

- die Böschungsbauweise (Trapezprofil),
- der einseitige Spundwandausbau, also das Rechteck-Trapez-Profil,
- der zweiseitige Spundwandausbau, das Rechteckprofil.

Das Bild 4.30 zeigt für die Böschungsbauweise einen möglichen Bauablauf mit dem besonderen Hinweis auf einige bautechnische Schwierigkeiten in den einzelnen Bauphasen. Die kritischen Strecken haben eine Mindestlänge, die sich errechnen lässt, wenn die erforderlichen Geräte mit ihren Größen und Leistungsparametern bekannt sind [61]. Sie haben auch eine maximal zulässige Größe, die sich in erster Linie aus der versickernden Wassermenge ergibt. Diese kann ermittelt werden aus Gl. (4.39).

$$\boxed{\frac{q}{k} = b'} \text{ [m]} \qquad (4.39)$$

Mit b'... der Breite der ohne Dichtung liegenden Kanalstrecke, wenn das Sickerwasser auf Grund einer großen Durchlässigkeit der unter der Kanalstrecke liegenden Schicht praktisch senkrecht versickern kann. Steht eine undurchlässige Schicht in weniger großer Tiefe an, dann kann q/k nach Gl. (4.40) berechnet werden, wobei die Bezeichnungen aus dem Bild 4.29 entnommen werden können.

$$\boxed{\frac{q}{k} = \frac{(H' + T')^2 - h_u^2}{2 \cdot s}} \text{ [m]} \qquad (4.40)$$

Aus dem Wert für q/k_f und dem Durchlässigkeitsbeiwert k_f kann die pro lfd. Meter versickernde Wassermenge q bestimmt werden. Mit der Länge der offenen Strecke multipliziert, erhält man die insgesamt zu ersetzende Wassermenge Q. Die Kosten für das Ersetzen dieses Wassers geben im Vergleich mit Kosten für Zwischendämme eine Antwort darauf, ob man größere Längen als die unbedingt notwendigen ohne Dichtung lassen kann.

Kritisch können bei höheren Dämmen Standsicherheitsfragen werden, vor allem, wenn das Sickerwasser die luftseitigen Kanalböschungen erreichen kann. Der Sickerwasseraustritt an der Luftseite eines Dammes wurde im Abschnitt 3.3.7 bereits untersucht. Die Überlegungen zur Standsicherheit der Böschungen können zur Entscheidung führen, die Ufer einseitig oder beidseitig mit Spundwänden auszubauen, obwohl Platz für Böschungen vorhanden wäre. Auch Schlitzwände können eine Alternative sein.

Die Sohlendichtung muss immer unter Wasser eingebaut werden, wenn die Schifffahrt im Kanal nicht unterbrochen werden darf. Das kann durch Einbau von Presston in zwei Schichten mit überlappter Fuge erfolgen, wobei spezielle Einbaugeräte entwickelt wurden [86]. Auch Kunststofffolien oder Asphaltmatten können verwendet werden. Geplante und ausgeführte Erweiterungen des Mittellandkanals sind in [71], [79] und [80] ausführlich beschrieben.

Erstmals wurden 1998 für eine Querschnittsvergrößerung ohne Unterbrechung der Schifffahrt geosynthetische Dichtungsbahnen, sog. Bentonitmatten, verwendet. Bild 4.21 zeigt den Kanalquerschnitt im Bereich einer Ausweichstelle. Die geosynthetischen Dichtungsbahnen wurden oft zum Abdichten von Deponien, Teichen und Rückhaltebecken verwendet, was mit einem Einbau im Trockenen verbunden ist. Bei Querschnittsvergrößerungen gedichteter Kanalabschnitte muss der Einbau fast immer ins Wasser erfolgen. Im Oder-Havel-Kanal [27] wurden 15 bis 35 m lange, 4,80 m breite Bahnen mit 0,8 bis 1,0 m Überlappung eingebaut. Die geringe Dicke ist beim Modernisieren von Schifffahrtskanälen immer dort von großer Bedeutung, wo zwar gedichtet werden muss, der Kanal aber im Einschnitt liegt.

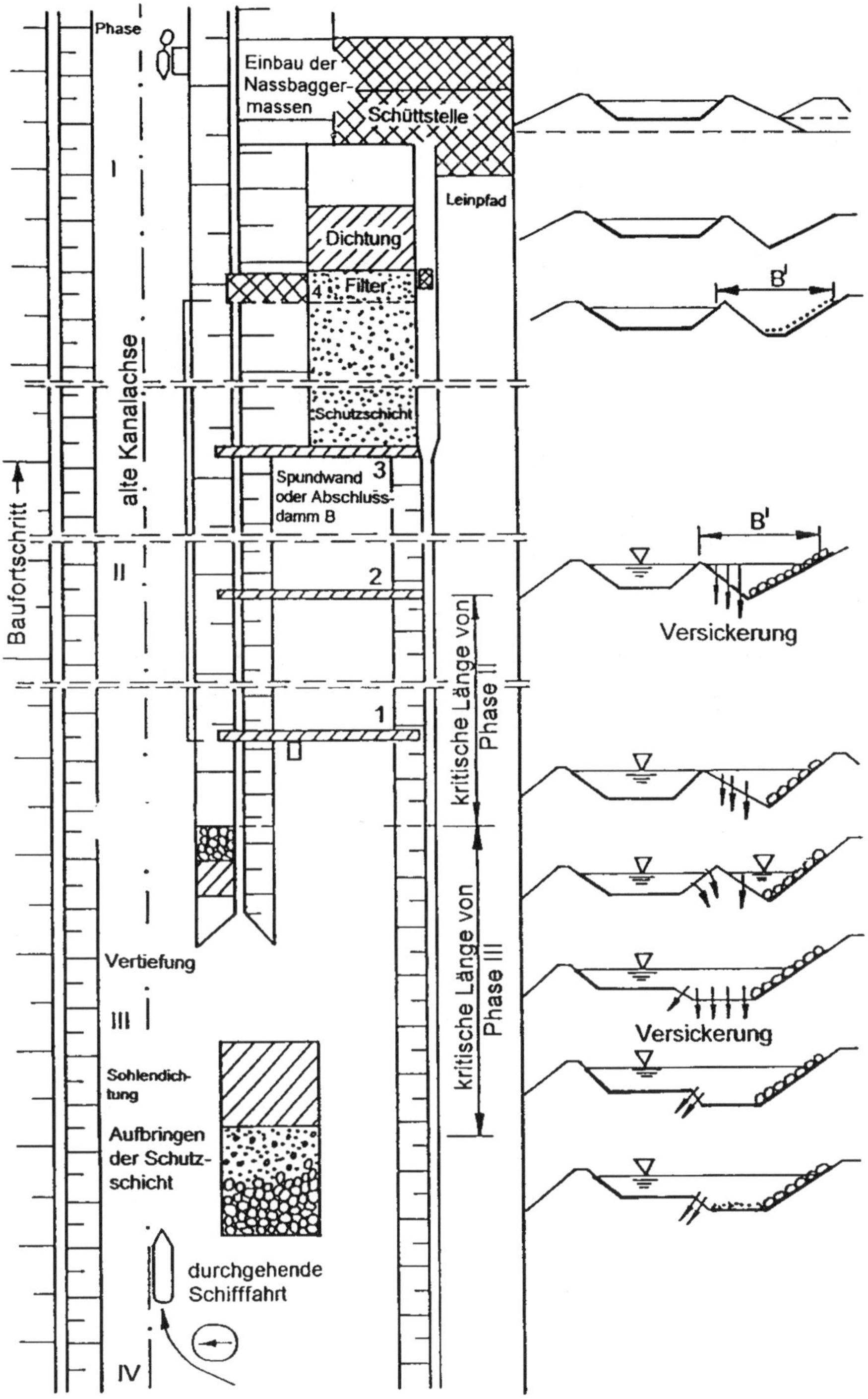

Bild 4.30 Querschnittsvergrößerung gedichteter Kanalstrecken in Böschungsbauweise aus [61]

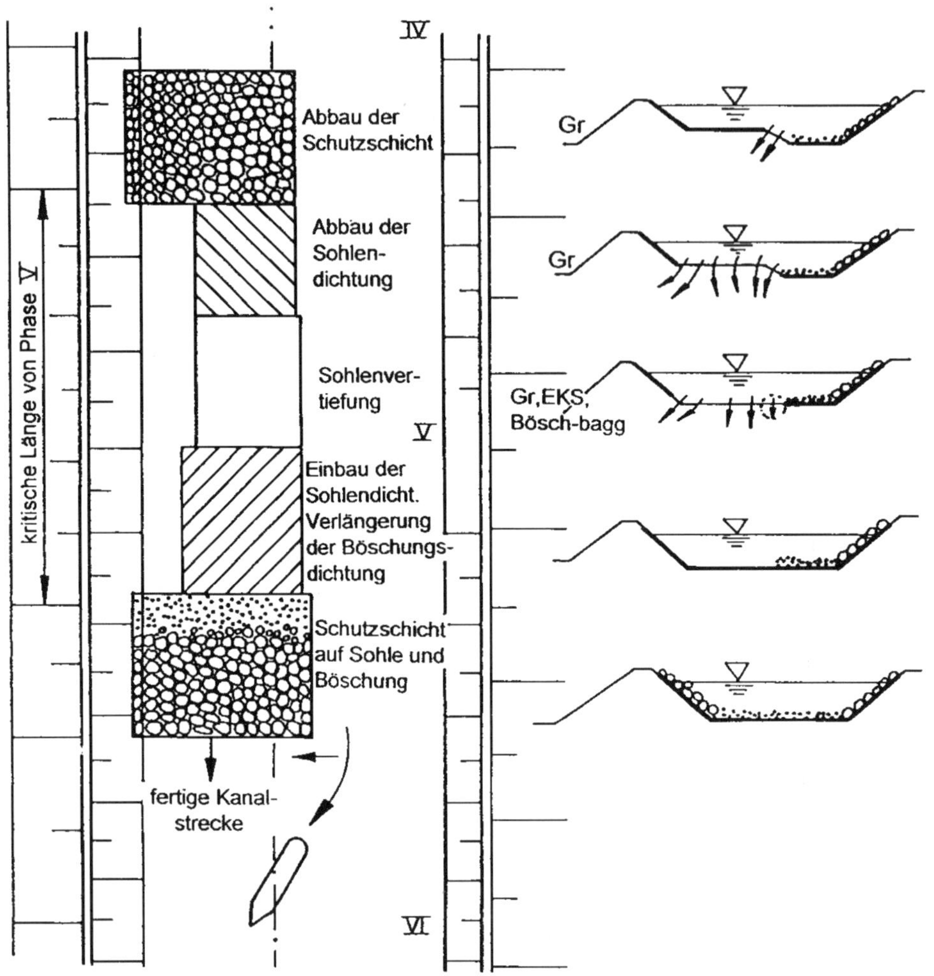

Gr Greifer, EKS Eimerkettenschwimmbagger

Bild 4.30 Fortsetzung zur Querschnittsvergrößerung einer gedichteten Strecke in Böschungsbauweise

4.4 Schiffbare Flüsse

4.4.1 Flussschifffahrt in Vergangenheit und Zukunft

Alle größeren Flüsse werden seit Menschengedenken als Transportweg genutzt. Schiffe waren über Jahrhunderte neben den Pferde- und Handwagen die einzigen Transportmittel für Güter im Binnenverkehr. Mit dem Wachsen der Menschheit, ihrer Produktivität und Spezialisierung wuchsen auch die Transportaufgaben. Ausgangs des Mittelalters begann man, dem jeweiligen Stand der Technik angepasst, mit dem Anpassen der Flüsse an die wachsenden Schiffsgrößen. Hochwasserschutz, Landgewinnung und seit über 100 Jahren auch die Stromerzeugung bestimmten fast immer die baulichen Maßnahmen, die oft auch zu besseren Schifffahrtsverhältnissen führten.

Das Verbinden der europäischen Flüsse durch künstliche Kanäle zu einem Wasserstraßennetz führte auch zu Forderungen nach einheitlichen Maßen für die Wasserstraßen. Im Jahre 1953 wurden diese für Europa festgeschrieben. Seit dieser Zeit werden auch kleinere Flüsse diesen Standards angepasst, die nur noch geringe Veränderungen (z. B. durch den Containerverkehr) erfahren haben.

Nach dem 2. Weltkrieg verdrängte der LKW die zwar wirtschaftlicheren und viel umweltfreundlicheren Verkehrsträger Eisenbahn und Binnenschiff zunehmend aus dem Güterfernverkehr. Mit einheitlichen Abmessungen der Wasserstraßen kann dieser Trend gestoppt werden. Mehr und mehr in den Vordergrund gedrängte ökologische Problemstellungen erschweren aber zunehmend ein einheitliches Wasserstraßennetz. Zu den winterlichen Problemen (Schnee, Eis, Nebel), unter denen alle Verkehrsträger zu leiden haben, kommt im nicht staugeregelten Fluss die Unsicherheit bei den Fahrwassertiefen hinzu. Diese Unzuverlässigkeit behindert die immer wieder angemahnten Verkehrsverlagerungen auf die Binnenschifffahrt sehr. Dem Anpassen der Schiffe an die Flüsse steht nicht nur das Prinzip von Archimedes entgegen, auch die zeitlich und von Fluss zu Fluss sich ändernden Bedingungen setzen der Wirtschaftlichkeit solcher Schiffe enge Grenzen.

4.4.2 Flussschifffahrt und Fahrdynamik

Im Vergleich zu den Ausführungen im Abschnitt 4.3.2 gibt es zwei wesentliche Unterschiede zwischen Fluss- und Kanalschifffahrt: die größere Breite des Fließgewässers und die Strömung. Das n-Verhältnis, Gl. (4.1), steht nicht mehr im Mittelpunkt der Überlegungen. Die größere Breite gestattet ein leichteres Begegnen und auch Überholungen. Zur entscheidenden Größe für eine wirtschaftliche Binnenschifffahrt wird die Fahrwassertiefe, die auch – im Gegensatz zum Kanal – großen Schwankungen unterliegt.

Zur Aufrechterhaltung seiner Steuerfähigkeit muss ein stromab fahrendes Schiff eine Relativgeschwindigkeit zur Strömung haben, also eine große Geschwindigkeit über Grund. Das stromauf fahrende Schiff muss zusätzlich zur Geschwindigkeit über Grund noch die Strömungsgeschwindigkeit überwinden. Wenn die Strömung zu groß wird, z. B. bei Hochwasser, kann es zum Einstellen der Schifffahrt kommen. Häufiger setzen aber die dabei auftretenden höheren Wasserstände der Schifffahrt ein Stoppzeichen, weil die Brückendurchfahrtshöhen nicht mehr ausreichen. Theoretische Überlegungen [53], Natur- und Modellversuche [22] sollen hier kurz erläutert und zusammengefasst werden.

Die Strömungsgeschwindigkeit des Fließgewässers v_{Str} erhöht oder verringert die Schiffsgeschwindigkeit über Grund $v_{S,üG}$. Ein Ergebnis ausführlicher theoretischer Untersuchungen zur Fahrdynamik auf Fließgewässern zeigt das Bild 4.31.

Im ersten Quadranten wird die kritische Geschwindigkeit nach Gl. (4.16) mit $y_{krit} = 0{,}575$ ermittelt. Im zweiten Quadranten erhöht oder verringert man diese kritische Geschwindigkeit um die Größe der Strömungsgeschwindigkeit, um die Größe der kritischen Geschwindigkeit über Grund zu erhalten. Erkenntnisse aus durchgeführten Fahrversuchen in Kanälen haben die Gl. (4.41), vereinfacht Gl. (4.41 a), ergeben.

$$\frac{z_{A,krit}}{h - t_S} = \frac{0{,}2}{\dfrac{h}{t_S} - 1} \qquad (4.41)$$

$$z_{A,krit} = 0{,}2 \cdot t_S \ [\mathrm{m}] \qquad (4.41\ a)$$

Zusammen mit Gl. (4.42) kann für Fahrgeschwindigkeiten unterhalb der kritischen, also den üblichen Geschwindigkeiten, im dritten und vierten Quadranten der Zusammenhang zwischen Absenkung und Geschwindigkeit über Grund ermittelt werden.

$$\frac{z_A}{z_{A,krit}} = 8 \cdot \left(\frac{v_S}{v_{krit}}\right)^2 \cdot \left[\left(\frac{v_S}{v_{krit}} - 0{,}5\right)^4 + 0{,}0625\right] \qquad (4.42)$$

Die ins Bild 4.33 eingetragenen Beispiele verdeutlichen, dass

- bei einer mittleren Fahrwassertiefe von $h_m = 1{,}60$ m ein $T = 1{,}40$ m tief abgeladenes Schiff bergwärts gegen eine Fließgeschwindigkeit von $v_{Str} = 1{,}0$ m/s mit einer Geschwindigkeit über Grund $v_{S,üG} = 1{,}15$ m/s (4,1 km/h) fahren kann, wenn man eine Eintauchung am Heck von 15 cm zulassen würde, also nur 5 cm Flottwasser (ausgezogene Linie);

– im $h_m = 3{,}50$ m tiefen Fahrwasser ein $T = 2{,}50$ m tief abgeladenes Schiff gegen eine Strömung von $v_{Str} = 0{,}5$ m/s mit $v_{S,üG} = 2{,}75$ m/s (9,9 km/h) fahren kann, wenn eine Eintauchung am Heck von 40 cm zugelassen wird (unterbrochene Linie).

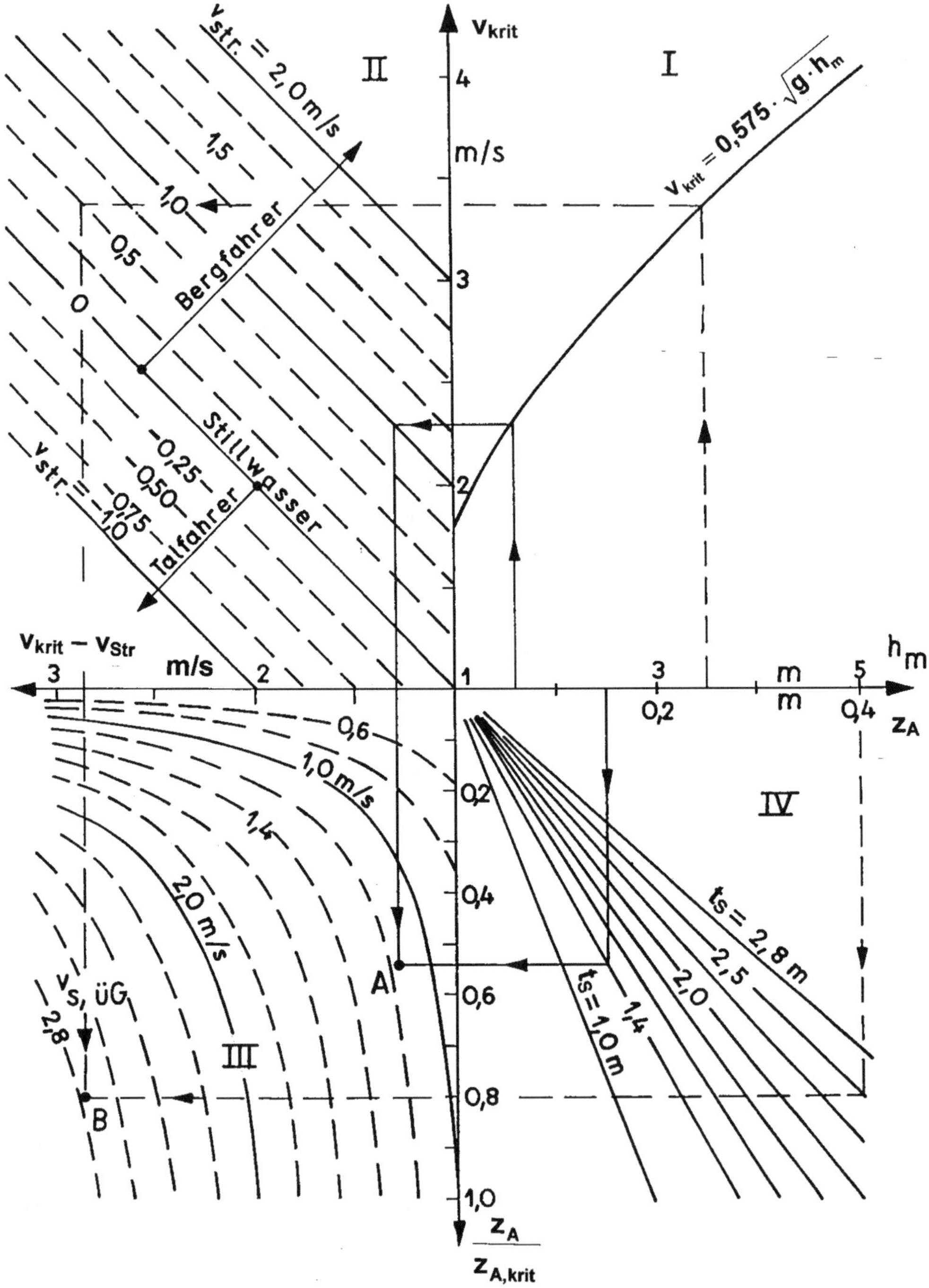

Bild 4.31 Zusammenhang zwischen Strömungsgeschwindigkeit und Schiffsparametern aus [53]

Wie die weiteren Untersuchungen in [53], aber auch Naturversuche [22] gezeigt haben, können Schiffe mit eigenem Antrieb mit den geringen Flottwassertiefen (5 cm) nicht fahren, ohne Schäden an der Flusssohle zu hinterlassen. Ursache dieser Schäden ist das direkte Auftreffen des Propellerstrahls auf die Sohle. Auch die für Stillwasserkanäle gewählte Flottwassertiefe von 1,20 bis 1,50 m zeigt, dass ein ausreichendes Wasserpolster die Gewässersohle schützen muss. Da das Schiff und seine Antriebsorgane ebenfalls gegen Grundberührungen zu schützen sind, darf auf ein ausreichendes Flottwasser nicht verzichtet werden.

Über felsigen Streckenabschnitten werden deshalb größere Tiefen hergestellt. Viel zu häufig verzichtet aber der Schiffsführer im Interesse seines Schiffes auf die bei Niedrigwasser ohnehin unwirtschaftliche Fahrt.

Einmündende Nebenflüsse und Wassereinleitungen erzeugen Querströmungen, deren Einfluss auf die Schifffahrt am besten in Modellversuchen ermittelt wird.

4.5 Nutzen, Kosten, Perspektiven

4.5.1 Der Bundesverkehrswegeplan

Verkehrswasserbauten sind wichtige Teile der Infrastruktur eines Landes. In Deutschland wird in Abständen von etwa 15 Jahren der Bundesverkehrswegeplan neu aufgestellt. Notwendige neue Wasserwege, Schienenprojekte und Straßen werden Kriterien unterzogen, die einen guten Vergleich zwischen den Verkehrsträgern zulassen, um die stets knappen Finanzmittel so effektiv wie möglich zu verteilen.

Der Bundesverkehrswegeplan hat in Deutschland Gesetzeskraft, Plankorrekturen sind oft notwendig. Vorrangig werden die Projekte ausgeführt, die in die Rubrik „vordringlicher Bedarf" eingeordnet sind. Das sind die Projekte mit einem besonders hohen Nutzen-Kosten-Verhältnis (*NKV*).

4.5.2 Das Nutzen-Kosten-Verhältnis

Das *NKV* wird gebildet, indem die Barwerte der Nutzenkomponenten einer erwogenen Maßnahme durch die Barwerte ihrer Investitionskosten dividiert werden. Im Zähler stehen alle Nutzenkomponenten, auch die, die zu späteren Kosten (negativem Nutzen) führen, z. B. Unterhaltungsaufwendungen. Alle Kostenkomponenten, auch die Ausgleichsmaßnahmen kommen in den Nenner. Die Barwerte sind die auf einen gemeinsamen Bezugshorizont – meist das Jahr der Herausgabe des neuen Bundesverkehrswegeplanes – diskontierten Teilbeträge, Gln. (4.43) bis (4.48).

$$N_{\mathrm{b,i}} = f \cdot N_{\mathrm{i}} \tag{4.43}$$

$$f = (1 + p)^{t_{\mathrm{b}} - t_{\mathrm{a,i}}} \tag{4.44}$$

- $N_{\mathrm{b,i}}$ Barwert des Nutzenteilbetrages i zum Bezugszeitpunkt
- f Aktualisierungsfaktor
- N_{i} Nutzenteilbetrag im Jahr i
- p Aktualisierungsrate, in Deutschland 0,03, also 3 %
- t_{b} Bezugsjahr
- $t_{\mathrm{a,i}}$ Jahr, in dem der Nutzenteilbetrag bzw. für Gl. (4.46) der Kostenteilbetrag anfällt

Mit einem zeitlich konstanten Nutzenstrom vereinfacht sich die Berechnung der Barwerte zu

$$N_{\mathrm{b,j}} = f \cdot B \cdot N_{\mathrm{j}} \tag{4.45}$$

$$B = \frac{1 - (1 + p)^{-t}}{p} \tag{4.46}$$

- $N_{\mathrm{b,j}}$ Barwert der Nutzenkategorie j
- f Aktualisierungsfaktor zur Berücksichtigung der Zeitdifferenz zwischen der Inbetriebnahme und dem Bezugszeitpunkt
- B Barwertfaktor
- N_{j} Zeitwert des Jahresnutzens der Kategorie j
- t Zeitdauer des konstanten Nutzenanfalls oder Kostenanfalls, Gl. (4.46).

Auch die Investitionskosten werden mit Aktualisierungsfaktoren diskontiert.

$$K_{\mathrm{b,i}} = f \cdot K_{\mathrm{i}} \tag{4.47}$$

Werden die Kosten gleichmäßig über die Bauzeit verteilt angenommen, dann vereinfacht sich die Berechnung der Kostenbarwerte zu

$$\boxed{K_b = f \cdot B \cdot K_j} \qquad (4.48)$$

K_b Kostenbarwert der Investitionskosten

f Aktualisierungsfaktor zur Berücksichtigung der Zeitdifferenz zwischen Baubeginn und dem Bezugszeitpunkt

K_j Zeitwert der durchschnittlichen jährlichen Investitionskosten während der Bauzeit

t Bauzeit in Jahren, Gl. (4.46)

Beispiel: Nutzen-Kosten-Verhältnis für ein Großprojekt

Ein fiktives großes Wasserstraßenprojekt soll nach seiner Fertigstellung jährlich einen wirtschaftlichen Nutzen von $N_j = 125$ Millionen bringen, die Währung spielt keine Rolle. Die gesamte Kostensumme von 2 Milliarden soll im ersten Fall auf eine 20-jährige Bauzeit gleichmäßig verteilt werden, also jährlich 100 Millionen Baukosten für K_j. Danach tritt die 80-jährige Nutzungszeit ein, der für Wasserstraßenprojekte anzusetzende Wert für die Nutzungsdauer. In dieser Zeit sollen keine Unterhaltungskosten anfallen.

Im zweiten Fall investiert man über 3 Jahre Bauzeit jährlich nur 133,3 Millionen, danach benötigt man über die 80 Nutzungsjahre aber je 20 Millionen für ergänzende Baumaßnahmen, Unterhaltungsarbeiten u. Ä., die vom jährlichen Nutzen abzuziehen sind. Würde man den Gesamtnutzen von 10 Milliarden durch den Gesamtaufwand von 2 Milliarden teilen, ergäbe sich in beiden Fällen ein *NKV* von 5,0. Das würde aber nicht die geforderte Diskontierung berücksichtigen. Im Beispiel sollen Nutzen und Kosten immer gleichmäßig verteilt angenommen werden.

Lösungen

a) Im ersten Fall wird nach Gl. (4.46)

$$B = \frac{1-(1{,}03)^{-20}}{0{,}03} = 14{,}88$$

Nach Gl. (4.48) ergeben sich Kosten von $K_b = 1 \cdot 14{,}88 \cdot 100 = 1488$ Millionen.

Der Gesamtnutzen wird nach den Gleichungen (4.44) bis (4.46) ermittelt zu

$$B = \frac{1-(1{,}03)^{-80}}{0{,}03} = 30{,}2$$

$$f = (1{,}03)^{0-20} = 0{,}5375 \text{ und}$$

$$N_b = 0{,}5375 \cdot 30{,}2 \cdot 125 = 2029{,}1 \text{ Millionen}$$

$$\text{Damit wird } NKV = \frac{2029{,}1}{1488} = \mathbf{1{,}36}$$

b) Im zweiten Fall wird

$$B = \frac{1-(1{,}03)^{-3}}{0{,}03} = 2{,}83$$

$$K_b = 1 \cdot 2{,}83 \cdot 133{,}3 = 377{,}2 \text{ Millionen}$$

Der Gesamtnutzen ermittelt sich mit $B = 30{,}2$ und $f = (1{,}03)^{0-3} = 0{,}9151$ zu $N = 0{,}9151 \cdot 30{,}2 \cdot 105 = 2901{,}8$ Millionen

$$\text{Damit wird } NKV = \frac{2901{,}8}{377{,}2} = \mathbf{7{,}69}$$

Wegen der hohen Aktualisierungsrate von 3 % werden kleine und schnell wirksam werdende Projekte gegenüber großen bevorzugt. Nachhaltig wirkende Großprojekte, die kaum Nacharbeiten oder Unterhaltungen erfordern, sind schwer im Bundesverkehrswegeplan unterzubringen [54].

4.5.3 Perspektiven

Europaschiff (seit 1953) und Europas Zusammenwachsen müssen im Netz europäischer Wasserstraßen noch vollendet werden. Einheitlich sind in Europa die Abmessungen der künstlichen Kanäle und der Bauwerke. Deutschlands zentrale Lage erfordert bei den schiffbaren Flüssen große Anpassungsmaßnahmen an die heutigen Binnenschiffe. Wie das Beispiel 30 zeigt, können große Projekte nur mit dem Nutzen für die Schifffahrt nicht oder nur schwer realisiert werden. Die Regeln für die Ermittlung des *NKV* [29] sehen einen „verkehrsfremden Nutzen" bei den Wasserstraßen vor. Unter Beachtung dieses Nutzens – Hochwasserschutz und die Gewinnung von Spitzenstrom – ergibt ein Wasserstraßenprojekt stets viel bessere und nachhaltigere Lösungen [55].

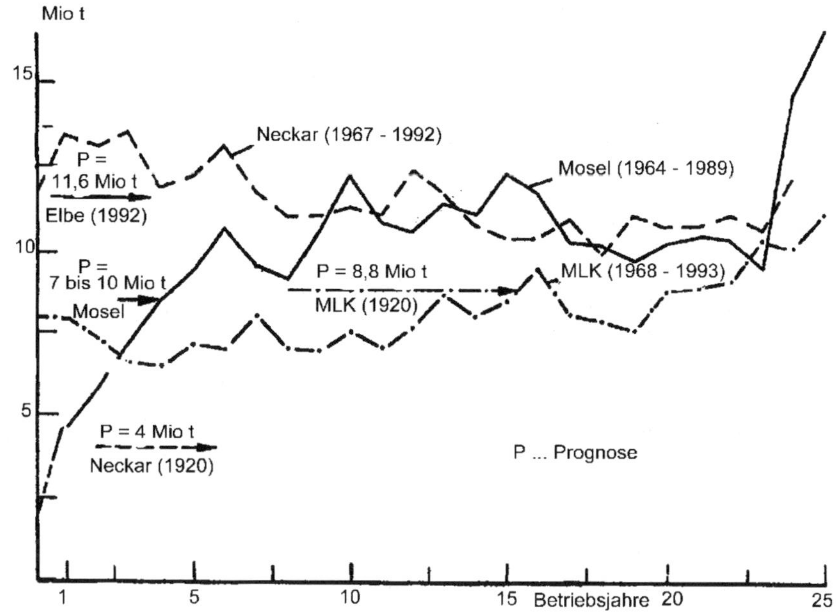

Bild 4.32 Einstige Prognosen und Realitäten zur Verkehrsentwicklung auf Wasserstraßen

Die im Vergleich zu Straßen und Eisenbahnstrecken lange normative Nutzungsdauer einer Wasserstraße (80 Jahre) macht die Prognose künftiger Verkehrsmengen, die auf diesem Verkehrsweg befördert werden sollen, besonders schwer. Wie vor dem Bau gestellte Prognosen sich später erfüllt haben, soll das Bild 4.32 für ausgewählte Wasserstraßen zeigen.

4.6 Schleusen

4.6.1 Arten und Abmessungen von Binnenschiffsschleusen

Schleusen sind Bauwerke an Flüssen oder Kanälen, die zwei Wasserflächen verschiedener Spiegelhöhe durch eine verschließbare Kammer miteinander verbinden. Die Schleusenkammer, das Ober- und das Unterhaupt sind die Hauptbauteile jeder Schleuse. An die Häupter schließen sich die Einfahrten mit ihren Leitwerken an. Zwischen Einfahrt und der Wasserstraße befindet sich der Vorhafen. Im oberen Vorhafen wartet der Talfahrer auf Schleusung, im unteren der Bergfahrer.

Eine **Bergschleusung** ist das Heben eines Schiffes vom Unter- ins Oberwasser. Die Schleuse steht zunächst auf Unterwasser, das Untertor ist geöffnet (Ausgangssituation). Vom unteren Vorhafen fährt ein Schiff in die Schleuse ein, evtl. ein weiteres. Danach wird das Untertor geschlossen. Die Schleuse wird bis zum Oberwasserstand gefüllt. Ist der Oberwasserstand erreicht oder fast erreicht, wird das Obertor geöffnet, das Schiff fährt in den oberen Vorhafen bzw. in die obere Haltung aus. Eine **Talschleusung** kann beginnen. Nach Einfahrt und Schließung des Obertores wird die Schleusenkammer geleert, d. h. auf Unterwasser gestellt. Mit der Ausfahrt des Schiffes in den unteren Vorhafen ist die **Kreuzungsschleusung** beendet, die Ausgangssituation ist wieder hergestellt. Überwiegen die Schleusungen in einer Richtung, dann spricht man von **Richtungsschleusungen.** Bei gleichem Wasserverbrauch ist die Leistung bei Richtungsschleusungen deutlich geringer.

Wichtigste Aufgabe einer Schleuse ist der Vertikaltransport der Schiffe. Flussschleusen können zusätzlich auch zur Abführung von Hochwasser eingesetzt werden.

Wegen der langen Nutzungsdauer bestimmen die Schleusen viele Jahrzehnte, welche Schiffe auf der Wasserstraße verkehren können. Die wichtigsten Abmessungen von Binnenschiffsschleusen lassen sich aus der Tabelle 4.1 ableiten.

Die Länge der Schleusenkammer ist die Summe aus der Nutzlänge l_N und den Sicherheitsabständen. Die Sicherheitsabstände oben zum Abfallboden und unten zum Prallbalken bzw. bis zur Tornische betragen bis zu je 3 m. Nutzlängen von 190 m für Wasserstraßenklasse V b und 115 m für Klasse IV sind heute typische Maße für Schleusenneubauten in Europa.

Die lichte Breite wird heute bei Neu- oder Umbauten zu 12,5 m gewählt, Flussschleusen haben oft auch größere Breiten.

Die Wassertiefe über dem Drempel der Schleuse bestimmt den Einfahrwiderstand. Das vom langsam einfahrenden Schiff in die Schleuse gedrückte Wasser muss unter dem Schiff zurückströmen können. Im Einfahrbereich soll das Querschnittsverhältnis nach Gl. (4.1), mindestens gleich 2,0 sein, was bei voll abgeladenen Großmotorgüterschiffen nicht erreicht wird. Die notwendige Flottwassertiefe von mindestens 1 m wird bei 4 m Wassertiefe über dem Drempel stets eingehalten. Die Schleusenplattform soll bei Kanalschleusen 1,50 m über dem mittleren Oberwasserstand, bei Flussschleusen 1,0 m über dem *HSchW* liegen.

Die **Kammerschleuse** ist für kleine bis mittlere Hubhöhen an Flüssen und Kanälen geeignet. Bei großen Hubhöhen würde das Untertor einer Kammerschleuse zu hoch werden, folglich wird der obere Teil in Form einer Maske aus Beton fest ausgebildet und nur die Durchfahrtsöffnung mit einem Tor verschlossen. Eine so ausgebildete Schleuse wird als **Schachtschleuse** bezeichnet.

Parallelschleusen (Doppelschleusen) haben zwei oder mehr Kammern nebeneinander, die unterschiedliche Größen haben können und unabhängig voneinander arbeiten. Häufig wird an Binnenwasserstraßen zunächst eine Schleuse gebaut, der Platz für eine parallel liegende zweite Schleuse aber gleich freigehalten. Die Entwicklung der Schifffahrt fordert oft den Bau der zweiten Kammer [65].

Zwei gleich große parallele Schleusenkammern können durch ihr hydraulisches Füllsystem so miteinander verbunden werden, dass sie gleichzeitig und gegenläufig betrieben werden. Das Wasser der auf Oberwasser stehenden Kammer wird zum Füllen der auf Unterwasser stehenden verwendet, bis beide Wasserspiegel etwa ausgeglichen sind. Dadurch können bis zu 50 % des Betriebswassers gespart werden, wenn eine vollkommene Ausspiegelung abgewartet wird und zu Berg und zu Tal gleich große Schiffsabfertigungen vorhanden sind. Diese Schleusen werden als **Zwillingsschleusen** bezeichnet.

Sparschleusen werden für Kanäle wegen der heute üblichen großen Abmessungen bevorzugt bei Neubauten vorgesehen. Ihnen wird im Abschnitt 4.6.3 deshalb besondere Aufmerksamkeit geschenkt.

4.6.2 Bau und Funktion einer Kammerschleuse

4.6.2.1 Teile einer Kammerschleuse

Die **Schleusenkammer**, die zum Schleusen das Schiff aufnimmt, wird heute im Grundriss nur noch rechteckförmig ausgebildet. Länge, Breite und Hubhöhe bestimmen, wie viel Wasser zu jeder Schleusung benötigt wird. Senkrechte Kammerwände sind heute Standard, geböschte Wände in einigen alten Schleusen noch anzutreffen. Die Wände der Schleusenkammern nehmen die erforderlichen Betriebseinrichtungen auf. Das Bild 4.33 zeigt die Teile einer Kammerschleuse.

Kräftige Massivbauwerke, die **Häupter,** schließen die Schleusenkammer ober- und unterwasserseitig ab. Auch wenn die Kammer mit massivem Querschnitt ausgebildet wird, sind die Häupter durch Fugen von der Kammer getrennt. Sie tragen die Tore, deren Betriebseinrichtungen, haben Nischen für Revisionsverschlüsse und Einrichtungen zum Füllen (Oberhaupt) bzw. Leeren (Unterhaupt). Vor dem Untertor angebrachte Fangseile oder Stoßbalken schützen das Tor gegenüber unvorsichtig einfahrenden Schiffen.

Die **Leitwerke,** in der Draufsicht 1 : 4 bis 1 : 5 geneigt, bilden den Übergang von der Schleuse zu den Vorhäfen. Sie werden von senkrechten Wänden gebildet, massiv oder aus Stahlspundbohlen.

4.6.2.2 Ausbildung des Kammerquerschnittes

Schleusen mit geringer Hubhöhe werden heute fast nur noch mit Kammerwänden aus Stahlspundbohlen gebaut. Das Rammen der Spundwände setzt rammfähigen Untergrund voraus. Aus der Unterwassertiefe, der Fallhöhe der Schleuse und dem notwendigen Freibord ergibt sich eine freie Standhöhe der Spundwand, die mehr als 5 m beträgt. Folglich kommen nur verankerte Spundwände zur Ausführung. Fast immer genügt eine Ankerlage. Ein zweiter Anker wird erst ab einer Höhe erforderlich, bei der aus einem anderen Grund die Spundwandschleuse kaum noch in Frage kommt: Spundwandschleusen können nur am Oberhaupt gefüllt und am Unterhaupt geleert werden. Grund- oder Längsumläufe können bei Kammerwänden aus Spundbohlen nicht angebracht werden.

Für Schleusen mit großen Hubhöhen bzw. auch mit großen Kammerabmessungen würden zu große Zeiten für Füllen und Leeren benötigt werden. Das Bild 4.34 zeigt eine Schleusenkammer mit Wänden aus Stahlspundbohlen.

Bei Spundwandschleusen wird die Sohle durchlässig ausgebildet. Eine dichte Sohle aus Beton würde vor allem beim Leerpumpen im Reparaturfall zu Auftriebskräften führen, denen nur eine sehr dicke Sohle gewachsen wäre. Das Bild 4.34 zeigt eine Kammersohle mit Spannbalken, die der Spundwand unten eine zusätzliche Aussteifung geben. In den Zwischenräumen können Steinpackungen oder Pflaster mit ausreichend vielen Fugen auf einer Filterschicht eingebaut werden.

Untergrund aus Lockergestein, vor allem auch wenn er schlecht rammbar ist, und/oder eine große Hubhöhe führen zur Wahl des

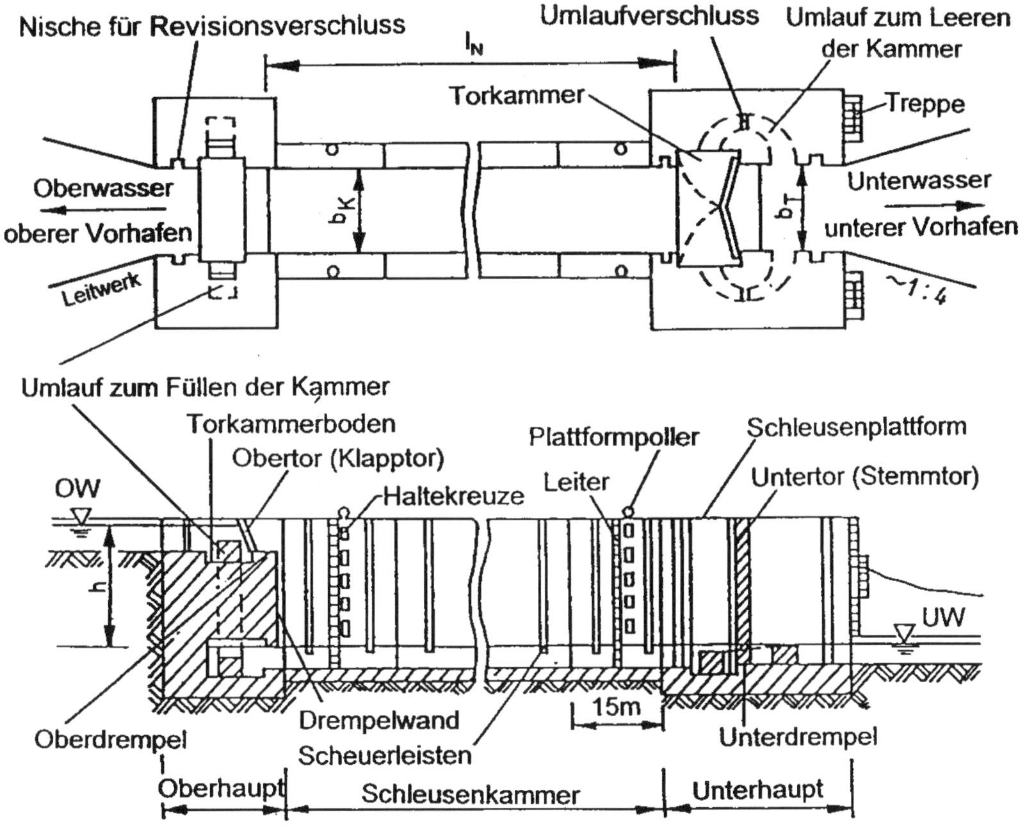

Bild 4.33 Teile einer Kammerschleuse in der Draufsicht und im Schnitt

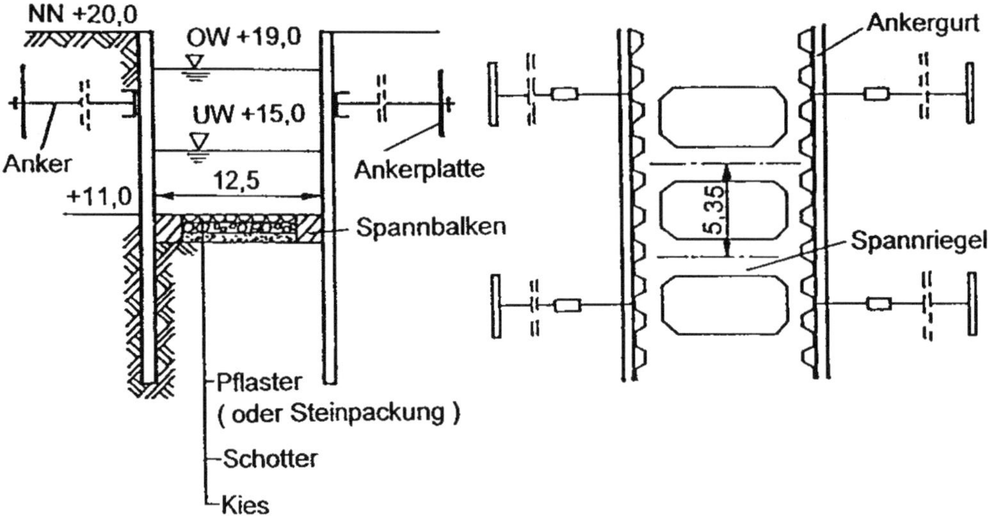

Bild 4.34 Schleusenkammer aus Stahlspundbohlen

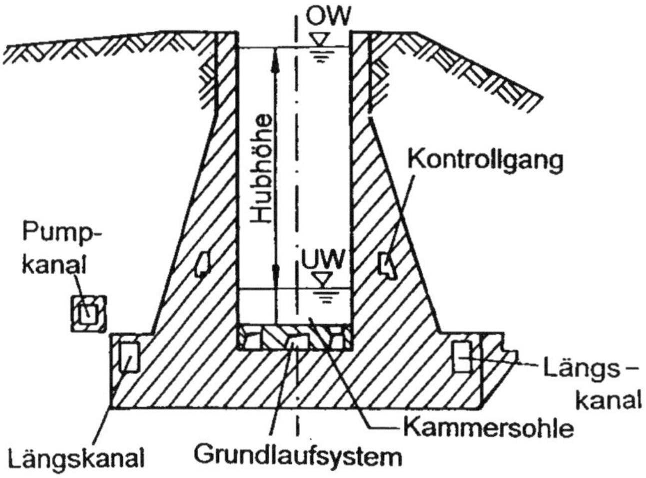

Bild 4.35 Schleusenkammerquerschnitt als Stahlbetonhalbrahmen

Halbrahmens aus Stahlbeton (Bild 4.35) für den Querschnitt der Schleusenkammer. Die Umläufe können in diesen Querschnitten gut untergebracht werden, so dass Füllen und Leeren schneller gehen.

Während für die Spundwandschleuse trockene Baugruben oft nur für die Häupter gebraucht werden, muss beim Halbrahmen auch für die Kammer eine solche vorhanden sein. Das kann größere Grundwasserabsenkungen zur Folge haben. Der Kammerquerschnitt selbst besteht aus Blöcken, die in einer Länge von 15 m hergestellt und durch Fugen getrennt werden.

Große Schleusen (Main-Donau-Kanal, Mittellandkanal, Elbe-Seiten-Kanal) erhielten einen Kammerquerschnitt aus Stahlbeton.

Je nach Geländehöhe kann seitlich eine Anschüttung an die Kammerwände vorgesehen werden, die bis zur Schleusenplattform reichen kann. Vor allem für Sparschleusen, Abschnitt 4.6.3, ist der Halbrahmen als Kammerquerschnitt geeignet. Steht schon in geringer Tiefe tragfähiger Fels als Baugrund an, dann kann eine massive Gewichtsmauer aus Beton (früher auch aus Mauerwerk) gewählt werden, Bild 4.36.

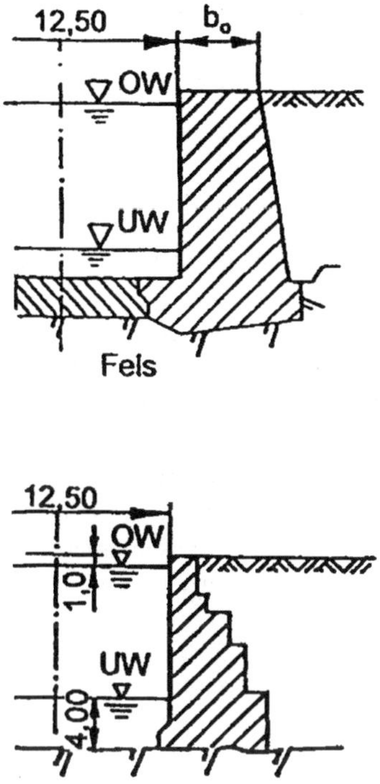

Bild 4.36 Massive Schleusenkammerquerschnitte

Auch die Gewichtsmauer wird in Blöcke zu je 15 m eingeteilt. Die Fugen müssen ebenfalls gedichtet werden. Auch Längsumläufe und Stichkanäle können in die massive Kammerwand eingebaut werden. Steht der Fels in entsprechend geringer Tiefe und außerdem gleichmäßig und horizontal an, dann kann auf das Betonieren einer Sohle ganz verzichtet werden. Außer der durchlässigen Sohle ist bei massiven Kammerwänden auch eine undurchlässige aus Beton anwendbar, Bild 4.36, oben. Die Kraft des Auftriebes wird hier auch von den Kammerwänden mit übernommen, wenn die Fugen zwischen Wand Sohle entsprechend ausgebildet werden.

Die Berechnung der Kammerquerschnitte muss für zahlreiche Lastfälle bzw. Belastungssituationen vorgenommen werden. Belastungen entstehen vor allem aus dem Eigengewicht, dem veränderlichen Wasserdruck in der Schleuse, dem Auftrieb und dem Erddruck. Schiffsstoß und Trossenzug, Kräfte aus Temperaturänderungen und Eisdrücken sowie Wind auf die Aufbauten kommen hinzu. Auch im Bau- bzw. Reparaturzustand können Belastungssituationen entstehen, die für die Bemessung einzelner Teile ausschlaggebend sind. Im Lastfall 1 wird die Schleusenkammer gefüllt angenommen. Bei den normalen Betriebswasserständen wird gleichzeitig meist der niedrigste Grundwasserstand angesetzt. Normale Betriebswasserstände sind der Ober- und der Unterwasserstand ohne Zusätze, die im Lastfall 2 beachtet werden. Die extremen Wasserstände entstehen aus Schwall, Sunk und Windstau. Die leere Schleuse im Reparaturzustand bei gleichzeitig höchstmöglichem Grundwasserstand wird im Lastfall 3 untersucht. Hat die Schleuse ein Grundlaufsystem, dann wird im Lastfall 3 auch angenommen, dass ein voll abgeladenes Schiff auf der Kammersohle liegt.

Die Kammerwände werden pro laufenden Meter betrachtet. Während von innen die Wasserdrücke und -auflasten eindeutig sind, kann der Grundwasserspiegel unterschiedliche Höhen haben. Vor allem bei Flussstaustufen kann der Grundwasserstand entlang des langen Schleusenbauwerkes zum Unterwasser hin erheblich abnehmen. Jahreszeitliche oder durch schwankende Flusswasserstände bedingte Veränderungen der Grundwasserstände kommen noch hinzu.

Zur Berechnung der Spundwände wird der aktive Erddruck angesetzt, für Halbrahmen, Gewichtsmauern und Häupter der Erdruhedruck. Auf der Rückwand von Halbrahmen sind höhere Drücke gemessen worden als die Erdruhedrücke. Das ergibt sich aus Bewegungen der Kammerwände beim Füllen und Leeren der Schleuse und aus Temperaturbeanspruchungen.

Ein möglicher Schiffsstoß wird in einer Größe von 100 kN auf eine Fläche von 0,25 m^2 angesetzt. Für den Trossenzug sind 200 kN vorgeschrieben. Das aufsitzende Schiff wird laut Richtlinien mit 20 kN/m^2 berücksichtigt. Eisdruckkräfte werden bis zu einer Größe von 10 kN/m angesetzt.

4.6.2.3 Schleusenhäupter

Schleusenhäupter sind massive Bauwerke aus Beton, die die Schleusenkammer mit dem Bereich der Ausfahrt zum Vorhafen verbinden. In den Häuptern werden die Schleusentore, Revisionsverschlüsse, je nach Torart auch Gegengewichtsschächte oder Tornischen angebracht. Abhängig vom Füllsystem werden Umläufe, Zulaufkanäle bzw. Ablaufkanäle und ihre Verschlussorgane sowie ggf. ein Tosbecken vorgesehen. Das Gesamtbild des Unterhauptes wird noch vom Steuerstand, bei Schachtschleusen auch von der Maske und oft von einer Brücke für den Straßenverkehr geprägt.

Oberhäupter mit hoch liegendem Drempel sind bei Kanalschleusen der Normalfall, bei Flussschleusen auch häufig, vgl. Bild 4.33. Torart und Füllsystem bestimmen wesentliche Details der Konstruktion. Die Oberhäupter mit tief liegendem Drempel werden bei Flussschleusen angewendet, die auch zur Hochwasserableitung herangezogen werden. Das Bild 4.37 zeigt ein solches Haupt. Die oberwasserseitige Sohle liegt etwa auf der Höhe der Kammersohle, um eine möglichst große Hochwassermenge abführen zu können. Eine im Fluss sonst höher liegende Sohle muss entsprechend weit vor dem Oberhaupt beginnend abgesenkt werden. Ein Oberhaupt mit tief liegendem Drempel ist dem Unterhaupt sehr ähnlich, es kann dem Unterhaupt fast gleich ausgebildet werden.

Das Unterhaupt wird besonders durch die große horizontale Wasserkraft belastet, wenn die Schleuse auf Oberwasser steht. Das kann zur Erhöhung der Standsicherheit eine größere Länge des Hauptes erfordern, als sie für die Betriebseinrichtungen erforderlich wäre.

Die Berechnung der Standsicherheit erfolgt für das Haupt allein, eine Verbindung zur Kammer wird nicht zugelassen. Standsicherheit heißt immer Gleitsicherheit. Ist der Baugrund Felsgestein, dann ist noch die Kippsicherheit nachzuweisen. Bei Lockergestein müssen zulässige Druckspannungen im Boden eingehalten werden. Die Berechnung eines Oberhauptes auf seine Standsicherheit erfolgt im Beispiel S. 196.

Schwierigkeiten gibt es beim Bau, vor allem aber beim Modernisieren oder Rekonstruieren einer Schleuse mit den Anschlüssen des starren Hauptes an den meist geschütteten Damm in Richtung oberer Vorhafen und auch zur Kammerwand hin. Setzungen in der Dammschüttung und Bewegungen der Kammerwände muss die Fugendichtung sicher aufnehmen. Der Anschluss des Hauptes an die Ausfahrt in den oberen Vorhafen kann nach Bild 4.38 ausgeführt werden.

Die Fuge zwischen dem Haupt und einer massiven Kammerwand muss dicht sein, um den Durchtritt von Wasser und Erdstoffpartikeln zu verhindern. Eingebaute und auch von außen angebrachte und somit auswechselbare Fugenbänder können die Dichtung sicherstellen.

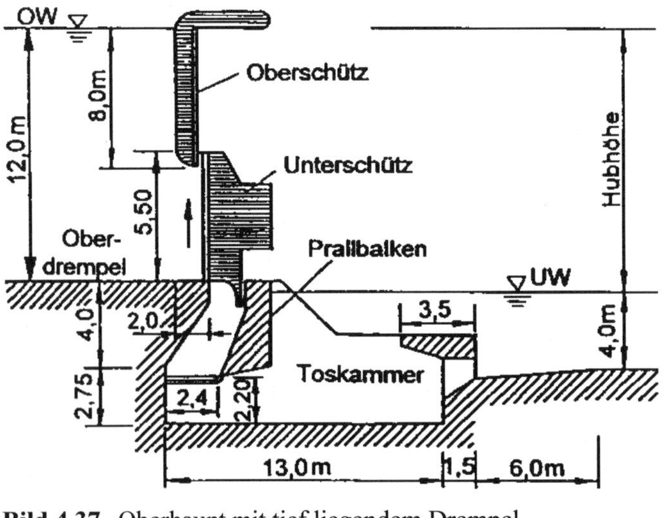

Bild 4.37 Oberhaupt mit tief liegendem Drempel

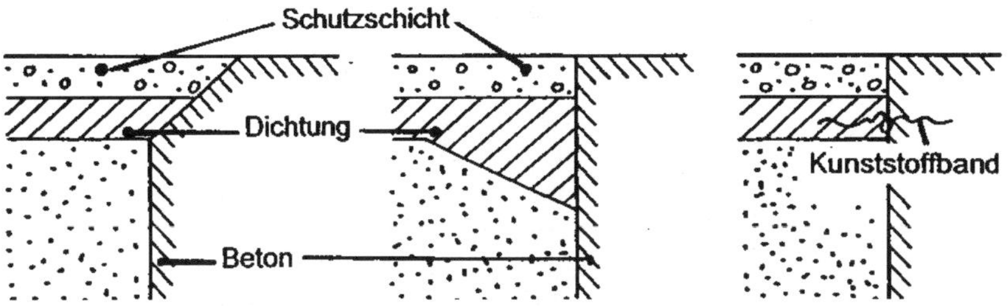

Bild 4.38 Anschlüsse einer Erdstoffdichtung ans Oberhaupt

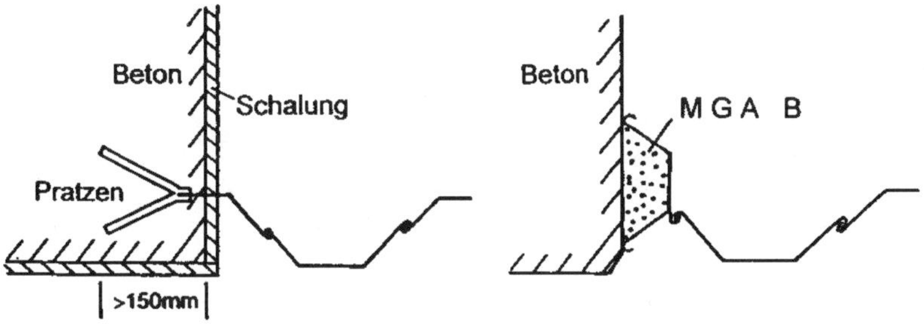

Bild 4.39 Anschlüsse von Spundbohlen an massive Häupter

Auch der Anschluss einer Spundwand an das massive Haupt muss dicht sein, aber Bewegungen zwischen den Bauteilen zulassen. Wird das Haupt später als die Spundwand errichtet oder nachträglich verändert, dann kann die auf Bild 4.39 (links) dargestellte Konstruktion verwendet werden. An die halbe Bohle, die den Abschluss der Kammerwand bildet, werden Pratzen angeschweißt. Anschließend kann die Schalung für das Haupt gestellt und der Beton eingebracht werden. Ist das Haupt bereits vorhanden und die Spundwand ist anzuschließen, dann kann nach Bild 4.39 (rechts) eine Spundbohle am Beton befestigt und mit bituminösem Mischgut (MGAB) verfüllt werden. Die Spundbohle erhält zum Anschluss der ersten Kammerbohle ein angeschweißtes Eckprofil. Auch gegen Um- und Unterläufigkeit sind Schleusenhäupter zu sichern. Besonders an Flussschleusen kann es bei großer Stauhöhe Probleme in dieser Hinsicht geben. Seitlich angebrachte Spundwände verlängern die Sickerwege und mindern die Umläufigkeit. Unter der Sohle eines Schleusenhauptes kann eine Spundwand (mitunter auch zwei) den Sickerweg verlängern, was aber oft erst dadurch sinnvoll und wirtschaftlich wird, wenn die Spundwände auch als Baugrubenumschließung genutzt werden.

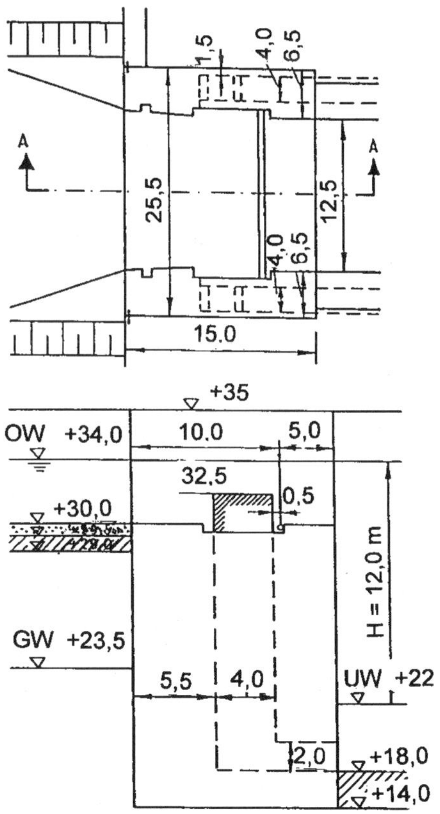

Bild 4.40 Draufsicht auf das Oberhaupt, die Anschlüsse und Schnitt A-A

Beispiel: Standsicherheit eines Schleusenhauptes

Das Oberhaupt einer Kammerschleuse, ausgerüstet mit Klapptor und dem Anfang von Längsumläufen, soll auf seine Standsicherheit überprüft werden. Es steht auf sandigem Untergrund und hat die im Bild 4.40 angegebenen Abmessungen.

Vom Untergrund sind bekannt: Sand mit $\gamma = 21$ kN/m³, $\gamma' = 11$ kN/m³, $\varphi = 35°$. Der Beton soll mit $\gamma_B = 23$ kN/m³ angenommen werden, da er stützend, also die Standsicherheit erhöhend, wirkt.

Die Schutzschicht und die Dichtung werden mit $\gamma' = 12$ kN/m³ angesetzt. Der Querschnitt der Umläufe soll rechteckig sein und je Umlauf 8 m² Fläche haben (2 m mal 4 m).

Gesucht sind die Gleitsicherheit des Oberhauptes, wobei stützende Kräfte aus den Kammerwänden nicht angesetzt werden, und die Sohldruckspannungen. Nur der Lastfall „Schleuse auf Unterwasser", also ein Normallastfall, wird untersucht.

Lösungen

a) Belastungen

Alle Bezeichnungen und Belastungen gehen aus dem Bild 4.41 hervor. Das Gewicht des Tores und der Umlaufverschlüsse sowie aller Aufbauten wird zunächst vernachlässigt, ebenso werden Nischen für Revisionsverschlüsse und das Tor sowie andere Aussparungen nicht abgezogen.

Es ergeben sich folgende Vertikalkräfte:

$G_1 = 2 \cdot 15 \cdot 6{,}5 \cdot 5 \cdot 23$	=	22 425 kN
$G_2 = 15 \cdot 16 \cdot 25{,}5 \cdot 23$	=	140 760 kN
$G_3 = -2 \cdot 2 \cdot 4 \cdot 22 \cdot 13$	=	– 4 576 kN
$W_A = 10 \cdot 4 \cdot 12{,}5 \cdot 10$	=	5 000 kN
$\Sigma\, V$ (ohne Auftrieb)		163 609 kN

Horizontalkräfte aus den Wasserdrücken

$W_1 = 25{,}5 \cdot 0{,}5 \cdot 5^2 \cdot 10$	=	3 188 kN
$W_{GW} = 25{,}5 \cdot 0{,}5 \cdot 9{,}5^2 \cdot 10$	=	11 507 kN
$W_{UW} = 12{,}5 \cdot 0{,}5 \cdot 6^2 \cdot 10$	=	2 250 kN
$W_S = -12{,}5 \cdot 2 \cdot 9{,}5 \cdot 10$	=	–2 375 kN
		10 070 kN

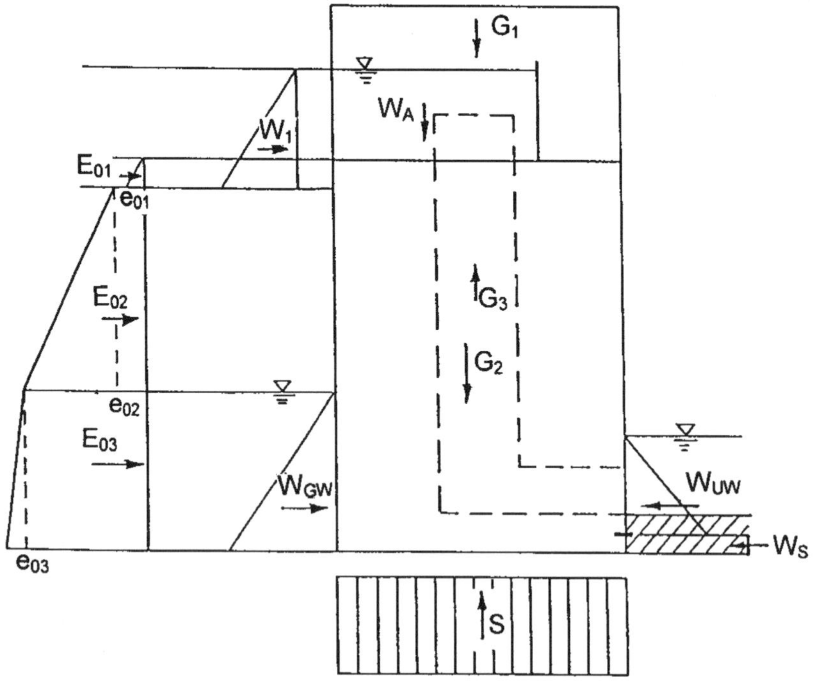

Bild 4.41 Bezeichnungen und Belastungen des Oberhauptes

Tabelle 4.8 Erddrücke e und Erddruckkräfte E auf das Oberhaupt

e_0	E_0'	E_0
kN/m²	kN/m	kN
$e_{0,0} = 12 \cdot 1 \cdot 0{,}426 = 5{,}11$		
	$E_{0,1} = 0{,}5 \cdot 5{,}11 = 2{,}56$	$2{,}56 \cdot 25{,}5 = 65$
$e_{0,1} = (50 + 12) \cdot 0{,}426 = 26{,}41$		
	$E_{0,2} = \frac{26{,}41 + 75{,}61}{2} \cdot 5{,}5 = 280{,}56$	$280{,}56 \cdot 25{,}5 = 7154$
$e_{0,2} = 26{,}41 + 21 \cdot 5{,}5 \cdot 0{,}426 = 75{,}61$		
	$E_{0,3} = \frac{75{,}61 + 120{,}13}{2} \cdot 9{,}5 = 929{,}8$	$929{,}8 \cdot 25{,}5 = 23\,710$
$e_{0,3} = 75{,}61 + 11 \cdot 9{,}5 \cdot 0{,}426 = 120{,}13$		
	$\Sigma E_0' = 1212{,}9$	$\Sigma E_0 = 30\,929$

Horizontalkräfte aus den Erddrücken

Für den angenommenen Sand und $\alpha = \beta = \delta = 0$ wird $K_0 = 1 - \sin\varphi = 0{,}426$ sowie $K_{ah} = 0{,}27$, was aber wegen der Steifigkeit des Bauwerkes nicht verwendet wird. Angesetzt wird der Erdruhedruck. Für die 0,5 m dicke Tondichtung wird – unabhängig von der konstruktiven Ausbildung des Anschlusses – angenommen, dass die Dichtungswirkung an der Unterseite der Dichtung konzentriert sei. Somit ergeben sich für den Erddruck und die aus ihm resultierenden Kräfte die in der Tabelle 4.8 angegebenen Werte.

Auf die Sohle wird hier der volle Sohlenwasserdruck angesetzt, weil der Weg bis zum Unterwasser weit ist und zur Schleusenkammer keine Entlastung stattfindet (die Anschlussfuge wird gedichtet, vgl. Bild 4.41).

$S = 15 \cdot 25{,}5 \cdot 9{,}5 \cdot 10 = 36\,338$ kN

b) Gleitsicherheit

Die Gleitsicherheit wird nach Gl. (4.49) ermittelt und sollte allgemein mindestens $\eta_{Gl} = 1{,}5$ betragen. Seitlich auf das Oberhaupt wirkende Kräfte werden nicht angesetzt. Somit ergibt sich für den kohäsionslosen Untergrund

$$\eta_{Gl} = \frac{\tan\varphi \cdot \sum V + c \cdot A}{\sum H} \qquad (4.49)$$

Da der Boden kohäsionslos ist, ergibt sich die Gleitsicherheit zu

$$\eta_{Gl} = \frac{\tan 35° \cdot (163\,909 - 36\,338)}{10\,070 + 30\,929} = 2{,}18$$

c) Sohldruckspannungen

Je nach Lage der Resultierenden kann die Sohldruckspannung nach Gl. (4.50) oder Gl. (4.51) bestimmt werden, wobei Gl. (4.50) gilt, wenn die Resultierende nicht in der Kernfläche die Sohlfuge durchstößt.

$$\sigma_{1;2} = \frac{2 \cdot V}{3 \cdot u \cdot B_{OH}} \text{ [kN/m}^2\text{]} \qquad (4.50)$$

Zunächst sind zu ermitteln, Gl. (4.51)

$$\sigma_{1;2} = \frac{V}{B_{OH} \cdot B} \cdot \left(1 \pm \frac{6 \cdot e}{B}\right) \text{ [kN/m}^2\text{]}$$

$$x_0 = \frac{(22\,425 + 140\,760 - 4\,576 - 36\,338) \cdot 7{,}5 + 5\,000 \cdot 10}{163\,609 - 36\,338} = 7{,}60 \text{ m}$$

$$y_0 = \frac{3188 \cdot 16{,}67 + 11\,507 \cdot 3{,}17 - 2\,250 \cdot 4 - 2375 \cdot 1 + 65 \cdot 15{,}33}{40\,999} +$$

$$\frac{3\,704 \cdot 12{,}25 + 3\,450 \cdot 11{,}33 + 18\,319 \cdot 4{,}75 + 5391 \cdot 3{,}17}{40\,999} = 6{,}53 \text{ m}$$

$$u = \frac{127\,271 \cdot 7{,}60 - 40\,999 \cdot 6{,}53}{127\,271} = 5{,}50 \text{ m} \quad e = 7{,}50 - 5{,}50 = 2{,}00 \text{ m}$$

$$\sigma_{1;2} = \frac{127\,271}{25{,}5 \cdot 15} \cdot \left(1 \pm \frac{6 \cdot 2{,}00}{15}\right) = 611 \text{ bzw. } 68 \text{ kN/m}^2$$

Die Bezeichnungen gehen aus Bild 4.42 hervor.

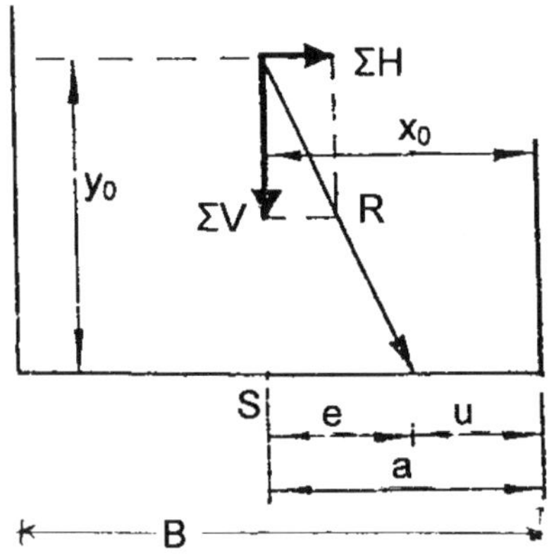

Bild 4.42 Skizze zur Ermittlung der Lage der Resultierenden

Für die Ermittlung der Sohldruckspannungen ist maßgebend, dass $e = 2$ m, also kleiner als $B/6 = 2{,}5$ m ist. Die Resultierende liegt im Kern. Die Sohldruckspannungen werden nach der Gleichung (4.51) berechnet. Die zulässigen Sohldruckspannungen liegen in diesen Größenordnungen, wenn die Werte der DIN 1054 für große Fundamentbreiten und große Einbindetiefen verwendet werden [81, S. 11.9]. Da die oben errechnete Spannung dort angegebene Höchstwerte erreicht, sollte eine Abmagerung des Oberhauptes – nach den Ergebnissen der Gleitsicherheitsuntersuchung überlegenswert – nicht vorgenommen werden. Natürlich ist in praktischen Fällen immer das Ergebnis der Baugrunduntersuchung zu verwenden.

Die Kippsicherheit (hier nicht gefragt, weil Lockergestein als Untergrund vorhanden ist) würde sich ergeben zu

$$\boxed{\eta_K = \frac{a}{e}} = \frac{7{,}50}{2{,}00} = 3{,}75 \qquad (4.52)$$

4.6.2.4 Schleusentore

Schleusentore sind Absperrorgane gegen einen höheren Wasserstand. Dieser wirkt auf ein Obertor vom oberen Vorhafen her, auf ein Untertor von der Kammer aus. Ausnahmen bilden doppelt kehrende Tore. Das können Tore der Seeschleusen oder von Binnenschleusen am Abzweig eines Kanals aus einem Fluss sein. Schleusentore werden für den normalen und einen extremen Wasserstand bemessen, außerdem für Transport, Einbau und Reparaturzustand. Die Oberkante der Schleusentore soll 0,5 bis 1,0 m über dem höchsten Kanal- bzw. Flusswasserstand liegen.

Ein Schleusentor ist eine biege- und torsionssteife Flächenkonstruktion aus Stahl. Es kann auch zum Füllen oder Leeren der Schleuse verwendet werden. Bei kleinen Schleusen erfolgt das durch Öffnungen in den Toren, die durch Schützen geöffnet und verschlossen werden. Da der austretende Wasserstrahl stets in ein Wasserpolster eindringen soll, ist die Anwendung einer Füllung durch die Tore auf Hubhöhen begrenzt, die kleiner sind als die Unterwassertiefe. Auch mit dem Tor selbst kann eine Schleuse gefüllt/geleert werden. Zum Füllen muss das Tor zunächst gering angehoben oder abgesenkt werden, um den Füllvorgang dezent zu beginnen. Zur Durchfahrt des Schiffes wird danach das Tor ganz gehoben oder gesenkt. Das Öffnen der Tore kann schon vor einer Ausspiegelung erfolgen, also gegen eine kleine Wasserdruckhöhe von ca. 20 cm.

Die Dichtung des beweglichen Tores an den festen Kammerwänden (Seitendichtung) und am Drempel (Sohlendichtung) erweist sich immer wieder als schwierig. Die schneller als das Tor verschleißende Dichtung muss problemlos auszuwechseln sein. Sie wird fast immer am Tor angebracht und soll **mit** dem Wasserdruck dichten. Dichtungen, die gegen den Wasserdruck mit Hilfe nachstellbarer Federn dichten, sind nicht zweckmäßig. Heute werden vorzugsweise Dichtungsprofile (z. B. das sog. Notenprofil) aus Gummi oder Kunststoff verwendet, die vom Wasserdruck gegen eine Leiste aus nichtrostendem Metall gepresst werden.

Stemmtore bestehen aus zwei Torflügeln, die im geschlossenen Zustand einen Winkel von etwa 20° gegen eine Senkrechte zur Schleusenachse bilden. Jeder Flügel wird um eine vertikale Achse bewegt, die sog. Wendesäule. Über zwei Lager, das oben liegende Halslager und das unten angebrachte Spurlager, werden die großen Kräfte des Tores in das massive Haupt übertragen. Im geöffneten Zustand befinden sich die Torflügel gut verankert in seitlichen Nischen, Bild 4.4.3.

Stemmtore sind auch bei nicht konstanten Oberwasserständen anwendbar, d. h. für Flussschleusen geeignet. Weitere Vorteile sind ein geringer Materialverbrauch und ein schnelles Öffnen und Schließen. Zu der punktförmigen Lagerung der schweren Flügel kommen als Nachteile hinzu, dass zwei Antriebe erforderlich sind und Stemmtore gegenüber Setzungen sehr empfindlich sind.

Hubtore sind tafelförmige Verschlüsse, die mit ebener Stauwand ausgeführt werden. Gegengewichte gleichen das Gewicht des Hubtores weitgehend aus. Die Kräfte aus dem Wasserdruck werden über Rollen oder Rollenwagen, die auf beiden Seiten auf Schienen in entsprechenden Nischen laufen, ins Massivbauwerk übertragen. Eine seitliche Führung wird über Führungsrollen gesichert. Das Bild 4.44 zeigt das Hubtor einer Schachtschleuse, für die das Hubtor die beste Variante darstellt. Für das Oberhaupt kommen Hubtore wegen der erforderlichen großen Aufbauten nicht in Frage.

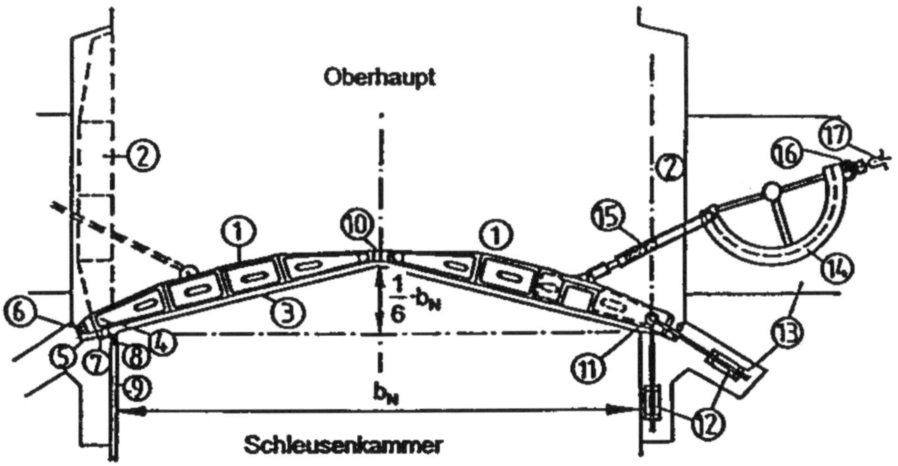

1 Stemmtorflügel, 2 Stemmtorflügel, geöffnet, 3 Drempel, 4 Wendesäule, 5 Stemmknagge, 6 Gegenknagge, 7 vertikale Dichtungsleiste, 8, 9 Kantenschutz, 10 Schlagsäule, 11 Halslager, 12 justierbare Halslagerverankerung, 13 abdeckbare Grube, 14 Segmentantrieb, 15 Schubstange, 16 Ritzel des Torantriebes, 17 Maschinenhaus

Bild 4.43 Stemmtor

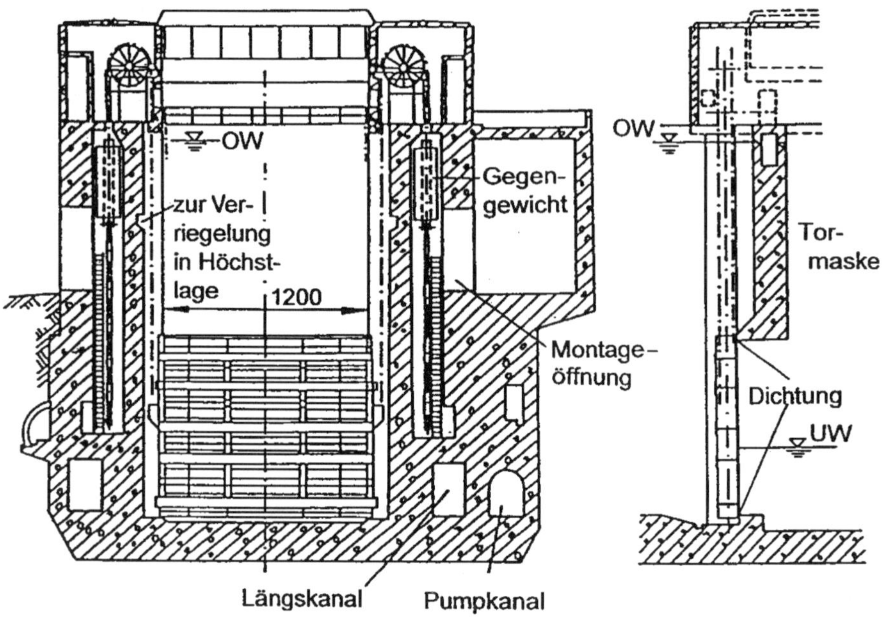

Bild 4.44 Hubtor einer Schachtschleuse

Die wichtigsten Vorteile der Hubtore sind:

- Kontrolle und Wartung können durchgeführt werden, ohne dass die Revisionsverschlüsse gesetzt werden müssen,
- sie können nach beiden Seiten kehrend ausgebildet werden und sind unempfindlicher gegen Setzungen,
- die Häupter können kürzer ausgebildet werden,
- sie sind gegen Wasserspiegelschwankungen unempfindlicher,
- sowohl durch ein leichtes Anheben des Tores als auch mit eingebauten Verschlüssen kann die Schleuse mit dem (durch das) Untertor geleert werden, was bei Schleusen, die durch Umläufe geleert werden, als Havariereserve anzusehen ist.

Nachteilig sind die erforderlichen hohen Aufbauten und die großen Windangriffsflächen. Die hohen Aufbauten für die Seilführungen und Umlenkrollen der Gegengewichte werden mit dem Steuerstand gekoppelt, so dass über die gesamte Schleusenanlage einschließlich beider Vorhäfen eine gute Sicht vorhanden ist.

Wird das Hubtor zum Leeren der Schleusenkammer benutzt, dann wird es mit Hubgeschwindigkeiten von 3 bis 4 mm/s um 0,8 bis 1,0 m angehoben. Um Schwingungen des Tores beim Unterströmen zu vermindern, ist eine scharfkantige Dichtung (Stahlschneidendichtung) erforderlich, die eine gute Strahlablösung sichert. Unmittelbar hinter dem Hubtor sind Maßnahmen zur Energieumwandlung vorzusehen, z. B. ein Tosbecken mit einer Schwelle. Beim Hubtor einer Schachtschleuse ist zusätzlich zu den beschriebenen Dichtungen auch der Spalt zwischen Maske und Hubtor zu dichten.

Senktore und **Hubsenktore** (Bilder 4.45 und 4.46) sind nur für das Oberhaupt geeignet. Zum Füllen der Schleuse werden sie zunächst etwas gesenkt bzw. angehoben. Dadurch entsteht ein Füllspalt, durch den das Wasser in die Kammer strömt.

Senktore und Hubsenktore sind Schützen, die auf seitlichen Rollen laufen und durch diese den Wasserdruck in das Massivbauwerk übertragen. Sie sind im Oberhaupt von Schleusen vor allem deshalb sehr vorteilhaft zu verwenden, weil der Raum zum Versenken der Verschlüsse an der Drempelwand gegeben ist und dort auch die Energieumwandlung recht gut möglich ist.

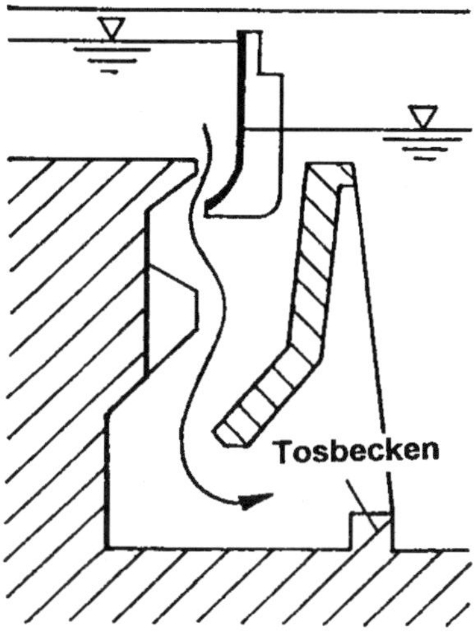

Bild 4.45 Senktor

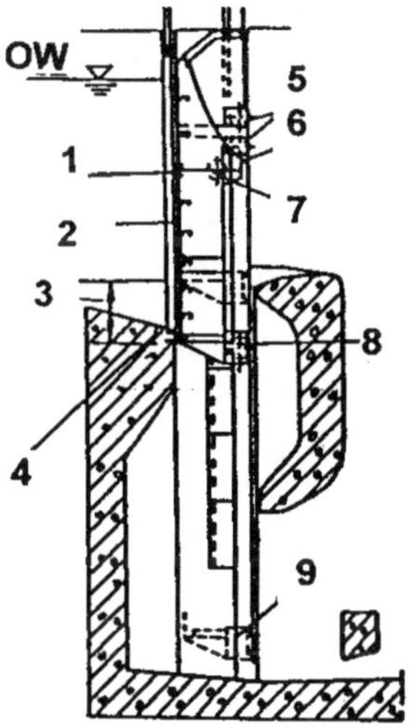

1 Gegenführungsrolle, 2 Stauwand, 3 Hub, 4 Eistauleitung, 5 oberes Stützrollenpaar, 6 gelochtes Abweisblech, 7 Hilfsstützrolle, 8 untere Abstützung der Vertikalsteifen, 9 Tor abgesenkt

Bild 4.46 Hubsenktor

Nach Beendigung der Füllung wird das Tor in die Energieumwandlungskammer abgesenkt, damit das Schiff aus-, ein anderes einfahren kann. Für diese Tore ergeben sich Schwierigkeiten bei der Dichtung zwischen Tor und Drempel. Durch den Wasserdruck biegt sich das Tor in der Mitte mehr durch, wenn es als Balken auf zwei Stützen wirkt. Durch einen Vollwandträger oben und mittlere Stützrollen unten wird die Durchbiegung verringert.

Das **Zugsegmenttor (Drehtor)** der Schleuse Hohenwarthe ist im Bild 4.47 zu sehen. Es hat sich in den letzten Jahren im westdeutschen Kanalnetz und am Wasserstraßenkreuz Magdeburg bewährt.

Klapptore am Oberhaupt können zum Oberwasser hin klappbar ausgebildet werden, ebenso zur Kammerseite. Das Bild 4.48 zeigt beide Möglichkeiten. Das rechts dargestellte Tor kann auch zum Füllen der Schleuse verwendet werden (schraffiert dargestellt). Mit dieser Torkonstruktion können bei Flussschleusen Hochwasser und Eis durch die Schleuse abgeführt werden. Die Lagerung des Klapptores erfolgt auf nur zwei Lagern, um Zwängungsspannungen durch Temperatureinflüsse oder Ungenauigkeiten beim Bau weitgehend auszuschalten. Schon beim Bau der Schleusentreppe in Niederfinow wurde 1912 ein Auflager entwickelt, das sich bis heute bewährt hat, das Buchholzlager. Weitere Torarten sind das Hakenklapptor (aus dem Klapptor entwickelt), das Schiebetor (vor allem für doppeltkehrende Schleusen), das dem Hakenklapptor ähnliche Drehtor, das Drucksegmenttor (dem Segmentwehr ähnlich). Schleusentore werden heute nur noch aus Stahl hergestellt. Hauptträger, Querträger und die Stauhaut sind die konstruktiven Hauptelemente. Einzelheiten zu ihrer Anordnung und Bemessung werden im folgenden Beispiel näher erläutert, können auch in [97] gefunden werden.

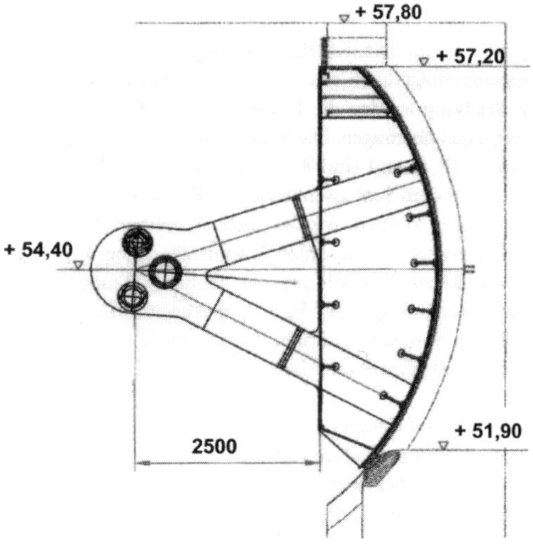

Bild 4.47 Zugsegmenttor der Schleuse in Hohenwarthe nach [07]

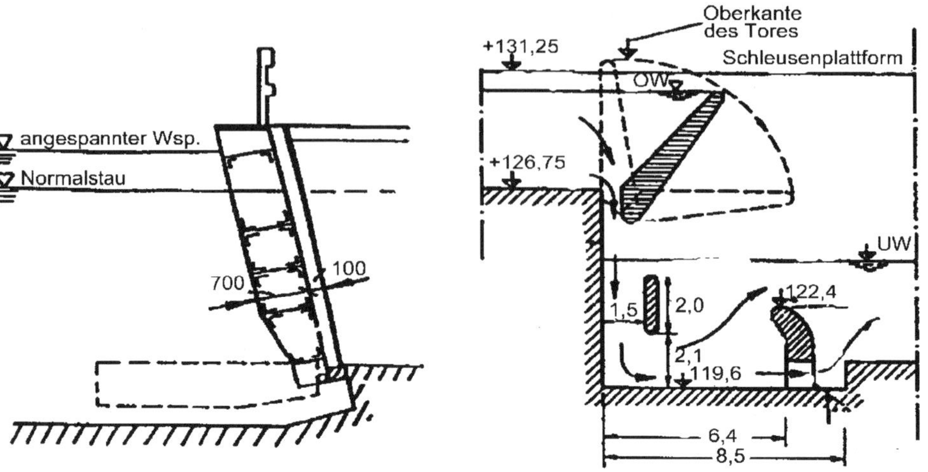

Bild 4.48 Klapptore

Beispiel: Bemessung eines Stemmtores

Im Beispiel soll das Untertor einer Kammerschleuse für 7,0 m Hubhöhe als zweiflügeliges Stemmtor ausgebildet und bemessen werden. Der Unterwasserstand liegt bei 4,00 m über der Sohle, das Oberwasser ohne Schwallerscheinungen und Windstau 7,00 m über dem Unterwasser. Ein Torflügel des Stemmtores ist für den Zustand „geschlossenes Tor" zu bemessen. Es soll ein Tor gewählt werden, dessen Tragsystem aus Haupt- und Querträgern besteht. Die Stauhaut ist kammerseitig angeordnet. Im Grundriss bildet das Tor einen Stemmwinkel von $\alpha = 15°$, Bild 4.49 zeigt unmaßstäblich die Situation. Überschläglich zu bemessen sind die Profile für die Hauptträger, die Querträger (Spanten) und die Dicke des Staubleches, wenn ein Stahl mit einer zulässigen Spannung von $\sigma_{zul} = 16$ kN/cm^2 zur Anwendung kommt.

Lösungen

a) Belastung

Das Bild 4.50 zeigt die Belastung des Stemmtorflügels aus dem Wasserdruck. Es wird nicht davon ausgegangen, dass die Schleuse bei Reparaturen am Unterhaupt oder Eisbildung auf der Wasserstraße auf Oberwasser steht.

Da konstruktive Details wie die Ausbildung der Schlagsäule (Punkt B) und der Wendesäule (Punkt A) mit Lage der Dichtung (Punkt D_W und D_S) anfangs noch nicht festliegen, werden gewählt bzw. errechnet:

$d = 0{,}40$ m, $l_1 - (l_2 + d) = 0{,}20$ m,

$$\beta = 15°,\ l_2 = \frac{b'}{\cos\beta} + 0{,}25 = 6{,}72 \text{ m}$$

Die gesamte Wasserdruckkraft auf den mehr als 11 m hohen und 6,72 m breiten Torflügel beträgt:

$$W = \left(70 \cdot 4 + \frac{1}{2} \cdot 70 \cdot 7\right) \cdot 6{,}72 = 3\,528 \text{ kN}$$

Pro lfd. Meter Torflügelbreite beträgt die Belastung $w = 525$ kN/m. Diese Belastung kann auf z. B. sieben Hauptträger verteilt werden (eine frei wählbare Annahme). Pro Träger ergibt das eine Linienlast von 75 kN/m, vorausgesetzt, die Träger werden in solchen Abständen angeordnet, dass sie gleiche Lasten bekommen. Mit den im Bild 4.50 dargestellten Abständen der Hauptträger erhält z. B. Hauptträger 6

$$w = \frac{38{,}7 + 54{,}7}{2} \cdot 1{,}60 = 74{,}72 \approx 75 \text{ kN/m}$$

oder Hauptträger 2

$$w = 70 \cdot 1{,}07 = 74{,}9 \approx 75 \text{ kN/m}$$

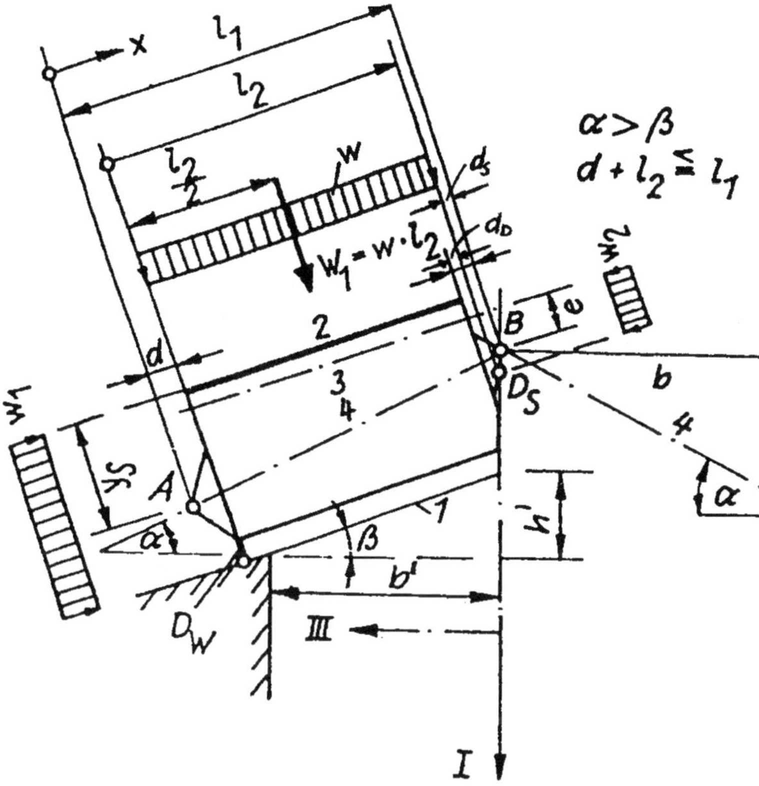

1 Drempelachse, 2 Stauwand, 3 Schwerlinie Hauptträger, 4 Stemmlinie

Bild 4.49 Torflügel, unmaßstäbliche Skizze, Bezeichnungen

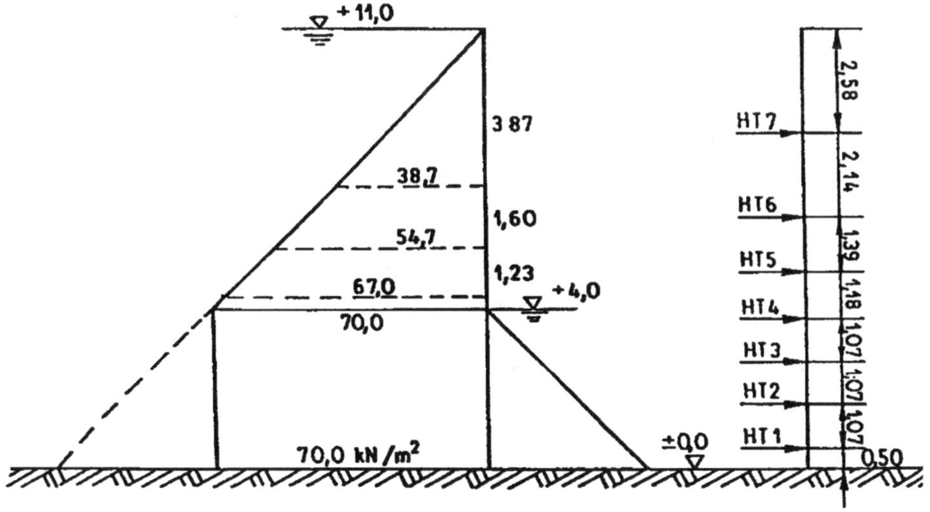

Bild 4.50 Belastung eines Torflügels aus dem Wasserdruck

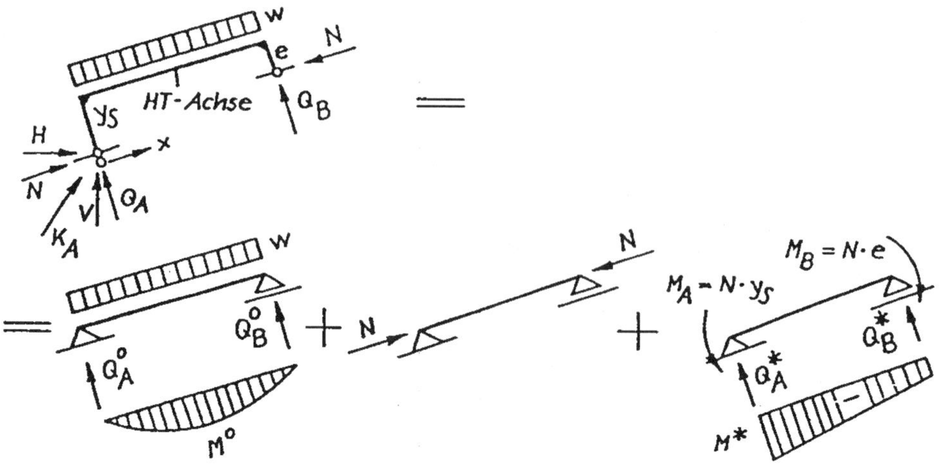

Bild 4.51 Statische Systeme für die Stemmwirkung bei Wasserlast

b) Hauptträger

Mit dem Größtmoment

$$M_{\max} = \frac{75 \cdot 6{,}72^2}{8} \text{ kNm und}$$

$\sigma_{zul} = 16$ kN/cm² wird

$$W_{erf} = \frac{42\,336}{16} = 2646 \text{ cm}^3$$

Nach „Bautabellen" [87] könnte z. B. ein Träger der Reihe *IPBI*, hier z. B. der *IPBI* 450 mit $W_y = 2\,900$ cm³ und 1,40 kN/m Gewicht gewählt werden. Doch die Stemmkraft N aus dem jeweils anderen Torflügel, die je nach konstruktiver Ausbildung der Wende- bzw. Schlagsäule auch nicht mittig eingetragen wird, verändert die Momente und Spannungen in den Hauptträgern erheblich, vgl. Bild 4.51.

Weil das Feldmoment gegenüber einer freien Auflagerung abgemindert wird, wird für die sieben Hauptträger vorerst das Profil *IPBI* 360 mit $W_y = 1\,890$ cm³ und einem Gewicht von 1,12 kN/m für die weiteren Untersuchungen verwendet. Die Größen d_D, d_S und d richten sich nach der konstruktiven Ausbildung und Lage der Dichtung an Wende- bzw. Schlagsäule. Mit den bisher getroffenen Annahmen von $d = 0{,}40$ m; $d_S = 0{,}20$ m, $d_D = 0{,}25$ m sowie $\beta = 15$ ° und den Bezeichnungen der Bilder 4.49 und 4.51 ergeben sich für:

$$\boxed{l_1 = l_2 + d_S + d} \qquad (4.53)$$

$$= 6{,}72 + 0{,}2 + 0{,}4 = 7{,}32 \text{ m}$$

Somit werden:

$$\boxed{Q_B{}^o = w \cdot l_2 \cdot \frac{\left(d + \frac{l_2}{2}\right)}{l_1}} = 75 \cdot 6{,}72 \cdot \frac{\left(0{,}4 + \frac{6{,}72}{2}\right)}{7{,}32} = 258{,}9 \text{ kN} \qquad (4.54)$$

$$\boxed{Q_A{}^o = w \cdot l_2 \cdot \left[1 - \frac{\left(d + \frac{l_2}{2}\right)}{l_1}\right]} = 75 \cdot 6{,}72 \cdot \left[1 - \frac{\left(0{,}4 + \frac{6{,}72}{2}\right)}{7{,}32}\right] = 245{,}1 \text{ kN} \qquad (4.55)$$

$$\boxed{N = Q_B{}^o \cdot \cot\alpha} = 258{,}9 \cdot 3{,}732 = 966{,}2 \text{ kN} \tag{4.56}$$

$$\boxed{H = \frac{Q_B{}^o}{\sin\alpha} - w \cdot l_2 \cdot \sin\alpha} = \frac{258{,}9}{0{,}2588} - 75 \cdot 6{,}72 \cdot 0{,}2588 = 870{,}0 \text{ kN} \tag{4.57}$$

$$\boxed{V = w \cdot l_2 \cdot \cos\alpha} = 75 \cdot 6{,}72 \cdot 0{,}9659 = 486{,}8 \text{ kN} \tag{4.58}$$

$$\boxed{K_A = \frac{w \cdot l_2}{2 \cdot \sin\alpha}} = \frac{75 \cdot 6{,}72}{2 \cdot 0{,}2588} = 973{,}7 \text{ kN} \tag{4.59}$$

$$\boxed{M_{(x=0)} = -\left|Q_B{}^o\right| \cdot \cot\alpha \cdot y_S} = -258{,}9 \cdot 3{,}732 \cdot 0{,}18 = -173{,}9 \text{ kN} \tag{4.60}$$

($y_S = 0{,}18$ m beim *IPBI* 360 und mittiger Anordnung des Drehlagers.)

$$\boxed{M_{(x=d)} = -\left|Q_B{}^o\right| \cdot \left(y_S \cdot \cot\alpha + d\right) + w \cdot l_2 \cdot d} \tag{4.61}$$

$$\boxed{M_{(x=l_1)} = -\left|Q_B{}^o\right| \cdot \cot\alpha \cdot e} \tag{4.62}$$

Eine optimale Größe für e ergibt sich aus Gl. (4.63).

$$\boxed{e_{opt} \cong \frac{l_1 + d}{8 \cdot \cot\alpha}} = \frac{7{,}32 + 0{,}4}{8 \cdot 3{,}732} = 0{,}259 \text{ m} \tag{4.63}$$

Dann wird:

$$\boxed{M_{(x=l_1)} = N \cdot e} = -\left|258{,}9\right| \cdot 3{,}732 \cdot 0{,}259 = -250{,}1 \text{ kNm} \tag{4.64}$$

$$M_{(x=d)} = -\left|258{,}9\right| \cdot (0{,}18 \cdot 3{,}732 + 0{,}4) + 75 \cdot 6{,}72 \cdot 0{,}4 = -75{,}9 \text{ kNm}$$

Das maximale Feldmoment tritt an der Stelle $\bar{x}$ auf und beträgt:

$$\boxed{\bar{x} = \frac{Q_A{}^o}{w} + d} = \frac{245{,}1}{75} + 0{,}4 = 3{,}67 \text{ m} \tag{4.65}$$

$$\boxed{M_{(x)} = M_{(x)}{}^o + M_{(x=0)} \cdot \frac{l_1 - x}{l_1} + M_{(x=l_1)} \cdot \frac{x}{l_1}} \; [\text{kNm}] \tag{4.66}$$

Mit $x = 3{,}67$ m wird:

$$M_{(x=3{,}67)} = 245{,}1 \cdot 3{,}67 - 75 \cdot \frac{(3{,}67 - 0{,}4)^2}{2} - 173{,}9 \cdot \frac{7{,}32 - 3{,}67}{7{,}32} - 250{,}1 \cdot \frac{3{,}67}{7{,}32} = +286{,}4 \text{ kNm}$$

Mit dem größten Moment (Absolutwert) von 286,4 kNm wird für den gewählten Träger *IPBI* 360

$$\sigma = \frac{28\,640}{1890} = 15{,}2 \text{ kN/cm}^2 < 16 \text{ kN/cm}^2$$

c) Querträger (Spanten)

Die Querträger werden in Abständen von 1 680 mm von den Endquerträgern bzw. auch untereinander vorgesehen, so dass drei Spanten je Torflügel erforderlich werden. Sie werden an den Hauptträgern gelenkig angeschlossen angenommen. Ihre Belastung (rechteckförmig, trapezförmig, dreieckförmig) kann bei großem Abstand der Hauptträger (mehr als 2,5-facher Spantenabstand) rechteckförmig mit dem mittleren Wert für den Wasserdruck angesetzt werden. Ohne diese Vereinfachung bzw. bei geringerem Hauptträgerabstand wird beispielsweise für die obersten Spanten (mit Dreieckslast)

$$M_{\max} = \frac{1}{9 \cdot \sqrt{3}} \cdot 25{,}8 \cdot 1{,}68 \cdot 2{,}58^2 = 18{,}50\,\text{kNm}$$

und für die zweite Spantengruppe

$$\begin{aligned} M_{\max} &= 0{,}064 \cdot 1{,}68 \cdot (25{,}8 + 47{,}2) \cdot 2{,}14^2 \\ &= 35{,}95\,\text{kNm} \end{aligned}$$

Gewählt wird ein Profil *HEB* (*IPB*) 160 mit $W_y = 311$ cm³, so dass $\sigma = 3\,595{:}311 = 11{,}56 < 16$ kN/cm² wird. Sein Gewicht beträgt 0,426 kN/m.

d) Stauhaut

Aus Gl. (4.67) kann die Dicke d der Stauhaut ermittelt werden.

$$\sigma = \frac{k}{100} \cdot \frac{p \cdot a^2}{d^2} \quad [\text{N/mm}^2] \qquad (4.67)$$

p Wasserdruck in N/mm² (bezogen auf den Plattenmittelpunkt)

a kleinere (und b größere) Seitenlänge in mm

k Faktor, der nach Bild 4.52 bestimmt wird und die Einspannverhältnisse berücksichtigt

Für vier Felder wurden in der Tabelle 4.9 die Blechdicken d ermittelt. Eckfelder wurden wie einspannungsfreie Lagerung behandelt. Die k-Werte wurden interpoliert.

Tabelle 4.9 Ermittlung der Dicke des Staubleches

1	Feld*		1.	2.	3.	4.
2	a	mm	1 680	1 680	1 390	1 070
3	b	mm	2 580	2 140	1 680	1 680
4	b/a		1,54	1,27	1,21	1,57
5	$k_{\max}$		49,8	45,0	43,4	47,7
6	p	N/mm²	0,013	0,037	0,054	0,07
7	d	mm	10,6	**17,0**	16,9	15,5

* von oben

Gewählt wird eine Stauhautdicke von 18 mm.

4.6.2.5 Umläufe und Umlaufverschlüsse

Zum Füllen und Leeren der Schleusenkammer sind – abgesehen von den Möglichkeiten für kleine Schleusen unmittelbar am Tor – Torumläufe, Grundläufe und Längsumläufe möglich. Welches System gewählt wird, hängt von mehreren Einflüssen ab, z. B. der Hubhöhe der Schleuse, ob eine Sparschleuse erforderlich ist oder von der zu erbringenden Füllzeit, da ein langsames Füllen sich auf den Betriebsablauf der gesamten Wasserstraße auswirken kann.

Torumläufe, die bereits auf Bild 4.33 mit dargestellt sind, sind Verbindungsschächte, durch die das Wasser um das Tor herum geleitet wird. Der Einlauf liegt in den Seitenmauern der Häupter vor dem Tor, am Oberhaupt ist auch ein Einlauf an den Stirnseiten möglich. Der Auslauf liegt entweder seitlich in den Wänden oder in einem Raum unter dem Oberdrempel. Bei seitlicher Anordnung strömt das Wasser im Gegenstromprinzip bei guter Energieumwandlung aus. Ein Mitreißen von Luft am Einlauf ist zu vermeiden, indem man die Oberkante des Einlaufes entsprechend tief legt. Am tief liegenden Auslauf schließt sich oft ein Tosbecken an.

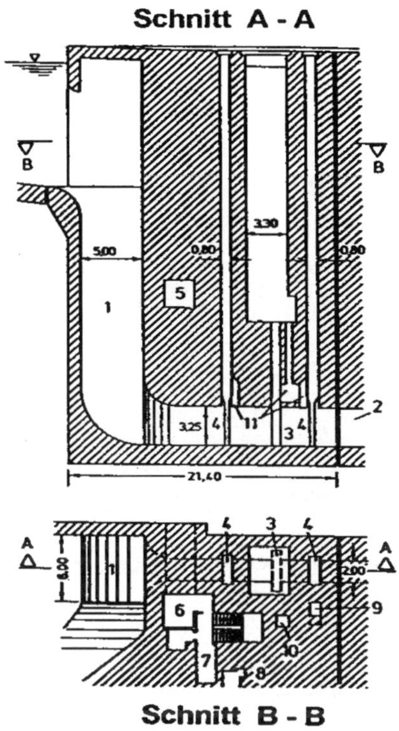

1 Einlauf, 2 Längsumlauf, 3 Umlaufverschluss, 4 Revisionsverschluss, 5 Kabelgang, 6 Wasseruntersuchungskammer, 7 Gegengewichtsschacht, 8 Tornische, 9 Überlaufschacht, 10 Versorgungsschacht, 11 Einstieg

Bild 4.53 Einlaufbereich eines Längsumlaufes

Trotz aller Vorkehrungen zur Energieumwandlung sind Füllvorgänge am Oberhaupt mit einem vorsichtigen Öffnen der Füllverschlüsse verbunden, damit keine zu große Schwallwelle entsteht, vgl. auch Abschnitt 4.6.4

Längsumläufe mit Stichkanälen sind ein geeignetes Füllsystem für große Schleusen. Die paarweise angeordneten Längsumläufe beginnen am Oberhaupt wie die Torumläufe (Bild 4.53), münden aber erst hinter dem Untertor ins Unterwasser. Die Verbindung von den Längskanälen zur Schleusenkammer stellen Stichkanäle her, die auf beiden Seiten alle 15 m, also pro Block ein Stichkanal, angeordnet werden.

Die Summe der Querschnittsflächen aller Stichkanäle soll etwa das 1,3- bis 1,5-Fache des Längskanalquerschnittes sein, Bild 4.54. Weil die Stichkanäle zweckmäßig um 7,5 m versetzt angeordnet werden, kann das Wasser unter dem Schiff zur gegenüberliegenden Wand strömen, dort aufsteigen und damit das Schiff von der Wand abdrücken. Dadurch und durch das gleichmäßigere Einströmen des Wassers im Vergleich zur Füllung am Haupt wird ein schnelleres Füllen ermöglicht.

Grundläufe sind Füllkanäle in der Sohle der Schleusenkammer. Durch vertikale Stichkanäle oder mit Gitterrosten abgedeckte Öffnungen strömt das Wasser beim Füllen nach oben und ebenfalls sehr gleichmäßig in die Kammer. Grundläufe benötigen besonders dicke Kammersohlen und deshalb tiefere Gründungen.

Verschlussorgane in den Umläufen haben die Aufgabe, den Füllquerschnitt nach einem exakt zu berechnenden Fahrplan freizugeben (vgl. Abschnitt 4.6.4), wodurch eine schnelle, aber nicht gefahrbringende Füllung der Schleusenkammer sichergestellt werden kann. Verwendet werden vor allem Rollschützen oder Segmentschützen. Rollschützen werden zum Rollkeilschütz, wenn man sie nach unten verjüngt. Das Rollschütz bewegt sich auf Schienen, der Wasserdruck wird über die Rollen in die seitlichen Nischen übertragen. Verschlussorgane an Sparschleusen, die zwischen Sparbecken und Schleusenkammer eingesetzt sind, müssen doppeltkehrend sein, vgl. Abschnitt 4.6.3. Wie auf Bild 4.53 zu erkennen ist, können die Verschlussorgane zur Wartung oder zum Austausch herausgehoben werden. Dafür müssen Revisionsverschlüsse vorhanden sein, die als Gleitschütze ausgebildet sind.

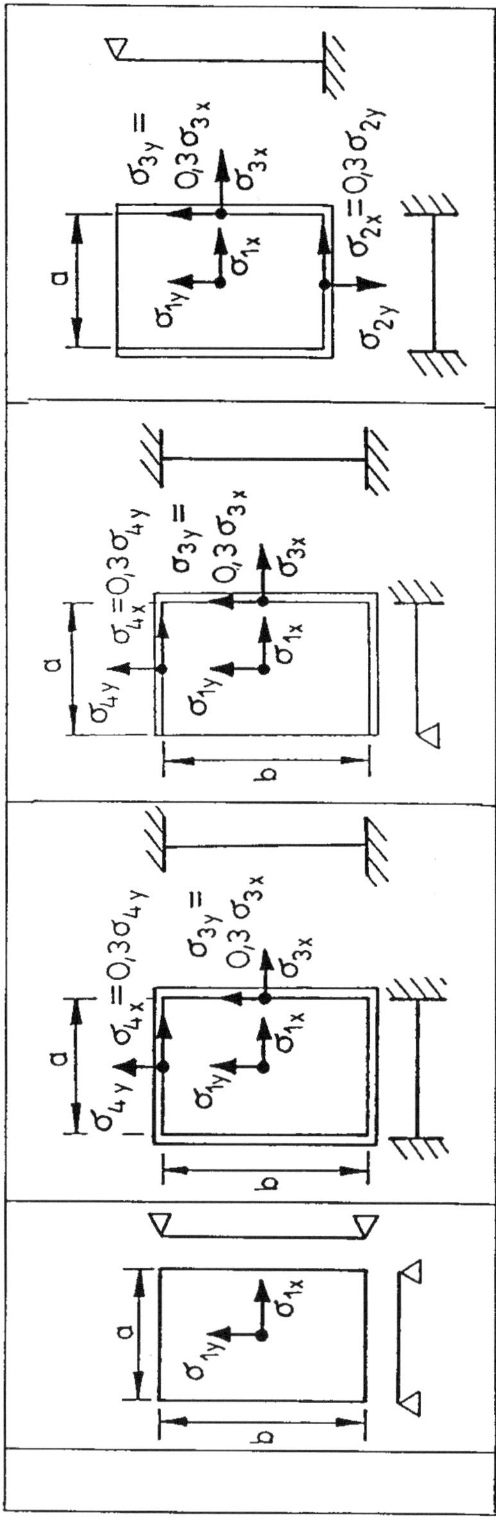

b/a	$+\sigma_{1x}$	$+\sigma_{1y}$	$+\sigma_{1x}$	$+\sigma_{1y}$	$\pm\sigma_{4y}$	$\pm\sigma_{3x}$	$+\sigma_{1x}$	$+\sigma_{1y}$	$\pm\sigma_{4y}$	$\pm\sigma_{3x}$	$+\sigma_{1x}$	$+\sigma_{1y}$	$\pm\sigma_{2y}$	$\pm\sigma_{3x}$
∞	75,0	22,5	25,0	7,5	34,2	50,0	37,5	11,3	47,2	75,0	25,0	7,5	34,2	50,0
3,0	71,3	24,4	25,0	7,5	34,3	50,0	37,4	12,0	47,1	74,0	25,0	7,6	34,2	50,0
2,5	67,7	25,8	25,0	8,0	34,3	50,0	36,6	13,3	47,0	73,2	25,0	8,0	34,2	50,0
2,0	61,0	27,8	24,7	9,5	34,3	49,9	33,8	15,5	47,0	68,3	25,0	9,0	34,2	50,0
1,75	55,8	28,9	23,9	10,8	34,3	48,4	30,8	16,5	46,5	63,2	24,6	10,1	34,1	48,9
1,5	48,7	29,9	22,1	12,2	34,3	45,5	27,1	18,1	45,5	56,5	23,2	11,4	34,1	47,3
1,25	39,6	30,1	18,8	13,5	33,9	40,3	21,4	18,4	42,5	47,2	20,8	12,9	34,1	44,8
1,0	28,7	28,7	13,7	13,7	30,9	30,9	14,2	18,6	36,0	32,8	16,6	14,2	32,8	36,0

Bild 4.52 *k*-Werte für verschiedene Einspannverhältnisse

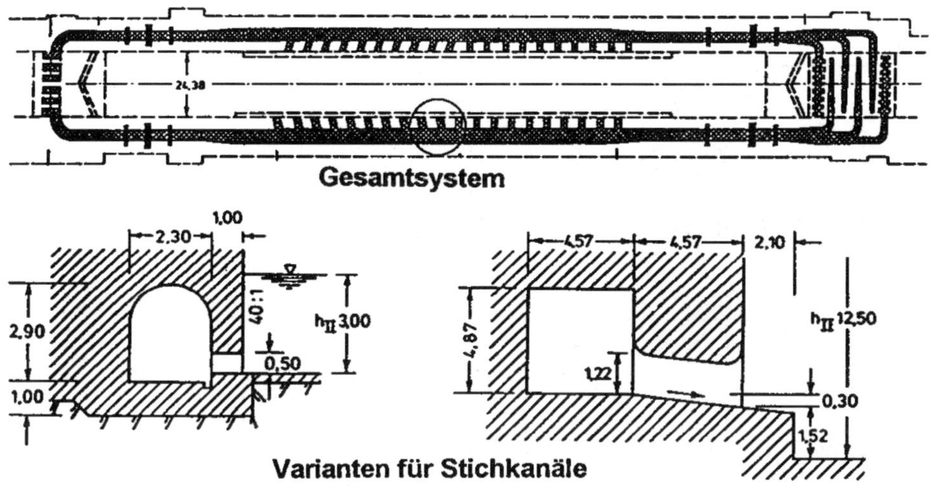

Bild 4.54 Längsumläufe mit Stichkanälen

4.6.2.6 Revisionsverschlüsse

Revisionsverschlüsse, früher auch als Notverschlüsse bezeichnet, dienen bei Wartungsarbeiten zum Absperren vor Toren oder in Umläufen. Für die Umläufe kommen vor allem Gleitschütze in Frage, zum Trockenlegen von Toren sowohl Dammbalken (Bild 4.55, links) als auch Nadeln (Bild 4.55, rechts). Dammbalken bestehen aus Stahlträgern, die zum Dichten mit Holzbalken ausgefüttert sind. Bemessen wird der unterste Balken, alle anderen erhalten gleiche Abmessungen. Bei Bedarf werden sie in dafür vorgesehene Nischen eingelassen.

Nadelverschlüsse bestehen aus etwa 8 bis 10 cm dicken Rohren, den Nadeln, und einer Nadellehne, die als oberes Auflager dient. Unten lagern die Nadeln in einem Sohlenabsatz. Die Nadellehne kann auch eingeschwommen werden, die Nadeln werden von Hand eingesetzt.

4.6.2.7 Stoßschutzeinrichtungen

Zum Schutz des Tores und des Schiffes werden Stoßschutzeinrichtungen angebracht. Ihre Anordnung erfolgt vor allem kammerseitig des Untertores bzw. der Maske bei Schachtschleusen sowie auch kammerseitig des Obertores und oberwasserseitig vor dem Obertor. Die Höhe sollte 0,7 m über dem Wasserspiegel betragen. Eine Vorzugslösung ist heute das Fangseil mit Bremszylindern, Bild 4.56.

Für 12,5 m breite Schleusen wird ein Arbeitsvermögen der Stoßschutzeinrichtungen von 1 000 kNm gefordert, bei 24 m breiten Schleusen 1 500 kNm, bei kleinen Schleusen

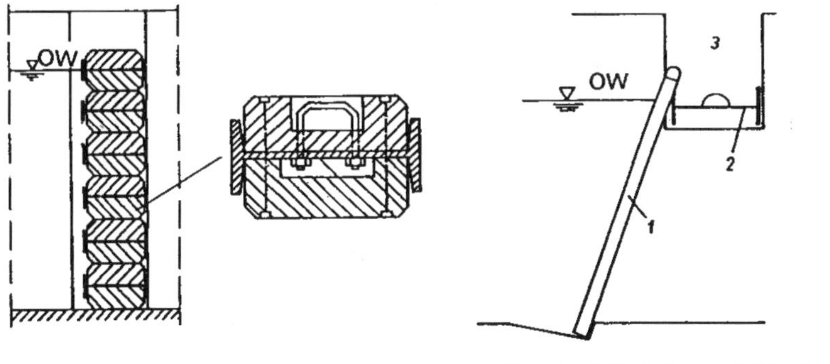

1 Nadeln, 2 Nadellehne, 3 Nische

Bild 4.55 Dammbalken (links) und Nadeln (rechts) als Revisionsverschlüsse

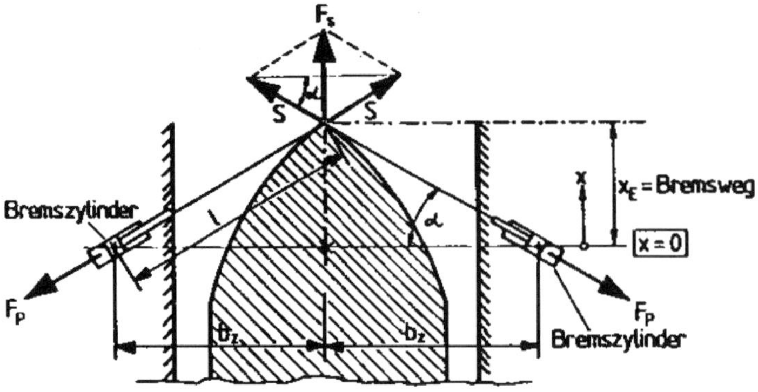

Bild 4.56 Bestimmung von Bremsweg und Bremskraft bei einer Seilfanganlage aus [72]

an Nebenwasserstraßen 100 bis 200 kNm. Die im Bild 4.56 dargestellte Anlage zeigt eine Seilfanganlage mit zwei Bremszylindern. Der Bremsweg sollte 2,5 bis 4 m betragen, das Seil deshalb 4 bis 5 m vor dem Tor angebracht werden. Aus Gleichung (4.68) kann die Gleichung (4.69) abgeleitet werden.

$$m_S \cdot \ddot{x} + 2 \cdot S \cdot \sin\alpha = 0 \qquad (4.68)$$

$$m_S \cdot \ddot{x} + 2 \cdot S \cdot \frac{x}{\sqrt{x^2 + b_Z^2}} = 0 \qquad (4.69)$$

Mit $\ddot{x} = v \cdot \mathrm{d}v/\mathrm{d}x$ kann die Differentialgleichung nach Trennung der Veränderlichen gelöst werden.

$$v^2 = C_1 - \frac{4 \cdot S}{m_S} \cdot \sqrt{x^2 + b_Z^2} \quad [\mathrm{m^2/s^2}] \qquad (4.70)$$

Aus der Anfangsbedingung, dass $\dot{x} = v_0$ ist, kann für $x = 0$ die Konstante C_1 ermittelt werden zu:

$$C_1 = v_0^2 + \frac{4 \cdot S \cdot b_Z}{m_S} \quad [\mathrm{m^2/s^2}] \qquad (4.71)$$

Somit wird aus Gl. (4.70) die Gl. (4.72)

$$v = \sqrt{v_0^{\mathbf{2}} + \frac{4 \cdot S}{m_S} \cdot \left(b_Z - \sqrt{x^2 + b_Z^2}\right)} \quad [\mathrm{m/s}] \qquad (4.72)$$

Am Ende des Bremsweges ist $x = x_E$ und $v = 0$. Diese Werte in die Gl. (4.72) eingesetzt, ergibt die Länge des Bremsweges zu

$$x_E = v_0 \cdot \sqrt{\frac{m_S \cdot b_Z}{2 \cdot S} \cdot \left(1 + \frac{m_S \cdot v_0^2}{8 \cdot S \cdot b_Z}\right)} \quad [\mathrm{m}] \qquad (4.73)$$

Die Seilkraft S ist der Bremskraft eines Zylinders F_P gleich, Bild 4.56. Der Bremszylinderhub ergibt sich zu

$$x_P = \sqrt{x_E^2 + b_Z^2} - b_Z \quad [\mathrm{m}] \qquad (4.74)$$

Mit Gleichung (4.73) zu

$$x_P = \frac{m_S \cdot v_0^2}{4 \cdot S} \quad [\mathrm{m}] \qquad (4.75)$$

Näherungsweise kann die Gl. (4.73) geschrieben werden, weil $x_P << 2 \cdot b_Z$ ist:

$$x_E \approx v_0 \cdot \sqrt{\frac{m_S \cdot b_Z}{2 \cdot S}} \quad [\mathrm{m}] \qquad (4.73\,a)$$

Auf den Schiffsbug wirkt am Ende des Bremsvorganges die größte Kraft F_S, Gleichung (4.76).

$$F_{S,max} = \frac{2 \cdot S \cdot x_E}{\sqrt{x_E^2 + b_Z^2}} \quad [\mathrm{kN}] \qquad (4.76)$$

Beispiel: Seilfanganlage

Vor dem Untertor einer 12,5 m breiten Schleuse soll eine Seilfanganlage installiert werden. Der Bremsweg soll $x_E = 3$ m nicht überschreiten. Jeder Zylinder ist für eine Bremskraft von 500 kN ausgelegt. Die konstruktive Ausbildung ergibt $b_Z = 6{,}25 + 2{,}75 = 9{,}00$ m.

a) Wie schnell darf ein Großmotorgüterschiff mit 2 500 t Gesamtmasse noch fahren, wenn es auf das Seil trifft?

b) Wird bei diesem Anfahrvorgang das Arbeitsvermögen von 1 000 kNm erreicht oder überschritten?

Lösungen

a) Aus der Gleichung (4.74) kann $x_P = \sqrt{9+81} - 9 = 0{,}49\,\text{m}$ ermittelt werden. Aus Gl. (4.75) ergibt sich:

$$v_0 = \sqrt{\frac{0{,}49 \cdot 4 \cdot 500}{2\,500}} = 0{,}63\ \text{m/s}$$

b) Die Arbeit beträgt bei diesem Vorgang

$$A = \frac{1}{2} \cdot 2\,500 \cdot 0{,}63^2 = 496\ \text{kNm}$$

4.6.3 Bau und Funktion einer Sparschleuse

Sparschleusen werden gebaut, wenn wenig Wasser zum Schleusen zur Verfügung steht. Sie kommen bei großen Hubhöhen und Kammergrundrissen zum Einsatz, in erster Linie an Kanälen und dort vor allem als Abstiegsbauwerke an den Scheitelhaltungen. Sind dort Sparschleusen geplant, dann ist praktisch eine Kette von Sparschleusen weiter talwärts vorprogrammiert. Einfache Kammerschleusen können erst dann vorgesehen werden, wenn deren Hubhöhe so klein geworden ist, dass die Restwassermenge der oberhalb liegenden Sparschleuse als Betriebswasser der folgenden Kammerschleuse ausreicht oder Fremdzuflüsse in die Haltung erfolgen.

Die einfachste Form des Wassersparens ist das Betreiben von zwei nebeneinander angeordneten Schleusen im Zwillingsbetrieb. Die eine Schleuse dient praktisch als Sparbecken für die jeweils andere Schleusenkammer. In konstruktiver Hinsicht ergeben sich dabei nur wenig Besonderheiten gegenüber Kammerschleusen. Nur die Betriebseinrichtungen müssen miteinander verbunden werden. Die Hydromechanik des Füllens/Leerens ist wie bei den Sparschleusen und wird im Abschnitt 4.6.4 mit untersucht.

Eine Sparschleuse mit offenen Sparbecken, die am Main-Donau-Kanal gebaut wurde, zeigt das Bild 4.57. Zwei bis vier Sparbecken sind üblich, drei werden häufig gewählt. Mehr Sparbecken sparen auch mehr Wasser, verlängern aber die Schleusungszeit. Als ein Sparbecken rechnet das jeweils auf einer Höhe liegende Becken, unabhängig davon, ob es geteilt ist und evtl. auch je zur Hälfte auf den beiden Seiten der Schleusenkammer liegt.

Die Sparbecken können auch im Querschnitt der Schleusenkammer eingebaut werden. Kurze Wege des Wassers zwischen Kammer und Sparbecken, eine steifere Konstruktion der Kammerquerschnitte und weniger Eisbildung als bei offenen Sparbecken sind als wichtige Vorteile gegenüber der Schleuse mit offenen Sparbecken zu nennen. Das Bild 4.58 zeigt die ältere (rechts) und die neue (links) Sparschleuse in Uelzen. Die neue Schleuse wurde vor allem mit geschlossenen Sparkammern im Querschnitt gebaut, um die Schleusenkammer steifer zu erhalten.

Bild 4.59 zeigt den Querschnitt durch eine Sparschleuse sowie den Betriebsablauf. Für eine Bergschleusung steht die Kammer auf Unterwasser, Bild 4.59. Nach Einfahrt des Schiffes und Schließen des Untertores gelangt das Wasser aus dem unteren Sparbecken (1) in die Schleuse. Nach Leerung dieses Beckens kann Becken (2) in die Schleuse entleert werden. Becken (3) wird als letztes entleert. Die Schleuse ist jetzt zu 3/5 gefüllt. Das noch fehlende Wasser wird aus dem Oberwasser der Kammer zugeführt analog zur Füllung einer Kammerschleuse ohne Sparbecken.

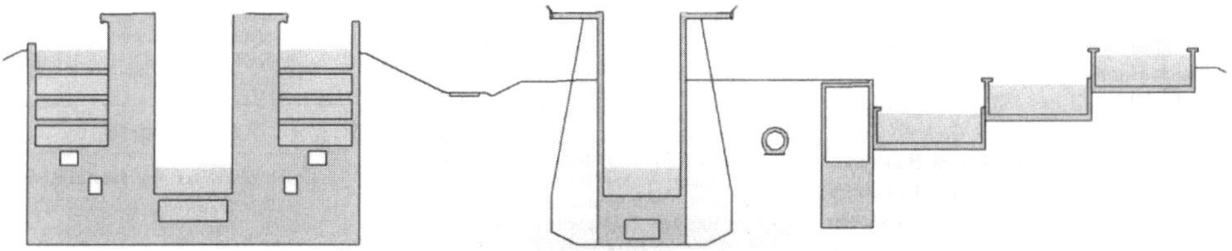

Bild 4.58 Erste (rechts) und zweite (links) Schleuse in Uelzen

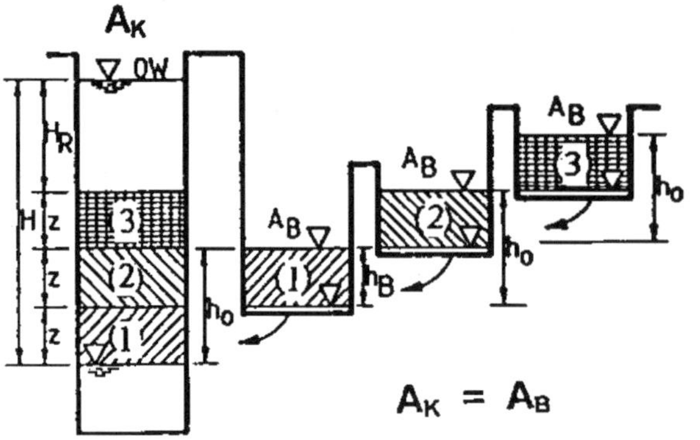

Bild 4.59 Füllung einer Sparschleusenkammer aus den Sparbecken nach [72]

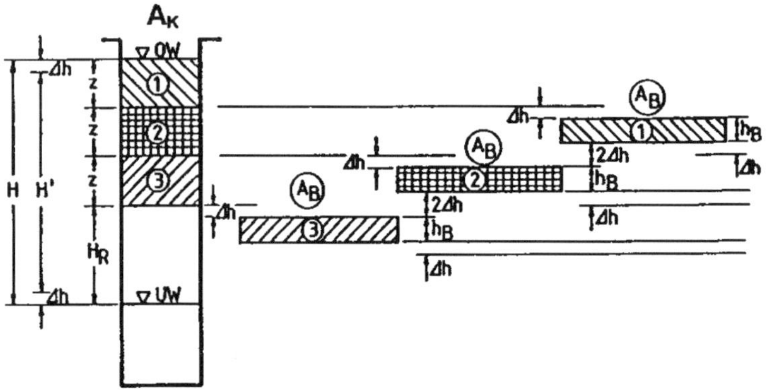

Bild 4.60 Füllung der Sparbecken bei einer Sparschleuse mit $A_B \neq A_K$ und $\Delta h \neq 0$

Das Leeren der Kammer erfolgt nach Bild 4.60. Hier sind die Sparbecken nicht genauso groß wie die Schleusenkammer. Man wartet nicht das völlige Ausspiegeln ab. Zunächst wird Becken (1) gefüllt, danach das mittlere, zuletzt das untere. Die beiden letzten Fünftel des Schleusungswassers werden ins Unterwasser abgegeben. Mit drei Sparbecken können unter den Voraussetzungen, dass das Ausspiegeln abgewartet wird und dass die Sparbecken gleiche Größen wie die Kammer haben (Bild 4.59), 60 % des Schleusungswassers gespart und wiederverwendet werden. In diesem Fall beträgt die Wasserersparnis E mit den genannten Voraussetzungen

$$\boxed{E = \frac{n}{n+2}} \tag{4.77}$$

wenn n die Anzahl der Sparbecken ist. Im allgemeineren Fall (Bild 4.60) ergibt sich eine Einsparung von

$$\boxed{E = \frac{n \cdot k \cdot (H - 2 \cdot \Delta h)}{H \cdot (n+2)}} \tag{4.78}$$

$$\text{mit } \boxed{k = \frac{A_B}{A_K}} \tag{4.79}$$

und Δh für den Wasserspiegelunterschied, bei dem das Schließen der Verschlüsse beginnt. Dieser Vorgang ist im Bild 4.60 allgemein dargestellt.

4.6.4 Hydromechanik der Schleusen

Das Füllen und das Leeren der Schleusen laufen hydromechanisch praktisch gleich ab, so dass alle folgenden Überlegungen auf das Wort „füllen" zurückgreifen, ohne damit etwas einzuengen. Die Möglichkeiten zur Schleusenfüllung wurden genannt: durch die Tore, mit den Toren, mit Torumläufen, mit Längs- oder mit Grundläufen. Aus hydromechanischer Sicht wird anders eingeteilt: Füllung bei hoch liegendem Drempel (hier kommt aber kein entsprechender Leervorgang in Frage), Füllung bei tief liegendem Drempel, Füllung einer Sparschleuse.

4.6.4.1 Das Füllen einer Kammerschleuse

Das Füllen einer Schleusenkammer ist ein instationärer Ausfluss aus einer Öffnung. Beim Öffnen der Füllverschlüsse (bzw. Tore) werden die Querschnittsflächen verändert, die zunehmende Wassertiefe in der Schleusenkammer vermindert die Druckhöhe. Beim Füllen mit hoch liegendem Füllverschluss wird zunächst mit konstanter Druckhöhe gefüllt, was mit dem vollkommenen Durchfluss unter einem Schütz identisch ist. Mit steigendem Wasserspiegel in der Kammer wird der Durchfluss rückgestaut. Konstruktiv wäre ein Füllen mit hoch liegendem Füllverschluss zwar einfacher wegen der kürzeren Bedienungsgestänge oder -ketten für die Verschlussorgane. Aber aus hydromechanischen Gründen wird das Füllen mit tief liegendem Füllverschluss bevorzugt. Als Druckhöhe steht immer der Unterschied zwischen dem Oberwasser und dem Wasserspiegel in der Kammer zur Verfügung. Der Oberwasserspiegel wird dabei gleichbleibend angenommen, obwohl weder die Fläche der oberen Haltung unendlich groß ist noch der Wasserspiegel ganz horizontal bleibt. Mit Beginn der Füllung entsteht ein Entnahmesunk, der durch die gesamte Haltung läuft. Für die Berechnung der Füllvorgänge werden diese Erscheinungen vernachlässigt.

Wichtige Bemessungsgrößen sind:

- der Anfangsfüllwasserzufluss, der bei Schleusen, die am Oberhaupt gefüllt werden, mit zulässigen Werten zu vergleichen ist, um die auf das Schiff wirkenden Kräfte gering zu halten,
- die maximale Füllwassermenge, um den Sunk im oberen Vorhafen und damit Bewegungen dort wartender Schiffe nicht zu groß werden zu lassen,
- die Füllzeit, die nicht nur klein, sondern auch für die Schleusen einer Wasserstraße möglichst sehr ähnlich sein soll,
- Ausgangswerte für den Maschinenbau, z. B. die zulässige Größe für die Freigabe des Füllquerschnittes.

Am Beispiel der Füllung mit tief liegenden Füllverschlüssen soll die Hydromechanik des Füllens (und Leerens) erläutert werden. Bei diesem Füllvorgang wird das Füllen in zwei Phasen vollzogen. In der ersten Phase wird der Füllquerschnitt ständig vergrößert bei gleichzeitiger Abnahme der Füllhöhe von H auf H_1. In der zweiten Phase bleibt der Füllquerschnitt konstant offen, die Druckhöhe nimmt von H_1 auf 0 oder eine kleine Resthöhe Δh ab. In der ersten Füllphase gilt

$$\boxed{\begin{aligned} Q_\mathrm{t} &= a_\mathrm{t} \cdot \mu \cdot \sqrt{2 \cdot g} \cdot \sqrt{H_\mathrm{t}} \\ &= n \cdot t \cdot \mu \cdot \sqrt{2 \cdot g} \cdot \sqrt{H_\mathrm{t}} \end{aligned}} \quad [\mathrm{m^3/s}] \qquad (4.80)$$

$$\boxed{n = \frac{a_1}{t_1} = c_0 \cdot b} \quad [\mathrm{m^2/s}] \qquad (4.81)$$

a_t Füllquerschnitt zur Zeit $0 \le t \le t_1$

μ mittlerer Zuflussbeiwert

H_1 Druckhöhe zum Zeitpunkt t

n sekundliche Freigabe des Füllquerschnittes

c_0 Öffnungsgeschwindigkeit beim Tor oder Füllschütz in m/s

b Gesamtbreite des Füllquerschnittes

A Oberfläche der Schleusenkammer

Für die Änderung des Wasservolumens kann geschrieben werden:

$$\boxed{\mathrm{d}V = Q_t \cdot \mathrm{d}t = -A \cdot \mathrm{d}H} \quad [\mathrm{m^3}] \qquad (4.82)$$

Aus den Gleichungen (4.80) und (4.82) wird

$$\boxed{a_\mathrm{t} \cdot \mu \cdot \sqrt{2 \cdot g} \cdot \sqrt{H_\mathrm{t}} \cdot \mathrm{d}t = -A \cdot \mathrm{d}H} \qquad (4.83)$$

Nach Integration erhält man die momentane Druckhöhe in der ersten Füllphase zu

$$\boxed{\sqrt{H_\mathrm{t}} = \sqrt{H} - \frac{\mu \cdot n \cdot \sqrt{2 \cdot g}}{4 \cdot A} \cdot t^2} \qquad (4.84)$$

Am Ende der ersten Füllphase ist noch folgende Druckhöhe vorhanden:

$$\boxed{\sqrt{H_1} = \sqrt{H} - \frac{\mu \cdot a_1 \cdot \sqrt{2 \cdot g}}{4 \cdot A} \cdot t_1} \qquad (4.85)$$

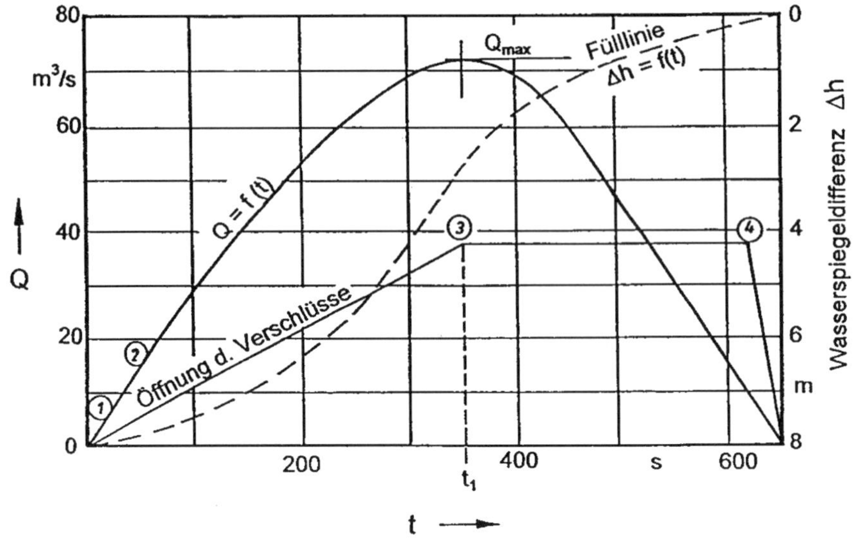

Bild 4.61 Füllvorgang in Phasen

Der momentane Zufluss beträgt zum Zeitpunkt t

$$Q_t = \mu \cdot n \cdot \sqrt{2 \cdot g} \cdot \sqrt{H} \cdot t - \frac{\mu^2 \cdot n^2 \cdot g}{2 \cdot A} \cdot t^3$$

[m³/s] (4.86)

Die Zunahme der Zuflussmenge beträgt während der ersten Füllphase

$$\frac{dQ}{dt} = \mu \cdot n \cdot \sqrt{2 \cdot g} \cdot \sqrt{H} - \frac{3 \cdot \mu^2 \cdot n^2 \cdot g}{2 \cdot A} \cdot t^2$$

[m³/s] (4.87)

Mit der restlosen Öffnung der Füllquerschnitte ist die erste Phase beendet.

In der zweiten Phase bleibt der Füllquerschnitt in seiner maximalen Größe a_1 erhalten, d. h. die Füllquerschnitte sind offen. Die Druckhöhe nimmt von H_1 auf 0 oder Δh ab, $(H_1 \geq H_t \geq 0)$, $(t_1 \leq t \leq T)$.

Zum Zeitpunkt t beträgt die Druckhöhe

$$\sqrt{H_t} = \sqrt{H_1} - \frac{\mu \cdot a_1 \cdot \sqrt{2 \cdot g}}{2 \cdot A} \cdot (t - t_1) \quad (4.88)$$

Mit $Q_t = \mu \cdot a_1 \cdot \sqrt{2 \cdot g} \cdot \sqrt{H_t}$ folgt aus Gl. (4.85)

$$Q_t = \mu \cdot a_1 \cdot \sqrt{2 \cdot g} \cdot \left[\sqrt{H} - \frac{\mu \cdot a_1 \cdot \sqrt{2 \cdot g}}{2 \cdot A} \cdot \left(t - \frac{t_1}{2}\right)\right] \quad (4.89)$$

Die Abnahme der zufließenden Wassermenge beträgt

$$\frac{dQ}{dt} = -\frac{\mu^2 \cdot a_1^2 \cdot g}{A} \quad (4.90)$$

und ist konstant.

Die **maximale Zuflusswassermenge Q_{max}**, die nicht größer als eine zulässige Zuflussmenge werden darf, tritt zum Zeitpunkt t_{max} ein. Dieser Zeitpunkt kann zwischen dem Beginn des Füllens und t_1 liegen. Dann ergibt sich aus der Gl. (4.87) mit $\frac{dQ}{dt} = 0$ der Zeitpunkt zu

$$t_{max} = \sqrt{\frac{4 \cdot A \cdot \sqrt{H}}{3 \cdot \mu \cdot n \cdot \sqrt{2 \cdot g}}} \text{ [s]} \quad (4.91)$$

Wird dieses Ergebnis in die Gl. (4.86) eingesetzt, dann ergibt sich:

$$Q_{max} = \sqrt{\frac{16}{27} \cdot \mu \cdot \sqrt{2 \cdot g} \cdot n \cdot A \cdot H^{\frac{3}{2}}} \text{ [m}^3\text{/s]} \quad (4.92)$$

Der maximale Zufluss kann auch in dem Moment erreicht werden, wenn die Öffnungsquerschnitte gerade voll geöffnet sind. Dann kann aus Gl. (4.86) mit $n \cdot t_1 = a_1$ der maximale Zufluss errechnet werden zu:

$$Q_{max} = \mu \cdot a_1 \cdot \sqrt{2 \cdot g} \cdot \sqrt{H} - \frac{\mu^2 \cdot a_1^2 \cdot 2 \cdot g}{4 \cdot A} \cdot t_1 \quad [m^3/s] \qquad (4.93)$$

Die **Füllzeit *T* der Schleuse** kann aus der Gl. (4.88) mit $t = T$ und $H_t = 0$ ermittelt werden zu

$$\sqrt{H_1} = \frac{\mu \cdot a_1 \cdot \sqrt{2 \cdot g}}{2 \cdot A} \cdot (T - t_1) \qquad (4.94)$$

Nach Gl. (4.85) kann für $\sqrt{H_1}$ auch geschrieben werden:

$$\sqrt{H_1} = \sqrt{H} - \frac{\mu \cdot a_1 \cdot \sqrt{2 \cdot g}}{4 \cdot A} \cdot t_1 \qquad (4.95)$$

Damit wird

$$\sqrt{H} - \frac{\mu \cdot a_1 \cdot \sqrt{2 \cdot g}}{4 \cdot A} \cdot t_1 = \frac{\mu \cdot a_1 \cdot \sqrt{2 \cdot g}}{2 \cdot A} \cdot (T - t_1) \qquad (4.96)$$

Nach einigen Umformungen ergibt sich für die gesamte Füllzeit der Schleusenkammer

$$T = \frac{2 \cdot A \cdot \sqrt{H}}{\mu \cdot \sqrt{2 \cdot g} \cdot a_1} + \frac{t_1}{2} \quad [s] \qquad (4.97)$$

Die **zulässige Freigabe des Füllquerschnittes *n*** ergibt sich bei einer Füllung am Haupt aus der Neigung des ersten Füllschwalls, der die Neigung des Schiffes und die Trossenkräfte beeinflusst. Die zulässige Neigung des Füllschwalls wird bei Partenscky [72] mit $I_{W,zul} = 0{,}04\ \%$ angegeben. Daraus kann n errechnet werden zu

$$n_{zul} = \frac{I_{W,zul} \cdot B_K \cdot g \cdot h_0}{\mu \cdot \sqrt{2 \cdot g} \cdot \sqrt{H}} \approx \frac{0{,}006 \cdot B_K}{\sqrt{H}} \quad [m^2/s] \qquad (4.98)$$

Der mittlere Zuflussbeiwert μ liegt allg. bei 0,55 bis 0,65. Mit h_0 ist hier die Wassertiefe in der Schleusenkammer zu Beginn der Füllung bezeichnet, die meist bei 4,0 m liegt. Wird die Schleuse mit Längskanälen oder mit Grundläufen gefüllt, dann können die Füllquerschnitte schneller freigegeben werden.

$$n_{zul} = \frac{I_{W,zul} \cdot (1 + \xi) \cdot B_K \cdot g \cdot h_0}{\mu \cdot \sqrt{2 \cdot g} \cdot \sqrt{H}} \approx \frac{0{,}016 \cdot B_K}{\sqrt{H}} \quad [m^2/s] \qquad (4.99)$$

ξ ist hier ein Korrekturfaktor, der sich nach [72] aus Modellversuchen zu 1,7 ergeben hat. Für μ kann bei gut ausgerundeten Einläufen und Abzweigungen in die Stichkanäle 0,60 bis 0,70 eingesetzt werden, so dass sich insgesamt eine etwa 2,8-fache Geschwindigkeit für die Freigabe der Füllquerschnitte ergibt.

Mit den Gleichungen (4.98) und (4.99) wird erreicht, dass der Anfangsfüllwasserzufluss in den zulässigen Größenordnungen bleibt. Zu überprüfen ist noch, ob der größte Zufluss Q_{max} auch in einer zulässigen Größenordnung bleibt. Das kann nur aus den Bedingungen im oberen Vorhafen und in der anschließenden Kanalhaltung ermittelt werden. Dort ist eine zulässige Fließgeschwindigkeit ebenso einzuhalten (Größenordnung 0,5 m/s) wie ein zulässiger Wert für den Entnahmesunk (Größenordnung 0,2 m).

Beispiel: Füllung einer Schleusenkammer

Eine Kammerschleuse, 190 m lang und 12,5 m breit, überwindet 8 m Hubhöhe zwischen zwei Kanalhaltungen. Sie wird am Oberhaupt durch kurze Torumläufe mit tiefliegenden Verschlüssen gefüllt. Der Wasserstand in der Schleuse beträgt 4,00 m über der Sohle. Die Umlaufverschlüsse geben auf jeder Seite einen Rechteckquerschnitt von 2,00 m Breite und 3,00 m Höhe frei. Der μ-Beiwert kann mit $\mu = 0{,}65$ angenommen werden. In der Schleuse soll das Längsgefälle nicht größer werden als 0,04 %. Im oberen Vorhafen, der $B_V = 40$ m breit und $h_V = 4{,}00$ m tief ist, (Rechteckprofil), soll der Entnahmesunk den Wert $z_{max} = 20$ cm nicht überschreiten. Zu ermitteln sind:

a) Die Füllzeit unter der Bedingung, dass der maximale Zufluss auftritt, wenn die Öffnung der Verschlussorgane beendet ist.

b) Kürzeste Füllzeit unter Ausnutzung einer zulässigen Füllwassermenge.

c) Der Verlauf der Füllkurve bei Ausnutzung von Q_{max} und Erzielung einer möglichst kurzen Füllzeit.

Lösungen

a) Als Grenzwert für die zulässige Querschnittsfreigabe der Füllverschlüsse ergibt sich nach Gl. (4.98) und mit den in der Aufgabenstellung genannten Werten

$$n_{zul} = \frac{0{,}0004 \cdot 12{,}5 \cdot 9{,}81 \cdot 4}{0{,}65 \cdot \sqrt{2 \cdot 9{,}81 \cdot 8}} = 0{,}024 \text{ m}^2/\text{s}$$

Daraus kann die Geschwindigkeit für das Anheben der beiden 2,00 m breiten Füllverschlüsse zu $v_V = 6$ mm/s ermittelt werden. Die Öffnungszeit des Verschlusses ergibt sich zu $t_1 = 500$ s bzw. 8 Minuten und 20 Sekunden.

Die maximal zufließende Wassermenge ergibt sich aus Gl. (4.93), die gesamte Füllzeit der Schleuse aus Gl. (4.97) mit

A Oberfläche der Schleusenkammer, $A = 12{,}5 \cdot 190 = 2375 \text{ m}^2$

a_1 Querschnittsfläche der Füllverschlüsse in m², $a_1 = 2 \cdot 2 \cdot 3 = 12 \text{ m}^2$

Somit wird:

$$Q_{max} = 0{,}65 \cdot 12 \cdot \sqrt{19{,}62 \cdot 8} - \frac{0{,}65^2 \cdot 12^2 \cdot 19{,}62}{4 \cdot 2375} \cdot 500 = 34{,}9 \text{ m}^3/\text{s}$$

$$T_{ges} = \frac{2 \cdot 2375 \cdot \sqrt{8}}{0{,}65 \cdot 4{,}43 \cdot 12} + 250 = 639 \text{ s}$$

bzw. 10,6 Minuten.

b) Mit Füllbeginn entstehen oberhalb der Schleuse ein Absunk z, ein Wasserspiegelgefälle I und eine Wellengeschwindigkeit w, mit der sich dieses Gefälle gegen die Fließrichtung fortbewegt. Der Absunk z, der laut Aufgabenstellung 20 cm nicht überschreiten darf, und die Wellengeschwindigkeit w bestimmen vor allem die Größe der zufließenden Wassermenge. Zum Zeitpunkt des größten Zuflusses Q_{max} zur Schleuse tritt z_{max}, die größte Absenkung auf, Gl. (4.91).

$$\boxed{z_{max} = \frac{Q_{max}}{w \cdot B_V}} \text{ [m]} \qquad (4.100)$$

Die Wellengeschwindigkeit w kann aus Gl. (4.101) bestimmt werden:

$$\boxed{w = \sqrt{g \cdot \frac{A_V}{B_V}}} \text{ [m/s]} \qquad (4.101)$$

Mit $B_V = 40$ m (Breite des Vorhafens) und $A_V = 160 \text{ m}^2$ (Querschnitt des 4,00 m tiefen Vorhafens) wird

$$w = \sqrt{9{,}81 \cdot \frac{160}{40}} = 6{,}26 \text{ m/s}$$

$$Q_{max} = 0{,}20 \cdot 6{,}26 \cdot 40 = 50{,}08 \text{ m}^3/\text{s}$$

Diese Wassermenge kann dem Oberwasser entnommen werden, ohne dass der zulässige Sunkwert überschritten wird. Sie wird nicht erreicht, weil die zulässige Anfangsfüllwassermenge gering ist.

Beachtet man die zulässige Anfangsfüllwassermenge nicht, so würde sich die Querschnittsfreigabe der Füllverschlüsse aus Gl. (4.92) ergeben.

$$n = \frac{50{,}08^2 \cdot 27}{16 \cdot 0{,}65 \cdot 4{,}43 \cdot 2375 \cdot 8^{\frac{3}{2}}} = 0{,}0273$$

Nach Gl. (4.98) würde $I_W = 0{,}000\,453 > 0{,}04\,\% = I_{W,zul}$

Das kann Trossenkräfte bei den zu schleusenden Schiffen ergeben, die die zulässigen Werte überschreiten.

c) Bei der Lösung a) wurde die Querschnittsfreigabe n konstant gehalten. Die Füllverschlüsse wären also mit $v_V = 6$ mm/s hochzuziehen. Die aus den Bedingungen des oberen Vorhafens zulässige maximale Wasserentnahme wird aber nicht erreicht.

Die Lösung b) setzt das Ausnutzen von $Q_{max} = 50{,}08 \text{ m}^3/\text{s}$ voraus. Bei konstantem Wert für n bzw. v_V würde hier aber die zulässige Anfangsfüllwassermenge überschritten. Um beide Forderungen weitestgehend zu berücksichtigen, bleibt nur die Möglichkeit, die Querschnittsfreigabe n bei den Füllverschlüssen zu variieren. Das erfolgt bei der schrittweisen Berechnung der Füllwassermengen und der Wasserspiegel in Tabelle 4.10. Ein neues n in Spalte 2 wurde jeweils mit der Wassertiefe h_S in der Schleuse aus Spalte 9 ermittelt, indem in die Gl. (4.98) h_S für h_U eingesetzt wurde.

Beim Einsetzen des größtmöglichen n-Wertes ergibt sich ein Überschreiten von Q_{max}, folglich muss die Querschnittsfreigabe auch einmal verlangsamt werden. Auf diese Weise gelingt es auch, einen Zufluss im Bereich von Q_{max} über einen gewissen Zeitraum zu erhalten und somit eine kleine Füllzeit zu erreichen. Sie ergibt sich nach Tabelle 4.10 zu 562 s bzw. 9,37 Minuten, wenn gegen die Restdruckhöhe von 15 cm die Schleusentore geöffnet werden. Das Bild 4.62 zeigt über die 562 s den Verlauf der Füllwassermenge und den Wasserspiegel in der Schleusenkammer.

Tabelle 4.10 Schrittweise Berechnung des Füllvorganges

1	2	3	4	5	6	7	8	9	10
t	n	a	$\mu \cdot a \cdot \sqrt{2 \cdot g}$	h_m	$Q = \mu \cdot a \cdot \sqrt{2 \cdot g} \cdot \sqrt{h_m}$	$\Delta h = \frac{Q \cdot \Delta t}{A}$	$H_{ges} - h$	h_S	v_V
s	m²/s	m²	m^2,5^/s	m	m³/s	m	m	m	mm/s
0	0,024	0					8,00	4,00	6,00
			0,69	7,99	1,95	0,02			
20		0,48					7,98	4,02	
			2,07	7,96	5,84	0,05			
40		0,96					7,93	4,07	
			3,46	7,89	9,77	0,08			
60		1,44					7,85	4,15	
			4,87	7,79	13,6	0,11			6,25
80	0,025	1,94					7,74	4,26	
			6,31	7,67	17,5	0,15			
100		2,44					7,59	4,41	
			7,75	7,50	21,2	0,18			
120		2,94					7,41	4,59	
			9,26	7,30	25,0	0,21			6,90
140	0,028	3,49					7,20	4,80	
			10,84	7,08	28,8	0,24			
160		4,04					6,96	5,04	
			12,43	6,82	32,5	0,27			
180		4,59					6,69	5,31	
			14,08	6,54	36,0	0,30			
200	0,030	5,19					6,39	5,61	7,50
			15,81	6,23	39,5	0,33			
220		5,79					6,06	5,94	
			17,54	5,88	42,5	0,36			
240		6,39					5,70	6,30	
			19,12	5,51	44,9	0,38			
260	0,025	6,89					5,32	6,68	6,25
			20,56	5,12	46,5	0,39			
280		7,39					4,93	7,07	
			22,00	4,73	47,8	0,40			

Tabelle 4.10 (fortgesetzt)

1	2	3	4	5	6	7	8	9	10
t	n	a	$\mu \cdot a \cdot \sqrt{2 \cdot g}$	h_m	$Q = \mu \cdot a \cdot \sqrt{2 \cdot g} \cdot \sqrt{h_m}$	$\Delta h = \frac{Q \cdot \Delta t}{A}$	$H_{ges} - h$	h_S	v_V
s	m^2/s	m^2	$m^{2,5}/s$	m	m^3/s	m	m	m	mm/s
300		7,89					4,53	7,47	
			23,44	4,33	48,8	0,41			
320		8,39					4,12	7,88	
			24,88	3,92	**49,3**	0,41			
340		8,89					3,71	8,29	
			26,32	3,50	49,2	0,41			
360		9,39					3,30	8,70	
			27,90	3,10	49,1	0,41			
380	0,030	9,99					2,89	9,11	7,50
			29,63	2,69	48,6	0,41			
400		10,59					2,48	9,52	
			31,36	2,28	47,4	0,40			
420		11,19					2,08	9,92	
			33,39	1,83	45,2	0,51			
447		12,00					1,57	10,43	
			34,55	1,16	37,2	0,83			
500		12,00					0,74	11,26	
			34,55	0,49	24,2	0,51			
550		12,00					0,23	11,77	
			34,55	0,19	15,1	0,08			
562		12,00					0,15*	11,85	

* Bei dieser Restdruckhöhe können die Verschlüsse geschlossen bzw. die Tore geöffnet werden.

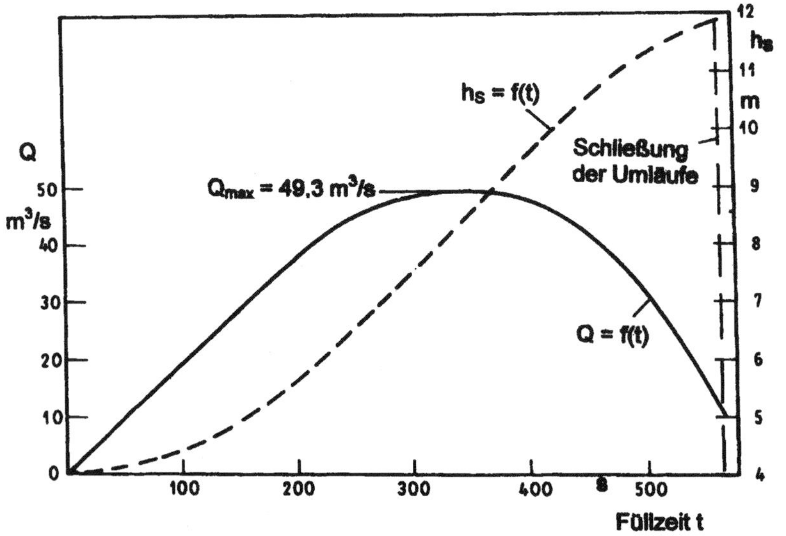

Bild 4.62 Wasserspiegel und Füllwassermenge in der Schleuse

4.6.4.2 Das Füllen einer Sparschleuse

Das Füllen einer Sparschleuse erfolgt zunächst aus den Sparbecken bzw. Sparkammern, danach aus dem Oberwasser. Aufbauend auf den Bildern 4.59 und 4.60, Gl. (4.78) und mit $\Delta h \leq 0{,}50$ m, um das Sparen nicht unwirtschaftlich werden zu lassen, ergibt sich in den Sparbecken eine Wassertiefe von

$$h_B = \frac{H - 2 \cdot \Delta h}{k \cdot (n+1) + 1} \text{ [m]} \qquad (4.102)$$

Die Höhe z einer Lamelle in der Schleusenkammer wird

$$z = \frac{k \cdot (H - 2 \cdot \Delta h)}{k \cdot (n+1) + 1} = k \cdot h_B \text{ [m]} \qquad (4.103)$$

Am Anfang eines Teilfüllprozesses ergibt sich die Druckhöhe wie folgt:

$$h_0 = h_B + z + \Delta h = h_B \cdot (1+k) + \Delta h = \frac{(1+k) \cdot (H - 2 \cdot \Delta h)}{k \cdot (n+1) + 1} + \Delta h \text{ [m]} \qquad (4.104)$$

Für die Restdruckhöhe H_R bleibt

$$H_R = \frac{(1+k) \cdot (H - 2 \cdot \Delta h)}{k \cdot (n+1) + 1} + 2 \cdot \Delta h \text{ [m]} \qquad (4.105)$$

In den Sonderfällen $\Delta h = 0$ (volle Ausspiegelung wird abgewartet) und/oder $k = 1$ (gleich große Oberflächen für Sparbecken und Schleusenkammer) vereinfachen sich die Gleichungen (4.102) bis (4.105) entsprechend.

Beim Füllen der Schleusenkammer aus einem Sparbecken kommunizieren zwei Becken mit endlich großen Oberflächen. Mit dem Fallen des Wasserspiegels in einem Becken steigt er im anderen Becken bis zur (fast völligen) Ausspiegelung. Dieser Vorgang wiederholt sich je nach Anzahl der Sparbecken. Die Restfüllung erfolgt aus dem Oberwasser, wie es im Abschnitt 4.6.4.1 beschrieben wurde. Der Füllvorgang kann hier in drei Phasen eingeteilt werden. In der ersten Phase erfolgt das meist gleichmäßige Freigeben der Füllquerschnitte, die in den Zubringerkanälen zwischen den Sparbecken und der Schleusenkammer angeordnet sind, vgl. auch Bild 4.57. Diese Phase ist gekennzeichnet sowohl durch die Zunahme des Füllquerschnittes als auch die beginnende Abnahme der Druckhöhe ($0 \leq t \leq t_1$, $0 \leq a_t \leq a_1$, $h_0 \geq h_t \geq h_1$), die bei einer Sparschleuse schneller ablaufen als bei der Schleuse ohne Sparbecken. In der zweiten Phase bleibt der Füllquerschnitt konstant, die Druckhöhe nimmt weiter ab ($t_1 \leq t \leq t_0$, $h_1 \geq h_t \geq h_2$, $a_1 = \text{const.}$). Die dritte Füllphase beginnt, sobald man mit dem Schließen der Füllquerschnitte beginnt. Sie endet mit geschlossenen Umlaufverschlüssen und oft mit einer kleinen Restdruckhöhe ($t_0 \leq t \leq t_c$, $a_1 \geq a_t \geq 0$, $h_2 \geq h_t \geq \Delta h$). Im Bild 4.63 sind die Bezeichnungen zusammengefasst. Mit der Ausgangsgleichung

$$\mathrm{d}V = A_B \cdot \mathrm{d}h_B = A \cdot \mathrm{d}z = Q \cdot \mathrm{d}t \qquad (4.106)$$

wird nach einer Integration für die erste Phase die allgemeine Gleichung für die Druckhöhe zur Zeit t

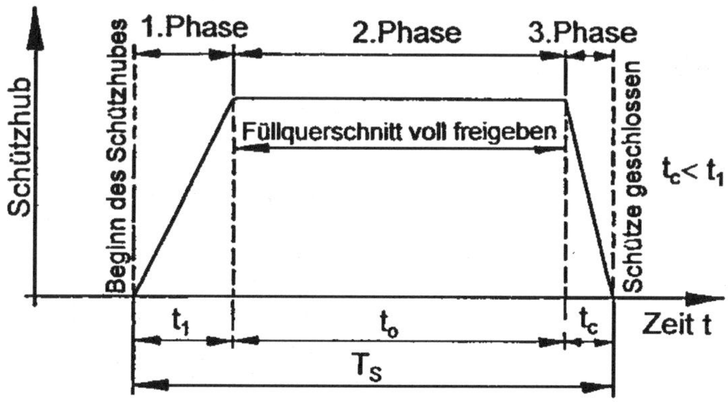

Bild 4.63 Phasen beim Leeren eines Sparbeckens

$$\sqrt{h_t} = \sqrt{h_0} - \frac{A_K + A_B}{A_K \cdot A_B} \cdot \frac{\mu \cdot \sqrt{2 \cdot g}}{4} \cdot n_1 \cdot t^2 \qquad (4.107)$$

Am Ende der ersten Phase kann diese Gleichung wie folgt geschrieben werden:

$$\sqrt{h_1} = \sqrt{h_0} - \frac{A_K + A_B}{A_K \cdot A_B} \cdot \frac{\mu \cdot \sqrt{2 \cdot g} \cdot a_1}{4} \cdot t_1 \qquad (4.108)$$

In der zweiten Phase ergibt sich für die Druckhöhe Folgendes:

$$\sqrt{h_t} = \sqrt{h_1} - \frac{A_K + A_B}{A_K \cdot A_B} \cdot \frac{\mu \cdot \sqrt{2 \cdot g} \cdot a_1}{2} \cdot t \qquad (4.109)$$

Am Ende dieser Phase ist nur noch die Druckhöhe h_2 vorhanden.

$$\sqrt{h_2} = \sqrt{h_1} - \frac{A_K + A_B}{A_K \cdot A_B} \cdot \frac{\mu \cdot \sqrt{2 \cdot g} \cdot a_1}{2} \cdot t_0 \qquad (4.110)$$

Für die dritte Phase erhält man nach der Integration der Ausgangsgleichung für die allgemeine Druckhöhe h_t:

$$\sqrt{h_t} = \sqrt{h_2} - \frac{A_K + A_B}{2 \cdot A_K \cdot A_B} \cdot \mu \cdot \sqrt{2 \cdot g} \cdot \left(a_1 \cdot t - \frac{n_3 \cdot t^2}{2} \right) \qquad (4.111)$$

Wenn die dritte Phase beendet ist, soll die Restdruckhöhe Δh vorhanden sein.

$$\sqrt{\Delta h} = \sqrt{h_2} - \frac{A_K + A_B}{4 \cdot A_K \cdot A_B} \cdot \mu \cdot \sqrt{2 \cdot g} \cdot a_1 \cdot t_c \qquad (4.112)$$

Die Gesamtzeit T_S für das Füllen einer Lamelle in der Schleusenkammer, gleichzeitig Entleerung eines Sparbeckens, ergibt sich aus der Summe der Teilzeiten:

$$T_S = \frac{2 \cdot A_K \cdot A_B}{A_K + A_B} \cdot \frac{\left(\sqrt{h_0} - \sqrt{\Delta h}\right)}{\mu \cdot \sqrt{2 \cdot g} \cdot a_1} + \frac{1}{2} \cdot (t_1 + t_c) \quad [\text{s}] \qquad (4.113)$$

Für den Fall vollkommener Ausspiegelung und/oder $A_B = A_K$ vereinfachen sich die Gleichungen entsprechend. Die Gesamtfüllzeit der Schleusenkammer ergibt sich abhängig von der Zahl der Sparbecken zu

$$T_{Ges} = n \cdot T_S + T_R \quad [\text{s}] \qquad (4.114)$$

wobei T_R die Zeit für die Restfüllung der beiden oberen Lamellen ist. Sie kann mit Gl. (4.115) berechnet werden.

$$T_R = \frac{2 \cdot A_K \cdot \sqrt{H_R}}{\mu_R \cdot a_R \cdot \sqrt{2 \cdot g}} + \frac{t_R}{2} \quad [\text{s}] \qquad (4.115)$$

In dieser Gleichung bedeuten:

- H_R Druckhöhe, die zwischen oberem Vorhafen und Kammerwasserspiegel verbleibt, wenn die Füllung aus den Sparbecken beendet ist
- a_R Fläche in m² der Umläufe, durch die das Wasser aus dem oberen Vorhafen in die Schleuse gelangt
- t_R Zeit in s für die Freigabe des Füllquerschnittes a_R
- μ_R mittlerer Zuflussbeiwert während der Restfüllung, der zwischen 0,65 und 0,75 liegt

Beispiel: Entleerung einer Sparschleuse

Eine Sparschleuse mit 200 m Länge, 12,5 m Breite und 24,0 m Hubhöhe hat drei Sparbecken, deren Oberflächen das 1,25-Fache der Kammerfläche betragen.

$A_S = 200 \cdot 12{,}5 = 2\,500$ m²

$A_B = 1{,}25 \cdot 2\,500 = 3\,125$ m²

Einen Querschnittdurch die Anlage zeigt das Bild 4.64. Gegenwärtig hat die Schleuse Umläufe mit Zuläufen in die Sparbecken und in den unteren Vorhafen mit einem Füllquerschnitt von $a_1 = 16{,}00$ m². Die Öffnungszeiten für alle Verschlüsse t_R betragen jeweils 120 s, die Schließzeiten $t_c = 60$ s. Die Verschlüsse werden erst nach voller Ausspiege-

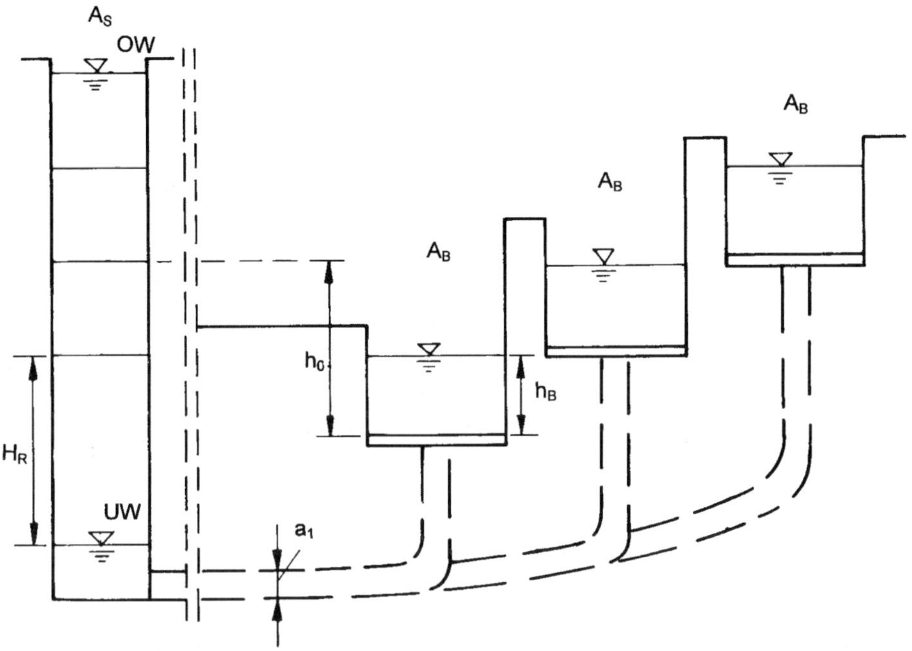

Bild 4.64 Schematischer Querschnitt durch die Schleusenkammer und die drei Sparbecken

lung betätigt. Der μ-Beiwert kann mit $\mu = 0{,}7$ eingesetzt werden. Da die beiden Nachbarschleusen kürzere Schleusungszeiten aufweisen, kommt es immer wieder zu längeren Wartezeiten an der zu untersuchenden Schleuse. Um die Entleerungszeit dieser Sparschleuse (natürlich auch die Füllzeiten) zu verkürzen, sind folgende Möglichkeiten zu untersuchen:

a) Ermittlung der gegenwärtigen Entleerungszeit.

b) Betätigen von Verschlüssen und Untertor gegen eine verbleibende Restdruckhöhe von $\Delta h = 20$ cm.

c) Verringerung der Öffnungs- und Schließzeit auf je 30 bzw. 15 s.

d) Änderungen an den Rahmen und Schütztafeln, so dass $a_1 = 18\ \text{m}^2$ einheitlich beträgt.

e) Ermittlung der gesamten Entleerungszeit für einen μ-Beiwert von 0,75.

f) Bestimmung der Entleerungszeit, wenn alle einzeln untersuchten Möglichkeiten zur Anwendung kommen.

Lösungen

a) Gegenwärtige Entleerungszeit T_{Ges}

Die gesamte Entleerungszeit kann nach den Gleichungen (4.102), (4.105), (4.113), (4.114) und (4.115) bestimmt werden. Bei voller Ausspiegelung ($\Delta h = 0$) wird

$$h_0 = \frac{(1 + 1{,}25) \cdot 24}{1{,}25 \cdot 4 + 1} = 9{,}00 \text{ m, Gl. (4.104)}$$

Die Anfangsdruckhöhe für die Restwassermenge ins Unterwasser beträgt: $H_R = 9{,}00$ m, Gl. (4.105). T_S wird nach Gl. (4.113) zu 258 s ermittelt. Damit kann die Zeit für das Entleeren des Restwassers T_R nach Gl. (4.115) bestimmt werden.

$$T_R = \frac{2 \cdot 2500 \cdot \sqrt{9}}{0{,}7 \cdot 16 \cdot \sqrt{19{,}62}} + \frac{120}{2} = 362 \text{ s}$$

Nach Gl. (4.114) wird die gesamte Entleerungszeit $T_{\text{Ges}} = 3 \cdot 258 + 362 = 1\,136$ s (18,9 min).

b) Zunächst wird die Entleerungszeit für den Fall bestimmt, dass die Verschlussorgane betätigt werden, wenn noch eine Restdruckhöhe von $\Delta h = 20$ cm vorhanden ist. Nach Gl. (4.104) wird

$$h_0 = \frac{(1+1{,}25)\cdot(24-2\cdot 0{,}20)}{1{,}25\cdot(3+1)+1} + 0{,}25 = 9{,}05\,\text{m}$$

Die Zeit für das Entleeren je eines Beckens beträgt nach Gl. (4.113)

$$T_S = \frac{2\cdot 2500\cdot 3125}{2500+3125}\cdot\frac{\sqrt{9{,}05}-\sqrt{0{,}2}}{0{,}7\cdot\sqrt{19{,}62}\cdot 16} + \frac{1}{2}\cdot(120+60) = 233{,}4\,\text{s}\ (3{,}9\,\text{min})$$

Mit den Gleichungen (4.105) und (4.115) wird

$$H_R = \frac{(1+1{,}25)\cdot(24-0{,}4)}{1{,}25\cdot(3+1)+1} + 0{,}4 = 9{,}25\,\text{m}$$

$$T_R = \frac{2\cdot 2500\cdot\sqrt{9{,}25}}{0{,}7\cdot 16\cdot\sqrt{19{,}62}} + 60 = 366{,}5\,\text{s}\ (6{,}1\,\text{min})$$

Somit wird

$T_{Ges} = 3\cdot 233{,}4 + 366{,}5 = 1067$ s (17,8 min)

Das Schließen der Verschlussorgane gegen eine Überdruckhöhe von 0,20 m spart also 1,1 Minuten bei jeder Entleerung der Sparschleuse (natürlich noch einmal 1,1 Minuten bei jedem Füllen der Schleuse).

c) Die Zeit für das Betätigen der Füllverschlüsse soll jetzt $t_1 = 30$ s und $t_c = 15$ s betragen. Beim Abwarten der Ausspiegelung ($\Delta h = 0$) ergibt sich mit dem schnelleren Betätigen der Verschlussorgane

$$T_S = \frac{2500\cdot 3125}{5625}\cdot\frac{2\cdot\sqrt{9}}{0{,}7\cdot\sqrt{19{,}62}\cdot 16} + \frac{1}{2}\cdot(30+15) = 190{,}5\,\text{s}\ (3{,}2\,\text{min})$$

$$T_R = \frac{2\cdot 2500\cdot\sqrt{9}}{0{,}7\cdot 16\cdot\sqrt{19{,}62}} + \frac{30}{2} = 317\,\text{s}\ (5{,}3\,\text{min})$$

$$T_{Ges} = 3\cdot 190{,}5 + 317 = 889\,\text{s}\ (14{,}8\,\text{min})$$

Das schnellere Betätigen der Verschlüsse bringt eine größere Zeiteinsparung, im Beispiel 4,1 Minuten.

d) Konstruktive Voraussetzung für diese Erweiterung ist, dass die Umläufe bereits mindestens 18 m^2 Fläche haben, nur die Verschlussorgane, also die engsten Stellen, erweitert werden müssen. Es wird

$$T_S = \frac{2\cdot 2500\cdot 3125}{2500+3125}\cdot\frac{\sqrt{9}}{0{,}7\cdot\sqrt{19{,}62}\cdot 18} + \frac{1}{2}\cdot(120+60) = 239{,}3\,\text{s}\ (4\,\text{min})$$

$$T_R = \frac{2\cdot 2500\cdot\sqrt{9}}{0{,}7\cdot 18\cdot\sqrt{19{,}62}} + \frac{120}{2} = 328{,}7\,\text{s}\ (5{,}5\,\text{min})$$

$$T_{Ges} = 3\cdot 239{,}3 + 328{,}7 = 1046{,}6\,\text{s}\ (17{,}4\,\text{min})$$

Die gesamte Zeiteinsparung beträgt hier 1,5 Minuten.

e) Mit den ursprünglichen Werten, aber $\mu = 0{,}75$, lässt sich errechnen:

$$T_S = \frac{2500\cdot 3125}{5625}\cdot\frac{2\cdot\sqrt{9}}{0{,}75\cdot\sqrt{19{,}62}\cdot 16} + \frac{1}{2}\cdot(120+60) = 246{,}8\ \text{s}\ (4{,}1\,\text{min})$$

$$T_R = \frac{2\cdot 2500\cdot\sqrt{9}}{0{,}75\cdot 16\cdot\sqrt{19{,}62}} + \frac{120}{2} = 342{,}2\,\text{s}\ (5{,}7\,\text{min})$$

$T_{Ges} = 3\cdot 246{,}8 + 342{,}2 = 1083$ s (18,0 min)

f) Kombiniert man alle genannten Möglichkeiten, dann beträgt die Zeit für das Entleeren einer Kammerfüllung bis zum Unterwasserstand:

$h_0 = 9{,}05$ m

$$T_S = \frac{2\cdot 2500\cdot 3125}{2500+3125}\cdot\frac{\sqrt{9{,}05}-\sqrt{0{,}2}}{0{,}75\cdot\sqrt{19{,}62}\cdot 18} + \frac{1}{2}\cdot(30+15) = 141{,}5\,\text{s}\ (2{,}4\,\text{min})$$

$$T_R = \frac{2\cdot 2500\cdot\sqrt{9{,}25}}{0{,}75\cdot 18\cdot\sqrt{19{,}62}} + \frac{30}{2} = 269{,}3\,\text{s}\ (4{,}5\,\text{min})$$

$T_{Ges} = 3\cdot 141{,}5 + 269{,}3 = 694$ s (11,6 min)

Damit wäre durch Verwirklichung dieser Maßnahmen eine Verkürzung der Entleerungszeit um 7,3 Minuten möglich.

4.6.5 Leistungsfähigkeit von Schleusen

Die Leistungsfähigkeit einer Schleuse ist die Summe der möglichen Ladungstonnen pro Jahr. Diese theoretische Tonnagekapazität C_T ist abhängig vom Zeitbedarf für eine Kreuzungsschleusung, dem Belegungsgrad und der mittleren Ladungskapazität der Schiffe. Sie kann nach Gleichung (4.116) bestimmt werden.

$$C_T = \frac{2 \cdot N_{max} \cdot G_m}{T_C} \cdot 60 \cdot 24 \cdot 365 \quad [t] \qquad (4.116)$$

$$T_C = 2 \cdot (T_e + T_a + T_{Ges}) \quad [t] \qquad (4.117)$$

N_{max} maximale Anzahl von Schiffen bei voller Belegung der Kammer

T_C Zeit für eine Kreuzungsschleusung in Minuten

G_m mittlere Ladungskapazität der schleusenden Schiffe in t

Die praktische Tonnagekapazität C_p ergibt sich aus

- Annahme eines 16-stündigen Betriebes,
- Arbeit an 300 (bis 330) Tagen pro Jahr,
- Belegungsgrad η_C in der Schleusenkammer nach Verkehrsintensität und Zusammensetzung des Verkehrs.

$$C_p = \frac{2 \cdot \eta_C \cdot N_{max} \cdot G_m}{T_C} \quad [t] \qquad (4.118)$$

$\eta_C = 0{,}45$ bis $0{,}55$

Beispiel: Leistung einer Schleuse

Eine Schleuse mit 190 m Nutzlänge kann zwei Europaschiffe, die $G_m = 1\,290$ t Ladung befördern, aufnehmen. Das Füllen und auch das Leeren dauern je 30 Minuten. Für Ein- und Ausfahrt einschließlich Torzeit werden je 6 Minuten benötigt. Welche Leistung ist theoretisch und praktisch möglich?

Lösungen

Die Zeit für eine Kreuzungsschleusung beträgt nach Gl. (4.117)

$$T_C = 2 \cdot (6 + 6 + 30) = 84 \text{ min}$$

Damit wird

$$C_T = \frac{2 \cdot 2 \cdot 1290}{84} \cdot 60 \cdot 24 \cdot 365 = 32{,}2 \text{ Mio t}$$

Die praktisch erreichbare Tonnage nach Gl. (4.118) wird

$$C_p = \frac{2 \cdot 2 \cdot 0{,}5 \cdot 1290}{84} \cdot 60 \cdot 16 \cdot 300 = 8{,}8 \text{ Mio t}$$

Das sind 27 % der theoretischen Tonnagekapazität. Allgemein rechnet man mit 25 bis 30 % vom theoretischen Wert.

Die Beispiele auf dieser Seite und S. 220 zeigen, wo zur Erhöhung der Schleusenleistungen noch Reserven vorhanden sind. Weitere Einzelheiten zur Schleusenleistung wie Unterschiede im Berg- und Talverkehr, einschließlich unterschiedlichen Beladungen und auch weitere Möglichkeiten zur Erhöhung der Leistungsfähigkeit, z. B. durch Steuerung des Verkehrsablaufes, können in [72] nachgelesen werden.

4.6.6 Schleusentreppen und Koppelschleusen

Zur Überwindung großer Hubhöhen baute man früher mehrere Schleusen hintereinander. In einer kurzen Zwischenhaltung war ein Begegnen des Berg- mit dem Talfahrer möglich.

Koppelschleusen (auch Kuppelschleusen) sind ohne Zwischenhaltung hintereinander geschaltete Schleusen, die ebenfalls für große Hubhöhen in Frage kommen. Das gegenwärtig bekannteste Projekt dieser Art ist die Anlage an der Staumauer des Yangtsejiang, mehr bekannt als Drei-Schluchten-Talsperre in China. Dort werden zwei fünfstufige Koppelschleusen nebeneinander für eine Gesamtfallhöhe von maximal 113 m errichtet. Schiffe mit Tragfähigkeiten bis 10 000 t werden in Schleusenkammern mit 280 m Länge, 34 m Breite und 5 m Wassertiefe über die Talsperre geführt. Besondere Schwierigkeiten ergeben sich bei diesem Projekt aus der Tatsache, dass nur bei gleichen Schleusungswassermengen der aufeinander folgenden Kammern ein ungehinderter Schleusungsablauf in Koppelschleusen möglich ist. Für Wasserstandsschwankungen im Unterwasser von 11,80 m und im Oberwasser von 30 m – bedingt durch die im Winter 30 m größere Stauhöhe – ist das Einhalten gleicher Schleusungshöhen in jeder Schleuse ein Problem. Die Bauphasen, die seit 2003 zunächst einen Teileinstau ermöglichten, erschweren den Bauablauf zusätzlich. Zu Einzelheiten zur Lösung dieser Probleme wird auf [35] verwiesen.

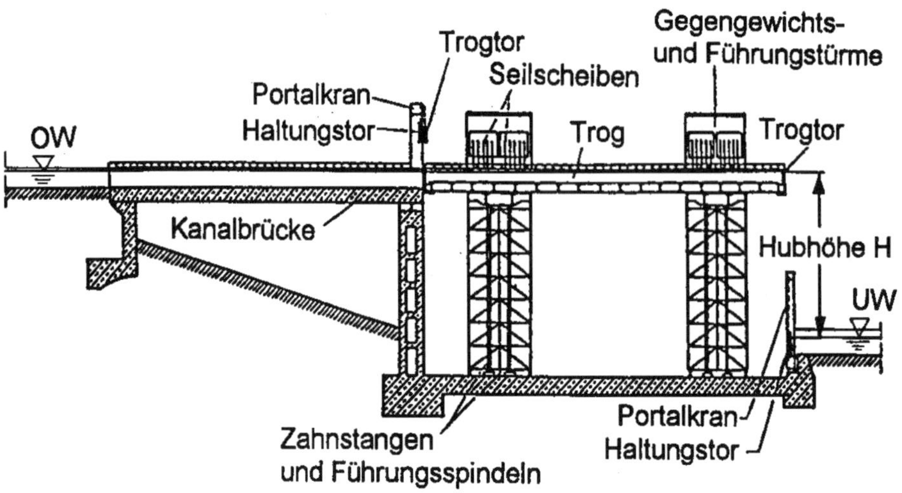

Bild 4.65 Längsschnitt eines Gegengewichtshebewerkes

4.7 Schiffshebewerke

4.7.1 Gegengewichtshebewerke

Schiffshebewerke dienen vor allem dem schnellen Überwinden großer Hubhöhen. In der ersten Hälfte des vorigen Jahrhunderts wurden die ersten heute noch in Betrieb befindlichen Schiffshebewerke gebaut. Ihrem Erhalt kommt heute in jeder Hinsicht (Funktionssicherheit und Denkmalschutz) große Bedeutung zu.

Bau und Funktionsweise eines Gegengewichtshebewerkes kommen auf den Bildern 4.65 und 4.66 zum Ausdruck. Zwischen der oberen Haltung und dem Hebewerk überspannt eine Kanalbrücke das steil abfallende Gelände.

Das Gewicht aus dem Trog und seinem Inhalt (Wasser und Schiff) wird durch Gegengewichte, die über die Seilscheiben laufen, nahezu vollkommen ausgeglichen. Dadurch sind nur sehr geringe Leistungen zum Betreiben des Hebewerkes notwendig. Beim alten Schiffshebewerk in Niederfinow bewegen nur vier Motoren zu je 55 kW den Trog, beim größeren Schiffshebewerk in Scharnebeck sind es vier 150-kW-Motoren. Für das neue Hebewerk in Niederfinow sind acht Elektromotoren vorgesehen. Diese beschleunigen und bremsen das Gesamtsystem (Trog, Gegengewichte, Seile u. a. kleinere Teile), überwinden Reibungen und sonstige Bewegungswiderstände. Sie können auch eine kleine Ungleichheit ausgleichen, die sich aus kleinen Wasserspiegeldifferenzen gegenüber den Gegengewichten ergeben kann.

Wasserspiegelunterschiede, die sich z. B. aus einem Windstau oder einer Schwallwelle ergeben können, werden nach dem Einfahren eines Schiffes ausgeglichen. In Lüneburg hat sich die Belastungsannahme von 10 cm erhöhtem Wasserstand als zu gering erwiesen [23]. Seile mit 52 mm Durchmesser verbinden die Gegengewichte mit dem Trog. Sie laufen über Seilscheiben (Durchmesser in Niederfinow 3,50 m), deren Höhenlage wesentlich die Höhe des Bauwerkes bestimmt. Das Gesamtbauwerk ist eine bedeutende Ingenieurleistung vor allem des Stahlhochbaus.

Die Masse des Troges ist von der Wassertiefe im Trog abhängig. In Schleusen und Kanälen ist 4,0 m Wassertiefe heute ein Mindestmaß. Um die Gesamtmasse des Troges klein zu halten und begründet mit der sehr langsamen Fahrt der Schiffe im Trog, wählt man heute 3,50 m Wassertiefe im Trog, in Niederfinow (Fertigstellung 1934) waren es nur 2,50 m. Der Trog von Niederfinow hat mit Wasserfüllung 4 300 t Gesamtmasse, in Lüneburg sind es 5 700 t. Gleiche Massen haben die Gegengewichte. Das neue Hebewerk in Niederfinow hat 4 m Wassertiefe, eine Trogbreite von 12,5 m und 114 m nutzbare Länge. Der 8 500 t schwere Trog wird an 224 Seilen durch Ge-

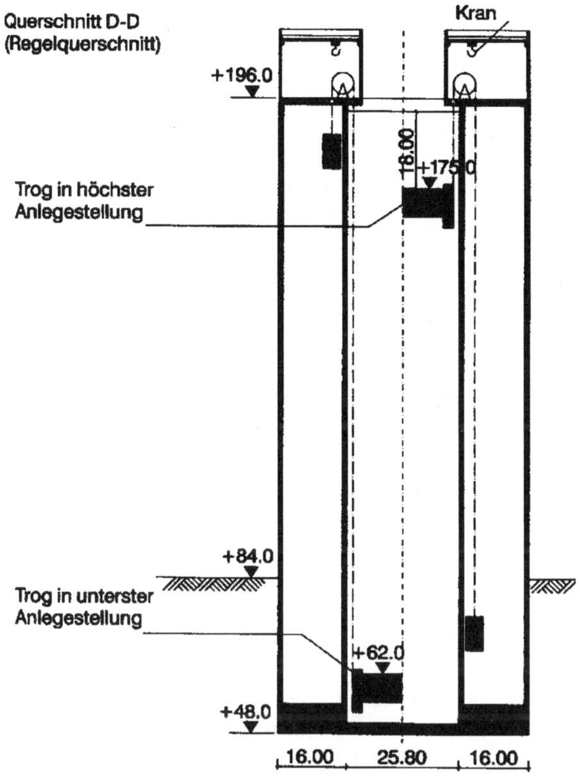

Bild 4.66 Querschnitt durch das Schiffshebewerk am Drei-Schluchten-Staubauwerk

gengewichte gehalten. Das im Bau befindliche Gegengewichtshebewerk an der Staumauer des Yangtze wird den 12 800 t schweren Trog in 40 Minuten bis zu 113 m heben und senken. Schiffe bis zu 3 000 t Tragfähigkeit können dort befördert werden [70], [48].

An den Haltungen befindet sich je ein Haltungstor, der Trog wird durch zwei Trogtore abgeschlossen. Das Bild 4.67 zeigt die oberen Tore in dem Moment, da der Trog oben angekommen ist. Der Andichtungsrahmen hat nach der Ankunft den Spalt zwischen Trog und oberer Haltung geschlossen. Dieser Rahmen ist insgesamt U-förmig ausgebildet, d. h. er legt sich am Trogboden und den Trogwänden um das Trogtor herum dicht an. Durch Füllschützen oder eine geringe Torbewegung kann der Spalt zwischen den Toren gefüllt werden. Ein Portalkran hebt anschließend die beiden Tore so hoch, dass Schiffe aus- bzw. einfahren können. Nachdem die Tore wieder geschlossen wurden, wird der Andichtungsrahmen wieder zurückgefahren, so dass das Spaltwasser ablaufen und der Trog gesenkt werden kann. Das Spaltwasser ist der einzige Wasserverlust beim Betrieb eines vertikalen Schiffshebewerkes.

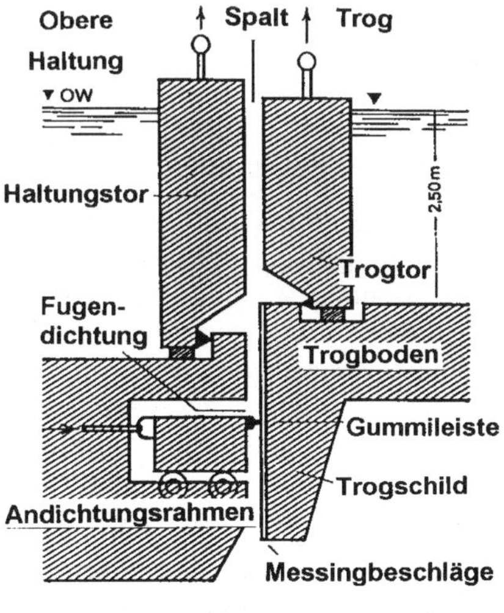

Bild 4.67 Haltungs- und Trogtor eines Gegengewichts- oder Schwimmerhebewerkes

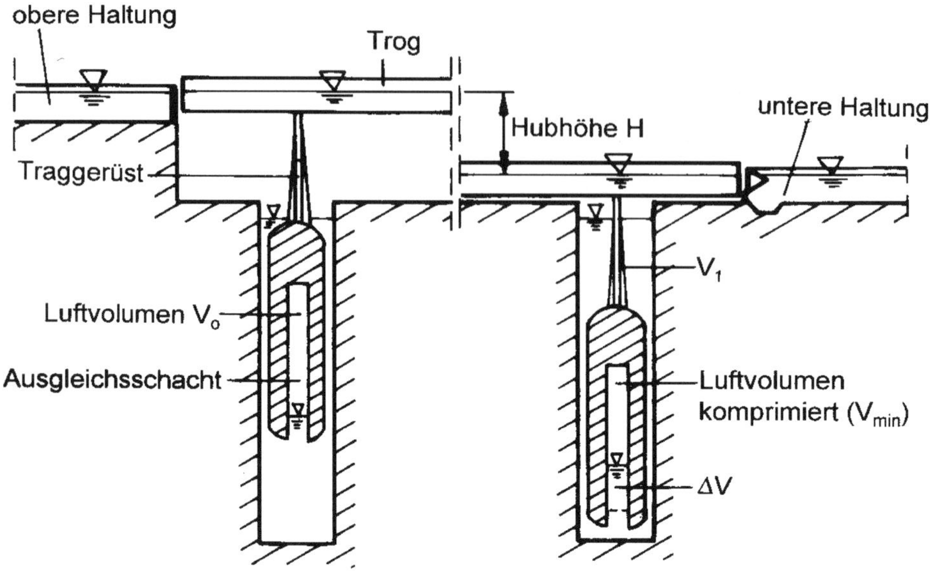

Bild 4.68 Längsschnitt durch ein Schwimmerhebewerk

4.7.2 Schwimmerhebewerke

Das Gewicht eines Troges kann auch von Schwimmkörpern aufgenommen werden, was auf Bild 4.68 zu sehen ist. Links ist der Trog oben, rechts am Unterwasser angekommen dargestellt. Wegen des notwendigen vollkommenen Gewichtsausgleichs ist auch bei den Schwimmerhebewerken nur eine Nassförderung möglich. Der Trog ruht auf zwei Stützen, die die gesamte Last in die Auftriebskörper abgeben. Als Auftriebskörper dienen zylinderförmige Hohlkörper, die in einem Schacht mit einem entsprechend größeren Durchmesser schwimmen. Dieser Schacht ist bis oben mit Wasser gefüllt, so dass der Auftriebskörper nicht auftauchen kann.

Auch hier verringert sich das Gewicht etwas, sobald die Traggerüste tiefer ins Wasser eintauchen. Beim Schwimmerhebewerk in Rothensee wird diese Verringerung des Gewichts dadurch ausgeglichen, dass innerhalb der Schwimmkörper ein runder Ausgleichsschacht mit 1,15 m Durchmesser angeordnet ist, dessen Luftvolumen komprimiert wird, sobald der Trog nach unten bewegt wird.

Die Hubhöhe eines Schwimmerhebewerkes wird durch die notwendige Tiefe der Schächte begrenzt. Rothensee (1938 fertiggestellt) hat mit maximal 18,7 m Hubhöhe bei Niedrigwasser der Elbe einen recht hohen Wert. In Henrichenburg (1962) sind es 14,5 m. Die Antriebe von 8 mal 44 kW in Rothensee und 440 kW in Henrichenburg beschleunigen den 4 000 bzw. 5 000 t schweren Trog auf eine Geschwindigkeit von 0,15 m/s. Zur Herstellung der Trogschächte wurde in Rothensee der Boden gefroren, um die Schächte senkrecht abteufen zu können.

4.7.3 Die längsgeneigte Ebene

Sehr große Höhenunterschiede können Schiffe mit einer längsgeneigten Ebene bewältigen. Während der Fahrt befindet sich das Schiff in einem wassergefüllten Trog (Nassförderung) oder nicht (Trockenförderung). Trockenförderung kommt nur für kleinere Anlagen (z. B. für Sportboote) in Frage. Mit Bild 4.69 wird der Ablauf einer Talschleusung auf einer längsgeneigten Ebene schematisch erläutert.

Die Trogbahn der längsgeneigten Ebene ist 1 : 10 oder flacher geneigt. Für steilere Neigungen würden die Trogwagen zu schwer. Lotrechte Geschwindigkeiten von 5 bis 10 cm/s sind übliche Größen. Die längsgeneigte Ebene von Krasnojarsk am Jenissej überwindet mehr als 100 m Höhenunterschied je nach Wasserständen im Ober- und Unter-

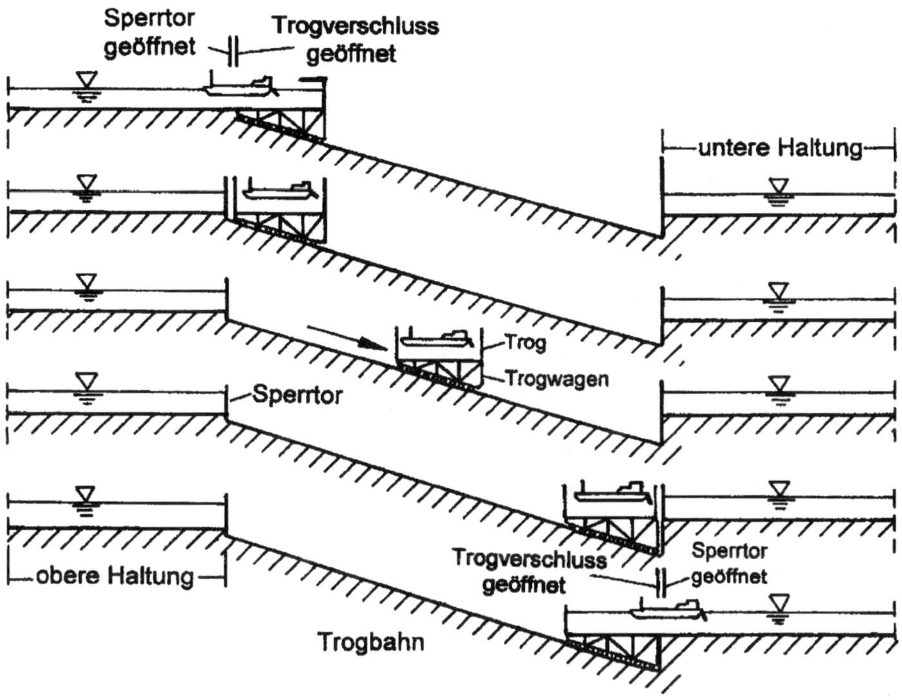

Bild 4.69 Talschleusung auf längsgeneigter Ebene

wasser. Die Staumauer wird dort umfahren. Auf dem höchsten Punkt der Bahn befindet sich eine Drehscheibe, so dass der Trog stets mit dem größeren Tor nach unten fährt. Die Drehscheibe gestattet kein Anbringen von Gegengewichten, so dass der 6 721 t schwere Trog von Motoren bewegt wird, die fast 10 MW Leistung aufbringen müssen.

Vorteile der längsgeneigten Ebenen sind:

- gute Anpassung an die Geländeverhältnisse, nur selten tiefe Einschnitte, hohe Brücken, Kanaldämme, Hubgerüste oder Tunnel,
- beim Vertikaltransport wird gleichzeitig eine große horizontale Strecke zurückgelegt,
- kostengünstige Variante bei Gefällestufen ab etwa 35 m,
- es wird fast kein Betriebswasser verwendet, was sich auch in den anschließenden Haltungen auswirkt (keine Schwall- oder Sunkwellen),
- Schäden werden früh erkannt, Wartungs- und Reparaturarbeiten sind leicht auszuführen.

4.7.4 Die quergeneigte Ebene

Mit quergeneigten Ebenen können sehr große Stufenhöhen überwunden werden. Mit größer werdender Höhe nehmen die Kosten langsamer zu als bei Senkrechthebewerken. Die Neigung der Trogbahn kann wesentlich größer als bei längsgeneigten Ebenen sein. Quergeneigte Ebenen können in verschiedener Bauweise und auch für verschiedene Betriebsweisen hergestellt werden, was auch aus dem Bild 4.70 hervorgeht.

Es kann ein Trog vorhanden sein, der ein Gegengewicht erhält, um den Antrieb klein zu halten. Ist das zu erwartende Verkehrsaufkommen groß, dann können zwei Tröge vorgesehen werden und Gegengewichte bekommen. Sie können aber auch paarweise so angeordnet und gefahren werden, dass jeweils einer das Gegengewicht des anderen ist. Mit versetzten Haltungstoren (Bild 4.70) kann für die beiden Tröge auch die Möglichkeit geschaffen werden, lange Schubverbände ungeteilt zu schleusen, wenn die Tröge einzeln nicht jeweils als Gegengewicht des anderen Troges dienen.

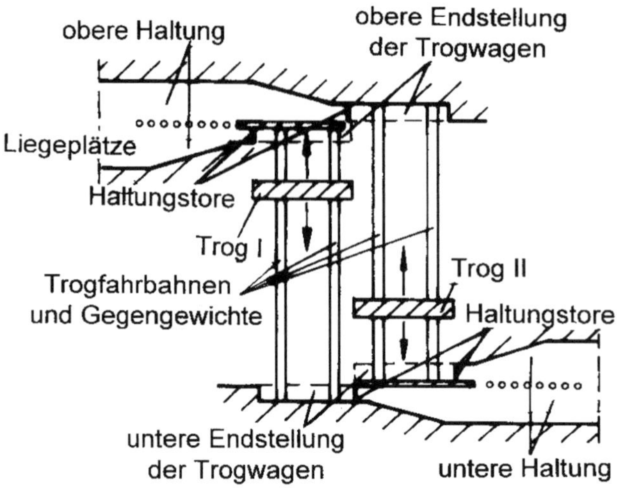

Bild 4.70 Quergeneigte Ebene mit zwei Trögen

4.7.5 Der Wasserkeil

Im Wasserkeil überwinden Schiffe schwimmend einen Höhenunterschied. Zwischen der oberen und der unteren Haltung wird ein halbrahmenförmiges Gerinne gebaut, das in flacher Neigung von etwa 1 : 30 bis 1 : 50 den Höhenunterschied überwindet. Wie das Bild 4.71 zeigt, wird in dieser Rinne (5) ein Schild (2) von zwei Transportwagen (1) bewegt. Das Obertor (4) wird bei der Bergfahrt erst kurz vor Erreichen des Zieles zum Ausfahren des Schiffes geöffnet, damit nur geringe Wasserverluste eintreten.

Mit Wasserkeilen wurden bisher nur Hubhöhen bis etwa 15 m überwunden. Das technisch schwierigste Problem ist die Dichtung des Spaltes zwischen der Sohle bzw. den Wänden aus Beton und dem beweglichen Schild aus Stahl. Eine 100%ige Dichtung ist nicht möglich, da eine größere Fuge schon deshalb sein muss, weil das Schild sich durch Temperaturunterschiede ausdehnt und zusammenzieht. Auch die Präzision, mit der die Seitenwände hergestellt werden können, sowie Bewegungen der Wände unter Belastungen aus Betrieb, Erddruck und Temperaturen erschweren die Dichtung des Spaltes. Dadurch treten in der oberen Haltung Wasserverluste auf. Anwachsendes Eis kann den Betrieb zusätzlich erschweren.

4.8 Vorhäfen

Zwei Vorhäfen begrenzen jede Schiffshebeanlage. Hier warten Schiffe an festen Liegeplätzen auf Schleusung. Im Vorhafen werden zeitliche Differenzen zwischen unterschiedlich schnell fahrenden Schiffen ausgeglichen, sofern keine Überholungen stattgefunden haben – der Betriebsrhythmus der Schiffshebeanlage bestimmt wesentlich den Schiffsverkehr auf der Strecke. Vorhäfen dienen als

- Liegeplatz für auf Schleusung wartende Schiffe,
- Platz zum Trennen und Koppeln von Schiffsverbänden,
- Koppelplatz zum Austausch von Schubbooten (z. B. beim Übergang zwischen Kanal und Fluss),
- Übernachtungsliegestellen,
- manchmal als Schutzhafen bei Hochwasser.

Größe, Form und Ausrüstung der Vorhäfen werden nach [81] gestaltet. Vor allem sollen Zeitverluste beim Schleusungsvorgang auf ein Mindestmaß begrenzt werden. Die Breite eines Vorhafens an einer normal befahrenen Wasserstraße wird dreischiffig gewählt, Bild 4.72. Etwa symmetrisch zur Achse der Schiffshebeanlage wird auf der einen Seite die Spur für auf Einfahrt wartende Schiffe, in der Mitte die Spur für die ausfahrenden Fahr-

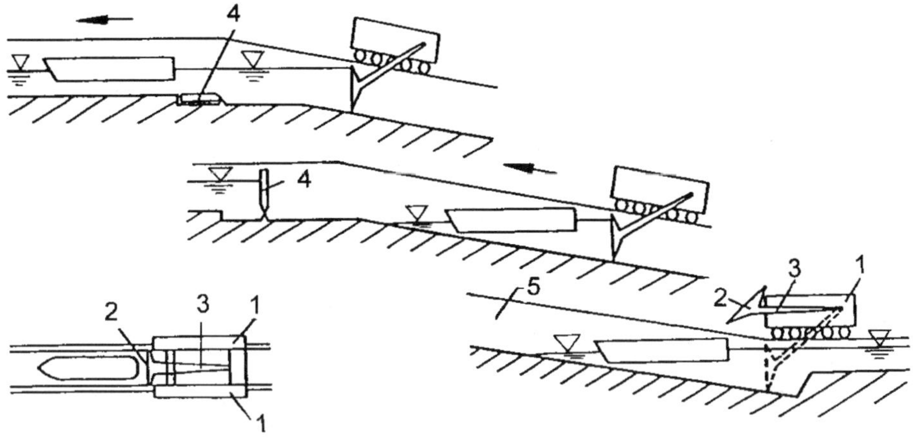

1 Schildwagen, 2 Schild, 3 Schildarm, 4 Obertor, 5 massive Rinne (Halbrahmen)

Bild 4.71 Prinzip des Wasserkeils

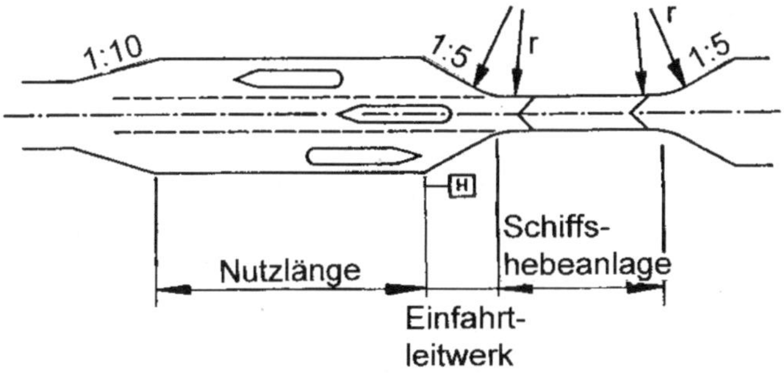

Bild 4.72 Grundriss eines dreischiffigen Vorhafens

zeuge, auf der anderen Seite die Spur für bereits geschleuste, aber noch wartende Schiffe angeordnet. Anlegestellen für die Fahrgastschifffahrt können das Konzept eines Vorhafens ebenso mitbestimmen wie von der Landschaft, der Besiedlung oder vom Natur- oder Denkmalschutz vorgegebene Besonderheiten.

Die Liegeplatzlänge im Vorhafen soll nach Möglichkeit zwei Verbandslängen mit eingeschlossenem Sicherheitsabstand betragen. Bei modernen Wasserstraßen der Klasse V b können dadurch Längen von bis zu 400 m benötigt werden.

Als Übergang zwischen Wasserstraße und breiterem Vorhafen wird das Ufer mit einer Neigung von 1 : 10 zur Achse des Vorhafens verzogen. Zwischen Vorhafen und der Schiffshebeanlage wird ein 1 : 4 bis 1 : 6 geneigter Übergang gewählt. Um langen Schubverbänden ein besseres Einfahren zu ermöglichen, wird der Übergang von der Wand des Schleusenhauptes zum Einfahrleitwerk mit einem Halbmesser von rund 150 m ausgerundet. Als Einfahrtleitwerk sind auf mindestens 25 m Länge vom Oberhaupt aus und 15 m Länge vom Unterhaupt aus geschlossene Leitwände aus Spundbohlen oder Beton zu wählen. Anschließend können unter Wasser offene Leitwerke ausgeführt werden. Die früher oft verwendeten offenen Leitwerke aus Dalben werden wegen zu häufig aufgetretener Schäden mehr und mehr von geschlossenen Leitwerken abgelöst. Die Verursacher der Schäden sind in erster Linie die Leichter der Schubverbände oder leichterähnlichen, nahezu rechteckigen Fahrzeuge. Die Oberkante der Einfahrtleitwerke soll 1 bis 2 m über dem Normalwasserstand, mindestens auch 1 m über dem *HSchW* liegen.

Im Bereich der Liegestellen werden die Ufer meist geböscht ausgebildet. Dalben im Abstand von 25 m dienen zum Anlegen der Schiffe. Die Dalben werden mit Pollern, bei großen Höhen zusätzlich mit Haltekreuzen ausgerüstet. Jeder zweite Dalben erhält einen Verbindungssteg zum Land und eine Leiter. Die Wassertiefe an den Dalben muss bei niedrigstem Wasserspiegel mindestens 50 cm größer sein als die Tauchtiefe auf der Wasserstraße.

Die nutzbare Breite des Vorhafens zwischen den senkrechten Ufereinfassungen oder zwischen den Festmachedalben der Liegeplätze, wenn die Ufer geböscht ausgebildet sind, ergibt sich als Summe aus einer Fahrspurbreite, den Breiten der Liegeplätze und Sicherheitsabständen. Für eine 12,5 m breite Schleuse wird auch die Liegeplatzbreite einschließlich der Breite für die Fenderung mit 12,5 m festgelegt. Mit Sicherheitsabständen von je 5 m und einer 16 m breiten Fahrspur B_1 (vgl. Tab. 4.2) ergibt sich für einen Vorhafen, der rechts und links Liegeplätze hat, eine Breite von $B_V = 51$ m.

Bebauungen oder andere Behinderungen können zu eingeschränkter Vorhafenbreite führen. Das führt zu größerer Länge der Vorhäfen bei nur 12,5 m Einsparung in der Breite. Doppeltbreite Schiffshebeanlagen benötigen auch breitere Vorhäfen. Die Breite des gemeinsamen Vorhafens hängt bei solchen Anlagen auch von der Breite der Mittelplattform zwischen den beiden Schiffshebeanlagen ab. Eine schmale Mittelplattform ergibt einen 72 m breiten Vorhafen, breitere Plattformen zwischen den Schleusen entsprechend auch breitere Vorhäfen.

Die Wassertiefe in den Vorhäfen ist in Schifffahrtskanälen mindestens gleich der Tiefe auf der freien Strecke, bei Flussschleusen sollte die Tiefe der Drempeltiefe gleich sein.

Das Ersetzen beschädigter Dalben ist eine öfters durchzuführende Aufgabe bei der Instandhaltung oder Rekonstruktion der Wasserstraßen – vor allem der Vorhäfen. Mit den folgenden Gleichungen und dem Beispiel S. 231 soll deshalb ein erster Einblick in die Bemessung eines Dalbens gegeben werden.

Dalben im Bereich der Binnenwasserstraßen sind meist Einpfahldalben aus Stahl, früher auch aus Holz. Sie werden als im Boden elastisch eingespannter Kragträger berechnet, der auf Schiffsstoß und auf Trossenzug, hervorgerufen durch Wind, Strömungen oder Schifffahrt, zu untersuchen ist. Der Schiffsstoß wirkt 0,5 m über dem niedrigsten Schifffahrtswasserstand, der Trossenzug 2,0 m über dem höchsten. Beim Schiffsstoß darf der Stahl bis zur Streckgrenze ausgenutzt werden, auf Trossenzug nur mit einem Teilsicherheitsbeiwert von 1,2 [18]. Für den Erdstoff wird die Wichte unter Auftrieb angesetzt, der Erdwiderstand mit einem Beiwert nach Gl. (4.119).

$$f_W = \gamma' \cdot \tan^2\left(45 + \frac{\phi}{2}\right) \quad [\mathrm{kN/m^3}] \qquad (4.119)$$

Mit diesem Wert und der Gleichung (4.120) kann der resultierende Erdwiderstand berechnet werden.

$$E_p = f_W \cdot \frac{b \cdot t_0^2}{2} + f_W \cdot \frac{t_0^3}{6} \quad [\mathrm{kN}] \qquad (4.120)$$

Für b ist die jeweils vorhandene Breite des Dalbens senkrecht zur Wirkung der Kräfte bzw. des Erdwiderstandes einzusetzen. Für den Dalben als Kragträger mit elastischer Einspannung kann $\sum M = 0$ um den Fußpunkt gebildet werden. Daraus ist die Rammtiefe t_0 zu ermitteln.

$$P \cdot (h + t_0) - f_W \cdot \left(\frac{b \cdot t_0^2}{2} \cdot \frac{t_0}{3} + \frac{t_0^3}{6} \cdot \frac{t_0}{4}\right) = 0 \qquad (4.121)$$

$$\frac{24 \cdot P}{f_W} = t_0^3 \cdot \frac{4 \cdot b + t_0}{h + t_0} \quad [\mathrm{m^3}] \qquad (4.122)$$

An beliebiger Stelle zwischen Sohle und Fußpunkt kann das Moment nach Gl. (4.123) ermittelt werden.

$$M_x = P \cdot (h + x) - f_W \cdot \left(\frac{b \cdot x^3}{6} + \frac{x^4}{24}\right) \quad [\mathrm{kNm}] \qquad (4.123)$$

Das Maximalmoment folgt aus $\frac{dM}{dx} = 0$

$$P = f_W \cdot \left(\frac{b}{2} \cdot x_m^2 + \frac{1}{6} \cdot x_m^3\right) = \frac{f_W}{6} \cdot x_m^2 \cdot (x_m + 3 \cdot b) \quad [kN] \quad (4.124)$$

$$M_{max} = \frac{f_W}{24} \cdot x_m^2 \cdot \left[3 \cdot x_m^2 + x_m \cdot (4 \cdot h + 8 \cdot b) + 12 \cdot b \cdot h\right] \quad [kNm] \quad (4.125)$$

Die Durchbiegung d für Dalben mit einheitlichem Querschnitt kann mit der Gleichung (4.126) ermittelt werden.

$$d = \frac{P}{3 \cdot E \cdot I} \cdot (h + 0{,}78 \cdot t_0)^3 \quad [m] \quad (4.126)$$

Mit n = Anzahl der verstärkten Querschnitte wird für $n = 1$

$$d = \frac{P}{3 \cdot E \cdot I_1} \cdot \left[(h + 0{,}78 \cdot t_0)^3 + \left(\frac{I_1}{I_0} - 1\right) \cdot h_0^3\right] \quad [m] (4.126\ a)$$

und für $n = 2$

$$d = \frac{P}{3 \cdot E \cdot I_2} \cdot \left\{(h + 0{,}78 \cdot t_0)^3 + \left(\frac{I_2}{I_1} - 1\right) \cdot \left[(h_0 + h_1)^3 - h_0^3\right] + \left(\frac{I_2}{I_0} - 1\right) \cdot h_0^3\right\} \quad [m] (4.126\ b)$$

Die Rammtiefe t kann gleich t_0 gesetzt werden, wenn ohne Wandreibung gerechnet wird (früher $t = 1{,}2 \cdot t_0$).

Die Bemessung eines Dalbens für den Schiffsstoß ist der Nachweis, dass für ein gewähltes Profil zulässige Grenzwerte nicht überschritten werden. Diese sind materialbedingt oder durch den Betrieb vorgegeben. Ein betriebsbedingter Grenzwert für die Durchbiegung kann vom Betreiber festgelegt werden, soll im folgenden Beispiel aber nicht berücksichtigt werden.

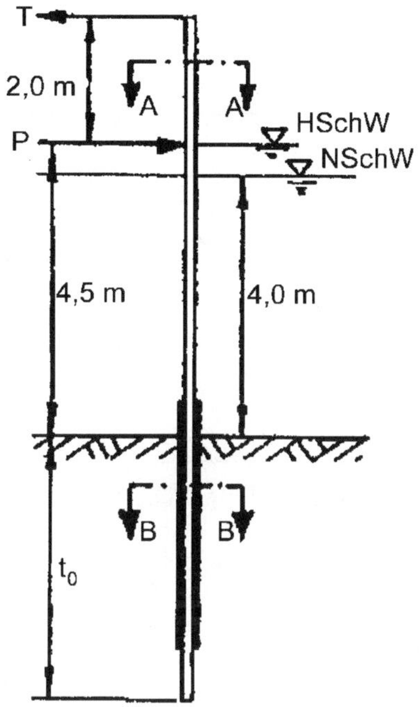

Bild 4.73 Dalben, teils mit Lamellen verstärkt

Beispiel: Bemessung eines Dalbens

Zu bemessen ist ein Einpfahldalben im unteren Vorhafen einer Schleuse. Gefordert wird von diesem Dalben ein Arbeitsvermögen von mindestens 70 kNm bei Schiffsstoß. Für den größten Trossenzug sehen die Richtlinien 100 kN vor [81]. Der Boden soll homogen sein, aus einem Sand mit $\gamma' = 12$ kN/m³ und $\phi' = 30°$ bestehen.

Gesucht sind:

a) Dalbenprofil und Rammtiefe für das geforderte Arbeitsvermögen bei Schiffsstoß,

b) Nachweis des gewählten Dalbens auf Trossenzug,

c) Ermittlung einer zulässigen Anfahrgeschwindigkeit für ein 1 350-t-Schiff.

Lösungen

a) Bemessung auf Schiffsstoß

Die Übertragung der Kräfte aus dem Schiffsstoß P erfolgt über den Erdwiderstand in den Untergrund. Im Bereich der größeren Momente wird der Dalben meist verstärkt, Bild 4.74. Beim Konstruieren eines Dalbens ist fast immer der Schiffsstoß die maßgebende Belastung, dieser Nachweis erfolgt deshalb zuerst.

Variante	I	II	III	IV
Pfahlprofil Bezeichnung	LV 23	LV 25	LV 23	LV 23
Querschnitt	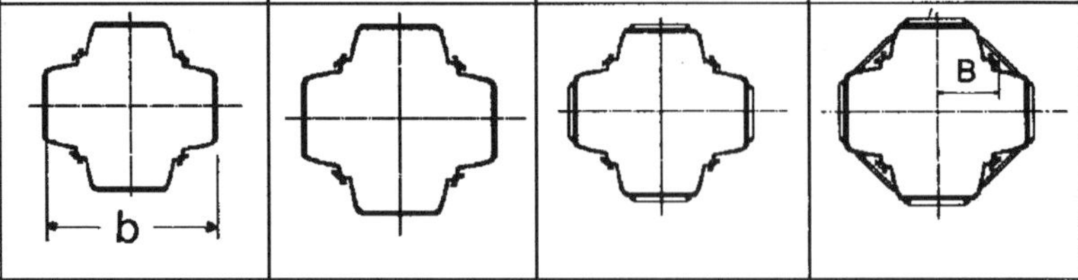			
Lamellen			4 Rückenlamellen $A_{Lam} = 2 \cdot 24$ cm²	4 Rückenlamellen 4 Schräglamellen B = 26,6 cm $A_{Lam} = 2 \cdot 24$ cm²

Bild 4.74 Profile von Einpfahldalben aus Larssenspundbohlen

Das Arbeitsvermögen soll 70 kNm betragen. Das ist die Anforderung der Schifffahrt an den Konstrukteur des Dalbens und stellt den Grenzfall einer elastischen Beanspruchung dar, beim Überschreiten des vorhandenen Arbeitsvermögens wird der Dalben verformt. Der Beiwert für den Erdwiderstand wird

$$f_W = 12 \cdot \tan^2(45 + 15) = 36\,\text{kN/m}^3$$

Ein erster Vorschlag soll ein Dalben sein, der aus vier *LV*-23-Larssen-Pfählen besteht und der die folgenden Grundwerte aufweist, wenn die Anordnung nach dem Bild 4.74 (links) gewählt wird: $b = 99$ cm; $I_0 = 396\,500$ cm⁴; $W_0 = 8\,010$ cm³. Verwendet wird Spundwand-Sonderstahl *St Sp S* mit der Streckgrenze $\sigma_{\text{Streck}} = 35{,}5$ kN/cm². Für einen solchen Dalben gilt: $M_{max} = 35{,}5 \cdot 8\,010 = 2843{,}6$ kNm.

Somit kann nach Gl. (4.125) bestimmt werden:

$$2843{,}6 = \frac{36}{24} \cdot x_m^2$$

$$\cdot \left[3 \cdot x_m^2 + x_m \cdot (4 \cdot 4{,}5 + 8 \cdot 0{,}99) + 12 \cdot 0{,}99 \cdot 4{,}5\right]$$

$x_m = 3{,}32$ m

Aus der Gl. (4.124) kann *P*, die zulässige Stoßkraft, ermittelt werden.

$$P = \frac{36}{6} \cdot 3{,}32^2 \cdot (3{,}32 + 3 \cdot 0{,}99) = 416\,\text{kN}$$

Für t_0, die rechnerische Rammtiefe, ergibt sich aus Gl. (4.122)

$$\frac{24 \cdot 416}{36} = t_0^3 \cdot \frac{4 \cdot 0{,}99 + t_0}{4{,}5 + t_0} \quad \rightarrow \quad t_0 = 6{,}62\,\text{m}$$

Für diesen Dalben würde sich die Durchbiegung nach Gl. (4.126) ergeben zu:

$$d = \frac{416}{3 \cdot 210 \cdot 3{,}965 \cdot 10^3}$$

$$\cdot (4{,}5 + 0{,}78 \cdot 6{,}62)^3 = 0{,}15\,\text{m}$$

Das Arbeitsvermögen des Dalbens kann nach Gl. (4.127) berechnet werden.

$$\boxed{A = \frac{1}{2} \cdot P \cdot d} \ [\text{kNm}] \qquad (4.127)$$

$$A = \frac{1}{2} \cdot 416 \cdot 0{,}15 = 31{,}3\,\text{kNm} < 70\,\text{kNm}$$

Es erreicht nicht den geforderten Wert.

Ein zweiter Vorschlag, den Dalben nach Bild 4.74, Variante III, mit vier Lamellen von je 2 mal 24 cm² zu verstärken, reicht ebenfalls noch nicht aus. Das Arbeitsvermögen ergibt sich für diesen Dalben zu 54,1 kNm. Aus diesem Grunde wird der Dalben weiter verstärkt, vgl. Variante IV des Bildes 4.74.

Zu vermuten ist, dass der verstärkte Dalben eine größere Stoßkraft *P* aufnehmen kann und sich geringer durchbiegen wird, weil er steifer ist. Einige Ergebnisse der folgenden Berechnungen sind bereits in das Bild 4.75 eingetragen.

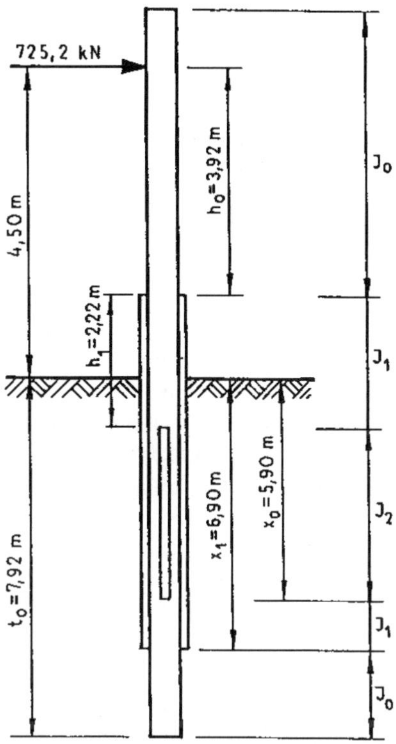

Bild 4.75 Durch acht Lamellen verstärkter Dalben

Mit

$$I_0 = 396\,500 \text{ cm}^4$$

$$2 \cdot 2 \cdot 24 \cdot 50{,}5^2 = 244\,824 \text{ cm}^4$$

$$2 \cdot 2 \cdot \frac{24^3}{12} = 4\,608 \text{ cm}^4$$

$$\text{wird } I_1 = 645\,932 \text{ cm}^4$$

$$\text{und } 4 \cdot 24 \cdot \frac{2^3}{12} = 64 \text{ cm}^4$$

$$4 \cdot 24 \cdot 2 \cdot 26{,}6^2 = 135\,852 \text{ cm}^4$$

$$\text{wird } I_2 = 781\,848 \text{ cm}^4$$

$$\text{Somit wird } W_2 = \frac{781\,848}{51{,}5} = 15\,182 \text{ cm}^3$$

$$\max M = 15\,182 \cdot 35{,}5 = 5\,389 \text{ kNm}$$

Aus Gl. (4.125) wird $x_m = 4{,}10$ m

Gleichung (4.124) ergibt $P = 725{,}2$ kN und t_0 wird nach Gl. (4.121) $t_0 = 7{,}92$ m.

Die Grenzen für die Verstärkungsbereiche ergeben sich zu:

$$h_0 = \frac{35{,}5 \cdot 8\,010}{725{,}2} = 3{,}92 \text{ m}$$

$$h_1' = \frac{35{,}5 \cdot 12\,542}{725{,}5} = 6{,}14 \text{ m}$$

$$h_1 = 6{,}14 - 3{,}92 = 2{,}22 \text{ m}$$

Aus den zulässigen Momenten ergeben sich die Werte für x_0 und x_1 zu:

$$M_{zul} = 35{,}5 \cdot 12\,542 = 4\,452{,}4 \text{ kNm}$$

$$4\,452{,}4 = 725{,}2 \cdot (4{,}5 + x_0) - 36 \cdot \left(\frac{1{,}03 \cdot x_0^3}{6} + \frac{x_0^4}{24} \right) \rightarrow x_0 = 5{,}90 \text{ m}$$

$$M_{zul} = 35{,}5 \cdot 8\,010 = 2\,843{,}6 \text{ kNm}$$

$$2\,843{,}6 = 725{,}2 \cdot (4{,}5 + x_1) - 36 \cdot \left(\frac{1{,}03 \cdot x_1^3}{6} + \frac{x_1^4}{24} \right) \rightarrow x_1 = 6{,}90 \text{ m}$$

Das Ergebnis ist im Bild 4.75 zusammengefasst. Die Durchbiegung für diesen Dalben errechnet sich nach der Gl. (4.126 b) zu

$$d = \frac{725{,}2}{3 \cdot 210 \cdot 7{,}82 \cdot 10^3} \cdot \Big\{ (0{,}45 + 0{,}78 \cdot 7{,}92)^3 + \left(\frac{7{,}82}{6{,}46} - 1 \right) \cdot \left[(3{,}92 + 2{,}22)^3 - 3{,}92^2 \right] + \left(\frac{7{,}82}{3{,}97} - 1 \right) \cdot 3{,}92^3 \Big\} = 0{,}193 \text{ m}$$

Das Arbeitsvermögen wird

$$A = \frac{1}{2} \cdot 725{,}2 \cdot 0{,}193 = 70{,}02 \approx 70 \text{ kNm}$$

b) Trossenzug

Mit $P = 100$ kN für den Trossenzug kann gleich in Gl. (4.124) gegangen werden, um x_m zu ermitteln.

$$100 = \frac{36}{6} \cdot x_m^{\ 2} \cdot (x_m + 3 \cdot 1{,}03) \rightarrow x_m = 1{,}84\,\text{m}$$

Gleichung (4.125) liefert

$$M_{max} = \frac{36}{24} \cdot 1{,}84^2 \cdot [3 \cdot 1{,}84^2 + 1{,}84 \cdot (4 \cdot 6{,}5 + 8 \cdot 1{,}03) + 12 \cdot 1{,}03 \cdot 6{,}5] = 779{,}5\,\text{kNm}$$

Bei der Berechnung auf Trossenzug darf die Streckgrenze nicht ausgenutzt werden, die Sicherheit beträgt 1,5.

$$\sigma_{vorh} = \frac{77\,950}{15182} = 5{,}15 < \frac{\sigma_{Streck}}{1{,}5} = 24\,\text{kN/cm}^2$$

$$\frac{24 \cdot 100}{36} = t_0^{\ 3} \cdot \frac{4 \cdot 1{,}03 + t_0}{6{,}5 + t_0} \rightarrow t_0 = 4{,}40\,\text{m}$$

Alle Werte sind bedeutend kleiner als beim Schiffsstoß, so dass der Dalben auch den Trossenzug aufnehmen kann.

c) Anfahrgeschwindigkeit

Die höchstmögliche Anfahrgeschwindigkeit gegen den Dalben kann nach Gl. (4.128) ermittelt werden.

$$\boxed{A = \frac{1}{2} \cdot m \cdot v^2} \ [\text{kNm}] \qquad (4.128)$$

$$v_S = \sqrt{\frac{2 \cdot 70{,}02}{1350}} = 0{,}32 \ \text{m/s}$$

4.9 Binnenhäfen und Umschlagstellen

4.9.1 Einleitung

Binnenhäfen sind heute Zentren des Güterverkehrs und Schnittstellen der drei Landverkehrsträger. Sie werden mehr und mehr zu Güterverkehrszentren mit Wasserstraßenanschluss, die neben ihrer ursprünglichen Aufgabe, dem Umschlag zwischen Schiff und Land zu dienen, auch reinen Landumschlag sowie Lagerung und Verteilung der Güter zu übernehmen haben, immer mehr zu logistischen Zentren werden. Gewerbegebiete und Firmen, die auf den Wasserstraßenanschluss Wert legen, prägen heute ebenso das Bild moderner Binnenhäfen wie Kräne und Umschlagbrücken vor allem für den Containerumschlag und für schwere und sperrige Güter.

Nach Umschlaggut und weiteren Funktionen der Häfen unterscheidet man

- öffentliche Häfen für den Umschlag von Stückgut, Containern, Schüttgütern und die Umwelt nicht gefährdenden Flüssiggütern,
- Häfen für den Umschlag gefährdender flüssiger Stoffe (Ölhäfen), die getrennt von den anderen Umschlagstellen angelegt werden müssen, weil zum Schutz des Wassers und der Umgebung besonders hohe Sicherheitsanforderungen gestellt werden,
- Werkshäfen, die meist Eigentum des Werkes selbst sind, für den Umschlag spezieller Rohstoffe und auch Fertigprodukte,
- Betriebshäfen zur Pflege und Unterhaltung des Geräteparks der Wasserstraßenverwaltung, der sog. technischen Flotte
- Schutzhäfen, in denen Schiffe (z. B. Fahrgastschiffe) während eines Hochwassers oder über den Winter liegen.

Beim Neubau von Binnenhäfen wurde und wird oft erst eine einfache Umschlagstelle an der Wasserstraße angelegt. Der Platz für spätere Erweiterungen oder Umgestaltungen der Umschlagstellen zu Binnenhäfen wird zeitgleich eingeplant und freigehalten. Auch in den deutschen Binnenhäfen liegt der Schwerpunkt der Bautätigkeit heute beim Modernisieren, Erweitern und Anpassen an neue Güter, Umschlagtechnologien oder auch neue Normen und Forderungen. Der Umbau des Hafens Dresden ist ein Beleg dafür. Frühere Forderungen und Technologien der Schifffahrt und des Umschlagbetriebes hatten zu einem fast 150 m breiten Hafenbecken geführt. Durch Verkleinerung der Breite auf 102 m und auch der Länge um 300 m entstanden etwa 70 000 m^2 Landfläche für das Ansiedeln von Firmen, die am Transport ihrer Güter auf dem Wasserwege interessiert sind.

4.9.2 Umschlagstellen und Häfen an Kanälen

Kanäle sind künstliche Wasserstraßen. In welcher Größe die beim Neubau für sie ermittelten Verkehrsprognosen auch eintreffen, kann nur schwer vorausgesagt werden. Ebenso gibt es bei Schiffen, Gütern und Umschlaggeräten über die Jahrzehnte (bzw. Jahrhunderte), die der Kanal Bestand haben wird, immer wieder Veränderungen, denen sich die Umschlagstellen anpassen müssen. Ein Umbau einer einfachen Umschlagstelle am Kanalufer zu einem Hafenbecken ist deshalb typisch für Kanalhäfen.

Die einfachste Form einer Umschlageinrichtung am Kanal ist der **Parallelhafen**, ein zurückgesetztes Ufer, Bild 4.76. Ein Platz zum Wenden der Schiffe, der auch ganz außerhalb der Fahrspur liegen kann, ergänzt die Liegeplätze für den Umschlag. Den geringen Baukosten solcher Umschlagstellen stehen die Nachteile gegenüber, dass vorbeifahrende Schiffe ihre Geschwindigkeit abmindern müssen, um die liegenden Schiffe nicht zu stark zu beeinflussen.

Der **Dreieckshafen** vereint Parallelhafen und Wendeplatz und bietet mehreren Schiffen Liegeplätze.

Molenhäfen, Bild 4.77, sind für Kanäle wie auch für frei fließende und staugeregelte Flüsse geeignet, weil sie den liegenden Schiffen guten Schutz bieten. Ihre Leistungsfähigkeit ist größer, auch die Mole kann für den Umschlag, mindestens aber als Schutzhafen, heute auch zunehmend für Wasserwandern und Touristik genutzt werden.

Stichhäfen, Bild 4.78, liegen abseits der Wasserstraße. Die Hafeneinfahrt verbindet die durchgehende Wasserstraße mit den Hafenbecken. Von Vorteil ist, dass notwendige Erweiterungen ohne Beeinträchtigung des laufenden Betriebes vorgenommen werden können. Der Umschlag erfolgt ohne Behinderung durch schnell vorbeifahrende Schiffe.

4.9.3 Umschlagstellen und Häfen an Flüssen

Die Strömung im Fluss und die schwankenden Wasserstände lassen Planung und Bau eines Flusshafens schwieriger werden gegenüber dem Kanalhafen. Während die Strömungen vor allem bei der Ausbildung der Hafeneinfahrt zu beachten sind, bestimmen die Wasserstandsschwankungen in erster Linie die Querschnittsausbildung der Kaimauer. Die Hafeneinfahrt soll möglichst am Prallufer unter ca. 30° stromauf angelegt werden. Geschiebe und

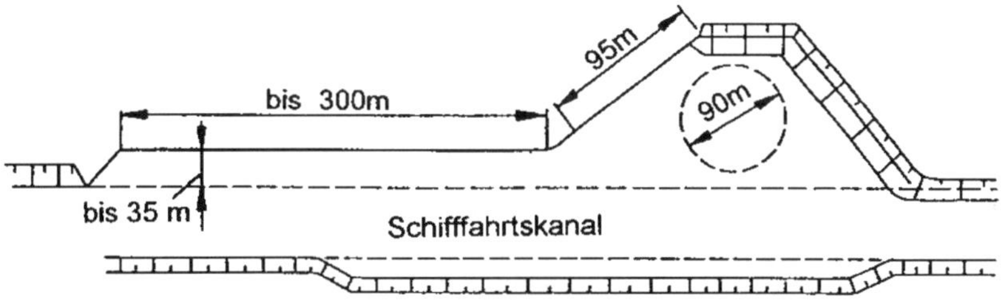

Bild 4.76 Parallelhafen

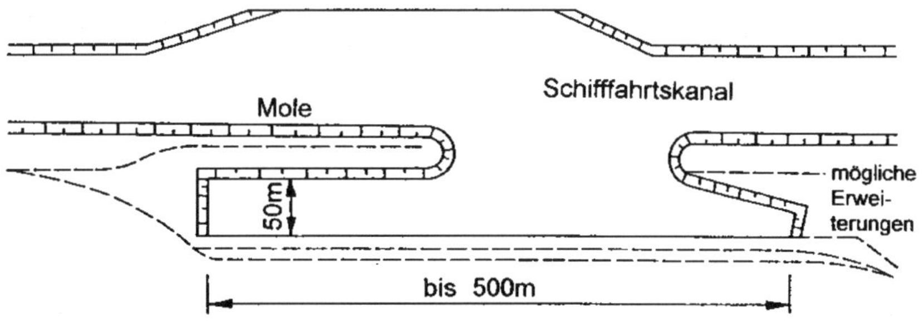

Bild 4.77 Molenhafen

Eisschollen bleiben bei dieser Lösung dem Hafenbecken fern. Geschiebe lagert sich am Prallufer seltener oder gar nicht an, und zusätzlich ist die Einfahrt gut anzusteuern. Lange Schubverbände die bergwärts fahren, haben keine Schwierigkeiten bei der Einfahrt. Von oben kommende Verbände müssen unterhalb wenden oder am vorgesehenen Platz ihre Leichter festmachen und dann umsetzen.

Bebauungen oder andere Hindernisse können für die Ausbildung der Hafeneinfahrt nur eine Einfahrt am gegenüberliegenden Ufer zulassen. Um zu verhindern, dass durch Geschiebeablagerungen Untiefen vor der Einfahrt entstehen, können Abweisbuhnen oder Walzenbuchten vorgesehen werden, Bild 4.79. In Walzenbuchten sammelt sich das Geschiebe. Von dort wird es in regelmäßigen Zeitabständen durch Nassbagger und Schuten entnommen und abtransportiert. Auch wird den einfahrenden und vor allem den ausfahrenden Schiffen durch die Walzenbucht eine bessere Sicht ermöglicht.

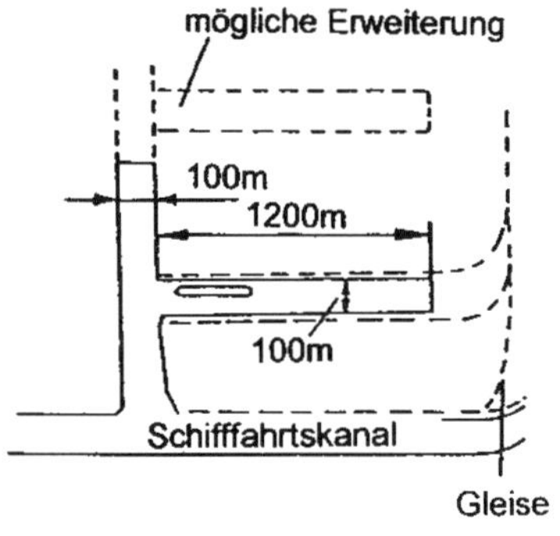

Bild 4.78 Stichhafen

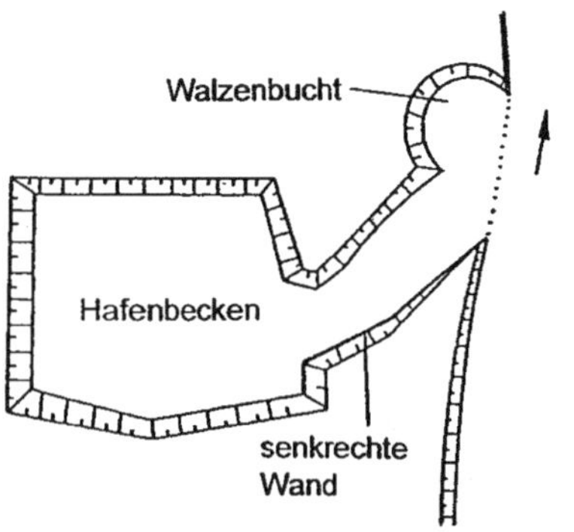

Bild 4.79 Hafen an einer Flusskrümmung

4.9.4 Querschnittsgestaltung von Binnenhäfen

Eine besonders einfache Form einer Umschlagstelle für einen Kanal zeigt das Bild 4.80. Eine Spundwand fängt den Geländesprung zwischen Kanalsohle und Hafenplanum ab. Die Fläche zwischen Ufer und Freilager wird von einem Autokran zum Entladen des Binnenschiffes benutzt. Der Autokran, der auch Stückgut umschlagen kann, ist beweglich, folglich muss an beliebiger Stelle damit gerechnet werden, dass Lasten auf das Kaibauwerk auftreten.

Größere Umschlagstellen und natürlich alle Binnenhäfen haben wesentlich mehr Ausrüstungen und Verkehrsanlagen, Parkplätze, Büros und Betriebe. Die hafentypischen Anlagen wie Kräne, Schuppen, Freilagerflächen, Straßen, Eisenbahngleise und Flurfördergeräte sollen vor allem auf ihren Einfluss auf die Querschnittsausbildung und Kaimauerbefestigung erläutert werden. Sie unterliegen recht schnell Veränderungen, weil stets neue Anforderungen eine Anpassung fordern. Die Umwandlung herkömmlicher Hafenteile in Umschlagsanlagen für Container ist heute eine vorrangige Aufgabe im Hafenbau.

Ein zweiter Schwerpunkt ist das Herstellen von Roll-on-/Roll-off-Umschlagsanlagen. An geeigneter Stelle des Hafens wird eine Rampe errichtet, von der aus die Binnenschiffe sowohl über Bug als auch über Heck rollend be- und entladen werden können. Das Kernstück dieser Anlagen ist ein bewegliches Teilstück, das sowohl unterschiedlichen Wasserständen als auch dem jeweiligen Schiffstiefgang in Abhängigkeit von der Beladung des Schiffes folgen kann. Um eine zügige Abfertigung der Schiffe zu gewährleisten, sollte an der Zufahrtsbreite der Brücke nicht gespart werden. Landseitig wird die Brücke z. B. mit einem Gelenk-Festlager und einem Gelenk-Gleitlager geführt. Wasserseitig können die Vertikalkräfte z. B. über zwei Hubdalben abgeleitet werden.

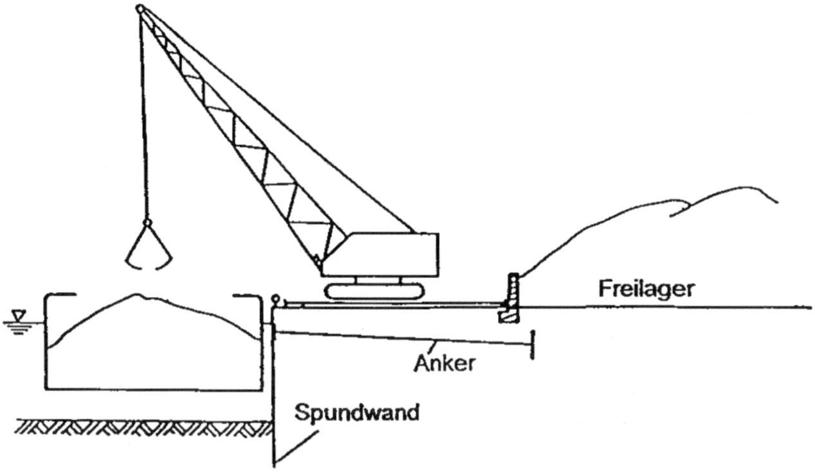

Bild 4.80 Umschlagstelle am Kanal

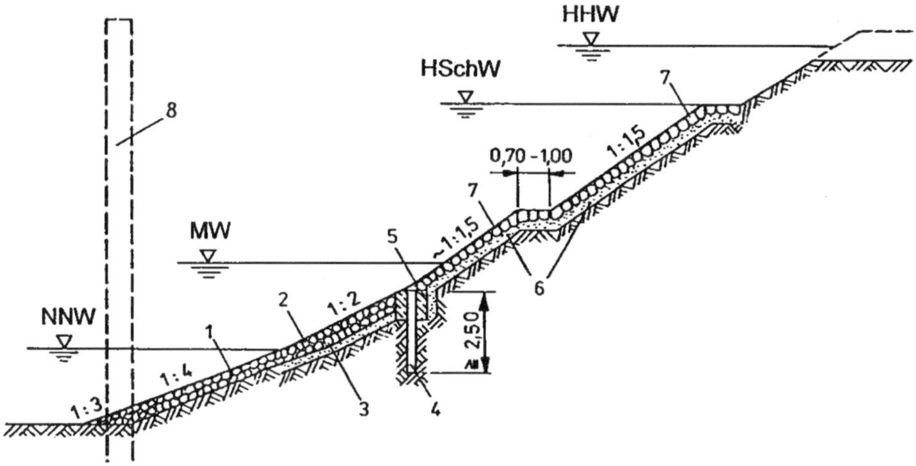

1 Steinschüttung, 2 Steinpackung, 3 Filterkies, 4 Spundwand, 5 Holm, 6 Mörtelbett, 7 Pflaster, 8 Dalben

Bild 4.81 Geböschte Ufereinfassung im Binnenhafen nach [47]

Gemeinsam mit einem horizontalen Hubriegel bilden die Dalben ein Portal, das auch Horizontalkräfte aufnimmt und ableitet. Die Höheneinstellung der Brücke an der Wasserseite erfolgt automatisch. Sie orientiert sich am Schiff und gleicht dadurch Wasserstandsschwankungen und unterschiedliche Beladungszustände aus.

Senkrecht, geböscht oder unten senkrecht und oben geböscht können die Ufereinfassungen ausgebildet werden. Einflüsse wie Baugrund, Wasserstände, Belastungen, Bau- und Unterhaltungskosten sowie Umschlagtechnologie bestimmen die Bauweise für die Kaianlage.

Für Hafenzufahrten, Trennmolen, Wendeplätze, wenig frequentierte Schiffsliegeplätze und Ölumschlagplätze kann die geböschte Ufereinfassung empfohlen werden. Sie ist in der Herstellung billig, aber in der Unterhaltung aufwendiger als das senkrechte Bauwerk. Eine häufig angewandte geböschte Ufereinfassung zeigt das Bild 4.81. Die stark beanspruchten Bereiche unterhalb des *MW*-Spiegels sind fest und sorgfältig auszubilden. Schwere Wasserbausteine mit mindestens 30 cm Kantenlänge und 30 bis 40 kg Masse auf einer stabilen Filterunterlage haben sich bewährt.

Im mittleren Bereich werden Pflasterungen aus Betonformsteinen oder Natursteinen eingesetzt, die leicht einzubauen und auch auszutauschen sind. Besonders ein Innenwasserüberdruck bei schnell sinkenden Wasserständen kann zu Schäden an diesen Böschungsbefestigungen führen, vor allem wenn sie dicht ausgebildet werden. Dichte Böschungsbeläge (Beton oder dicht vergossene Steine) widerstehen Angriffen aus Wellen oder Eis besser als durchlässige, die meist aus Einzelsteinen bestehen. Bei durchlässigen Deckwerken spielt der Innenwasserüberdruck nur eine geringere Rolle, bei ihnen kommt es vor allem auf die exakte Filterausbildung an.

Wichtigster Nachteil einer geböschten Uferausbildung ist die notwendige große Auslegerweite der Umschlaggeräte. Entsprechend groß ist auch der Weg des umzuschlagenden Gutes bei jedem Kranspiel. Mit größeren Wasserspiegelschwankungen in Flusshäfen vergrößern sich auch diese Nachteile. Auch die Übersicht des Kranführers über die Vorgänge im Schiff ist nicht gut.

Senkrechte Ufereinfassungen sind in der Herstellung besonders teuer. Dem stehen aber geringere Unterhaltungsaufwendungen, geringere Inanspruchnahme von Land und ein schnelleres und übersichtlicheres Arbeiten beim Umschlag gegenüber. Typische senkrechte Ufereinfassungen eines Binnenhafens sind die Stahlspundwand und die Gewichtsmauer bei entsprechendem Untergrund. Wegen der gleichbleibenden und geringen Wassertiefe im Kanalhafen ist die einfach verankerte Spundwand hier besonders geeignet. Einen Hilfsanker am Holm oder eine zweite Verankerung wird erforderlich, wenn am nicht staugeregelten Fluss die Größe des Geländesprungs zunimmt.

Um die Nachteile der geböschten und der senkrechten Ufereinfassungen zu mindern, kann für Flusshäfen mit größeren Wasserspiegelschwankungen das teilgeböschte Ufer die beste Lösung darstellen. Das verringert vor allem die größer werdenden Nachteile bei niedrigen Wasserständen. Das Bild 4.82 zeigt eine Möglichkeit, ein teilgeböschtes Ufer auszubilden. Dieser Querschnitt kann auch beim Vertiefen geböschter Ufereinfassungen beim Umbau eines Binnenhafens verwendet werden.

Für den Entwurf eines teilgeböschten Ufers gelten folgende Grundsätze:

- Der Knickpunkt zwischen senkrechtem und geböschtem Teil soll über *MW* liegen, kann aber bis zu 60 Tage im Jahr auch überstaut sein,
- ein Hafenplanum für Schüttgut, das nicht hochwasserfrei liegen muss, kann unterhalb des *HHW* liegen,
- die Böschungshöhe soll 6 m nicht überschreiten, ggf. ist dann die Spundwandoberkante höher zu legen,
- Leitpfähle markieren den Knickpunkt, der innerhalb eines Hafens stets auf gleicher Höhe liegen soll,
- ein 70 cm breiter Holm aus Stahlbeton bildet den oberen Abschluss der einfach verankerten und im Boden fest eingespannten Spundwand,
- die Böschungsneigung im oberen Teil beträgt etwa 1 : 1,5.

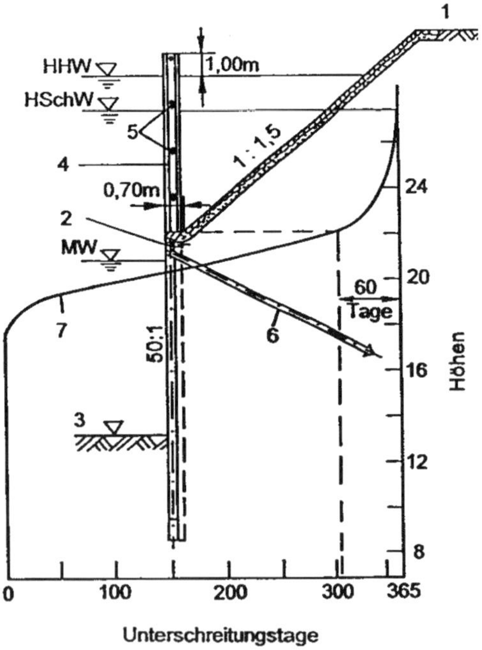

1 Hafenplanum, 2 Knickpunkt, 3 Hafensohle, 4 Leitpfahl, 5 Seitenpoller, 6 *MV*-Pfahl, 7 Wasserstandsdauerlinie

Bild 4.82 Teilgeböschtes Ufer für einen Flusshafen

Alle Ufereinfassungen werden sowohl von der Land- als auch von der Wasserseite her belastet. Die Belastungen sind vertikal und horizontal. Wichtige Maße und Details zur Ausbildung der Kaimauervorderkante im Binnenhafen zeigt das Bild 4.83. Bei Spundwänden sollte die Kranschiene in Spundwandachse liegen Bei massiven Ufereinfassungen wurde früher der Gehstreifen außerhalb der Kranportalstütze angeordnet.

Horizontale Belastungen auf der Kaimauer entstehen aus Kränen und Verkehrslasten. Brems- und Beschleunigungskräfte, aber auch Windeinwirkungen führen zu horizontalen Lasten, die quer zur Schienenrichtung nach E 84 [18] in einer Größe von 10 % der vertikalen angesetzt werden. In Schienenrichtung werden bis 15 % der Vertikallasten der abgebremsten Räder angesetzt.

Vertikale Lasten auf der Kaimauer sind für jede Kaimauerkonstruktion das Eigengewicht und lotrechte Nutzlasten. Für Vorentwürfe (Belegarbeiten) werden mögliche Konstruktionen angenommen und den Ermittlungen des Gewichtes zugrunde gelegt. Die Betonwichte sollte für Stahlbeton zu $\gamma_B = 25\ kN/m^3$ gewählt werden, da das Eigengewicht belastend wirkt. Weitere konstruktive Details wie Bettungsschichten, Betonplatten oder Pflaster sind mit den entsprechenden Wichten einzusetzen.

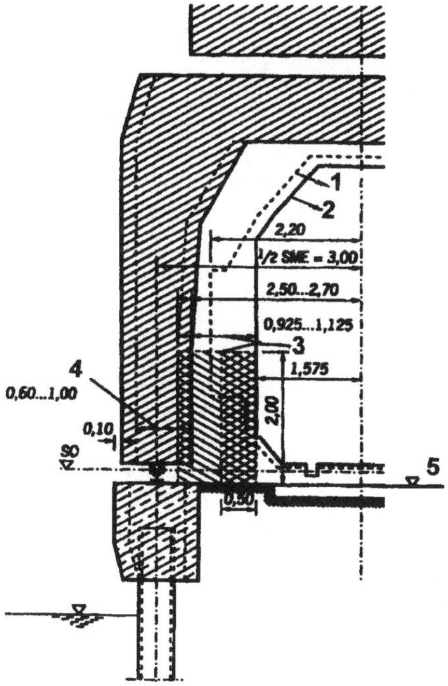

1 Regellichtraum, 2 Fahrzeugbegrenzung, 3 Gehstreifen, 4 Portalfußbreite, 5 OK Gelände

Bild 4.83 Maße und Details für Ufereinfassungen in Binnenhäfen aus [18]

Bei Spundwänden sollte die Kranschiene in Spundwandachse liegen. Bei massiven Ufereinfassungen wurde früher der Gehstreifen außerhalb der Kranportalstütze angeordnet.

Lotrechte Nutzlasten sind die Belastungen durch die Verkehrsmittel und alle Lasten, die die Umschlaggeräte verursachen sowie evtl. Auflasten aus Lagergut. In der Bauzeit sind Lasten, die durch Baugeräte verursacht werden, gesondert zu beachten. Grundsätzlich ist die Empfehlung E 5 zu beachten. Dort sind Lasten aus dem Lagergut z. B. für Stückgut 20 kN/m^2, Container in vier Lagen 55 kN/m^2, Schüttgüter je nach Schütthöhe und Wichte angegeben. Wo nichts lagern wird, kann LKW-Verkehr (10 kN/m^2) oder leichter Verkehr, z. B. mit PKW, (5 kN/m^2) auftreten. Auch die Verkehrslasten können der E 5 entnommen werden.

Die genannten Lasten führen zu massiven Flächenbefestigungen auf den Freilagern der Binnenhäfen. Das Bild 4.84 zeigt eine Bauweise für stabile Freilagerflächen.

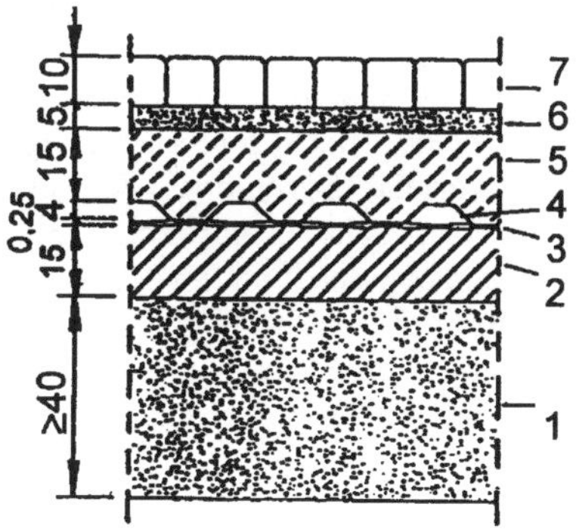

1 tragfähiger Untergrund, 2 zementgebundene Tragschicht, 3 Sperrschichtplatte, 4 Abstandsplatte, 5 Beton, 6 Mörtelbett, 7 Betonverbundsteinpflaster

Bild 4.84 Befestigung von Freilagerflächen nach [94]

Die konstruktiven Grundsätze zu Bau und Bemessung von Binnenhäfen sind heute vor allem wichtig für die Rekonstruktion und Erweiterung vorhandener Häfen. In gleicher Weise gelten sie für Häfen und Anlegestellen für die Personenschifffahrt. Zahlreiche neue, aber ähnliche Aufgaben stehen beim Umgestalten ganzer Landschaften in den ehemaligen Tagebauen der Lausitz, des Leipziger Raumes und anderer Gegenden an.

4.10 Zusammenfassung

Alle Baumaßnahmen an Binnenwasserstraßen setzen heute umfangreiche gesetzlich vorgeschriebene Untersuchungen zur Umweltverträglichkeit voraus. Mehr als bisher sollte dabei gleichwertig beachtet werden, dass Transporte per Schiff die Umwelt wesentlich geringer belasten als per LKW.

Selbstfahrende Motorgüterschiffe und Schiffsverbände (Schubverbände, Koppelverbände) dominieren heute auf europäischen Wasserstraßen. Die moderne Binnenschifffahrt benötigt Wasserstraßen in festgelegten Mindestabmessungen für die Tiefe, die Breite und die Größe des Querschnittes sowie die Gestaltung der Krümmungen. Die Kurvenverbreiterungen werden immer am Innenufer vorgenommen, um die Sichtverhältnisse zu verbessern und um weniger Flächen in Anspruch zu nehmen.

Ungedichtete Strecken sollten überwiegen, weil sie billiger und einfacher herzustellen sind. Gedichtete sind anzuwenden, wo der Kanalwasserspiegel über dem Grundwasserspiegel liegt oder eine Gefährdung des Grundwassers besteht. Dichtungsstoffe sind Lehm und Ton als natürliche Erddichtungsstoffe, Tonbeton und Hydraton als aufbereitete Erddichtungsstoffe sowie die künstlichen Dichtungen aus Asphalt, Zementbeton (selten), Kunststoffen oder geosynthetischen Dichtungsbahnen.

Die größten Beanspruchungen der Kanalwandungen entstehen aus der Schifffahrt. In ungedichteten Strecken wird die Sohle nicht geschützt, in gedichteten ist eine Schutzschicht erforderlich, auch um beim Notankern die Dichtung nicht zu verletzen. Böschungen sind gegen Angriffe aus schifffahrtsbedingten Bewegungen des Wassers, gegen Eis und andere Angriffe (Windwellen) zu schützen. Am häufigsten werden großformatige Schüttsteine dazu verwendet.

Am deutschen Kanalnetz sind in den nächsten Jahren vor allem Querschnittserweiterungen durchzuführen. Diese erfolgen meist einseitig, um die Ufervegetation nicht über Gebühr zu beeinträchtigen. Bautechnische Schwierigkeiten entstehen vor allem beim Erweitern der gedichteten Strecken. Hier bieten sich die Spundwandbauweise und die Böschungsbauweise, also das Herstellen der üblichen Standardprofile an. Zum Dichtungseinbau unter Wasser wurden spezielle Verfahren entwickelt.

Schiffbare Flüsse erschweren die Schifffahrt wegen der Strömung (auch Querströmungen durch Wassereinleitungen und -entnahmen) und der oft schwankenden und nicht ausreichenden Wassertiefen. Sie machen sie aber auch leichter als auf den Kanälen, da die Flüsse meist breiter als künstliche Kanäle sind.

Das Nutzen-Kosten-Verhältnis (*NKV*) ist eine wichtige Grundlage für die Verteilung der Finanzmittel sowohl zwischen den Verkehrsträgern als auch im Bereich der Wasserstraßen und ihrer Anlagen. Nur durch die Einbeziehung des verkehrsfremden Nutzens (Hochwasserschutz, Stromerzeugung, Tourismus u. a.) werden künftig größere Wasserstraßenprojekte noch wirtschaftlich und somit zu verwirklichen sein.

Schiffshebeanlagen dienen zum Vertikaltransport von Schiffen. Bei Schleusen, ohne die Möglichkeit, Wasser zu sparen, wird bei jedem Schleusungsvorgang ein Wasservolumen gebraucht, das gleich dem Produkt aus Länge, Breite und Hubhöhe der Schleuse ist. Bei Zwillings- und Sparschleusen kann ein Teil des Betriebswassers einer Talschleusung für die nächste Bergschleusung aufgehoben werden. Ein Schiffshebewerk benötigt zum Transport der Schiffe eine zum Vernachlässigen kleine Wassermenge (Ausnahme Wasserkeil).

Schleusenkammer, Ober- und Unterhaupt sowie zahlreiche Betriebseinrichtungen sind die wichtigsten Teile einer Schleuse. Der Kammerquerschnitt kann aus Stahlspundwänden, massiven Gewichtsmauern oder Stahlbeton in Form eines Halbrahmens gebildet werden. Der Baugrund und die Schleusenabmessungen bestimmen die Auswahl. Die Häupter werden massiv ausgeführt. Sie tragen die Schleusentore, die Einrichtungen zum Füllen und Leeren bzw. deren Beginn oder Ende sowie die Revisionsverschlüsse.

Für das Unterhaupt kommen vor allem Hubtore (insbesondere bei Schachtschleusen) und Stemmtore zur Anwendung. Am Oberhaupt werden Senktore, Hubsenktore, Klapptore, Drehtore und auch Stemmtore verwendet.

Das Füllen und Leeren kann bei kleinen Schleusen durch die Tore oder mit den Toren erfolgen. Kurze Torumläufe sind für mittlere Schleusen vorteilhaft. Alle großen Schleusen werden heute mit Längsumläufen, Grundläufen oder speziellen Füllsystemen gefüllt und auch geleert. Spundwandschleusen können nur am Haupt gefüllt werden.

Beim Füllvorgang ist eine zulässige Anfangsfüllwassermenge einzuhalten, die besonders bei Füllungen am Haupt die Füllzeit stark beeinflusst. Die größtmögliche Zuflussmenge wird durch Sunkerscheinungen im oberen Vorhafen begrenzt. Das Füllen einer Schleuse ist eine nichtstationäre Wasserbewegung, bei der die Druckhöhe ständig abnimmt, beim Füllen aus Sparbecken etwa doppelt so schnell.

Sparschleusen erhalten zwei bis vier Sparbecken neben der Schleusenkammer oder Sparkammern in die Schleusenkammerwand integriert. In diese Kammern wird beim Leeren der Schleuse das Wasser zunächst geleitet, damit es beim anschließenden Füllvorgang nicht der oberen Haltung entnommen werden muss. Nur ein Teil des Betriebswassers muss zurückgepumpt werden.

Schiffshebewerke kommen praktisch ohne Betriebswasser aus, arbeiten schnell und sind für große Hubhöhen besonders geeignet. Die Trogabmessungen bisher ausgeführter Hebewerke gestatten nicht, große Schubverbände ungeteilt zu heben und zu senken. Senkrechte Förderung geschieht mit Gegengewichts- oder Schwimmerhebewerken. Auf längs- oder quergeneigten Ebenen werden die Schiffe in einem Trog bewegt, heute nur noch in wassergefüllten Trögen.

Umschlagstellen und Häfen sind die Verbindungsstellen zwischen Schiff und Land. Hauptaufgabe der Häfen ist der Güterumschlag zwischen Schiff und Landverkehrsmittel, der oft über Zwischenlagerung durchgeführt wird. Auch reiner Landumschlag zwischen Bahn und LKW, Lagerung sowie Produktion und Handel sind heute wichtige Aufgaben eines Hafens. Umbau und Erweiterung bestimmen in letzter Zeit immer mehr die Bautätigkeit in den Binnenhäfen. Sportboot- und Personenhäfen werden heute vor allem in den früheren Tagebauen, die nach und nach geflutet werden, errichtet.

Die Vorzüge der Binnenschifffahrt sind die geringen Kosten zur Transportdurchführung und nur geringe Umweltbelastungen durch Schadstoffe und Lärm. Eine hohe Zuverlässigkeit und geringes Unfallrisiko auf den Wasserstraßen kommen noch hinzu. Schwere und sperrige Güter sind oft nur auf dem Wasserweg zu befördern. Wenn Vor- und Nachteile der Verkehrsträger objektiv abgewogen werden, kommen Entscheidungsträger nicht umhin, sich für den Bau oder Ausbau von Wasserstraßen und Häfen zu entscheiden.

5 Wasserkraftwerke

5.1 Wasserkraft und Umwelt

5.1.1 Der Bedarf an elektrischer Energie und seine Deckung

Elektrische Energie ist ein Stützpfeiler unserer Gesellschaft. Ihre anerkannten Vorzüge und die wachsenden Bedürfnisse der Menschen heben ihre Bedeutung von Jahr zu Jahr. Der jährliche Verbrauch pro Kopf betrug im Weltmaßstab 1991 etwa 2500 kWh. Spitzenreiter war Norwegen mit 25 000 kWh, der Amerikaner verbrauchte 12 000 kWh, der Deutsche **7 000**, der Kambodschaner ganze 8 kWh pro Jahr.

Sowohl diese Unterschiede als auch das weltweite Wachsen der Bevölkerung lassen erwarten, dass das bisher beobachtete ständige Anwachsen des Stromverbrauchs auch weiterhin weltweit anhalten wird. 1993 wurden etwa **13 000 TeraWh** Strom weltweit verbraucht (Eine Terawattstunde = 1 Mrd. kWh). Das Bild 5.1 zeigt die mögliche künftige Entwicklung.

Der größte Teil des Stromes wird durch Verbrennung fossiler Brennstoffe (Stein- und Braunkohle, Öl, Gas), von Holz und durch Kernspaltung erzeugt. Wie sich in Deutschland die wichtigsten nutzbaren Primärenergieträger an der Stromerzeugung beteiligen, zeigt das Bild 5.2.

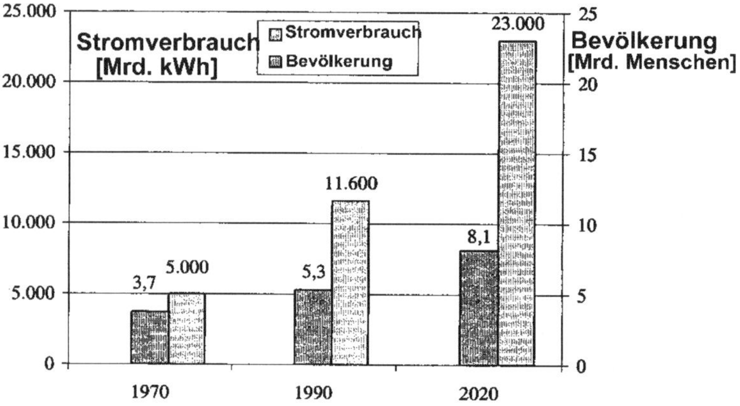

Bild 5.1 Entwicklung von Weltbevölkerung und Stromverbrauch nach [30]

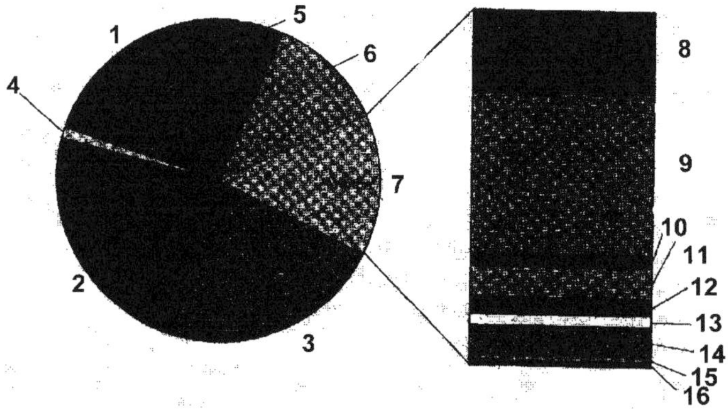

1 Steinkohle 22,8 %, 2 Braunkohle 24,5 %, 3 Kernenergie 22,1 %, 4 Öl 1,3 %, 5 übrige Energieträger 3,4 %, 6 Erdgas 11,7 %, weitere Energieträger, 8 Wasser 3,4 %, Wind 6,4 %, 10 Photovoltaik, 11, 12 und 13 biogene Brennstoffe, 14 Biogas, 15 Klärgas, 16 Deponiegas

Bild 5.2 Bruttoerzeugung elektr. Energie in Deutschland

Aus der Wasserkraft werden gegenwärtig in Deutschland nur **3,4 %** des Stromes hergestellt. Fast ihren gesamten Strombedarf decken Norwegen und Brasilien aus der Wasserkraft, in den Alpenländern Österreich und Schweiz sind es etwa 60 %. In Deutschland sind die Anteile an der Stromerzeugung regional sehr unterschiedlich, was topografisch bedingt ist.

Heute wird Strom europaweit gehandelt und somit dem Bedarf angepasst. Das kann Spitzen und Täler beim Stromverbrauch teilweise ausgleichen.

Das Bild 5.2 macht deutlich, dass
- ein Ausstieg aus der Kernenergie Probleme und Engpässe hervorrufen kann,
- Kohle als heute noch wichtigster Energieträger in Deutschland noch eine längere Zeit vorherrschen wird,
- die regenerativen und auch CO_2-freien Energiequellen kaum den gesamten Strombedarf werden decken können,
- von den umweltfreundlichen Energieträgern die Wasserkraft in Deutschland stets eine dominierende Stromquelle bleiben wird, wenn auch die Windkraft – gefördert durch große Subventionen –zuletzt größere Zuwachsraten hatte.

Der Bedarf an elektrischer Energie ist über den Tag nicht gleichmäßig. Spitzen und Täler treten in jedem Versorgungsgebiet täglich auf. Hinzu kommt, dass auch die Tageslasten sehr verschieden sind (Sommertag/Wintertag, Werktag/Sonntag). Die Energieversorgung unterscheidet die Grundlast, die nicht unterschritten wird, und die Spitzenlast, die nicht überschritten wird. Spitzen abzubauen und Täler aufzufüllen, erfolgen verschieden:
- durch Administration und Preisgestaltung, nur in staatlichen Planwirtschaften üblich,
- nur durch Preisgestaltung, in Marktwirtschaften üblich,
- durch Angleichung, insbesondere durch den Einsatz von Pumpspeicherwerken, eine Aufgabe für den Wasserbau, Abschnitt 5.5.3.

Einige Kraftwerke produzieren **kontinuierlich**, sind also nur zum Decken der Grundlast zu verwenden:
- Kernkraftwerke, die nur sehr zeitaufwendig zugeschaltet werden können,
- Laufwasserkraftwerke, da der Abfluss im Fließgewässer, das oft auch gleichzeitig Wasserstraße ist, nicht unterbrochen werden kann,
- Kohlekraftwerke, wobei eine Anpassung an den Bedarf durch eine Dosierung der Brennstoffzufuhr bis zu einem gewissen Grade möglich ist.

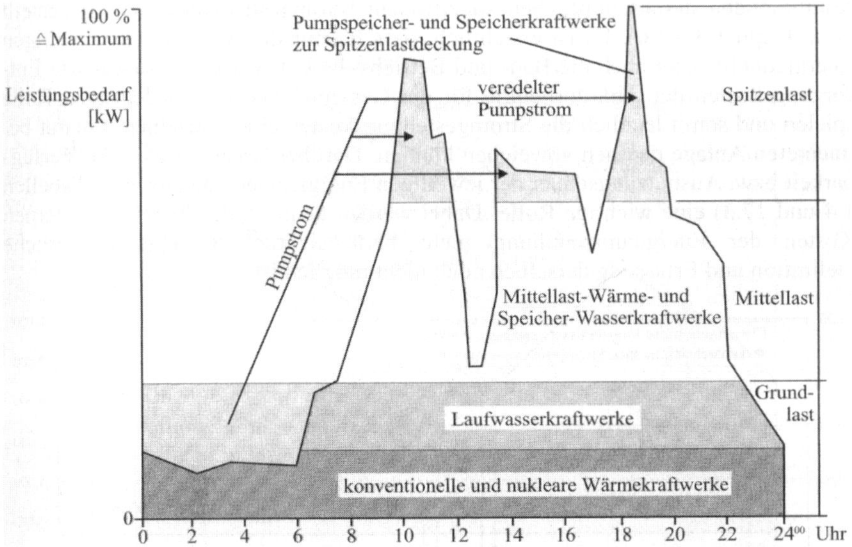

Bild 5.3 Tages-Belastungs-Diagramm aus [30]

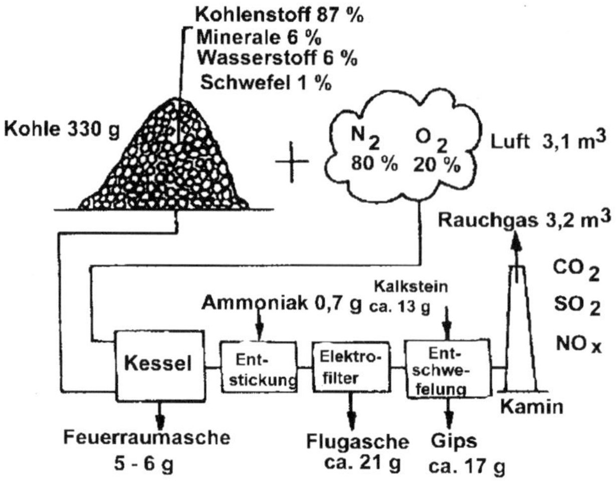

Bestandteile des Rauchgases	nach Kessel g/kWh	nach Entstickung g/kWh	nach E-Filter g/kWh	nach Entschwefelung g/kWh
CO_2	1 000	1 000	1 000	1 000
SO_2	7	7	7	0,7
NO_x	2,5	0,7	0,7	0,7
Asche, Staub	21	21	0,1	0,05

Kühlwasserbedarf: 1,4 l/kWh (Verdunstung)

Bild 5.4 Mengenströme und Schadstoffe beim Erzeugen einer Kilowattstunde in einem Kohlekraftwerk

Weitere Kraftwerke können in **Spitzenzeiten** zugeschaltet und schnell wieder vom Netz genommen werden:

- Spitzenwasserkraftwerke, also Wasserkraftwerke mit einem Speichervermögen, z. B. an Talsperren,
- Erdgas verbrennende Kraftwerke.

Andere Kraftwerke produzieren **diskontinuierlich**, aber nicht nach Bedarf:

- Gezeitenkraftwerke, abhängig vom Auftreten von Ebbe und Flut,
- Windkraftanlagen, abhängig von der Windstärke,
- Solarenergieanlagen, abhängig von der Sonnenscheindauer und -intensität.

Wasserkraftwerke (Pumpspeicherwerke, Spitzenkraftwerke, Laufkraftwerke, Gezeitenkraftwerke) kommen in allen Kategorien vor.

5.1.2 Wasserkraft als Quelle regenerativer Energie

Bei der Erzeugung einer kWh elektrischer Energie in einem Kohlekraftwerk wird neben anderen Schadstoffen etwa ein Kilogramm CO_2 erzeugt, Bild 5.4. Während die Schadstoffe in Filteranlagen weitgehend zurückgehalten werden können, aber auch dann noch entsorgt werden müssen, kann das Kilogramm CO_2 in die Atmosphäre entweichen und den Treibhauseffekt unterstützen. Das Bild 5.4 zeigt Mengenströme und Schadstoffe beim Erzeugen einer kWh im Kohlekraftwerk.

Betrachtet und bilanziert man die CO_2-Emissionen, die beim Bau und Betrieb eines Kraftwerkes entstehen, kommt man etwa zu folgender Größe: **Wasserkraftwerk 4 g/kWh,** Windenergie 20 g/kWh, Kernenergie 25 g/kWh, Solarkraftwerk 200 g/kWh,

Erdgaskraftwerk 580 g/kWh, **Kohlekraftwerk 1 000 g/kWh**. Dabei sind der Abbau der Anlagen und die Wiederherstellung der Landschaften noch nicht mit einbezogen. Das CO_2-freie Kohlekraftwerk kann es ebenso nicht geben wie ein Kernkraftwerk ohne atomaren Endmüll. Doch die CO_2-Emission ist nicht das einzige Kriterium für die Umweltbeeinflussung eines Kraftwerkes.

Über alle Probleme, die durch die Nutzung der Kernenergie entstehen, wird an vielen Orten recht heftig gestritten. Für den Wasserbau gibt es im Zusammenhang mit einem Kernkraftwerk immer dann Aufgaben, wenn Kühlwasser benötigt wird. Gleiches gilt auch für das Kohlekraftwerk.

5.1.3 Ökologische Fragen bei der Wasserkraftnutzung

Grundsätzlich ist heute die Nutzung der Wasserkraft im Binnenland an einen Höhenunterschied zwischen zwei Wasserspiegeln gebunden (die Zeit der Schiffsmühlen auf dem Fluss ist vorbei). Für ein Fließgewässer bedeutet das die Nutzung eines vorhandenen oder Errichtung eines neuen Staus. Die Veränderungen, die durch das Schaffen eines Staus im Fließgewässer entstehen, wurden im Abschnitt 2.6.1 bereits beschrieben. Veränderungen werden heute – ideologisch vorbelastet – als Verschlechterung angesehen. Die Europäische Wasserrahmenrichtlinie [83] sieht ein Verschlechterungsverbot hinsichtlich des ökologischen Potentials vor. Sie fordert aber auch dazu auf, zwischen Schutz und Nutzung der Gewässer eine vernünftige Balance herzustellen. „Allein an den Wasserkraftwerken der E.ON Wasserkraft befinden sich über 100 Naturschutz-, Landschaftsschutz- und FFH-Gebiete“ [31]. Das zeigt deutlich die Vereinbarkeit von Naturschutz und Wasserkraft bzw. Wasserbau allgemein. An Staubereichen großer Flusskraftwerke sowie auch anderer Nutzungen (Spreewald, Mosellandschaft, Neckarraum oder Altmühltal) sind hochwertige Seen- und Auelandschaften entstanden, die heute eine erhaltenswerte Landschaft und Artenvielfalt haben [78]. Von ruinierten, betonierten, begradigten oder toten Flusslandschaften kann man hier nicht sprechen.

Bei **Ausleitungskraftwerken** (Seitenkanal) verbleibt in der Ausleitungsstrecke ein nur geringer Abfluss mit Auswirkungen auf die Fließgeschwindigkeit sowie die Temperatur sowohl im Sommer (Algenbildung) als auch im Winter (verstärkte Eisbildung). Zu einer ökologischen Umgestaltung der Ausleitungsstrecke gehört heute z. B. das Schaffen von Kiesbänken, die für zahlreiche Arten wertvolle Lebensräume darstellen. Die heute stets erforderliche Festlegung von **Mindestabflüssen** in Ausleitungsstrecken erfolgt unter weitgehender Beachtung ökologischer Erfordernisse [15]. Neue und sich auch ändernde Bestimmungen zum Mindestwasserabfluss führen auch zum Stilllegen von vorhandenen kleineren Wasserkraftwerken.

Der erforderliche Mindestabfluss im Bereich des ursprünglichen Flussabschnittes kann durch den Bau von zwei unabhängig voneinander arbeitenden Kraftwerken gelöst werden. Die Durchgängigkeit des Fließgewässers wird durch die Fischaufstiegsanlage (vgl. Abschnitt 2.6.3) sichergestellt. Viele Wasserkraftanlagen älterer Bauart sind heute mit Fischaufstiegsanlagen nachzurüsten. Insbesondere bei kleinen Wasserkraftwerken kommt es dabei zu Problemen bei der Aufteilung des geringen Abflusses.

5.1.4 Wirtschaftliche Fragen der Wasserkraftausnutzung

Nach den Gedanken zur Umweltbeeinflussung und den ökologischen Fragen sind zu jedem Kraftwerk auch Überlegungen zur Wirtschaftlichkeit notwendig. Wie außerordentlich wirtschaftlich Wasserkraftwerke arbeiten, geht auch aus den für Norwegen genannten Zahlen hervor: 25 000 kWh pro Kopf ist der Jahresverbrauch bei der fast 100%igen Erzeugung durch Wasserkraft. Das ist dadurch zu begründen, dass fast nur Baukosten anfallen, der „Brennstoff“ praktisch kostenlos zur Verfügung steht. Nur Sonnen- und Windkraftwerke sowie Müllverbrennung und Biogas können ähnlich billige Betriebsstoffe verwerten. Da Verbrennungen aber nicht schadstofffrei erfolgen können, Biogas und Müll auch nur in bestimmten Mengen zur Verfügung stehen, sollen in Fragen der Wirtschaftlichkeit hier nur noch Wind- und Solarkraftwerke mit Wasserkraftwerken verglichen werden. Für Wind- und Solarkraftwerke ergeben sich zwei wirtschaftliche Nachteile, die einem Ausbau in großem Umfang bisher im Wege stehen:

- sie können ein Gebiet nicht allein versorgen (Windstille, Dunkelheit), ein weiterer Stromerzeuger mit zuverlässiger Einspeisung muss vorhanden sein;
- das Leistungsangebot der Wind- und der Sonnenkraftwerke ist nicht planbar.

Die Stromerzeugung in Wasserkraft-, Windkraft- und Solaranlagen ist vom natürlichen Dargebot des Energieträgers abhängig. Aus Dauerlinien können Aussagen zur Verfügbarkeit getroffen werden, Bild 5.5. Auf dieser Abbildung ist die stündliche Leistung als Prozentsatz der installierten Leistung von Windkraftwerken im Vergleich zu Wasserkraftwerken dargestellt. Die stündlich erzeugte Leistung wird der Größe nach sortiert aufgetragen. Die Überschreitungsdauerlinie zeigt, an wie viel Stunden im Jahr die angegebene Leistung überschritten wird.

Betrachtet man die Überschreitungsdauerlinie nur **einer** Windkraftanlage, dann wird an noch weniger Stunden die maximale Leistung erreicht und an nur etwa 3 000 Stunden im Jahr überhaupt Strom erzeugt. Wasserkraftanlagen erzeugen an über 8 000 Stunden im Jahr Strom und arbeiten viel länger im maximalen Leistungsbereich. An vielen Wasserkraftwerken fallen über Jahre hinweg nur geringe Stillstandszeiten für Wartung und Reparatur an.

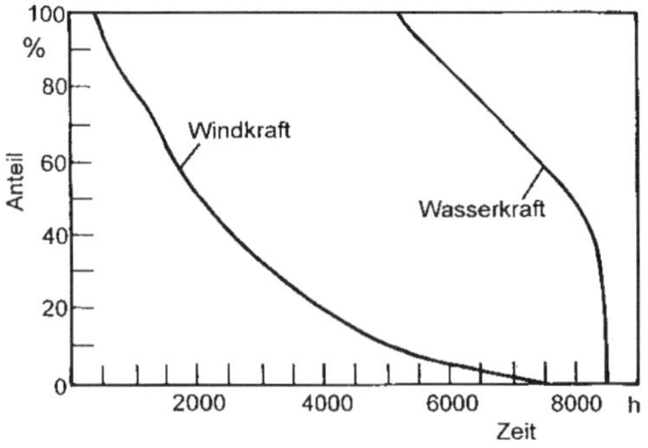

Bild 5.5 Überschreitungsdauerlinien der Leistung einer Wasserkraftanlage und mehrerer Windkraftanlagen

Strom aus Wasserkraft ist im Vergleich zu Strom aus anderen regenerativen und schadstofffreien Energiequellen konkurrenzlos preiswert. Gegenwärtig werden aber die Kräfte des Marktes durch staatliche Eingriffe erheblich beeinflusst. Faktoren, die die Wasserkraft benachteiligen, sind vor allem:

- **Die Ökosteuer.** „Mit Einführung der Ökosteuer werden alle Wasserkraftwerke mit einer Leistung > 5 MW nicht mehr als regenerative Erzeugungsanlagen angesehen. Für die kleineren Anlagen ist die Hürde der Anerkennung unüberwindbar. Sie unterliegen damit in vollem Umfang der Ökosteuer" [28].
- **Subventionen.** Große Subventionen machen Windräder und Solarenergie für den Betreiber sehr lukrativ.
- **Auflagen des Umweltschutzes (Naturschutzes).** Immer höhere Forderungen nach Mindestabfluss, Fischauf- und -abstiegsanlagen führen bei kleineren Anlagen – besonders bei Anträgen auf Verlängerung der Konzession – zu Unwirtschaftlichkeit und zur Stilllegung
- **Nutzen-Kosten-Verhältnis (NKV).** Das NKV (siehe auch Abschnitt 4.5.2), das auf einem jährlichen Wirtschaftswachstum von 3 % beruht, benachteiligt die für 80 bis 100 Betriebsjahre ausgelegten Wasserkraftwerke erheblich. Schnell Strom liefernde Anlagen werden gegenüber den nachhaltig wirkenden ungerechtfertigt bevorzugt.

Im **Wirkungsgrad** nimmt die Wasserkraft mit ca. 80 % den Spitzenplatz ein. Für Windkraftanlagen werden heute Wirkungsgrade von 40 % erreicht, Fotovoltaikanlagen erreichen derzeit 10 %, solarthermische Kraftwerke bis 20 %.

Der **Erntefaktor** ***f*** ist eine energiewirtschaftliche Maßzahl. Er ist der Quotient aus dem erzeugten Strom während der gesamten Lebensdauer und dem Verbrauch an Primärenergie. In den Primärenergieverbrauch geht dabei die Summe ein aus dem Herstellungsaufwand und dem Aufwand während der Nutzung. Der Aufwand für den Abbau der Anlagen und die Wiederherstellung der Landschaft ist hier nicht enthalten. Für Windkraft, Fotovoltaik und Wasserkraft kann der geringe

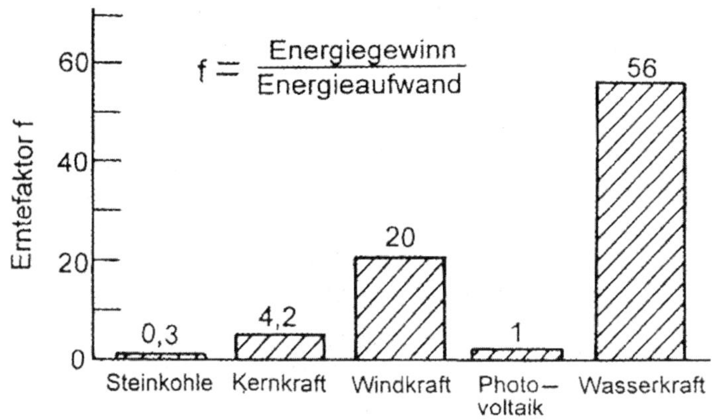

Bild 5.6 Erntefaktoren verschiedener Stromerzeuger aus [28]

Aufwand an Primärenergie für den laufenden Betrieb praktisch vernachlässigt werden. Das Bild 5.6 zeigt die Erntefaktoren verschiedener Energieumwandlungsanlagen. Der hohe Wert für die Wasserkraftwerke ergibt sich auch aus der langen Lebensdauer der Anlagen – insbesondere der Bausubstanz.

5.1.5 Potentiale der Wasserkraft

Vom theoretischen Potential, das eine physikalische Obergrenze möglicher Nutzung darstellt, kommt man zum technisch nutzbaren Potential, wenn man auch die technischen Möglichkeiten für den Ausbau des Gewässers berücksichtigt.

Die finanziellen Überlegungen (Nutzen-Kosten-Verhältnisse) führen schnell zum wirtschaftlichen Potential. Bezieht man auch noch nicht monetär bewertbare Dinge ein (politische Probleme, Akzeptanzfragen), kommt man zum ausschöpfbaren Marktpotential. Das wirtschaftliche Potential der Wasserkraft wird für Deutschland auf etwa 100 000 GWh pro Jahr geschätzt. Vom technischen Potential werden gegenwärtig in Deutschland etwa 25 % genutzt, Nordamerika nutzt 63 %, Europa 36 %, Afrika 3,6 %.

Nicht nur in Afrika warten große Aufgaben auf dem Gebiet der Wasserkraft. Auch Deutschland hat Reserven, wenn die Kluft zwischen ausschöpfbarem und technisch nutzbarem Potential überwunden wird.

5.2 Leistung und Arbeit eines Wasserkraftwerkes

Die Leistung eines Wasserkraftwerkes ist vom Durchfluss Q, der Nettofallhöhe H_N, dem Wirkungsgrad der Turbinen η_T und der Dichte des Wassers ρ_W abhängig. Mit $\rho_W = 1$ t/m³ und $g = 9{,}81$ m/s² ergibt sich für die Leistung

$$\boxed{N = 9{,}81 \cdot Q \cdot H_N \cdot \eta_T} \; [\text{kW}] \qquad (5.1)$$

Die Nettofallhöhe errechnet sich zu

$$\boxed{H_N = H_B - \sum \Delta H} \; [\text{m}] \qquad (5.2)$$

Die Bruttofallhöhe H_B ist die Differenz zwischen Oberwasser- und Unterwasserspiegel. Als Energiehöhenverluste $\sum \Delta H$ werden alle Verluste zusammengefasst, die auf der Fließstrecke vom Oberwasser bis zum Beginn der Turbinenspirale entstehen, also Eintritts-, Rohrreibungs-, Krümmer- und Schieberverluste, wie sie bei jeder Druckrohrleitung auftreten. Ist die Zuleitung eine Freispiegelleitung, dann sind in erster Linie Reibungsverluste an den Gerinnewandungen für die Größe von $\sum \Delta H$ verantwortlich. Verluste in der Turbine und in der anschließenden Leitung, dem Saugschlauch, werden durch den Turbinenwirkungsgrad η_T erfasst. Als Durchfluss Q wird das arithmetische Mittel der jährlichen mittleren Abflüsse Q_m gebildet, wenn das theoretische Wasserkraftpotential für den Gewässerabschnitt bestimmt werden soll. Für Überschlagsberechnungen kann die Leistung vereinfacht mit

$$\boxed{N \approx 8 \cdot Q_\mathrm{m} \cdot H_\mathrm{B}} \text{ [kW]} \qquad (5.3)$$

ermittelt werden.

Die Ausbauleistung des Kraftwerkes hängt dann vor allem noch von der Zeit t ab, die das Kraftwerk täglich arbeiten soll. Ist diese Zeit geringer als 24 Stunden, dann vergrößert sich die Ausbauleistung auf

$$\boxed{N_\mathrm{A} = N \cdot \frac{24}{t}} \text{ [kW]} \qquad (5.4)$$

Diese vergrößerte Ausbauleistung setzt aber voraus, dass ein Speicherraum vorhanden ist, in dem der meist gleichmäßig ankommende Zufluss teilweise zurückgehalten werden kann. Die Möglichkeit des Speicherns erhöht den Wert eines Wasserkraftwerkes, weil das Zu- und Abschalten der Turbinen in wenigen Sekunden erfolgen kann, ein Wasserkraftwerk sich dadurch dem schwankenden Stromverbrauch gut anpassen kann.

Das Leistungsangebot eines Flusskraftwerkes schwankt abhängig von der Schwankung der laut Gl. (5.1) entscheidenden Größen Q und H_N. Veränderungen von Q und H_N gehen langsam vor sich, so dass innerhalb eines endlichen Zeitabschnittes Δt mit konstanter Leistungsabgabe gerechnet werden kann.

Das Produkt aus der Leistung und der Zeiteinheit Δt ist die in diesem Zeitraum erzeugte Arbeit. Neben der Leistung eines Wasserkraftwerkes, gemessen in kW oder MW, ist die Jahresarbeit, gemessen in kWh oder Gwh (1 Gwh = 1 Mio kWh), eine entscheidende Größe für die Ausbauwürdigkeit einer Anlage. Die Leistung N kann nach Gl. (5.1) bestimmt werden. Das Jahresarbeitsvermögen W wird nach Gl. (5.5) ermittelt. Wegen der nur geringen Änderungen bei Q und H kann die Gleichung (5.5) auch als Summengleichung verwendet werden.

$$\boxed{W = \int_{0}^{8\,760} N \cdot dt_\mathrm{T}} \text{ [kWh]} \qquad (5.5)$$

Die Stromerzeugung eines durchschnittlichen Jahres wird als Regelarbeitsvermögen E_a bezeichnet, eine für die Wirtschaftlichkeit eines neuen oder zu erweiternden Kraftwerkes wichtige Größe. Wie schon auf Bild 5.5 zu sehen ist, kann eine Wasserkraftanlage über eine große Zahl von Stunden pro Jahr Strom erzeugen, wenn es sich um ein Laufwasserkraftwerk handelt, also ein Kraftwerk im Fluss ohne Speichermöglichkeit.

Um das Regelarbeitsvermögen zu ermitteln, müssen die Wasserstandsdauerlinie, die Abflussdauerlinie und alle anderen notwendigen Abflüsse bekannt sein, also der Abfluss über den Fischweg, das für die Schleuse erforderliche Wasser sowie der Mindestabfluss in einer Ausleitungsstrecke. Der verbleibende Abfluss steht an den Turbinen zur Verfügung. Anzahl und Leistung der Turbinen bestimmen den Ausbaudurchfluss Q_A. Dieser wird vom Betreiber der Anlage festgelegt und bei Hochwasserabflüssen überschritten. Zwischen 20 und 60 Tage werden für die Überschreitung des Ausbaudurchflusses gewählt. An diesen Tagen ist die Fallhöhe H_B nur gering, da entsprechend der Abflusskurve (Abschnitt 1.3.1) dann ein hoher *UW*-Stand vorhanden ist. Die verbleibenden 300 bis 340 Tage des Jahres werden in endliche Abschnitte Δt eingeteilt. Für jeden Abschnitt kann aus der Abflussdauerlinie ein mittleres Q und aus der Wasserstandsdauerlinie die Fallhöhe H_B ermittelt werden. Diese Höhe ergibt sich durch Abziehen der Unterwassertiefe h_U von der festgelegten Stauhöhe. Aus Gl. (5.1) kann für jeden Zeitabschnitt die Leistung ermittelt werden, so dass die Leistungslinie gezeichnet werden kann, Bild 5.7. Das Beispiel (x) zeigt für $t = 130$ Tage, $Q = 80\ \mathrm{m^3/s}$, $H_\mathrm{B} = 4{,}2$ m, $N = 2{,}7$ MW. Der Inhalt der Fläche unter der Leistungsdauerlinie stellt das Regelarbeitsvermögen dar (17,2 GWh/a). Im folgenden Beispiel wird die Ermittlung der Leistungsdauerlinie und des Jahresarbeitsvermögens gezeigt.

Beispiel: Flusskraftwerk

Für einen größeren Fluss ist der Bau einer Staustufe vorgesehen. An der künftigen Sperrstelle wurden für eine Jahresreihe die Wasserstands- und die Abflussdauerlinie ermittelt und im Bild 5.8 dargestellt. Aus zahlreichen

Gründen wird das Stauziel auf die Höhe 108,1 m über *NN* festgelegt. Für erste Nutzen-Kosten-Analysen ist zu ermitteln, welches Jahresarbeitsvermögen vorhanden ist, wenn vier Kaplanturbinen (Abschnitt 5.3) mit je 90 m^3/s Schluckfähigkeit eingebaut werden.

Lösungen

Für die hier durchzuführenden Voruntersuchungen wird Gl. (5.5) in eine Summengleichung umgewandelt. Die Größe der gewählten Zeitabschnitte, die die Genauigkeit der Ergebnisse beeinflusst, wird mit 20 Tagen festgelegt.

Sowohl eine Fischaufstiegsanlage als auch eine Schleuse und ein Wehr beeinflussen die Abflüsse durch das Krafthaus, was hier aber bereits beachtet sein soll. Sinkt die Fallhöhe zwischen Oberwasser und Unterwasser unter 2,0 m (z. B. bei Hochwasser), dann stellen die Turbinen die Stromerzeugung ein, das Wasser fließt dann nur noch über oder durch das Wehr ab. Wie die Abflussdauerlinie zeigt, gibt es für das Kraftwerk keine Abflüsse, die kleiner als 90 m^3/s sind, so dass mindestens immer eine Turbine in Betrieb ist. Für die hochwasserbedingten Stillstandszeiten der Turbinen können aus Bild 5.8 sieben Tage abgelesen werden.

Die Nettofallhöhe H_N setzt sich aus der Bruttofallhöhe und den Verlusten zusammen. Da noch keine konstruktiven Einzelheiten (Rohrdurchmesser und -länge, Rechenausbildung usw.) vorliegen, wird damit gerechnet, dass 85 % der Bruttofallhöhe H_B zur Verfügung stehen. Der Wert für $\eta = 0{,}85$ soll auch Verluste mit erfassen, die am Generator auftreten.

Kaplanturbinen weisen bei Beaufschlagung von weniger als etwa 50 % einen starken Abfall des Wirkungsgrades auf. Ist die Beaufschlagung größer (im Beispiel also größer als 45 m^3/s), liegt der Wirkungsgrad der Turbinen bei 90 bis 95 %, hier wird $\eta_T = 0{,}92$ gewählt.

Aus den Gleichungen (5.1) bis (5.3) wird

$$N = Q \cdot H_B \cdot 0{,}85 \cdot 0{,}92 \cdot 1 \cdot 9{,}81$$
$$= 7{,}67 \cdot Q \cdot H_B$$

solange keine Turbine mit weniger als 45 m^3/s arbeitet. Die Werte für H_B im Bild 5.8 werden durch Abzug der Wasserstandshöhe im Unterwasser vom Stauziel gewonnen. In der Tabelle 5.1 werden die Leistung *N* und das Jahresarbeitsvermögen *W* bestimmt. Die gestrichelt eingezeichnete Linie dient der Erläuterung für die Zeile „140 Tage". Auf der Leistungslinie (Bild 5.9) ergibt sich ein Wert von 7 586 kW für den gewählten Zeitraum. Die Leistungslinie zeigt die erreichbare Leistung an. Das Arbeitsvermögen von insgesamt fast 71 Millionen kWh ergibt sich durch Anwendung der Gl. (5.5) für die o. g. Einteilung.

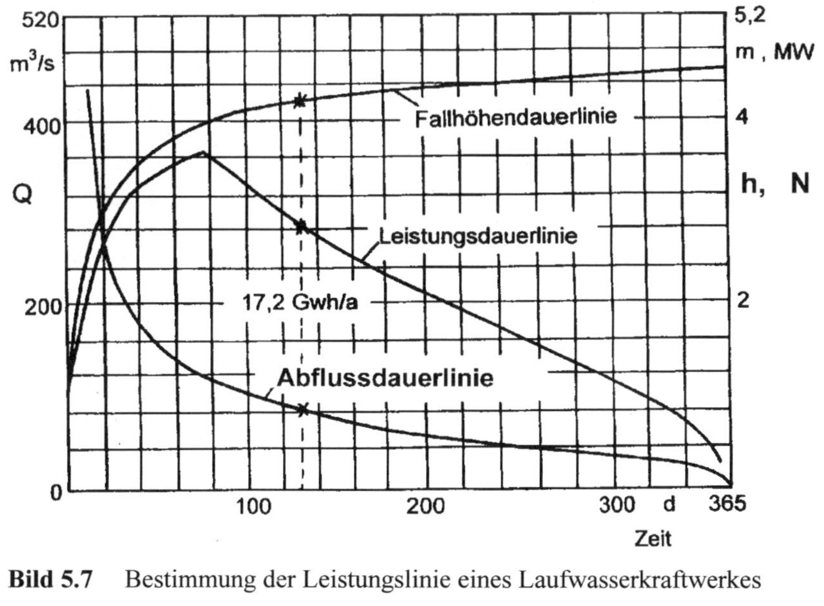

Bild 5.7 Bestimmung der Leistungslinie eines Laufwasserkraftwerkes

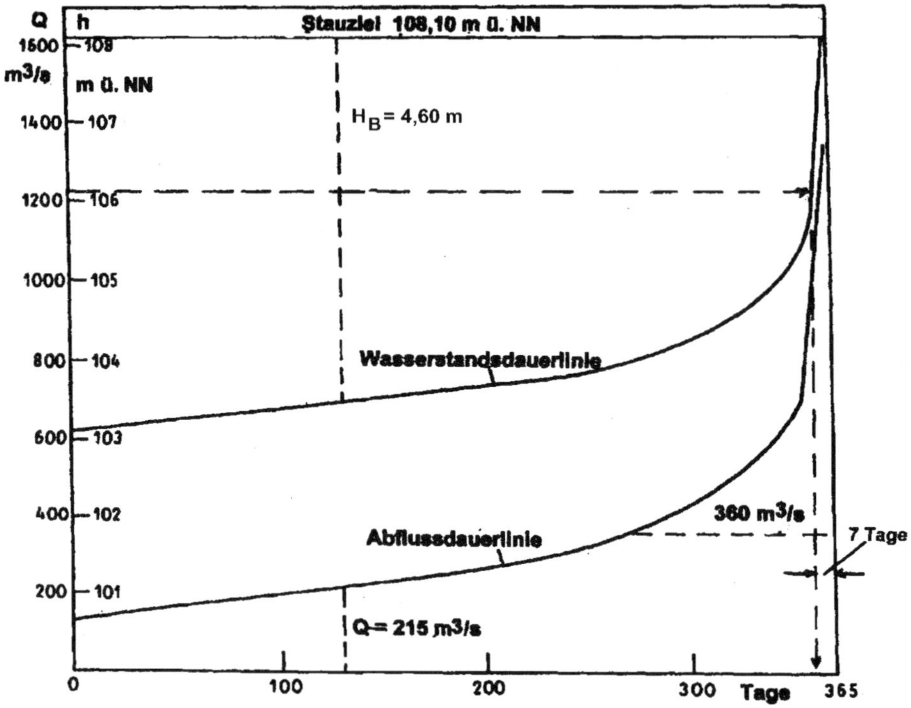

Bild 5.8 Wasserstands- und Abflussdauerlinie für die geplante Staustufe

Tabelle 5.1 Bestimmung der Leistung und des Jahresarbeitsvermögens

Tage	Q	H_B	T_1	$N_{T,1}$	T_2	$N_{T,2}$	T_3	$N_{T,3}$	T_4	$N_{T,4}$	N_{ges}	W
–	m³/s	m	m³/s	kW	m³/s	kW	m³/s	kW	m³/s	kW	kW	kWh
20	130	4,95	65	2 468	65	2 468	–	–	–	–	4 936	2 369 280
40	145	4,90	80	3 007	65	2 443	–	–	–	–	5 450	2 616 000
60	160	4,85	90	3 348	70	2 604	–	–	–	–	5 952	2 856 960
80	175	4,79	90	3 307	40	1 470	45	1 653	–	–	6 430	3 086 400
100	190	4,72	90	3 258	55	1 991	45	1 629	–	–	6 878	3 301 440
120	200	4,67	90	3 224	65	3 228	45	1 612	–	–	7 164	3 438 720
140	215	4,60	90	3 175	80	2 823	45	1 588	–	–	7 586	3 641 280
160	235	4,54	90	3 134	90	3 134	55	1 915	–	–	8 183	3 927 840
180	245	4,48	90	3 093	90	3 093	65	2 234	–	–	8 420	4 041 600
200	260	4,42	90	3 051	90	3 051	80	2 712	–	–	8 814	4 230 720
220	275	4,35	90	3 003	90	3 003	50	1 668	45	1 501	9 175	4 404 000
240	295	4,30	90	2 968	90	2 968	70	2 309	45	1 484	9 729	4 669 920
260	325	4,24	90	2 927	90	2 927	90	2 927	55	1 789	10 570	5 073 600
280	360	4,12	90	2 844	90	2 844	90	2 844	90	2 844	11 376	5 460 480
300	360	3,95	90	2 727	90	2 727	90	2 727	90	2 727	10 908	5 235 840
320	360	3,72	90	2 568	90	2 568	90	2 568	90	2 568	10 272	4 930 560
340	360	3,35	90	2 313	90	2 313	90	2 313	90	2 313	9 252	4 440 960
358	360	2,65	90	1 829	90	1 829	90	1 829	90	1 829	7 317	3 160 944
365	–	< 2,00	–	–	–	–	–	–	–	–	–	Σ 70 866 544

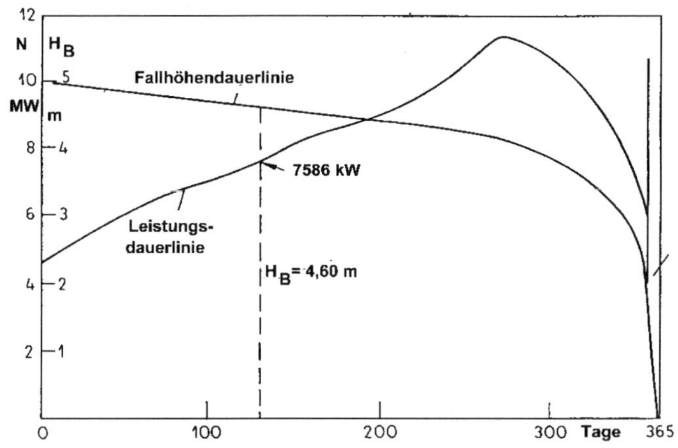

Bild 5.9 Fallhöhen- und Leistungsdauerlinie

5.3 Turbinen

Das Kernstück einer Wasserkraftanlage ist der Maschinensatz. Er besteht aus Turbine, Generator (Motorgenerator bei Pumpspeicherwerken), Pumpe oder Pumpturbine (nur bei Pumpspeicherwerken) sowie zwischengeschalteten Kupplungen und Getrieben. Alle Aggregate sind auf einer horizontalen oder vertikalen, bei Rohrturbinen auch geneigten Welle angeordnet. Wasserturbinen werden allgemein nach Fallhöhe, Durchfluss und Beaufschlagung des Laufrades durch das Betriebswasser unterschieden.

Eine wichtige Kenngröße zur Bezeichnung und zum Vergleich verschiedener Turbinentypen ist die spezifische Drehzahl n_q. Die spezifische Drehzahl ist die Drehzahl einer in Schaufelgeometrie und Geschwindigkeitsplänen ähnlichen Vergleichsturbine (Index q), die bei $H_B = 1$ m Fallhöhe den Durchfluss $Q = 1\ m^3/s$ verarbeitet. Sie kann nach Gl. (5.6) bestimmt werden zu

$$n_q = n \cdot \frac{Q^{0,5}}{H_B^{\;0,75}} \tag{5.6}$$

wenn n die Turbinendrehzahl in min^{-1}, der Durchfluss Q in m^3/s und die Fallhöhe H_B in m eingesetzt werden. Obwohl n_q dimensionsbehaftet ist, wird ihr meist die Einheit von Umdrehungen pro Minute zugeordnet.

Peltonturbinen werden bei sehr großen Fallhöhen und geringem Durchfluss verwendet. Stauanlagen in Gebirgsgegenden sind oft mit Peltonturbinen ausgerüstet. Wie auf Bild 5.10 zu sehen ist, erzeugt ein aus Düsen auf das Laufrad gerichteter Wasserstrahl eine Drehung des Rades, die der Generator in Strom umwandelt. Betriebsdrehzahlen der Peltonturbinen erreichen bis $n = 600$ U/min bei Laufraddurchmessern bis 4 m. Die spezifische Drehzahl ist mit $n_q \leq 20$ nur klein.

Francisturbinen haben eine besonders große Anwendungsbreite und erreichen mit über 700 MW die größten Leistungen. Sie werden meist im Mitteldruckbereich eingesetzt, zunehmend auch für große Fallhöhen bis 750 m bei mittleren und großen Durchflüssen. Das Betriebswasser strömt im gesamten Laufradumfang durch den Leitapparat in das Laufrad. Die moderne Bauart ist die Spiralturbine, bei der das Triebwasser durch eine um das Laufrad liegende Spirale geleitet wird, Bild 5.11.

Kaplanturbinen (Bild 5.12) sind mit spezifischen Drehzahlen von $n_q \leq 300$ Schnellläufer. Sie arbeiten mit kleinen Fallhöhen und großen Durchflüssen, kommen also bevorzugt bei Flussstaustufen zum Einsatz

Auch die Kaplanturbine ist mit Leit- und Laufrad ausgerüstet. Der Unterschied zur Francisturbine besteht darin, dass das Laufrad der Kaplanturbine axial durchströmt wird und verstellbare Schaufeln trägt. Die Kaplanturbine wird also doppelt geregelt. Leit- und Laufradschaufeln werden gleichzeitig verstellt. Durch das Verstellen der Leitschaufeln wird der Durchfluss geregelt. Dadurch können Kaplanturbinen auch bei großen Schwankungen von Fallhöhe und Durchfluss hohe Wirkungsgrade erreichen.

Eine überschlägige Dimensionierung der Francisturbine und auch der Kaplanturbine beginnt mit der Ermittlung von *d*, dem Laufradaußendurchmesser. Von ihm hängen, wie die Bilder 5.11 und 5.12 zeigen, die weiteren Abmessungen ab. In vereinfachter Form kann für *d* die Gl. (5.7) verwendet werden, für ausführliche Ableitungen und Berechnungen wird auf [30] verwiesen.

$$\boxed{d = c_{\mathrm{D,F}} \cdot \sqrt{Q}} \ [\mathrm{m}] \qquad (5.7)$$

Der Laufradbeiwert $c_{\mathrm{D,F}}$ kann der Tabelle 5.2 entnommen werden.

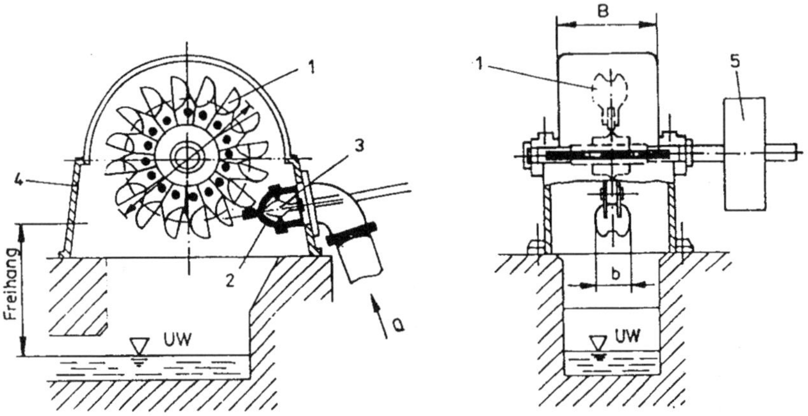

1 Laufrad, 2 Düse, 3 Düsennadel, 4 Gehäuse, 5 Generator

Bild 5.10 Peltonturbine

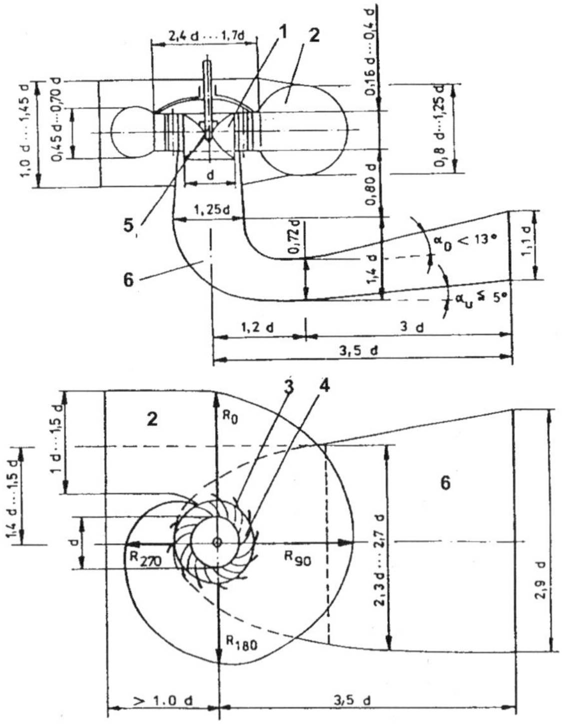

1 Laufrad, 2 Einlaufspirale, 3 Stützschaufeln (fest), 4 Leitschaufeln (drehbar), 5 Saugschacht, 6 Saugschlauch

Bild 5.11 Francisturbine

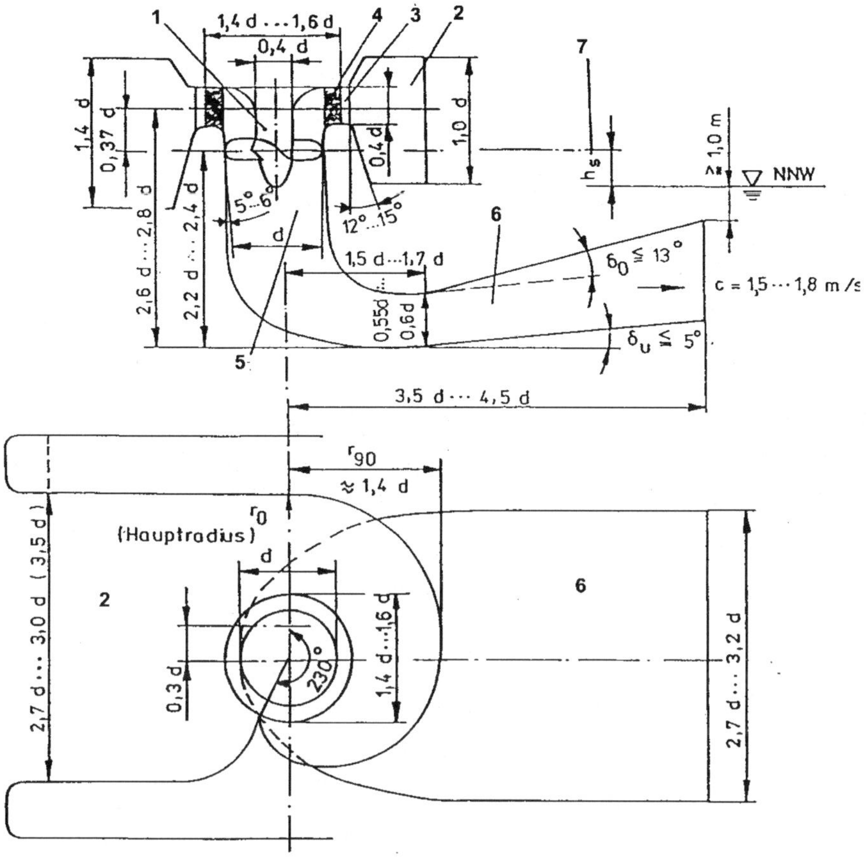

1 Laufrad, 2 Einlaufspirale, 3 Stützschaufel (fest), 4 Leitradschaufeln (drehbar), 5 Saugschacht, 6 Saugschlauch, 7 stationäre Saughöhe h_S

Bild 5.12 Kaplanturbine

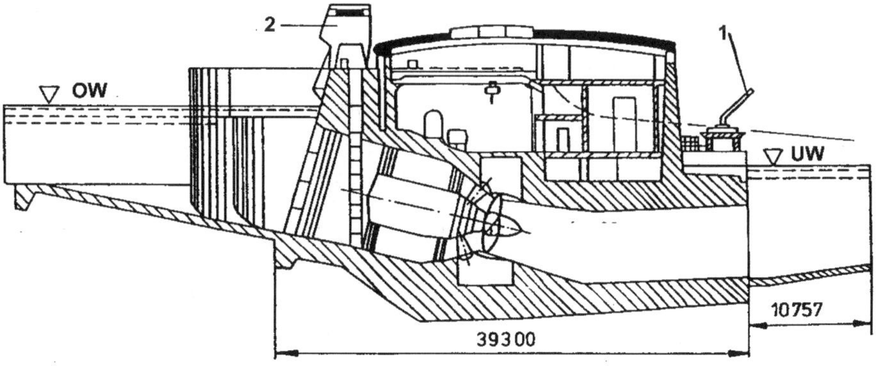

1 Hebezeug für Revisionsverschluss, 2 Rechenreinigungsmaschine

Bild 5.13 Rohrturbine

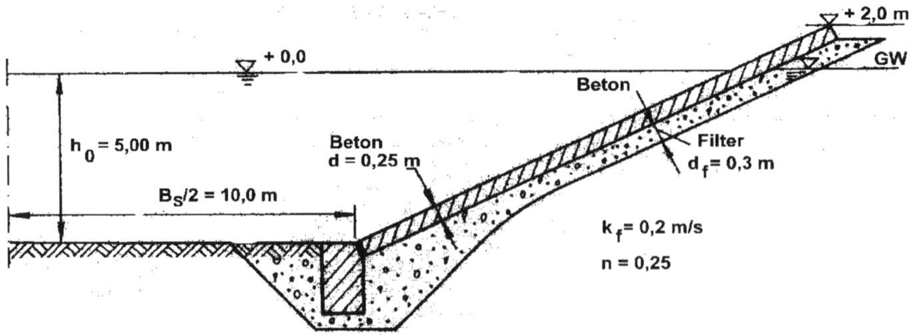

Bild 5.14 Querschnitt des Kraftwerkskanals

Tabelle 5.2 Laufradbeiwert $c_{D,F}$ für Francisturbinen nach [30]

Fallhöhe H_B in m	$c_{D,F}$-Beiwert
40	0,347
100	0,359
200	0,372
300	0,381
500	0,394
700	0,403
900	0,411

Für Kaplan- und Rohrturbinen kann der Laufradaußendurchmesser d nach Gl. (5.8) berechnet werden. Der Laufradbeiwert $c_{D,K}$ kann der Tabelle 5.3 entnommen werden.

$$\boxed{d = c_{D,K} \cdot \sqrt{Q}} \ [\text{m}] \qquad (5.8)$$

Tabelle 5.3 Beiwert $c_{D,K}$ nach [30]

Fallhöhe H_B in [m]	$c_{D,K}$-Wert für Kaplant.	$c_{D,K}$-Wert für Rohrturb.
5	0,39	0,4 bis 0,35
10	0,37	0,35
15	0,37	
20	0,36	bis
25	0,36	
50	0,37	0,31

Rohrturbinen werden in Flusskraftwerken bei kleinen Fallhöhen bis etwa 25 m zunehmend eingesetzt. Sie zeichnen sich durch besonders günstige Strömungsverhältnisse aus. In Aufbau und Arbeitsweise gleichen sie Kaplanturbinen, deren Achsen in die Strömungsrichtung des Flusses gedreht wurden, Bild 5.13.

5.4 Kraftwerkskanäle

Den Turbinen wird das Wasser in Stollen, Rohrleitungen oder Kanälen zugeführt. Die Querschnitte der Kraftwerkskanäle sind meist Trapeze, mitunter auch Rechtecke. Kraftwerkskanäle unterscheiden sich von den Schifffahrtskanälen, die bereits vorgestellt wurden, vor allem durch die Belastungen bei Zu- und Abschaltungen, die Schwall- und Sunkwellen hervorrufen.

Kraftwerkskanäle erhalten einen kompakten Querschnitt, ihre Sohle und Böschungen sollen möglichst glatt sein, um nur geringe Fließwiderstände zu erzeugen. Asphalt und Beton sind bevorzugte Beläge für den benetzten Umfang des Kanals. Besonderen Belastungen sind die Ufersicherungen durch die Schwall- und Sunkwellen ausgesetzt. Mit den folgenden Beispielen sollen diese Probleme untersucht werden.

Beispiel: Absperrschwall in einem Zulaufkanal

Der Zulaufkanal zu einem Kraftwerk hat Trapezquerschnitt mit $B_S = 20$ m; $1 : m = 1 : 2$; $h_0 = 5{,}00$ m Wassertiefe. In ihm fließen 97,6 m^3/s dem Kraftwerk zu. Durch eine Havarie (z. B. Blitzschlag oder Eisversetzung) kommt es zum plötzlichen Unterbrechen des Wasserzulaufes.

a) Durch welche Wasserspiegeländerungen wird das Uferdeckwerk im Zulaufkanal beansprucht?

b) Welche Wasserspiegeländerungen gibt es im Filter, wenn das Deckwerk die im Bild 5.14 dargestellte Böschungsbefestigung hat?

Lösungen

a) Durch das plötzliche Abschalten der Turbinen kommt es im Zulaufkanal zu einem Absperrschwall und unterhalb der Turbinen, also im Ablauf- oder Unterwasserkanal, zu einem Absperrsunk. Gesucht ist die Wasserspiegeländerung im Zulaufkanal. Zunächst kommt es infolge der Trägheit des fließenden Wassers zum Aufstau vor den Absperrorganen. Dann läuft eine Schwallwelle entgegen der ursprünglichen Fließrichtung durch den Kanal.

Mit den Bezeichnungen bzw. gegebenen Werten wird errechnet:

$B_S = 20$ m (Sohlenbreite des Kanals),

$A_K = 20 \cdot 5 + 5 \cdot 10 = 150$ m^2 (Querschnittsfläche des Kanals),

$$v_0 = \frac{Q}{A_K} = \frac{97{,}6}{150} = 0{,}65\,\text{m/s}$$

(Fließgeschwindigkeit vor dem Absperren)

Aus umfangreichen theoretischen Untersuchungen von Martin [62] und aus im Modellversuch sowie auch in der Natur gemessenen Werten zur Größe und zum Ablauf von Schwallwellen können die angeführten Gleichungen (5.9) bis (5.22) entnommen und verwendet werden. Mit

w Wellengeschwindigkeit relativ zur ungestörten Strömungsgeschwindigkeit v_0 in m/s und

c absolute Wellengeschwindigkeit in Bezug auf einen festen Punkt am Ufer kann zunächst geschrieben werden:

$$\boxed{c = v_0 - w} \quad [\text{m/s}] \qquad (5.9)$$

weil die Stoßwelle gegen die ursprüngliche Strömung zurückläuft.

Die Berechnung der Schwallwelle erfolgt iterativ. Die Indizes 0, 1, 2, 3 weisen auf die jeweiligen Schritte hin.

Der Stauschwall im Zulaufkanal kann im ersten Schritt nach Gl. (5.10) errechnet werden:

$$\boxed{c_1 = v_0 - \sqrt{g \cdot \frac{A_0}{B_0}}} \quad [\text{m/s}] \qquad (5.10)$$

Der Stauschwall läuft gegen die ursprüngliche Fließrichtung, c_1 hat ein negatives Vorzeichen. Schrittweise kann nun für die jeweils neuen Bedingungen der Wert für c verbessert werden, bis er sich ausreichend wenig verändert. Das erfolgt nach den Gleichungen (5.11) bis (5.15).

$$\boxed{\Delta A_{i+1} = \left|\frac{\Delta Q}{c_1}\right|} \quad [\text{m}^2] \qquad (5.11)$$

$$\boxed{z_{i+1} = -\frac{B_0}{2 \cdot m} + \sqrt{\frac{B_0^2}{4 \cdot m^2} + \frac{\Delta A_{i+1}}{m}}} \quad [\text{m}] \qquad (5.12)$$

$$\boxed{B_{i+1} = B_0 + 2 \cdot m \cdot z_{i+1}} \quad [\text{m}] \qquad (5.13)$$

$$\boxed{\frac{F_{K,i+1}}{\rho} = g \cdot \frac{z_{i+1}^2}{6} \cdot \left(2 \cdot B_0 + B_{i+1}\right)} \quad [\text{m}^4/\text{s}^2] \qquad (5.14)$$

$$\boxed{c_{i+1} = v_0 - \sqrt{g \cdot z_{i+1} \cdot \frac{\left(A_0 + \Delta A_{i+1}\right)}{\Delta A_{i+1}} + \frac{F_{K,i+1}}{\rho} \cdot \frac{\left(A_0 + \Delta A_{i+1}\right)}{A_0 \cdot \Delta A_{i+1}}}} \quad [\text{m/s}] \qquad (5.15)$$

Nach Gl. (5.10) wird c_1 bestimmt zu:

$$c_1 = 0{,}65 - \sqrt{9{,}81 \cdot \frac{150}{40}} = -5{,}42\,\text{m/s}$$

Aus c_1 wird c_2 wie folgt ermittelt:

$$\Delta A_2 = \frac{97{,}6}{5{,}42} = 18{,}01\,\text{m}^2$$

$$z_2 = -\frac{40}{2 \cdot 2} + \sqrt{\frac{40^2}{4 \cdot 4} + \frac{18{,}01}{2}} = 0{,}44\,\text{m}$$

$$B_2 = 40 + 2 \cdot 2 \cdot 0{,}44 = 41{,}76\,\text{m}$$

$$\frac{F_{K,2}}{\rho} = 9{,}81 \cdot \frac{0{,}44^2}{6} \cdot (2 \cdot 40 + 41{,}76) = 38{,}54\,\text{m}^4/\text{s}^2$$

$$c_2 = 0{,}65 - \sqrt{9{,}81 \cdot 0{,}44 \cdot \frac{(150 + 18{,}01)}{18{,}01} + 38{,}54 \cdot \frac{(150 + 18{,}01)}{150 \cdot 18{,}01}}$$

$c_2 = 0{,}65 - 6{,}53 = -5{,}88$ m/s

Mit diesem Wert beginnt der folgende Iterationsschritt. Er ergibt folgende Werte:

$\Delta A_3 = 16{,}60\,\text{m}^2 \quad z_3 = 0{,}41\,\text{m} \quad B_3 = 41{,}64$ m

$$\frac{F_{K,3}}{\rho} = 33{,}43\ \text{m}^4/\text{s}^2 \quad c_3 = -5{,}88\ \text{m/s}$$

also keine Änderung gegenüber c_2.

Gefunden sind somit:

$z =$ 0,41 m – die Höhe der Stoßwelle;

$c =$ –5,88 m/s – die absolute Wellengeschwindigkeit;

$w =$ –6,53 m/s – die relative Wellengeschwindigkeit.

Das Unterbrechen des gesamten Zuflusses auf $Q = 0$ führt zur Reflexion der Stoßwelle, was im Bild 5.15 gezeigt ist. Durch diese Reflexion vergrößert sich die Welle auf etwa das Doppelte. Aus der Gleichung (5.16) geht die zusätzliche Wellenhöhe hervor, eine Anwendung des Kontinuitätsgesetzes. Auch hier muss eine schrittweise Berechnung erfolgen.

$$c \cdot B_m \cdot z = -c' \cdot B_m{}' \cdot z' \tag{5.16}$$

Zunächst muss untersucht werden, ob die Schwallwelle mit brandendem Schwallkopf zurückläuft oder sich in Einzelwellen auflöst. Aus experimentellen Untersuchungen weiß man, dass der Grenzwert nach Gl. (5.17) ermittelt werden kann. Ist

$$Fr_1 = \frac{w}{\sqrt{g \cdot h_0}} > 1{,}28 \tag{5.17}$$

dann brandet die Welle.

Mit

$$Fr_1 = \frac{6{,}53}{\sqrt{9{,}81 \cdot \frac{150}{40}}} = 1{,}08 < 1{,}28$$

ist die Auflösung in Einzelwellen gegeben.

Für den Bestand eines Uferdeckwerkes sind vor allem die Höhe und die Geschwindigkeiten interessant, mit denen die erste Welle (ggf. auch weitere Wellen) am Ufer auf- und wieder abläuft. Weitere Wellen schwingen dann um die mittlere Höhe z_m, erreichen aber nicht die Höhe $z_{max.}$ der ersten Welle. Um die Höhe der Kopfwelle (der ersten Hebungswelle) im Trapezprofil zu bestimmen, werden die für den Rechteckquerschnitt abgeleiteten Gleichungen verwendet, nur müssen alle Wassertiefen als mittlere Tiefe nach Gl. (5.18) verwendet werden. Nach [62] führt das zu den Gleichungen (5.19) bis (5.21).

$$h^* = \frac{A(h)}{B(h)} \ [\text{m}] \tag{5.18}$$

$$\frac{h_{max}{}^*}{h_0{}^*} = Fr_1{}^2 = \frac{\dfrac{(B_S + m \cdot h_{max}) \cdot h_{max}}{B_S + 2 \cdot m \cdot h_{max}}}{\dfrac{(B_S + m \cdot h_0) \cdot h_0}{B_S + 2 \cdot m \cdot h_0}} \tag{5.19}$$

$$\frac{h_m{}^*}{h_0{}^*} = \frac{1 + 2 \cdot Fr_1{}^2}{3} = \frac{\dfrac{(B_S + m \cdot h_m) \cdot h_m}{B_S + 2 \cdot m \cdot h_m}}{\dfrac{(B_S + m \cdot h_0) \cdot h_0}{B_S + 2 \cdot m \cdot h_0}} \tag{5.20}$$

$$z_{max} = h_{max} - h_0 \ [\text{m}] \tag{5.21}$$

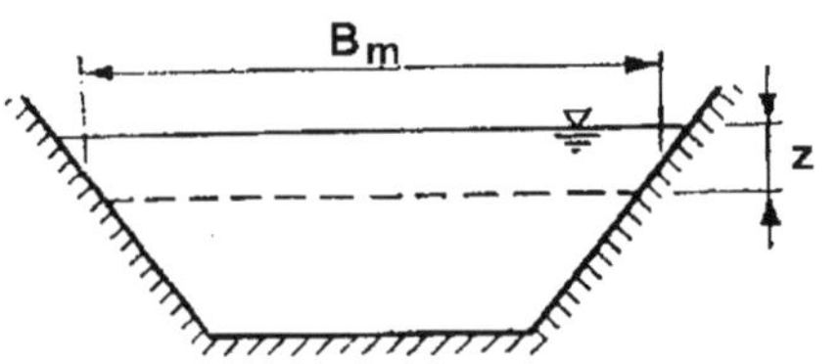

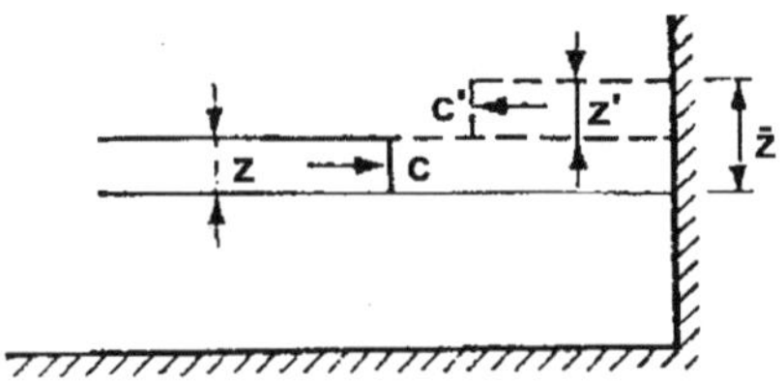

Bild 5.15 Reflexion der Stoßwelle

Tabelle 5.4 Wasserspiegelanstieg am festen Punkt A

h in m	6,02	5,82	5,62	5,42	5,22	5,04	5,02
x in m	0	–2,89	–4,23	–8,60	–14,53	–28,5	–33,9
v_a in cm/s	–	49	105	32,2	23,7	9,0	2,6

Mit $Fr_1 = 1{,}08$ kann aus Gl. (5.19) gefunden werden:

$$1{,}17 = \frac{\dfrac{(20 + 2 \cdot h_{max}) \cdot h_{max}}{20 + 4 \cdot h_{max}}}{\dfrac{(20 + 2 \cdot 5) \cdot 5}{20 + 2 \cdot 2 \cdot 5}}$$

$h_{max} = 6{,}02$ m

$z_{max} = 6{,}02 - 5{,}00 = 1{,}02$ m

$$\frac{1 + 2 \cdot 1{,}08^2}{3} = \frac{\dfrac{(20 + 2 \cdot h_m) \cdot h_m}{20 + 4 \cdot h_m}}{\dfrac{(20 + 2 \cdot 5) \cdot 5}{20 + 4 \cdot 5}}$$

$h_m = 5{,}67$ m; $z_m = 0{,}67$ m

Die Kopfwelle läuft mit der Geschwindigkeit $w = \sqrt{9{,}81 \cdot 6{,}02} = 7{,}68$ m/s bzw. absolut mit $c = 7{,}68 - 0{,}65 = 7{,}03$ m/s durch den Kanal.

b) Für die Standsicherheit des Deckwerkes ist die Geschwindigkeit des Auf- und vor allem des Ablaufens der Welle von Bedeutung. Die Form der ersten Hebungswelle kann nach [62] aus der Gl. (5.22) bestimmt werden, wenn man den Ursprung eines Koordinatensystems unter die maximale Erhebung der ersten Welle legt, Bild 5.16.

$$x = -\frac{2 \cdot h_0}{\sqrt{3}} \cdot \frac{Fr_1}{\sqrt{Fr_1^{\,2} - 1}} \cdot ar\tanh\left(\sqrt{\frac{Fr_1^{\,2} - \dfrac{h}{h_0}}{Fr_1^{\,2} - 1}}\right)$$

[m] (5.22)

Für einen Punkt am Ufer, z. B. den Punkt A bedeutet das, dass unter Beachtung von $c = 7{,}03$ m/s und den jeweiligen Differenzen der h-Werte mit den in der Zeile 3 der Tabelle 5.4 angegebenen Wasserspiegelanstiegen zu rechnen ist.

Form und Geschwindigkeit einer ablaufenden Welle wurden bisher kaum untersucht. Nach Bild 5.16 geht der Wasserspiegel am Punkt A zurück um die doppelte Differenz zwischen z_{max} und z_m, also um 70 cm. Für diesen Vorgang soll hier vereinfachend angenommen werden, dass der Ablauf spiegelbildlich zum Auflauf erfolgt. Dadurch lassen sich die Wasserstände für den Punkt A auch beim Ablaufen der Welle errechnen, vgl. Tabelle 5.5, Zeilen 6 bis 10. Nach Erreichen des Wasserstandes von 5,32 m läuft eine weitere Einzelwelle auf.

Die Berechnung der Wasserstände im Kiesfilter erfolgt ebenfalls in der Tabelle 5.5. Für das Auflaufen der Welle und das Ablaufen bis zum Gleichstand der Wasserspiegel im Kanal

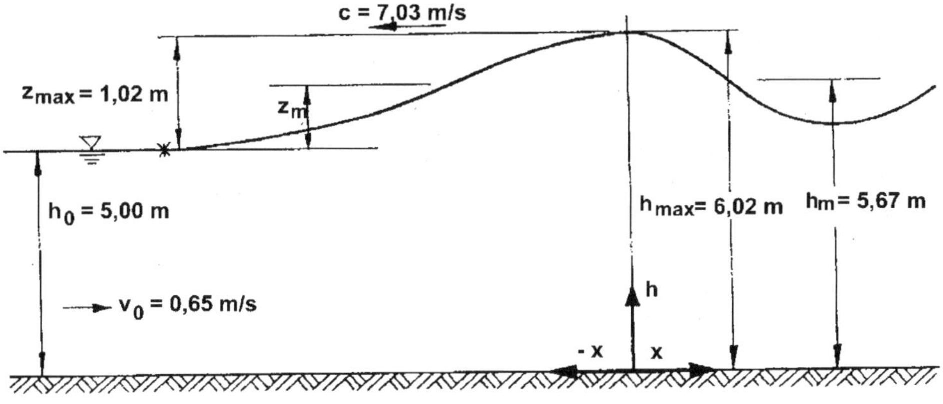

Bild 5.16 Form der ersten Hebungswelle

Tabelle 5.5 Ermittlung der Wasserstände im Filter

i	t_i	X_i	Z_i	Δh
–	s	m	m	m
0	0	5,02	5,02	0
1	0,8	5,04	5,02	–0,02
2	2,8	5,22	5,03	–0,19
3	3,6	5,42	5,04	–0,38
4	4,2	5,62	5,05	–0,57
5	4,4	5,82	5,05	–0,77
6	4,8	6,02	5,06	–0,96
7	5,2	5,82	5,07	–0,75
8	5,4	5,62	5,07	–0,55
9	6,0	5,42	5,08	–0,34
10	6,4	5,32	5,08	–0,24

und im Filter werden die Gln. (3.79) und (3.80) von S. 133 und 134 angewendet. Beide Gleichungen werden hier auch für den Wasserspiegelanstieg im Filter bei einem steigenden Außenwasserstand angewendet.

Nach Bild 5.14 wird mit $k_f = 0{,}2$ m/s; $\sin\alpha = 0{,}447$; $S = 2{,}00$ m (vgl. auch Bilder 3.59 und 3.60):

$$C = \frac{0{,}2 \cdot 0{,}447}{0{,}25} = 0{,}36\,\text{m/s}$$

Im 0,3 m dicken Filter unter der Betonplatte bilden sich die in der Tabelle 5.5 ermittelten Wasserstände aus.

Wie kaum anders zu erwarten war, steigt der Wasserspiegel im Filter nur langsam an gegenüber dem schnellen Wellenauflauf. Auch beim Ablauf der Welle gibt es keinen Innenwasserüberdruck. Wenn nicht aus anderen Gründen (z. B. Entnahmesunk beim Einschalten mehrerer Turbinen gleichzeitig) eine Gefährdung des Deckwerkes vorliegt und wenn keine Entlastungsöffnungen oder Wabenplatten vorgesehen sind, entsteht keine Gefahr für die fugenlosen Platten.

Im Unterwasserkanal eines Kraftwerkes und im Zulaufkanal, wenn das Grundwasser etwa in Höhe des Kanalwasserspiegels ansteht, kann auch eine Böschungsbefestigung aus Betonwabenplatten gewählt werden. Solche Wabenplatten sind aber standsicherheitsgefährdet, wenn ein Entnahme- oder Absperrsunk durch den Kanal läuft, z. B. beim Abschalten von Turbinen. Im folgenden Beispiel soll eine Böschungsbefestigung aus Wabenplatten auf den möglichen Innenwasserüberdruck untersucht werden.

Beispiel: Wabenplatten als Böschungsbefestigung

In einem 4 m tiefen Kraftwerkskanal ist der obere Abschnitt der Böschung mit Beton-Wabenplatten befestigt. Das Bild 5.17 zeigt diese Böschungsausbildung.

Die Wabenplatten sind $d_p = 20$ cm dick und liegen auf einem $d_f = 20$ cm dicken Kiesfilter auf, $k_f = 10^{-2}$ m/s; $1 : m = 1 : 3$; $n_f = 0{,}25$; $n_1 = 0{,}20$; $\Delta e = 0{,}4 \sin\alpha$

Es soll die Frage beantwortet werden, ob die Wabenplatten in der Lage sind, Bewegungen des Wasserspiegels gefahrlos zu überstehen, die eine in der Tabelle 5.6 angegebene Wasserspiegelbewegung (X_i-Werte) hervorrufen.

a) In den Waben wird ein Bitumensplitt mit einem Durchlässigkeitsbeiwert für die Öffnungen von $k_ö = 0{,}1$ m/s eingebaut, alle anderen Werte gehen aus Bild 5.17 hervor.

b) Nach einigen Betriebsjahren ist der Bitumensplitt durch Kolmationen in den Waben weniger durchlässig ($k_ö = 1{,}5 \cdot 10^{-2}$ m/s). Welcher Innenwasserüberdruck tritt dann auf, wenn die gleiche Wasserspiegelbewegung im Kanal vorhanden ist?

Lösungen

a) Mit den Bezeichnungen des Bildes 5.17 kann das Filtergesetz von Darcy in folgender Form geschrieben werden:

$$\frac{Z_i - Z_{i+1}}{\Delta t} = k_ö \cdot \frac{\dfrac{Z_i + Z_{i+1}}{2} - \dfrac{X_i + X_{i+1}}{2}}{\Delta L} \quad \text{[m/s]} \tag{5.23}$$

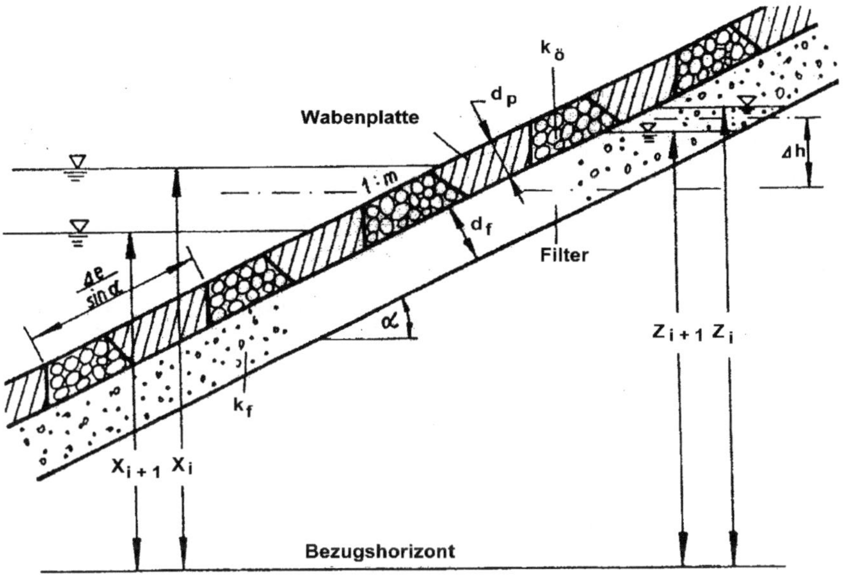

Bild 5.17 Böschungsbefestigung mit Wabenplatten

Multipliziert man diese Filtergeschwindigkeiten mit den zugehörigen Flächen (Fließfläche im Filter bzw. durch die Waben) und setzt die im Filter abfließende Wassermenge der durch die Waben ins Außenwasser hindurchtretenden gleich, dann folgt mit Gl. (5.24)

$$\frac{Z_i - Z_{i+1}}{\Delta t} \cdot n_S \cdot \frac{d_f}{\sin\alpha} \cdot 100 = n_1 \cdot L'_W \cdot 100 \cdot k_ö \cdot \frac{0{,}5 \cdot (Z_i + Z_{i+1} - X_i - X_{i+1})}{\Delta L} \qquad (5.24)$$

Δt Zeit in s, beliebig zu wählen

n_S mit Wasser gefüllter Porenraum im Filter

n_1 Anteil der Wabenfläche an der Gesamtoberfläche der Wabenplatte

L'_W Wabenplattenlänge unterhalb des Außenwasserspiegels in cm

$k_ö$ Durchlässigkeit des Materials, mit dem die Waben verfüllt sind, in cm/s

Nach [57] kann näherungsweise $\Delta L = L'_W$ gesetzt werden. Mit dieser Annahme und der Zusammenfassung konstanter Werte zu

$$C = \frac{k_ö \cdot \sin\alpha \cdot n_1}{n_S} \text{ bzw. } C = \frac{k_f \cdot \sin\alpha}{n_S} \quad [\text{m/s}] \qquad (5.25)$$

entsteht aus Gl. (5.24) nach einfacher Umformung

$$Z_{i+1} = \frac{Z_i \cdot \left(\frac{2 \cdot d_f}{\Delta t} - C\right) + C \cdot (X_i + X_{i+1})}{C + \frac{2 \cdot d_f}{\Delta t}} \quad [\text{m}] \qquad (5.26)$$

Welcher Wert für C in Gl. (5.26) einzusetzen ist, ergibt sich aus dem Vergleich. Ist $n_1 \cdot k_ö > k_f$, dann ist k_f in Gl. (5.25) einzusetzen, d. h., dass durch die Waben mehr abgeführt werden könnte als im Filter nachströmt. Andernfalls sind die Waben die Engstelle.

Mit den gegebenen Werten der Aufgabe und $\Delta t = 1\ s$ wird:

für **a)**

$$C = \frac{0{,}1 \cdot 0{,}316 \cdot 0{,}2}{0{,}25} = 2{,}53 \cdot 10^{-2} \text{ m/s bzw.}$$

$$C = \frac{10^{-2} \cdot 0{,}316}{0{,}25} = 1{,}26 \cdot 10^{-2} \text{ m/s}$$

Maßgebend: Filter mit $C = 1{,}26$ cm/s

für **b)**

$$C = \frac{1{,}5 \cdot 10^{-2} \cdot 0{,}316 \cdot 0{,}2}{0{,}25} = 0{,}38 \cdot 10^{-2} \text{ m/s}$$

bzw. 0,38 cm/s

Maßgebend sind bei b) die weniger durchlässigen Waben. Somit wird:

bei Aufgabe **a)**

$$Z_{i+1} = \frac{Z_i \cdot \left(\frac{40}{1} - 1{,}26\right) + 1{,}26 \cdot \left(X_i + X_{i+1}\right)}{1{,}26 + \frac{40}{1}}$$

$$= 0{,}939 \cdot Z_i + 0{,}03 \cdot \left(X_i + X_{i+1}\right)$$

bei Aufgabe **b)**

$$Z_{i+1} = \frac{Z_i \cdot \left(\frac{40}{1} - 0{,}38\right) + 0{,}38 \cdot \left(X_i + X_{i+1}\right)}{0{,}38 + \frac{40}{1}}$$

$$= 0{,}981 \cdot Z_i + 0{,}009\,41 \cdot \left(X_i + X_{i+1}\right)$$

Beim Auflaufen einer Welle strömt Wasser durch die Waben in den Filter (Zunahme des X_i-Wertes in Tabelle 5.6). Für das Ansteigen des Wasserspiegels kann Gl. (5.24) abgewandelt werden zu Gl. (5.27):

$$\frac{Z_{i+1} - Z_i}{\Delta t} \cdot n_S \cdot \frac{d_f}{\sin\alpha} \cdot 100 = n_1 \cdot L'_W \cdot 100 \cdot k_ö \cdot \frac{0{,}5 \cdot \left(X_{i+1} + X_i - Z_{i+1} - Z_i\right)}{\Delta L} \tag{5.27}$$

Nach entsprechenden Umformungen entsteht

$$Z_{i+1} = \frac{Z_i \cdot (1 - K) + K \cdot \left(X_i + X_{i+1}\right)}{1 + K} \quad [\mathrm{m}] \tag{5.28}$$

mit

$$K = \frac{C \cdot \Delta t \cdot L'_W}{d_f \cdot \Delta L} \tag{5.29}$$

$$\Delta L = d_P + \frac{d_f}{2} + \frac{\Delta e}{\sin\alpha} \quad [\mathrm{m}] \tag{5.30}$$

und C nach Gl. (5.25)

Für K kann ermittelt werden:

bei **a)**

$$K = \frac{1{,}26 \cdot 1 \cdot 500}{20 \cdot (20 + 10 + 40)} = 0{,}45$$

bei **b)**

$$K = \frac{0{,}38 \cdot 1 \cdot 500}{20 \cdot (20 + 10 + 40)} = 0{,}136$$

Daraus wird mit Gl. (5.28) für das Einströmen des Wassers in den Filter ($X_i > Z_i$ bzw. für $\Delta h < 0$):

a)

$$Z_{i+1} = \frac{Z_i \cdot (1 - 0{,}45) + 0{,}45 \cdot \left(X_i + X_{i+1}\right)}{1{,}45}$$

$$= 0{,}379 \cdot Z_i + 0{,}31 \cdot \left(X_i + X_{i+1}\right)$$

b)

$$Z_{i+1} = \frac{Z_i \cdot (1 - 0{,}36) + 0{,}136 \cdot \left(X_i + X_{i+1}\right)}{1{,}136}$$

$$= 0{,}76 \cdot Z_i + 0{,}12 \cdot \left(X_i + X_{i+1}\right)$$

Für die Innenwasserüberdruckhöhen Δh ergeben sich die in der Tabelle 5.6 angegebenen Werte.

Vorausgesetzt, die Wabenplatte kann mit einer Wichte von 24 kN/m³ hergestellt werden, dann würde die Sicherheit gegen Abheben gerade 1,0 sein, was für die Häufigkeit der auftretenden Belastung natürlich nicht ausreichend ist. Im Fall b) würde es bei den angenommenen Sunkwellen zu unzulässigen Bewegungen (Abheben) und somit Verformungen der Böschungsbefestigung kommen können. In beiden Fällen ist Voraussetzung, dass der Böschungsfuß gegen Gleiten der Wabenplatten gesichert ist. In jedem Fall würde vor dem Abheben der Platten ihr Gleiten eintreten.

5.5 Arten von Wasserkraftwerken

5.5.1 Laufwasserkraftwerke

Laufwasserkraftwerke sind Wasserkraftwerke an Flussstaustufen, an denen keine oder nur ganz geringe Speichermöglichkeiten bestehen. Sie tragen zur Deckung der Grundlast bei und arbeiten im Niederdruckbereich. Kaplan- oder Rohrturbinen erzeugen den Strom. Das Triebwasser wird den Turbinen direkt zugeführt. Man unterscheidet verschiedene Bauweisen für die Flusskraftwerke. Meist wird außer der Wehranlage nur ein Krafthaus an-

Tabelle 5.6 Bewegung des Kanalwasserspiegels und des Wasserspiegels im Filter

Kanalwasserspiegel		Wasserstand im Filter			
		Aufgabe a		Aufgabe b	
t_i	X_i	Z_i	Δh	Z_i	Δh
s	cm	cm	cm	cm	cm
0	400	400	0	400	0
1	415	404	< 0	402	< 0
2	400	406*	6	403*	3
3	390	405	15	403	13
4	380	403	23	403	23
5	372	401	29	402	30
6	364	399	35	401	37
7	359	396	37	400	41
8	355	391	**38**	399	**44**
9	360	390	30	398	38
10	370	388	18	397	27

* Ab hier Gl. (5.26), vorher nach Gl. (5.28).

geordnet. Beide Bauwerke können im Fluss untergebracht sein, vgl. Abschnitt 2.6.2 und die Bilder 2.57 und 2.59. Ländergrenzen können auch zur Wahl von zwei Wasserkraftwerken führen, getrennt durch das Wehr. Ein bekanntes Beispiel ist das Eiserne Tor, ein Gemeinschaftsbauwerk an der Donau zwischen Rumänien und Serbien.

Wasserkraftwerke in Seitenkanälen oder Durchstichen sind bautechnologisch einfacher, weil im Trockenen herzustellen. Bei diesen Anlagen sind umfangreiche Untersuchungen und Abstimmungen über den notwendigen Mindestabfluss in der Ausleitungsstrecke erforderlich, Bild 5.18. Der verbleibende Mindestabfluss muss eine ausreichende ökologische Vielfalt erhalten, wobei auch die Möglichkeit und die Auswirkungen eines Durchfrierens und auch zu starker Erwärmung der geringer gewordenen Abflüsse zu beachten sind. Wichtige Hinweise für den Mindestabfluss gibt die DVWK-Schrift 114 [15]. Ausleitungsstrecke und Fischwege sind wichtige Umweltfaktoren – gleichwertig wie eine Stromerzeugung ohne Radioaktivität, CO_2-Ausstoß u. a. Schadstoffe.

5.5.2 Spitzenwasserkraftwerke

Wasserkraftwerke, die die besonders wertvolle Spitzenenergie erzeugen, sind stets an Speicher gebunden. Sie können selbstverständlich auch eine konstante Elektroenergie erzeugen, also teilweise als Laufwasserkraftwerk arbeiten. Da große Speicherräume für Talsperren typisch sind, wo natürlich auch größere Druckhöhen vorhanden sind als im Fluss, sind die Spitzenkraftwerke sehr oft Mittel- oder Hochdruckanlagen. Talsperrenkraftwerke sind dadurch gekennzeichnet, dass sich das Kraftwerk unmittelbar an der Sperrstelle befindet. Das Triebwasser wird durch das Abschlussbauwerk in einbetonierten Stahlrohren auf kürzestem Wege den Turbinen zugeführt. Die Anordnung des Krafthauses richtet sich nach örtlichen Verhältnissen.

Umleitungskraftwerke sind durch eine große Entfernung des Krafthauses vom Speicher gekennzeichnet. Das Triebwasser wird durch Druckleitungen zum Krafthaus geführt, wobei je nach Notwendigkeit Wasserschlösser angeordnet werden. Wasserschlösser haben die Aufgabe, Druckschwankungen in den Rohrleitungen, die beim Zu- und Abschalten der Turbinen entstehen, auszugleichen, Bild 5.19.

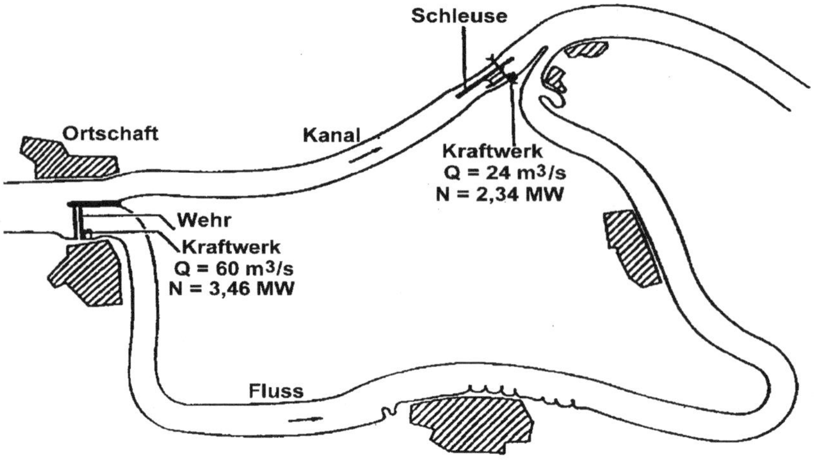

Bild 5.18 Ausleitungskraftwerk

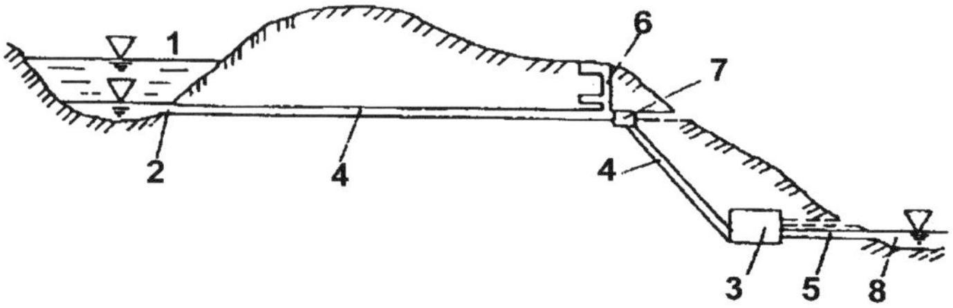

1 Oberbecken, 2 Einlaufbauwerk, 3 Maschinenhaus, 4 Oberwasserdruckstollen, 5 Unterwasserstollen, 6 Wasserschloss, 7 Apparatekammer mit Schnellschlussarmaturen, 8 Unterwasser

Bild 5.19 Schema eines Spitzenwasserkraftwerkes

Man unterscheidet ober- und unterirdische Hochdruck-Umleitungskraftwerke. Bei der oberirdischen Bauart kommen die gleichen Krafthausbauweisen wie bei Talsperrenkraftwerken zur Anwendung. Das Triebwasser wird im oberen Teil durch eine flache Druckrohrleitung oder einen Stollen zum Wasserschloss geleitet und von dort durch eine steil geneigte Leitung zum Krafthaus geführt. In jüngster Zeit setzt sich immer mehr die unterirdische Bauweise, die Kavernenbauweise durch. Bei der unterirdischen Anordnung aller Anlagen entstehen nur wenig Probleme bei der Einordnung der Bauwerke in die Landschaft. Spitzenwasserkraftwerke mit großem Speicherinhalt sind auch als Störreserve gut geeignet. Für Kraftwerke mit größeren Speicherbecken, vor allem Talsperrenkraftwerke, kann der Energievorrat, der im Stauraum vorhanden ist, berechnet werden zu:

$$\boxed{E = \frac{V \cdot H_S}{367}} \text{ [kWh]} \qquad (5.31)$$

Für V ist das Speichervolumen in m^3, für H_S die Rohfallhöhe in m, bezogen auf den Schwerpunkt des Stauraumes, einzusetzen.

5.5.3 Pumpspeicherwerke

Pumpspeicherwerke (*PSW*) erzeugen keinen Strom, sie speichern den von Kohle-, Atom- oder Laufwasserkraftwerken in den Zeiten geringeren Verbrauchs (z. B. nachts) erzeugten Strom, um ihn in den Spitzenbelastungszeiten wieder ans Netz abzugeben. Mit zunehmendem Anteil des Wind- und des Solarstromes, die beide nicht entsprechend dem Strombedarf erzeugen, kommt den Pumpspeicherwerken künftig eine steigende Bedeutung zu. Ihr Wert liegt also im Veredeln von Elektroenergie. Dadurch können die Laufkraftwerke mit geringerer Kapazität ausgelegt werden bzw. größere Gebiete versorgen. Auch dadurch wird die Umweltbelastung erheblich verringert. Durch ihre Fähigkeit, in Sekundenschnelle Strom ins Netz zu speisen, sind *PSW* in der Lage, plötzlich auftretende Verbrauchsspitzen abzudecken. So schalteten sich die fünf *PSW* der Schluchseewerke AG in einem Jahr 40 000 mal zu, um kurzfristig Spitzenstrom zu liefern. Darüber hinaus sind *PSW* eine wichtige Havariereserve.

Ein *PSW* besteht aus Oberbecken, Triebwasserleitung, Krafthaus und Unterbecken. Das Bild 5.20 zeigt die genannten Teile mit unterirdischer Anordnung (Kaverne) des Krafthauses.

Das Speichervolumen wird im Allgemeinen in den Becken für vier bis sechs Stunden Turbinenbetrieb ausgelegt. Besondere Sorgfalt ist in die konstruktive Gestaltung der Becken zu legen, denn der Wasserspiegel wird innerhalb weniger Stunden gehoben und gesenkt, und im Bereich der Ein- und Ausläufe treten hohe Fließgeschwindigkeiten auf. Starke Eisbildung kann die Böschung bei Wasserspiegelschwankungen ebenfalls gefährden, vgl. auch Beispiel 5.

Das 2004 fertiggestellte *PSW* Goldisthal in Thüringen hat eine Nennleistung von 1 060 MW. Es kann acht Stunden im Volllastbetrieb fahren und stellt deshalb auch eine wichtige Reserve für Störfälle an anderen Anlagen dar. 12 Millionen Kubikmeter Wasser können im Oberbecken gespeichert werden. Ein 67 m hoher Steinschüttdamm bildet das Abschlussbauwerk für das Unterbecken.

5.5.4 Gezeitenkraftwerke

Mit den Gezeiten ist ein sehr großes Energiepotential verbunden, dessen mögliche Ausnutzung zur Stromgewinnung technisch und wirtschaftlich aber begrenzt ist. Voraussetzung für den Bau eines Gezeitenkraftwerkes ist neben einem großen Tidehub auch das Vorhandensein von mindestens einer Bucht, die sich mit vertretbarem Aufwand durch einen Damm vom Meer abtrennen lässt.

Das Bild 5.21 zeigt oben den Gang der Gezeiten und die Zeiten t der Turbinentätigkeit, darunter eine Phase der Stromerzeugung. Steht im Becken das Wasser mit ausreichender Fallhöhe über dem Meeresspiegel (Punkt 1), werden die Turbinen eingeschaltet, das Becken entleert sich bis zu einer nur noch geringen Fallhöhe (Punkt 2). Die Zeit t charakterisiert den Zustand „Turbinentätigkeit". Durch Verstellen der Leit- und Laufradschaufeln wirkt die Turbine als Leerschuss, d. h. das Wasser fließt durch sie ohne Stromgewinnung

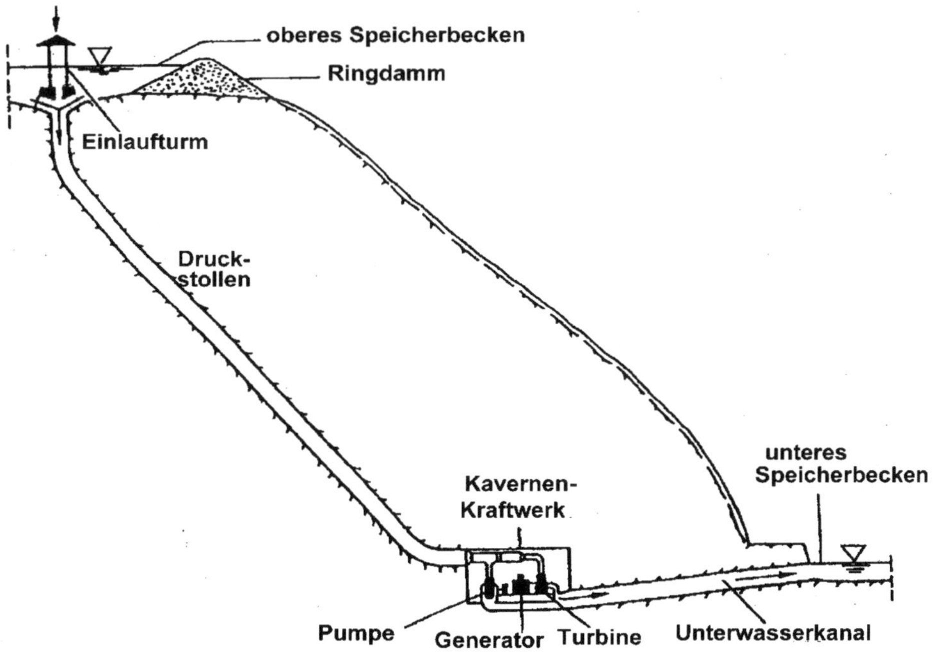

Bild 5.20 Pumpspeicherwerk

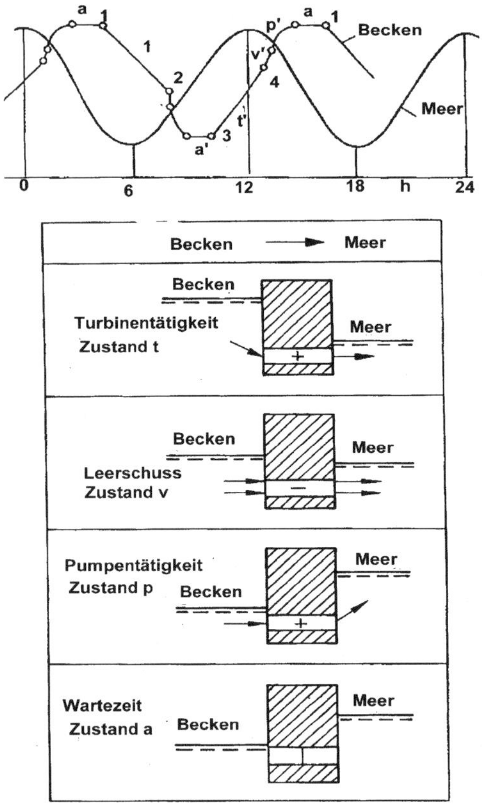

Bild 5.21 Arbeitsweise eines Gezeitenkraftwerkes

(Zustand *v*), das Becken entleert sich weiter, und anschließend kann die Turbine als Pumpe arbeiten, es sinkt der Beckenwasserspiegel tiefer als der Meeresspiegel (Zustand *p*). Nach einer Wartezeit (Zustand *a*) werden die Turbinen, da sich inzwischen die Fließrichtung geändert und die Flut wieder eingesetzt hat, von der Meeresseite beaufschlagt. Die Nichtübereinstimmung der Gezeiten mit den Verbrauchsspitzen an Elektroenergie kann durch die Möglichkeit des Pumpens verringert werden. Ist an Steilküsten die Möglichkeit vorhanden, ein Gezeitenkraftwerk mit einem Pumpspeicherwerk zu verbinden, dann können die nicht bedarfsgerechte Stromerzeugung und der Verbrauch besser in Einklang gebracht werden.

5.5.5 Wellenkraftwerke

Eine beachtliche und viel zu oft Schaden verursachende Energie steckt in den Meereswellen. An Europas Küsten wird diese Energie auf etwa 1 000 Terawattstunden geschätzt. In den vergangenen Jahrhunderten haben sich Ingenieurleistungen fast ausschließlich darauf konzentriert, diese gewaltige Energie durch Küstenschutzbauwerke unschädlich zu machen. Erste Ergebnisse von Anlagen zur Stromgewinnung aus Wellen zeigen aber, dass ein beachtlicher Teil des Strombedarfs aus Meereswellen gedeckt werden kann. Japan, Norwegen, Großbritannien und Indien verweisen auf erste Erfolge bei dieser Form der Energieumwandlung.

Eine Möglichkeit, Wellenenergie in elektrische Energie umzuwandeln, ist das Prinzip der oszillierenden Wassersäule (Oscillating Water Column). Bisher errichtete Anlagen haben Leistungen zwischen etwa 100 und 1 000 kW.

Mit „Seeschlangen“ oder „Austern“ soll die auch in gewisser Tiefe noch vorhandene pulsierende Strömung ausgenutzt werden. Da das gesamte Kraftwerk unsichtbar bleibt, wird es weniger Akzeptanzprobleme geben, bleibt die Anwendung aber auf Küsten beschränkt, die von der Schifffahrt nicht berührt werden. Über Versuche mit ersten Ergebnissen wird aus Edinburgh berichtet. Die mit den bisherigen Anlagen erzielten Strompreise, die geringen Gebäudegrundflächen von etwa 1 m^2/kW (Windenergie etwa 2 m^2/kW, Sonnenenergie etwa 10 m^2/kW) und vor allem die Tatsache, dass auch zur Schadensverringerung die Wellenenergie umgewandelt werden muss, lassen weitere Forschungen und Entwicklungen zugunsten von Anlagen zur Nutzung der Wellenenergie erfolgversprechend erscheinen.

5.5.6 Kleinwasserkraftwerke

Die Kleinwasserkraftwerke erzeugen bis 15 MW elektrische Energie. Sie gewinnen zunehmend an Bedeutung. Das seit 1998 in Kraft befindliche Stromeinspeisungsgesetz führte vor allem zum Nachrüsten bestehender Stauanlagen mit Turbinen sowie zum Reaktivieren verfallener kleiner Wasserkraftwerke. Zu den allgemeinen Vorzügen der Stromerzeugung aus Wasserkraft wie der Umweltfreundlichkeit (keine Schadstoffe, keine Radioaktivität), der langen Lebensdauer und der Einsparung von nicht ersetzbaren fossilen Brennstoffen kommt bei den Kleinwasserkraftwerken hinzu, dass sie sich meist ganz in der Nähe der Verbraucher befinden, also weite Übertragungen von Strom vermeiden und dass sie kaum Betriebskosten verursachen. Nur die hohen Investitionskosten und die fehlende Akzeptanz für das Anstauen eines Fließgewässers lassen Neubauten von Kleinwasserkraftwerken immer schwieriger werden.

Die Turbinenarten sind denen der großen Wasserkraftwerke gleich. Im Niederdruckbereich werden axial durchströmte Turbinen vom Kaplantyp in horizontaler, geneigter und vertikaler Bauweise ausgeführt. Diese Turbinen werden für Durchflüsse von $Q = 1\ m^3/s$ bis $75\ m^3/s$ und für $\Delta h = 1$ m bis 30 m gebaut. Die Francisturbine wird auch für Kleinwasserkraftwerke bevorzugt verwendet. Hier arbeitet sie im Höhenbereich von 15 m bis 20 m und gibt bis zu 15 MW ab. Für die großen Fallhöhen bei gleichzeitig nur kleiner Wassermenge ist auch für Kleinwasserkraftwerke die Freistrahlturbine (Peltonturbine) die vorteilhafteste Lösung. Der Einsatzbereich liegt bei 20 m bis 1 000 m für die Fallhöhe und 10 kW bis 15 MW für die Leistung.

5.6 Zusammenfassung

Ohne Schadstoffausstoß, Lärm und Abfall erzeugen Wasserkraftwerke umweltfreundlich Elektroenergie. Trotzdem finden sie in Deutschland in letzter Zeit nur wenig Beachtung. Sie können im Grundlastbereich arbeiten (Laufwasserkraftwerke), Spitzenstrom erzeugen (Speicherkraftwerke), diskontinuierlich und nicht bedarfsgerecht Strom abgeben (Gezeiten- oder Wellenkraftwerke) oder zeitweilig im Überfluss vorhandenen Strom speichern (Pumpspeicherwerke).

Der Durchfluss und die Fallhöhe bestimmen sowohl die Wahl der Turbinenart als auch die erzielbare Leistung. Kaplanturbinen verarbeiten große Durchflüsse bei kleinen Stauhöhen, ebenso die Rohrturbinen. Pelton- oder Freistrahlturbinen werden bei großen Fallhöhen und kleinem Durchfluss eingesetzt, dazwischen liegt der Anwendungsbereich der Francisturbinen. Die ständige Verfügbarkeit und gute Planbarkeit von Durchfluss und Fallhöhe machen die Wasserkraftwerke zu zuverlässigen Stromlieferanten. Die sehr kurze Zuschaltzeit schafft die Möglichkeit, kurzzeitig auftretende Bedarfsspitzen durch Wasserkraftwerke abzudecken. Obwohl einige Länder fast ihren gesamten Strombedarf aus der Wasserkraft decken, gibt es weltweit noch große ausbaufähige Potentiale.

Kleinwasserkraftwerke zu rekonstruieren oder in vorhandene Stauanlagen einzubauen, ist heute eine wichtige Möglichkeit zur umweltfreundlichen Erzeugung von Elektroenergie.

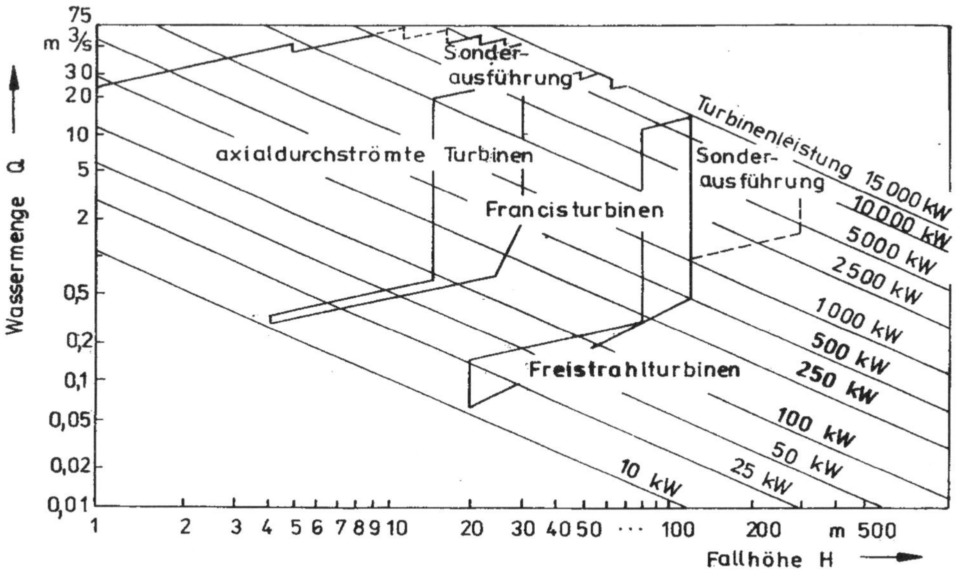

Bild 5.22 Einsatzbereiche der Turbinen von Kleinwasserkraftwerken

Verzeichnis verwendeter und weiterführender Literatur

[1] Aigner, D. Carstensen, D.: Technische Hydromechanik 2, Auflage 2015, Beuth Verlag Berlin.

[2] Bollrich, G.: Technische Hydromechanik, Band 1, Grundlagen, 5. Auflage 2000, Verlag für Bauwesen, Berlin.

[3] Carstensen, Dirk: Eis im Wasserbau, Theorie, Erscheinungen, Bemessungsgrößen. Habilitationsschriftschrift, 2007. Wasserbauliche Mitteilungen der TU Dresden, Heft 37, 2008.

[4] Chervet, A.; Weiss, H.-W.: Sohlenstabilität von Blockrampen. Sonderdruck aus Heft 42/1990 des Schweizer Ingenieur und Architekt.

[5] de Boer, R.: Die Schleusen am Wasserstraßenkreuz Magdeburg. Jahrbuch der HTG, 2002, S. 123–137.

[6] Der Ausbau der Saar, eine Dokumentation. Herausgegeben von der Wasser- und Schifffahrtsverwaltung des Bundes 1987.

[7] Deutsch, M.; Hintermeier, K.: Sanierung einer alten Wehranlage in Artern (Thüringen). Wasserwirtschaft 93, 2003, Heft 9, S. 10–14.

[8] DIN 4048 Wasserbau. Begriffe.

[9] DIN 19700 Stauanlagen

[10] Teil 10 Gemeinsame Festlegungen (01. 86)

[11] Teil 11 Talsperren (01. 86)

[12] Teil 12 Hochwasserrückhaltebecken (01. 86)

[13] Teil 13 Staustufen (01. 86)

[14] Teil 14 Pumpspeicherbecken (01. 86)

[15] Teil 15 Sedimentationsbecken (02. 89).

[16] DIN 19702 Standsicherheit von Massivbauwerken im Wasserbau (10.92).

[17] DIN EN 13383, Teil 1, Wasserbausteine, Anforderungen 2002.

[18] DVWK (1995) Gesichtspunkte zum Abfluss in Ausleitungsstrecken von Wasserkraftanlagen.

[19] VWK-Merkblatt 216: Betrachtungen zur (n –1)-Bedingung an Wehren, 1990, Verlag Paul Parey, Hamburg und Berlin.

[20] DVWK-Merkblatt 220: Hydraulische Bemessung von Fließgewässern, 1991, Verlag Paul Parey, Hamburg und Berlin.

[21] EAU (Empfehlungen des Arbeitsausschusses „Ufereinfassungen“ Häfen und Wasserstraßen) der HTG, 9. Auflage 1997, Verlag Wilhelm Ernst und Sohn, Berlin.

[22] Eichler, D.: Lager, Lagerung und Einlagerung der Kanalbrücke über die Elbe. Binnenschifffahrt, 59. Jhg. (2004), H. 4, S. 45–48.

[23] Empfehlungen zur Anwendung von Oberflächendichtungen an Sohle und Böschung von Wasserstraßen. Mitteilungsblatt der Bundesanstalt für Wasserbau Nr. 85 (2002), Karlsruhe, Hamburg, Ilmenau.

[24] Engels, H.: Handbuch des Wasserbaus, 3. Auflage 1898, Verlag von Wilhelm Engelmann in Leipzig.

[25] Felkel, K.; Steinweller, H.: Natur- und Modellversuche über die Wirkung der Schiffe auf Flusssohlen aus Grobkies (Breisacher Versuche). Wasserwirtschaft 62 (1972), H. 8, S. 243–249.

[26] Feske, D.: Erfahrungen mit den Abstiegsbauwerken am Elbe-Seitenkanal. Jahrbuch der Hafenbautechnischen Gesellschaft, 49. Band. Schifffahrtsverlag Hansa, Hamburg, S. 136–141.

[27] Feststofftransport in Fließgewässern, Berechnungsverfahren für die Ingenieurpraxis. DVWK-Schriften, Heft 87, 1988, Verlag Paul Parey, Hamburg und Berlin.

[28] Fiedler, K.; Tölle, L.: Bau der Kanalbrücke über die Elbe. Binnenschifffahrt, 59. Jhg. 2004, H. 3, S. 46–56.

[29] Fischaufstiegsanlagen. DVWK-Merkblatt 232/1996. Kommissionsvertrieb Wirtschafts- und Verlagsgesellschaft Gas und Wasser mbH, Bonn.

[30] Fleischer, P.; Schreiter, S.: Einsatz von geosynthetischen Tondichtungsbahnen als Kanaldichtung. ZfB. 1998, H. 19, S. 40–45.

[31] Flussbau. Weiterbildendes Studium Wasser und Umwelt. Bauhaus-Universität Weimar 2007, S. 286.

[32] Gesamtwirtschaftliche Bewertung von Verkehrswegeinvestitionen. Bewertungsverfahren für den Bundesverkehrswegeplan 1992. Schriftenreihe des BMV, Heft 72, Bonn 1993.

[33] Giesecke, J.; Mosonyi, E.: Wasserkraftanlagen. 5. Auflage 2009, Springer Verlag Heidelberg.

[34] Godde, D.: Die Wasserkraft und die Europäische Wasserrahmenrichtlinie. Korrespondenz Wasserwirtschaft 12/2008, S. 687–690.

[35] Godde, D.; Droste, M.: Felsschüttdamm mit Betonoberflächendichtung Mohale Damm, Lesotho – Einige Aspekte bei der Ausführung der Betonplatte. Wasserwirtschaft 93, 2003, Heft 10, S. 22–26.

[36] Goldenbogen, R. u. a.: Schiffbare Verbindungen in der Lausitz. Binnenschifffahrt 63, 2008, Heft 11, S. 73–77.

[37] Grundlagen zur Bemessung von Böschungs- und Sohlensicherungen an Binnenwasserstraßen. Mitteilungsblatt der Bundesanstalt für Wasserbau, Heft 87, Karlsruhe 2004.

[38] Hack, H.-P.: Durchgängigkeit und Habitatmodellierung von Fließgewässern, Universität Weimar, 2010

[39] Hager, M.: Koppelschleusen zur Überwindung hoher Fallstufen. Binnenschifffahrt, 59. Jhg. (2004), H. 5, S. 46–51.

[40] Heerten, G.: Was hat sich verändert seit der Elbe-Flut 2002? Symposium „Sicherung von Dämmen, Deichen, Stauanlagen", Siegen 2006.

[41] Huxol, H.; Wiese, K.; Biernoth, A.: Ausbau der Südstrecke Wolfsburg-Fallersleben von der Schleuse Sülfeld bis zum VW-Werk. ZfB. Sonderheft Jan./Feb. 2003, S. 9–10.

[42] Indlekofer, H.: Der hydraulische Einfluss von gemischtem Bewuchsbestand auf Böschungen und Vorländern von Fließgewässern. Wasserwirtschaft 96 (2006), Heft 5, S. 34–37.

[43] Internationale Aralseekonferenz sucht Auswege aus der Krise. Wasserwirtschaft 2002, Heft 1–2, S. 17–18.

[44] Junghardt, S. u. a.: Rückbau von Uferbefestigungen – eine Erfolgsgeschichte an der Lippe in Nordrhein-Westfalen. Korrespondenz Wasserwirtschaft 2009, Heft 3, S. 159–165.

[45] Kaczynski, J.: Stauanlagen, Wasserkraftanlagen. 2. überarbeitete Auflage 1994, Werner Verlag, Düsseldorf.

[46] Kayser, J.: Die neuen Regelbauweisen für Böschungs- und Sohlensicherungen an Binnenwasserstraßen. ZfB. 2009, H.7, S. 70–74.

[47] Knauf, D.: Die Berechnung des Abflusses aus einer Schneedecke. Schriftenreihe des DVWK, Heft 46, S. 95–135, 1980, Verlag Paul Parey, Hamburg.

[48] Knieß, H.-G.: Kriterien und Ansätze für die technische und wirtschaftliche Bemessung von Auskleidungen in Binnenschifffahrtskanälen. Mitteilungsblatt der BAW Nr. 53, Karlsruhe 1983.

[49] Krüger, F.; Heimerl, S.: Zur hydraulischen Berechnung von rauen Rampen in Störsteinbauweise. Wasserwirtschaft 97, 2007, Heft 7–8, S. 32–36.

[50] Kuhn, R.: Binnenverkehrswasserbau. Verlag für Architektur und techn. Wissenschaften Berlin, W. Ernst und Sohn, 1984.

[51] Landwirtschaftlicher Wasserbau – Bodenkultur, WIT, Band 35, 2. Auflage 1991. Werner Verlag, Düsseldorf.

[52] Lange, G.; Lecher, K.: Gewässerregelung, Gewässerpflege, Naturnaher Ausbau und Unterhaltung von Fließgewässern, 1989, Verlag Paul Parey, Hamburg und Berlin.

[53] Lankenau, D.; Bartnik, W.: Folgerungen aus Natur- und Modellversuchen für Schifffahrt und Kanalauskleidung. Jahrbuch der Hafenbautechnischen Gesellschaft, 1992. Schifffahrtsverlag Hansa, Hamburg, S. 37–42.

[54] Lattermann, E.: Die Versickerung bei der Querschnittsvergrößerung gedichteter Schifffahrtskanalstrecken. Wasserwirtschaft-Wassertechnik 20 (1970), H. 9, S. 299–303.

[55] Lattermann, E.: Flussschifffahrt und Fahrdynamik. ZfB. 1996, H. 8, S. 20–21 und H. 9, S. 25–27.

[56] Lattermann, E.: Das Nutzen-Kosten-Verhältnis und die Wasserstraßen. Zeitschrift für Binnenschifffahrt 1998, H. 5, S. 47–52.

[57] Lattermann, E.: Gedanken zur Mehrfachnutzung von Wasserstraßen. Schifffahrt und Technik 2001, H. 1, S. 33–35 und H. 2, S. 41–43.

[58] Lattermann, E.: Dichtungen und Deckwerke aus Zementbeton – Bemessungsgrundlagen. Habilitation, TU Dresden, Fak. F. Bau-, Wasser- und Forstwesen, 1986, Dresden.

[59] Lattermann, E.: Wasserüberdruck und Standsicherheit bei Wabenplatten. In: Wasserwirtschaft – Wassertechnik 1989, Heft 2, S. 37–38. VEB Verlag für Bauwesen, Berlin.

[60] Lattermann, E.: Wasserbau in Beispielen. Werner Verlag, Düsseldorf 1997.

[61] Lattermann, E.; Alexy, M.: Wasserspiegelsenkung bei dichten Deckwerken. Wasserwirtschaft – Wassertechnik 1983, Heft 6, S. 209–211. VEB Verlag für Bauwesen, Berlin.

[62] Lattermann, E.: Wasserbau Praxis, Band 1, 2. Auflage. Bauwerk Verlag, 2005, Seite 143–145.

[63] Lattermann, E.: Die Querschnittsvergrößerung gedichteter Kanalstrecken und ihre bauliche Durchführung ohne Unterbrechung der Schifffahrt. Dissertation. HfV „Friedrich List", Fak. für Technik und Naturwissenschaften, Dresden, 1970.

[64] Martin, H.: Plötzlich veränderliche instationäre Strömungen in offenen Gerinnen. Beitrag in „Technische Hydromechanik", Band 2, 1989, VEB Verlag für Bauwesen, Berlin.

[65] Merkblatt Anwendung von Regelbauweisen für Böschungs- und Sohlensicherungen an Binnenwasserstraßen (MAR). Eigenverlag der Bundesanstalt für Wasserbau, Karlsruhe 2008.

[66] Messing, S.: Mosel – Baubeginn der 2. Schleuse in Zeltingen. Binnenschifffahrt, 58. Jhg. (2003), H. 12, S. 42–45 und 59. Jhg. (2004), H. 1–2, S. 56–57.

[67] Modernisierung von Wehren. DVWK-Merkblatt 241/1966. Kommissionsvertrieb Wirtschafts- und Verlagsgesellschaft Gas und Wasser mbH, Bonn.

[68] Müller, U.: Was haben wir gelernt? – ein Jahr nach der Hochwasserkatastrophe in Sachsen. Wasserwirtschaft 2003, H 12, S. 9–15.

[69] Müller, U.; Wichter, L.; Kaufmann, W.; Kubens, C.: Standsicherheitserhöhung der Talsperre Muldenberg (Sachsen) durch Verankerung. Wasserwirtschaft 96, 2006, Heft 6, S. 31–35.

[70] Naturnaher Ausbau des MLK in ökologisch sensiblen Bereichen am Beispiel des Naturparks Drömling. Binnenschifffahrt 2005, Heft 4 (Supplement), S. 44–45.

[71] Partenscky, H.-W.: Binnenverkehrswasserbau Schleusenanlagen. Springer-Verlag Berlin, Heidelberg, New York, Tokio 1986.

[72] Patt, H.; Jürging, P.; Kraus, W.: Naturnaher Wasserbau, 1998, Springer-Verlag Berlin, Heidelberg.

[73] Patt, H.; Städtler, E.: Altgewässer – Ökologie, Sanierung und Neuanlage. Korrespondenz Wasserwirtschaft 2009, Heft 2, S. 84–88 und Heft 3, S. 141–145.

[74] Petschallis, G.: Entwerfen und Berechnen in Wasserbau und Wasserwirtschaft, 1989, Bauverlag GmbH, Wiesbaden und Berlin.

[75] Pohl, R.: Historische Hochwasser aus dem Erzgebirge. Wasserbauliche Mitteilungen, Heft 28, 2004, Institut für Wasserbau und THM der TU Dresden.

[76] Reiner, W.; Kunz, N.; Bugner, C.; Liebrecht, A.; Täger, H.: Baumaßnahmen an den Dämmen der Osthaltung des Mittellandkanals. Jahrbuch der Hafenbautechnischen Gesellschaft, 52. Band. Schifffahrtsverlag Hansa, Hamburg, S. 85–95.

[77] Richtlinien für Regelquerschnitte von Schifffahrtskanälen, Ausgabe 1994. Bundesministerium für Verkehr, Abt. Binnenschifffahrt und Wasserstraßen.

[78] Richtlinie 2000/60/EG des Europäischen Parlamentes und des Rates vom 23. Oktober 2000 zur Schaffung eines Ordnungsrahmens für Maßnahmen der Gemeinschaft im Bereich der Wasserpolitik (Europäische Wasserrahmenrichtlinie).

[79] Scheuerlein, H.: Ausleitungsbauwerke. In „Flussbau". Weiterbildendes Fernstudium „Wasser und Umwelt". Bauhaus-Universität Weimar, 2007, S. 211–262.

[80] Schmidt-Vöcks, D.; Möbius, W.: Der Bau von Deckwerken bei der Erweiterung des Mittellandkanals. ZfB 1994, H. 17, S. 20–27.

[81] Schneider, K.-J.: Bautabellen für Ingenieure, 11. Auflage. Werner Verlag, Düsseldorf 1994.

[82] Sieber, H.-U.: Talsperren in Sachsen, 1992, herausgegeben von der Landestalsperrenverwaltung Pirna.

[83] Sieber, H.-U.: Auswirkungen des Extremhochwassers vom August 2002 auf die Sicherheit von Speicheranlagen der sächsischen Landestalsperrenverwaltung – eine erste Einschätzung. In:Wasserwirtschaft 2003, Heft 1/2, S. 30–35. Vieweg Verlag, Wiesbaden.

[84] Söhngen, B.; Zöllner, J.: Schifffahrtsversuche auf dem Dortmund-Ems-Kanal. Jahrbuch der Hafenbautechnischen Gesellschaft, 1992. Schifffahrtsverlag Hansa, Hamburg, S. 71–79.

[85] Spannring, M.; Seus, G.: Die Wirkung von Buhnen auf Strömung und Sohle eines Fließgewässers. In: Wasserwirtschaft 2000, Heft 2, S. 94–99. Vieweg Verlag Wiesbaden.

[86] Stamm, J.; Wahrheit-Lensing, A.; Schmidt, A.: Nassbaggerstrategien – ein Beitrag zum nachhaltigen Management der Binnenwasserstraßen. Wasserwirtschaft 2007, Heft 4, S. 10–14.

[87] Timm, G.: Gewässer- und Brandschutz im Hafen. Jahrbuch der Hafenbautechnischen Gesellschaft, 47. Band (1992), S. 129–132.

[88] Vischer, D.; Huber, A.: Wasserbau. 5. Auflage. 1993, Springer-Verlag, Berlin u. a.

[89] Weber, Zapf: Vortrag am 2. 10. 2007 in Neuburg.

[90] Wickert, G.; Schmaußer, G.: Stahlwasserbau, 1971, Springer-Verlag Berlin, Heidelberg, New York.

[91] Zhu, Y.; Semprich, S.; Bauer, E.; Li, J.: Durchlässigkeitseigenschaften und Drainagemaßnahmen von RCC-Staumauern. Wasserwirtschaft 95, 2005, Heft 1–2, S. 67–72.

[92] Ziems, J.: Beitrag zur Kontakterosion nichtbindiger Erdstoffe. Dissertation, 1968, TU Dresden, Fak. Bauingenieurwesen.

[93] Zimmermann, C.; Hüsig, A.: Aufbau von Transportketten und Liniendiensten mit Binnenschiffen zwischen dem Seehafen Hamburg und Binnenhäfen im nordwestdeutschen Kanalnetz. Tagungsband zum HTG-Kongress 1999, S. 19–32.

Verzeichnis häufig verwendeter Symbole

Symbol	Dimension	Bezeichnung
A	m^2, mm	Querschnittsfläche, auch Abflusshöhe
A	kNm	Arbeit
A_B	m^2	Oberfläche des Wasserspiegels im Sparbecken
A_E	km^2	Fläche des Einzugsgebietes
A_K	m^2	Querschnittsfläche eines Schifffahrtskanals
a_S	m^2	Hauptspantquerschnittsfläche eines Schiffes
B	m	Breite, z. B. eines Fließgewässers oder Kanals
B_1	m	Fahrrinnenbreite
B_{Bem}	m	Breite des Bemessungsschiffes
B_F	m	Fahrwasserbreite
BHQ	m^3/s	Bemessungshochwasserabfluss
BHW	m	Bemessungshochwasserstand
B_V	m	Breite im Vorhafen
B_W	m	Wasserspiegelbreite
BW_o	m	oberer Betriebswasserstand im Kanal
BW_u	m	unterer Betriebswasserstand im Kanal
b	m	Breite, z. B. eines Wehres
b_N	m	Nutzbreite
C	kN/m^2	Zugfestigkeit eines bindigen Erdstoffes
c	m/s	Geschwindigkeit, z. B. einer Welle
c'	kN/m^2	Kohäsion
D	m, cm	Durchmesser
d	mm, cm, m	Dicke, z. B. einer Schicht, auch Durchbiegung
d_0	mm	Korndurchmesser
d_D	m	Dicke eines Deckwerkes
d_{gr}	mm	Grenzdurchmesser
d_K	mm	Korndurchmesser
d_{90}	mm	Korndurchmesser bei 90 % Siebdurchgang
E	kWh, MWh	Energievorrat
E	kN/m^2	Elastizitätsmodul
E	kN	Kraft aus dem Erddruck
E_a	kWh, GWh	Regelarbeitsvermögen
E_a	kN/m	resultierende Kraft aus aktivem Erddruck
E_b		Verdunstung von freien Flächen
E_p	kN/m	resultierende Kraft aus Erdwiderstand
e	kN/m^2	Erddruck
F	kN	Kraft
F_{dyn}	kN/m	Kraft aus dynamischem Eisdruck (als Linienlast)
F_G	kN	Gewichtskraft
Fr		Froudezahl
F_{stat}	kN/m	Kraft aus statischem Eisdruck
F_{therm}	kN/m	Kraft aus thermischem Eisdruck
f	m	Freibord, auch h_f
G	kN	Gewichtskomponente
GMS		Großmotorgüterschiff
GW		Grundwasser
g	m/s^2	Erdbeschleunigung
g'	kN/m^2	Flächengewicht, z. B. eines Deckwerkes
H	kN	Horizontalkraft
H	m	Wellenhöhe, auch Hubhöhe einer Schleuse
H_B	m	Bruttofallhöhe
H_b	m	Brecherhöhe (Welle)
H_{Bem}	m	Höhe der Bemessungswelle
HHQ	m^3/s	höchster bekannt gewordener Abfluss
HHW	m	höchster bekannter Wasserstand

Symbol	Dimension	Bezeichnung
H_m	m	mittlere Wellenhöhe
H_{max}	m	maximale Wellenhöhe
H_N	m	Nettofallhöhe
H_o	m	Energiehöhe im Oberwasser
HQ_n	m^3/s	Hochwasserabfluss mit der Jährlichkeit *n*
H_S	m	signifikante Wellenhöhe
HSW	m	höchster Schifffahrtswasserstand, auch ***HSCHW***
HW	m	höchster Wasserstand eines Zeitraumes
h	m	Wassertiefe
h_1, h_2	m	Wassertiefen im Tosbecken vor und hinter dem Wechselsprung
h_A	mm	Abflusshöhe
h_b	m	lichte Durchfahrtshöhe
h_D	m	Dicke einer Dichtungsschicht
h_E	m	Dicke einer Eisdecke
h_f	m	Freibord
h_{Gr}	m	Grenztiefe, kritische Tiefe
h_{ko}	m	Geschwindigkeitshöhe
h_m	m	mittlere Wassertiefe
h_N	mm	Niederschlagshöhe
h_o	m	Wassertiefe im Oberwasser, auch Wasserspiegeldifferenz zu Beginn einer Füllung
h_r	m	Reibungsverlusthöhe
h_S	m	Schiffstiefgang
h_u	m	Wassertiefe im Unterwasser
$h_ü$	m	Überfallhöhe
h_V	mm	Verdunstungshöhe
h_v	m	Verlusthöhe
h_W	m	Wassertiefe
I		Gefälle
I	cm^4	Trägheitsmoment
I_C		Konsistenzzahl
I_E		Energieliniengefälle
I_0		Sohlengefälle
I_{st}		Standrohrspiegelgefälle
I_W		Wasserspiegelgefälle
i		hydraulischer Gradient
i_i	mm/h	Infiltrationsrate
i_N	mm/h	Niederschlagsintensität
k	mm	absolute Rauheit bei Fließvorgängen
k		Abminderungsbeiwert für hydrodyn. Sohlwasserdruck
k_f	m/s	Durchlässigkeitsbeiwert
k_{St}	$m^{1/3}/s$	Rauheitsbeiwert nach Manning/Strickler
L	m	Länge
L_{Bem}	m	Länge des Bemessungsschiffes
L_S	m	Streichlänge des Windes über einem Gewässer
l	m	Länge
l_N	m	Nutzlänge
l_T	m	Länge eines Tosbeckens
l_U	m	benetzter Umfang
M	kNm	Moment, Drehmoment
MDK		Main-Donau-Kanal
MHW	m	mittlerer Hochwasserstand
MNW	m	mittlerer Niedrigwasserstand
Mthw	m	mittleres Tidehochwasser
MW	m	Mittelwasserstand
m, m_b		luftseitige Neigung einer Gewichtsstaumauer, Böschungsneigung
m_G	kg/m·s	Geschiebetrieb
N	kW	Leistung
N	mm	Niederschlag
NKV		Nutzen-Kosten-Verhältnis
NN		Normalnull
N_N	kW	Nutzleistung
NNW	m	niedrigster bisher bekannter Wasserstand
NOSt	m	Normalstau
NSW	m	niedrigster Schifffahrtswasserstand, auch ***NSCHW***

Symbol	Dimension	Bezeichnung
NW	m	niedrigster Wasserstand eines Zeitraumes, allg. Niedrigwasser
n		Häufigkeit des Auftretens, auch Porenanteil eines Erdstoffes, auch Anzahl, auch Drehzahl (z. B. bei Turbinen), auch Querschnittsverhältnis
n	m^2/s	sekundliche Zunahme des Füllquerschnittes
n_q	min^{-1}, s^{-1}	spezifische Drehzahl
OW		Oberwasser
p	kN/m^2	Druck
Q	m^3/s	Abfluss, Zufluss (z. B. zur Schleuse)
Q_A	m^3/s	Ausbaudurchfluss
Q_{GW}	m^3/s	Grundwasserzustrom zum Gewässer
Q_I	m^3/s	Zwischenabfluss
Q_o	m^3/s	Oberflächenabfluss
q	$m^3/s \cdot m$	Abfluss je Meter Breite
q	kN/m^2	Spannung, z. B. an der Sohle
R	m	Radius
R	kN	Resultierende
RWS	m	Ruhewasserspiegel
r	m	Radius
r_{hy}	m	hydraulischer Radius
r_N	$l/s \cdot km^2$	Niederschlagsspende
S	kN	Stützkraft, Sohldruckkraft
S	kN/m^2	Sohlenwasserdruck
SV		Schubverband
s	m	Sicherheitsabstand
T	s, a, d	Wellenperiode, auch Zeitraum in Jahren oder Tagen
T	° C	Temperatur
T	m	Wassertiefe
TEU		Twenty feet equivalent unit (Einheitscontainer)
T_{Ges}	s	gesamte Schleusungszeit
T_K	m	Kolktiefe
T_N	min, h	Niederschlagsdauer
T_R	s	Zeit für die Restfüllung
T_S	s	Zeit für die Füllung aus einem Sparbecken
T_S	m	Tiefgang eines Schiffes
t	s, h	Zeit, auch Zeitpunkt
t, t_S	m	Tiefgang
U		Ungleichförmigkeitsgrad eines Lockergesteins
U	h	Umlaufzeit
UVP		Umweltverträglichkeitsprüfung
UW	m	Unterwasser
V	m^3	Volumen, auch Verdunstung
V	kN	Summe der Vertikalkräfte
V	km/h	Geschwindigkeit
v	m/s	Fließgeschwindigkeit
v_f	m/s	Sickerwassergeschwindigkeit
v_{krit}	m/s	kritische Fließgeschwindigkeit
v_m	m/s	mittlere Fließgeschwindigkeit
v_o	m/s	Anströmgeschwindigkeit im Oberwasser
v_R	m/s	Rückstromgeschwindigkeit
v_S	m/s	Schiffsgeschwindigkeit
$v_{S,üG}$	m/s	Schiffsgeschwindigkeit gegenüber der Flusssohle
v_{Str}	m/s	Strömungsgeschwindigkeit
v_W	km/h	Windgeschwindigkeit
W	m	Wasserstand
W	kN	Widerstandskraft
W	cm^3	Widerstandsmoment
w	m	Wehrhöhe
w	m/s	Wellengeschwindigkeit
w	kN/m^2	Wasserdruck
w_{10}	m/s	Windgeschwindigkeit 10 m über der Oberfläche
Z_H	m	höchstes Stauziel
Z_S	m	Stauziel
z	cm, m	Aufstau

Symbol	**Dimension**	**Bezeichnung**
z_A	m	Wasserspiegelabsenkung
α	°	Neigungswinkel
α_A		Verbauungsverhältnis
β	°	Böschungswinkel, auch Driftwinkel
Δ		Unterschied
Δh	m, cm	Höhenunterschied, auch Restdruckhöhe
Δh_W	m	Verlusthöhe
δ		Einschnürungsbeiwert
δ	m	Eintiefung am Tosbeckenende
δ	°	Ruderwinkel
δ_0		Formbeiwert
γ	kN/m^3	Wichte
γ		Teilsicherheitsbeiwert
γ_B	kN/m^3	Wichte des Betons
γ_W	kN/m^3	Wichte des Wassers
η		Sicherheitsbeiwert
η_{Gl}		Gleitsicherheit
η_T		Turbinenwirkungsgrad
λ		Widerstandsbeiwert bei Fließvorgängen
λ	m	Wellenlänge
μ		Beiwert, z. B. für Reibungsverluste, auch mittlerer Zuflussbeiwert
ξ		Verlustbeiwert
ρ	kg/m^3	Dichte
ρ_a	kg/m^3	Stoffdichte unter Auftrieb
ρ_F, ρ_S	t/m^3, kg/m^3	Feststoffdichte
ρ_W	kg/m^3	Dichte des Wassers
σ	kN/m^2	Spannung
σ_0	kN/m^2	Eisdruckfestigkeit
σ_Z	kN/m^2	Eiszugfestigkeit
τ_0	N/m^2	Schlepp- oder Schubspannung (gemittelt)
τ_{krit}	N/m^2	Grenzschleppspannung
ϕ, φ'	°	natürlicher Böschungswinkel (Schüttwinkel), Winkel der inneren Reibung

Sachwortverzeichnis

Anlage

Aus meinen Gutachten

1. Das Schwingwehr am Lockwitzbach

Ein Schwingwehr, auf Bild 1 mit Blick von Süden im heutigen Zustand dargestellt, konnte im August 2002 nicht hochgezogen werden. Ein Wohngebiet wurde überflutet. Früher wurde das Wehr von Schwimmern angehoben, wenn das Wasser stieg. Die seitlichen Dichtungen (1 im Bild) wurden durch Notenprofildichtungen ersetzt.

Das Wehr braucht niemand mehr. Der Denkmalschutz blieb. Im zeitigen Frühjahr wurde mit großer Kraft das Wehr probeweise kurz etwas angehoben, so auch im Frühjahr 2002. Als die Flut im August kam, schaffte ein Krahn kaum ein paar Zentimeter Hub. Wo liegen die Fehler?

Blick von Süden auf das heute hochgezogene Wehr

2. Ein großes Sedimentationsbecken

Ein Sedimentationsbecken (siehe auch Kap 3.4.3), etwa 250 m lang und 200 m breit, ist von homogenen Dämmen (siehe auch S. 144) umgeben. Eine Außenhautdichtung sollte sich durch das Absetzen von Asche und Schlamm, die vom Werk ins Becken gepumpt wurden, bilden. Am Böschungsfuß der Westseite, einer langen Seite, strömte plötzlich Wasser aus. In den Unterlagen stand der Satz: „An der Ostseite muss ein ordentlicher Filter eingebaut werden.“ An der Schadenseite war kein Filter vorhanden. War das die Ursache des Schadens?

3. Absetzbecken Grubenwasser

In ein Rechteckbecken, etwa 100 m lang und 50 m breit, wurde Grubenwasser gespült, mit Kalk gemischt und an der anderen kurzen Seite über eine Rinne, die auf Betonpfählen stand, einem Vorfluter zugeführt. Alle Böschungen des Beckens waren mit Betonplatten als Schutzschicht belegt. Plötzlich rutschten die Platten ins Becken. Schuldig sollten die Fahrer eines Traktors sein, die im falschen Moment auf dem Weg am Ende des Beckens gefahren waren. Sie fühlten sich nicht schuldig, da sie jeden Tag dort fuhren. Ich vermutete einen Innenwasserüberdruck auf die Betonplatten. Dem widersprach der Betreiber, der kürzlich das Becken leeren musste. Dabei hatte es nur geknirscht. Ein zweiter Gutachter sah den Sand unter den Betonplatten als schlecht verdichtet, was der Baubetrieb nicht akzeptierte.

Lösungen

Zu 1. Ein erster grober Fehler war das Zuschütten der Schwimmkörper und der Zuläufe zu ihnen. Ein zweiter Fehler war der Einbau von neuen Dichtungen, der Notenprofile, Punkt 1 im Bild. Den Rest gab die Zugstraße 5 B. Das Hoch mit seinen Sonnenstrahlen presste die neuen Dichtungen an die rostigen Schleifleisten an den Seitenwänden. Der Punkt 2 auf dem Bild weist auf die Tögelbrücke unterhalb des Wehres hin, deren Durchlass fast genau die gleiche Querschnittsfläche hat wie das marode Wehr im August 2002. Doch dafür interessiert sich in Dresden niemand, höchstens die Herkuleskeule mit dem Thema „muss denn erst was passieren, damit mal was passiert?“

Zu 2. Der irreführende Satz in den Projektierungsunterlagen veranlasste die Bauausführenden, an der Westseite keinen Filter einzubauen. Eine Rückfrage hätte das wohl klären können.

Ein weiterer Fehler ist, die Beckenfüllung ohne Dichtung zu beginnen. Bevor sich eine dünne Außenhautdichtung aus Asche und Schlamm bilden kann, sickert Wasser durch den Damm.

Zu 3. Auf den richtigen Weg brachte mich der andere Gutachter. Als er vor einer Woche vor Ort die Verdichtung des Sandes wieder einmal prüfte, musste er abbrechen. Windwellen schwappten- durch das Becken und füllten seine Gummistiefel. Vom Wetterdienst erfuhr ich, dass an diesem Tag Windstärke 6 quer durch das Becken herrschte. Als die Platten abrutschten, herrschte Windstärke 8 längs durch das Becken. Diese dynamische Belastung hielt die erste Platte nicht aus. Der Rest war der Dominoeffekt. Schuldig gesprochen wurde der Wind – und das sogar einstimmig.

Auch im Wasserbau gilt: **Nie den Arbeitsschutz vergessen.**

Gefahren im Wasserbau